新維管束植物分類表

米倉浩司

(東北大学植物園助教・博士(理学))

北隆館

Updated Syllabus of Vascular Plant Families

based on Phylogeny-based System
with List of Genera for Japanese Users

by

KOJI YONEKURA Dr.
Botanical Gardens, Tohoku University

Publisher's note:

The Updated Syllabus of Vascular Plant Families provides summary of updated family-level classification of vascular plants in the world based on most recent comprehensive DNA phylogeny-based systems (PPG I for Lycophytes and Ferns, Christenhusz et al. (2011b) for Gymnosperms and APG IV for Angiosperms, with small modification) with list of nearly 3000 genera arranged alphabetically within each family. The listed genera are selected as indigenous, naturalized or cultivated in Japan and the adjacent regions, with some additional economically or phylogenetically important genera (e. g. representative genera of a family not indigenous in Japan). Correct scientific name with author, Japanese name, approximate number of species, distribution and the systematic position are provided in each entry of genus, followed by Japanese species name(s) classified to the genus. Infrafamilial classification schemes of major families are summarized in footnotes.

©THE HOKURYUKAN CO., LTD. TOKYO, JAPAN 2019

序　文

　20世紀末から急速に発展したDNAの塩基配列情報に基づいた分子系統学によって，生物間の系統関係を高い精度で推測することができるようになり，かつては理念上のものでしかなかった生物の進化史を十分な支持確率を伴って構築することが可能となってきている。それに伴って，植物の分類体系も，従来の形態や化学成分の比較に基づいて推測されたEnglerやCronquistなどによる古典的な体系から，系統関係を反映したもの，つまり，単一の祖先に由来する子孫からなる群（単系統群）を，想定される祖先に遡って包含的に認識していき，それを階層的にまとめることによって構築されたものへと取って代わられている。

　系統関係を視覚的に表現する上では系統樹は便利であるが，これは含まれる分類群（科，属，種など）の配列の順番を規定するものではない。しかし，実用の面では，一定の基準に従って線形に配列した方が都合がよい。したがって，系統樹上で姉妹関係にある複数の群（姉妹群）の中では，含まれる属や種の少ない群から多い群に向って並べるという基準を設け，それを系統関係の末端から上位方向に進めていくことによって分類体系が構築されている。

　筆者が邑田仁教授の監修で『維管束植物分類表』を出版したのは2013年のことであった。同書では，シダ植物はChristenhusz et al.(2011a)，裸子植物はChristenhusz et al.(2011b)，被子植物はAPGⅢ(2009)を一部改変したものに従って，日本で見られる科のみを配列した。刊行の時点で，日本産植物の科の範囲付けや配列の基準を示したと考えたが，その後の分子系統学の研究の進展は速く，シダ植物ではChristenhusz & Chase(2014)やPPGⅠ(2016)，被子植物ではAPGⅣ(2016)が出版され，それらの体系に基づいた解説書(Christenhusz et al. 2017; Mabberley 2017; Soltis et al. 2018)も次々と著されるようになった。日本国内においても，海老原(2016, 2017)，大橋ほか（編）(2015–2017)におい

て，系統関係に基づく分類体系に則って日本の全維管束植物が包括的に扱われた。上記の文献においては，既に『維管束植物分類表』の体系は用いられていない。周辺諸国においては，台湾の『台灣原生植物全圖鑑』（鐘・許 2016; 許・鐘 2017; 鐘 2018）が台湾に野生する種子植物を最新の分類の下で紹介すべく刊行中（2018 年 12 月現在）であり，中国では国内に生育する維管束植物について大規模な DNA 解析を行って系統樹を構築して APG など既存の分類体系との比較を行い（Z.-D. Chen et al. 2016），さらに国内に生育する生物のカタログ『中国生物物種名録』の一環として，系統関係に基づいた分類体系に則った維管束植物の目録を刊行中（2018 年 12 月現在）である。

このような現状に鑑み，筆者はこの度『維管束植物分類表』を全面的に改訂することにした。さらに，世界の植物の多様性に対するより深い理解の助けとなるよう，全世界の植物の科を採録した。

本書の主体をなすのは，『維管束植物分類表』同様，目や科と，それぞれの科に含まれる属をアルファベット順に並べたリストである。属の採録基準は，日本で見られるものに加えて，近隣諸国に野生するか栽培されて和名のついている属，和名はついていないが系統上重要な属，国外産の科の代表的な属を新たに採録した。一部，属の分割などで新たに和名の必要となったもの，種に和名はついているが属につけられていなかったものについては，属和名を新称したものもある。

さらに，新たな試みとして，採録した科や属について，含まれる種（科については属も）数と世界におけるおおまかな分布を示し，さらに科内分類体系が提案されている科については，その体系を脚註に提示すると共に，それぞれの属について体系上の位置を略号で示した。科内分類体系や含まれる種数，分布をそれぞれの属について表示したポータブルな文献としては井上ほか（1974）があるが，そこでは科内分類体系が本文中に組み込まれており，属がそれぞれの科内分類群ごとに並べられている。本書は『維管束植物分類表』同様に科と属のリストを基本としており，科内分類体系を本文中に組み込むことは属の配列を乱す原因でもあるの

2

で，分類体系は本文とは切り離して脚註にまとめる形式をとった。科内分類群の略号については，Mabberley(2017)を参考に，数字とアルファベットの組合せで示した。

この小書が日本国内のみならず世界の植物の多様性に触れる機会のある人にとっての理解の一助となれば幸いである。本書の寿命が前書のように短命とならないことをひそかに期待したい。

最後に，ただでさえ筆が遅れがちの筆者の無理な希望を聞いてくださり，旧『維管束植物分類表』とは全く面目を一新した本書を形にすることに尽力下さった角谷裕通氏ら北隆館の関係者に篤く御礼申し上げます。

2019 年 2 月

米倉浩司

目　次

序　文 ……………………………………………………… 1〜3
目　次 ……………………………………………………… 4〜18

科レベルの分類体系に関して残された問題 ……………… 19
分子系統解析に基づく科内分類体系の再構築の現在……… 23
本書で採用した分類体系の『維管束植物分類表』から変更された点 …… 25

分類表 ……………………………………………… 37〜258
　　　 ┌ 凡　例 ……………………………………39〜41 ┐
　　　 └ 維管束植物分類表 ……………………42〜258 ┘

1：LYCOPHYTA　小葉類

1. 1：LYCOPODS　ヒカゲノカズラ類

1. 1. 1：Lycopodiales　ヒカゲノカズラ目 ……………………… **42**
　1. 1. 1. 1：**Lycopodiaceae　ヒカゲノカズラ科** …………………42

1. 1. 2：Isoetales　ミズニラ目 …………………………………… **42**
　1. 1. 2. 1：**Isoetaceae　ミズニラ科** ………………………………42

1. 1. 3：Selaginellales　イワヒバ目 …………………………… **42**
　1. 1. 3. 1：**Selaginellaceae　イワヒバ科** ………………………42

2：EUPHYLLOPHYTA　大葉類

2. 1：MONILOPHYTA　大葉シダ植物

2. 1. 1：Equisetales　トクサ目 ………………………………… **42**
　2. 1. 1. 1：**Equisetaceae　トクサ科** ……………………………42

2. 1. 2：Psilotales　マツバラン目 ……………………………… **42**
　2. 1. 2. 1：**Psilotaceae　マツバラン科** …………………………42

2. 1. 3：Ophioglossales　ハナヤスリ目 ……………………… **42**
　2. 1. 3. 1：**Ophioglossaceae　ハナヤスリ科** …………………42

2. 1. 4：Marattiales　リュウビンタイ目 ……………………… **43**
　2. 1. 4. 1：**Marattiaceae　リュウビンタイ科** …………………43

2. 1. 5：Osmundales　ゼンマイ目 ……………………………… **43**
　2. 1. 5. 1：**Osmundaceae　ゼンマイ科** …………………………43

2. 1. 6：Hymenophyllales　コケシノブ目 …………………… **43**
　2. 1. 6. 1：**Hymenophyllaceae　コケシノブ科** ………………43

2. 1. 7：Gleicheniales　ウラジロ目 …………………………… **44**
　2. 1. 7. 1：**Gleicheniaceae　ウラジロ科** ………………………44

2. 1. 7. 2：**Dipteridaceae**　ヤブレガサウラボシ科 …………………44
　　2. 1. 7. 3：Matoniaceae　マトニア科…………………44

■**2. 1. 8**：Schizaeales　フサシダ目 ………………………**44**
　　2. 1. 8. 1：**Lygodiaceae**　カニクサ科…………………44
　　2. 1. 8. 2：Anemiaceae　アネミア科…………………44
　　2. 1. 8. 3：**Schizaeaceae**　フサシダ科…………………44

■**2. 1. 9**：Salviniales　サンショウモ目 ………………………**44**
　　2. 1. 9. 1：**Marsileaceae**　デンジソウ科…………………44
　　2. 1. 9. 2：**Salviniaceae**　サンショウモ科…………………45

■**2. 1. 10**：Cyatheales　ヘゴ目 ………………………**45**
　　2. 1. 10. 1：Thyrsopteridaceae　チルソプテリス科…………………45
　　2. 1. 10. 2：Loxsomataceae　ロクソマ科…………………45
　　2. 1. 10. 3：Culcitaceae　クルキタ科…………………45
　　2. 1. 10. 4：**Plagiogyriaceae**　キジノオシダ科…………………45
　　2. 1. 10. 5：**Cibotiaceae**　タカワラビ科…………………45
　　2. 1. 10. 6：**Cyatheaceae**　ヘゴ科…………………45
　　2. 1. 10. 7：Dicksoniaceae　ディクソニア科…………………45
　　2. 1. 10. 8：Metaxyaceae　メタキシア科…………………45

■**2. 1. 11**：Polypodiales　ウラボシ目 ………………………**45**
　　2. 1. 11. 1：Lonchitidaceae　ロンキティス科…………………45
　　2. 1. 11. 2：Saccolomataceae　サッコロマ科…………………46
　　2. 1. 11. 3：Cystodiaceae　キストディウム科…………………46
　　2. 1. 11. 4：**Lindsaeaceae**　ホングウシダ科…………………46
　　2. 1. 11. 5：**Dennstaedtiaceae**　コバノイシカグマ科…………………46
　　2. 1. 11. 6：**Pteridaceae**　イノモトソウ科…………………46
　［**2. 1. 11. 7～2. 1. 11. 17**：Eupolypods Ⅱ＝Aspleniaceae s.l.　広義チャセンシダ科］
　　2. 1. 11. 7：**Cystopteridaceae**　ナヨシダ科…………………47
　　2. 1. 11. 8：**Rhachidosoraceae**　ヌリワラビ科…………………47
　　2. 1. 11. 9：**Diplaziopsidaceae**　イワヤシダ科…………………47
　　2. 1. 11. 10：Desmophlebiaceae　デスモフレビウム科…………………47
　　2. 1. 11. 11：Hemidictyaceae　ヘミディクティウム科…………………47
　　2. 1. 11. 12：**Aspleniaceae**　チャセンシダ科…………………48
　　2. 1. 11. 13：**Thelypteridaceae**　ヒメシダ科…………………48
　　2. 1. 11. 14：**Woodsiaceae**　イワデンダ科…………………48
　　2. 1. 11. 15：**Athyriaceae**　メシダ科…………………48
　　2. 1. 11. 16：**Blechnaceae**　シシガシラ科…………………48
　　2. 1. 11. 17：**Onocleaceae**　コウヤワラビ科…………………50
　［**2. 1. 11. 18～2. 1. 11. 26**：Eupolypods Ⅰ＝Polypodiaceae s.l.　広義ウラボシ科］
　　2. 1. 11. 18：Didymochlaenaceae　ディディモクラエナ科…………………50
　　2. 1. 11. 19：**Hypodematiaceae**　キンモウワラビ科…………………50
　　2. 1. 11. 20：**Dryopteridaceae**　オシダ科…………………50
　　2. 1. 11. 21：**Lomariopsidaceae**　ツルキジノオ科…………………51

目 次

2. 1. 11. 22：**Nephrolepidaceae　タマシダ科** ································52
2. 1. 11. 23：**Tectariaceae　ナナバケシダ科**································52
2. 1. 11. 24：Oleandraceae　ツルシダ科 ································52
2. 1. 11. 25：**Davalliaceae　シノブ科** ································52
2. 1. 11. 26：**Polypodiaceae　ウラボシ科** ································52

（**2. 2 ～ 2. 3：SPERMATOPHYTA　種子植物**）

2. 2：GYMNOSPERMAE（Acrogymnospermae）　裸子植物（末端裸子植物）

■ **2. 2. 1：Cycadales　ソテツ目** ································ **54**
2. 2. 1. 1：**Cycadaceae　ソテツ科** ································54
2. 2. 1. 2：Zamiaceae　ザミア科································54
■ **2. 2. 2：Ginkgoales　イチョウ目**································ **55**
2. 2. 2. 1：Ginkgoaceae　イチョウ科································55
■ **2. 2. 3：Gnetales**（s. l.）　**グネツム目（広義）**································ **55**
2. 2. 3. 1：Welwitschiaceae　ウェルウィッチア科································55
2. 2. 3. 2：Gnetaceae　グネツム科································55
2. 2. 3. 3：Ephedraceae　マオウ科································55

［**2. 2. 4 ～ 2. 2. 6：Coniferae　球果類**］

■ **2. 2. 4：Pinales　マツ目**································ **55**
2. 2. 4. 1：**Pinaceae　マツ科**································55
■ **2. 2. 5：Araucariales　ナンヨウスギ目**································ **56**
2. 2. 5. 1：Araucariaceae　ナンヨウスギ科································56
2. 2. 5. 2：**Podocarpaceae　マキ科**································56
■ **2. 2. 6：Cupressales　ヒノキ目**································ **56**
2. 2. 6. 1：**Sciadopityaceae　コウヤマキ科**································56
2. 2. 6. 2：**Cupressaceae　ヒノキ科**································56
2. 2. 6. 3：**Taxaceae　イチイ科** ································58

2. 3：ANGIOSPERMAE　被子植物

■ **2. 3. 1：Amborellales　アンボレラ目**································ **58**
2. 3. 1. 1：Amborellaceae　アンボレラ科〔1〕································58
■ **2. 3. 2：Nymphaeales　スイレン目**································ **58**
2. 3. 2. 1：Hydatellaceae　ヒダテラ科〔2〕································58
2. 3. 2. 2：**Cabombaceae　ジュンサイ科**（ハゴロモモ科）〔3〕································58
2. 3. 2. 3：**Nymphaeaceae　スイレン科**〔4〕································58
■ **2. 3. 3：Austrobaileyales　シキミ目**································ **59**
2. 3. 3. 1：Austrobaileyaceae　アウストロバイレヤ科〔5〕································59
2. 3. 3. 2：Trimeniaceae　トリメニア科〔6〕································59
2. 3. 3. 3：**Schisandraceae　マツブサ科**〔7〕································59

―――――――――――――――――――――――――――――――――――――― 目 次

■ **2. 3. 4**：Chloranthales　センリョウ目 ……………………………………… **59**
　　2. 3. 4. 1：**Chloranthaceae**　**センリョウ科**〔26〕…………………………59

■ **2. 3. 5**：Canellales　カネラ目 …………………………………………………… **59**
　　2. 3. 5. 1：Canellaceae　　カネラ科〔8〕…………………………………………59
　　2. 3. 5. 2：Winteraceae　　シキミモドキ科〔9〕…………………………………59

■ **2. 3. 6**：Piperales　コショウ目 ………………………………………………… **60**
　　2. 3. 6. 1：**Saururaceae**　**ドクダミ科**〔10〕……………………………………50
　　2. 3. 6. 2：**Piperaceae**　**コショウ科**〔11〕………………………………………50
　　2. 3. 6. 3：**Aristolochiaceae**　**ウマノスズクサ科**〔12〕………………………60

■ **2. 3. 7**：Magnoliales　モクレン目 ……………………………………………… **60**
　　2. 3. 7. 1：Myristicaceae　　ニクズク科〔13〕……………………………………60
　　2. 3. 7. 2：**Magnoliaceae**　**モクレン科**〔14〕……………………………………60
　　2. 3. 7. 3：Degeneriaceae　　デゲネリア科〔15〕…………………………………60
　　2. 3. 7. 4：Himantandraceae　　ヒマンタンドラ科〔16〕………………………60
　　2. 3. 7. 5：Eupomatiaceae　　エウポマティア科〔17〕…………………………61
　　2. 3. 7. 6：**Annonaceae**　**バンレイシ科**〔18〕……………………………………61

■ **2. 3. 8**：Laurales　クスノキ目 ………………………………………………… **62**
　　2. 3. 8. 1：Calycanthaceae　　ロウバイ科〔19〕…………………………………62
　　2. 3. 8. 2：Siparunaceae　　シパルナ科〔20〕………………………………………62
　　2. 3. 8. 3：Gomortegaceae　　ゴモルテガ科〔21〕…………………………………62
　　2. 3. 8. 4：Atherospermataceae　　アセロスペルマ科〔22〕……………………62
　　2. 3. 8. 5：**Hernandiaceae**　**ハスノハギリ科**〔23〕……………………………62
　　2. 3. 8. 6：Monimiaceae　　モニミア科〔24〕……………………………………63
　　2. 3. 8. 7：**Lauraceae**　**クスノキ科**〔25〕………………………………………63

（目 9 ～ 19：MONOCOTYLEDONEAE　単子葉植物）

■ **2. 3. 9**：Acorales　ショウブ目 ………………………………………………… **64**
　　2. 3. 9. 1：**Acoraceae**　**ショウブ科**〔27〕………………………………………64

■ **2. 3. 10**：Alismatales　オモダカ目 …………………………………………… **64**
　　2. 3. 10. 1：**Araceae**　**サトイモ科**〔28〕…………………………………………64
　　2. 3. 10. 2：**Tofieldiaceae**　**チシマゼキショウ科**〔29〕………………………66
　　2. 3. 10. 3：**Alismataceae**　**オモダカ科**〔30〕…………………………………66
　　2. 3. 10. 4：Butomaceae　　ハナイ科〔31〕………………………………………67
　　2. 3. 10. 5：**Hydrocharitaceae**　**トチカガミ科**〔32〕…………………………67
　　2. 3. 10. 6：**Scheuchzeriaceae**　**ホロムイソウ科**〔33〕………………………67
　　2. 3. 10. 7：Aponogetonaceae　　レースソウ科〔34〕…………………………67
　　2. 3. 10. 8：**Juncaginaceae**　**シバナ科**〔35〕……………………………………68
　　2. 3. 10. 9：Maundiaceae　　マウンディア科〔36〕………………………………68
　　2. 3. 10. 10：**Zosteraceae**　**アマモ科**〔37〕……………………………………68
　　2. 3. 10. 11：**Potamogetonaceae**　**ヒルムシロ科**〔38〕………………………68
　　2. 3. 10. 12：Posidoniaceae　　ポシドニア科〔39〕………………………………68

7

目 次

2. 3. 10. 13：**Ruppiaceae**　**カワツルモ科**〔40〕 ················66
2. 3. 10. 14：**Cymodoceaceae**　ベニアマモ科(シオニラ科)〔41〕 ·····68

■ **2. 3. 11**：Petrosaviales　サクライソウ目 ··················· **68**
　2. 3. 11. 1：**Petrosaviaceae**　**サクライソウ科**〔42〕 ··········68

■ **2. 3. 12**：Dioscoreales　ヤマノイモ目 ··················· **68**
　2. 3. 12. 1：**Nartheciaceae**　**キンコウカ科**〔43〕 ············68
　2. 3. 12. 2：**Burmanniaceae**　**ヒナノシャクジョウ科**〔44 (p.p.)〕 ·····69
　2. 3. 12. 3：**Dioscoreaceae**　**ヤマノイモ科**〔44 (p. p.) + 45〕 ·····69

■ **2. 3. 13**：Pandanales　タコノキ目 ····················· **69**
　2. 3. 13. 1：**Triuridaceae**　**ホンゴウソウ科**〔46〕 ············69
　2. 3. 13. 2：Velloziaceae　ベロツィア科〔47〕 ···············70
　2. 3. 13. 3：**Stemonaceae**　**ビャクブ科**〔48〕 ···············70
　2. 3. 13. 4：Cyclanthaceae　パナマソウ科〔49〕 ············70
　2. 3. 13. 5：**Pandanaceae**　**タコノキ科**〔50〕 ···············70

■ **2. 3. 14**：Liliales　ユリ目 ························· **70**
　2. 3. 14. 1：Campynemataceae　カンピネマ科〔51〕 ···········70
　2. 3. 14. 2：Corsiaceae　コルシア科〔52〕 ················70
　2. 3. 14. 3：**Melanthiaceae**　**シュロソウ科**〔53〕 ···········70
　2. 3. 14. 4：Petermanniaceae　ペテルマンニア科〔54〕 ·········71
　2. 3. 14. 5：Alstroemeriaceae　†ユリズイセン科〔55〕 ········71
　2. 3. 14. 6：**Colchicaceae**　**イヌサフラン科**(チゴユリ科)〔56〕 ·····72
　2. 3. 14. 7：Philesiaceae　フィレジア科〔57〕 ···············72
　2. 3. 14. 8：Ripogonaceae　リポゴヌム科〔58〕 ············72
　2. 3. 14. 9：**Smilacaceae**　**サルトリイバラ科**〔59〕 ···········72
　2. 3. 14. 10：**Liliaceae**　**ユリ科**〔60〕 ·················72

■ **2. 3. 15**：Asparagales　キジカクシ目(クサスギカズラ目) ········· **73**
　2. 3. 15. 1：**Orchidaceae**　**ラン科**〔61〕 ·················73
　2. 3. 15. 2：Boryaceae　ボリア科〔62〕 ················80
　2. 3. 15. 3：Blandfordiaceae　ブランドフォルディア科〔63〕 ·····80
　2. 3. 15. 4：Asteliaceae　アステリア科〔64〕 ············80
　2. 3. 15. 5：Lanariaceae　ラナリア科〔65〕 ·············80
　2. 3. 15. 6：**Hypoxidaceae**　**キンバイザサ科**〔66〕 ··········80
　2. 3. 15. 7：Doryanthaceae　ドリアンテス科〔67〕 ··········80
　2. 3. 15. 8：Ixioliriaceae　イキシオリリオン科〔68〕 ·········80
　2. 3. 15. 9：Tecophilaeaceae　テコフィラエア科〔69〕 ········80
　2. 3. 15. 10：**Iridaceae**　**アヤメ科**〔70〕 ···············80
　2. 3. 15. 11：Xeronemataceae　クセロネマ科〔71〕 ·········82
　2. 3. 15. 12：**Asphodelaceae**　**ワスレグサ科**
　　　　　　　(Xanthorrhoeaceae　ススキノキ科)〔62〕 ········82
　2. 3. 15. 13：**Amaryllidaceae**　**ヒガンバナ科**〔73〕 ·········82
　2. 3. 15. 14：**Asparagaceae**　**クサスギカズラ科**(キジカクシ科)〔74〕 ·····84

8

目 次

■ **2. 3. 16**：Arecales　ヤシ目 ……………………………………………………… **86**
　2. 3. 16. 1：Dasypogonaceae　ダシポゴン科〔75〕……………………………86
　2. 3. 16. 2：**Arecaceae**（Palmae）**ヤシ科**〔76〕 ………………………………86

■ **2. 3. 17**：Commelinales　ツユクサ目 …………………………………………… **90**
　2. 3. 17. 1：Hanguanaceae　ミズオモト科〔77〕………………………………90
　2. 3. 17. 2：**Commelinaceae　ツユクサ科**〔78〕………………………………90
　2. 3. 17. 3：**Philydraceae　タヌキアヤメ科**〔79〕……………………………91
　2. 3. 17. 4：**Pontederiaceae　ミズアオイ科**〔80〕……………………………91
　2. 3. 17. 5：Haemodoraceae　ハエモドルム科〔81〕…………………………91

■ **2. 3. 18**：Zingiberales　ショウガ目 …………………………………………… **92**
　2. 3. 18. 1：Strelitziaceae　ゴクラクチョウカ科〔82〕………………………92
　2. 3. 18. 2：Lowiaceae　ロウィア科〔83〕………………………………………92
　2. 3. 18. 3：Heliconiaceae　オウムバナ科〔84〕………………………………92
　2. 3. 18. 4：Musaceae　†バショウ科〔85〕……………………………………92
　2. 3. 18. 5：Cannaceae　†カンナ科〔86〕……………………………………92
　2. 3. 18. 6：Marantaceae　†クズウコン科〔87〕………………………………92
　2. 3. 18. 7：Costaceae　オオホザキアヤメ科〔88〕……………………………92
　2. 3. 18. 8：**Zingiberaceae　ショウガ科**〔89〕………………………………92

■ **2. 3. 19**：Poales　イネ目 ………………………………………………………… **94**
　2. 3. 19. 1：**Typhaceae　ガマ科**〔90〕…………………………………………94
　2. 3. 19. 2：Bromeliaceae　パイナップル科〔91〕……………………………94
　2. 3. 19. 3：Rapateaceae　ラパテア科〔92〕……………………………………94
　2. 3. 19. 4：Xyridaceae　トウエンソウ科〔93〕………………………………94
　2. 3. 19. 5：**Eriocaulaceae　ホシクサ科**〔94〕………………………………94
　2. 3. 19. 6：Mayacaceae　マヤカ科〔95〕………………………………………94
　2. 3. 19. 7：Thurniaceae　ツルニア科〔96〕……………………………………94
　2. 3. 19. 8：**Juncaceae　イグサ科**〔97〕………………………………………95
　2. 3. 19. 9：**Cyperaceae　カヤツリグサ科**〔98〕……………………………95
　2. 3. 19. 10：Restionaceae　サンアソウ科〔99〕………………………………96
　2. 3. 19. 11：**Flagellariaceae　トウツルモドキ科**〔100〕 ………………96
　2. 3. 19. 12：Joinvilleaceae　ヨインビレア科〔101〕…………………………96
　2. 3. 19. 13：Ecdeiocoleaceae　エクダイオコレア科〔102〕 ………………96
　2. 3. 19. 14：**Poaceae**（Gramineae）**イネ科**〔103〕……………………97

■ **2. 3. 20**：Ceratophyllales　マツモ目 ………………………………………… **107**
　2. 3. 20. 1：**Ceratophyllaceae　マツモ科**〔104〕…………………………… 107

（目 21 〜 64：真正双子葉植物　EUDICOTS）

■ **2. 3. 21**：Ranunculales　キンポウゲ目 ……………………………………… **107**
　2. 3. 21. 1：**Eupteleaceae　フサザクラ科**〔105〕…………………………… 107
　2. 3. 21. 2：**Papaveraceae　ケシ科**〔106〕………………………………… 107
　2. 3. 21. 3：Circaeasteraceae　キルカエアステル科〔107〕 ………………… 108

9

2. 3. 21. 4：**Lardizabalaceae アケビ科**〔108〕 ················· 108
2. 3. 21. 5：**Menispermaceae　ツヅラフジ科**〔109〕 ········· 108
2. 3. 21. 6：**Berberidaceae　メギ科**〔110〕 ··················· 108
2. 3. 21. 7：**Ranunculaceae　キンポウゲ科**〔111〕 ··········· 110

■**2. 3. 22：Proteales　ヤマモガシ目** ························· **111**
2. 3. 22. 1：**Sabiaceae　アワブキ科**〔112〕 ················· 111
2. 3. 22. 2：Nelumbonaceae　†ハス科〔113〕 ················· 112
2. 3. 22. 3：Platanaceae　スズカケノキ科〔114〕 ············· 112
2. 3. 22. 4：**Proteaceae　ヤマモガシ科**〔115〕 ··············· 112

■**2. 3. 23：Trochodendrales　ヤマグルマ目** ················· **112**
2. 3. 23. 1：**Trochodendraceae　ヤマグルマ科**〔116〕 ······· 112

■**2. 3. 24：Buxales　ツゲ目** ·································· **112**
2. 3. 24. 1：**Buxaceae　ツゲ科**〔117〕 ······················ 112

■**2. 3. 25：Gunnerales　グンネラ目** ······················· **112**
2. 3. 25. 1：Myrothamnaceae　ミロタムヌス科〔118〕 ········· 112
2. 3. 25. 2：Gunneraceae　グンネラ科〔119〕 ················· 112

■**2. 3. 26：Dilleniales　ビワモドキ目** ····················· **113**
2. 3. 26. 1：Dilleniaceae　ビワモドキ科〔120〕 ··············· 113

■**2. 3. 27：Saxifragales　ユキノシタ目** ··················· **113**
2. 3. 27. 1：Peridiscaceae　ペリディスクス科〔121〕 ········· 113
2. 3. 27. 2：**Paeoniaceae　ボタン科**〔122〕 ················· 113
2. 3. 27. 3：Altingiaceae　フウ科〔123〕 ····················· 113
2. 3. 27. 4：**Hamamelidaceae　マンサク科**〔124〕 ··········· 114
2. 3. 27. 5：**Cercidiphyllaceae　カツラ科**〔125〕 ············· 114
2. 3. 27. 6：**Daphniphyllaceae　ユズリハ科**〔126〕 ········· 114
2. 3. 27. 7：**Iteaceae　ズイナ科**〔127〕 ····················· 114
2. 3. 27. 8：**Grossulariaceae　スグリ科**〔128〕 ············· 114
2. 3. 27. 9：**Saxifragaceae　ユキノシタ科**〔129〕 ··········· 114
2. 3. 27. 10：**Crassulaceae　ベンケイソウ科**〔130〕 ········· 115
2. 3. 27. 11：Aphanopetalaceae　アファノペタルム科〔131〕 ··· 116
2. 3. 27. 12：Tetracarpaeaceae　テトラカルパエア科〔132〕··· 116
2. 3. 27. 13：**Penthoraceae　タコノアシ科**〔133〕·············· 116
2. 3. 27. 14：**Haloragaceae　アリノトウグサ科**〔134〕 ······· 116
2. 3. 27. 15：Cynomoriaceae　シノモリウム科〔135〕 ········· 116

〔ROSIDS　バラ類〕

■**2. 3. 28：Vitales　ブドウ目** ······························· **116**
2. 3. 28. 1：**Vitaceae　ブドウ科**〔136〕 ···················· 116

■**2. 3. 29：Zygophyllales　ハマビシ目** ····················· **118**
2. 3. 29. 1：Krameriaceae　クラメリア科〔141〕················ 118
2. 3. 29. 2：**Zygophyllaceae　ハマビシ科**〔142〕 ············· 118

■**2. 3. 30**：Fabales　マメ目 ……………………………………………………………… **118**
　2. 3. 30. 1：Quillajaceae　キラヤ科（シャボンノキ科）〔143〕………… 118
　2. 3. 30. 2：**Fabaceae**（Leguminosae）　**マメ科**〔140〕……………… 118
　2. 3. 30. 3：Surianaceae　スリアナ科〔141〕……………………………… 128
　2. 3. 30. 4：**Polygalaceae**　**ヒメハギ科**〔142〕…………………………… 128

■**2. 3. 31**：Rosales　バラ目 ……………………………………………………………… **128**
　2. 3. 31. 1：**Rosaceae**　**バラ科**〔143〕………………………………………… 128
　2. 3. 31. 2：Barbeyaceae　バルベヤ科〔144〕……………………………… 132
　2. 3. 31. 3：Dirachmaceae　ディラクマ科〔145〕………………………… 132
　2. 3. 31. 4：**Elaeagnaceae**　**グミ科**〔146〕…………………………………… 132
　2. 3. 31. 5：**Rhamnaceae**　**クロウメモドキ科**〔147〕…………………… 132
　2. 3. 31. 6：**Ulmaceae**　**ニレ科**〔148〕…………………………………… 133
　2. 3. 31. 7：**Cannabaceae**　**アサ科**〔149〕………………………………… 133
　2. 3. 31. 8：**Moraceae**　**クワ科**〔150〕…………………………………… 133
　2. 3. 31. 9：**Urticaceae**　**イラクサ科**〔151〕……………………………… 134

■**2. 3. 32**：Fagales　ブナ目 …………………………………………………………… **136**
　2. 3. 32. 1：Nothofagaceae　ナンキョクブナ科〔152〕…………………… 136
　2. 3. 32. 2：**Fagaceae**　**ブナ科**〔153〕…………………………………… 136
　2. 3. 32. 3：**Myricaceae**　**ヤマモモ科**〔154〕……………………………… 136
　2. 3. 32. 4：**Juglandaceae**　**クルミ科**〔155〕………………………………… 136
　2. 3. 32. 5：Casuarinaceae　†モクマオウ科〔156〕……………………… 137
　2. 3. 32. 6：Ticodendraceae　ティコデンドロン科〔157〕……………… 137
　2. 3. 32. 7：**Betulaceae**　**カバノキ科**〔158〕……………………………… 137

■**2. 3. 33**：Cucurbitales　ウリ目 …………………………………………………… **138**
　2. 3. 33. 1：Apodanthaceae　アポダンテス科〔159〕…………………… 138
　2. 3. 33. 2：Anisophylleaceae　アニソフィレア科〔160〕……………… 138
　2. 3. 33. 3：Corynocarpaceae　コリノカルプス科〔161〕……………… 138
　2. 3. 33. 4：**Coriariaceae**　**ドクウツギ科**〔162〕………………………… 138
　2. 3. 33. 5：**Cucurbitaceae**　**ウリ科**〔163〕………………………………… 138
　2. 3. 33. 6：Tetramelaceae　テトラメレス科〔164〕………………………… 140
　2. 3. 33. 7：Datiscaceae　ナギナタソウ科〔165〕……………………… 140
　2. 3. 33. 8：**Begoniaceae**　**シュウカイドウ科**〔166〕…………………… 140

（**2.3.34–2.3.36**：COM Clade）

■**2. 3. 34**：Celastrales　ニシキギ目 ……………………………………………… **140**
　2. 3. 34. 1：Lepidobotryaceae　カタバミノキ科〔167〕……………… 140
　2. 3. 34. 2：**Celastraceae**　**ニシキギ科**〔168〕…………………………… 140

■**2. 3. 35**：Oxalidales　カタバミ目……………………………………………… **140**
　2. 3. 35. 1：Huaceae　フア科〔169〕…………………………………… 140
　2. 3. 35. 2：Connaraceae　マメモドキ科〔170〕………………………… 140
　2. 3. 35. 3：**Oxalidaceae**　**カタバミ科**〔171〕…………………………… 140
　2. 3. 35. 4：Cunoniaceae　クノニア科〔172〕…………………………… 141

2. 3. 35. 5：**Elaeocarpaceae　ホルトノキ科**〔173〕················· 142

2. 3. 35. 6：Cephalotaceae　フクロユキノシタ科〔174〕················ 142

2. 3. 35. 7：Brunelliaceae　ブルネリア科〔175〕················ 142

■**2. 3. 36：Malpighiales　キントラノオ目** ················· **142**

2. 3. 36. 1：Pandaceae　パンダ科〔176〕················ 142

2. 3. 36. 2：Irvingiaceae　イルビンギア科〔177〕················ 142

2. 3. 36. 3：Ctenolophonaceae　クテノロフォン科〔178〕················ 142

2. 3. 36. 4：**Rhizophoraceae　ヒルギ科**〔179〕················ 142

2. 3. 36. 5：Erythroxylaceae　コカノキ科〔180〕················ 142

2. 3. 36. 6：Ochnaceae　オクナ科〔181〕················ 143

2. 3. 36. 7：Bonnetiaceae　ボンネティア科〔182〕················ 143

2. 3. 36. 8：Clusiaceae(Guttiferae)　†フクギ科〔183〕················ 143

2. 3. 36. 9：**Calophyllaceae　テリハボク科**〔184〕················ 144

2. 3. 36. 10：**Podostemaceae　カワゴケソウ科**〔185〕················ 144

2. 3. 36. 11：**Hypericaceae　オトギリソウ科**〔186〕················ 144

2. 3. 36. 12：Caryocaraceae　バターナットノキ科〔187〕················ 144

2. 3. 36. 13：Lophopyxidaceae　ハネミカズラ科〔188〕················ 144

2. 3. 36. 14：**Putranjivaceae　ツゲモドキ科**〔189〕················ 144

2. 3. 36. 15：Centroplacaceae　ケントロプラクス科〔190〕················ 144

2. 3. 36. 16：**Elatinaceae　ミゾハコベ科**〔191〕················ 144

2. 3. 36. 17：**Malpighiaceae　キントラノオ科**〔192〕················ 144

2. 3. 36. 18：Balanopaceae　バラノプス科〔193〕················ 145

2. 3. 36. 19：Trigoniaceae　トリゴニア科〔194〕················ 145

2. 3. 36. 20：Dichapetalaceae　カイナンボク科〔195〕················ 145

2. 3. 36. 21：Euphroniaceae　エウフロニア科〔196〕················ 145

2. 3. 36. 22：Chrysobalanaceae　クリソバラヌス科〔197〕················ 145

2. 3. 36. 23：Humiriaceae　フミリア科〔198〕················ 146

2. 3. 36. 24：Achariaceae　アカリア科〔199〕················ 146

2. 3. 36. 25：**Violaceae　スミレ科**〔200〕················ 146

2. 3. 36. 26：Goupiaceae　ゴウピア科〔201〕················ 146

2. 3. 36. 27：Passifloraceae　†トケイソウ科〔202〕················ 146

2. 3. 36. 28：Lacistemataceae　ラキステマ科〔203〕················ 146

2. 3. 36. 29：**Salicaceae　ヤナギ科**〔204〕················ 146

2. 3. 36. 30：Peraceae　ペラ科〔205〕················ 147

2. 3. 36. 31：Rafflesiaceae　ラフレシア科〔206〕················ 148

2. 3. 36. 32：**Euphorbiaceae　トウダイグサ科**〔207〕················ 148

2. 3. 36. 33：**Linaceae　アマ科**〔208〕················ 150

2. 3. 36. 34：Ixonanthaceae　イクソナンテス科〔209〕················ 150

2. 3. 36. 35：Picrodendraceae　ピクロデンドロン科〔210〕················ 150

2. 3. 36. 36：**Phyllanthaceae　コミカンソウ科**(ミカンソウ科)〔211〕········ 150

■**2. 3. 37：Geraniales　フウロソウ目** ················· **150**

2. 3. 37. 1：**Geraniaceae　フウロソウ科**〔212〕················ 150

2. 3. 37. 2：Francoaceae　フランコア科〔213〕 ………………………………… 151
■**2. 3. 38**：Myrtales　フトモモ目 ………………………………………………… **152**
　2. 3. 38. 1：**Combretaceae　シクンシ科**〔214〕 ………………………… 152
　2. 3. 38. 2：**Lythraceae　ミソハギ科**〔215〕 …………………………… 152
　2. 3. 38. 3：**Onagraceae　アカバナ科**〔216〕 …………………………… 152
　2. 3. 38. 4：Vochysiaceae　ボキシア科(ウォキシア科)〔217〕 ………… 153
　2. 3. 38. 5：**Myrtaceae　フトモモ科**〔218〕 …………………………… 154
　2. 3. 38. 6：**Melastomataceae　ノボタン科**〔219〕 …………………… 154
　2. 3. 38. 7：Crypteroniaceae　クリプテロニア科〔220〕 ………………… 156
　2. 3. 38. 8：Alzateaceae　アルサテア科〔221〕 ………………………… 156
　2. 3. 38. 9：Penaeaceae　ペナエア科〔222〕 …………………………… 156
■**2. 3. 39**：Crossosomatales　ミツバウツギ目(クロッソソマ目) ………………… **156**
　2. 3. 39. 1：Aphloiaceae　アフロイア科〔223〕 ………………………… 156
　2. 3. 39. 2：Geissolomataceae　ゲイッソロマ科〔224〕 ………………… 156
　2. 3. 39. 3：Strasburgeriaceae　ストラスブルゲリア科〔225〕 ………… 156
　2. 3. 39. 4：**Staphyleaceae　ミツバウツギ科**〔226〕 …………………… 156
　2. 3. 39. 5：Guamatelaceae　グアマテラ科〔227〕 ……………………… 156
　2. 3. 39. 6：**Stachyuraceae　キブシ科**〔228〕 ………………………… 157
　2. 3. 39. 7：Crossosomataceae　クロッソソマ科〔229〕 ………………… 157
■**2. 3. 40**：Picramniales　ピクラムニア目 …………………………………… **157**
　2. 3. 40. 1：Picramniaceae　ピクラムニア科〔230〕 …………………… 157
■**2. 3. 41**：Huerteales　フエルテア目(ウエルテア目) ……………………… **157**
　2. 3. 41. 1：Gerrardinaceae　ゲラルディナ科〔231〕 …………………… 157
　2. 3. 41. 2：Petenaeaceae　ペテナエア科〔232〕 ……………………… 158
　2. 3. 41. 3：Tapisciaceae　タピスキア科〔233〕 ………………………… 158
　2. 3. 41. 4：Dipentodontaceae　ディペントドン科〔234〕 ……………… 158
■**2. 3. 42**：Sapindales　ムクロジ目 …………………………………………… **158**
　2. 3. 42. 1：Biebersteiniaceae　ビーベルステイニア科〔235〕 ………… 158
　2. 3. 42. 2：Nitrariaceae　ソーダノキ科(ニトラリア科)〔236〕 ………… 158
　2. 3. 42. 3：Kirkiaceae　カーキア科〔237〕 …………………………… 158
　2. 3. 42. 4：Burseraceae　カンラン科〔238〕 ………………………… 158
　2. 3. 42. 5：**Anacardiaceae　ウルシ科**〔239〕 ………………………… 158
　2. 3. 42. 6：**Sapindaceae　ムクロジ科**〔240〕 ………………………… 160
　2. 3. 42. 7：**Rutaceae　ミカン科**〔241〕 ……………………………… 160
　2. 3. 42. 8：**Simaroubaceae　ニガキ科**〔242〕 ………………………… 162
　2. 3. 42. 9：**Meliaceae　センダン科**〔243〕 …………………………… 162
■**2. 3. 43**：Malvales　アオイ目 ………………………………………………… **164**
　2. 3. 43. 1：Cytinaceae　キティヌス科〔244〕 ………………………… 164
　2. 3. 43. 2：Muntingiaceae　ナンヨウザクラ科〔245〕 ………………… 164
　2. 3. 43. 3：Neuradaceae　ネウラダ科〔246〕 ………………………… 164
　2. 3. 43. 4：**Malvaceae　アオイ科**〔247〕 ……………………………… 164

2. 3. 43. 5：Sphaerosepalaceae　スファエロセパルム科〔248〕 ················ 166
2. 3. 43. 6：**Thymelaeaceae　ジンチョウゲ科**〔249〕 ··················· 166
2. 3. 43. 7：Bixaceae　ベニノキ科〔250〕 ··································· 167
2. 3. 43. 8：Cistaceae　ハンニチバナ科〔251〕 ························· 167
2. 3. 43. 9：Sarcolaenaceae　サルコラエナ科〔252〕················· 168
2. 3. 43. 10：Dipterocarpaceae　フタバガキ科〔253〕 ··············· 168

■ **2. 3. 44：Brassicales　アブラナ目** ··· **168**
2. 3. 44. 1：Akaniaceae　アカニア科〔254〕 ························· 168
2. 3. 44. 2：Tropaeolaceae　ノウゼンハレン科〔255〕 ············· 168
2. 3. 44. 3：Moringaceae　ワサビノキ科〔256〕 ····················· 168
2. 3. 44. 4：Caricaceae　†パパイヤ科〔257〕 ······················· 168
2. 3. 44. 5：Limnanthaceae　リムナンテス科(リムナンツス科)〔258〕 ····· 168
2. 3. 44. 6：Setchellanthaceae　セッチェランツス科〔259〕 ······· 168
2. 3. 44. 7：Koeberliniaceae　ケーベルリニア科〔260〕 ··········· 168
2. 3. 44. 8：Bataceae　バチス科〔261〕 ····························· 168
2. 3. 44. 9：Salvadoraceae　サルバドラ科〔262〕 ················· 168
2. 3. 44. 10：Emblingiaceae　エンブリンギア科〔263〕 ··········· 169
2. 3. 44. 11：Tovariaceae　トバリア科〔264〕 ····················· 169
2. 3. 44. 12：Pentadiplandraceae　ペンタディプランドラ科〔265〕 ···· 169
2. 3. 44. 13：Gyrostemonaceae　ギロステモン科〔266〕 ··········· 169
2. 3. 44. 14：Resedaceae　†モクセイソウ科〔267〕 ················ 169
2. 3. 44. 15：**Capparaceae　フウチョウボク科**〔268〕 ··········· 170
2. 3. 44. 16：Cleomaceae　†フウチョウソウ科〔269〕 ·············· 170
2. 3. 44. 17：**Brassicaceae** (Cruciferae)　**アブラナ科**〔270〕 ········· 170

■ **2. 3. 45：Berberidopsidales　メギモドキ目** ····························· **174**
2. 3. 45. 1：Aextoxicaceae　アエクストキシコン科〔271〕 ·········· 174
2. 3. 45. 2：Berberidopsidaceae　メギモドキ科〔272〕············· 174

■ **2. 3. 46：Santalales　ビャクダン目** ·· **174**
2. 3. 46. 1：Olacaceae　オラクス科〔273〕 ······················· 174
2. 3. 46. 2：Opiliaceae　カナビキボク科〔274〕 ··················· 174
2. 3. 46. 3：**Balanophoraceae　ツチトリモチ科**〔275〕 ··········· 174
2. 3. 46. 4：**Santalaceae　ビャクダン科**〔276〕 ··················· 175
2. 3. 46. 5：Misodendraceae　ミソデンドルム科〔277〕 ············ 176
2. 3. 46. 6：**Schoepfiaceae　ボロボロノキ科**〔278〕 ·············· 176
2. 3. 46. 7：**Loranthaceae　オオバヤドリギ科**〔279〕·············· 176

■ **2. 3. 47：Caryophyllales　ナデシコ目** ···································· **176**
2. 3. 47. 1：Frankeniaceae　フランケニア科〔280〕 ··············· 176
2. 3. 47. 2：Tamaricaceae　ギョリュウ科〔281〕················· 176
2. 3. 47. 3：**Plumbaginaceae　イソマツ科**〔282〕 ················· 176
2. 3. 47. 4：**Polygonaceae　タデ科**〔283〕 ······················· 178
2. 3. 47. 5：**Droseraceae　モウセンゴケ科**〔284〕·················· 178
2. 3. 47. 6：Nepenthaceae　ウツボカズラ科〔285〕 ················ 179

2. 3. 47. 7：Drosophyllaceae　ドロソフィルム科〔286〕…………………… 180
2. 3. 47. 8：Dioncophyllaceae　ディオンコフィルム科〔287〕…………… 180
2. 3. 47. 9：Ancistrocladaceae　ツクバネカズラ科〔288〕………………… 180
2. 3. 47. 10：Rhabdodendraceae　ラブドデンドロン科〔289〕…………… 180
2. 3. 47. 11：Simmondsiaceae　ホホバ科(シモンジア科)〔290〕………… 180
2. 3. 47. 12：Physenaceae　フィセナ科〔291〕………………………………… 180
2. 3. 47. 13：Asteropeiaceae　アステロペイア科〔292〕…………………… 180
2. 3. 47. 14：Macarthuriaceae　マカルツリア科〔293〕…………………… 180
2. 3. 47. 15：Microteaceae　ミクロテア科〔294〕…………………………… 180
2. 3. 47. 16：**Caryophyllaceae　ナデシコ科**〔295〕………………………… 180
2. 3. 47. 17：Achatocarpaceae　アカトカルプス科〔296〕………………… 182
2. 3. 47. 18：**Amaranthaceae　ヒユ科**〔297〕………………………………… 182
2. 3. 47. 19：Stegnospermataceae　ステグノスペルマ科〔298〕………… 184
2. 3. 47. 20：Limeaceae　リメウム科〔299〕…………………………………… 185
2. 3. 47. 21：Lophiocarpaceae　ロフィオカルプス科〔300〕……………… 185
2. 3. 47. 22：Kewaceae　キューア科〔301〕…………………………………… 185
2. 3. 47. 23：Barbeuiaceae　バルベウイア科〔302〕………………………… 186
2. 3. 47. 24：Gisekiaceae　ギセキア科〔303〕………………………………… 186
2. 3. 47. 25：**Aizoaceae　ハマミズナ科**〔304〕……………………………… 186
2. 3. 47. 26：**Phytolaccaceae　ヤマゴボウ科**〔305〕……………………… 186
2. 3. 47. 27：Petiveriaceae　†ジュズサンゴ科〔306〕……………………… 186
2. 3. 47. 28：Sarcobataceae　サルコバツス科〔307〕……………………… 186
2. 3. 47. 29：**Nyctaginaceae　オシロイバナ科**〔308〕…………………… 187
2. 3. 47. 30：**Molluginaceae　ザクロソウ科**〔309〕……………………… 187
2. 3. 47. 31：**Montiaceae　ヌマハコベ科**〔310〕…………………………… 188
2. 3. 47. 32：Didiereaceae　カナボウノキ科〔311〕………………………… 188
2. 3. 47. 33：Basellaceae　†ツルムラサキ科〔312〕……………………… 188
2. 3. 47. 34：Halophytaceae　ハロフィツム科〔313〕……………………… 188
2. 3. 47. 35：Talinaceae　†ハゼラン科〔314〕……………………………… 188
2. 3. 47. 36：**Portulacaceae　スベリヒユ科**〔315〕……………………… 188
2. 3. 47. 37：Anacampserotaceae　アナカンプセロス科〔316〕………… 188
2. 3. 47. 38：Cactaceae　†サボテン科〔317〕……………………………… 188

[ASTERIDS　キク類]

■**2. 3. 48：Cornales　ミズキ目**……………………………………………………… **189**
2. 3. 48. 1：Nyssaceae　ヌマミズキ科〔318〕…………………………………… 189
2. 3. 48. 2：Hydrostachyaceae　ヒドロスタキス科〔319〕…………………… 189
2. 3. 48. 3：**Hydrangeaceae　アジサイ科**〔320〕………………………… 190
2. 3. 48. 4：Loasaceae　シレンゲ科〔321〕…………………………………… 190
2. 3. 48. 5：Curtisiaceae　カーチシア科〔322〕…………………………… 190
2. 3. 48. 6：Grubbiaceae　グルッビア科〔323〕…………………………… 190
2. 3. 48. 7：**Cornaceae　ミズキ科**〔324〕………………………………… 190

目　次

■**2. 3. 49**：Ericales　ツツジ目 ……………………………………………………… **190**
　2. 3. 49. 1：**Balsaminaceae**　**ツリフネソウ科**〔325〕 ………………… 190
　2. 3. 49. 2：Marcgraviaceae　マルクグラビア科〔326〕 ………………… 191
　2. 3. 49. 3：Tetrameristaceae　テトラメリスタ科〔327〕 ……………… 191
　2. 3. 49. 4：Fouqueriaceae　フォウクィエリア科〔328〕 ……………… 191
　2. 3. 49. 5：**Polemoniaceae**　**ハナシノブ科**〔329〕 ………………… 191
　2. 3. 49. 6：**Lecythidaceae**　**サガリバナ科**〔330〕 ………………… 192
　2. 3. 49. 7：Sladeniaceae　スラデニア科〔331〕 ………………………… 192
　2. 3. 49. 8：**Pentaphylacaceae**　**サカキ科**〔332〕 ………………… 192
　2. 3. 49. 9：**Sapotaceae**　**アカテツ科**〔333〕 ……………………… 192
　2. 3. 49. 10：**Ebenaceae**　**カキノキ科**〔334〕 ……………………… 193
　2. 3. 49. 11：**Primulaceae**　**サクラソウ科**〔335〕 ………………… 193
　2. 3. 49. 12：**Theaceae**　**ツバキ科**〔336〕 ………………………… 194
　2. 3. 49. 13：**Symplocaceae**　**ハイノキ科**〔337〕 ………………… 194
　2. 3. 49. 14：**Diapensiaceae**　**イワウメ科**〔338〕 ………………… 194
　2. 3. 49. 15：**Styracaceae**　**エゴノキ科**〔339〕 …………………… 195
　2. 3. 49. 16：Sarraceniaceae　サラセニア科〔340〕 …………………… 195
　2. 3. 49. 17：Roridulaceae　ロリドゥラ科〔341〕 ……………………… 195
　2. 3. 49. 18：**Actinidiaceae**　**マタタビ科**〔342〕 ………………… 195
　2. 3. 49. 19：**Clethraceae**　**リョウブ科**〔343〕 …………………… 195
　2. 3. 49. 20：Cyrillaceae　キリラ科〔344〕 ……………………………… 195
　2. 3. 49. 21：**Ericaceae**　**ツツジ科**〔345〕 ……………………… 196
　2. 3. 49. 22：**Mitrastemonaceae**　**ヤッコソウ科**〔346〕 ………… 198

■**2. 3. 50**：Icacinales　クロタキカズラ目 ……………………………………… **198**
　2. 3. 50. 1：Oncothecaceae　オンコテカ科〔347〕 …………………… 198
　2. 3. 50. 2：**Icacinaceae**　**クロタキカズラ科**〔348〕 ……………… 198

■**2. 3. 51**：Metteniusales　メッテニウサ目 …………………………………… **198**
　2. 3. 51. 1：Metteniusaceae　メッテニウサ科〔349〕 ………………… 198

■**2. 3. 52**：Garryales　アオキ目 ………………………………………………… **198**
　2. 3. 52. 1：Eucommiaceae　トチュウ科〔350〕 ……………………… 198
　2. 3. 52. 2：**Garryaceae**　**アオキ科**〔351〕 …………………… 198

■**2. 3. 53**：Gentianales　リンドウ目 …………………………………………… **198**
　2. 3. 53. 1：**Rubiaceae**　**アカネ科**〔352〕 ……………………… 198
　2. 3. 53. 2：**Gentianaceae**　**リンドウ科**〔353〕 …………………… 204
　2. 3. 53. 3：**Loganiaceae**　**マチン科**〔354〕 ……………………… 204
　2. 3. 53. 4：Gelsemiaceae　ゲルセミウム科〔355〕 ………………… 204
　2. 3. 53. 5：**Apocynaceae**　**キョウチクトウ科**〔356〕 …………… 205

■**2. 3. 54**：Boraginales　ムラサキ目 …………………………………………… **208**
　2. 3. 54. 1：**Boraginaceae**　**ムラサキ科**〔356〕 …………………… 208

■**2. 3. 55**：Vahliales　バーリア目 ……………………………………………… **212**
　2. 3. 55. 1：Vahliaceae　バーリア科〔358〕 ………………………… 212

16

■**2. 3. 56**：Solanales　ナス目 ……………………………………………………………… **212**
　2. 3. 56. 1：**Convolvulaceae　ヒルガオ科**〔359〕………………………… 212
　2. 3. 56. 2：**Solanaceae　ナス科**〔360〕…………………………………… 214
　2. 3. 56. 3：Montiniaceae　モンティニア科〔361〕………………………… 215
　2. 3. 56. 4：Sphenocleaceae　†ナガボノウルシ科〔362〕……………… 216
　2. 3. 56. 5：Hydroleaceae　セイロンハコベ科〔363〕…………………… 216

■**2. 3. 57**：Lamiales　シソ目 …………………………………………………………… **216**
　2. 3. 57. 1：Plocospermataceae　プロコスペルマ科〔364〕…………… 216
　2. 3. 57. 2：Carlemanniaceae　カルレマンニア科〔365〕……………… 216
　2. 3. 57. 3：**Oleaceae　モクセイ科**〔366〕…………………………………… 216
　2. 3. 57. 4：Tetrachondraceae　テトラコンドラ科〔367〕……………… 216
　2. 3. 57. 5：**Gesneriaceae　イワタバコ科**〔369〕………………………… 217
　2. 3. 57. 6：**Plantaginaceae　オオバコ科**〔370〕………………………… 218
　2. 3. 57. 7：**Scrophulariaceae　ゴマノハグサ科**〔371〕……………… 220
　2. 3. 57. 8：Stilbaceae　スティルベ科〔372〕…………………………… 222
　2. 3. 57. 9：**Linderniaceae　アゼナ科**〔373〕……………………………… 222
　2. 3. 57. 10：Byblidaceae　ビブリス科〔374〕…………………………… 222
　2. 3. 57. 11：Martyniaceae　ツノゴマ科〔375〕………………………… 222
　2. 3. 57. 12：Pedaliaceae　ゴマ科〔376〕………………………………… 222
　2. 3. 57. 13：**Acanthaceae　キツネノマゴ科**〔377〕……………………… 222
　2. 3. 57. 14：Bignoniaceae　†ノウゼンカズラ科〔378〕………………… 224
　2. 3. 57. 15：**Lentibulariaceae　タヌキモ科**〔379〕……………………… 226
　2. 3. 57. 16：Schlegeliaceae　シュレゲリア科〔380〕…………………… 226
　2. 3. 57. 17：Thomandersiaceae　トマンデルシア科〔381〕…………… 226
　2. 3. 57. 18：**Verbenaceae　クマツヅラ科**〔382〕………………………… 226
　2. 3. 57. 19：**Lamiaceae**(Labiatae)　**シソ科**〔383〕……………………… 226
　2. 3. 57. 20：**Mazaceae　サギゴケ科**〔384〕…………………………… 230
　2. 3. 57. 21：**Phrymaceae　ハエドクソウ科**〔385〕……………………… 230
　2. 3. 57. 22：Paulowniaceae　†キリ科〔386〕…………………………… 231
　2. 3. 57. 23：**Orobanchaceae　ハマウツボ科**〔387〕……………………… 231

■**2. 3. 58**：Aquifoliales　モチノキ目 ……………………………………………… **232**
　2. 3. 58. 1：Stemonuraceae　ステモヌルス科〔388〕…………………… 232
　2. 3. 58. 2：Cardiopteridaceae　ヤマイモドキ科〔389〕……………… 233
　2. 3. 58. 3：Phyllonomaceae　フィロノマ科〔390〕…………………… 233
　2. 3. 58. 4：**Helwingiaceae　ハナイカダ科**〔391〕……………………… 233
　2. 3. 58. 5：**Aquifoliaceae　モチノキ科**〔392〕…………………………… 233

■**2. 3. 59**：Asterales　キク目 ……………………………………………………………… **233**
　2. 3. 59. 1：Rousseaceae　ロウッセア科〔393〕………………………… 233
　2. 3. 59. 2：**Campanulaceae　キキョウ科**〔394〕………………………… 234
　2. 3. 59. 3：Pentaphragmataceae　ユガミウチワ科〔395〕…………… 234
　2. 3. 59. 4：Stylidiaceae　スティリディウム科〔396〕………………… 234
　2. 3. 59. 5：Alseuosmiaceae　アルセオウスミア科〔397〕…………… 234

目 次

2. 3. 59. 6：Phellinaceae　フェリネ科〔398〕 ················· 234
2. 3. 59. 7：Argophyllaceae　アルゴフィルム科〔399〕 ················· 235
2. 3. 59. 8：**Menyanthaceae　ミツガシワ科**〔400〕 ················· 235
2. 3. 59. 9：**Goodeniaceae　クサトベラ科**〔401〕 ················· 235
2. 3. 59. 10：Calyceraceae　カリケラ科〔402〕 ················· 235
2. 3. 59. 11：**Asteraceae**(Compositae)　**キク科**〔403〕················· 236

■**2. 3. 60：Escalloniales　エスカロニア目** ················· **249**
2. 3. 60. 1：Escalloniaceae　エスカロニア科〔404〕 ················· 249

■**2. 3. 61：Bruniales　ブルニア目** ················· **249**
2. 3. 61. 1：Columelliaceae　コルメリア科〔405〕 ················· 249
2. 3. 61. 2：Bruniaceae　ブルニア科〔406〕 ················· 249

■**2. 3. 62：Paracryphiales　パラクリフィア目**················· **250**
2. 3. 62. 1：Paracryphiaceae　パラクリフィア科〔407〕 ················· 250

■**2. 3. 63：Dipsacales　マツムシソウ目** ················· **250**
2. 3. 63. 1：**Viburnaceae ガマズミ科**(Adoxaceæ レンプクソウ科)〔408〕····· 250
2. 3. 63. 2：**Caprifoliaceae　スイカズラ科**〔409〕 ················· 250

■**2. 3. 64：Apiales　セリ目** ················· **251**
2. 3. 64. 1：Pennantiaceae　ペンナンティア科〔410〕 ················· 251
2. 3. 64. 2：Torricelliaceae　トリケリア科〔411〕 ················· 252
2. 3. 64. 3：Griseliniaceae　グリセリニア科〔412〕 ················· 252
2. 3. 64. 4：**Pittosporaceae　トベラ科**〔413〕 ················· 252
2. 3. 64. 5：**Araliaceae　ウコギ科**〔414〕 ················· 252
2. 3. 64. 6：Myodocarpaceae　ミオドカルプス科〔415〕················· 253
2. 3. 64. 7：**Apiaceae**(Umbelliferae)　**セリ科**〔416〕················· 254

（■所属不明の属·················258）

付図：系統樹 ················· 259 ～ 270
引用文献 ················· 271 ～ 278
和名索引 ················· 279 ～ 314
学名索引 ················· 315 ～ 357

科レベルの分類体系に関して残された問題

　維管束植物の科レベルまでの分子系統については，2016年のPPG I とAPGⅣにおいてまとめられている通り概ね出そろった感があり，若干の未解明な部分や科への所属が不明の属（APGⅣの巻末にまとめられており，本書でも分類表の末に採録した）があるものの，系統関係の根本については今後大きく変更されることはないと考えられる。現在は，分子系統解析の主たる目的は科内や属内の分類体系の構築へと向っており，複数の属や種を含む科のかなりの部分について系統関係に基づいた分類体系が提案されつつある。

　もっとも，一部の目には，今なお科の系統関係や単系統性に不確定な要素が残されている。被子植物のビャクダン目についてはNickrent et al. (2010)によってAPGⅢの‘オラクス科’と‘ビャクダン科’（APGⅣでは，側系統群か多系統群の可能性の高い科は引用符（‘ ’）で挟んで表示されている）が単系統群ではないことが指摘され，それぞれ複数の科に細分された。この細分のうちオラクス科については『維管束植物分類表』で採用したが，Nickrent et al. (2010)の科の範囲付けの基礎となっている系統関係の支持確率があまり高くないためにAPGⅣでは受け入れられず，従来の広義の科がAPGⅣでも用いられている。しかし，近年の研究（例えばH.-J. Sun et al. 2015; Z.-D. Chen et al. 2016）で広義の科の使用に否定的なデータが追加されており，将来的には細分された科が受けいられる可能性が高い。菌従属栄養植物を含むヤマノイモ目についても，APGⅢで既に問題点が指摘されていながら，同様の理由によりAPGⅣにおいてもそれ以前の科の範囲付けが踏襲されている。全寄生植物（シノモリウム科，アポダンテス科，ラフレシア科，キティヌス科，ツチトリモチ科，ヤッコソウ科）は，系統解析によく用いられる葉緑体遺伝子の多くが欠失していたり，進化速度が異常に速いなど，緑葉をもつ植物と同じ方法で比較をすることが困難であり，核やミトコンドリアなど他の遺伝子を用いて系統関係の推定が行われている。さらに，ミトコンドリアDNAを中心に，宿主からの遺伝子の水平移動も報告されるようになっており，全

寄生植物の系統的位置については今なお不確実性がつきまとっているのが実状である。緑葉をもつ植物においても，センリョウ科に関して従来の系統的位置に対して異論が出され，結果として順番が変えられるなど，一部の科についてはまだ系統上の位置が確定したとは言えない点がある。

科レベルの系統関係が確立しても，分類体系の安定につながらない場合がある。シダ植物に関しては，むしろ研究者の間で，科の範囲付けにかかわる対立が大きくなってきているようにさえ思える。本書では海老原(2016, 2017)に従ってPPG I 体系をシダの分類に採用したが，51科が認められたこの体系は単型の科が多く（少なくとも13科が1属のみからなる），単型の科を極力避けるAPG分類の基準との整合性が悪いと感じられる。そのため，Christenhusz & Chase (2014)は，科を24（単型科は6科）に統合した体系を作成し，その使用を推奨している（Christenhusz et al. 2017）。この体系では，ヘゴ目（PPG I では8科）やウラボシ目真正ウラボシ類 Eupolypods の2系統（PPG I では真正ウラボシ類 I が9科，II が11科）をそれぞれ1科として扱う（図1）など大胆な統合が行われていて，シダ植物の多様性に乏しいヨーロッパでは受け入れられるかも知れないが，アジアでは現時点では拒否反応が大きく（海老原 2016），受け入れられる見込みは高いとは言えない。しかしながら，維管束植物全体としてのバランスを考慮する限り，PPG I については科の範囲付けが小さすぎるように思われ，かつ真正ウラボシ類の科については被子植物と比べても決して進化の歴史が古いわけではないことを勘案すると，今後流れが変わる可能性も考慮しておかなければならないであろう。なお，上記の分類体系では単系統群のみを科として認めるという現在の系統分類の基本原則が貫かれているが，いずれの体系においても科の形態的識別は容易とはいえない点で被子植物のAPG分類体系と同様の問題を抱えている。系統は重視しつつも形態的な識別の容易さにより重きをおく学者(Fraser-Jenkins 2008; Fraser-Jenkins et al. 2017)は，側系統群も許容する進化分類の考えに基づいた体系を提唱し，ヒメウラボシ科やシシラン科などを認めているが，この体系は世代を超えて存続しうるかどうか疑問である。

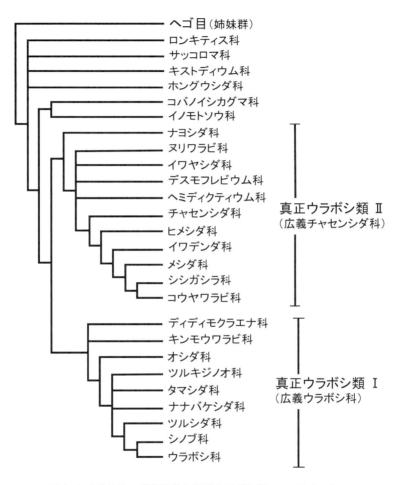

図1. ウラボシ目の系統関係と真正ウラボシ類 I, II。Christenhusz & Chase (2014) はこの2系統をそれぞれ1科（チャセンシダ科，ウラボシ科）とし，Christenhusz et al. (2017) では各系統中の科の大部分を亜科のランクで扱っている（シシガシラ科とコウヤワラビ科，ツルキジノオ科とタマシダ科はそれぞれ合一している）。

科レベルの分類体系に関して残された問題

　被子植物においても，科の範囲付けの問題は残されている。APG 分類体系ではその創設以来単型の科を極力避けて，科の数についても 400 を大幅に超えない程度に設定しているが，一方で園芸業界などユーザーの意見を汲んで，有用植物の科の周辺では時としてやや不自然に思える科の分割が行われている。APGⅣにおいては，その構築に先立って 2014 年に Web 上でアンケートが行われ，その結果を参考にして科の範囲付けを最終的に決定した(Christenhusz et al. 2016)とされているが，科の範囲付けの不公平性は個々の科の専門家にとっては不満を増幅させる結果となっており，特に形態的共通性が乏しいのに単系統群という理由で 1 つの科に押し込められた属の研究者には APG のコンセプトに対する批判が強い(例えば Thulin et al. 2016)。ムラサキ目(APGⅣで正式に独立の目として認められた)については科を細分する点で APG とは異なった分類体系(Boraginales Working Group 2016)が提案され，それらが採用されている文献やウェブサイトも少なくない。地域レベルで植物の多様性を記述する場合は，複数の種を含む科の姉妹群でそれと形態的にはっきり区別できる属に関しては積極的に独立の科として認めることがしばしば行われ(日本でもシラネアオイ科 Glaucidiaceae がしばしば認められる)，J.-X. Su et al. (2012)や Z.-D. Chen et al. (2016)では単型の Acanthochlamydaceae (←ベロジア科)や Borthwickiaceae (←モクセイソウ科)が認められている。しかし，世界的見地から科の数を絞るという APG のコンセプトにもそれなりの利点があり，本書でもこれらの科は分けずに扱っている。むしろ範囲付けの不公平さこそ問題であるとして，Mabberley (2017)は被子植物の科については APGⅣに一応従いながらも，分け過ぎと考えられるいくつかの科(スベリヒユ科とサボテン科，ウコギ科とセリ科など)については統合を提案している。将来的には Mabberley (2017)の科の統合の提案のうちいくつかは受け入れられる可能性がある。

分子系統解析に基づく科内分類体系の再構築の現在

　先に書いたように，分子系統解析に係る研究は，現在では科の関係か
ら，科内の系統関係の研究や分類体系の構築に重点が移っている。これ
には使用される遺伝子領域の種類や数，解析法が多様になり，以前は十
分な支持確率が得られなかった種間や種内の系統に関しても高い確率で
支持されるような系統樹が得られるようになったこと，古い標本でしか
知られなかった属や種の再発見によって，こうした分類群の遺伝情報が
得られるようになったこと，広域に分布する分類群の系統解析について
国際的な協力体制ができあがってきたことも大きく貢献している。現在
では，科内の分類体系を扱った論文は毎年数えきれないほど発表されて
おり，同じ科や属であっても複数の研究グループが互いに対立する体系
を相前後して発表することも稀ではない。ある程度論争点が絞られてき
ている科より上の分類体系に比べて，こちらはまだまだ収束には時間が
かかりそうである。こうして発表された科内の分類体系は，Kubitzki (ed.)
（1993〜），Mabberley（2008, 2017）や Christenhusz et al.（2017）などの出版
物で紹介され，Stevens（2001〜）においても随時更新が行われて新しい
情報がまとめられている。

　本書で採用した科内分類体系は，上記の文献で採録されたものから
適切と思われるものを選んだが，特に Stevens（2001〜）に従ったもの
が多い。系統関係に基づいている体系でも範囲付けが恣意的に思える
ものがあり，例えば Christenhusz et al.（2017）では，共著者である M.W.
Chase の意向を受けて，亜科の数を無理に絞った体系が提案されている。
Chase et al.（2015）では，亜科の数は教育上の配慮から 5 つ前後が望ま
しいという持論が展開されているが，同論文で扱われているラン科ではそ
れでうまくいくとしても，他の科にこの原則を無理に適用すると往々に
して非実用的な体系になってしまう。そのため，本書では科内分類群の
数を特に絞るようなことはしていない。また，従来提案された分類体系
の中には国際命名規約（特に保存科名に基づく科内分類群の名を規定す
る第 19.5 条）に反するものが含まれており，これについては最も正しい

と考えられる学名を使用した。

　科内分類体系の構築と併せて，属の範囲付けを単系統群となるように調整する研究も進められており，結果として従来認められていた属が他の属に統合されたり，同じ属名であっても内容が大きく変更となる事態が相次いでいる。これ自体は DNA 時代以前にも行われていたことではあるが，近年はその頻度が増していることは疑いない。また，属の大きさについてはなお研究者間に見解の隔たりが大きく，亜科や連ごとに属の範囲付けに不統一が生じる原因となっている。こうした不統一を解消すべく，総合的な立場から属の範囲付けを調整するような提案もなされているが（ウラボシ目，バラ科など），往々にしてそれらの提案は属を大きく範囲づけする方向にぶれることが多く，各グループの専門家から受け入れられることは少ない。また，1 つまたは少数の遺伝子領域の解析の結果に基づいて，形態的によく定義される属をそれが系統的に含まれる他の属に統合する提案も多いが，後に遺伝子領域を増やした解析で異なる結果が得られる可能性があるので，慎重な検討が求められる。

　最後に，より根本的な問題として，属やその上の分類群は必ず単系統群であるべきかという点について触れておかなければならない。現実には，網状進化は維管束植物の世界では普遍的な現象であり，交雑起源の属は大抵の場合多系統群となる。普通の種分化の過程においても，海洋島など新天地に植物が分布を拡大した場合には，進化の速度が早まって場合によっては別属へと進化する反面，起源地においては近縁分類群との戻し交雑などによって種分化が抑えられ，結果として側系統群として認識されることになる。側系統群を分類から排除することの困難さやその問題点については議論の対象となっている（Stuessy & Hörandl（2014）など Annals of Missouri Botanical Garden 100 巻 1–2 号に様々な立場からの論説がまとめられている）が，立場の違いを埋めるには至っていない。筆者は，上記のような場合を中心にある程度は側系統群を許容せざるを得ないものの，「系統に基づく分類」をうたっている以上，系統と分類体系の乖離を避けるためには側系統群は極力避ける方針をとるのが妥当と考え，側系統群などを許容した場合には本文中にその旨記した。

本書で採用した分類体系の『維管束植物分類表』から変更された点

1. シダ植物（小葉類，大葉シダ植物）

　PPG I（2016）は，『維管束植物分類表』の依拠した Christenhusz et al.（2011a）とほぼ同じであり，ただウラボシ目（19 ページ図 1）中の主要な 2 系統である「真正ウラボシ類 I，II」の初期に分岐した系統が新たに追加されたことによって科数が 48 科から 3 科増えて 51 科となった点が異なるだけである。このことによって単型の科が増えたため，APG 分類体系との整合性を考慮した科の統合の動きを誘発したが，細分した扱いをとる限りにおいて日本産の種に関しては特に違いはない。ただし，Christenhusz & Chase（2014）のように科を統合した場合には，それにあわせて属の範囲付けも広くとることが受け入れやすくなると考えられる。チャセンシダ科，ヒメシダ科，コウヤワラビ科については本書では複数の属を認めているが，これらについて Fraser-Jenkins（2008）のように 1 属のみを認める意見も強く，Christenhusz et al.（2017）でも一部については そう扱っている。さらに，イノモトソウ科エビガラシダ亜科やウラボシ科ヒメウラボシ亜科は，周辺の亜科に比べて属が細分されすぎの傾向があるとして，Christenhusz et al.（2017）および Christenhusz & Chase（2018）はそれぞれ 1 属として扱うべきと提案している（本書ではその意見を採らない）。

2. 裸子植物（図 2）

　裸子植物については『維管束植物分類表』同様 Christenhusz et al.（2011b）に準拠した。Christenhusz et al.（2011b）の後も，現生種の系統関係を明らかにするために多くの研究が発表されているが，イチョウ類やグネツム類の系統的位置については未だに合意が得られていない（Soltis et al. 2018 も参照されたい）。現生裸子植物は単系統群であることが判明したのは分子系統の与えた大きな衝撃であるが，化石種も含めた裸子植物が側系統群であることは広く受け入れられている。化石については DNA 情報が得られないために現生植物同様の系統解析はできないが，現生種

本書で採用した分類体系の『維管束植物分類表』から変更された点

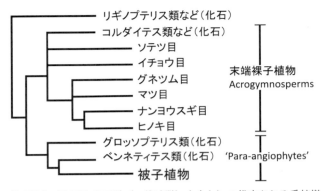

図 2. 種子植物(主要な化石種(=絶滅群)も含む)の推定される系統樹(Doyle 2012 に基づいて作成された Soltis et al. 2018 の図 1.9 を簡略化して改変)。図中で被子植物以外は全て従来の分類では裸子植物とされる。グネツム目の系統的位置については,マツ目と単系統群をなす樹形が多くの解析で支持されるが,少数ながらヒノキ目や球果類全体と単系統群をなすという解析結果も出されている。

の系統関係から推測される形態情報の進化の方向性に化石種をあてはめることによって,化石種の系統上の位置が推測されている。化石裸子植物は,現生裸子植物の系統から被子植物の祖先系統が分かれた後に後者から分岐したもの,現生裸子植物と同じ系統に属するもの,両者の共通祖先から分岐したものに 3 分され,化石種も含んだ系統群に対する名としては,現生裸子植物を含む群を末端裸子植物 Acrogymnosperms,それと姉妹群をなす被子植物を含む群を「Para-angiophytes」と呼ぶことが提案されている(Doyle 2012; Soltis et al. 2017)。

3. 被子植物

APG Ⅳ(64 目 416 科)が APG Ⅲ(58 目 413 科)から最も変わった点は,最初から線形配列で科が並べられている点と,従来系統上の位置が未定であった科の系統情報の増加を反映して,全ての科を目に所属させた点である。その目的のために,新たに 5 目(ビワモドキ目,メッテニウサ目,クロタキカズラ目,ムラサキ目,バーリア目)が認められた。既存

本書で採用した分類体系の『維管束植物分類表』から変更された点

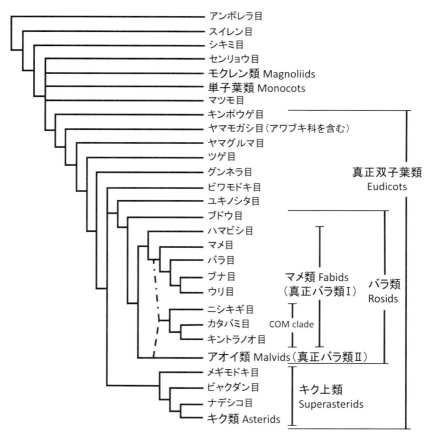

図 3. 被子植物の系統関係。初期に分岐した群のうち，センリョウ科は葉緑体遺伝子の系統樹ではモクレン類の姉妹群，マツモ科は真正双子葉類の姉妹群となるが，核やミトコンドリアの一部の遺伝子の解析ではしばしばセンリョウ科とマツモ科が姉妹群となってそれがさらに単子葉類または真正双子葉類と姉妹群をなし，その外側でモクレン類が分岐する系統関係となる（ただし支持確率は高くない）ことが知られている。ここではこれらを多分岐として表現する。COM clade は，葉緑体遺伝子の系統樹ではマメ類に属する（一点鎖線）が，核の多くの遺伝子やミトコンドリア遺伝子の系統樹ではアオイ類と単系統群をなす（破線）。

の目の順番はセンリョウ目を除き変更されていないが，目の中の科の順番は，キントラノオ目とシソ目ではAPGⅢと比べてかなり違っている。これは，それぞれの目の中での科の系統関係の理解が進んだことによる。ただし，従来と異なる系統関係が提示された場合でも，その支持確率が高くない場合には，先述のビャクダン目のようにAPGⅣは保守的な立場をとっている。新たに認められた科は9科あり，そのうち4科がナデシコ目に属する。一方で，他の科へと統合された科も6科（APGⅣの要旨では9科書かれているが，うち3科はAPGⅢで既に異名として扱われている）あり，結果的に科の増加は3に留められている。ススキノキ科など3科は命名規約上の優先権の理由によって改名された。以下，主要な系統群（図3も参照）ごとに，具体的な変更点を記述したい。

（1）初期に分岐した系統

　センリョウ科の系統的位置が不確定となって目の位置が変えられたことと，ウマノスズクサ科がヒドノラ科（寄生植物）とラクトリス科を含んで拡張されたことが変更点である。ただし，前者については，線形配列の原則に照らしてAPGⅣのように目の順番を替える必要はないのではないかと思われる。

（2）単子葉類

　系統的位置が不明であったダシポゴン科は，ヤシ目の姉妹群となる可能性が高まったとして，その一員として扱われた。サンアソウ科（イネ目）がアナルスリア科とカツマダソウ科を含んで拡張された一方で，オーストラリア産の *Maundia* 属がシバナ科（オモダカ目）から切り離され，独立のマウンディア科とされた。ススキノキ科 Xanthorrhoeaceae（キジカクシ目）は，命名規約上の理由（より早く発表されたツルボラン科 Asphodelaceae が新たに保存されたこと）により Asphodelaceae が正名となったが，科の和名は伊藤他（2012）に従ってワスレグサ科とする。

　ヤマノイモ目からキンコウカ科を除いたヤマノイモ科，タシロイモ科，ヒナノシャクジョウ科，タヌキノショクダイ科の4科は単系統群を構成する（図4）。Mabberley（2008, 2017）や『維管束植物分類表』では，これら4科を独立科としたが，この取り扱いについては様々な意見があり，結

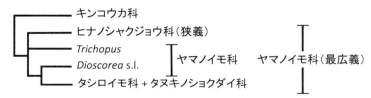

図 4. ヤマノイモ目における科の系統関係（主に Merckx et al. 2009 による）。系統樹上で和名で表示された科は Mabberley（2008, 2017）や『維管束植物分類表』，大橋他（2015）のように細分した場合のもので，APG Ⅱ，Ⅲ，Ⅳではヒナノシャクジョウ科（狭義）とタヌキノショクダイ科を合一してヒナノシャクジョウ科（広義），ヤマノイモ科とタシロイモ科を合一してヤマノイモ科としている。タヌキノショクダイ科を構成する属は，タシロイモ科から複数回起源しており，単系統群をなさない。しばしば独立科 Trichopodaceae として扱われる *Trichopus* については，系統解析に加えられないことが多く，ヒナノシャクジョウ科との関係は十分に明らかになっていない。

局 APG Ⅳは意見を集約できずに APG Ⅱや APG Ⅲ同様にヤマノイモ科(タシロイモ科を含む。側系統群)と'ヒナノシャクジョウ科'(タヌキノショクダイ科を含む。多系統群)の 2 科を認めている。一方で,タヌキノショクダイ科がタシロイモ科の中から複数回起源したことは間違いなく，さらにタシロイモ科自身ヤマノイモ科の内群となる可能性が高い(Merckx et al. 2009)。一方で狭義のヒナノシャクジョウ科は単系統群とみなしうるので, Soltis et al.（2018）の第 12 章のように，ヤマノイモ科とヒナノシャクジョウ科の 2 科を認める点では APG Ⅳと同じでも，タヌキノショクダイ科をタシロイモ科と共にヤマノイモ科に合一し，ヒナノシャクジョウ科は狭義のままとするのがより望ましい体系ではないかと思われ，本書でもそのように扱った。さらにヒナノシャクジョウ科をもヤマノイモ科に含める扱いもそれなりの説得力があり，Christenhusz et al.（2017）や Soltis et al.（2018）の第 7 章ではそれが推奨されている。

(3) 基部真正双子葉類およびビワモドキ科

系統的位置未定のため『維管束植物分類表』において暫定的に独立の目としたアワブキ科は，APG Ⅳではヤマモガシ目と単系統群をなす

確率が高いとしてそれに含められたが，Z.-D. Chen et al.（2016）の系統樹では異なる樹形が示されるなど，将来的に独立の目とされる可能性がある。ツゲ目では，従来系統的位置が不明であったハプタンツス科の *Haptanthus* 属がツゲ科の内群となることがわかり，それに統合された。

中核真正双子葉類のビワモドキ科（APGⅢでは所属位置未定として扱われていたが，『維管束植物分類表』では独立目として扱った）は，バラ類とキク類の祖先が分岐する頃に分岐した古い系統群であることが確定し，APGⅣで正式に独立の目として認められた。

(4) ユキノシタ目およびバラ類 (= バラ上類 Superrosids)

全寄生植物のシノモリウム科は APGⅣにおいて正式にユキノシタ目の一員とされたが，どの科に近縁であるかは不明であり，バラ目に近いとする異論もある。同様に全寄生植物のアポダンテス科はウリ目に入れられたが，ウリ目の他の科との関係は明らかではない。

バラ類に属する科の大部分は大きく2群（マメ類 Fabids (= 真正バラ類Ⅰ) とアオイ類 Malvids (= 真正バラ類Ⅱ)）に分けられる。しかし，ニシキギ目，カタバミ目およびキントラノオ目（図3参照。目の学名の頭文字をとって COM clade と呼ばれる）は従来葉緑体遺伝子や一部の核遺伝子の解析でマメ類とされていたが，近年になって核やミトコンドリアの遺伝子解析が進むにつれて，これらの遺伝子の多く（ミトコンドリアでは全て，核では解析された中では 3/4 ほど）でアオイ類との類縁が示されるようになった。この不一致は，COM clade が過去のマメ類の祖先とアオイ類との祖先との交雑に由来するためと解釈されている（M. Sun et al. 2014）。APGⅣでは COM clade の目を従来通りマメ類として扱っているが，全体の配列の中ではマメ類とバラ類の間に置かれており，将来的な所属の変更に含みを持たせている。

アオイ類フウロソウ目では，APGⅢにおいて認められていた3科（フウロソウ科，ウィウィアニア科，メリアンツス科）のうち後2者が合一され，科名は優先権の関係でフランコア科 Francoaceae となった。一方，新たに加わった科はペラ科（キントラノオ目）とペテナエア科（フエルテ

本書で採用した分類体系の『維管束植物分類表』から変更された点

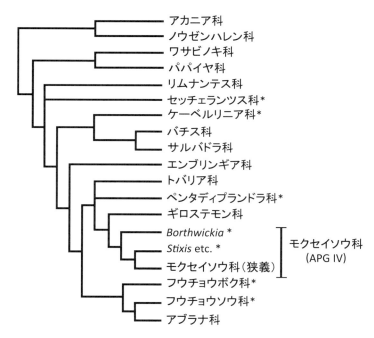

図5. アブラナ目の科の系統関係。図中で*で示した科はかつての分類で Capparaceae フウチョウソウ科とされていたもの（エンブリンギア科の *Emblingia* も記載時はフウチョウソウ科とされたが、その後クサトベラ科として扱われた）。*Borthwickia* や *Stixis* は狭義モクセイソウ科と形態的にかなり異なるため、独立科とする意見も強い。この目にはまだ系統的位置が不明な属や未記載種がいくつか知られている。

ア目）の2科のみであるが、科の配列（キントラノオ目）や属の所属（アオイ目など）が変更になっている部分もある。

アブラナ目（図5）においては、先述の Borthwickiaceae などいくつかの新科の提案はあるものの、APG Ⅳ ではそれらは認められなかった。ただし、まだこの目のフウチョウソウ科として記載された熱帯産の属の中には形態的特徴から明らかにその科には属さず、分子系統解析が行われ

ていないものがある(本文末尾も参照)。それとは別に Christenhusz et al. (2017)が従来の科や属にあてはまらない未記載種を紹介しており、今後この目の科の範囲づけには変更が加えられる可能性は高い。

(5) ビャクダン目・ナデシコ目

ビャクダン目については先述した通り、問題はあるものの APGⅢ のまま科の範囲付けが凍結されている。細分した場合の取り扱いについては本文中の脚註を参照されたい。ビャクダン科(図6)については、その系統に含まれる可能性の高いツチトリモチ科とカナビキボク科の系統的位置が確定しない現状では、広義に扱っておくのが妥当と考える。

ナデシコ目(図7)では4新科(ミクロテア科、ジュズサンゴ科、マカルツリア科、キューア科)が APGⅣ で新たに認められたが、このうち前2者はかつてヤマゴボウ科に、後2者はザクロソウ科に含められていたものである。これら2科は Engler 体系など古典的な定義ではかなり不均一な内容を含んでおり、APGⅢ においても多くの属が独立科として分離させられたが、その動きがさらに進んだことになる。ただ、この結果として、ナデシコ目では単型の科が全37科中18科にのぼることになり、APG分類体系の理念からは分け過ぎの印象を与える。しかし、こうした科の編入によって、サボテン科など園芸上重要な科の形態的まとまりを悪くすることには抵抗が強く、APGⅣ 構築に先立って行われたアンケートの結果も細分やむなしというものであった。

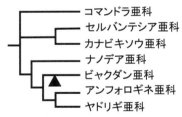

図6. 広義ビャクダン科の「亜科」(Nickrent et al. 2010で科とされたもの。Christenhusz et al. 2017では暫定的に連のランクで扱っている)間の系統関係。▲は Soltis et al. (2018)の図11.2におけるツチトリモチ科の系統上の位置(J.W. Byng の未発表データによる)。Z.-D. Chen et al. (2016)の系統樹(ツチトリモチ科は解析に含まれていない)では、類似した位置にカナビキボク科(APGⅣ では広義ビャクダン科の姉妹群とされる)が来ている。

本書で採用した分類体系の『維管束植物分類表』から変更された点

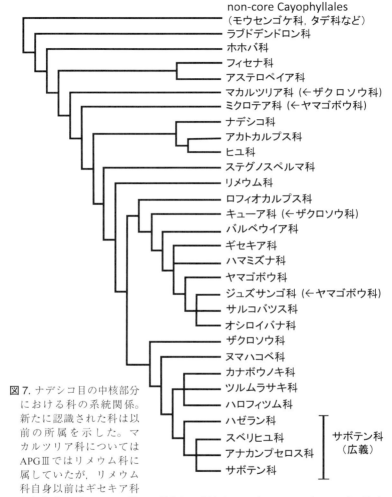

図7. ナデシコ目の中核部分における科の系統関係。新たに認識された科は以前の所属を示した。マカルツリア科についてはAPGⅢではリメウム科に属していたが，リメウム科自身以前はギセキア科などと共にザクロソウ科の一員として扱われていた。ロフィオカルプス科は，APGⅢで認められた当時はヤマゴボウ科に含められていた *Lophiocarpus* のみからなっていたが，APGⅣにおいてザクロソウ科に含められていた *Corbiconia* が含められ，2属からなるとされた。この2属の間には形態的共通性が乏しく，Thulin et al. (2016) は後者を独立科としている。図で広義のサボテン科として示した範囲は，APGⅣ構築に先立ってアンケートにかけられたものである。

33

本書で採用した分類体系の『維管束植物分類表』から変更された点

(6) キク類(図8)

キク類の中で初期に分岐したミズキ目では，APGⅢで統合されたミズキ科とヌマミズキ科が，系統的に異なることが判明したために再び分離され，ミズキ科は広義のミズキ属とウリノキ属のみからなることになった。

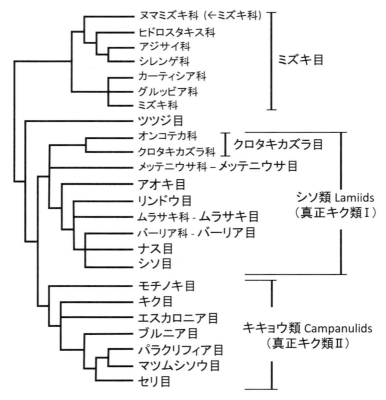

図8. キク類の目の系統関係。APGⅣで新たに認識されたシソ類の4目は右側に示した。ムラサキ目の系統的位置については定説がなく，近年の研究ではシソ目の姉妹群とする説が有力であるが，リンドウ目やナス目に系統的に近いとする説も棄却できていない。バーリア目はおそらくナス目の姉妹群であろうと推測される。ミズキ目のヌマミズキ科はAPGⅣでミズキ科から分離された。

本書で採用した分類体系の『維管束植物分類表』から変更された点

　ツツジ目では，APGⅢでツツジ科の姉妹群として直前に置かれていた
ヤッコソウ科が，ツツジ目には属するものの系統的位置が未確定として
ツツジ科の直後に置かれた。この位置は線形配列の原則に合わないが，
姉妹群ではないもののツツジ科に系統的に比較的近いことは間違いな
い。同じ目のフォウクィエリア科とハナシノブ科は単系統群をなし，花
部形態に共通性が見られるために APGⅣ構築に際して合一が検討され
たが，事前アンケートを経て結局は合一が見送られた。

　シソ類（真正キク類Ⅰ）では，従来系統上の位置が不明であった科の所
属先として，4目（クロタキカズラ目，メッテニウサ目，ムラサキ目，バー
リア目）が新たに認められ，結果としてシソ類の目数は8目となってキ
キョウ類（真正キク類Ⅱ）の7目を上回った。このため，しばしばシソ類
とキキョウ類の系統樹における上下関係が逆転して表示されることがあ
るが，APGⅣでは以前のようにキキョウ類をシソ類の後に置く。Engler
体系などによって認められたかつてのクロタキカズラ科のうち，モチノ
キ目に属するヤマイモドキ科とステモヌルス科，セリ目のペンナン
ティア科を除いたものは，最終的にシソ類の基部付近で分岐したクロタ
キカズラ目クロタキカズラ科とメッテニウサ目メッテニウサ科に属する
ことになり，『維管束植物分類表』で暫定的にクロタキカズラ目クロタ
キカズラ科として扱った日本産のクロタキカズラ属とクサミズキ属は，
結局その所属のまま落ち着くことになった。

　シソ目については APGⅢ の後でサギゴケ科やジオウ科が記載され，
『維管束植物分類表』で採録されたが，APGⅣでは前者は認められた反
面，後者はハマウツボ科の姉妹群であるとしてハマウツボ科の範囲がジ
オウ科を含むように拡張された。さらに，姉妹群の関係にあるイワタバ
コ科とキンチャクソウ科の範囲付けについて問題が提起され，APGⅣで
は両者とも暫定的に独立科として認められたものの，Christenhusz et al.
（2017）では両者が広義のイワタバコ科に統合され，本書はこの見解に従
う。他にも，目内の系統関係のより深い理解に伴って，科の配列には大
幅な変更が加えられた。

　キキョウ類については，目や科の新設はないが，レンプクソウ科

35

Adoxaceae(マツムシソウ目)が優先権の関係でガマズミ科 Viburnaceae になった。これは，本来レンプクソウ科の科名を安定させるための提案が，一部だけしか受け入れられなかったために逆の結果を生んだことによる。APGⅣの段階では，翌年(2017)に中国の深圳で開催される国際植物学会議での逆転を期してレンプクソウ科の科名が用いられている(Christenhusz et al. 2017; Soltis et al. 2018)が，結局ガマズミ科への変更が本決まりとなってしまった。なお，APGⅣでは以前の APG 体系の伝統に従ってセリ目がパラクリフィア目やマツムシソウ目よりも後に来ているが，後 2 者が単系統群をなし，その単系統群とセリ目が単系統群をなすので，目の数を重く見てしばしば後 2 者がセリ目よりも後に来ることがある(例えば大橋他(編) 2017)。

分 類 表

凡　例

1．本分類表の目や科の範囲付けと配列は，シダ植物については The Pteridophyte Phylogeny Group (PPG) が 2016 年に発表した PPG I 分類体系 (PPG I 2016)，末端裸子植物については Christenhusz et al. (2011b)，被子植物については APG IV (2015) に依拠したが，種子植物については一部に変更を加えた。変更点は次の 5 つである：

　A．Christenhusz et al. (2011b) ではグネツム類に属する 3 科をそれぞれ独立の目（マオウ目，グネツム目（狭義），ウェルウィッチア目）として扱っているが，本書では 1 目として扱った。

　B．センリョウ科の位置は APG III まではシキミ目とカネラ目の間だったが，APG IV ではクスノキ目と単子葉植物の間に置かれていた。ただしこの移動は科の線形配列の原則に照らして正しくないと考えられるので，APG III までと同様の位置に置いた。

　C．ヤマノイモ目の科の範囲付けの中で，ヒナノシャクジョウ科とヤマノイモ科の境界を変更し，APG 分類体系で前者に含まれているタヌキノショクダイ科をヤマノイモ科に移した。

　D．Chrishenhusz et al.（2017）の提案に従って，キンチャクソウ科をイワタバコ科に含めた。

　E．Adoxaceae　レンプクソウ科の科名を，2017 年に深圳で行われた国際植物科学会議の命名法部会での議決に基づいて Viburnaceae　ガマズミ科に改めた。

2．本分類表における各科の位置は「1. 1. 2. 1」のように 4 個の数字による分類コードで示され，目次および維管束植物分類表の項では科の先頭に示されている（右側の数字が各科を，右から 2 番目の数字が各目を示す番号である）。

3．被子植物の各科の後に〔 〕で示した数字は，APG IV (2015) による科番号である。

4．本書では，国内に産しないものも含めて，上記の分類体系で認められた全ての目や科を扱った。この中で，科の学名を太字，和名をゴチックで表記したものは日本に自生のある科であり，それ以外は学名を細字，和名を明朝体で表記した。科名（被子植物の場合はさらにその後の APG IV の科番号）の後には，〔 〕の中におおよその属と種の数と分布を記した。

5．現在用いられている諸体系の間で，目や科などの分類群の範囲付けに意見の違いが見られる場合，広義／狭義の別を示した。学名の場合は，s. l.（広義）／s. str.（狭義）の略号によってその別を示すか，特定の体系における範囲付けを示す場合には「sensu ○○」（○○において使われている範囲付け）という指示

39

凡　例

を分類群の後ろに（　）に入れて示した。また、上記 1-B のヒナノシャクジョ
ウ科のように、分類群の名前はそのままでも境界が変更されている場合には、
分割された分類群もしくはそのコード番号の後ろにその一部であることを示す
略号（p. p.）を加えた。

6．従来広く用いられた科の中で、上記の分類体系で異名として扱われたものに
ついては、採用された科の学名の後に（　）に入れて表示した。異名とされた科
の和名については、上記 1 の変更にかかわるものを除き省略した。

7．科名の日本語表記については原則として伊藤他 (2012) に従った。ただし、
Atherospermataceae は「アセロスメルマ科」となっているが、これは誤植の可
能性が高いと思われるのでアセロスペルマ科に変え、Hanguanaceae は含まれる
唯一の属 Hanguana の和名に基づいてミズオモト科、Simmondsiaceae は含まれ
る唯一の属 Simmondsia の現地名に基づいてホホバ科とした。

8．科の中の属は命名者も記し、配列は学名の ABC 順とした。属名の中で、ボー
ルドで表記されているものは、日本に自生（史前帰化植物の疑いがあるものも
含む）のあるものである。学名が細字で表記されている属の中で、和名の前に
†のあるものは、意図的な導入によらない帰化が確認されている属であること
を示す。

9．従来広く用いられた属の中で、本書で異名として扱ったものについては、属
名の後に（　）に入れてイタリックで表示した。異名についても著者名を記した。
（　）内の異名の中で、最初の（ と学名の間に「incl.」があるものは属のタイプ
が異なるものを表し、その後に複数の属名が列記されている場合にはその後の
学名も全て同様であることを示す。一方、最初の（ の後に直接学名が来ている
場合は、異名と採用された学名のタイプが同じ種に属することを示す。

10．科内に系統関係に基づく分類体系が構築されている科においては、【 】に入
れたアルファベットと数字の組合せによって略記された科内分類群を属和名の
後に挿入することによって、その属の所属を示した。なお、【 】の中に小文字
の x が入っている場合、また、アルファベットの組合せの末尾が x で終わって
いる場合は、その属の所属が未定または不明であることを示す。

11．それぞれの科における科内分類体系の内容については脚註に表示されている。
本書で採用した科内分類体系については、Stevens (2001〜) で採用されている
ものを原則として、原典における配列順に並べ、大文字のアルファベットで最
上位の分類群または系統群（普通は亜科）、その後にハイフンをはさんだ数字で
下位分類群（普通は連）をコードした。連の下にさらに複数の亜連が提案され
ている場合、数字の後につける小文字のアルファベットによってコード化を図っ
た。日本に野生の無い科や、多数の種を含むために複雑な体系が提案されてい
る科の場合は、紙面の関係で分類体系の全てを紹介せず、本書掲載の属のかか
わる部分のみを抜き出してある場合がある。その場合、コード番号に欠番が出

ることがある。

12. 属和名の後，または 9. に該当する場合には【 】の後には，〔 〕の中に含まれる種の概数と，日本に自生のない属については分布を記した。日本にある属であっても，近年になって属の範囲付けに変更が加えられたような場合には，国内外の分布を示して注意を喚起した。

13. 〔 〕の後には，属名（和名）として採用されている種以外に和名のついている種がある場合，その中から代表的なものを選んでアイウエオ順で示した。この種の中で，無印のものは日本に自生があるもの，和名の前に†があるものは帰化が確認されているもの，＊があるものは帰化が確認されていないか，栽培植物で散発的に逸出が確認されているに過ぎないものである。

　　なお，巻末の索引では検索時の煩雑さを回避するため，種の和名は割愛した。以下の URL に本書の種の和名索引を掲載したので必要に応じて参照されたい。
http://hokuryukan-ns.co.jp/books/2019/y2019jsp_index.pdf

14. 科や属の分布は，ヨーロッパ（欧州）→アフリカ→アジア（西→中央または南→東→東南）→マレーシア→オーストラリア（豪州）→太平洋諸島→北アメリカ（北米）→中央アメリカ（中米：メキシコからパナマまでを指し，西インド諸島を含まない）→南アメリカ（南米）→西インド諸島の順に配列し，ヨーロッパ，オーストラリア，北アメリカ，中央アメリカ，南アメリカは上記の（ ）内の漢字2文字で略記する。

　　地中海地域（地中海沿岸の南ヨーロッパ，北アフリカ，南西アジア）にまたがって分布する植物の場合には，隣接する南西アジアをアフリカよりも先に配列した場合もある。

　　マカロネシアとは，アフリカ大陸の北西沖に位置するマデイラ諸島，アゾレス諸島，カナリア諸島の総称である。

　　「南アフリカ」は南アフリカ共和国を意味し，「アフリカ南部」は南アフリカ共和国を含んだアフリカ大陸の南部諸国を含んだ地域のことを指す。

　　中国は，中国のうち大陸部と沿岸島嶼を指し，台湾（および蘭嶼や緑島）と海南島は別に扱う。

　　東南アジアはマレーシア地域を含まない。

　　マレーシアは植物地理学上のマレーシア地域のことを指し，国家としてはマレーシア・シンガポール・インドネシア・東ティモール・フィリピン・パプアニューギニアを含む範囲をさす。さらに，フィリピンからインドネシアのスラウェシ島の東側を結ぶ線を境として，これよりも東側を東マレーシア，西側を西マレーシアとする。

　　西太平洋諸島はミクロネシアとメラネシアの総称である。

　　「中南米」は西インド諸島を含まないが，「熱米」（熱帯アメリカ）には西インド諸島を含む。また，「北米〜南米」という表記の場合にも含まれる。

維管束植物分類表
TRACHEOPHYTA - Vascular Plants

1：LYCOPHYTA　小葉類

1. 1：LYCOPODS　ヒカゲノカズラ類

1. 1. 1：Lycopodiales　ヒカゲノカズラ目

1. 1. 1. 1：**Lycopodiaceae　ヒカゲノカズラ科**［3(–10) 属約 400 種：全世界］
　　Huperzia Bernh.[1]（incl. *Phylloglossum* Kunze, *Phlegmariurus* (Herter) Holub）　コス
　　ギラン属［ca. 300］：スギラン, トウゲシバ, ナンカクラン, ヒモラン, ヨウ
　　ラクヒバ
　　Lycopodiella Holub　ヤチスギラン属［ca. 40］：ミズスギ
　　Lycopodium L.　ヒカゲノカズラ属［ca. 40］：アスヒカズラ, スギカズラ, ヒモ
　　ヅル, マンネンスギ

1. 1. 2：Isoetales　ミズニラ目

1. 1. 2. 1：**Isoetaceae　ミズニラ科**［1 属約 140 種：ほぼ全世界］
　　Isoetes L.　ミズニラ属［140］

1. 1. 3：Selaginellales　イワヒバ目

1. 1. 3. 1：**Selaginellaceae　イワヒバ科**［1 属約 750 種：全世界］
　　Selaginella P. Beauv.　イワヒバ属［ca. 750］：カタヒバ, クラマゴケ, コケスギ
　　ラン, ヒバゴケ, ヒモカズラ

2：EUPHYLLOPHYTA　大葉類

2. 1：MONILOPHYTA　大葉シダ植物

2. 1. 1：Equisetales　トクサ目

2. 1. 1. 1：**Equisetaceae　トクサ科**［1 属約 20 種：豪州を除く全世界］
　　Equisetum L.　トクサ属［ca. 20］：スギナ（ツクシ）

2. 1. 2：Psilotales　マツバラン目

2. 1. 2. 1：**Psilotaceae　マツバラン科**［2 属 10 余種：世界の熱帯～亜熱帯,
豪州とニュージーランドの温帯］
　　Psilotum Sw.　マツバラン属［2］：*ソウメングサ
　　Tmesipteris Sw. * イヌナンカクラン属［ca. 10：東マレーシア・豪州・ニュー
　　カレドニア・ニュージーランド・南太平洋諸島］

2. 1. 3：Ophioglossales　ハナヤスリ目

2. 1. 3. 1：**Ophioglossaceae　ハナヤスリ科**［4 属約 80 種：全世界］

Botrychium Sw.（incl. *Botrypus* Michx., *Japanobotrychium* Masam., *Sceptridium* Lyon）ハナワラビ属［ca. 50］：オオハナワラビ，ナツノハナワラビ

Helminthostachys Kaulf. ミヤコジマハナワラビ属［1］

Mankyua B.Y. Sun, M.H. Kim & C.H. Kim ［1：済州島］

Ophioglossum L.（incl. *Ophioderma* (Blume) Endl.）ハナヤスリ属［ca. 30］：コブラン

2. 1. 4：Marattiales　リュウビンタイ目

2. 1. 4. 1：**Marattiaceae　リュウビンタイ科**［6 属約 135 種：世界の熱帯，アジアと豪州では暖温帯まで達する］

Angiopteris Hoffm.（incl. *Archangiopteris* Christ & Giesenh.）リュウビンタイ属［ca. 30］：*ムカシリュウビンタイ

Christensenia Maxon ［1：インド北東部〜東南アジア・マレーシア・ソロモン諸島］

Ptisana Murdock リュウビンタイモドキ属［ca. 35］

2. 1. 5：Osmundales　ゼンマイ目

2. 1. 5. 1：**Osmundaceae　ゼンマイ科**［4 属約 23 種：世界の熱帯〜温帯］

Osmunda L. ゼンマイ属［ca. 10］：オニゼンマイ，シロヤマゼンマイ

Osmundastrum C. Presl ヤマドリゼンマイ属［1］

2. 1. 6：Hymenophyllales　コケシノブ目

2. 1. 6. 1：**Hymenophyllaceae　コケシノブ科**[2]［10 属約 650 種：世界の熱帯〜亜熱帯，少数は南北両半球で湿潤な冷温帯まで達する］

Abrodictyum C. Presl ホソバホラゴケ属（incl. *Selenodesmium* (Prantl) Copel.）［ca. 25］：*アミホラゴケ，オニホラゴケ，ハハジマホラゴケ

Callistopteris Copel. キクモバホラゴケ属［ca. 5］

Cephalomanes C. Presl ソテツホラゴケ属［ca. 4］：サキシマホラゴケ

---

1) コスギラン属は，しばしば独立の Huperzioideae　コスギラン亜科として，残りの 2 属からなる Lycopodioideae　ヒカゲノカズラ亜科と対置されることがあるが，本書では特に科内分類体系を認めない。海老原 (2016) は，Field et al. (2016) に従って，コスギラン属を 3 属に分割した。しかし，*Phylloglossum* を除いた *Huperzia* s. str.（狭義コスギラン属）と *Phlegmariurus*（ヨウラクヒバ属）の違いはごく小さく，3 属を認めるメリットは乏しいので，本書では Christenhusz et al. (2017) 同様にコスギラン類を *Huperzia*（コスギラン属）1 属として扱った。

2) コケシノブ科の分類については Ebihara et al. (2006) に従った。海外では，*Hymenophyllum*（コケシノブ属）以外を全て *Trichomanes* s.l.（広義ホラゴケ属）として扱い，全体を 2 属とする分類も広く用いられている（Fraser-Jenkins 2008; Fraser-Jenkins et al. 2017; Christenhusz et al. 2017）。この 2 属は伝統的には胞膜の形の違いによって区別されてきたが，包膜の形では後者に属するウスイロコケシノブ *H. pallidum* (Blume) Ebihara & K. Iwats. が前者の系統に含まれるなど若干の例外がある。

43

Crepidomanes (C. Presl) C. Presl（incl. *Gonocormus* Bosch, *Nesopteris* Copel., *Reediella* Pic. Serm.）　アオホラゴケ属 [30+]：ウチワゴケ，カンシノブホラゴケ，チチブホラゴケ，マツバコケシダ，マメホラゴケ

Didymoglossum Desv.（incl. *Microgonium* C. Presl）　マメゴケシダ属 [30+]：ゼニゴケシダ，マルバコケシダ

Hymenophyllum Sm.（incl. *Mecodium* (C. Presl ex Copel.) Copel.; *Meringium* C. Presl, *Pleuromanes* (C. Presl) C. Presl）　コケシノブ属 [ca. 250]：*ウスイロコケシノブ，オオコケシノブ，コウヤコケシノブ，*シモンコケシノブ

Trichomanes L.　ホラゴケ属 [ca. 70：主に熱米，少数が旧世界の熱帯～亜熱帯]：ナンバンホラゴケ

Vandenboschia Copel.（incl. *Lacosteopsis* (Prantl) Nakaike）　ハイホラゴケ属 [ca. 35]：ツルホラゴケ，ニセアミホラゴケ，リュウキュウホラゴケ

2.1.7：Gleicheniales　ウラジロ目

2.1.7.1：**Gleicheniaceae　ウラジロ科** [6 属約 165 種：世界の熱帯～亜熱帯，南半球では冷温帯まで達する]
　　Dicranopteris Bernh.　コシダ属 [(12–) ca. 20]
　　Diplopterygium (Diels) Nakai　ウラジロ属 [ca. 25]：カネコシダ
　　Stichetus C. Presl　[ca. 100：世界の熱帯～亜熱帯，特に熱米で多様化]
　　Stromatopteris Mett.　[1：ニューカレドニア]

2.1.7.2：**Dipteridaceae**（incl. Cheiropleuriaceae）　**ヤブレガサウラボシ科** [2 属約 11 種：東アジア亜熱帯・東南アジア・マレーシア]
　　Cheiropleuria C. Presl　スジヒトツバ属 [(2–)3]
　　Dipteris Reinw.　ヤブレガサウラボシ属 [ca. 8]

2.1.7.3：Matoniaceae　マトニア科 [2 属 4 種：マレーシア]
　　Matonia R. Br.　[1–2：マレー半島・ボルネオ]

2.1.8：Schizaeales　フサシダ目（= Schizaeaceae s. l.）

2.1.8.1：**Lygodiaceae　カニクサ科** [1 属 25–40 種：世界の熱帯～暖温帯]
　　Lygodium Sw.　カニクサ属 [25–40]：イリオモテシャミセンヅル

2.1.8.2：Anemiaceae　アネミア科 [1 属約 115 種：大部分中南米，少数が北米南部・アフリカ・インド南部]
　　Anemia Sw.　[ca. 115]

2.1.8.3：**Schizaeaceae　フサシダ科** [1(–2) 属約 35 種：世界の熱帯，一部の種は豪州・北米・南米の温帯]
　　Schizaea Sm.（incl. *Actinostachys* Wall.）　フサシダ属 [ca. 35]：カンザシワラビ

2.1.9：Salviniales　サンショウモ目

2.1.9.1：**Marsileaceae　デンジソウ科** [3 属約 65 種：世界の湿潤熱帯～温帯]
　　Marsilea L.　デンジソウ属 [ca. 50]：ナンゴクデンジソウ

維管束植物分類表

2. 1. 9. 2：**Salviniaceae　サンショウモ科**［2 属約 (16–)20 種：世界の湿潤熱帯〜温帯］
　　Azolla Lam.　アカウキクサ属［(6–) ca. 10］：オオアカウキクサ
　　Salvinia Ség.　サンショウモ属［ca. 10］

2. 1. 10：Cyatheales　ヘゴ目（= Cyatheaceae s.l.）

2. 1. 10. 1：Thyrsopteridaceae　チルソプテリス科［1 属 1 種：ファンフェルナンデス諸島（チリ）］
　　Thyrsopteris Kunze　［1］

2. 1. 10. 2：Loxsomataceae　ロクソマ科［2 属 2 種：ニュージーランド・熱米］
　　Loxsoma R. Br. ex A. Cunn.（*Loxoma*, orth. rej.）［1：ニュージーランド北島］

2. 1. 10. 3：Culcitaceae　クルキタ科［1 属 2 種：イベリア半島・マカロネシア・中南米］
　　Culcita C. Presl　［2］

2. 1. 10. 4：**Plagiogyriaceae　キジノオシダ科**［1 属約 15 種：ヒマラヤ〜東アジア・東南アジア・マレーシア・中南米］
　　Plagiogyria (Kunze) Mett.　キジノオシダ属［ca. 15］：オオキジノオ, タカサゴキジノオ, ヤマソテツ

2. 1. 10. 5：**Cibotiaceae　タカワラビ科**［1 属 11 種：インド北東部〜東アジア亜熱帯・東南アジア〜マレーシア・ハワイ・中米］
　　Cibotium Kaulf.　タカワラビ属［11］

2. 1. 10. 6：**Cyatheaceae　ヘゴ科**［1(–3) 属約 650 種：世界の熱帯〜亜熱帯, 南半球では温帯まで広がる］
　　Cyathea Sm.（incl. *Alsophila* R. Br., *Hymenophyllopsis* Goebel, *Sphaeropteris* Bernh.）ヘゴ属［ca. 650］：クサマルハチ, *コケシノブモドキ, ヒカゲヘゴ, マルハチ

2. 1. 10. 7：Dicksoniaceae　ディクソニア科［3 属約 30 種：マレーシア・豪州・タスマニア・ニュージーランド・南太平洋諸島・中南米・セントヘレナ島］
　　Dicksonia L'Hér.　［20–25：セントヘレナ島・マレーシア・豪州・タスマニア・ニュージーランド・南太平洋諸島・中南米］
　　Lophosoria C. Presl　［1：中南米・西インド諸島］

2. 1. 10. 8：Metaxyaceae　メタキシア科［1 属 2 種：熱米（トリニダード島・グアダルーペ島・南米北部）］
　　Metaxya C. Presl　［2］

2. 1. 11：Polypodiales　ウラボシ目

2. 1. 11. 1：Lonchitidaceae　ロンキティス科［1 属 2 種：熱帯アフリカ・マダガスカル・熱米］
　　Lonchitis L.　［2］

45

維管束植物分類表

2. 1. 11. 2：Saccolomataceae　サッコロマ科［1(–2) 属約 12 種：世界の熱帯（アフリカ大陸を除く）］
Saccoloma Kaulf.［ca. 12］

2. 1. 11. 3：Cystodiaceae　キストディウム科［1属約1種：マレーシア～メラネシア］
Cystodium J. Sm.　［1］

2. 1. 11. 4：**Lindsaeaceae　ホングウシダ科**［6 属約 220 種：世界の熱帯～亜熱帯，東アジアと豪州では暖温帯まで広がる］
Lindsaea Dryand. ex Sm.　エダウチホングウシダ属［ca. 180］：イヌイノモトソウ, エダウチクジャク
Odontosoria Fée　ホラシノブ属［ca. 20］
Osmolindsaea (K.U. Kramer) Lehtonen & Christenh.　ホングウシダ属［ca. 8］：サイゴクホングウシダ
Tapeinidium (C. Presl) C. Chr.　ゴザダケシダ属［ca. 20］

2. 1. 11. 5：**Dennstaedtiaceae　コバノイシカグマ科**［10 属約 240 種：世界の熱帯～温帯］
Dennstaedtia Bernh.　コバノイシカグマ属［ca. 70］：イヌシダ, オウレンシダ
Histiopteris (J. Agardh) Sm.　ユノミネシダ属［ca. 7］
Hypolepis Bernh.　イワヒメワラビ属［ca. 50］
Microlepia C. Presl　フモトシダ属［ca. 60］：イシカグマ, オドリコカグマ
Monachosorum Kunze　オオフジシダ属［6 (雑種を含む)］：ヒメムカゴシダ, フジシダ
Paesia St.-Hil.　ハネガエリワラビ属［ca. 14：台湾・マレーシア・ニュージーランド・太平洋諸島・熱米］
Pteridium Gled. ex Scop.　ワラビ属［3(–13)］

2. 1. 11. 6：**Pteridaceae　イノモトソウ科**3)［40–45 属約 1150 種：全世界］
Acrostichum L.　ミミモチシダ属【B】［3］
Adiantum L.　ホウライシダ属【E】［200+］：オトメクジャク, クジャクシダ, ハコネシダ
Anogramma Link　ハニカラクサ属【C】［ca. 6：世界の熱帯～亜熱帯，欧州では温帯に達する］
Antrophyum Kaulf.　タキミシダ属【E】［ca. 40］
Calciphilopteris Yesilyurt et H. Schneid.　フウロシダモドキ属(新称)【D】［4：南アジア～東南アジア・マレーシア・豪州］
Ceratopteris Brongn.　ミズワラビ属【B】［ca. 7］
Cheilanthes Sw.（incl. Aleuritopteris Fée; Mildella Trevis.; Oeosporangium Vis.）　エビガラシダ属【D】［ca. 140：世界の熱帯～温帯］：*イヌウラジロシダ, エビガラシダ, *コナシダ, *チャイロエビガラシダ, ヒメウラジロ, ミヤマウラジロ
Coniogramme Fée　イワガネゼンマイ属【A】［25–30］：イワガネソウ
Cryptogramma R. Br.　リシリシノブ属【A】［ca. 10］：ヤツガタケシノブ
Doryopteris J. Sm.　フウロシダ属【D】［ca. 35：世界の熱帯～亜熱帯］

46

Haplopteris C. Presl　シシラン属【E】［ca. 40］

Onychium Kaulf.　タチシノブ属【C】［ca. 10］:＊キンシノブ

Mickelopteris Fraser-Jenk.　イヌアミシダ属【D】［1：熱帯アジア］

Paragymnopteris K.H. Shing　ケガワシダ属【D】［ca. 5：地中海地方・南アジア・ヒマラヤ〜東アジア］:＊ビロードキジノオ

Pityrogramma Link　†ギンシダ属【C】［ca. 20：熱米］

Pteris L.　イノモトソウ属【C】［ca. 250］:アマクサシダ, ナチシダ, ハチジョウシダ, ヒノタニシダ, マツザカシダ, モエジマシダ

Vaginularia Fée　ヨロイシシラン属【E】［4：東南アジア・マレーシア・台湾南部・太平洋諸島］

［2. 1. 11. 7 〜 2. 1. 11. 17：Eupolypods II = Aspleniaceae s.l.　広義チャセンシダ科］

2. 1. 11. 7：**Cystopteridaceae ナヨシダ科**［3(–4) 属約 38 種：世界の温帯〜亜寒帯と熱帯の高地］

Acystopteris Nakai　ウスヒメワラビ属［3–4］:ウスヒメワラビモドキ

Cystopteris Bernh.　ナヨシダ属［ca. 20］:ヤマヒメワラビ

Gymnocarpium Newman　ウサギシダ属［ca. 7(–10)］:エビラシダ

2. 1. 11. 8：**Rhachidosoraceae　ヌリワラビ科**［1 属 4–7 種：東アジア亜熱帯〜暖温帯・東南アジア・マレーシア］

Rhachidosorus Ching　ヌリワラビ属［4–7］

2. 1. 11. 9：**Diplaziopsidaceae　イワヤシダ科**［2 属 3–5 種：ヒマラヤ〜東アジア・マレーシア・太平洋諸島］

Diplaziopsis C. Chr.　イワヤシダ属［2–4：ヒマラヤ〜東アジア・マレーシア・太平洋諸島］

2. 1. 11. 10：Desmophlebiaceae　デスモフレビウム科［1 属 1 種：中南米］

Desmophlebium Mynssen et al.　［1］

2. 1. 11. 11：Hemidictyaceae　ヘミディクティウム科［1 属 1 種：熱米］

Hemidictyum C. Presl　［1］

3）イノモトソウ科の分類については Schuettpelz et al. (2007) に従って以下の 5 亜科を認める。

A. Cryptogrammoideae　リシリシノブ亜科［3 属約 30 種］

B. Ceratopteridoideae　ミズワラビ亜科［2 属約 8 種］

C. Pteridoideae　イノモトソウ亜科［約 14 属約 350 種］

D. Cheilanthoideae　エビガラシダ亜科［(1–)18(–22) 属約 500 種］

E. Vittarioideae　シシラン亜科［約 12 属約 300 種］

エビガラシダ亜科の属の分類は学者によって大きく異なるが，*Hemionitis* 1 属にまとめる Christenhusz et al. (eds.) (2018) の分類は論外としても，どのように分類するかについては当分合意が得られそうもない。本書では日本とその周辺で見られる種については海老原 (2016) に従い，一部は命名規約上の理由で変更を加えた。

維管束植物分類表

2. 1. 11. 12：**Aspleniaceae　チャセンシダ科**［2 属約 730 種：全世界］

Asplenium L.　チャセンシダ属（incl. *Camptosorus* Link, *Ceterach* Willd., *Neottopteris* J. Sm., *Phyllitis* Hill）［ca. 700］：オオタニワタリ，クモノスシダ，クルマシダ，コタニワタリ，コウザキシダ，トキワシダ，トラノオシダ，ナンカイシダ，ヌリトラノオ，ヒノキシダ，フササジラン，ホコガタシダ，マキノシダ，ムニンシダ

Hymenasplenium Hayata（incl. *Boniniella* Hayata）　ホウビシダ属［ca. 30］：ウスバクジャク，ヒメタニワタリ，ラハオシダ

2. 1. 11. 13：**Thelypteridaceae　ヒメシダ科** 4)［(1–)3(–20) 属約 950 種：世界の熱帯〜亜寒帯］

Macrothelypteris (H. Itô) Ching　ヒメワラビ属［ca. 10］

Phegopteris (C. Presl) Fée（incl. *Pseudophegopteris* Ching）　ミヤマワラビ属［ca. 30］：ゲジゲジシダ，タチヒメワラビ，ミミガタシダ

Thelypteris Schmidel（incl. *Amauropelta* Kunze, *Ampelopteris* Kunze, *Christella* H. Lév., *Coryphopteris* Holttum, *Cyclogramma* Tagawa, *Cyclosorus* Link, *Dictyocline* T. Moore, *Glaphyropteridopsis* Ching, *Leptogramma* J. Sm., *Meniscium* Schreb., *Metathelypteris* (H. Itô) Ching, *Oreopteris* Holub, *Parathelypteris* (H. Itô) Ching, *Pneumatopteris* Nakai, *Pronephrium* C. Presl, *Pseuocyclosorus* Ching, *Stegnogramma* Blume）　ヒメシダ属［ca. 910］：アミシダ，イブキシダ，オオバショリマ，コウモリシダ，ハリガネワラビ，ホシダ，ミゾシダ，ヤワラシダ，ヨコグラヒメワラビ

2. 1. 11. 14：**Woodsiaceae　イワデンダ科** 5)［1 属 35–40 種：北半球温帯〜寒帯，少数が南アフリカ・中南米］

Woodsia R. Br.　イワデンダ属［35–40］：キタダケデンダ，コガネシダ，ニッコウデンダ，フクロシダ

2. 1. 11. 15：**Athyriaceae　メシダ科** 6)［3(–4) 属約 530–630 種：乾燥地域を除く全世界］

Athyrium Roth（incl. *Anisocampium* C. Presl, *Cornopteris* Nakai, *Pseudocystoperis* Ching）　メシダ属［ca. 230］：イヌワラビ，ウラボシノコギリシダ，オクヤマワラビ，カラフトミヤマシダ，シケチシダ，テバコワラビ，ヘビノネゴザ

Deparia Hook. & Grev.　オオシケシダ属［ca. 70］：オオヒメワラビ，オオメシダ，コウライイヌワラビ，シケシダ，ジャコウシダ，ハクモウイノデ，ヘラシダ，ミドリワラビ

Diplazium Sw.　ノコギリシダ属［300–400］：アオイガワラビ，アマミシダ，キノボリシダ，クワレシダ，コクモウクジャク，シロヤマシダ，ニセシケチシダ，ハンコクシダ，フクレギシダ

2. 1. 11. 16：**Blechnaceae　シシガシラ科** 7)［24 属約 250 種：全世界の熱帯〜亜寒帯］

Blechnidium T. Moore　キジノオシシガシラ属［1：ヒマラヤ〜中国南部・台湾］

Blechnopsis C. Presl　ヒリュウシダ属［2：アジアの熱帯〜亜熱帯・マレーシア・豪州・太平洋諸島］

Blechnum L. アメリカシシガシラ属 [23（＋雑種）：主に熱米，少数が南ア
　フリカ]

Brainea J. Sm. ソテツモドキ属 [1：中国南部・台湾・海南島・東南アジ
　ア〜マレーシア]

4）ヒメシダ科の分類には 1 属のみを認める立場（Fraser-Jenkins 2008）か
ら 20 属以上に分割する（中池 1992; PPG I 2016; Almeida et al. 2016）考
えまで諸説があるが，葉軸の向軸側に溝がある Thelypteroid clade　ヒ
メシダ群と溝のない Phegopteroid clade　ミヤマワラビ群の 2 系統群
からなる（ただし，後者が側系統群となる可能性もある）ことは広く
受け入れられており，後者には最大 3 属（*Phegopteris* ミヤマワラビ
属，*Pseudophegopteris* タチヒメワラビ属，*Macrothelypteris* ヒメワラ
ビ属）が属し，細分した場合の残りの属は全て前者に属する。本書で
は Christenhusz & Chase (2014) や海老原 (2016) に従って 3 属を認めた
が，大多数の種を含み，形態的にも著しく多様性の高い Thelypteroid
clade は 1 属（ヒメシダ属）として扱われており，属の範囲付けが不均一で
あるという印象を拭えない。Smith (in Kramer & Green 1990) の分類は，
Thelypteroid clade を *Thelypteris* と *Cyclosorus* の 2 属に分けているが，こ
の場合前者は側系統群となり，後者は単系統群（Cyclosoroid clade）をな
すものの，より古く発表された学名（*Meniscium*）が存在する。最も細分
する Almeida et al. (2016) の分類では，Smith (1990) の *Thelypteris* を 5 属，
Cyclosoroid clade を 20 属以上に分割しているが，後者の分割された属の
間にはしばしば雑種が生じることが知られており，明らかに分け過ぎで
ある。

5）イワデンダ科については，Shmakov (2015) が 2 亜科 7 属に分割する分類
体系を提案しているが，あまりその必要性は認めにくいので従来通り 1
属として扱う。分割する場合はフクロシダが独立亜科（Protowoodsioideae
フクロシダ亜科）の *Protowoodsia* Ching　フクロシダ属，ニッコウデンダ
が Woodsioideae　イワデンダ亜科の *Eriosoriopsis* Shmakov　シラゲデン
ダ属に属することになるが，フクロシダとイワデンダの雑種らしいもの
が知られていることを考慮すると，亜科として分離するほど隔たったも
のではないであろう。

6）メシダ科の分類は PPG I に従って 3 属のみを認めた。海老原 (2017) はメ
シダ属から *Anisocampium* C. Presl　ウラボシノコギリシダ属を分離して
全体として 4 属を認めているが，両者間に雑種は知られていないとはい
え形態的な違いはごく小さく，積極的に認める意義は弱い。

7）本書で採用したシシガシラ科の分類は Gasper et al. (2016, 2017) によるも
ので，海老原 (2017) の採用している Perrie et al. (2014) の包含的な分類
（5 属を認める）に比べて属をやや細分したものとなっている。シシガシ
ラ科で包含的な分類を採用する場合には，その姉妹群であるコウヤワ
ラビ科においてもバランスを考えて Christenhusz & Chase (2014) や海老
原 (2017) のように全体を 1 属として扱い，さらに単型科を避けるため
にコウヤワラビ科をシシガシラ科に含める分類を採用することも妥当性
をもつ（Christenhusz et al. 2017）が，本書では細分する体系を採用する。

〔以下 51 頁へ〕

Cleistoblechnum Gasper & Salino　オサシダモドキ属 [1：中国南部・台湾]

Diploblechnum Hayata（incl. *Pteridoblechnum* Hennipmann）　ホウライシシガシラ属 [6：台湾・マレーシア・豪州・太平洋諸島]

Neoblechnum Gasper & V.A.O. Dittrich　ブラジルシシガシラ属 [1：熱米]

Struthiopteris Scop.　シシガシラ属 [5：北半球温帯〜亜寒帯]：オサシダ, ハクウンシダ, ミヤマシシガシラ

Woodwardia Sm.（incl. *Chieniopteris* Ching）　コモチシダ属 [13]：オオカグマ, オオギミシダ, ハチジョウカグマ

2. 1. 11. 17：Onocleaceae　コウヤワラビ科 [7][(1–)3 属 4 種：北半球温帯]

Matteuccia Tod.　クサソテツ属 [1]

Onoclea L.　コウヤワラビ属 [1]

Pentarhizidium Hayata　イヌガンソク属 [2]

[2. 1. 11. 18 〜 2. 1. 11. 26：Eupolypods I = Polypodiaceae s.l.　広義ウラボシ科]

2. 1. 11. 18：Didymochlaenaceae ディディモクラエナ科 [1 属 1–2 種：豪州を除く世界の熱帯]

Didymochlaena Desv.　[1–2]

2. 1. 11. 19：Hypodematiaceae　キンモウワラビ科 [2 属約 17 種：東アフリカ・マダガスカル・アジアの熱帯〜暖温帯・マレーシア・太平洋諸島]

Hypodematium Kunze　キンモウワラビ属 [ca. 15]

Leucostegia C. Presl　アリサンオウレンシダ属 [2：ヒマラヤ〜東アジア亜熱帯高地・東南アジア〜マレーシア・太平洋諸島]

2. 1. 11. 20：Dryopteridaceae　オシダ科 [8][約 28 属約 2000 種：世界の熱帯〜亜寒帯]

Arachniodes Blume（incl. *Leptorumohra* (H. Itô) H. Itô）　カナワラビ属【B】[ca. 60：ただし中南米産の種は【A】に属する別属]：オトコシダ, シノブカグマ, ナライシダ, リョウメンシダ

Bolbitis Schott（incl. *Egenolfia* Schott）　ヘツカシダ属【C】[ca. 80]：オキナワキジノオ

Ctenitis (C. Chr.) C. Chr.（incl. *Ataxipteris* Holttum）　カツモウイノデ属【B?】[100–150]：キンモウイノデ, サツマシダ

Cyrtomium C. Presl　ヤブソテツ属【B】[ca. 10]：オニヤブソテツ, ヒロハヤブソテツ, ミヤコヤブソテツ

Dryopteris Adans.（incl. *Acrophorus* C. Presl, *Acrorumohra* (H. Itô) H. Itô, *Athyriorumohra* Sugim., *Diacalpe* Blume, *Dryopsis* Holttum & P.J. Edwards, *Nothoperanema* (Tagawa) Ching, *Peranema* D. Don）　オシダ属【B】[ca. 400]：イタチシダ, イヌタマシダ, イワヘゴ, カラフトメンマ, キヨスミヒメワラビ, クマワラビ, シラネワラビ, タイワンヒメワラビ, タニヘゴ, ツクシオオクジャク, ナンタイシダ, ニオイシダ, ヘゴモドキ, ベニシダ, ホウライヒメワラビ, ホオノカワシダ, リュウキュウシダ

Elaphoglossum Schott ex J. Sm.　アツイタ属【C】[400+]

Lastreopsis Ching　タイワンキンモウイノデ属【C】[19：世界の熱帯および南半球の亜熱帯〜温帯]

Pleocnemia C. Presl　アカミャクシダ属【C】[ca. 20：インド北東部〜東アジア亜熱帯・東南アジア〜マレーシア・西太平洋諸島]：*ウスバワラビ

Polystichum Roth（incl. *Cyrtogonellum* Ching, *Cyrtomidictyum* Ching, *Phanerophlebia* C. Presl, *Phanerophlebiopsis* Ching）　イノデ属【B】[ca. 500]：オオミミガタシダ, オリヅルシダ, ジュウモンジシダ, センジョウデンダ, タカネシダ, ツルデンダ, *テンチョウシダ, ヒメカナワラビ, ホソバヤブソテツ, ミヤジマシダ

Rumohra Raddi　【C】[7：南半球亜熱帯〜温帯・ニューギニア高地・バミューダ諸島]

2. 1. 11. 21：**Lomariopsidaceae　ツルキジノオ科** [3属約55種：世界の熱帯〜亜熱帯]

Lomariopsis Fée　ツルキジノオ属 [ca. 20]

[49頁より；7）の続き]
シシガシラ科は3亜科に分けられ, 本書掲載の属はコモチシダ属が Woodwardioideae　コモチシダ亜科 [3属約20種], 残りは全て Blechnoideae　シシガシラ亜科 [18属：Perrie et al. (2014) の *Blechnum* シシガシラ属に相当する] に属する。残りの亜科 Stenochlaenoideae　ステノクラエナ亜科 [3属19種] は世界の熱帯に分布する。

8）オシダ科の分類は Liu et al. (2016) に従い, 以下の3亜科を認める。Christenhusz et al. (2017) では全体をウラボシ科オシダ亜科とした上でアツイタ連 [5属] とオシダ連の2連に分ける分類を紹介しているが, この場合後者は側系統群となる。なお, ニューギニア産の *Dryopolystichum* Copel. はおそらくオシダ亜科に属するものと推測されるが, 分子情報が得られていないので所属不明として扱われている。

　A. Polybotryoideae　ポリボトリア亜科 [7属100種余：*Trichoneuron* 属のみ中国西南部〜ベトナム, 他は全て中米と西インド諸島]

　B. Dyopteridoideae　オシダ亜科 [6属800種余：旧世界, 主にアジア：*Phanerophlebia* 属のみ熱米]。カツモウイノデ属（旧来の定義とは異なり, キヨスミヒメワラビ類を除く反面サツマシダ属を含む）は本書では一応この亜科に含めるが, 他のオシダ亜科と単系統群をなすかどうか十分な支持が得られていない。オシダ属はキヨスミヒメワラビ類やタイワンヒメワラビ, さらにヘゴモドキ属など特徴的な胞子嚢群をもつ種も含んで大幅に拡大され, この範囲付けの変更に拒否反応を示す研究者（例えば Fraser-Jenkins et al. 2018）もいる。

　C. Elaphoglossoideae　アツイタ亜科 [11属900種余：世界の熱帯〜亜熱帯と南半球の温帯]。ミミモチシダ型脈理をもつことで特徴づけられる5属（Christenhusz et al. 2017 のアツイタ連, アツイタ属とヘツカシダ属はここに属する）は単系統群をなすが, 他にもアカミャクシダ属やタイワンキンモウイノデ属など従来ナナバケシダ科とされていた属がこの系統に属することが判明し, 結果としてナナバケシダ科との形態による識別を困難にしている。

維管束植物分類表

2. 1. 11. 22：**Nephrolepidaceae　タマシダ科**［1属約20種：世界の熱帯～亜熱帯］
　　　Nephrolepis Schott　タマシダ属［ca. 20］：ホウビカンジュ

2. 1. 11. 23：**Tectariaceae　ナナバケシダ科**［7属約320種：世界の熱帯～亜熱帯］
　　　Arthropteris J. Sm. ex Hook.f.　ワラビツナギ属［(10–)15–20］
　　　Pteridrys C. Chr. & Ching　［7：スリランカ・インド北東部～東アジア亜熱帯・東南アジア～マレーシア・太平洋諸島］
　　　Tectaria Cav.（incl. *Ctenitopsis* Ching ex Tardieu & C. Chr., *Hemigramma* Christ, *Quercifilix* Copel.）　ナナバケシダ属［ca. 230］：ウスバシダ，*カシノハシダ，カレンコウアミシダ，ハルランシダ，*ホコザキシダ，ミカワリシダ

2. 1. 11. 24：Oleandraceae　ツルシダ科［1属15–20種：世界の熱帯～亜熱帯，特にアジア～マレーシアで多様化］
　　　Oleandra Cav.　ツルシダ属［15–20］

2. 1. 11. 25：**Davalliaceae　シノブ科** 9)［1属(45–)110種：旧世界の熱帯～亜熱帯（東アジアでは温帯に達する）・太平洋諸島］
　　　Davallia Sm.（incl. *Araiostegia* Copel., *Araiostegiella* M. Kato & Tsutsumi, *Davallodes* Copel., *Humata* Cav., *Pachypleuria* (C. Presl) C. Presl, *Paradavallodes* Ching, *Wibelia* Bernh.）　シノブ属［(45–)110］：キクシノブ，タカサゴシノブ，*トキワシノブ，*ホソバシノブ

2. 1. 11. 26：**Polypodiaceae　ウラボシ科** 10)［約40属約1600種：世界の熱帯～亜寒帯］
　　　Arthromeris (T. Moore) J. Sm.　アリサンシダ属【B】［ca. 20：アジアの熱帯～亜熱帯］
　　　Calymmodon C. Presl　ヒメエボシシダ属【F】［ca. 20：熱帯アジア・マレーシア・豪州・太平洋諸島］
　　　Chrysogrammitis Parris　ニセトラノオウラボシ属【F】［2：スリランカ・マレーシア・台湾］
　　　Dasygrammitis Parris　ナンヨウコシボソウラボシ属（新称）【F】［ca. 6：スリランカ・マレーシア・台湾・太平洋諸島］
　　　Drynaria (Bory) J. Sm., nom. cons.（incl. *Aglaomorpha* Schott, *Pseudodrynaria* (C. Chr.) C. Chr.）　ハカマウラボシ属【B】［ca. 48］：カザリシダ，*ホザキカザリシダ
　　　Goniophlebium (Blume) C. Presl（incl. *Metapolypodium* Ching, *Polypodiastrum* Ching, *Polypodiodes* Ching）　アオネカズラ属【D】［ca. 24］：ミョウギシダ
　　　Lecanopteris Reinw.　アリノスシダ属【D】［ca. 13：マレーシア］
　　　Lemmaphyllum C. Presl（incl. *Lepidogrammitis* Ching）　マメヅタ属【D】［ca. 13］：オニマメヅタ
　　　Lepisorus (J. Sm.) Ching（incl. *Belvisia* Mirbel, *Drymotaenium* Makino）　ノキシノブ属【D】［ca. 80］：イシガキウラボシ，*キリガタシダ，クラガリシダ，コウラボシ，ホソバクリハラン，ホテイシダ

52

Leptochilus Kaulf.（incl. *Corysis* C. Presl, *Paraleptochilus* Copel.）　オキノクリハラン 属【D】［ca. 50］：イワヒトデ, シンテンウラボシ, ミツデヘラシダ, ヤリノホクリハラン

Loxogramme (Blume) C. Presl　サジラン属【A】［ca. 40］：イワヤナギシダ

9) シノブ科については，1属のみを認めるヨーロッパの研究者の意見と，複数の属を認める東アジアの研究者の意見とが長く対立していた。Tsutsumi et al. (2016) はシノブ科に7系統群を認めたが，*Davallia* 属の基準種 *Davallia canariensis* (L.) Sm. はシノブなど大多数の種とは異なる系統に属することが判明し，複数の属を認める立場ではアジア産種の学名の大幅な変更が避けられなくなるため，属を分割せずに1属にまとめ，各系統群を節のランクで扱う分類体系を採用した。この取り扱いは妥協的な産物であり，Fraser-Jenkins et al. (2018) はこれでは範囲付けが広すぎるとして従来の複数属分類を使用しているが，結果として認められた属の多くは側系統群となっている。同じ Fraser-Jenkins et al. (2017, 2018) では真正ウラボシ類Ⅱに関して包含的な立場をとっており，シノブ科を含む真正ウラボシ類Ⅰにおいて属を細かく定義しているのは整合性を欠くように思える。

10) ウラボシ科では5または6亜科に分ける分類が定着しており，本書では6亜科分類を採用する。系統関係は A［B (C + D) (E + F)］。5亜科の場合，E と F が合一される。なお，南米産の *Synammia* C. Presl は，おそらく E に属する可能性が高いものの所属不明とされる。

　A. Loxogrammoideae　サジラン亜科［2属約40種：アジアに多い］

　B. Drynarioideae　ハカマウラボシ亜科［(2–)4属約140種］He et al. (2018) は2属（ハカマウラボシ属とミツデウラボシ属）のみを認め，アリサンシダ属とかつてシノブ科とされていた *Gymnogrammitis* Griff. をミツデウラボシ属に合一している。アリサンシダ属とミツデウラボシ属との雑種が報告されたこと（Fraser-Jenkins et al. 2018）もこの合一を支持するデータのように見える。ただし，解析に使われた遺伝子領域は葉緑体のみであり，特に形態的に他の種から著しくかけ離れた *Gymnogrammitis* の取り扱いについてはさらなる検討が必要と考えられるため，本書では旧来の4属分類を採用した。

　C. Platycerioideae　ビカクシダ亜科［3属約110種：南米産の1種以外は全て旧世界産］

　D. Microsoroideae　オキナワウラボシ亜科［10–12属約180種］本書ではアヤメシダ属は暫定的に海老原 (2017) のように多系統群のまま扱ったが，本書掲載の種ではウスバヌカボシはむしろアリノスシダ属に近い系統に属し，他の種は比較的系統的にまとまっているものの同じ系統にオキノクリハラン属が含まれる（Kreier et al. 2008）。

　E. Polypodioideae　エゾデンダ亜科［9属約250種：大部分が中南米］

　F. Grammitidoideae　ヒメウラボシ亜科［(1–) 約33属約700種］Christenhusz et al. (2017) や Christenhusz et al. (eds.) (2018) は全体を1属として扱っているが，一見説得力があるように見えて実に乱暴な議論である。筆者は Schuettpelz et al. (2018) の批判に同意し，この扱いを支持しない。

53

Micropolypodium Hayata　オオクボシダ属【F】[3]

Microsorum Link（しばしば *Microsorium* と綴られた）　アヤメシダ属【D】[ca. 50（多系統群）]:＊ウスバヌカボシ, オキナワウラボシ, タカウラボシ, ホコザキウラボシ

Neocheiropteris Christ（incl. *Lepidomicrosorium* Ching et K.H. Shing）　ヌカボシクリハラン属【D】[ca. 5：ヒマラヤ〜東アジア亜熱帯〜暖温帯・東南アジア・マレーシア・西太平洋諸島]:ヤノネシダ

Neolepisorus Ching　クリハラン属【D】[ca. 7]:オオクリハラン

Oreogrammitis Copel.　ヒメウラボシ属【F】[ca. 110]:ナガバコウラボシ

Platycerium Desv.　ビカクシダ属【C】[ca. 15：世界の熱帯]

Pleurosoriopsis Fomin　カラクサシダ属【E】[1]

Polypodium L.　エゾデンダ属【E】[ca. 10]:オシャグジデンダ

Prosaptia C. Presl　チョクミシダ属（スダレノキシノブ属）【F】[ca. 60]:シマムカデシダ

Pyrrosia Mirb.（incl. *Saxiglossum* Ching）　ヒトツバ属【C】[ca. 100]:イワオモダカ, ヒトツバノキシノブ, ビロードシダ

Radiogrammitis Parris　ニセヒメウラボシ属【F】[ca. 28：熱帯アジア〜マレーシア・豪州北部・太平洋諸島]

Scleroglossum Alderw.　シシランノキシノブ属【F】[ca. 7：スリランカ・東南アジア〜マレーシア・海南島・台湾・太平洋諸島]

Selliguea Bory（incl. *Crypsinus* C. Presl, *Himalayopteris* W. Shao & S.G. Lu, *Pichisermolloides* Fraser-Jenk.）　ミツデウラボシ属【B】[ca. 75]:タカノハウラボシ, ミヤマウラボシ, ヤクシマウラボシ

Themelium (T. Moore) Parris　コシボソウラボシ属【F】[ca. 20：台湾・マレーシア・太平洋諸島]

Tomophyllum (E. Fourn.) Parris　トラノオウラボシ属【F】[ca. 22]:キレハオオクボシダ

Xiphopterella Parris　【F】[ca. 7：中国南部・海南島・台湾・ベトナム・マレーシア]

（2. 2 〜 2. 3：SPERMATOPHYTA　種子植物）

2. 2：GYMNOSPERMAE（Acrogymnospermae）　裸子植物（末端裸子植物）

2. 2. 1：Cycadales　ソテツ目

2. 2. 1. 1:**Cycadaceae　ソテツ科**[1属約100種：東アフリカ・マダガスカル・南インド・ヒマラヤ〜東アジア亜熱帯・東南アジア〜マレーシア・北オーストラリア]

　　Cycas L.　ソテツ属[ca. 100]

2. 2. 1. 2:Zamiaceae　ザミア科[9属約200種：アフリカ・豪州・フロリダ・西インド諸島・中南米]

　　Bowenia Hook. ex Hook.f.　カブラソテツ属[2：豪州北東部]

Dioon Lindl.　メキシコソテツ属［13：中米］

Encephalertos Lehm.　オニソテツ属［ca. 35：中南米］

Macrozamia Miq.　［14：豪州］

Stangeria T. Moore　［1：アフリカ南東部］

Zamia L.　ザミア属　［30–40：北米南東部～南米・西インド諸島］

2. 2. 2：Ginkgoales　イチョウ目

2. 2. 2. 1：Ginkgoaceae　イチョウ科［1属1種：中国中部］
　　　Ginkgo L. イチョウ属［1］

2. 2. 3：Gnetales（s. l.）　グネツム目（広義）[11]

2. 2. 3. 1：Welwitschiaceae　ウェルウィッチア科［1属1種：南西アフリカ（アンゴラ・ナミビア）］
　　　Welwitschia Hook.f.　ウェルウィッチア属（サバクオモト属，キソウテンガイ属）

2. 2. 3. 2：Gnetaceae　グネツム科［1属約40種：世界の熱帯］
　　　Gnetum L.　グネツム属［ca. 40］：*グネモンノキ

2. 2. 3. 3：Ephedraceae　マオウ科［1属約40種：ユーラシア・北アフリカ・北米・南米］
　　　Ephedra L.　マオウ属［ca. 40］

［2. 2. 4 ～ 2. 2. 6：Coniferae　球果類］

2. 2. 4：Pinales　マツ目

2. 2. 4. 1：**Pinaceae　マツ科** [12]［11属約230種：北半球亜熱帯～寒帯，南はスマトラまで達する］
　　　Abies Mill.　モミ属【A】［ca. 50］：シラビソ，トドマツ
　　　Cathaya Chun et Kuang　ギンサン属【B】［1：中国中南部］
　　　Cedrus Trew　ヒマラヤスギ属【A?】［4：地中海地方・西ヒマラヤ］：*レバノンスギ（レバノンシーダー）
　　　Keteleeria Carrière　アブラスギ属（ユサン属）【A】［ca. 4：中国中南部・台湾・東南アジア］
　　　Larix Mill.　カラマツ属【B】［15］：グイマツ

11）Christenhusz et al. (2011b, 2017) はグネツム目の3科を全て単型の目として扱っている。

12）マツ科は以下の2亜科に分けられるが，本書でAに含めたヒマラヤスギ属は科全体の姉妹群またはBの姉妹群となる可能性もある：
　　A. Abietoideae　モミ亜科［6属約70種］
　　B. Pinoideae　マツ亜科［5属約180種］

Nothotsuga Hu et C.N. Page　ツガモドキ属【A】[1：中国中南部]

Picea A. Dietr.　トウヒ属【B】[ca. 35]：イラモミ(マツハダ), エゾマツ, ハリモミ

Pinus L.　マツ属【B】[ca. 120]：アカマツ, チョウセンゴヨウ

Pseudolarix Gordon　イヌカラマツ属【A】[1：中国中部]

Pseudotsuga Carrière　トガサワラ属【B】[6]：*ベイマツ

Tsuga (Endl.) Carrière　ツガ属【A】[ca. 10]

2. 2. 5：Araucariales　ナンヨウスギ目

2. 2. 5. 1：Araucariaceae　ナンヨウスギ科 [3属41種：マレーシア〜メラネシア・豪州・南米]

Agathis Salisb.　ナンヨウナギ属 [21：マレーシア・豪州・ニュージーランド・メラネシア]：*ダンマルジュ(コパールノキ)

Araucaria Juss.　ナンヨウスギ属 [ca. 20：ニューギニア・豪州・ノーフォーク島・ニューカレドニア・南米]：*チリマツ, *パラナマツ

Wollemia W.G. Jones, K.D. Hill & J.M. Allen　ウォレミマツ属 [1：豪州東部]

2. 2. 5. 2：**Podocarpaceae**　**マキ科** [13)] [19属約185種：アフリカ・東アジア亜熱帯・東南アジア〜マレーシア・メラネシア・オーストラリア・中南米]

Dacrycarpus (Endl.) de Laub.　スギマキ属 [9：ミャンマー北部〜中国西南部・海南島・東南アジア〜マレーシア・ニュージーランド・メラネシア]

Dacrydium Sol. ex Lamb. ウロコマキ属 [21：ミャンマー〜東南アジア・海南島・マレーシア・ニュージーランド]：リムノキ

Falcatifolium de Laub.　カマバマキ属 [ca. 5：マレーシア・ニューカレドニア]

Nageia Gaertn. (incl. *Decussocarpus* de Laub.)　ナギ属 [5–7]

Parasitaxus de Laub.　ヤドリマキ属 [1：ニューカレドニア]

Phyllocladus Rich. ex Mirbel　エダハマキ属 [ca. 5：マレーシア・豪州・タスマニア・ニュージーランド]

Podocarpus L'Hér. ex Pers.　イヌマキ属 [ca. 100]：ラカンマキ

Retrophyllum C.N. Page　コバマキ属 [5+：東マレーシア〜メラネシア(特にニューカレドニア)]

Saxegothaea Lindl.　マツカサイチイ属 [1：南米(パタゴニア)]

2. 2. 6：Cupressales　ヒノキ目

2. 2. 6. 1：**Sciadopityaceae**　**コウヤマキ科** [1属1種：日本(本州〜四国)]

Sciadopitys Siebold et Zucc.　コウヤマキ属 [1]

2. 2. 6. 2：**Cupressaceae**　**ヒノキ科** [14)] [29–32属約150種：南北両半球の温帯〜寒帯, およびアフリカ・マレーシアの熱帯高山]

Athrotaxis D. Don　タスマニアスギ属【D】[3：タスマニア]

Callitris Vent. (incl. *Actinostrobus* Miq. ex Lehm.)　カリトリス属(マオウヒバ属)【F】[20–22：豪州・タスマニア]

Callitropsis Oerst.　アメリカヒノキ属【G】[1：北米西部]

Calocedrus Kurz　オニヒバ属【G】[2：中国東南部・台湾・北米西部]：*ショウナンボク

56

———————————————— 維管束植物分類表

Chamaecyparis Spach　ヒノキ属【G】[5]：サワラ

Cryptomeria D. Don　スギ属【E】[1]

Cunninghamia R. Br. ex Rich. & A. Rich.　コウヨウザン属【A】[2：中国中南部・台湾・ラオス・ベトナム]：*ランダイスギ

Cupressus L. ホソイトスギ属(セイヨウヒノキ属)【G】[ca. 14：ユーラシア・北アフリカ]

Fokienia A. Henry & H.H. Thomas　フッケンヒバ属【G】[1(-2)：中国東南部・ラオス・ベトナム]

Glyptostrobus Endl. スイショウ属【E】[1：中国東南部・ベトナム北部?]

Hesperocyparis Bartel & R.A. Price　メキシコイトスギ属【G】[16：北米西部〜中米]：*カシュウヒノキ,*モントレーサイプレス

×*Hesperotropsis* Garland & Gerry (*Callitropsis* × *Hesperocyparis*)　レイランドヒノキ属【G】

Juniperus L.　ネズミサシ属【G】[ca. 60]：イブキ(ビャクシン),ハイネズ,シマムロ

Libocedrus Endl.　ナンヨウヒノキ属【F】[5：ニューカレドニア・ニュージーランド]

Metasequoia Miki ex Hu & W.C. Cheng　メタセコイア属(アケボノスギ属)【C】[1：中国西南部〜中部]

Microbiota Kom.　ウスリーヒバ属【G】[1：極東ロシア(ウスリー南部)]

Platycladus Spach　コノテガシワ属【G】[1：中国北部〜東北部・北朝鮮]

Sequoia Endl.　セコイア属(イチイモドキ属)【C】[1：北米西部(カリフォルニア)]

---

13) イヌマキ科は，マツカサイチイ属のみからなる Saxegothaeoideae マツカサイチイ亜科と，それ以外の属からなる Podocarpoideae イヌマキ亜科に分けられる。後者はさらに *Phyllocladus* clade エダハマキ群と *Podocarpus* clade イヌマキ群の2系統群に分けられるが，いずれの群においても最初に分岐するのは南米やニュージーランド，タスマニア産の属である(Knopf et al. 2012)。葉を欠いて葉状枝に花がつくエダハマキ属はかつては独立の科または亜科と考えられたが，実際にはかつて *Podocarpus* sect. Stachycarpus イヌマキ属ホザキマキ亜属とされていた *Prumnopitys* Philippi の姉妹群であり，他の少数の南半球産の属と共にエダハマキ群を構成することがわかっている。

14) ヒノキ科は以下の7亜科に分けられる (Yang et al. 2012) が，F を G に統合する意見もある。系統関係は [A[B [C [D {E (F + G)}]]]]。
　A. Cunninghamioideae　コウヨウザン亜科 [1属2種]
　B. Taiwanioideae　タイワンスギ亜科 [1属1種]
　C. Sequoioideae　セコイア亜科 [3属3種]
　D. Athrotaxidoideae　タスマニアスギ亜科 [1属2-3種]
　E. Taxodioideae　スギ亜科 [3属4種]
　F. Callitroideae　カリトリス亜科 [7-10属30種余]
　G. Cupressoideae　ヒノキ亜科 [13属100種余]

維管束植物分類表

Sequoiadendron J. Buchholz　セコイアデンドロン属【C】[1：北米西部]

Taiwania Hayata　タイワンスギ属【B】[1：ミャンマー・中国南部・台湾]

Taxodium Rich.　ヌマスギ属【E】[2：北米南部〜中米]

Tetraclinis Mast.　カクミヒバ属【G】[1：地中海地方西部]

Thuja L.　クロベ属【G】[5]

Thujopsis Siebold et Zucc. ex Endl.　アスナロ属【G】[1]：ヒノキアスナロ（ヒバ）

Xanthocyparis Farjon & T.H.Nguyen　ベトナムヒノキ属（新称）【G】[1：ベトナム]

Widdingtonia Endl.　アフリカヒバ属【F】[3–5：南アフリカ]

2. 2. 6. 3：**Taxaceae** (incl. Cephalotaxaceae)[15]　**イチイ科** [6属約32種：北半球暖温帯〜冷温帯・マレーシア・ニューカレドニア]

Amentotaxus Pilg.　ウラジロマキ属[5–6：中国中南部・台湾・ベトナム]：ウラジロマキ（ウラジロイヌガヤ）

Austrotaxus Compton　[1：ニューカレドニア]

Cephalotaxus Siebold et Zucc. ex Endl.　イヌガヤ属[(5–)8–10]

Pseudotaxus W.C. Cheng　シロミイチイ属[1：中国東部]

Taxus L.　イチイ属[ca. 12]：キャラボク

Torreya Arn.　カヤ属[6]

2. 3：ANGIOSPERMAE　被子植物

2. 3. 1：Amborellales　アンボレラ目

2. 3. 1. 1：Amborellaceae　アンボレラ科〔1〕[1属1種：ニューカレドニア]

Amborella Baill.　アンボレラ属[1]

2. 3. 2：Nymphaeales　スイレン目

2. 3. 2. 1：Hydatellaceae　ヒダテラ科〔2〕[1属12種：インド・豪州・ニュージーランド]

Trithuria Hook.f. (incl. *Hydatella* Diels)　[12]

2. 3. 2. 2：**Cabombaceae**　**ジュンサイ科**(ハゴロモモ科)〔3〕[2属6種：アジア・アフリカ・豪州・北米〜南米]

Brasenia Schreb.　ジュンサイ属[1]

Cabomba Aubl.　†ハゴロモモ属[5 北米〜南米]：†ハゴロモモ（フサジュンサイ）

2. 3. 2. 3：**Nymphaeaceae**　**スイレン科**[16]〔4〕[5属約80種：世界の熱帯〜温帯]

Barclaya Wall. [4：熱帯アジア・西マレーシア]

Euryale Salisb.　オニバス属[1]

Nuphar Sm.　コウホネ属[ca. 15＋雑種]

Nymphaea L.　スイレン属[ca. 60]：ヒツジグサ

Victoria Lindl.　オオオニバス属[2：熱米]

58

維管束植物分類表

2. 3. 3：Austrobaileyales　シキミ目

2. 3. 3. 1：Austrobaileyaceae　アウストロバイレヤ科〔5〕〔1 属 1 種：豪州北東部〕
　　　Austrobaileya White　〔1〕

2. 3. 3. 2：Trimeniaceae　トリメニア科〔6〕〔1 属 8 種：東マレーシア～メ
　　ラネシア・豪州北東部〕
　　　Trimenia Seem.　〔8〕

2. 3. 3. 3：**Schisandraceae　マツブサ科**〔7〕〔3 属約 85 種：ヒマラヤ～東ア
　　ジア・東南アジア・マレーシア・北米南東部〕
　　　Illicium L.　シキミ属 [ca. 44]:*トウシキミ (ハッカクウイキョウ, スターアニス)
　　　Kadsura Kaempf. ex Juss.　サネカズラ属 [ca. 16]:サネカズラ (ビナンカズラ)
　　　Schisandra Michx.　マツブサ属 [ca. 25]:チョウセンゴミシ

2. 3. 4：Chloranthales　センリョウ目

2. 3. 4. 1：**Chloranthaceae　センリョウ科**〔26〕〔4 属約 80 種:マダガスカル・
　　南アジア～東アジア・東南アジア～マレーシア・メラネシア・ニュージー
　　ランド・中南米〕
　　　Chloranthus Sw.　チャラン属 [ca. 20]:ヒトリシズカ, フタリシズカ
　　　Sarcandra Gardner　センリョウ属 [2]

2. 3. 5：Canellales　カネラ目

2. 3. 5. 1：Canellaceae　カネラ科〔8〕〔6 属 18–25 種:アフリカ・マダガスカル・
　　熱米〕
　　　Canella P. Browne　〔1：北米南東部・西インド諸島・南米北部〕

2. 3. 5. 2：Winteraceae　シキミモドキ科〔9〕〔5 属約 65 種:マダガスカル・
　　マレーシア～メラネシア・豪州東部・タスマニア・ニュージーランド・
　　中南米・ファンフェルナンデス諸島〕
　　　Drimys J.R. & G. Forst. [6：中南米]
　　　Tasmannia R. Br. ex DC.　シキミモドキ属 [5：マレーシア・豪州東部・タ
　　　　スマニア]

---

15) かつて単型の独立科とされることの多かったイヌガヤ科は，イチイ科
　　の一員であることは受け入れられているものの，その系統的位置は解析
　　によって異なる。イチイ科の他の属は，ウラジロマキ属とカヤ属の 2 属,
　　イチイ属，シロミイチイ属および *Austrotaxus* の 3 属がそれぞれ単系統
　　群をなすことがわかっている。

16) スイレン科はコウホネ属のみからなる Nupharoidae　コウホネ亜科と，
　　残りの属からなる Nymphaeoideae　スイレン亜科の 2 亜科に分けられる。
　　スイレン亜科のオニバス属とオオオニバス属は解析によってはスイレン
　　属の内群となるが，解析によっては異なる結果も得られているので本書
　　では従来通り独立属として扱う。

59

2. 3. 6：Piperales　コショウ目

2. 3. 6. 1：**Saururaceae　ドクダミ科**〔10〕［4 属 6 種：ヒマラヤ～東アジア・東南アジア～マレーシア・北米］
　　Houttuynia Thunb.　ドクダミ属［1］
　　Saururus L.　ハンゲショウ属［2］：ハンゲショウ（カタシログサ）

2. 3. 6. 2：**Piperaceae　コショウ科**[17]〔11〕［5 属約 3700 種：世界の熱帯～亜熱帯］
　　Peperomia Ruiz & Pav.　サダソウ属［ca. 1600］：†ウスバスナゴショウ（イシガキコショウ），シマゴショウ
　　Piper L.　コショウ属［ca. 2100］：*キンマ，†ヒハツモドキ，フウトウカズラ

2. 3. 6. 3：**Aristolochiaceae**（incl. Hydnoraceae, Lactoridaceae）　**ウマノスズクサ科**[18]〔12〕［7 属約 500 種：世界の熱帯～温帯（乾燥地帯を除く）］
　　Aristolochia L.（incl. *Isotrema* Raf.）　ウマノスズクサ属【D】［ca. 360］
　　Asarum L.（incl. *Asiasarum* F. Maek., *Heterotropa* C. Morren & Decne., *Hexastylis* Raf.）　カンアオイ属【A】［ca. 100］：ウスバサイシン，オナガサイシン，フタバアオイ，ミヤコアオイ
　　Hydnora Thunb.　【B】［ca. 6：南アフリカ］
　　Lactoris P.A. Philippi　【C】［1：ファンフェルナンデス諸島］

2. 3. 7：Magnoliales　モクレン目

2. 3. 7. 1：Myristicaceae　ニクズク科〔13〕［21 属約 520 種：世界の熱帯］
　　Horsfieldia Willd.　［ca. 100：インド・スリランカ・東南アジア～マレーシア・豪州北東部・ミクロネシア］
　　Knema Lour.［ca. 90：東南アジア・マレーシア］
　　Myristica Gronov.　ニクズク属［150–170：インド・スリランカ・マレーシア・台湾（蘭嶼）・豪州北東部］

2. 3. 7. 2：**Magnoliaceae　モクレン科**[19]〔14〕［2 属約 270 種：熱帯～温帯アジア・マレーシア・北～南米］
　　Liriodendron L.　ユリノキ属［2：中国中南部・ベトナム北部・北米東部］：*ユリノキ（ハンテンボク）
　　Magnolia L.（incl. *Alcimandra* Dandy, *Houpoea* N.H. Xia & C.Y. Wu, *Lirianthe* Spach, *Manglietia* Blume, *Michelia* L., *Oyama* (Nakai) N.H. Xia & C.Y. Wu, *Parakmeria* Hu & W.C. Cheng, *Talauma* Juss., *Yulania* Spach）　モクレン属［ca. 270］：オオヤマレンゲ，オガタマノキ，コブシ，*タイサンボク，タムシバ，*トキワレンゲ，ホオノキ

2. 3. 7. 3：Degeneriaceae　デゲネリア科〔15〕［1 属 2 種：フィジー］
　　Degeneria I.W. Bailey & A.C. Sm.　［2］

2. 3. 7. 4：Himantandraceae　ヒマンタンドラ科〔16〕［1 属 2 種：マレーシア東部・豪州北東部］
　　Galbulimina F.M. Bailey　［2］

2. 3. 7. 5：Eupomatiaceae　エウポマティア科〔17〕［1 属 3 種：ニューギニア・豪州東部］

　　Eupomatia R. Br.　〔3〕

2. 3. 7. 6：**Annonaceae　バンレイシ科**[20]〔18〕［約 110 属約 2300 種：世界の熱帯，北米東部では温帯まで達する］

　　Annona L.　バンレイシ属【D-5】〔ca. 160：熱米〕:*ギュウシンリ，*チェリモヤ，*バンレイシ（シャカトウ）

17）コショウ科は 3 亜科（Verhuellioideae［1 属 3 種：西インド諸島］，Zippelioideae［2 属 6 種：中国南部〜マレーシア・中南米］，Piperoideae コショウ亜科）に分けられ，本書掲載の 2 属はコショウ亜科に属する。

18）APG Ⅳ では，APG Ⅲ まで独立の科として認められていたヒドノラ科とラクトリス科をウマノスズクサ科に含め，それぞれ亜科のランクで扱っている。この 4 亜科を含め，以下の 4 亜科が認められている。
　A. Asaroideae　カンアオイ亜科［2 属約 100 種：欧州・東アジア・北米］
　B. Hydnoroideae　ヒドノラ亜科［2 属約 10 種：アフリカ・マダガスカル・南西アジア・中南米］
　C. Lactoridoideae　ラクトリス亜科［1 属 1 種：ファンフェルナンデス諸島］
　D. Aristolochioideae　ウマノスズクサ亜科［2 属約 400 種：旧世界の熱帯，アジアでは温帯まで達する〕　*Aristolochia* を複数の属に細分する意見もあるが，それらの属を除くと *Aristolochia* は側系統群となる。

19）モクレン科を構成するユリノキ属とモクレン属は様々な点で異なる特徴をもち，それぞれ独立の亜科（Liriodendroideae　ユリノキ亜科／Magnolioideae　モクレン亜科）とされることがある。モクレン属は形態的に多様であるため，複数の属（最大で 16 属）に分割する意見もあるが，これら細分した属の識別質質にはしばしば例外があり（Nooteboom 2008），また一部の属については単系統性が支持されなかったり，形態的にも遺伝的にもよく定義された属の間で交雑可能な場合がある（例えばオオヤマレンゲとホオノキとの雑種）。そのため，本書ではこれらの属を認めず，モクレン属 1 属として扱う。分子系統学的研究（Azuma et al. 2001; Nie et al. 2008）によれば，中南米産の sect. Talauma が最も早く分岐したと推測されるが，それ以外の系統群の分岐順は低い精度でしかわかっていない。例外的に，sect. Oyama（オオヤマレンゲ節），sect. Rhytidospermum（ホオノキ節：属とした場合の学名は *Houpoea*），sect. Manglietia（モクレンモドキ節）の 3 節が単系統群をなすこと，sect. Michelia（オガタマノキ節）と sect. Yulania（モクレン節，ただし北米産の *M. acuminata* は除く）が単系統群をなす可能性が高いことがいえる程度である。

20）バンレイシ科は Chatrou et al. (2012) に従って以下の 4 亜科を認める。系統関係は A［B（C ＋ D）］。
　A. Anaxagoreoideae　アナクサゴレア亜科［1 属約 30 種：アジアとアメリカの熱帯］
　B. Ambavioideae　イランイランノキ亜科［9 属 56 種：世界の熱帯］

〔以下 63 頁へ〕

維管束植物分類表

Artabotrys R. Br.　オウソウカ属【D-3】［ca. 100：旧世界の熱帯］

Asimina Adans.　ポポー属【D-5】［7–8：北米（特にフロリダで多様化）]:*ポポー（アケビガキ）

Cananga (Dunal) Hook.f. & Thomson　イランイランノキ属【B】［2：熱帯アジア・マレーシア・豪州］

Dasymaschalon (Hook.f. & Thomson) Dalla Torre & Harms　ケジュズノキ属【D-7】［ca. 24：中国南部・海南島・東南アジア・西マレーシア］

Desmos Lour.　ジュズノキ属【D-7】［ca. 25(–30)：インド北東部～中国南部・フィリピン］

Fissistigma Griff.　ツルリュウガン属【D-7】［50–75：インド東部～東アジア亜熱帯・東南アジア～マレーシア・豪州北東部］

Goniothalamus Hook.f. & Thomson　キダチオウソウカ属【D-5】［130–140：アジアの熱帯～亜熱帯・マレーシア］

Meiogyne Miq.（incl. *Guamia* Merr.）　パイパイノキ属【C】［ca. 16：熱帯アジア・マレーシア・豪州・ニューカレドニア・ミクロネシア（グアム島）］

Monoon Miq.　クロボウモドキ属【C】［ca. 60：アジアの熱帯～亜熱帯・マレーシア]:*マストツリー（レインツリー）

Monodora Dunal　モノドラ属【D-6】［ca. 16：熱帯アフリカ]:*ジャマイカニクズク

Polyalthia Blume　サメハダノキ属【C】［100–120：熱帯アジア・マレーシア］

2. 3. 8：Laurales　クスノキ目

2. 3. 8. 1：Calycanthaceae　ロウバイ科〔19〕［4(–5)属 11 種：中国・豪州北東部・北米］

Calycanthus L.（incl. *Sinocalycanthus* W.C. Cheng & S.Y. Chang）　アメリカロウバイ属［3：中国東部・北米]:アメリカロウバイ（クロバナロウバイ）,*ナツロウバイ

Chimonanthus Lindl.　ロウバイ属［2–6：中国］

2. 3. 8. 2：Siparunaceae　シパルナ科〔20〕［2属 80–150 種：西アフリカ熱帯・熱米］

Siparuna Aubl.　［75–145：中南米熱帯］

2. 3. 8. 3：Gomortegaceae　ゴモルテガ科〔21〕［1属 1 種：チリ］

Gomortega Ruiz & Pav.　［1］

2. 3. 8. 4：Atherospermataceae　アセロスペルマ科〔22〕［6–7属 16–20 種：ニューギニア・豪州南東部・タスマニア・ニューカレドニア・ニュージーランド・南太平洋諸島・チリ］

Atherosperma Labill.　［1：豪州南東部・タスマニア］

2. 3. 8. 5：**Hernandiaceae　ハスノハギリ科** [21]〔23〕［5属 50–60 種：世界の熱帯～亜熱帯］

Hernandia L.　ハスノハギリ属［ca. 24］

Illigera Blume　テングノハナ属［20–30］

維管束植物分類表

2. 3. 8. 6：Monimiaceae　モニミア科 22)〔24〕［24 属 200–240 種：世界の熱帯と南半球の亜熱帯～暖温帯］
　　Monimia Thouars　［3：マスカリン諸島］

2. 3. 8. 7：**Lauraceae　クスノキ科** 23)〔25〕［45–50 属 2500–2850 種：世界の湿潤な熱帯～温帯］
　　Actinodaphne Nees　バリバリノキ属【E】［ca. 100］
　　Beilschmiedia Nees　アカハダクスノキ属【B】［250–300］
　　Cassytha L.　スナヅル属【C】［ca. 20］
　　Cinnamomum Schaeff　クスノキ属【E】［250(–300)（多系統群）：アジアの熱帯～暖温帯］：クスノキ，ニッケイ
　　Cryptocarya R. Br.　シナクスモドキ属【B】［200–250］

〔61 頁より：20)の続き〕
　　C. Malmeoideae　クロボウモドキ亜科［49 属約 800 種：世界の熱帯］，8 連に分けられ，本書掲載の属はすべて Miliuseae　クロボウモドキ連［24 属約 330 種］に属する。
　　D. Annonoideae　バンレイシ亜科［47 属約 1500 種：世界の熱帯］，以下の 7 連に分けられる：D-1：Bocageeae［8 属約 65 種］，D-2：Guetterieae［1 属約 210 種］，D-3：Xylopieae　オウソウカ連［2 属約 260 種］，D-4：Duguetieae［5 属約 110 種］，D-5：Annoneae　バンレイシ連［7 属約 330 種］，D-6：Monodoreae　モノドラ連［11 属約 100 種］，D-7：Uvarieae　ウバリア連［15 属約 420 種］。

21）ハスノハギリ科は Gynocarpoideae　ギノカルプス亜科［2 属約 10 種］と Hernandioideae　ハスノハギリ亜科［3 属 40–50 種］に分けられ，両者とも世界の熱帯に広く分布する。本書掲載の 2 属はいずれも後者に属する。

22）モニミア科は Monimioideae　モニミア亜科［3 属 19 種：マスカリン諸島・ニューギニア・豪州東部・チリ］，Hortonioideae　ホルトニア亜科［1 属 3 種：スリランカ］，Mollinedioideae　モリネディア亜科［20 属 180–220 種：南半球の熱帯～温帯］の 3 亜科に分けられる。

23）本書ではクスノキ科に以下の 5 連または系統群を認めるが，寄生植物である C の系統的位置については定説がない。
　　A. Hypodaphnideae　ヒポダフニス連［1 属 1 種：西アフリカ］
　　B. Cryptocarpeae　アカハダクスノキ連［6 属 700 余種］
　　C. Cassytheae　スナヅル連［1 属 24 種］
　　D. *Caryodaphnopsis - Neocinnamomum* clade［2 属約 22 種］
　　E. Laureae　クスノキ連［約 35 属約 2100 種］　これをさらに Laureae (s. str.)　ゲッケイジュ連，Cinnamomeae　クスノキ連（狭義），Perseeae　タブノキ連に分けることがあるが，熱米産の *Mezilanthus* Taub. のようにいずれの群にも含まれない属もある。クスノキ属のうち，クスノキと近縁種はニッケイなどの他の種とは分けて独立属 *Camphora* Fabr. とするのが正しいと思われる。クロモジ属やハマビワ属も多系統群であることが確実であり，周辺の属を巻き込んで近い将来に属の解体再構成が行われるであろう。

63

Dehaasia Blume　マキミグス属【E】[ca. 35：中国東南部・蘭嶼・海南島・東南アジア・マレーシア]

Endiandra R. Br.　コウトウクスモドキ属【B】[ca. 100：東アジア亜熱帯・東南アジア〜マレーシア・豪州・太平洋諸島]

Eusideoxylon Teijsm. & Binn.　ボルネオテツボク属【B】[1：西マレーシア（スマトラ・ボルネオ）]

Laurus L.　ゲッケイジュ属【E】[2：地中海地方・マカロネシア]

Lindera Thunb.　クロモジ属【E】[ca. 100（多系統群）]：アブラチャン, カナクギノキ, シロモジ, ダンコウバイ, †テンダイウヤク, ヤマコウバシ

Litsea Lam.　ハマビワ属【E】[200–400（多系統群）]：アオモジ, カゴノキ

Machilus Rumph. ex Nees　タブノキ属【E】[ca. 100]：アオガシ（ホソバタブ）, オガサワラアオグス（ムニンイヌグス）, コブガシ

Neocinnamomum H. Liou　カイナングス属【D】[ca. 7：ヒマラヤ〜中国南部・海南島・東南アジア]

Neolitsea (Benth. & Hook.f.) Merr.　シロダモ属【E】[85–100]：イヌガシ（マツラニッケイ）, キンショクダモ

Persea Mill.　アボカド（ワニナシ）属【E】[ca. 50：主に北米南部〜南米, 少数が東南アジア]

Phoebe Nees　タイワンイヌグス属【E】[ca. 100：ヒマラヤ〜東アジア亜熱帯・東南アジア〜マレーシア]

Sassafras J. Presl　サッサフラス属【E】[3：中国南部・台湾・北米東部]：*ランダイコウバシ

(目 9 〜 19：MONOCOTYLEDONEAE　単子葉植物)

2. 3. 9：Acorales　ショウブ目

2. 3. 9. 1：**Acoraceae　ショウブ科**〔27〕[1 属 2 種：ユーラシア温帯・インド〜マレーシア・北米]

　　Acorus L.　ショウブ属[2]：セキショウ

2. 3. 10：Alismatales　オモダカ目

2. 3. 10. 1：**Araceae　サトイモ科** 24)〔28〕[約 120 属 4100–5500 種：世界の熱帯〜冷温帯]

　　Aglaonema Schott　アグラオネマ属【H-13】[21：インド〜マレーシア]：*シラフイモ, *セスジグサ

　　Alocasia (Schott) G. Don　クワズイモ属【H-25】[ca. 70]：*キッコウダコ, *テイオウハイモ

　　Amorphophallus Blume ex Decne.　コンニャク属【H-18】[ca. 150]：*イシウスイモ

　　Anthurium Schott　ベニウチワ属【D】[800+：中南米]

　　Arisaema Mart.　テンナンショウ属【H-24】[ca. 200]：ウラシマソウ, シマテンナンショウ（ヘンゴダマ）, マムシグサ, ムサシアブミ, ユキモチソウ

Arum L.　アルム属【H-23】[26：地中海地方〜中央アジア・マカロネシア]

Caladium Vent.　ニシキイモ属【H-11】[ca. 12：熱米]：*ニシキイモ（ハイモ，カラジウム）

Calla L.　ヒメカイウ属【H-1】[1]：ヒメカイウ（ミズザゼン）

Colocasia Schott　サトイモ属【H-25】[8：インド北東部〜東アジア亜熱帯・東南アジア・西マレーシア]：*ズイキ，*ハスイモ，*ミズイモ

Cyrtospema Griff.　キルトスペルマ属【F】[ca. 12：東南アジア・マレーシア・太平洋諸島]

Dieffenbachia Schott　カスリソウ属【H-3】[ca. 30：中南米]

Epipremnum Schott　ハブカズラ属【E-4】[17]：*オウゴンカズラ

24）サトイモ科は8亜科に分けられ，うちウキクサ亜科(C)がかつてウキクサ科として扱われていた。系統関係は (A + B)[C {(D + E)(F + G + H)}] だが，GとHの関係には異論もある。特に本書でHに含めたヒメカイウ属は形態上はむしろBに類似し，Hとは大きく異なるため，単型のCalloideae　ヒメカイウ亜科とされることもある。

　A. Gymnostachyoideae　ギムノスタキス亜科[1属1種：豪州東部]

　B. Orontioideae　ミズバショウ亜科[3属7種：東アジア・北米]

　C. Lemnoideae　ウキクサ亜科[5属約40種：全世界の熱帯〜亜寒帯]

　D. Pothoideae　ユズノハカズラ亜科[4属約900種：世界の熱帯]

　E. Monsteroideae　ハブカズラ亜科[12属約360種：世界の熱帯]：さらにE-1：Heteropsideae，E-2：Spathiphylleae　ササウチワ連とE-3：Monstereae (incl. Anadendreae)　ハブカズラ連の3連に分けられる。

　F. Lasioideae　ラシア亜科[10属約60種：世界の熱帯]

　G. Zamioculcadoideae　ソテツバカイウ亜科[3属約20種：熱帯アフリカ]：Mabberley (2017)で採用された体系ではサトイモ亜科に属する2連とされる。

　H. Aroideae (incl. Calloideae)　サトイモ亜科[約80属約2300種：世界の熱帯〜亜寒帯]：さらに複数の連に分けられるが，亜科内分類にはまだ不確定要素がある。本書ではMabberley (2017)で採用された25連を認めるが，やや細分されすぎと指摘されている。本書掲載の属は以下の連に属する（本書でサトイモ連の最初に加えたヒメカイウ連を除き，連番号は同書による）が，一部の連についてはCusimano et al. (2011)などに従ってコメントを加えた。
　　H-1：Calleae　ヒメカイウ連，H-3：Dieffenbachieae　カスリソウ連（Spathicarpeae (H-4)の内群となる），H-5：Philodendreae　ビロードカズラ連，H-6：Homalomeneae　ハルユキソウ連，H-8：Schismatoglottideae　コウトウイモ連，H-11：Caladieae　ニシキイモ連（Zomicarpeae (H-10)を包含する），H-13：Aglaonemateae　アグラオネマ連，H-16：Zantedeschieae　オランダカイウ連，H-18：Thomsonieae　コンニャク連，H-23：Areae　アルム連，H-24：Arisaemateae　テンナンショウ連（H-23への統合が妥当），H-25：Colocasieae　サトイモ連（Cusimano et al. (2011)では側系統群），H-26：Pistieae　ボタンウキクサ連。

Homalomena Schott　ハルユキソウ属【H-6】[ca. 110 : インド〜マレーシア・メラネシア・熱米] : *セントンイモ

Landoltia Les & D.J. Crawford　†ヒメウキクサ属【C】[1 : 全世界]

Lemna Lour.　アオウキクサ属【C】[ca. 13] : コウキクサ, ヒンジモ

Lysichiton Schott　ミズバショウ属【B】[2]

Monstera Adans.　†ホウライショウ属【E-3】[ca. 40 : 熱米] : †ホウライショウ(モンステラ)

Philodendron Schott　ビロードカズラ属【H-5】[500+ : 熱米]

Pinellia Ten.　ハンゲ属【H-24】[6 : 東アジア] : カラスビシャク(ハンゲ)

Pistia L.　†ボタンウキクサ属【H-26】[1 : 世界の熱帯]

Pothoidium Schott　オオキノボリカズラ属【D】[1 : 東マレーシア]

Pothos L.　ユズノハカズラ属【D】[ca. 80]

Remusatia Schott　タコイモ属【H-25】[4 : 熱帯アフリカ・マダガスカル・熱帯アジア・マレーシア・豪州北東部・ミクロネシア]

Rhaphidophora Hassk.　ヒメハブカズラ属【E-3】[ca. 100] : サキシマハブカズラ, *ハブカズラモドキ

Sauromatum Schott　ヘビイモ属【H-23】[2 : 熱帯アフリカ・アラビア半島・南アジア〜中国西南部]

Schismatoglottis Zoll. & Moritzi　コウトウイモ属【H-8】[ca. 100 : 蘭嶼・東南アジア・マレーシア・南米熱帯] : *コウトウイモ(タニズイキ)

Scindapsus Schott　【E-3】[ca. 30 : 熱帯アジア・マレーシア・太平洋諸島]

Spathiphyllum Schott　ササウチワ属【E-2】[41 : 東マレーシア・太平洋諸島・熱米] : *ウチワイモ, *オカメウチワ

Spirodela Schleid.　ウキクサ属【C】[2]

Symplocarpus Salisb. ex Nutt.　ザゼンソウ属【B】[4–5]

Syngonium Schott　†アオミツバカズラ属【H-11】[35 : 中南米]

Typhonium Schott　リュウキュウハンゲ属【H-23】[ca. 40]

Wolffia Horkel & Schleid.　†ミジンコウキクサ属【C】[11 : 世界の熱帯]

Xanthosoma Schott　センニンイモ属【H-11】[ca. 57 : 中南米] : *ミドリセンニンイモ, *ヤバネイモ

Zamioculcas Schott　ソテツバカイウ属【G】[1 : アフリカ中南部]

Zantedeschia Spreng.　オランダカイウ属【H-16】[8 : 南アフリカ] : *オランダカイウ(カラー)

2. 3. 10. 2 : **Tofieldiaceae　チシマゼキショウ科**〔29〕[4–5 属約 30 種 : 北半球温帯〜寒帯・南米北部高地]

Tofieldia Huds.　チシマゼキショウ属 [11] : ハナゼキショウ, ヒメイワショウブ

Trantha Nutt.　イワショウブ属 [4]

2. 3. 10. 3 : **Alismataceae　オモダカ科**[25]〔30〕[15 属 90–115 種 : 世界の湿潤熱帯〜亜寒帯]

Alisma L.　サジオモダカ属 [9] : ヘラオモダカ

Caldesia Parl.　マルバオモダカ属 [4]

Echinodorus Rich. ex Engelm.　†シャゼンオモダカ属 [ca. 30 : 北米〜南米,

維管束植物分類表

主に熱帯]

Hydrocleys Rich. †ミズヒナゲシ属 [5：熱米]：†ミズヒナゲシ(キバナトチカガミ, ミズウチワ)

Limnocharis Humb. & Bonpl. キバナオモダカ属 [2：熱米]：*キバナオモダカ(ヌマオオバコ)

Sagittaria L. オモダカ属 [25–40]：アギナシ, ウリカワ, *クワイ

2. 3. 10. 4：Butomaceae ハナイ科 〔31〕[1 属 1 種：ユーラシア大陸の冷温帯, 北米に帰化]

Butomus L. ハナイ属 [1]

2. 3. 10. 5：**Hydrocharitaceae トチカガミ科** 26)〔32〕[約 16 属約 130 種：全世界の熱帯〜冷温帯]

Blyxa Thouars ex Rich. スブタ属 【B】[9]：ヤナギスブタ

Egeria Planch. †オオカナダモ属 【B】[2–3：北米]

Elodea Michx. †カナダモ属 【B】[5–6：北米および南米の温帯]：†コカナダモ

Enhalus Rich. ウミショウブ属 【D】[1]

Halophila Thouars ウミヒルモ属 【D】[ca. 20]

Hydrilla Rich. クロモ属 【D】[1]

Hydrocharis L. トチカガミ属 【C】[3]

Limnobium Rich. †アマゾントチカガミ属 【C】[2：北米〜南米]

Najas L. イバラモ属 【D】[ca. 40]：トリゲモ, ホッスモ, ムサシモ

Ottelia Pers. ミズオオバコ属 【B】[ca. 20]

Thalassia Banks ex J.König リュウキュウスガモ属 【D】[2]

Vallisneria L. セキショウモ属 【D】[ca. 14]：コウガイモ, ネジレモ

2. 3. 10. 6：**Scheuchzeriaceae ホロムイソウ科** 〔33〕[1 属 1 種：北半球冷温帯〜寒帯]

Scheuchzeria L. ホロムイソウ属 [1]

2. 3. 10. 7：Aponogetonaceae レースソウ科 〔34〕[1 属約 56 種：旧世界の熱帯〜亜熱帯, 特に南半球で多様化]

Aponogeton L.f. レースソウ属 [ca. 56]

---

25) Cronquist 体系や APG II では狭義のオモダカ科と Limnocharitaceae キバナオモダカ科の 2 科が認められていたが, 近年の研究では後者は側系統群となる可能性が高く, 両者を合わせた広義のオモダカ科は高い確率で単系統性が支持されているので, 特に科内分類群を設けない。

26) トチカガミ科は以下の 4 亜科に分けられる：
A. Stratiotoideae ストラティオテス亜科 [1 属 1 種]
B. Acacharidoideae スブタ亜科 [7 属約 40 種]
C. Hydrocharitoideae トチカガミ亜科 [2 属 5 種]
D. Hydrilloideae クロモ亜科 [8 属約 60 種]。かつて独立属とされたイバラモ属はここに属する。

2. 3. 10. 8：**Juncaginaceae　シバナ科**〔35〕〔3 属約 30 種：世界の暖温帯〜
　　亜寒帯及び熱帯高地〕
　　　　Triglochin L.　シバナ属 [ca. 25]：ホソバノシバナ（ミサキソウ）

2. 3. 10. 9：Maundiaceae　マウンディア科〔36〕〔1 属 1 種：豪州東部〕
　　　　Maundia F. Muell.　[1]

2. 3. 10. 10：**Zosteraceae　アマモ科**〔37〕〔2(–4) 属約 22 種：世界の浅海〕
　　　　Phyllospadix Hook.　スガモ属 [ca. 6]：エビアマモ
　　　　Zostera L.　アマモ属 [ca. 16]

2. 3. 10. 11：**Potamogetonaceae**（incl. Zannichelliaceae）　**ヒルムシロ科** 27)〔38〕
　　〔(4-)6 属約 110 種：全世界〕
　　　　Potamogeton L.　ヒルムシロ属 [ca. 90]：イトモ, エビモ, ガシャモク, ササバ
　　　　　モ, サンネンモ, センニンモ, ヤナギモ
　　　　Stuckenia Börner（*Coleogeton* Les & R.R. Haynes）　リュウノヒゲモ属 [ca. 6]
　　　　Zannichellia L.　イトクズモ属 [ca. 6]

2. 3. 10. 12：Posidoniaceae　ポシドニア科〔39〕〔1 属 9 種：地中海・豪州西
　　〜南海岸〕
　　　　Posidonia K.D. König　[9]

2. 3. 10. 13：**Ruppiaceae　カワツルモ科**〔40〕〔1 属 8–10 種：世界の浅海お
　　よび内陸塩湖〕
　　　　Ruppia L.　カワツルモ属 [8–10]

2. 3. 10. 14：**Cymodoceaceae　ベニアマモ科**（シオニラ科）28)〔41〕〔5 属 16 種：
　　世界の熱帯浅海，豪州では温帯に達する〕
　　　　Cymodocea K.D. König　ベニアマモ属 [4]：リュウキュウアマモ
　　　　Halodule Endl.　ウミジグサ属 [6]
　　　　Syringodium Kütz.　シオニラ属 [2]：シオニラ（ボウアマモ）

2. 3. 11：Petrosaviales　サクライソウ目

2. 3. 11. 1：**Petrosaviaceae　サクライソウ科**〔42〕〔2 属 3 種：東アジア〜東
　　南アジア・マレーシア〕
　　　　Japonolirion Nakai　オゼソウ属 [1]
　　　　Petrosavia Becc.　サクライソウ属 [2]

2. 3. 12：Dioscoreales　ヤマノイモ目

2. 3. 12. 1：**Nartheciaceae　キンコウカ科**〔43〕〔5 属約 50 種：北半球温帯
　　〜亜寒帯・マレーシア西部・南米（ギアナ高地）〕
　　　　Aletris L.　ソクシンラン属 [ca. 40]
　　　　Metanarthecium Maxim.　ノギラン属 [1]
　　　　Narthecium Huds.　キンコウカ属 [7]

右上: 維管束植物分類表

2. 3. 12. 2：**Burmanniaceae　ヒナノシャクジョウ科** 29)〔44 (p.p.)〕〔9 属約100 種：世界の熱帯〕

　　Burmannia L.　ヒナノシャクジョウ属 [ca. 60]：シロシャクジョウ, ミドリシャクジョウ, ルリシャクジョウ

　　Gymnosiphon Blume　サイフォンソウ属 [24–30：世界の熱帯，北は蘭嶼やミクロネシアに達する]

2. 3. 12. 3：**Dioscoreaceae** (incl. Taccaceae, Thismiaceae)　**ヤマノイモ科**〔44 (p. p.) + 45〕〔9–10 属約 940 種：世界の熱帯〜亜熱帯，欧州と東アジア，北米では温帯にも広がる〕

　　Dioscorea L. (incl. *Tamus* L., *Testudinaria* Salisb.)　ヤマノイモ属 [600+]：オニドコロ, ソメモノイモ, *ダイジョ, *ツルカメソウ, †ナガイモ, ニガカシュウ

　　Oxygyne Schltr.　 [1：西アフリカ（カメルーン）]

　　Saionia Hatus.　ホシザキシャクジョウ属 [3]：ヒナノボンボリ, ヤクノヒナホシ

　　Tacca J.R. & G. Forst.　タシロイモ属 [ca. 15：世界の熱帯]

　　Thismia Griff. (incl. *Glaziocharis* Taub.)　タヌキノショクダイ属 [ca. 50]

　　Trichopus Gaertn. 　[1：インド南部・スリランカ・マレー半島]

2. 3. 13：Pandanales　タコノキ目

2. 3. 13. 1：**Triuridaceae** (incl. Lacandoniaceae)　**ホンゴウソウ科** 30)〔46〕〔11 属約 50 種：世界の熱帯〜亜熱帯，一部の種は暖温帯まで広がる〕

　　Lacandonia E. Martinez & C.H. Ramos 　[2：中南米（メキシコ, ブラジル）]

---

27) ヒルムシロ科の分類は本書では Ito et al. (2016) に従う。従来のヒルムシロ属は近年では 3 属（ヒルムシロ属，リュウノヒゲモ属および *Groenlandia* 属）に分けられることが多いが，これらを合一した場合は科全体の属数は 4 となる。

28) ベニアマモ科には 5 属が伝統的に認められているが，単系統群をなすのは *Halodule* のみで，他は全て *Cymodocea* の内群となるため，この 2 属のみを認める意見もある (Petersen et al. 2014)。

29) 本書では前書きにも述べたように，ヒナノシャクジョウ科はヒナノシャクジョウ亜科のみに限定し，しばしば本科のタヌキノショクダイ亜科とされるタヌキノショクダイ科 Thismiaceae はタシロイモ科と共にヤマノイモ科に含めて扱う。

30) ホンゴウソウ科は Kupeeae　クペア連 [2 属 3 種：アフリカ], Sciaphileae　ホンゴウソウ連 [5 属約 40 種：アジア，少数が熱米], Triurideae　トリウリス連 [4 属 9 種：熱米] の 3 連に分けられる。メキシコで 20 世紀末に発見され，近年ブラジルから第 2 の種が記載された *Lacandonia* は雄蕊が花の中心に位置し，その周囲を雌蕊が取り囲む点で被子植物の花では例外的であり，かつては独立科 Lacandoniaceae とされたが，系統的には科の基準属 *Triuris* Miers [南米に 4 種：トリウリス連] にごく近縁であり，それに含める説（Mabberley (2017) ではそれを採用する）さえある。

Sciaphila Blume　ホンゴウソウ属 [ca. 40]：イシガキソウ, ウエマツソウ(トキヒサソウ), タカクマソウ, ノソコソウ

2. 3. 13. 2：Velloziaceae（incl. Acanthochlamydaceae）　ベロツィア科 31)〔47〕［9 属約 240 種：南米・アフリカ・マダガスカル・イエメン・中国西南部・南米］
　　　Acanthochlamys P.C. Kao [1：中国西南部]
　　　Vellozia Vand.　[ca. 100：南米(ブラジル・ボリビア)]

2. 3. 13. 3：**Stemonaceae　ビャクブ科**〔48〕［4 属約 30 種：東アジア・東南アジア～マレーシア・豪州北部・北米南東部]
　　　Croomia Torr.　ナベワリ属 [ca. 6]
　　　Stemona Lour.　ビャクブ属 [ca. 25：東アジア亜熱帯・東南アジア～マレーシア・豪州北部]

2. 3. 13. 4：Cyclanthaceae　パナマソウ科 32)〔49〕［12 属約 225 種：熱米]
　　　Carludovica Ruiz & Pav.　パナマソウ属 [4：中南米]
　　　Cyclanthus Poit. ex A. Rich.　[1：中南米・西インド諸島・トリニダード島]

2. 3. 13. 5：**Pandanaceae　タコノキ科**〔50〕［5 属約 800 種：旧世界の熱帯]
　　　Freycinetia Gaudich.　ツルアダン属 [ca. 240]：タコヅル
　　　Pandanus Park.　タコノキ属 [ca. 500]：アダン

2. 3. 14：Liliales　ユリ目

2. 3. 14. 1：Campynemataceae　カンピネマ科〔51〕［2 属 4 種：ニューカレドニア・タスマニア]
　　　Campynema Labill.　[1：タスマニア]

2. 3. 14. 2：Corsiaceae　コルシア科〔52〕［3 属約 28 種：中国南部・ニューギニア～豪州北東部・南米]
　　　Corsia Becc.　[ca. 26：ニューギニア・ソロモン諸島・豪州北東部]

2. 3. 14. 3：**Melanthiaceae　シュロソウ科** 33)〔53〕［16-19 属約 170 種：北半球の温帯～亜寒帯・東南アジア～マレーシアと中南米の高山]
　　　Anticlea Kunth　リシリソウ属【A】[11]：*カラフトソウ
　　　Chamaelirium L.　アメリカシライトソウ属【C】[1：北米東部]
　　　Chionographis Maxim.　シライトソウ属【C】[ca. 8]
　　　Daiswa Raf.　タイワンツクバネソウ属【E】[ca. 20：ヒマラヤ～中国中南部・台湾・東南アジア]
　　　Helonias L.　【B】[1：北米東部]
　　　Heloniopsis A. Gray（incl. *Ypsilandra* Franch.）　ショウジョウバカマ属【B】[ca. 12：ヒマラヤ～東アジア・ベトナム北部]
　　　Kinugasa Tatew. & Suto　キヌガサソウ属【E】[1]
　　　Paris L.　ツクバネソウ属【E】[5]
　　　Trillium L.　エンレイソウ属【E】[45-50]
　　　Veratrum L.　シュロソウ属【A】[30-55]：アオヤギソウ, バイケイソウ

2. 3. 14. 4：Petermanniaceae　ペテルマンニア科〔54〕［1 属 1 種：豪州東部］
　　Petermannia F. Muell.　［1］

2. 3. 14. 5：Alstroemeriaceae　†ユリズイセン科[34]〔55〕［4 属約 250 種：豪州
　　南東部・タスマニア・ニュージーランド・中南米・西インド諸島・フォー
　　クランド諸島］
　　Alstroemeria L.　†ユリズイセン属　［ca. 125：南米 ］
　　Drymophila R. Br.　［2：豪州南東部・タスマニア］
　　Luzuriaga Ruiz & Pav.　［3：ニュージーランド・南米・フォークランド諸島 ］

31）ベロツィア科は中国産の *Acanthochlamys* 属のみからなる
　　Acanthochlamydoideae　アカントクラミス亜科と，それ以外の属からな
　　る Vellozioideae　ベロツィア亜科からなり，前者はしばしば独立科とさ
　　れる。

32）パナマソウ科は科の基準属のみからなる Cyclanthoideae　キクランツス
　　亜科と，残りの属からなる Carludovicoideae　パナマソウ亜科に分けら
　　れる。

33）シュロソウ科は以下の 5 連に分けられる。Kim et al. (2016) によれば
　　系統関係は A［(B + C) (D + E)]。Christenhusz et al. (2017) では A–C を
　　Melanthioideae　シュロソウ亜科，D–E を Paridoideae　ツクバネソウ亜
　　科としているが，この場合前者が側系統群となるので，本書では亜科分
　　類を行わない。
　　A. Melanthieae　シュロソウ連［(7–) 8 属約 300 種：北半球温帯〜寒帯・
　　　南米（ペルーの高地）］科の基準属の *Melanthium* L. [1 種：北米] はか
　　　つて核 DNA の解析結果からシュロソウ属と合一されたが，葉緑体
　　　DNA の解析 (Kim et al. 2016) ではシュロソウ属とは異なる系統に属
　　　するので独立属として扱う。
　　B. Heloniadeae　ショウジョウバカマ連［(1–) 2 (–3) 属約 10 種：ヒマラ
　　　ヤ〜東アジア・北米東部]
　　C. Chionographideae　シライトソウ連［1–2 属約 10 種：東アジア・北
　　　米東部] ショウジョウバカマ連とシライトソウ連では，北米にはい
　　　ずれも 1 属 1 種，東アジアには複数の種が分化している。本書では
　　　北米のものとアジアのものを独立の属として扱うが，Tanaka (1998,
　　　2017) は両者を合一し，各連を 1 属のみからなるとする。
　　D. Xerophilleae　クセロフィルム連［1 属 2 種：北米]
　　E. Parideae　ツクバネソウ連［(3–)5(–6) 属約 80 種：ヒマラヤ〜東アジア・
　　　北米] 本書ではツクバネソウ属からタイワンツクバネソウ属とキヌ
　　　ガサソウ属を分けて扱うが，これらは単系統群をなすので合一する
　　　意見もある (Christenhusz et al. 2017：ただし同書であげられている合
　　　一の理由は正しくない)。

34）ユリズイセン科は Alstroemerieae　ユリズイセン連［2 属：中南米・西インド
　　諸島］と Luzuriageae　ルズリアガ連［2 属：豪州南東部・タスマニア・南米
　　南部］に分けられ，後者を独立科として扱う意見もある。

2. 3. 14. 6：**Colchicaceae　イヌサフラン科** 35) (チゴユリ科)〔56〕［15 属約 285 種：中南米を除く世界の亜熱帯～亜寒帯および熱帯高山］

　　　Colchicum（incl. *Bulbocodium* L.）　イヌサフラン属【B-3】［110-155：地中海地方～南西アジア（北西インドまで達する）・アフリカ北部および東部～南部］

　　　Disporum Salisb.　ホウチャクソウ属（チゴユリ属）【A】［ca. 20]：チゴユリ，＊トウチクラン

　　　Gloriosa L.（incl. *Littonia* Hook.）　キツネユリ属【B-3】［10-12：アフリカ・アジアの熱帯～亜熱帯]：＊キツネユリ（ユリグルマ，グロリオーサ）

　　　Iphigenia Kunth　ホンサンジコ属【B-4】［ca. 15：旧世界の熱帯～亜熱帯］
　　　Sandersonia Hook.　サンダーソニア属【B-3】［1：南アフリカ］
　　　Uvularia L.　【A】［5：北米東部～南部］
　　　Wurmbea Thunb.【B-5】［ca. 50：アフリカ中南部・豪州］

2. 3. 14. 7：Philesiaceae　フィレジア科〔57〕［2 属 2 種：南米（チリ中南部）］
　　　Lapageria Ruiz & Pav.　ツバキカズラ属（ラパジュリア属）［1：チリ中南部］
　　　Philesia Comm. ex Juss.　［1：チリ南部］

2. 3. 14. 8：Ripogonaceae　リポゴヌム科〔58〕［1 属 6 種：ニューギニア・豪州東部・ニュージーランド］

　　　Ripogonum J.R. & G. Forst.（しばしば *Rhipogonum* と誤って綴られる）　［6］

2. 3. 14. 9：**Smilacaceae　サルトリイバラ科**〔59〕［1 属 (260-)300 種：世界の湿潤熱帯～温帯］

　　　Smilax L.（incl. *Heterosmilax* Kunth）　サルトリイバラ属［(260-)300]：カラスキバサンキライ, サツマサンキライ, サルマメ, シオデ, ヒメカカラ, ヤマカシュウ

2. 3. 14. 10：**Liliaceae　ユリ科** 36)〔60〕［15 属約 700 種：北半球の温帯，アジアでは亜熱帯に達する］

　　　Amana Honda　アマナ属【D-1】［3(-4)]：ヒロハノアマナ
　　　Calochortus Pursh　ミツビシユリ属【B】［ca. 70：北米西部］
　　　Cardiocrinum Endl.　ウバユリ属【D-2】［3］
　　　Clintonia Raf.　ツバメオモト属【C】［5］
　　　Erythronium L.　カタクリ属【D-1】［ca. 30］
　　　Fritillaria L.　バイモ属【D-2】［130-140]：クロユリ, コバイモ, ＊ヨウラクユリ
　　　Gagea Salisb.（incl. *Lloydia* Salisb. ex Rchb.）　キバナノアマナ属【D-1】［80-210]：チシマアマナ, ヒメアマナ, ホソバノアマナ
　　　Lilium L.（incl. *Nomocharis* Franch.）　ユリ属【D-2】［110-120］
　　　Prosartes D. Don　アメリカトウチクラン属【A】［ca. 6：北米温帯］
　　　Streptopus Michx.　タケシマラン属【A】［8-10]：＊コンゴウソウ
　　　Tricyrtis Wall.　ホトトギス属【A】［ca. 20］
　　　Tulipa L.　チューリップ属【D-1】［75(-150)：南西～中央アジア］

維管束植物分類表

2. 3. 15：Asparagales　キジカクシ目（クサスギカズラ目）

2. 3. 15. 1：**Orchidaceae　ラン科** 37)〔61〕［約 750 属約 26400 種：全世界］

Acampe Lindl.　アカンベ属【E-16c】［8：旧世界の熱帯］

Acanthephippium Blume ex Endl.　エンレイショウキラン属【E-14】［13］：タイワンアオイラン,タイワンショウキラン

Aerides Lour.　フィリピンナゴラン属【E-16c】［ca. 25：熱帯アジア・マレーシア］

Aeridostachya (Hook.f.) Brieger　コバナオサラン属【E-15】［ca. 15］- often incl. in *Callostylis* Blume

Agrostophyllum Blume　ヌカボラン属【E-13a】［3：セイシェル・熱帯アジア・マレーシア・西太平洋諸島］

35）イヌサフラン科の科内分類は Nguen et al. (2013) に従い，命名規約上の理由で一部変更を加えた。
　A. Uvularioideae　チゴユリ亜科［2 属約 15 種：アジア温帯〜亜熱帯・北米］
　B. Colchicoideae (Wurmbeoideae)　イヌサフラン亜科［13 属］　さらに 5 連に分けられるが，連の間の系統関係には諸説がある。
　　B-1：Burchardieae　［1 属 5 種：豪州］
　　B-2：Tripladenieae　［3 属 5 種：ニューギニア・豪州］
　　B-3：Colchiceae　イヌサフラン連［5 属約 170 種：欧州中南部・アフリカ・西〜南アジア・中国南部〜東南アジア］
　　B-4：Iphigenieae　ホンサンジコ連［2 属 10 種：旧世界の熱帯〜亜熱帯,豪州］
　　B-5：Anguillarieae　［2 属 38 種：アフリカ・豪州］

36）ユリ科では Kim & Kim (2018) による分類に従って以下の 4 亜科を認める。系統関係は A［B（C + D）］。
　A. Streptopoideae　タケシマラン亜科［4 属約 35 種：ヒマラヤ〜東アジア・フィリピン・北米］
　B. Calochortoideae　ミツビシユリ亜科［1 属約 70 種：北米］
　C. Medeoloideae　ツバメオモト亜科［2 属 6 種：ヒマラヤ〜東アジア・北米］
　D. Lilioideae　ユリ亜科［8 属約 590 種：北半球の温帯・南〜東南アジアとマレーシアの高地］
　　　　さらに D-1：Tulipeae　アマナ連［4 属約 320 種］と D-2：Lilieae ユリ連［4 属約 270 種］に分けられる。

37）ラン科は Chase et al. (2015) による分類に従い，5 亜科を認める。系統関係は A［B｛C（D + E）｝］。
　A. Apostasioideae　ヤクシマラン亜科［2 属約 14 種：アジアの熱帯〜亜熱帯・マレーシア・豪州北部］
　B. Vanilloideae　バニラ亜科［14 属約 250 種：世界の熱帯，アジアと北米東部では温帯にも広がる］
　　　　さらに B-1：Pogonieae　トキソウ連［5 属約 80 種］と B-2：Vanilleae バニラ連［9 属約 170 種］に分けられる。　　　　〔以下 75 頁へ〕

73

維管束植物分類表

Ania Lindl. アニアラン属【E-14】[ca. 11 : 熱帯アジア・マレーシア]

Anoectochilus Blume キバナシュスラン属【D-2c】[ca. 43]:コウシュンシュスラン

Aphyllorchis Blume タネガシマムヨウラン属【E-1】[ca. 22]

Apostasia Blume ヤクシマラン属【A】[6]

Appendicula Blume タケラン属【E-15】[ca. 150 : 熱帯アジア・マレーシア・西太平洋諸島]

Arachnis Blume ジンヤクラン属【E-16c】[14]

Arundina Blume ナリヤラン属【E-10a】[2]

Bletilla Rchb.f. シラン属【E-10b】[5]:*アマナラン

Brachycorythis Lindl. ランダイヤマサギソウ属【D-4d】[36]

Bulbophyllum Thouars マメヅタラン属【E-11a】[ca. 1900]:クスクスラン, シコウラン, ムギラン

Calanthe R. Br. エビネ属【E-14】[150~200]:キンセイラン, タガネラン, ツルラン(カラン)

Calypso Salisb. ホテイラン属【E-13b】[1]

Cattleya Lindl.(incl. *Sophronitis* Lindl.) カトレヤ(ヒノデラン)属【E-13e】[113 : 熱米]:*ショウジョウラン

Cephalanthera Rich. キンラン属【E-1】[19]:ギンラン, クゲヌマラン, ユウシュンラン

Cephalantheropsis Guill. トクサラン属【E-14】[4]

Cestichis Thouars et Pfitzer チケイラン属【E-11b】[10+ : アジアの熱帯~亜熱帯]:*アシナガズムシラン, コゴメキノエラン, *ナカハララン

Chamaegastrodia Makino & F. Maek. ヒメノヤガラ属【D-2c】[3]

Cheirostylis Blume カイロラン属【D-2c】[53]:アリサンヨウラン

Chiloschista Lindl. オオクモラン属【E-16c】[20 : 熱帯アジア・マレーシア・西太平洋諸島]

Chrysoglossum Blume クリソラン属【E-14】[4 : 熱帯アジア・マレーシア・太平洋諸島]

Cleisostoma Blume オオムカデラン属(クレソラン属)【E-16c】[88]:*タイワンムカデラン

Coelogyne Lindl. キンヨウラク属【E-10b】[190~200 : 南アジア~中国西南部・東南アジア~マレーシア・西太平洋諸島]:*ガンショウラン, *マシロラン

Corallorhiza Gagnebin サンゴネラン属【E-13b】[11 : 大部分北米~中米, 1種のみ北半球冷温帯~亜寒帯]:*チョウセンラン

Corybas Salisb. コリバス属【D-1b】[ca. 132 : 東アジア亜熱帯・東南アジア~マレーシア・豪州・ニュージーランド・太平洋諸島]

Corymborkis Thouars バイケイラン属【E-3】[6]:チクセツラン

Cremastra Lindl. サイハイラン属【E-13b】[5]:トケンラン, モイワラン

Crepidium Blulme ヒメラン属【E-11b】[ca. 260]:シマホザキラン, *ムラサキチュウガエリ

Cryptostylis R. Br. オオスズムシラン属【D-1f】[23]

74

維管束植物分類表

Cymbidium Sw.　シュンラン属【E-12a】[ca. 70]：カンラン，＊キンリョウヘン，†スルガラン，ホウサイ，マヤラン

Cypripedium L.　アツモリソウ属【C】[ca. 50]：クマガイソウ，ホテイアツモリ

Cyrtosia Blume　ツチアケビ属【B-2】[5]

Dactylorhiza Neck. ex Nevski　ハクサンチドリ属【D-4d】[ca. 40]：アオチドリ

Dactylostalix Rchb.f.　イチョウラン属【E-13b】[1]

Dendrobium Sw.（incl. *Flickingeria* A.D. Hawkes）　セッコク属【E-11a】[1500+]：＊デンドロビューム

Dendrochilum Blume　タイワンムカゴソウ属【E-10b】[ca. 280：ヒマラヤ～東南アジア・台湾・マレーシア]

Didymoplexiella Garay　コカゲラン属【E-7】[8]

Didymoplexis Griff.　ヒメヤツシロラン属【E-7】[17]：ユウレイラン

Dienia Lindl.　ホザキヒメラン属【E-11b】[6]：キザンヒメラン

Diploprora Hook.f.　サガリラン属【E-16c】[2]

Disperis Sw.　ジョウロウラン属【D-4a】[ca. 78]

Eleorchis F. Maek.　サワラン属【E-10a】[1]：サワラン（アサヒラン）

〔73 頁より：37）の続き〕

　　C. Cypripedioideae　アツモリソウ亜科 [5 属約 170 種：北半球の温帯・熱帯アジア～マレーシア・熱米]

　　D. Orchidoideae　チドリソウ亜科 [200–220 属約 5000 種：全世界]　以下の 4 連が認められる。

　　　　D-1：Diurieae　コオロギラン連 [約 40 属]

　　　9 亜連に分けられ，豪州で多様化している。本書掲載の属は D-1b. Acianthinae　コオロギラン亜連 [6 属]，D-1d. Prasophyllinae　ニラバラン亜連 [3 属]，D-1f. Cryptostylidinae　オオスズムシラン亜連 [2 属]に属する。

　　　　D-2：Cranichideae　ネジバナ連 [90–100 属]

　　　8 亜連に分けられ，本書掲載の属は D-2c. Goodyerinae　シュスラン亜連 [30–35 属] と D-2h. Spiranthinae　ネジバナ亜連 [約 40 属]に属する。シュスラン亜連は属の範囲付けに様々な説がある。イナバラン属は Yukawa (2016) に従って属を広義に扱った。シュスラン属は単系統群でないことが明らかであり (Hu et al. 2016)，鐘・許 (2016)や許・鐘 (2016) では属を細分する見解を採用しているが，逆に近縁のホソフデラン属やフグリラン属を包含する形で属の範囲を拡張する方がいいと思われる。

　　　　D-3：Codonorchideae　[1 属 1 種：南米南部]

　　　　D-4：Orchideae　チドリソウ連 [約 60 属]

　　　4 亜連に分けられ，本書掲載の属は D-4a. Brownleeinae　ジョウロウラン亜連 [2 属] と D-4d. Orchidinae　チドリソウ亜連 [約 50 属]に属する。チドリソウ亜連のウチョウランやヒナランの仲間は属の範囲付けが難しく，本書では Tang et al. (2015) に従ったが，同じグループを扱った Jin et al. (2014) の分類学的取り扱いとはかなりの違いがある。　　　　　　　　　　　　　　　　　　　　　〔以下 77 頁へ〕

Empusa Lindl.　コクラン属【E-11b】［100-150］:ササバラン, ユウコクラン

Ephippianthus Rchb.f.　コイチョウラン属【E-13b】［2］:ハコネラン

Epipactis Zinn　カキラン属【E-1】:エゾスズラン, ハマカキラン

Epidendrum L.　エピデンドルム属【E-13e】［1400+ : 熱米 ］

Epipogium S.G. Gmel. ex Borkh.　トラキチラン属【E-8b】［ca. 4］:アオキラン, タシロラン

Eria Lindl.　オオオサラン属【E-15】［230+］

Erythrodes Blume　ホソフデラン属【D-2c】［ca. 26］

Erythrorchis Blume　タカツルラン属【B-2】［2］:タカツルラン(ツルツチアケビ)

Eulophia R. Br.　イモラン属【E-12c】［(150–)200（側系統群）］:イモネヤガラ, タカサゴヤガラ

Galearis Lour.（incl. *Chondradenia* Sawada ex F. Maek.）　カモメラン属【D-4d】［ca. 10］:オノエラン

Galeola Lour.　オオタカツルラン属【B-2】［6 : ヒマラヤ～アジアの亜熱帯・マレーシア ］

Gastrochilus D. Don（incl. *Haraella* Kudô）　カシノキラン属【E-16c】［ca. 57］: *ニオイラン, マツラン(ベニカヤラン), モミラン

Gastrodia R. Br.　オニノヤガラ属【E-7】［60-70］:オニノヤガラ(テンマ), ヤツシロラン

Geodorum Jacks.　トサカメオトラン属【E-12c】［12］

Goodyera R. Br.（incl. *Eucosia* Blume, *Saracistis* Rchb.f.）　シュスラン属【D-2c】［100+（側系統群）］:カゴメラン, キンギンソウ, ミヤマウズラ, ヤブミョウガラン

Grammatophyllum Blume　ホウオウラン属【E-12a】［12 : ミャンマー・東南アジア・マレーシア・南太平洋諸島 ］

Gymnadenia R. Br.　テガタチドリ属【D-4d】［23］:テガタチドリ(チドリソウ)

Habenaria Willd.（incl. *Fimbrorchis* Szlach., *Glossula* Lindl.; *Pecteilis* Raf)　ミズトンボ属【D-4d】［800-860（側系統群）］:イトヒキサギソウ, イヨトンボ, オオミズトンボ(サワトンボ), サギソウ, ナメラサギソウ(リュウキュウサギソウ)

Hammarbya Kuntze　ヤチラン属【E-11b】［1］

Hancockia Rolfe　ヒメクリソラン属【E-14】［1］

Hayata Aver.　ハグルマラン属【D-2c】［ca. 4 : 東ヒマラヤ～東アジア亜熱帯・東南アジア ］:*ハグルマラン(タビヤキヌラン)

Hemipilia Lindl.（incl. *Amitostigma* Schltr.; *Chusua* Nevski; *Neottianthe* (Rchb.f.) Schltr.; *Ponerorchis* Rchb.f.）　ウチョウラン属(ニイタカヒトツバラン属)【D-4d】［ca. 60 : ヒマラヤ～東アジア・東南アジア北部］:オキナワチドリ, ニョホウチドリ, ヒナチドリ, ヒナラン, フジチドリ, ミヤマモジズリ

Herminium L.（incl. *Androcorys* Schltr.）　ムカゴソウ属【D-4d】［ca. 20］:クシロチドリ, ミスズラン

Hetaeria Blume　オオカゲロウラン属【D-2c】［ca. 29］

Holcoglossum Schltr.　マツノハラン属【E-16c】［ca. 14 : 中国南部・台湾・東南アジア ］:*フジイラン

維管束植物分類表

Hylophila Lindl.　フグリラン属【D-2c】[ca. 7：蘭嶼・東南アジア・マレーシア・ソロモン諸島]

Laelia Lindl.　レリア（アキアサヒラン）属【E-13e】[23：熱米]

Lecanorchis Blume　ムヨウラン属【B-2】[ca. 20]：クロムヨウラン，サキシマスケロクラン

Liparis Rich.　クモキリソウ属【E-11b】[200–250]：ギボウシラン，ジガバチソウ，スズムシソウ

〔75頁より：37）の続き〕

E. Epidendroideae　シュンラン亜科[約520属約21000種：全世界]以下の16連に分けられ，他に少数の所属未定の属が知られる。

E-1：Neottieae　ムヨウラン連[6属約180種]

E-2：Sobralieae　チクヨウラン連[4属約270種]

E-3：Tropidieae　ネッタイラン連[2属約40種]

E-4：Triphoreae　[5属約30種]

E-5：Xerorchideae　[1属2種]

E-6：Wullschlaegelieae　[1属2種]

E-7：Gastrodieae　オニノヤガラ連[5属約100種]

E-8：Nervilieae　ムカゴサイシン連[3属70種余]　E-8a. Nerviliinae　ムカゴサイシン亜連[1属]とE-8b. Epipogiinae　トラキチラン亜連[2属]の2亜連に分けられる。

E-9：Thaieae　[1属1種]

E-10：Arethuseae　サワラン連[26属]　E-10a. Aethusinae　サワラン亜連[5属]とE-10b. Coelogyninae　キンヨウラク亜連[21属]の2亜連に分けられる。

E-11：Malaxideae　ヤチラン連[16–20属]　E-11a. Dendrobiinae　セッコク亜連[約2属]とE-11b. Malaxidinae　ヤチラン亜連[14–17属]の2亜連に分けられる。ヤチラン亜連については，本書では鐘・許(2016)および許・鐘(2016)に従って属を細分する扱いをとるが，セッコク亜連で属が統合されているのに合わせてヤチラン亜連でも属を広義に扱う方がよいという意見もある(Chase et al. 2015: 158)。

E-12：Cymbidieae　シュンラン連[約160属]　10亜連に分けられ，本書掲載の属はE-12a. Cymbidiinae　シュンラン亜連[6属]，E-12c. Eulophiinae　イモラン亜連[約13属]，E-12e. Oncidiinae　スズメラン亜連[約65属]，E-12f. Zygopetalinae　[約36属]，E-12h. Maxillariinae　[12属]に属する。

E-13：Epidendreae　エピデンドルム連[約100属]　6亜連に分けられ，本書掲載の属はE-13a. Agrostophyllinae　ヌカボラン亜連[2属]，E-13b. Calypsoinae　ホテイラン亜連[約13属]，E-13e. Laeliinae　カトレヤ亜連[約38属]に属する。

E-14：Collabieae　エビネ連[約20属]

E-15：Porochileae　オサラン連[約27属]

E-16：Vandeae　ヒスイラン連[130–140属]　4亜連に分けられ，本書掲載の属はE-16c. Aeridinae　ヒスイラン亜連[80–85属]に属する。

維管束植物分類表

Ludisia A. Rich.　ホンコンシュスラン属【D-2c】［1：東南アジア・西マレーシア］

Luisia Gaudich.　ボウラン属【E-16c】［ca. 40］

Lycaste Lindl.　リカステ(マイヅルラン)属【E-12h】［32：熱米］

Macodes Lindl.　ナンバンカゴメラン属【D-2c】［11］

Malaxis Sol. ex Sw.　ホザキイチヨウラン属【E-11b】［ca. 180］

Microtis R. Br.　ニラバラン属【D-1d】［ca. 20］

Miltonia Lindl.　ウスベニゴチョウ属【E-12e】［ca. 12：熱米］

Neolindleya Nevski　ノビネチドリ属【D-4d】［1］

Neottia Guett.（incl. *Listera* R. Br.）　サカネラン属【E-1】［ca. 65］：ヒメムヨウラン, フタバラン

Nervilia Comm. ex Gaudich.　ムカゴサイシン属【E-8a】［ca. 70］：ヤエヤマヒトツボクロ(アオイボクロ)

Oberonia Lindl.（incl. *Hippeophyllum* Schltr.）　ヨウラクラン属【E-11b】［ca. 320］：アリサンクスクスラン

Odontochilus Blume（incl. *Evrardianthe* Rauschert, *Kuhlhasseltia* J.J. Sm., *Myrmechis* Blume, *Pristiglottis* Cretz. & J. J. Sm., *Vexillabium* F. Maek.）　イナバラン属【D-2c】［ca. 45］：アリドオシラン, イナバラン(オオギミラン), ツシマラン, ハクウンラン, ハツシマラン, ヒメシラヒゲラン

Oncidium Sw.（incl. *Odontoglossum* Kunth）　スズメラン属【E-12e】［ca. 300：熱米］：*ホシチドリ

Oreorchis Lindl.　コケイラン属【E-13b】［16(おそらく側系統群)］：コハクラン

Paphiopedilum Pritzer　トキワラン属【C】［ca. 86：アジアの熱帯〜亜熱帯・マレーシア・ソロモン諸島］

Papilionanthe Schltr.　ハナボウラン属【E-16c】［11：ヒマラヤ〜東南アジア・マレーシア］

Paraphaius J.W. Zhai, Z.J. Liu & F.W. Xing　ガンゼキラン属【E-14】［3：東アジア亜熱帯］

Pelatantheria Ridl.　ムカデラン属【E-16c】［8］

Peristylus Blume　ムカゴトンボ属【D-4d】［100+］：ダケトンボ, ヒゲナガトンボ, ヒュウガトンボ

Phaius Lour.　カクチョウラン属【E-14】［40+］：カクチョウラン(カクラン)

Phalaenopsis Blume（incl. *Sedirea* Garay & H.R. Sweet）　コチョウラン属【E-16c】［ca. 70：東アジア亜熱帯〜東南アジア・マレーシア・豪州北部］：ナゴラン

Pholidota Lindl. ex Hook.　タマラン属【E-10b】［ca. 40：ヒマラヤ〜東アジア亜熱帯・東南アジア・マレーシア］

Phreatia Lindl.　フレラン属【E-15】［ca. 200：インド北東部〜東アジア亜熱帯・東南アジア・マレーシア・豪州］

Pinalia Lindl.　リュウキュウセッコク属【E-15】［ca. 105］：オサラン, *タイワンオサラン

Platanthera Rich.（incl. *Limnorchis* Rydb., *Tulotis* Raf.）　ツレサギソウ属【D-4d】［ca. 135］：イイヌマムカゴ, オオバノトンボソウ(ノヤマトンボ), キソチ

ドリ,シロウマチドリ,トンボソウ,ハチジョウツレサギ,ミズチドリ,ミヤケラン,ヤクシマチドリ,ヤマサギソウ

Pleione D. Don　タイリントキソウ属【E-10b】[ca. 21：ヒマラヤ〜中国西南部・台湾・東南アジア(北部高地)]

Pogonia Juss.　トキソウ属【B-1】[6]

Pomatocalpa Breda　トガリバクレソラン属【E-16c】[ca. 13：中国南部・台湾・東南アジア〜マレーシア・太平洋諸島]

Rhomboda Lindl.　ヤクシマアカシュスラン属【D-2c】[22：ヒマラヤ・東アジア亜熱帯・東南アジア〜マレーシア・ニューカレドニア]：シロスジカゲロウラン

Rhynchostylis Blume　オオホザキマツラン属【E-16c】[3：熱帯アジア]

Sarcophyton Garay　タカサゴクレソラン属【E-16c】[3：中国南部・台湾・東南アジア]

Sobralia Ruiz & Pav.　チクヨウラン属【E-2】[ca. 150：熱米]

Spathoglottis Blume　コウトウシラン属【E-14】[ca. 48]

Spiranthes Rich.　ネジバナ属【D-2h】[34]：ネジバナ(モジズリ)

Stereosandra Blume　イリオモテムヨウラン属【E-8b】[1]

Stigmatodactylus Maxim. ex Makino　コオロギラン属【D-1b】[10]

Styloglossum Breda　レンギョウエビネ属【E-14】[ca. 54：アジアの熱帯〜亜熱帯・マレーシア]：タイワンエビネ

Sunipia Lindl.　ハナビラン属【E-15】[ca. 22：アジアの熱帯〜亜熱帯・マレーシア]

Taeniophyllum Blume（incl. *Microtatorchis* Schltr.）　クモラン属【E-16c】[ca. 185]

Tainia Blume（incl. *Mischobulbum* Schltr.）　ヒメトケンラン属【E-14】[ca. 23]：*アオイラン

Thelasis Blume　コウキチラン属【E-15】[ca. 26：アジアの熱帯〜亜熱帯・マレーシア・ソロモン諸島]

Thrixspermum Lour.　タイワンフウラン属【E-16c】[ca. 160]：アマミカヤラン,*オビガタセッコク,カヤラン,*ケイタオフウラン,ハガクレナガミラン

Thunia Rchb.f.　ホザキカクラン属【E-10b】[5：ヒマラヤ〜ミャンマー]

Tipularia Nutt.　ヒトツボクロ属【E-13b】[7]：ヒトツボクロモドキ

Trichoglottis Blume（incl. *Staurochilus* Ridl.）　クラルクレソラン属【E-16c】[ca. 70]：ニュウメンラン(イリオモテラン)

Tropidia Lindl.　ネッタイラン属【E-3】[ca. 31]

Tuberolabium Yamam.　コウトウラン属【E-16c】[11：蘭嶼・インド北東部・東南アジア・マレーシア]

Vanda Jones ex R. Br.（incl. *Ascocentrum* Schltr., *Euanthe* Schltr., *Neofinetia* Hu）　ヒスイラン属【E-16c】[ca. 73]：*ダイオウラン,*バンダ,*ヒョウモンラン,フウラン

Vanilla Plum. ex Mill.　バニラ属【B-2】[100+：豪州を除く世界の熱帯〜亜熱帯]

Vrydagzynea Blume　ミソボシラン属【D-2c】［ca. 43］

Yoania Maxim.（incl. *Yuorchis* Z.J. Liu et al.）　ショウキラン属【E-13b】［6］

Zeuxine Lindl.　キヌラン属【D-2c】［ca. 75］：キヌラン（ホソバラン）

Zygopetalum Hook.　ジゴペタルム（ムラサキウズララン）属【E-12f】［14：熱米］

2. 3. 15. 2：Boryaceae　ボリア科〔62〕［2属12種：豪州］
　　Borya Labill.　［11：豪州］

2. 3. 15. 3：Blandfordiaceae　ブランドフォルディア科〔63〕［1属4種：豪州南東部・タスマニア］
　　Blandfordia Sm.　［4］

2. 3. 15. 4：Asteliaceae　アステリア科〔64〕［3属37種：マスカリン諸島・ニューギニア高地・豪州南部・タスマニア・ニューカレドニア・ニュージーランド・ポリネシア（北はハワイに達する）・南米南部・フォークランド諸島］
　　Astelia Banks & Sol. ex R. Br.　［ca. 30：マスカリン諸島・ニューギニア・豪州南部・タスマニア・ニュージーランド・ポリネシア・南米南部］

2. 3. 15. 5：Lanariaceae　ラナリア科〔65〕［1属1種：南アフリカ］
　　Lanaria Aiton　［1］

2. 3. 15. 6：**Hypoxidaceae　キンバイザサ科**〔66〕［4(–5)属約160種：世界の熱帯およびアフリカ南部・東アジア・豪州の温帯］
　　Curculigo Gaertn.（incl. *Molineria* Colla）　キンバイザサ属［ca. 25］：＊オオセンボウ

　　Hypoxis L.（incl. *Rhodohypoxis* Nel）　コキンバイザサ属［ca. 100］：＊ギンバイザサ

2. 3. 15. 7：Doryanthaceae　ドリアンテス科〔67〕［1属2種：豪州南東部］
　　Doryanthes Corr. Serr.　［2］

2. 3. 15. 8：Ixioliriaceae　イキシオリリオン科〔68〕［1属4種：エジプト・南西〜中央アジア］
　　Ixiolirion Fisch. ex Herb.　［4］

2. 3. 15. 9：Tecophilaeaceae（incl. Cyanastraceae）　テコフィラエア科〔69〕［9属約27種：アフリカ中南部・北米南西部（カリフォルニア）・南米南西部（チリ）］
　　Cyanastrum Oliv.　［7：南アフリカ］
　　Tecophilaea Bertero ex Colla　［2：チリ］

2. 3. 15. 10：**Iridaceae　アヤメ科**[38]〔70〕［約66属約2200種：世界の熱帯〜亜寒帯（熱帯アジアには少ない）］
　　Babiana Ker Gawl. ex Sims　ホザキアヤメ属【G-5】［93：アフリカ南部，大部分がケープ地方南西部］
　　Chasmanthe N.E. Br.　ザイフリアヤメ属【G-5】［3：南アフリカ（ケープ地方南西部〜南部）］

Crocosmia Planch. †ヒオウギズイセン属【G-4】[8–9：南アフリカ・マダガスカル]

Crocus L. サフラン属【G-5】[ca. 100：欧州・北アフリカ・南西〜中央アジア]

Cypella Herb. トラユリモドキ属【B-5】[ca. 33：中南米・キューバ]

Ferraria Burm. ex Mill. チリメンアヤメ属【B-2】[18：アフリカ南西部，主にケープ地方]

Freesia Klatt フリージア属（アサギズイセン属）【G-4】[ca. 16：アフリカ中南部，主に南アフリカ]

Geosiris Baill.【D】[2：マダガスカル]

Gladiolus L. トウショウブ属【G-3】[ca. 275：地中海地方〜南西アジア・アフリカ，大部分が南アフリカ]：*グラジオラス

Herbertia Sweet †チリアヤメ属【B-5】[ca. 5：北米南部・南米温帯]

Iris L.（incl. *Belamcanda* Adans., *Hermodactylus* Mill., *Pardanthopsis* (Hance) Lenz）アヤメ属【B-2】[ca. 280]：カキツバタ，†キショウブ，†シャガ，*ハナショウブ，ヒオウギ

Ixia L. ヤリズイセン属【G-5】[ca. 79：南アフリカ（ケープ地方）]

Lapeirousia Pourr. ヒメヒオウギ属【G-2】[42：アフリカ中南部，特にナミビア〜南アフリカ西岸]

38）アヤメ科は Goldblatt et al. (2008) に従って以下の 7 亜科を認める。系統関係は A [B {C (D (E (F + G)))}]。Mabberley (2017) は C–F を合一して 4 亜科を認めている。

A. Isophysidoideae [1 属 1 種：タスマニア]

B. Iridoideae アヤメ亜科[約 30 属約 900 種：全世界] B-1：Diplarrheneae [1 属 2 種：豪州南東部・タスマニア] B-2：Irideae アヤメ連[5 属約 510 種] B-3：Sisyrinchieae ニワゼキショウ連[6 属 (180–)200 種余：主に北米〜南米，少数が豪州とその周辺] B-4：Trimezieae (Maviceae)[3 属約 40 種] B-5：Tigridieae トラユリ連[15 属約 170 種]。アヤメ連では属を広義に扱い，ヒオウギ属などはアヤメ属に含めたが，逆に 10 属以上に分割する意見（Crespo et al. 2015）もある。

C. Patersonioideae [1 属 21–24 種：マレーシア・豪州，ニューカレドニア]

D. Geosiridoideae [1 属 3 種：アフリカ・マダガスカル]

E. Aristeoideae [1 属約 55 種：アフリカ・マダガスカル]

F. Nivenioideae [3 属 15 種：ケープ地方]

G. Crocoideae サフラン亜科[29 属 1000 種余：アフリカ・マダガスカル・欧州〜中央アジア]

5 連が認められているが，連の支持確率はあまり高くなく，形態による連の定義も困難である：G-1：Tritoniopsideae [1 属 24 種：ケープ地方]，G-2：Watsonieae (incl. Pillansieae) ヒイロヒオウギ連[8 属約 110 種]，G-3：Gladioleae トウショウブ連[2 属 260 種余]，G-4：Freesieae フリージア連[4 属 26 種]，G-5：Croceae (Ixieae) サフラン連[14 属 600 種余]

維管束植物分類表 ━━

Libertia Spreng.　イボクサアヤメ属【B-3】[16：ニューギニア・豪州・タスマニア・ニュージーランド・南米]

Patersonia R. Br. ex Ker Gawl.　【C】[ca. 25：マレーシア・豪州]

Romulea Maratti　†アフリカヒメアヤメ属【G-5】[ca. 110：欧州南部・カナリア諸島・アフリカ東部〜南部・ソコトラ島]

Sisyrinchium L.　†ニワゼキショウ属【B-3】[140–200：北米〜南米]

Sparaxis Ker Gawl.　【G-5】[ca. 15：南アフリカ]

Tigridia Juss.　トラユリ属（トラフユリ属）【B-5】[ca. 55：中南米]

Tritonia Ker Gawl.　アカバナヒメアヤメ属【G-5】[28：アフリカ南部]

Watsonia Mill.　ヒイロヒオウギ属【G-2】[52：南アフリカ]

2. 3. 15. 11：Xeronemataceae　クセロネマ科〔71〕[1属2種：ニューカレドニア・ニュージーランド]

Xeronema Brongn. ex Gris　[2]

2. 3. 15. 12：**Asphodelaceae　ワスレグサ科** [39)](Xanthorrhoeaceae　ススキノキ科)〔62〕[約39属約1200種：北米と中米を除く世界の熱帯〜温帯，特にアフリカと南西アジアで多様化]

Aloe L.　アロエ属【A】[400–560（側系統群）：アフリカ・カナリア諸島・マダガスカル・アラビア半島・ソコトラ島]

Asphodeline Rchb.　キバナツルボ属【A】[ca. 17：地中海地方〜南西アジア]

Asphodelus L.　†ツルボラン属【A】[ca. 17：地中海地方〜南西アジア]：†ハナツルボラン（アレチヒナユリ）

Dianella Lam. ex Juss.　キキョウラン属【C】[ca. 40]

Eremurus M. Bieb.　キツネオラン属【A】[45(–60)：南西〜中央アジア・西ヒマラヤ]

Hemerocallis L.　ワスレグサ属【C】[15–20]：キスゲ（ユウスゲ），ゼンテイカ（ニッコウキスゲ），ノカンゾウ，トウカンゾウ，ハマカンゾウ，†ヤブカンゾウ

Kniphofia Moench　シャグマユリ属【A】[ca. 70：アフリカ・マダガスカル・アラビア半島]

Phormium J.R. & G. Forst.　マオラン属【C】[2：ニュージーランドおよび周辺島嶼]：*マオラン（ニューサイラン）

Xanthorrhoea Sm.　ススキノキ属【B】[ca. 30：豪州]：*ススキノキ（グラスツリー）

2. 3. 15. 13：**Amaryllidaceae　ヒガンバナ科** [40)]〔73〕[約77属2100種：全世界]

Acis Salisb.　アキザキスノーフレーク属【C-6】[9：地中海地方中西部]

Agapanthus L'Hér.　ムラサキクンシラン属【A】[7–9：南アフリカ]

Allium L.　ネギ属【B-1】[700–920：北半球温帯〜亜寒帯]：アサツキ，ギョウジャニンニク，ステゴビル，*ニラ，*ニンニク，*ネギ，*ハナビニラ，*ラッキョウ，*リーキ

Amaryllis L.　ホンアマリリス属【C-1】[2：南アフリカ]

Clivia Lindl.　クンシラン属【C-4】[6：南アフリカ]

Crinum L.　ハマオモト属【C-1】[65(–105)]：ハマオモト（ハマユウ）

Eucharis Planch. & Linden　ギボウシズイセン属【C-6】[17：中南米]：*アマゾンリリー

Galanthus L.　マツユキソウ属【C-6】［ca. 20：欧州～南西アジア］：＊スノードロップ

Haemanthus L.　マユハケオモト属【C-4】［22：南アフリカ］

Hippeastrum Herb.　アマリリス属【C-10】［50–60(–91)：中南米・西インド諸島］：＊ジャガタラズイセン, ＊ベニスジサンジコ

Hymenocallis Salisb.　ヒメノカリス属【C-12】［50–65：北米南東部・西インド諸島・中米～南米北西部］：＊ササガニユリ

Ipheion Raf.　†ハナニラ属【B-3】［3：南米南部］

Leucojum L.　スノーフレーク属(オオマツユキソウ属)【C-6】［2：欧州］

Lycoris Herb.　ヒガンバナ属【C-5】［ca. 25］：キツネノカミソリ, ショウキズイセン(ショウキラン), †ナツズイセン, †ヒガンバナ(マンジュシャゲ), ムジナノカミソリ

---

39) ワスレグサ科は以下の3亜科に分けられる。系統関係はA(B＋C)。これらの3亜科はAPG Ⅱではオプションとして独立科として扱われることも許容されていた。科名変更の理由については前文(p. 28)を参照されたい。
  A. Asphodeloideae　ツルボラン亜科［約20属約780種：ユーラシア西部・アフリカ］
  B. Xanthorrhoeoideae　ススキノキ亜科［1属約30種：豪州］
  C. Hemerocallidoideae　ワスレグサ亜科［約20属約90種：旧大陸温帯・アジアの熱帯・豪州・太平洋諸島・南米］

40) ヒガンバナ科は以下の3亜科に分けられる。これらの亜科はAPG Ⅱにおいて独立科として認めることが許容されていたが, 形態上の類似性が高いことから近年は広義の科が広く受け入れられている。
  A. Agapanthoideae　ムラサキクンシラン亜科［1属9種：南アフリカ］
  B. Allioideae　ネギ亜科［13属約800種］
  　　以下の3連に分けられる：B-1：Allieae　ネギ連［1属約700種：北半球］。B-2：Tubaghieae　カイソウ連［1属22種：南アフリカ］。B-3：Gilliesieae　ハタケニラ連［約10属約80種：北～南米］。
  C. Amaryllidoideae　ヒガンバナ亜科［59属約800種：全世界］
  　　以下の14連に分けられる。系統関係は初期に分岐した群と考えられるC1–C4を除き概ね以下の通り：［｛(C5 (C6＋C7＋C8)｝｛(C9＋C10)(C11 (C12＋C13＋C14))｝］
  C-1：Amaryllideae　ハマオモト連［11属約150種：アフリカ, ハマオモト属のみアジアの熱帯～亜熱帯に広がる］
  C-2：Calostemmateae　［2属4種：マレーシア・豪州］
  C-3：Cyrtantheae　［1属約50種：アフリカ］
  C-4：Haemantheae　クンシラン連［6属約80種：アフリカ］
  C-5：Lycorideae　ヒガンバナ連［2属25–30種：アジア］
  C-6：Galantheae　マツユキソウ連［8属31種：欧州, コーカサス］
  C-7：Pancratieae　ハマベズイセン連［1属約20種：地中海地方～アフリカ］
  C-8：Narcisseae　スイセン連［2属約60種：地中海地方］
  C-9：Griffinieae　［2属22種：南米(ブラジル)］
  C-10：Hippeastreae　アマリリス連［9属約200種：北米南部～南米］
  C-11：Eustephieae　［3属15種：南米中部高原］
  C-12：Hymenocallideae　ササガニユリ連［3属約65種：熱米］
  C-13：Stenomesseae　［8属62種：南米］
  C-14：Eucharideae　［4属28種：中南米］

Narcissus L.　†スイセン属【C-8】[27–30：地中海地方～南西アジア・北アフリカ]

Nothoscordum Kunth　†ハタケニラ属【B-3】[ca. 20：南米温帯，2種のみ北米にも広がる]

Pancratium L.　ハマベズイセン属【C-7】[ca. 21：地中海地方・アフリカ・南西～南アジア]

Sprekelia Heist.　ツバメズイセン属【C-10】[2：メキシコ]

Sternbergia Waldst. & Kit.　キバナタマスダレ属【C-8】[7–8：地中海地方東部～南西アジア]

Zephyranthes Herb.　†サフランモドキ属【C-10】[70–(87)：北米南東部・西インド諸島・中南米]：*タマスダレ

2. 3. 15. 14：**Asparagaceae　クサスギカズラ科**[41]（キジカクシ科）〔74〕[110–120属 2400–3000種：ほぼ全世界，ただし豪州には少ない]

Agave L. (incl. *Polianthes* L.)　†リュウゼツラン属【B-2】[200–250：北米南西部～南米北部：西インド諸島]：*ゲッカコウ，*サイザルアサ

Anemarrhena Bunge　ハナスゲ属【B-1】[1：中国北部・朝鮮半島]

Anthericum L.　ヒメツルボラン属【B-5】[7：欧州～南西アジア・北アフリカ]

Aphyllanthes L.　【A】[1：フランス南部・モロッコ]

Asparagus L.　クサスギカズラ属（キジカクシ属）【F】[160–260]：†オランダキジカクシ（アスパラガス），キジカクシ，タマボウキ，*ミドリボウキ

Aspidistra Ker Gawl.　ハラン属【G-5】[ca. 160]：ハラン（バラン）

Barnardia Lindl.　ツルボ属【D-4】[ca. 5]：ツルボ（サンダイガサ）

Bowiea Harv. ex Hook.f.　タマツルクサ属【D-3】[1–2：アフリカ東部～南部]

Brodiaea Sm.　ムラサキハナニラ属【C】[15：北米西部]

Camassia Lindl.　ヒナユリ属【B-2】[6：北米西部]

Chlorophytum Ker Gawl.　オリヅルラン属【B-5】[ca. 190：アフリカ・南アジア～東南アジア・マレーシア・豪州北部]

Comospermum Rauschert（*Alectorurus* Makino）　ケイビラン属【G-x】[1]

Convallaria L.　スズラン属【G-5】[2–3]

Cordyline Comm. ex R. Br.　センネンボク属【E】[ca. 24：マスカリン諸島・インド～東アジア亜熱帯・東南アジア・マレーシア・豪州・ニュージーランド・太平洋諸島・南米]：*ニオイシュロラン

Dasylirion Zucc.　ユリススキノキ属　【G-2】[ca. 17：北米南西部～メキシコ]

Dichelostemma Kunth　ヨウラクニラ属【C】[5：北米西部～メキシコ]

Disporopsis Hance　ホウチャクモドキ属【G-x】[6：中国南部・台湾・東南アジア・フィリピン]

Dracaena Vand. ex L. (incl. *Sansevieria* Petagma)　リュウケツジュ属【G-6】[ca. 120（チトセラン属を除いて狭義に扱えば ca. 40）：アフリカ・マカロネシア・ソコトラ島・スリランカ・ハワイ・中米・キューバ]：†チトセラン

Drimia Jacq. ex Willd. (incl. *Urginea* Steinh.)　カイソウ属【D-3】[ca. 100：地中海地方～南西アジア・アフリカ中南部]

Eucomis L'Hér.　ホシオモト属【D-4】[ca. 11：アフリカ東部～南部]

維管束植物分類表

Furcraea Vent.　フルクラエア属【B-2】[ca. 23：熱米]：*モーリシャスアサ

Heteropolygonatum M.N. Tamura & Ogisu　【G-3】[11：中国西南部〜中部・台湾]：*アリサンアマドコロ

Hosta Tratt.　ギボウシ属【B-2】[25〜30]：*タマノカンザシ，*トクダマ

Hyacinthoides Heist. ex Fabr.（*Endymion* Dumort.）　ツリガネズイセン属【D-4】[11：欧州西部・アフリカ北西部]

Hyacinthus L.　ヒアシンス属【D-4】[3：南西〜中央アジア]

41）クサスギカズラ科は 7 亜科が認められ，系統関係は [A {B (C + D)}] [E (F + G)]。APG II ではオプションとしてこれらの亜科を独立科とすることが許容され，現在でもしばしば別科とされるが，亜科の形態的定義は困難である。
　A. Aphyllanthoideae　アフィランテス亜科 [1 属 1 種：地中海沿岸西部]
　B. Agavoideae　リュウゼツラン亜科 [23 属約 650 種]
　　　5 連に分けられ，本書掲載の属は以下の 3 連に属する：B-1：Anemarrheneae　ハナスゲ連 [1 属 1 種：東アジア]。B-2：Agaveae　リュウゼツラン連 [10 属約 340 種：大部分北〜南米，ギボウシ属のみ東アジア]。B-5：Anthericeae　オリヅルラン連 [8 属約 285 種：全世界の熱帯〜亜熱帯，ユーラシア西部では温帯まで達する]。
　C. Brodiaeoideae　ムラサキハナニラ亜科 [12 属 62 種：北米南西部〜中米]　細分した場合は Themidaceae　テミス科となる。
　D. Scilloideae　ツルボ亜科 [約 40 属 800–1000 種：大部分欧州〜アフリカおよび西アジア，少数が東アジア・南米]　細分した場合は Hyacinthaceae　ヒアシンス科となる。
　　　4–6 連に分けられ，4 連分類の場合本書掲載の属は以下の 3 連に属する。6 連分類の場合は D-4 がさらに 3 分割される：D-2：Ornithogaleae　オオアマナ連 [4 属 300 余種]。D-3：Urgineeae　カイソウ連 [2 属 100 余種]。D-4：Hyacintheae　ツルボ連 [約 32 属 520 余種]。
　E. Lomandroideae　センネンボク亜科 [14〜15 属約 180 種：アフリカ以外の南半球，北は東南アジアやハワイに達する]　細分した場合は Laxmanniaceae　センネンボク科となる。
　F. Asparagoideae　クサスギカズラ亜科 [2 属 160–300 種：旧世界の亜熱帯〜温帯，少数がメキシコ]
　G. Nolinoideae　トックリラン亜科 [約 23 属 600 余種：北半球の熱帯〜亜寒帯]　細分した場合は Ruscaceae　ナギイカダ科となる。形態的にも生態的にも多彩であり，Kim et al. (2010) によれば以下の系統群が認められる（本書では連のランクで扱う）が，系統関係は十分な精度でわかっていない部分がある。ただし，G-1 が他の姉妹群，G-2 が G-1 を除いた残りの姉妹群であること，G-6 と G-7 が単系統群をなすことは確からしい。ホウチャクモドキ属，ケイビラン属，および *Theropogon* Maxim. [1 種：ヒマラヤ〜東南アジア北部高地] の 3 属は，Kim et al. (2010) では G-6 と G-7 からなる系統群の姉妹群となっているが，Z.-D. Chen et al. (2016) では G-3 の周辺に位置している。ただしいずれの解析も支持確率が低いので，本書ではこれらを所属未定として扱う。これら 3 属と G-3 〜 G-5 はアジアを中心とする森林環境に分布の主体を持ち，Convallariaceae スズラン科としてまとめられたことがあるが，G-6 と G-7 を同じ系統に含む側系統群となる。これ以外の連もかつてはそれぞれ独立の科として扱われたことがある。
　G-1：Eriospermateae　エリオスペルムム連 [1 属 110 種余：アフリカ，特にケープ地方で多様化]　　　　　　　　　　　　　　　　　[以下 87 頁へ]

Lachenalia J. Jacq. ex Murray　ラシュナリア属【D-4】[ca. 130：アフリカ南部]

Liriope Lour.　ヤブラン属【G-4】[ca. 8]

Lomandra Labill.　【E】[ca. 50：ニューギニア・豪州・ニューカレドニア]

Maianthemum F.H. Wigg.（incl. *Smilacina* Desf.）　マイヅルソウ属【G-3】[ca. 30]：*トナカイソウ,ユキザサ

Milla Cav.　セイヨウアマナ属【C】[7：北米南部〜中米]

Muscari Mill.　†ムスカリ属【D-4】[ca. 45：欧州〜中央アジア]

Nolina Michx.　トックリラン属【G-2】[ca. 23：北米南部・メキシコ]

Ophiopogon Ker Gawl.　ジャノヒゲ属【G-4】[50–65]：ノシラン

Ornithogalum L.（incl. *Galtonia* Decne.）　†オオアマナ属【D-2】[160–180：地中海地方〜南西アジア・アフリカ南部・マダガスカル]：*ツリガネオモト

Peliosanthes Andrews　シマハラン属（ヒメバラン属）【G-4】[ca. 30：インド〜東アジア亜熱帯・東南アジア・マレーシア]

Polygonatum Mill.　アマドコロ属【G-3】[ca. 60]：アマドコロ（オウセイ）,ナルコユリ,ヒメイズイ,ミドリヨウラク,ワニグチソウ

Puschkinia Adams　イヌツルボ属【D-4】[3–4：南西アジア]

Reineckea Kunth　キチジョウソウ属【G-5】[1]

Rohdea Roth（incl. *Campylandra* Baker）　オモト属【G-5】[ca. 20]

Ruscus L.　ナギイカダ属【G-7】[6：地中海地方〜南西アジア・マデイラ諸島]

Scilla L.（incl. *Chionodoxa* Boiss.）　オオツルボ属【D-4】[ca. 46：地中海地方〜南西アジア]：*ユキゲユリ

Thysanotus R. Br.　ハリバアマナ属【E】[ca. 50：海南島・台湾・東南アジア・マレーシア・豪州]

Yucca L.　†イトラン（ユッカ）属【B-2】[ca. 47：北米〜南米・西インド諸島]：*キミガヨラン,*ユッカ

2. 3. 16：Arecales　ヤシ目

2. 3. 16. 1：Dasypogonaceae　ダシポゴン科〔75〕[4属約17種：豪州（主に南西部）]

　　Calectasia R. Br.　[11：豪州（大部分南西部・1種のみ南東部）]

　　Dasypogon R. Br.　[3：豪州南東部]

2. 3. 16. 2：**Arecaceae**（Palmae）**ヤシ科** [42]〔76〕[約181属約2600種：世界の熱帯〜亜熱帯]

　　Acanthophoenix H. Wendl.　アカトゲノヤシ属【E-14h】[1：モーリシャス・レユニオン島]

　　Acrocomia Mart.（incl. *Gastrococos* Morales）　アメリカアブラヤシ属【E-8b】[8：中南米・西インド諸島]：*グルグルヤシ

　　Actinorhytis H. Wendl. & Drude　カラッパヤシ属【E-14a】[1：ニューギニア・ソロモン諸島]

　　Aiphanes Willd.　トゲヤシ属【E-8b】[ca. 23：西インド諸島・南米北部]：*ハリクジャクヤシ

Archontophoenix H. Wendl. & Drude　シマケンチャヤシ属【E-14a】［6：豪州東部］:*シマケンチャヤシ(ユスラヤシモドキ)

Areca L.　ビンロウジュ属【E-14b】［ca. 50：熱帯アジア・マレーシア・ソロモン諸島］:*ビンロウ(ビンロウジュ)

Arenga Labill.　クロツグ属【C-6】［20–30］:*サトウヤシ

Astrocaryum G. Mey.　ホシダネヤシ(クロガネヤシ)属【E-8b】［ca. 20：中南米］

Attalea Kunth　ブラジルゾウゲヤシ属【E-8a】［ca. 70：中南米・西インド諸島］

Bactris Jacq. ex Scop.（incl. *Guilielma* Mart.）　ブラジルトゲヤシ属(ステッキヤシ属)【E-8b】［ca. 77：中南米・西インド諸島］:*クリヤシ

Borassodendron Becc.　コウチワヤシ属【C-8】［2：マレー半島・ボルネオ］

Borassus L.　オウギヤシ属【C-8】［5：アフリカ・マダガスカル・アラビア半島・インド・東南アジア・マレーシア・豪州北部］:*パルミラヤシ

Butia (Becc.) Becc.　ヤタイヤシ属【E-8a】［9：南米南東部］

Calamus L.（incl. *Daemonorops* Blume）　トウ属【A-3】［ca. 500：アフリカ・アジアの熱帯〜亜熱帯・豪州・南太平洋諸島］:*キリンケツトウ, *ミズトウヅル

Calyptrocalyx Blume　タマビンロウ属【E-14g】［ca. 26：東マレーシア］

〔85 頁より：41)の続き〕
　　　　G-2：Nolineae　トックリラン連［3 属約 60 種：アメリカ大陸］
　　　　G-3：Polygonateae　アマドコロ連［3 属約 110 種：北半球温帯とヒマラヤ〜熱帯アジアの高山］
　　　　G-4：Ophiopogoneae　ジャノヒゲ連［3 属約 100 種：アジアの熱帯〜温帯・マレーシア］
　　　　G-5：Convallarieae (s.l.; incl. Aspidistreae)　スズラン連［約 6 属約 180 種：アジアの温帯〜熱帯・マレーシア，スズラン属のみ北半球全域の温帯に広がる］
　　　　G-6：Dracaeneae　リュウケツジュ連［1(–2) 属約 120 種：世界の熱帯〜亜熱帯］
　　　　G-7：Rusceae　ナギイカダ連［3 属 10 種：地中海地方〜西アジア・マカロネシア］
　42)ヤシ科の分類は Baker & Dransfield (2016) に従い，5 亜科 28 連を認める。系統関係は [A {B (C <D + E>)}]。
　　A. Calamoideae　トウ亜科［約 21 属約 650 種］
　　　　以下の 3 連に分けられる。A-2 はさらに 3 亜連，A-3 は 6 亜連に分けられているが本書では亜連の分類は省略する：A-1：Eugeissoneae　スダレヤシ連［1 属］，A-2：Lepidocaryeae　ラフィアヤシ連［7 属］，A-3：Calameae　トウ連［9 属］。
　　B. Nypoideae　ニッパヤシ亜科［1 属 1 種］
　　C. Coryphoideae　コウリバヤシ亜科［約 47 属約 500 種］
　　　　8 連に分けられ，本書掲載の属は C-1：Sabaleae　サバルヤシ連［1 属］，C-3：Phoeniceae　ナツメヤシ連［1 属］，C-4：Trachycarpeae　シュロ連［19 属］，C-6：Caryoteae　クジャクヤシ連［約 2 属］，C-7：Corypheae　コウリバヤシ連［1 属］，C-8：Borasseae　オウギヤシ連［8 属］に属する。
　　　　　　　　　　　　　　　　　　　　　　　　　〔以下 89 頁へ〕

Caryota L.　クジャクヤシ属【C-6】[ca. 13：熱帯アジア・マレーシア・豪州北部・メラネシア]

Ceroxylon Bonpl. ex DC.　グレナダロウヤシ属【D-2】[11：南米]

Chamaedorea Willd.（incl. *Collinia* (Liebm.) Liebm. ex Oerst.）　テーブルヤシ属【E-2】[ca. 110：中南米]

Chamaerops L.　チャボトウジュロ属【C-4】[1：地中海地方西部]

Clinostigma H. Wendl.　マガクチヤシ属【E-14x】[11：ノヤシ(セボリーヤシ),*オトコヤシ

Cocos L.　ココヤシ属【E-8a】[1：西太平洋諸島]:*ココヤシ(ヤシ)

Copernicia Mart. ex Endl.　ブラジルロウヤシ属【C-4】[22–25：西インド諸島・南米]:*ブラジルロウヤシ(カルナウバヤシ)

Corypha L.　コウリバヤシ属【C-7】[6：インド・スリランカ・東南アジア・マレーシア・豪州北部]:*コウリバヤシ(タリポットヤシ)

Cyrtostachys Blume　ショウジョウヤシ属【E-14x】[11：マレーシア・メラネシア]

Desmoncus Mart.　ナギバトウ属【E-8b】[24：熱米]

Dictyosperma H. Wendl. & Drude　ゴムヤシ属【E-14x】[1：マスカリン諸島]

Dypsis Noronha ex Mart.　アレカヤシ属【E-14f】[ca. 162：マダガスカルおよび周辺島嶼]:*アレカヤシ(コガネタケヤシ)

Elaeis Jacq.　アブラヤシ属【E-8c】[2：熱帯アフリカ・熱米]

Eugeissona Griff.　スダレヤシ属【A-1】[6：タイ南部・マレー半島・ボルネオ]

Euterpe Mart.　アサイヤシ属【E-10】[7：西インド諸島・南米]

Heterospathe Scheff.　アスボーヤシ属【E-14x】[ca. 40：東マレーシア・西太平洋諸島]

Howea Becc.　ケンチャヤシ属【E-14g】[2：ロードホウ島]

Hydriastele H. Wendl. & Drude（incl. *Gulubia* Becc.）　アカボークヤシ属【E-14x】[ca. 48：東マレーシア・豪州北東部・西太平洋諸島]

Hyophorbe Gaertn.　トックリヤシ属【E-2】[5：マスカリン諸島]

Hyphaene Gaertn.　ドームヤシ属【C-8】[8：アフリカ・マダガスカル・アラビア半島・インド西海岸・スリランカ]

Johannesteijsmannia H.E. Moore　タンヨウヤシ属【C-4】[4：タイ南部：西マレーシア]

Jubaea Kunth　チリヤシ(ジュベアヤシ)属【E-8a】[1：南米(チリ中部)]

Korthalsia Blume　フクロトウ属【A-3】[ca. 27：アンダマン諸島・ミャンマー〜東南アジア・マレーシア]

Latania Comm. ex Juss.　ラタンヤシ属【C-8】[3：マスカリン諸島]

Licuala Wurmb　ウチワヤシ属【C-4】[ca. 130：アジアの熱帯〜亜熱帯・マレーシア・豪州北東部・メラネシア]:*ゴヘイヤシ

Livistona R. Br.　ビロウ属【C-4】[ca. 30]

Lodoicea Comm. ex DC.　オオミヤシ属【C-8】[1：セイシェル]:*オオミヤシ(フタゴヤシ)

Metroxylon Rottb.　サゴヤシ属【A-3】[ca. 7：東マレーシア・西太平洋諸島]

Nypa Steck（*Nipa* Thunb.）　ニッパヤシ属【B】[1]

―――――――――――――――――――――――――――――――――― 維管束植物分類表

Oenocarpus Mart.　オニサケヤシモドキ属【E-10】[9：熱米]

Oncosperma Blume　ニボンヤシ属【E-14h】[5：スリランカ・東南アジア・マレーシア]

Orania Zipp.　ドクヤシ属【E-4】[ca. 28：マダガスカル・東南アジア～マレーシア，特にニューギニアに多い]

Phoenicophorium H. Wendl.（*Stevensonia* Duncan ex Balf.f.）　キリンヤシ属【E-14k】[1：セイシェル]

Phoenix L.　ナツメヤシ属【C-3】[14：地中海地方東部・北アフリカ・マカロネシア・アジアの熱帯～亜熱帯・マレーシア]:*カナリーヤシ，*サトウナツメヤシ，*シンノウヤシ，*ソテツジュロ

Pholidocarpus Blume　ビロウモドキ属【C-4】[6：タイ南部・マレーシア]

Phytelephas Ruiz & Pav.　ゾウゲヤシ属【D-3】[6：熱米]

Pinanga Blume　ソアグヤシ属【E-14b】[ca. 130：アジアの熱帯～亜熱帯・マレーシア，北は蘭嶼に達する]

Plectocomia Mart. ex Blume　エダウチトウ属【A-3】[ca. 16：熱帯アジア・マレーシア]

Plectocomiopsis Becc.　サンカクトウ属【A-3】[6：東南アジア・マレーシア]

Ponapea Becc.（incl. *Drymophloeus* Zipp. p.p.）　アカビンロウ（カッタイヤシ）属【E-14i】[5：西太平洋諸島]

Ptychococcus Becc.　パプアヤシ属【E-14i】[2：ニューギニア]

Ptychosperma Labill.　ユスラヤシ属【E-14i】[31：ニューギニア・豪州北東部・西太平洋諸島]:*ホソバケンチャ，*ヤハズヤシ

[87頁より；42)の続き]

　　D. Ceroxyloideae　グレナダロウヤシ亜科[8属約47種]
　　　　3連に分けられ，本書掲載の属は D-2：Ceroxyleae　グレナダロウヤシ連[4属]，D-3：Phytelepheae　ゾウゲヤシ連[3属]に属する。
　E. Arecoideae　ヤシ亜科[約110属約1400種]
　　　　14連に分けられ，本書掲載の属は以下の連に属する：E-2：Chamaedoreeae　テーブルヤシ連[5属]，E-4：Oranieae　ドクヤシ連[1属]，E-6：Roystoneae　ダイオウヤシ連[1属]，E-7：Reinhardtieae　アメリカチャボヤシ連[1属]，E-8：Cocoeae　ココヤシ連（さらに E-8a. Attaleinae　ココヤシ亜連[10属]，E-8b. Bactoriinae　ブラジルトゲヤシ亜連[5属]，E-8c. Elaeidinae　アブラヤシ亜連[2属]の3亜連に分けられる），E-10：Euterpeae　アサイヤシ連[5属]，E-14：Areceae　ビンロウジュ連（[45属]：さらに11亜連に分けられるが，マガクチヤシ属など約10属が所属未定である。それらを除いた本書掲載の属は以下の亜連に属する：E-14a. Archontophoenicinae　シマケンチャヤシ亜連[5属]，E-14b. Arecinae　ビンロウジュ亜連[3属]，E-14d. Carpoxylinae　ヤエヤマヤシ亜連[3属]，E-14f. Dypsidinae　アレカヤシ亜連[4属]，F-14g. Laccospadicinae　ケンチャヤシ亜連[4属]，F-14h. Oncocpermatinae　ニボンヤシ亜連[4属]，E-14i. Ptychospermatinae　ユスラヤシ亜連[14属]，F-14j. Rhopalostylidinae　ハケヤシ亜連[2属]，F-14k. Verschaffeltiinae　キリンヤシ亜連[4属]）。

Raphia P. Beauv.　ラフィアヤシ属【A-2】〔ca. 20：アフリカ熱帯・マダガスカル・熱米〕

Reinhardtia Liebm.　アメリカチャボヤシ属【E-7】〔6：中米〜南米北西端・西インド諸島〕

Rhapidophyllum H. Wendl. & Drude　ハリヤシ属【C-4】〔1：北米南東部〕

Rhapis L.f. ex Aiton　†シュロチク属【C-4】〔ca. 8：中国南部・東南アジア〕：*カンノンチク

Rhopaloblaste Scheff.　ニコバルヤシ属(モルッカヤシ属)【E-14x】〔6：ニコバル諸島・マレー半島・シンガポール・東マレーシア・ソロモン諸島〕

Rhopalostylis H. Wendl. & Drude　ハケヤシ属【E-14j】〔2(–3)：ニュージーランドとその周辺島嶼〕

Roystonea C.F. Cook　ダイオウヤシ属【E-14f】〔10：北米南東部・西インド諸島・中南米のカリブ海沿岸〕

Sabal Adans.　サバルヤシ属【C-1】〔16：北米南東部・西インド諸島・中米〜南米北部〕

Salacca Reinw.　サラカヤシ属【A-3】〔ca. 20：インド北東部〜中国南部・東南アジア・西マレーシア〕

Saribus Blume　セイタカビロウ属(新称)【C-4】〔9：マレーシア・ソロモン諸島，ニューカレドニア〕：*セイタカビロウ(ジャワビロウ)

Satakentia H.E. Moore　ヤエヤマヤシ属【E-14d】〔1〕

Syagrus Mart.　ギリバヤシ属【E-8】〔ca. 36：西インド諸島・南米〕：*アリクリヤシ

Trachycarpus H. Wendl.　†シュロ属【C-4】〔9〕

Veitchia H. Wendl.　マニラヤシ属【E-14i】〔ca. 12：ソロモン諸島〜メラネシア〕

Washingtonia H. Wendl.　ワシントンヤシ属【C-4】〔2：北米南西部〜メキシコ北部〕：*オニジュロ(オキナヤシモドキ)，*ワシントンヤシ(オキナヤシ)

2. 3. 17：Commelinales　ツユクサ目

2. 3. 17. 1：Hanguanaceae　ミズオモト科〔77〕〔1 属 14(〜 50) 種：スリランカ・マレーシア・ミクロネシア〕
　　Hanguana Blume　ミズオモト属〔14(–50)〕

2. 3. 17. 2：**Commelinaceae　ツユクサ科** [43]〔78〕〔約 40 属 650–750 種：世界の熱帯〜亜熱帯，一部の属は温帯まで広がる〕
　　Amischotolype Hassk.(incl. *Porandra* D.Y. Hong)　ヤンバルミョウガ属【B-2d】〔ca. 22〕
　　Belosynapsis Hassk.　コウシュンツユクサ属【B-2c】〔6：マダガスカル・アジアの熱帯〜亜熱帯・マレーシア〕
　　Callisia Loefl.　カリシア属【B-2g】〔ca. 20：北米〜南米〕
　　Commelina L.　ツユクサ属【B-1】〔ca. 170〕
　　Cyanotis D. Don　アラゲツユクサ属【B-2c】〔ca. 50：旧世界の熱帯〜亜熱帯〕

Dichorisandra Mikan　コダチハカタカラクサ属（タチカラクサ属）【B-2e】〔25：熱米〕

Floscopa Lour.　ツルヤブミョウガ属【B-1】〔ca. 20：世界の熱帯〜亜熱帯〕

Gibasis Raf.　ギバシス属【B-2g】〔11：熱米，特にメキシコに多い〕：＊ブライダルベール

Murdannia Royle　イボクサ属【B-1】〔ca. 50〕

Pollia Thunb.　ヤブミョウガ属【B-1】〔17〕

Rhopalephora Hassk.　オオバイボクサ属【B-1】〔4：マダガスカル・アジアの熱帯〜亜熱帯・マレーシア・メラネシア〕

Streptolirion Edgew.　アオイカズラ属【B-2b】〔2〕

Tradescantia L.（incl. *Rhoeo* Hance, *Zebrina* Schnizl.）　†ムラサキツユクサ属【B-2g】〔70+：北米〜南米〕：＊カサネオウギ，†ノハカタカラクサ（トキワツユクサ），＊ハカタカラクサ，＊ムラサキオモト

2. 3. 17. 3：**Philydraceae　タヌキアヤメ科**〔79〕〔4属5種：タヌキアヤメ以外は豪州とニューギニアの固有〕

Philydrum Banks ex Gaertn.　タヌキアヤメ属〔1：東アジアの亜熱帯・東南アジア〜マレーシア・豪州〕

2. 3. 17. 4：**Pontederiaceae　ミズアオイ科**〔80〕〔(2–)6属33種：世界の熱〜温帯〕

Eichhornia Kunth　†ホテイアオイ属〔7–8（多系統群）：アフリカ熱帯・熱米〕

Heteranthera Ruiz & Pav.　†アメリカコナギ属〔10：アフリカ熱帯・熱米〕

Monochoria C. Presl　ミズアオイ属〔ca. 8〕：コナギ

Pontederia L.（incl. *Zosterella* Small）　〔6–8：北米〜南米〕

2. 3. 17. 5：Haemodoraceae　ハエモドルム科〔81〕〔13属約120種：南アフリカ・ニューギニア・豪州・北〜南米〕

Anigozanthos Labill.　アニゴザントス属〔12：豪州南西部〕：＊カンガルーポー

43）ツユクサ科は以下の2亜科に分類される。
　　　A. Cartonematoideae〔2属12種：アフリカ南部（*Triceratella* Brenan），ニューギニア・豪州（*Cartonema* R. Br.）〕
　　　B. Commelinoideae　ツユクサ亜科〔38–39属640–740種〕
　　　　さらに以下の2連に分けられるが，ツルヤブミョウガ属（本書ではB-1に含めた）は両者の姉妹群となる可能性がある。
　　　　B-1：Commelineae　ツユクサ連（花糸は無毛か単細胞毛のみがある。花は多くは左右相称）〔15属320–370種〕
　　　　B-2：Tradescantieae　ムラサキツユクサ連（花糸に多細胞毛がある。花は放射相称）〔23–24属320–370種〕。さらに7亜連に分けられ，本書掲載の属はB-2b. Streptolirioninae　アオイカズラ亜連〔3属〕，B-2c. Cyanotinae　アラゲツユクサ亜連〔2属〕，B-2d. Coleotrypinae　ヤンバルミョウガ亜連〔2–3属〕，B-2e. Dichorisandrinae　コダチハカタカラクサ亜連〔5属〕，B-2g. Tradescantinae　ムラサキツユクサ亜連〔5属〕に属する。後2者は新大陸産，他は旧大陸産の属を含む。

維管束植物分類表

Haemodorum Sm. 〔20：ニューギニア・豪州・タスマニア〕
Lachannthes Elliott 〔1：北米東部・キューバ〕

2. 3. 18：Zingiberales　ショウガ目

2. 3. 18. 1：Strelitziaceae　ゴクラクチョウカ科〔82〕〔3属7種：南アフリカ・マダガスカル・南米熱帯〕
　　Phenakospermum Endl.　オウギバショウモドキ属〔1：南米熱帯〕
　　Ravenala Adans.　オウギバショウ属〔1：マダガスカル〕：*オウギバショウ（タビビトノキ）
　　Strelitzia Aiton　ゴクラクチョウカ属〔5：南アフリカ〕

2. 3. 18. 2：Lowiaceae　ロウィア科〔83〕〔1属約20種：中国南部〜東南アジア・海南島・フィリピン・ボルネオ〕
　　Orchidantha N.E. Br.　〔ca. 20〕

2. 3. 18. 3：Heliconiaceae　オウムバナ科〔84〕〔1属約200種，主に熱米，少数がマレーシア〜メラネシア〕
　　Heliconia L.　オウムバナ属〔ca. 200〕：*ヒメゴクラクチョウカ

2. 3. 18. 4：Musaceae　†バショウ科〔85〕〔2(–3)属約40種：旧世界熱帯〜亜熱帯〕
　　Ensete Horan.（incl. *Musella* (Franch.) H.W. Li）　アビシニアバショウ属〔6：アフリカ熱帯〜亜熱帯・インド北東部〜中国西南部・台湾・東南アジア・マレーシア〕：*チユウキンレン
　　Musa L.　†バショウ属〔ca. 70：アジア熱帯〜亜熱帯・マレーシア・豪州北部〕：*バナナ, *マニラアサ

2. 3. 18. 5：Cannaceae　†カンナ科〔86〕〔1属約20種：中南米熱帯〜亜熱帯〕
　　Canna L.　†カンナ属〔ca. 20〕：*ダンドク, *ハナカンナ

2. 3. 18. 6：Marantaceae　†クズウコン科 44)〔87〕〔約27属約550種：世界の熱帯〕
　　Donax Lour.　コウトウクマタケラン属【C-1】〔3–4：熱帯アジア・マレーシア・メラネシア〕
　　Goepperta Nees　ヤバネバショウ属【B】〔ca. 250：中南米・西インド諸島〕
　　Maranta L.　†クズウコン属【C-2】〔ca. 25：北米〜南米〕
　　Stromanthe Sonder　ウラベニショウ属【C-2】〔10–15：熱米〕
　　Thalia L.　†ミズカンナ属【C-1】〔ca. 6：アフリカ・北米南部・南米〕

2. 3. 18. 7：Costaceae　オオホザキアヤメ科〔88〕〔6属約110種：世界の熱帯〜亜熱帯〕
　　Hellenia Retz.（*Cheilocostus* C. Specht）　オオホザキアヤメ属〔ca. 6：アジアの熱帯〜亜熱帯・マレーシア〕：*オオホザキアヤメ（フクジンソウ）

2. 3. 18. 8：**Zingiberaceae　ショウガ科** 45)〔89〕〔約63属1100–1500種：世界の熱帯〜亜熱帯，一部の属は亜熱帯の高山に生育する〕
　　Alpinia Roxb.　ハナミョウガ属【C-2】〔200+（多系統群）〕：クマタケラン, ゲットウ, †チクリンカ

92

Amomum Roxb.【C-2】［ca. 64：熱帯アジア～マレーシア］

Curcuma L. ウコン属【D-2】［ca. 60：熱帯アジア～マレーシア・豪州北東部］:＊ウコン(ターメリック),＊ガジュツ,＊キョウオウ

Elettaria Maton ショウズク属【C-2】［3：インド南部・スリランカ］:＊ショウズク(カルダモン)

Etlingera Giseke トーチジンジャー属【C-2】［ca. 70：熱帯アジア～マレーシア・豪州北東部］

Hedychium J. König †ハナシュクシャ属【D-2】［ca. 50：アジアの熱帯～亜熱帯・マレーシア］:＊サンナ,†ハナシュクシャ(シュクシャ)

Kaempferia L. バンウコン属【D-2】［ca. 40：熱帯アジア～マレーシア］

Lanxangia M.F. Newman & Skornick. ソウカ属(新称)【C-2】［ca. 10：中国南部・東南アジア北部高原］

---

44) クズウコン科は以下の 3 亜科に分けられる。
   A. Sarcophrynioideae サルコフリニウム亜科［5 属約 20 種：熱帯アフリカ］
   B. Calatheoideae ヤバネバショウ亜科［6 属約 370 種：熱米］。かつて大部分の種は *Calathea* に含められていたが，現在では *Calathea* は 37 種に限定され，ヤバネバショウなど観賞用に栽培される種の多くが *Goepperta* に移された結果，後者は約 250 種を含むこの亜科最大の属となった。
   C. Marantoideae クズウコン亜科［16 属約 160 種：世界の熱帯～亜熱帯］さらに C-1：Donaceae ミズカンナ連［5 属］，C-2：Maranteae クズウコン連［7 属］，C-3：Stachyphrynieae［4 属］の 3 連に分類される。

45) ショウガ科は以下の 4 亜科に分けられる。亜科間の関係は A［B（C + D）]。
   A. Siphonochoideae シフォノキルス亜科［1 属 *Siphonochilus* J.M. Wood & Franks 約 20 種：アフリカ中南部・マダガスカル］
   B. Tamijioideae タミジア亜科［1 種(*Tamijia flagellaris* S. Sakai & Nagam.)：ボルネオ］
   C. Alpinieae ハナミョウガ亜科［約 26 属 920 種］ C-1: Riedelieae［4 属 105 種：東南アジア～豪州北東部］と C-2: Alpinieae ハナミョウガ連に分けられる。後者には香辛料として知られる属を多く含むが，*Alpinia* は著しい多系統群であり，日本産のハナミョウガ属の大部分は *Plagiostachys* Ridl.［ca. 25: 中国南部・東南アジア・西マレーシア］と単系統群をなす一方で，*Alpinia* の基準種ナンキョウ *Alpinia galanga* はチクリンカなど少数の近縁種と共に異なった系統に属する。同様に多系統群であることが判明した *Amomum* Roxb. は De Boer et al. (2018)によってソウカ属，ビャクズク属など 8 属以上に分割されたので，*Alpinia* についても近い将来に近縁の属を巻き込む形で属の解体再構成が行われるものと予想される。
   D. Zingiberoideae ショウガ亜科［約 33 属約 700 種：熱帯アジア～豪州北部］：D-1: Globbeae グロッバ連［3–4 属約 110 種］と D-2: Zingibereae ショウガ連［約 30 属約 600 種］とに分けられる。

維管束植物分類表

  Meisteria Giseke　トゲミシュクシャ属(新称)【C-2】［ca. 42：熱帯アジア〜
  マレーシア・豪州北東部］
  Vanoverbergia Merr.　【C-2】［2：蘭嶼・フィリピン(ルソン島)］
  Wurfbainia Giseke　ビャクズク属(新称)【C-2】［27：中国南部・東南アジア
  〜マレーシア］
  Zingiber Boehmer　†ショウガ属【D-2】：†ミョウガ

2. 3. 19：Poales　イネ目

2. 3. 19. 1：**Typhaceae**(incl. Sparganiaceae)　**ガマ科**〔90〕［2 属約 25 種：全世界
の熱帯〜寒帯］
  Sparganium L.　ミクリ属［ca. 14］
  Typha L.　ガマ属［8–13］

2. 3. 19. 2：Bromeliaceae　パイナップル科 46)〔91〕［約 70 属約 3540 種：熱米,
西アフリカ熱帯］
  Acanthostachys Klotzsch　マツカサアナナス属【H】［2：南米東部］
  Aechmea Ruiz & Pav.　サンゴアナナス属【H】［ca. 180 (多系統群)：中南米・
  西インド諸島］
  Ananas Mill.　パイナップル属【H】［8：南米］
  Billbergia Thunb.　ツツアナナス属【H】［62：中南米・バハマ］
  Bromelia L.　ブロメリア属【H】［ca. 50：中南米］
  Cryptanthus Otto & A. Dietr.　ヒメアナナス属【H】［41：南米(ブラジル北東部)］
  Dyckia Schult. & Schult.f.　シマケンザン属【F】［124：南米東部］
  Nidularium Lem.　ウラベニアナナス属【H】［ca. 50：南米(ブラジル東部)］
  Tillandsia L.　サルオガセモドキ属【C】［ca. 540：北米〜南米］
  Vriesea Lindl.　インコアナナス属【C】［ca. 193：中南米・西インド諸島］

2. 3. 19. 3：Rapateaceae　ラパテア科〔92〕［17 属 94 種：西アフリカ・南米北部(と
くにギアナ高地で多様化)］
  Rapatea Aubl.　［5：南米北部］

2. 3. 19. 4：Xyridaceae　トウエンソウ科〔93〕［5 属 350–400 種：世界の熱帯(北
米では温帯まで達する)］
  Xyris L.　トウエンソウ属［320–370：世界の熱帯, 北米では温帯に達する］

2. 3. 19. 5：**Eriocaulaceae**　**ホシクサ科**〔94〕［10 属約 1200 種：世界の熱帯
〜温帯, 特に南米北部で多様化］
  Eriocaulon L.　ホシクサ属［ca. 450］：イヌノヒゲ
  Syngonanthus Ruhland　ハナホシクサ属［80–250：大部分南米, 少数がアフ
  リカおよびマダガスカル］

2. 3. 19. 6：Mayacaceae　マヤカ科〔95〕［1 属 4–10 種：熱米, 熱帯アフリカ(1 種)］
  Mayaca Aubl.　［4–10］

2. 3. 19. 7：Thurniaceae　ツルニア科〔96〕［2 属 4 種：南アフリカ・南米熱帯］
  Thurnia Hook.f.　［3：南米北部］

維管束植物分類表

2. 3. 19. 8：**Juncaceae　イグサ科**〔97〕[8 属約 430 種：全世界]
　　Juncus L.　イグサ属 [270–300]：イグサ（イ），コウガイゼキショウ
　　Luzula DC.　スズメノヤリ属 [ca. 80]：スズメノヤリ（スズメノヒエ），セイタ
　　　カヌカボシソウ（ジンボソウ），ヌカボシソウ

2. 3. 19. 9：**Cyperaceae　カヤツリグサ科** [47]〔98〕[約 80 属約 5500 種余：全
　　世界]
　　Actinoscirpus (Ohwi) R. Haynes & Lye　オオサンカクイ属【B-7】[1：熱帯
　　　アジア・マレーシア・豪州北東部・西太平洋諸島]
　　Blysmus Panz. ex Schult.　スゲモドキ属【B-6】[ca. 4：ユーラシア・北米]
　　Bolboschoenus (Asch.) Palla　ウキヤガラ属【B-7】[ca. 15]
　　Bulbostylis Kunth　ハタガヤ属【B-9】[ca. 100]：イトハナビテンツキ
　　Carex L.（incl. *Kobresia* Rottb.）　スゲ属【B-6】[2000+]：アブラシバ，オオクグ，
　　　コウボウシバ，コウボウムギ，シオクグ（クグ），ヒゲハリスゲ，ミコシガヤ
　　Carpha Banks & Sol. ex R. Br.　イヌノグサ属【B-4】[ca. 15：アフリカ中南
　　　部・マダガスカル・マスカリン諸島・ニューギニア・豪州南東部・
　　　タスマニア・ニュージーランド・チリ：日本からの報告は疑わしい]
　　Cladium P. Browne　ヒトモトススキ属【B-4】[ca. 4]

46）パイナップル科は以下の 8 亜科に分けられる。系統関係は A [B {C [D /
　　E {F (G + H)}]}]。
　　A. Brocchinioideae　[1 属 21 種：南米ギアナ高地]
　　B. Lindmanioideae　[1–2 属約 43 種：南米ギアナ高地]
　　C. Tillandsioideae　サルオガセモドキ亜科 [21 属約 1350 種：北〜南米の
　　　熱帯〜亜熱帯]
　　D. Hechtioideae　[1 属約 75 種：北米南西部〜中米]
　　E. Navioideae　[5 属約 100 種：南米北部，大部分ギアナ高地]
　　F. Pitcairnioideae　ピトケアニア亜科 [5 属約 630 種：大部分中南米，1 種
　　　のみ西アフリカ]
　　G. Puyoideae　プヤ亜科 [1 属約 220 種：中南米高山]
　　H. Bromelioideae　パイナップル亜科 [31 属 700 種余：中南米，大部分ブ
　　　ラジル]

47）カヤツリグサ科は 2 亜科分類が受け入れられている（Muasya et al.
　　2009）。
　　A. Mapanioideae　スゲガヤ亜科 [11–12 属約 170 種：世界の熱帯]
　　B. Cyperoideae　カヤツリグサ亜科 [約 70 属約 5400 種：全世界]　以下
　　　の 9 連に分けられるが，ノグサ連は単系統群ではない可能性が高い。
　　　系統関係は B1 [(B2 + B3) {B4 (B5 [B6 {B7 (B8 + B9)}])}]。
　　B-1：Trilepideae　トリレピス連 [4 属約 15 種]
　　B-2：Sclerieae　シンジュガヤ連 [1 属約 250 種]
　　B-3：Biesborkeleae　カガシラ連 [4 属約 25 種]
　　B-4：Schoeneae　ノグサ連 [約 28 属約 340 種]（ヒトモトススキ属はお
　　　そらく B-2 〜 B-9 の群または B-4 〜 B-9 の群の姉妹群となる可能性
　　　が高いが，暫定的にここに含める）
　　B-5：Rhynchosporeae　ミカヅキグサ連 [1 属約 350 種]　〔以下 97 頁へ〕

維管束植物分類表

Cyperus L.（incl. *Kyllinga* Rottb., *Lipocarpha* R. Br., *Remirea* Aubl.）　カヤツリグサ属【B-7】[ca. 700]：イヌクグ（クグ），ウシクグ，*カミガヤツリ（パピルス），カワラスガナ，コウシュンスゲ，ハマスゲ，ヒメガヤツリ（ミズハナビ），ヒメクグ

Diplacrum R. Br.　カガシラ属【B-3】[7]

Eleocharis R. Br.　ハリイ属【B-8】[ca. 200]：マツバイ，シカクイ

Eriophorum L.　ワタスゲ属【B-7】[16–20]：サギスゲ

Fimbristylis Vahl（incl. *Abildgaardia* Vahl）　テンツキ属【B-9】[ca. 300]：ヤマイ

Fuirena Rottb.　クロタマガヤツリ属【B-7】[ca. 30]

Gahnia J.R. & G. Forst.　クロガヤ属【B-4】[ca. 40]

Hypolytrum Rich.　スゲガヤ属【A】[ca. 60：世界の熱帯]

Isolepis R. Br.　ビャッコイ属【B-7】[ca. 70]

Lepironia Rich.　アンペラ属【A】[1]

Machaerina Vahl　ネビキグサ属【B-4】[ca. 50]：ネビキグサ（アンペライ）

Mapania Aubl.（incl. *Thoracostachyum* Kurz）　イカリガヤ属【A】[ca. 85：世界の熱帯]

Rhynchospora Vahl　ミカヅキグサ属【B-5】[ca. 350]：イヌノハナヒゲ，ミクリガヤ，イガクサ，ヤエヤマアブラガヤ

Schoenoplectiella Lye　ホソガタホタルイ属【B-7】[ca. 50]：ホタルイ，ヒメホタルイ，カンガレイ

Schoenoplectus (Rchb.) Palla　フトイ属【B-7】[ca. 30]：サンカクイ，シズイ

Schoenus L.　ノグサ属【B-4】[100–110]：ジョウイ，ノグサ（ヒゲクサ）

Scirpus L.（incl. *Maximowicziella* A.P. Khokhr.）　アブラガヤ属【B-6】[20–50（側系統群）]：アイバソウ，タカネクロスゲ，マツカササスキ

Scleria Bergius　シンジュガヤ属【B-2】[ca. 250]

Trichophorum Pers.（incl. *Neoscirpus* Y.N. Lee）　ミネハリイ属【B-6】[ca. 12]：ヒメワタスゲ

2. 3. 19. 10：Restionaceae（incl. Anarthriaceae, Centrolepidaceae）　サンアソウ科 48)〔99〕[約55属約570種：海南島・東南アジア〜マレーシア・南半球亜熱帯〜温帯]

　　　Centrolepis Labill.　カツマダソウ属【C】[ca. 26：海南島・東南アジア・マレーシア・豪州・ニュージーランド]

　　　Dapsilanthus B.G. Briggs & L.A.S. Johnson　サンアソウ属【D】[4：海南島・東南アジア・マレーシア・豪州北部]

2. 3. 19. 11：**Flagellariaceae　トウツルモドキ科**〔100〕[1属4種：旧世界の熱帯〜亜熱帯]

　　　Flagellaria L.　トウツルモドキ属 [4]

2. 3. 19. 12：Joinvilleaceae　ヨインビレア科〔101〕[1属約4種：マレーシア・太平洋諸島]

　　　Joinvillea Gaudich.　[ca. 4]

2. 3. 19. 13：Ecdeiocoleaceae　エクダイオコレア科〔102〕[2属3種：豪州南西部]

　　　Ecdeiocolea F. Muell.　[2：豪州南西部]

維管束植物分類表

2. 3. 19. 14：**Poaceae**（Gramineae）**イネ科** 49)〔103〕〔約 790 属 11000–12000 種：全世界〕

Achnatherum P. Beauv.　ハネガヤ属【F-9】［ca. 20：中央〜東アジア］

Aegilops L.　†タルホコムギ属（ヤギムギ属）【F-15】［ca. 28：欧州〜西アジア・北米］：†ヤギムギ

〔95 頁より：47）の続き〕

B-6：Scirpeae (incl. Cariceae, Dulichieae)　アブラガヤ連［10 属約 2800 種：全世界］　従来はスゲの仲間が独立のスゲ連 Cariceae またはスゲ亜科 Caricoideae とされていたが，これはアブラガヤ連の内群となることがわかった。スゲ亜科でかつて認められていた複数の属はスゲ属の内群となったために，これらを含むようにスゲ属が拡張された（Global *Carex* Group 2015）。

B-7：Cypereae (incl. Fuireneae)　カヤツリグサ連［約 13 属 1000 種余：全世界］　広義カヤツリグサ属以外は独立のクロタマガヤツリ連 Fuireneae として扱われることが多かったが，前者は後者の内群となる。広義カヤツリグサ属の分類には様々な説があるが，現在ではかつて小山鐵夫が行ったように 1 属のみを認めるのが妥当と考えられている（Bauters et al. 2014; Larridon et al. 2013）。広義カヤツリグサ属の中には，C4 植物からなる単系統群が認められ，これにはしばしば別属とされるカワラスガナ，コウシュンスゲ，ヒメクグ，ヒンジガヤツリの仲間に加えて，カヤツリグサ属の基準種であるショクヨウガヤツリや近縁のハマスゲが含まれる。カヤツリグサなど残りのカヤツリグサ属は C3 植物であるが，これは側系統群となる。

B-8：Eleocharideae　ハリイ連［1(-3) 属約 200 種：全世界］

B-9：Abildgaardieae　テンツキ連［約 5 属約 500 種：世界の熱帯〜温帯］

48）サンアソウ科は以下の 5 亜科に分けられる。

A. Anarthrioideae（旧 Anarthriaceae）　アナルスリア亜科［3 属 11 種：豪州］

B. Restionoideae　レスチオ亜科　さらに南アフリカ産の Restioneae と豪州産の Willdenowieae の 2 連に分けられる。

C. Centrolepidoideae（旧 Centrolepidaceae）　カツマダソウ亜科［3 属約 36 種：海南島・マレーシア・豪州・ニュージーランド］

D. Leptocarpoideae　サンアソウ亜科［26 属約 65 種：海南島・東南アジア・ニューギニア・豪州・メラネシア・南米］

E. Sporadanthoideae　スポラダンツス亜科［3 属 32 種：豪州］

49）イネ科の科内分類は Soreng et al. (2017) に従ったが，ダンチク亜科については Hardion et al. (2017) により，イチゴツナギ亜科イチゴツナギ連は一部（ヌカボ亜連，ナガハグサ亜連）Kellogg (2015) の意見を取り入れた。Soreng et al. (2017) の分類体系は，その少し前に出た Kellogg (2015) による詳細な総説と基本的に同じであり，イネ科の中に大きく 2 つの大系統群と，それらが分かれる前に分岐した 3 系統群（以下の A–C）の全部で 5 つの系統群を認める。後者の 3 系統群は 2 〜 3 属ずつからなるがそれぞれ独立の亜科として扱われる。大多数の属を含む前者の 2 系統群（以下の D–F および G–L）は，含まれる亜科の頭文字をとってそれぞれ BOP（または BEP）系統群，PACMAD（または PACCMAD）系統群と呼ばれ，特に後者の単系統性は高い確率で支持される。　　　　〔以下 99 頁へ〕

Aeluropus Trin. 　シオギリソウ属【L-5a】［6–8］：シオギリソウ（ツルオニシバ）

×*Agropogon* P. Fourn.（*Agrostis* × *Polypogon*）　†ヌカボガエリ属【F-12e】

Agropyron Gaertn. 　†コムギダマシ属【F-15】［ca. 13：ユーラシア温帯］：
　　†ニセコムギダマシ

Agrostis L. 　ヌカボ属【F-12e】［ca. 250(230–270)］：†コヌカグサ

Aira L. 　†ヌカススキ属【F-12h】［9：欧州～南西アジア・北アフリカ］

Allotheropsis J. Presl 　ハネキビ属【H-10c】［5：旧世界熱帯］

Alopecurus L. 　スズメノテッポウ属【F-12q】［42–52］

Andropogon L. 　†メリケンカルカヤ属【H-13i】［120+，北～南米，少数が
　　ユーラシア］

Aniselytron Merr. 　アオコヌカグサ属（ヒロハノコヌカグサ属）【F-12q】［2］

Anthoxanthum L.（incl. *Hierochloe* R. Br.）　ハルガヤ属【F-10d】［ca. 50］：コウボウ

Apera Adans. 　†セイヨウヌカボ属【F-12q】［5：欧州～中央アジア］

Apluda L. 　オキナワカルカヤ属【H-13x】［1］

Arctopoa (Griseb.) Prob. 　オニイチゴツナギ属【F-12q】［5–8：北東アジア・
　　北米極北部］

Aristida L. 　マツバシバ属【G】［ca. 300］

Arrhenatherum P. Beauv. 　†オオカニツリ属【F-12b】［ca. 7：欧州～南西ア
　　ジア］：*チョロギガヤ

Arthraxon P. Beauv. 　コブナグサ属【H-13a】［ca. 27］

Arundinaria Michx. 　メリケンチク属【E-1】［3：北米東部］

Arundinella Raddi 　トダシバ属【H-12】［ca. 55］：オオボケガヤ

Arundo L. 　ダンチク属【I-1】［5］：ヒナヨシ

Avena L. 　†カラスムギ属【F-12b】［24：ユーラシア・北アフリカ］：†オー
　　トムギ（エンバク，マカラスムギ），カラスムギ（チャヒキ）

Avenella (Bluff & Fingerh.) Drejer（*Lerchenfeldia* Schur）　コメススキ属【F-12h】
　　［2］

Axonopus P. Beauv. 　†ツルメヒシバ属【H-11a】［100+：熱米，1 種が熱帯
　　アフリカ］

Bambusa Schreb. 　†ホウライチク属【E-3c】［ca. 150：熱帯アジア］：*ダイ
　　サンチク，*ホウオウチク，*リョクチク

Beckmannia Host 　カズノコグサ属【F-12q】［2］

Bothriochloa Kuntze 　†カモノハシガヤ属【H-13i】［ca. 37：世界の熱帯］：
　　†モンツキガヤ

Bouteloua Lag. 　†アゼガヤモドキ属【L-5i】［ca. 60：北～南米］

Brachyelytrum P. Beauv. 　コウヤザサ属【F-1】［3］

Brachypodium P. Beauv. 　ヤマカモジグサ属【F-11】［16–22］

Briza L. 　†コバンソウ属【F-12e】［5：欧州～中央アジア・ヒマラヤ］

Bromus L. 　スズメノチャヒキ属【F-14】［ca. 160］：†イヌムギ，†ウマノチャ
　　ヒキ，†カラスノチャヒキ，キツネガヤ，†ニセコバンソウ，†ハマチャヒキ

Brylkinia F. Schmidt 　ホガエリガヤ属【F-6】［1］

Calamagrostis Adans.（incl. *Ammophila* Host; *Deyeuxia* Clarion ex P. Beauv.）　ノガリ
　　ヤス属【F-12e（多系統群）】［200+］：†オオハマガヤ，ノガリヤス（サイト

ウガヤ），ホッスガヤ，ヤマアワ

Capillipedium Stapf　ヒメアブラススキ属【H-13i】[18]：カショウアブラススキ

Catapodium Link　†カタボウシノケグサ属【F-12o】[4：地中海地方]

Cenchrus L.（incl. *Pennisetum* Rich.）　クリノイガ属【H-10g】[ca. 120]：＊キクユグラス，チカラシバ，†ツリエノコロ，＊トウジンビエ（パールミレット），†ナビアグラス

Centotheca Desv.　ラッパグサ属【H-3】[1(–4)：旧世界熱帯]

Chikusichloa Koidz.　ツクシガヤ属【D-3】[3：イリオモテガヤ

〔97 頁より：49）の続き〕

　　Christenhusz et al. (2017) は後者を 1 つの亜科（Panicoideae）にしているが，20 世紀前半ならばいざ知らず，既に解剖学的形質や核形態学的形質に基づいてヒゲシバ亜科やダンチク亜科が独立の亜科として認められるようになって久しい現状で，亜科の数を絞りたいだけの理由による統合が受け入れられる可能性は低い。Kellogg (2015) の体系は，Soreng et al. (2017) に比べ，単型の科内分類群を避けるために形態的な識別の容易さを犠牲にして連を統合しており，その識別性を重視して単型のものも含めて多くの連や亜連を認めている後者とは若干の違いがある。

A. Anomochlooideae　アノモクロア亜科[2 属 4 種：熱米，ごく稀]
B. Pharoideae　ファルス亜科[3 属 13 種：世界の熱帯]
C. Puelioideae　プエリア亜科[2 属 11 種：熱帯アフリカ]
[D-F: BOP 系統群（または BEP 系統群）]
D. Oryzoideae（Ehrartoideae）　イネ亜科[19 属約 115 種：世界の熱帯〜温帯]
　　D-1：Streptogyneae [1 属：世界の熱帯]，D-2：Ehrharteae　ノハライトキビ連 [1 属：アフリカ・豪州]，D-3：Oryzeae　イネ連 [11 属：世界の熱帯〜温帯]，D-4：Phyllorachideae [2 属：熱帯アフリカ・マダガスカル] の 4 連に分けられる。
E. Bambusoideae　タケ亜科[110〜130 属 1400〜1700 種：世界の熱帯〜暖温帯，一部の種は冷温帯や亜高山帯に達する] E-1: Arundinarieae　メダケ連 [約 26 属：大部分アジア温帯〜亜熱帯，少数が南アフリカ・マダガスカル・北米]，E-2：Oryleae　オリラ連 [約 21 属，熱米]，E-3: Bambusoideae　ホウライチク連 [約 63 属：世界の熱帯〜亜熱帯] の 3 連に分けられる。メダケ連はかつては花序の有限性や根茎の形質などに基づいて Shibataeinae オカメザサ亜連，Arundinariinae メダケ連，Thamnocalaminae の 3 亜連に分ける分類が行われたが，これらの亜連は単系統群をなさず，かつ少なくとも前 2 者の間には雑種起源の属が存在することによって，この分類は廃棄されている。ホウライチク連は 11 亜連（うち 8 亜連が旧大陸，3 亜連が新大陸産）に分けられ，本書掲載の属は E-3a. Melocanninae ナシタケ亜連と E-3c. Bambusinae ホウライチク亜連に属する。
F. Pooideae　イチゴツナギ亜科[180 〜 202 属 3900–4000 種：全世界の温帯〜寒帯，熱帯には少ない] 以下の 15 連または 10 連 (Kellogg 2015) に分けられる：
　　F-1：Brachyelytreae　コウヤザサ連 [1 属 3 種：東アジア・北米東部]
　　F-2 〜 F-3: Nardeae (sensu Kellogg)：F-2：Nardeae，F-3：Lygeeae [ともに 1 属 1 種：欧州] からなる。　　　　　　　　　　　　〔以下 101 頁へ〕

維管束植物分類表

Chimonobambusa Makino †カンチク属【E-1】[ca. 40 : ヒマラヤ〜中国]:
*シホウチク

Chloris Sw. †オヒゲシバ属【L-5c】[ca. 60 : 世界の熱帯〜温帯]:†アフリ
カヒゲシバ, †カセンガヤ(ヒゲシバ), †シマヒゲシバ

Chrysopogon Trin.（incl. *Vetiveria* Bory） オキナワミチシバ属【H-13x】[ca.
48]:*ベチベルソウ

Cinna L. フサガヤ属【F-12q】[4]

Cleistogenes Keng（*Kengia* J.G. Packer, nom. superfl.） チョウセンガリヤス
属【L-5e】[14]

Coelachne R. Br. ヒナザサ属【J】[12]

Coix L. ジュズダマ属【H-13d】[4]:*ハトムギ

Coleanthus Seidel コヌカシバ属【F-12p】[1 : ユーラシア・北米の冷温帯]

Cortaderia Stapf シロガネヨシ属【K】[ca. 20 : 南米]:*シロガネヨシ(パン
パスグラス)

Cymbopogon Spreng. オガルカヤ属【H-13i】[ca. 60]:*レモングラス

Cynodon Rich. ギョウギシバ属【L-5c】[12–25]:*ティフトン

Cynosurus L. †クシガヤ属【F-12m】[10 : 欧州〜南西アジア, 北アフリカ]:
†ヒゲガヤ

Cyrtococcum Stapf ヒメチゴザサ属【H-10c】[12–15]

Dactylis L. †カモガヤ属【F-12l】[3–5 : ユーラシア温帯]

Dactyloctenium Willd. †タツノツメガヤ属【L-5b】[13 : 旧世界熱帯〜亜熱帯]

Dendrocalamus Nees †マチク属【E-3c】[40–70 : 熱帯アジア]

Deschampsia P. Beauv. ヒロハノコメススキ属【F-12j】[ca. 50]:オニコメ
ススキ, ユウバリカニツリ

Dichanthelium (Hitchc. & Chase) Gould †ケヌカキビ属【H-10b】[60–120 :
アフリカ・北〜南米]:†ニコゲヌカキビ, †ホウキヌカキビ

Dichanthium Willem. †オニササガヤ属【H-13i】[ca. 22 : 旧世界熱帯]

Digitaria Haller（incl. *Leptoloma* Chase, *Trichachne* Nees） メヒシバ属【H-10a】
[270–280]:シマギョウギシバ, †ススキメヒシバ, †ニセクサキビ

Dimeria R. Br. カリマタガヤ属【H-13f】[ca. 60]

Dinebra Jacq. ハキダメガヤ属【L-5c】[ca. 20 : 世界の熱帯〜温帯]:アゼガ
ヤ, イトアゼガヤ

Diplachne P. Beauv. †ハマガヤ属【L-5c】[2–3 : 全世界]

Echinochloa P. Beauv. ヒエ属【H-10c】[30–40]:イヌビエ, ワセビエ

Ehrharta Thunb. †ノハライトキビ属【D-2】[ca. 25 : 南アフリカ・東南ア
ジア〜豪州, ニュージーランド]

Eleusine Gaertn. オヒシバ属【L-5c】[10]:*シコクビエ

Elymus L.（incl. *Elytrigia* Desv., *Hystrix* Moench, *Roegneria* K. Koch） エゾムギ属
【F-15】[ca. 150(–240)]:アイヌムギ, アズマガヤ, イワタケソウ, カモジ
グサ, シバムギ, ハマムギ

Enteropogon Nees †ヒトモトメヒシバ属【L-5c】[17 : 世界の熱帯]

Eragrostis Wolf スズメガヤ属【L-3b】[ca. 440]:カゼクサ, †コバンソウモ
ドキ, *テフ, ニワホコリ

100

維管束植物分類表

Eremochloa Büse　チャボウシノシッペイ属【H-13e】［12］：チャボウシノシッペイ（ムカデシバ）

Eriachne R. Br.　イゼナガヤ属【J】［ca. 50］

Erianthus Michx.　†ムラサキオバナ属【H-13h】［8］：†ヨシススキ

Eriochloa Kunth　ナルコビエ属【H-10e】［24］：†ムラサキノキビ

Eulalia Kunth　ウンヌケ属【H-13h】［ca. 35］

Eulaliopsis Honda　ワタガヤ属【H-13x】［2：熱帯アジア］

Festuca L.（incl. *Leiopoa* Ohwi, *Vulpia* C.C. Gmel.）　ウシノケグサ属【F-12k】［ca. 600（側系統群）］：タカネソモソモ，トボシガラ，†ナギナタガヤ

〔99 頁より；49）の続き〕

　　　F-4：Duthieeae［8–9 属 13 種：ヒマラヤ〜中国・豪州・メキシコ］
　　　Kellogg（2015）は F-5 に含めるが正しくない。

　　　F-5：Phaenospermateae　タキキビ連［1 属 1 種：インド北東部〜東アジア］

　　　F-6 〜 F-7：Meliceae（sensu Kellogg）：F-6：Brylkinieae ホガエリガヤ連［1 属 1 種：北東アジア］，F-7：Meliceae コメガヤ連［7 属 160 種余：世界の温帯，一部は亜熱帯〜熱帯高地］からなる。

　　　F-8：Ampelodesmeae［1 属 1 種：地中海地方］

　　　F-9：Stipeae　ハネガヤ連［約 28 属約 530 種：世界の温帯，主に乾燥地帯］

　　　F-10：Diarrheneae　タツノヒゲ連［(1–)2 属 5 種：東アジア・北米東部］

　　　F-11：Brachypodieae　ヤマカモジグサ連［1 属約 16 種：ユーラシア・中南米］

　　　F-12：Poeae　イチゴツナギ連［100-130 属 2500–2700 種：全世界］。15 亜連（Kellogg 2015）あるいは 26 亜連（Soreng et al. 2017）からなるが，いくつかの属は系統的位置が未定である。本書掲載の属は以下の亜連に属する：F-12a. Torreyochloineae　ハイドジョウツナギ亜連［2 属］，F-12b. Aveninae　カラスムギ亜連［7–19 属］，F-12c. Phalaridinae　クサヨシ亜連［1 属］，F-12d. Anthoxanthinae　ハルガヤ亜連［1 属］，F-12e. Agrostidinae (s. l.)　ヌカボ亜連（広義）［約 20 属：Soreng et al. (2017) は 4 亜連に分ける］，F-12f. Scolochloinae　ミズガヤ亜連［2 属］，F-12h. Airinae　ヌカススキ亜連［7 属］，F-12i. Holcinae　シラゲガヤ亜連［2 属］，F-12j. Aristaveninae　ヒロハノコメススキ亜連［1 属］，F-12k. Loliinae　ウシノケグサ亜連［約 9 属］，F-12l. Dactylidinae　カモガヤ亜連［2 属］，F-12m. Cynosurineae　クシガヤ亜連［1 属］，F-12o. Parapholiinae　スズメノナギナタ亜連［8 属］，F-12p. Coleanthinae　タチドジョウツナギ亜連［約 10 属］，F-12q. Poinae (s. l.)　ナガハグサ亜連（広義）［約 26 属：Soreng et al. (2017) は 7 亜連に分けるが，所属未定の属も多い］。ノガリヤス属（ヌカボ亜連）の範囲付けは Kellogg (2015) と Soreng et al. (2017) とでかなり違うが，本書では Soreng et al. (2017) に従い広義の属を採用した。

　　　F-13：Littledaleeae［1 属 4 種：中央アジア〜チベット高原］F-14 と F-15 からなる系統群の姉妹群と推測される。

　　　F-14：Bromeae　スズメノチャヒキ連［1(–8) 属 160 種余：世界の温帯］

　　　F-15：Triticeae　コムギ連［15–30 属約 380 種：世界の温帯〜寒帯。交雑を繰り返して分化しているため属の範囲付けには諸説があり，本書では Soreng et al. (2017) に従って 27 属を認めるが，認められた属の多くは多系統的である］　　　　　　　　　　〔以下 103 頁へ〕

維管束植物分類表

Garnotia Brongn.　アオシバ属【H-12】[ca. 30]:アオシバ(ナンヨウカモジグサ)

Gigantochloa Kurz ex Munro　ダイマチク属【E-3c】[ca. 60:熱帯アジア]

Glyceria R. Br.　ドジョウツナギ属【F-7】[ca. 50]:ウキガヤ, ムツオレグサ(ミノゴメ)

Hackelochloa Kuntze　ヤエガヤ属【H-13e】[2]

Hainardia Greuter　†ハリノホ属【F-12o】[1:地中海地方]

Hakonechloa Makino ex Honda　ウラハグサ属【J-2】[1]:ウラハグサ(フウチソウ)

Helictotrichon Besser ex Roem. & Schult.　ミサヤマチャヒキ属【F-12b】[ca. 40]

Hemarthria R. Br.　ウシノシッペイ属【H-13e】[14]

Heteropogon Pers.　アカヒゲガヤ属【H-13i】[6]

Hibanobambusa Muroi & H. Okamura(雑種属とする場合は ×*Phyllosasa* Demoly)　インヨウチク属【E-1】[2]

Holcus L.　†シラゲガヤ属【F-12i】[8–9:欧州～西アジア・北アフリカ]

Hordeum L.　†オオムギ属【F-15】[ca. 40:ユーラシア・アフリカ・北～南米]:†ホソノゲムギ, †ムギクサ

Hygroryza Nees　ヒルムシロシバ属【D-3】[1:中国南部～東南アジア]

Hymenachne P. Beauv.　ミズエノコロ属【H-11b】[12–13:世界の熱帯]

Hyparrhenia Andersson ex E. Fourn.　†ヒッパリガヤ属【H-13i】[58:アフリカ]

Ichnanthus P. Beauv.　タイワンササキビ属【H-11a】[22(–36)]

Imperata Cirillo　チガヤ属【H-13h】[13]

Indocalamus Nakai　†オオバヤダケ属【E-1】[ca. 30(多系統群):中国中南部]

Isachne R. Br.　チゴザサ属【J】[100+]

Ischaemum L.　カモノハシ属【H-13f】[ca. 90]:タイワンアイアシ

Koeleria Pers.　ミノボロ属【F-12b】[ca. 70(多系統群)]

Lagurus L.　†ウサギノオ属【F-12b】[1:地中海地方]

Lamarckia Moench　†ノレンガヤ属【F-12l】[1:地中海地方～南西アジア]

Leersia Sw.　サヤヌカグサ属【D-3】[18]:アシカキ

Leptaspis R. Br.　【B】[3:旧世界熱帯, 北は台湾まで分布]

Leptatherum Nees (incl. *Polliniopsis* Hayata)　ミヤマササガヤ属【H-13h】[3]:ササガヤ, メンテンササガヤ

Lepturus R. Br.　ハイシバ属【L-5c】[16]

Leucopoa Griseb.　コウボウモドキ属【F-12k】[ca. 37:ユーラシア・北米温帯]

Leymus Hochst.　テンキグサ属【F-15】[ca. 54]:テンキグサ(ハマニンニク)

Lolium L. (incl. *Schedonorus* P. Beauv.)　†ホソムギ属【F-12k】[ca. 26:ユーラシア温帯]:†オウシュウトボシガラ, †オニウシノケグサ, †ドクムギ, †ヒロハノウシノケグサ, †ボウムギ

Lophatherum Brongn.　ササクサ属【H-5】[2]

Melica L.　コメガヤ属【F-7】[ca. 90]:ミチシバ(ハナビガヤ)

Melinis P. Beauv. (incl. *Rhynchelytrum* Nees)　†トウミツソウ属【H-10e】[22:アフリカ中南部]:†ルビーガヤ(ホクチガヤ)

Melocanna Trin.　ナシタケ属【E-3a】［3：インド～東南アジア］

Microstegium Nees　アシボソ属【H-13x】[ca. 28]：オオササガヤ, ハマササガヤ

Milium L.　イブキヌカボ属【F-12q】［5］

Miscanthus Andersson（incl. *Triarrhena* (Maxim.) Nakai）　ススキ属【H-13h】[ca. 20：ヒマラヤ～東アジア・マレーシア]：オギ, カリヤス

Mnesithea Kunth　ヒメウシノシッペイ属【H-13e】［3：熱帯～亜熱帯アジア］

Molinia Schrank（incl. *Moliniopsis* Hayata）　ヌマガヤ属【J-2】［2：ユーラシア］

Moorochloa (Sm.) Veldkamp　†ヒメスズメノヒエ属【H-10e】［3：アフリカ～熱帯アジア］

Muhlenbergia Schreb.　ネズミガヤ属【L-5l】［ca. 180］

〔101 頁より：49)の続き〕

［以下：PACMAD 系統群］

G. Aristidoideae　マツバシバ亜科［3 属 360–370 種：世界の亜熱帯］

H. Panicoideae　キビ亜科［210 ～ 247 属 3200–3300 種：全世界，とくに熱帯に多い］　以下の 13 連または 8 連（Kellogg 2015）に分けられる。H-1 ～ H-5 はかつて Centothecoideae　ササクサ亜科としてまとめられていたが, 側系統群と判明した。H-7 以降の連（および若干の所属未定の属）は単系統群をなす。

　H-1 ～ H-3：Centotheceae (sensu Kellogg)　ラッパグサ連（広義)[5 属 8 種：旧世界熱帯・豪州・太平洋諸島］H-1：Thysanolaeneae　ヤダケガヤ連［1 属］, H-2：Cyperochloeae [2 属：豪州西部], H-3：Centotheceae (s.str.) ラッパグサ連（狭義)[2 属］からなる。

　H-4 ～ H-5：Chasmantieae (sensu Kellogg)ササクサ連（広義)[5 属約 25 種：世界の熱帯・暖温帯］H-4：Chasmantieae (s. str.) ヘンペイソウ連［1 属］と H-5：Zeugiteae　ササクサ連（狭義)[4 属］からなる。

　H-6：Steyermarkochloeae [2 属 2 種：南米北部］

　H-7：Tristachyideae　［8 属約 90 種：アフリカ・マダガスカル・南西～南アジア・中南米］

　H-8：Gynerieae　［1 属 1 種：中南米・西インド諸島］

　H-9：Lecomtelleae [1 属 1 種：マダガスカル］

　H-10：Paniceae　キビ連［70–80 属 1200–1300 種：世界の熱帯～温帯］以下の 7 亜連が認められているが, 一部の属は所属未定である：H-10a. Antephorinae　メヒシバ亜連［8 属］, H-10b. Dichanthellinae ケネシバ亜連［2 属］, H-10c. Boivinellinae　チヂミザサ亜連［18 属］, H-10d. Neulachninae　［6 属：主に豪州］, H-10e. Melinidinae ニクキビ亜連［13 属］, H-10f. Panicinae　キビ亜連［3 属］, H-10g. Cenchrinae　チカラシバ亜連［24 属］。

　H-11：Paspaleae　スズメノヒエ連［39 属 650–680 種：世界の熱帯～暖温帯, 大部分熱米］　形態的には H-10 に近いが, H-12 と H-13 の姉妹群である。H-11a. Paspalinae　スズメノヒエ亜連［17 属］, H-11b. Otachyriinae　ミズエノコロ亜連［約 5 属］, H-11c. Arthropogoninae ［16 属：北～南米］の 3 亜連に分けられる。

　H-12：Arundinelleae (incl. Garnotieae)　トダシバ連［3 属］H-13 の姉妹群で, Kellogg (2015)はその 1 亜連とする。　　　　　〔以下 105 頁へ〕

Narenga Burkill　ムラサキワセオバナ属【H-13h】［2：南アジア～東アジア亜熱帯・東南アジア～西マレーシア］

Nassella (Trin.) Desv.　†イトハネガヤ属【F-9】［15：北～南米］

Neomolinia Honda　タツノヒゲ属【F-10】［3］：ヒロハヌマガヤ

Neyraudia Hook.f.　ヨシガヤ属【L-2】［5：旧世界熱帯］

Oloptum Röser & Hamasha　†アレチイネガヤ属【F-9】［2：北半球温帯］

Oplismenus P. Beauv.　チヂミザサ属【H-10c】［11］

Oryza L.　イネ属【D-3】［ca. 20：世界の熱帯］

Ottochloa Dandy　【H-10c】［3：旧世界熱帯］

Panicum L.　キビ属【H-10f】［ca. 150（多系統群）]：ヌカキビ, ハイキビ

Parapholis C.E. Hubb.　†スズメノナギナタ属【F-12o】［6：欧州～南西アジア］

Paspalum L.　スズメノヒエ属【H-11a】［310～370］：スズメノコビエ

Patis Ohwi　ヒロハノハネガヤ属【F-9】［3：東アジア温帯～亜熱帯］：イネガヤ

Perotis Aiton　コサガヤ属【L-5s】［ca. 15：旧世界熱帯］

Phacelurus Griseb.　アイアシ属【H-13e】［7］

Phaenosperma Munro ex Benth.　タキキビ属【F-5】［1］：タキキビ（カシマガヤ）

Phalaris L.　クサヨシ属【F-12c】［ca. 20］

Phleum L.　アワガエリ属【F-12q】［16］

Phragmites Adans.　ヨシ属【J-2】［4］

Phyllostachys Siebold & Zucc.　†マダケ属【E-1】［50–60：中国中南部・東南アジア・台湾］:*クロチク, †ハチク, †モウソウチク

Pleioblastus Nakai（incl. *Nipponocalamus* Nakai）　メダケ属【E-1】［25–40（多系統群）]：†カンザンチク, シブヤザサ, ネザサ, リュウキュウチク

Poa L.　ナガハグサ属【F-12q】［ca. 550（側系統群）]：アイヌソモソモ, イチゴツナギ, スズメノカタビラ

Pogonatherum P. Beauv.　イタチガヤ属【H-13g】［3］

Polypogon Desf.　ヒエガエリ属【F-12e】［ca. 20(14–26)］

Psammochloa Hitchc.　ウスユキススキ属【F-9】［1：北東アジア大陸］

Pseudoraphis Griff.　ウキシバ属【H-10g】［ca. 10］

Pseudosasa Makino ex Nakai　ヤダケ属【E-1】［ca. 20（多系統群）]：ヤクシマダケ

Ptilagrostis Griseb.　ヒゲナガコメススキ属【F-9】［9］

Puccinellia Parl.　タチドジョウツナギ属【F-12p】［ca. 110］：チシマドジョウツナギ

Rostraria Trin.　†ミノボロモドキ属【F-12b】［ca. 7：地中海地方～西アジア］

Rottboellia L.f.　†ツノアイアシ属【H-13e】［ca. 33：全世界熱帯］

Saccharum L.　サトウキビ属【H-13h】［ca. 30］：ワセオバナ

Sacciolepis Nash　ヌメリグサ属【H-10x】［ca. 26］：ハイヌメリ, ハラヌメリ

Sasa Makino & Shibata（incl. *Neosasamorpha* Tatew., *Sasamorpha* Nakai）　ササ属【E-1】［ca. 40（おそらく側系統群）]：スズダケ

Sasaella Makino　アズマザサ属【E-1】［ca. 10］：クリオザサ（ゲンケイチク）, トウゲダケ, ハコネシノ, ヒメスズダケ

Schizachne Hack.　フォーリーガヤ属【F-7】［1(–2)］

―――――――――――――――――――――――――――― 維管束植物分類表

Schizachyrium Nees　ウシクサ属【H-13i】［ca. 64］

Schizostachyum Nees　ヒイランチク属【E-3a】［ca. 60：熱帯アジア～マレーシア］

Scolochloa Link　ミズガヤ属【F-12f】［1–2：ユーラシア冷温帯］

Secale L.　†ライムギ属【F-15】［8：地中海地方～西アジア］

〔103 頁より；49）の続き〕

　　　H-13：Andropogoneae　ヒメアブラススキ連［90–100(–115) 属 1250–1300 種］　以下の 9 亜連に分けられるが，所属未定の属もかなりある：H-13a. Arthraxoninae　コブナグサ亜連［1 属］，H-13b. Tripsacinae　トウモロコシ亜連［7 属］，H-13c. Chionachninae［5 属：熱帯アジア～豪州］，H-13d. Coicinae　ジュズダマ亜連［1 属］，H-13e. Rottboelliinae　ツノアイアシ亜連［16 属］，H-13f. Ischaeminae　カモノハシ亜連［約 7 属］，H-13g. Germainiinae　イタチガヤ亜連［4 属］，H-13h. Saccharinae　サトウキビ亜連［15–30 属：属の分類には諸説あるが，本書では 26 属を認める。Kellogg (2015) は多くの属をススキに統合し，全部で 16 属しか認めていない］，H-13i. Andropogoninae　ヒメアブラススキ亜連［25(–30) 属］。

　I. Arundinoideae　ダンチク亜科［11 属約 36 種：全世界］　I-1：Arundineae　ダンチク連［3–4 属］，I-2：Molinieae　ヌマガヤ連［3(–4) 属］，I-3：Crinipedeae　［5 属］の 3 連に分類される。

　J. Micrairoideae　チゴザサ亜科［10 属約 190 種：世界の熱帯～暖温帯］

　K. Danthonioideae　シロガネヨシ亜科［17–19 属 280–292 種：大部分南半球亜熱帯～温帯，2 属のみが北半球の乾燥地帯に分布］

　L. Chloridoideae　ヒゲシバ亜科［120–130 属 1600–1700 種：世界の熱帯～温帯］　以下の 5 連に分類される：

　L-1：Centropodieae　［2 属 5 種：アフリカ，南西アジア～インド北部］

　L-2：Triraphideae　ヨシガヤ連［3 属 13 種：アフリカ・アジア・マレーシア・豪州・南米の熱帯］

　L-3：Eragrostideae　スズメガヤ連［17 属約 510 種：世界の熱帯～温帯］さらに 3 亜連に分けられ，本書掲載の属は L-3b. Eragrostidinae　スズメガヤ亜連［5 属］に属する。

　L-4：Zoysieae　シバ連［4(–9) 属約 230 種：世界の熱帯～温帯］　L-4a. Sporoborinae　ネズミノオ亜連［2(–7) 属］と L-4b. Zoysiinae　シバ亜連［2 属］に分けられる。本書では Peterson et al. (2014) に従ってネズミノオ属を広義に扱い，トキンガヤやヒガタアシを含める。

　L-5：Cynodonteae　ギョウギシバ連［80–90 属約 900 種：世界の熱帯～温帯］　21 亜連が認められている（Peterson et al. 2016）が，所属未定の属も若干ある。本書掲載の属は以下の 9 亜連に属する：L-5a. Aeluropodinae　シオギリソウ亜連［2 属］，L-5b. Dactylocteniinae　タツノツメガヤ亜連［4 属］，L-5e. Eleusininae　オヒシバ亜連［27(–30) 属］，L-5e. Orininae　チョウセンガリヤス亜連［2 属］，L-5h. Tripogoninae　トリコグサ亜連［7 属］，L-5i. Boutelouinae　アゼガヤモドキ亜連［1 属］，L-5l. Muhlenbergiinae　ネズミガヤ亜連［1 属］，L-5n. Traginae　イガボシバ亜連［4 属］，L-5s：Perotidinae　コササガヤ亜連［3 属］。

105

Semiarundinaria Makino ex Nakai　ナリヒラダケ属【E-1】[ca. 8]：ヤシャダケ，リクチュウダケ

Setaria P. Beauv.（incl. *Paspalidium* Stapf）　エノコログサ属【H-10g】[ca. 120(100–150)]：アワ，イヌアワ，キンエノコロ，コゴメビエ，ササキビ，†スズメノヒエツナギ

Shibataea Makino ex Nakai　†オカメザサ属【E-1】[7：中国]

Sinobambusa Makino ex Nakai　†トウチク属【E-1】[13：中国・ベトナム]

Sorghum Moench　モロコシ属【H-13h】[18]：モロコシガヤ

Sphaerocaryum Nees ex Hook.f.　オオウシクサ属【J】[1：南～東南アジア]

Sphenopholis Scribn.　†クサビガヤ属【F-12b】[8：北米～メキシコ]

Spinifex L.　ツキイゲ属【H-10g】[4–5]

Spodiopogon Trin.（incl. *Eccoilopus* Steud.）　オオアブラススキ属【H-13i】[18]：アブラススキ

Sporobolus R. Br.（incl. *Crypsis* Aiton, *Spartina* Schreb.）　ネズミノオ属【L-4a】[ca. 230]：ソナレシバ，*トキンガヤ，†ヒガタアシ，ヒゲシバ，†ホガクレシバ

Stenotaphrum Trin.　イヌシバ属【H-10g】[7]：ツノキビ（シマキビモドキ）

Stipa L.　†ホンハネガヤ属（新称）【F-9】[ca. 110：ユーラシア・北アフリカ]：*ノゲナガハネガヤ，†ヤマアラシガヤ

Themeda Forssk.　メガルカヤ属【H-13i】[ca. 30]

Thuarea Pers.　クロイワザサ属【H-10e】[2]

Thyrsostachys Gamble　シャムダケ属【E-3c】[2：東南アジア]

Thysanolaena Nees　ヤダケガヤ属【H-1】[1：旧世界熱帯]

Torreyochloa G.L.Church　ハイドジョウツナギ属【F-12a】[5]：ホソバドジョウツナギ

Tragus Haller　†イガボシバ（イガホシバ）属【L-5n】[8：ユーラシア温帯]：†シラミシバ

Tripogon Roem. & Schult.　トリコグサ（ネズミシバ属）【L-5h】[ca. 45]：フクロダガヤ

Tripsacum L.　ガマグラス属【H-13b】[16：北～南米]

Trisetum Pers.　カニツリグサ属【F-12b】[ca. 70(多系統群)]：リシリカニツリ

Triticum L.　コムギ属【F-15】[18：西～中央アジア]

Urochloa P. Beauv.　ニクキビモドキ属【H-10e】[ca. 100]：†アメリカノキビ，†ニクキビ，ビロードキビ，†パラグラス，†ヒメキビ

Vahlodea Fr.　タカネコメススキ属【F-12i】[1(–2)]：タカネコメススキ（ユキワリガヤ）

Ventenata Koeler　†ヒトツノコシカニツリ属【F-12q】[3：地中海地方～南西アジア]

Yushania Keng f.　ニイタカヤダケ属【E-1】[ca. 80：ヒマラヤ～中国南部・台湾・フィリピン]

Zea L.　トウモロコシ属【H-13b】[7：中米]：*ブタモロコシ（テオシント）

Zizania L.　マコモ属【D-3】[4–5]

Zoysia Willd.　シバ属【L-4b】[11]

———————————————————— 維管束植物分類表

2. 3. 20：Ceratophyllales　マツモ目（真正双子葉類の姉妹群の可能性大）

2. 3. 20. 1：**Ceratophyllaceae　マツモ科**〔104〕〔1属6種：世界の熱帯～亜寒帯〕
　　Ceratophyllum L.　マツモ属［6］：ヨツバリキンギョモ（ゴハリマツモ）

（**目 21 ～ 64**：真正双子葉植物　EUDICOTS）

2. 3. 21：Ranunculales　キンポウゲ目

2. 3. 21. 1：**Eupteleaceae　フサザクラ科**〔105〕〔1属2種：ヒマラヤ～東アジア〕
　　Euptelea Siebold & Zucc.　フサザクラ属［2］

2. 3. 21. 2：**Papaveraceae　ケシ科** 50)〔106〕［44属800–900種：全世界］
　　Adlumia Raf. ex DC.　モモチドリ属【D】［2：北東アジア・北米東部］：*ツ
　　　　ルコマクサ
　　Argemone L.　†アザミゲシ属【A-1】［29：北米～南米・ハワイ］
　　Chelidonium L.　クサノオウ属【A-2】［1］
　　Coreanomecon Nakai　イヌヤマブキソウ属【A-2】［1：朝鮮半島］
　　Corydalis DC.　キケマン属【D】［ca. 470］：エゾオオケマン, ツルケマン, ム
　　　　ラサキケマン, ヤマエンゴサク
　　Dicentra Bernh.　コマクサ属【D】［ca. 8：北東アジア・北米］
　　Eomecon Hance　シラユキゲシ属【A-2】［1：中国中部～東部］
　　Eschscholzia Cham.　ハナビシソウ属【A-3】［ca. 12：北米南西部～メキシコ］
　　Fumaria L.　†カラクサケマン属【D】［ca. 50：地中海地方～南西アジア・
　　　　東アフリカ・ヒマラヤ］：*セイヨウエンゴサク

---

　50)ケシ科は2または4亜科に分けられ, 本書では後者を採用する。前者の
　　場合はA以外がケマンソウ亜科に統合される。ケシ亜科はさらに4連
　　に分類される。ケマンソウ亜科でも3連ほどを認める体系が提案されて
　　いるが, 一部の連の単系統性が支持されないので本書では分けずに扱う。
　　A. Papaveroideae　ケシ亜科［23属約170–230種：主に北半球温
　　　　帯, 少数がハワイ・中南米・大西洋諸島と南アフリカ］　A-1：
　　　　Papavereae　ケシ連［8属90–130種：亜科の分布域全域］, A-2：
　　　　Chelidonieae　クサノオウ連［10属約50種：ユーラシア・北米～南
　　　　米］, A-3：Eschscholtzieae　ハナビシソウ連［3属16種：北米西部］,
　　　　Platystemoneae［3属5種：北米西部］　ケシ連のメコノプシス属の
　　　　基準種であった西欧産 *Meconopsis camblica* Vig. はケシ属に移され,
　　　　残りのヒマラヤ産の種に対してメコノプシスの名が使い続けられる
　　　　ようにするために基準種として *M. regia* G. Taylor が保存された。
　　B. Pteridophylloideae　オサバグサ亜科［1属1種］
　　C. Hypecooideae　ケシモドキ亜科［1属約20種］
　　D. Fumarioideae　ケマンソウ亜科［20属約600種：北半球温帯～寒帯お
　　　　よび亜熱帯の高山・南アフリカ］　かつてのコマクサ属は亜科の分化
　　　　初期に分岐した複数の群からなることがわかって解体され, そこか
　　　　ら分離されたケマンソウ属がその中でも最初に分岐したことが推測
　　　　されている。

Glaucium Mill.　ツノゲシ属【A-2】［ca. 23：欧州・南西〜中央アジア］

Hunnemannia Sweet　カラクサゲシ属【A-3】［2：メキシコ東部］

Hylomecon Maxim.　ヤマブキソウ属【A-2】［1–2］

Hypecoum L.　ケシモドキ属【C】［ca. 20：ユーラシア］

Lamprocapnos Endl.　ケマンソウ属【D】［1：北東アジア］

Macleaya R. Br.　タケニグサ属【A-2】［2］：タケニグサ（チャンパギク）

Meconopsis Vig.　メコノプシス属【A-1】［ca. 55：ヒマラヤ〜中国西南部］

Papaver L.　ケシ属【A-1】［80(–100)：北半球温帯〜寒帯・1種がカーボベルデ諸島・1種が南アフリカ］

Pteridophyllum Siebold & Zucc.　オサバグサ属【B】［1］

Sanguinaria L.　【A-2】［1：北米東部］

2. 3. 21. 3：Circaeasteraceae キルカエアステル科〔107〕［2属2種：ヒマラヤ〜中国西部］

　　Circaeaster Maxim.　［1：ヒマラヤ〜中国西部］

　　Kingdonia Balfour f. & W.W. Sm.　［1：中国西部］

2. 3. 21. 4：**Lardizabalaceae アケビ科**[51]〔108〕［7属約40種：ヒマラヤ〜東アジア・東南アジア・チリ］

　　Akebia Decne.　アケビ属［5］

　　Stauntonia DC.　ムベ属［25］：ムベ（トキワアケビ）

2. 3. 21. 5：**Menispermaceae　ツヅラフジ科**[52]〔109〕［約70属440種：世界の熱帯〜暖温帯，一部冷温帯に広がる］

　　Cocculus DC.　アオツヅラフジ属【B-5】［8–9］：イソヤマアオキ（コウシュウウヤク）

　　Cyclea Arn. ex Wight　ミヤコジマツヅラフジ属【B-7】［ca. 30］

　　Menispermum L.　コウモリカズラ属【B-1】

　　Pericampylus Miers　ホウライツヅラフジ属【B-2】［2–6］

　　Sinomenium Diels　ツヅラフジ属【B-1】［1］

　　Stephania Lour.　ハスノハカズラ属【B-7】［30(–60)］

　　Tinospora Miers　ヤマイモツヅラフジ属【A】［1：インド北東部〜東南アジア・マレーシア］：*キンクオラン

2. 3. 21. 6：**Berberidaceae　メギ科**[53]〔110〕［約14属約700種：世界の温帯〜亜熱帯，熱帯高山］

　　Achlys DC.　ナンブソウ属【A】［2(–3)］

　　Berberis L.（incl. *Alloberberis* C.C. Yu & K.F. Chung, *Mahonia* Nutt., *Moranothamnus* C.C. Yu & K.F. Chung）　メギ属【C】［500+］：ヘビノボラズ，[†]ヒイラギナンテン

　　Caulophyllum Michx.　ルイヨウボタン属【B】［3］

　　Diphylleia Michx.　サンカヨウ属【A】［3］

　　Dysosma Woodson　ミヤオソウ属【A】［7(–10)：中国中南部・ベトナム・台湾］：*ミヤオソウ（ハッカクレン）

　　Epimedium L.　イカリソウ属【A】［ca. 50：地中海地方東部・ヒマラヤ〜東アジア］

Gymnospermium Spach　イヌエンゴサク属【B】［6–8：ユーラシア大陸］

Jeffersonia W.B.C. Barton（incl. *Plagiorhegma* Maxim.）　タツタソウ属【A】［2：北東アジア・北米東部］

Nandina Thunb.　†ナンテン属【B】［1：中国］

Podophyllum L.　アメリカミヤオソウ属【A】［1：北米東部］

Ranzania T. Itô　トガクシソウ属【C】［1］：トガクシソウ（トガクシショウマ）

---

51) アケビ科は Sargentodoxoideae　サルゼントカズラ亜科（中国産の *Sargentodoxa cuneata* (Oliv.) Rehder & E.H. Wilson 1 種 か ら な る ）と Lardizabaloideae　アケビ亜科（残り全ての属を含む）に分けられ，前者はしばしば独立科とされる。

52) ツヅラフジ科は 2 亜科に分けられ，各亜科はさらに複数の連に分類される。
　　A. Chasmantheroideae　ヤマイモツヅラフジ亜科［28 属約 145 種：世界の熱帯］
　　　A-1：Coscinieae　［3 属 6 種：南アジア〜東南アジア・マレーシア］
　　　A-2：Burasaieae　ヤマイモツヅラフジ連［24 属約 140 種］
　　B. Menispermoideae　ツヅラフジ亜科［44 属約 300 種：科の分布域全域］
　　　B-1：Menispermeae　ツヅラフジ連［2 属 3 種：アジアと北米の暖温帯〜冷温帯］
　　　B-2：Anomospermeae　ホウライツヅラフジ連［13 属約 80 種］
　　　B-3：Limacieae　［1 属 3 種：東南アジア］
　　　B-4：Tiliacoreae　［16 属 110 種］
　　　B-5：Pachygoneae　アオツヅラフジ連［4 属約 45 種］
　　　B-6：Spirospermeae　［4 属 10 種：アフリカ・マダガスカル］
　　　B-7：Cissampelideae　ハスノハカズラ連［5 属約 130 種］

53) メギ科は以下の 3 亜科に分けられ，いずれの亜科もユーラシアとアメリカにまたがって分布する。
　　A. Podophylloideae　ミヤオソウ亜科［9 属 75 種］。ミヤオソウ（ハッカクレン）は，従来独立の *Dysosma* とする立場と広義の *Podophyllum* L. に含める意見が対立していた。近年まで後者の立場が欧米で支持されていたが，この系統群の中にサンカヨウ属が含まれることが判明したため，サンカヨウ属を独立属とする立場では属を狭義に扱うのが正しい。
　　B. Nandinoideae　ナンテン亜科［4 属 15 種］
　　C. Berberidoideae　メ ギ 亜 科［2(–4) 属 600 種］。近 年 は *Mahonia* を *Berberis* に統合する扱いがしだいに主流となりつつある。Yu & Chung (2017) は *Mahonia* を独立属とする立場で広義の *Berberis* を分割し，新属 *Alloberberis* と *Moranothamnus*（共に北米産）を含む 4 属を認めているが，これらの属の区別点が必ずしも明瞭とはいえないこと，*Mahonia* と *Berberis* が交雑可能であることを考慮すると，広義の *Berberis* としてまとめるのが望ましいと考える。

維管束植物分類表

2. 3. 21. 7 : **Ranunculaceae　キンポウゲ科**[54)]〔111〕［約50属約2300種：全世界］

Aconitum L.　トリカブト属【D-6】［ca. 300］：ハクバブシ, ハナカザラ, レイジンソウ

Actaea L.（incl. *Cimicifuga* Wernisch.）　ルイヨウショウマ属【D-1】［ca. 28］：イヌショウマ, オオバショウマ, キケンショウマ, サラシナショウマ, ショウマ

Adonis L.　フクジュソウ属【D-7】［ca. 27］

Anemone L.（incl. *Anemonastrum* Holub, *Anemonoides* Mill.）　イチリンソウ属【D-9】［ca. 75］：アズマイチゲ, キクザキイチゲ, ヒメイチゲ

Anemonidium (Spach) Holub（incl. *Arsenjevia* Starod., *Tamuria* Starod.）　フタマタイチゲ属【D-9】［ca. 14（側系統群の可能性あり）］：ハクサンイチゲ, ユキワリイチゲ

Anemonopsis Siebold & Zucc.　レンゲショウマ属【D-1】［1］

Aquilegia L.　オダマキ属【E】［70–80］

Calathodes Hook.f. & Thomson　シラウメソウ属【D-7】［3：ヒマラヤ～中国西南部・台湾］

Callianthemum C.A. Mey.　ウメザキサバノオ属【D-8】［ca. 15］：キタダケソウ, キリギシソウ, ヒダカソウ

Caltha L.　リュウキンカ属【D-4】［ca. 12］：エンコウソウ

Clematis L.（incl. *Atragene* L., *Naravelia* DC.）【D-9】［ca. 300］　センニンソウ属：エゾワクノテ, クサボタン, ハンショウヅル, ボタンヅル

Coptis Salisb.　オウレン属【C】［ca. 17］

Delphinium L.（incl. *Consolida* (DC.) Gray）　†ヒエンソウ属【D-6】［ca. 360：ユーラシア・アフリカ・北米］：†セリバヒエンソウ, *ヒエンソウ

Dichocarpum W.T. Wang & P.K. Hsiao　シロカネソウ属【E】［ca. 20］：サバノオ

Enemion Raf.　チチブシロカネソウ属【E】［2］

Eranthis Salisb.（incl. *Shibateranthis* Nakai）　セツブンソウ属【D-1】［8］

Eriocapitella Nakai　†シュウメイギク属【D-9】［ca. 6：ヒマラヤ～中国・台湾・フィリピン］：†シュウメイギク（キブネギク）

Ficaria Schaeff.　†キクザキリュウキンカ属【D-10】［5：欧州～中央アジア・北アフリカ］：†ヒメリュウキンカ

Glaucidium Siebold & Zucc.　シラネアオイ属【A】［1］

Halerpestes Greene　ヒメキンポウゲ属【D-10】［ca. 10］：ヒメキンポウゲ（ツルヒキノカサ）

Helleborus L.　クリスマスローズ属【D-2】［ca. 21：欧州～中央アジア・中国西部］

Hepatica Mill.　スハマソウ属【D-9】［7］：ミスミソウ

Hydrastis L.　ヒドラスチス属【B】［1：北米東部］

Isopyrum L.　マンシュウシロカネソウ属【E】［4：ユーラシア］

Leptopyrum Rchb.　ヒメウズサバノオ属【E】［1：シベリア～北東アジア］

Nigella L.　クロタネソウ属【D-5】［ca. 20：欧州～中央アジア・北アフリカ］

Pulsatilla Mill.　オキナグサ属【D-9】［ca. 40］：*カタオカソウ, ツクモグサ

Ranunculus L.（incl. *Batrachium* (DC.) Gray）　キンポウゲ属【D-10】［ca. 550］：

維管束植物分類表

ウマノアシガタ, オトコゼリ, キツネノボタン, タガラシ, バイカモ(ウメバチモ), ヒキノカサ

Semiaquilegia Makino　ヒメウズ属【E】[1]

Thalictrum L.（incl. *Anemonella* Spach）　カラマツソウ属【E】[ca. 200]:アキカラマツ, *バイカカラマツソウ

Trautvetteria Fisch. & C.A. Mey.　モミジカラマツ属【D-10】[1(–2)]

Trollius L.（incl. *Megaleranthus* Ohwi）　キンバイソウ属【D-7】[ca. 35]:シナノキンバイソウ(シナノキンバイ), *モデミソウ

Xanthorhiza Marshall　ヒイラギナンテンモドキ属【C】[1:北米東部]

2. 3. 22：Proteales　ヤマモガシ目

2. 3. 22. 1：**Sabiaceae　アワブキ科**〔112〕[3 属 70–100 種：アジア熱帯～温帯・マレーシア・熱米]

Meliosma Blume　アワブキ属[(25–)40–70]:ミヤマハハソ

Sabia Colebr.　アオカズラ属[ca. 20]

---

54) キンポウゲ科は 5 亜科に分類されるが, カラマツソウ亜科をキンポウゲ亜科の 1 連として扱い, 全体を 4 亜科とする意見もある。キンポウゲ亜科の分類についてはまだ確定していない部分があるが, 本書では 10 連を認める。最初期に分岐したヒドラスチス亜科とシラネアオイ亜科は栄養器官の形質で酷似しているため, 両者をまとめて独立のシラネアオイ科とする考えもあるが, 両者が単一の系統群をなすかどうかは十分な確率では支持されず, 単型の科を避ける APG 分類体系のコンセプトに照らして, キンポウゲ科の中で独立の亜科として扱うのが妥当である。

A. Glaucidioideae　シラネアオイ亜科[1 属 1 種]

B. Hydrastidoideae　ヒドラスチス亜科[1 属 1 種]

C. Coptidoideae　オウレン亜科[2 属 17 種：東～北東アジア・北米]

D. Ranunculoideae　キンポウゲ亜科[約 37 属約 2000 種：全世界]

D-1：Cimicifugeae　サラシナショウマ連[4 属約 40 種：北半球温帯]

D-2：Helleboreae　クリスマスローズ連[1 属約 21 種]

D-3：Asteropyreae　アステロピルム連[1 属 2 種：中国]　かつてオウレン亜科に含められていた。

D-4：Caltheae　リュウキンカ連[1 属約 12 種]

D-5：Nigellea　クロタネソウ連[3 属約 24 種：地中海地方～中央アジア]

D-6：Delphinieae　ヒエンソウ連[3–4 属約 700 種：北半球温帯～寒帯]

D-7：Adonideae　フクジュソウ連[3 属約 60 種：北半球温帯～寒帯]

D-8：Callianthemeae　ウメザキサバノオ連[1 属約 15 種]

D-9：Anemoneae　イチリンソウ連[約 8 属約 500 種：ほぼ全世界]

D-10：Ranunculeae　キンポウゲ連[約 11 属約 640 種：ほぼ全世界]

E. Thalictroideae　カラマツソウ亜科[10 属約 370 種：北半球温帯～寒帯および熱帯高山・アフリカ・南米]

111

維管束植物分類表

2. 3. 22. 2：Nelumbonaceae　†ハス科〔113〕〔1 属 2 種：熱帯〜温帯アジア・北米〕
　　　Nelumbo Adans.　†ハス属〔2〕：†ハス（ハチス）

2. 3. 22. 3：Platanaceae　スズカケノキ科〔114〕〔1 属 8(–10) 種：東欧〜西アジア・ベトナム・北米〜メキシコ〕
　　　Platanus L.　スズカケノキ属〔8(–10)〕

2. 3. 22. 4：**Proteaceae　ヤマモガシ科** 55)〔115〕〔約 80 属 1600 種余：南半球亜熱帯〜温帯・アジア熱帯〜亜熱帯〕
　　　Banksia L.f.　バンクシア属【C-2】〔76(側系統群)：ニューギニア・豪州・タスマニア〕
　　　Grevillea R. Br. ex Knight　ハゴロモノキ属(シノブノキ属)【C-3】〔ca. 360 (側系統群)：マレーシア東部・豪州・ニューカレドニア〕
　　　Hakea Schrad. ex J.C. Wendl.　ハケア属【C-3】〔ca. 150：豪州・タスマニア〕
　　　Helicia Lour.　ヤマモガシ属【C-1】〔ca. 100〕
　　　Leucadendron R. Br.　ギンヨウボク属【E-4】〔ca. 80：ケープ地方〕
　　　Macadamia F. Muell.　マカダミア属【C-4】〔9：スラウェシ・豪州東部〕
　　　Protea L.　プロテア属【E-3】〔100–110：アフリカ中南部〕
　　　Telopea R. Br.　テロペア属【C-3】〔5：豪州南東部・タスマニア〕

2. 3. 23：Trochodendrales　ヤマグルマ目

2. 3. 23. 1：**Trochodendraceae　ヤマグルマ科**〔116〕〔2 属 2 種：ヒマラヤ〜東アジア〕
　　　Tetracentron Oliv.　スイセイジュ属〔1：ヒマラヤ〜中国西南部〕
　　　Trochodendron Siebold & Zucc.　ヤマグルマ属〔1〕

2. 3. 24：Buxales　ツゲ目

2. 3. 24. 1：**Buxaceae**(incl. Didymelaceae, Haptanthaceae)　**ツゲ科** 56)〔117〕〔7 属約 120 種：南北両半球の温帯〜亜熱帯と熱帯高山〕
　　　Buxus L.　ツゲ属【C】〔ca. 90〕
　　　Pachysandra Michx.　フッキソウ属【D】〔5〕
　　　Sarcococca Lindl.　サルココッカ属【D】〔11：ヒマラヤ〜中国南部・東南アジア・台湾〕：＊コッカノキ

2. 3. 25：Gunnerales　グンネラ目

2. 3. 25. 1：Myrothamnaceae　ミロタムヌス科〔118〕〔1 属 2 種：アフリカ中南部・マダガスカル〕
　　　Myrothamnus Welw.〔2〕

2. 3. 25. 2：Gunneraceae　グンネラ科〔119〕〔1 属約 63 種：アフリカ・マダガスカル・マレーシア・タスマニア・ニュージーランド・ハワイ・ファンフェルナンデス諸島・中南米〕
　　　Gunnera L.　グンネラ属〔63〕：＊オニブキ，＊コウモリガサソウ

112

2. 3. 26：Dilleniales　ビワモドキ目

2. 3. 26. 1：Dilleniaceae　ビワモドキ科〔120〕［12 属約 300 種：世界の熱帯および豪州の亜熱帯～暖温帯〕
　　Dillenia L.　ビワモドキ属［ca. 65：マダガスカル・セイシェル・南アジア～マレーシア・豪州］
　　Hibbertia Andrews　［ca. 225：ニューギニア・豪州・ニューカレドニア］

2. 3. 27：Saxifragales　ユキノシタ目

2. 3. 27. 1：Peridiscaceae(incl. Medusantheraceae)　ペリディスクス科〔121〕［4 属 11 種：西アフリカ・南米(ギアナ高地)］
　　Medusanthera Brenan　［2：西アフリカ熱帯］
　　Peridiscus Benth.　［1：南米(ギアナ高地周辺)］

2. 3. 27. 2：**Paeoniaceae　ボタン科**〔122〕［1 属 30–35(–40) 種：北半球温帯］
　　Paeonia L.　ボタン属［30–35(–40)]：*シャクヤク, ヤマシャクヤク

2. 3. 27. 3：Altingiaceae　フウ科〔123〕［1(–3) 属 13 種：地中海沿岸地方・東～東南アジア・北～中米の暖温帯～亜熱帯］
　　Liquidambar L.（incl. *Altingia* Noronha, × *Semiliquidambar* Hung T. Chang）　フウ属〔13〕

55）ヤマモガシ科は 5 亜科に分類される（Weston in Kubitzki 2006）。
　　A. Bellendenoideae　ベレンデナ亜科［1 属 1 種（*Bellendena montana* R. Br.）：タスマニア］
　　B. Persoonioideae　ペルソニア亜科［4 属約 110 種：豪州・ニューカレドニア・ニュージーランド］
　　C. Grevilleoideae　ハゴロモノキ亜科［約 45 属約 850 種：科の分布域のほぼ全域］　C-1：Roupaleae　ヤマモガシ連，C-2：Banksieae　バンクシア連，C-3：Embothrieae　ハゴロモノキ連，C-4：Macadamieae　マカダミア連の 4 連に分けられる。バンクシア属やハゴロモノキ属は側系統群であり，前者は *Dryandra* R. Br. を包含し，後者はハケア属に統合されることになるが，地元の研究者には変更に対する拒否反応が強く，本書では暫定的に従来のまま扱う。
　　D. Symphionematoideae　シンフィオネマ亜科［2 属 3 種：豪州南東部・タスマニア］
　　E. Proteoideae　プロテア亜科［25 属約 650 種：アフリカ中南部・豪州］E-1：Conospermeae，E-2：Petrophileae，E-3：Proteeae　プロテア連，E-4：Leucadendreae　ギンヨウボク連の 4 連に分けられる。
56）ツゲ科の範囲は APGⅣ で拡張され，従来独立科とされていた *Haptanthus* Goldberg & C. Nelson［1 種：ホンジュラス］と *Didymeles* Thouars［2 種：マダガスカル・コモロ］をそれぞれ連のランク（A. Haptantheae　ハプタンツス連，B. Didymeleae　ディディメレス連）で含むこととなった。これ以外の従来のツゲ科はさらに C. Buxeae　ツゲ連［2 属約 95 種］と D. Stylocerateae　フッキソウ連［3 属 22 種］に分けられ，全体として 4 連が認められることになる。

維管束植物分類表

2. 3. 27. 4 : **Hamamelidaceae　マンサク科** [57)] 〔124〕[27 属約 82 種：アジア
温帯〜亜熱帯・小笠原・北米]

Corylopsis Siebold & Zucc.　トサミズキ属【D】[ca. 20]：キリシマミズキ, コ
ウヤミズキ（ミヤマトサミズキ）, ヒゴミズキ, ヒュウガミズキ

Disanthus Maxim.　マルバノキ属【C】[1]：マルバノキ（ベニマンサク）

Distyliopsis Endress　イスノキモドキ属【D】[6：中国南部・台湾・東南ア
ジア〜マレーシア]

Distylium Siebold & Zucc.　イスノキ属【D】[ca. 15]：イスノキ（ヒョンノキ）

Eustigma Gardner & Champ.　ナガバマンサク属【D】[2：中国南部・ベト
ナム・台湾]

Fothergilla L.　シロバナマンサク属【D】[2：北米東部]

Hamamelis L.　マンサク属【D】[5]

Loropetalum R. Br. ex Rchb.　トキワマンサク属【D】[2]

Rhodoleia Champ. ex Hook.　シャクナゲモドキ属【A】[–10：中国西南部
〜東南アジア]

Sycopsis Oliv.　タイワンイスノキ属【D】[2–3：インド北東部〜中国南部・台湾]

2. 3. 27. 5 : **Cercidiphyllaceae　カツラ科** 〔125〕[1 属 2 種：中国中部・日本]
Cercidiphyllum Siebold & Zucc.　カツラ属 [2]

2. 3. 27. 6 : **Daphniphyllaceae　ユズリハ科** 〔126〕[1 属約 30 種：インド〜
東アジア温帯〜亜熱帯・東南アジア〜マレーシア]
Daphniphyllum Blume　ユズリハ属 [ca. 30]

2. 3. 27. 7 : **Iteaceae　ズイナ科** 〔127〕[2 属約 30 種：アフリカ・東アジア
〜東南アジア・北米南東部・メキシコ]
Itea L.　ズイナ属 [ca. 27]
Pterostemon Schauer　[2：メキシコ]

2. 3. 27. 8 : **Grossulariaceae　スグリ科** 〔128〕[1 属 150(–200) 種：ユーラシア・
アフリカ・北米〜南米]
Ribes L.（incl. *Grossularia* Mill.）　スグリ属 [150(–200)]：ザリコミ, ヤシャビシャ
ク, ヤブサンザシ

2. 3. 27. 9 : **Saxifragaceae　ユキノシタ科** [58)]〔129〕[33 属約 600 種：北半球
温帯〜寒帯・南米南部]
Astilbe Buch.-Ham. ex D. Don　チダケサシ属【B-7】[ca. 30]：アカショウマ,
トリアシショウマ, ヒトツバショウマ

Astilboides Engl.　フキモドキ属【B-4】[1：中国東北部〜北朝鮮]

Bergenia Moench　ヒマラヤユキノシタ属【B-4】[ca. 10：ヒマラヤ〜北東
アジア大陸部]

Boykinia Nutt.　アラシグサ属【B-6】[6]

Chrysosplenium L.　ネコノメソウ属【B-3】[ca. 60]：イワボタン, ニッコウネ
コノメ, ヒダボタン

Heuchera L.　ツボサンゴ属【B-5】[ca. 35：北米〜メキシコ]

Micranthes Haw.　チシマイワブキ属【B-2】[ca. 70：北半球冷温帯〜寒帯]：

114

維管束植物分類表

クモマグサ, クロクモソウ, フキユキノシタ, ヤマハナソウ

Mitella L.　チャルメルソウ属【B-5】[ca. 20（多系統群）]

Mukdenia Koidz.（*Aceriphyllum* Engl.）　イワヤツデ属【B-4】[1(–2)：中国北部
～東北部・朝鮮半島]:*イワヤツデ（タンチョウソウ）

Oresitrophe Bunge　イシワリソウ属【B-4】[1：中国北部]

Peltoboykinia (Engl.) H. Hara　ヤワタソウ属【B-3】[2：中国東部・日本]:
ワタナベソウ

Rodgersia A. Gray　ヤグルマソウ属【B-4】[5]

Saxifraga L.　ユキノシタ属【A】[440–500]:キヨシソウ, シコタンソウ, ジン
ジソウ, センダイソウ, ダイモンジソウ, ヒメクモマグサ

Tanakaea Franch. & Sav.　イワユキノシタ属【B-8】[1]

Tiarella L.　ズダヤクシュ属【B-5】[ca. 3]

2. 3. 27. 10：**Crassulaceae　ベンケイソウ科** [59] [130] [34 属約 1400 種：世界
の熱帯～温帯]

Aeonium Webb & Berthel.　エオニウム属【C-3】[ca. 36：マカロネシア・北
アフリカ・イエメン]

---

57) マンサク科は以下の 4 亜科に分けられる。
　　A. Exbucklandioideae　シャクナゲモドキ亜科 [2 属 7 種：東ヒマラヤ～
　　　東南アジア・スマトラ島]
　　B. Myrtillarioideae　ミルティラリア亜科 [2 属 2 種：中国南部・ラオス]
　　C. Disanthoideae　マルバノキ亜科 [1 属 1 種]
　　D. Hamamelidoideae　マンサク亜科 [23 属約 78 種：科の分布域全域]
　　　トキワマンサク属とトサミズキ属からなる系統群が亜科の中で最初
　　　に分岐したことが判明している。

58) ユキノシタ科の中では, ユキノシタ属（チシマイワブキ属は除く）が残
　　りのユキノシタ科の姉妹群となることがわかっている (Soltis in Kubitzki
　　2006)。この結果に基づいて, 前者のみからなる A. Saxifragoideae ユキ
　　ノシタ亜科と, それ以外の全ての属からなる B. Heucheroideae ツボサン
　　ゴ亜科の 2 亜科に分けることも可能だが, この 2 系統群を明瞭に特徴
　　づける単一の形質はなく, Soltis (in Kubitzki 2006) は科内分類を提案し
　　ていない。ツボサンゴ亜科の中には, さらに以下の 8 つの系統群が認
　　められる：B-1. *Cascadia* group [2 属：北米・フエゴ島], B-2. *Micranthes*
　　group [チシマイワブキ属のみ], B-3. *Peltoboykinia* group ヤワタソウ群 [2
　　属], B-4. *Darmera* group ヤグルマソウ群 [6 属], B-5. *Heuchera* group ツ
　　ボサンゴ群 [9 属], B-6. *Boykinia* group アラシグサ群 [7 属], B-7. *Astilbe*
　　group チダケサシ群 [2 属], B-8. *Leptarrhena* group イワユキノシタ群 [3
　　属]。系統群間の関係は [(B-8 (B-6 + B-7)] [B-5 {B-4 (B-1 + B-2 + B-3)}]
　　と推測されるが, 支持確率は必ずしも高くない。ツボサンゴ系統群では
　　網状進化のために従来の属のまとまりと系統関係が一致せず, 特にチャ
　　ルメルソウ属は著しい多系統群であることが判明している。

59) ベンケイソウ科では Thiede & Eggli (in Kubitzki 2006) によって提案され
　　た 3 亜科分類を採用する。　　　　　　　　　　　　　　　〔以下 117 頁へ〕

115

Cotyledon L. コチレドン属【B】[ca. 11：アフリカ・アラビア半島]

Crassula L.（incl. *Rochea* DC., *Tillaea* L.） アズマツメクサ属【A】[ca. 200]：
＊クレナイロケア

Echeveria DC. タカサキレンゲ属【C-3】[ca. 140：中南米およびテキサス]：
＊タカサキレンゲ（カントリス）

Hylotelephium H. Ohba ムラサキベンケイソウ属【C-1】[ca. 27]：ベンケイ
ソウ, ミセバヤ

Kalanchoe Adans.（incl. *Bryophyllum* Salisb.） リュウキュウベンケイ属【B】[ca.
145]：†セイロンベンケイ（トウロウソウ）

Meterostachys Nakai チャボツメレンゲ属【C-1】[1]

Orostachys Fisch. イワレンゲ属【C-1】[11]：コモチレンゲ, ツメレンゲ, ヤ
ツガシラ

Phedimus Raf.（incl. *Aizopsis* Grulich） キリンソウ属【C-2】[ca. 18]

Rhodiola L. イワベンケイ属【C-2】[ca. 60]

Sedum L. マンネングサ属【C-3】[ca. 420（側系統群）]：ヒメレンゲ

Sempervivum L. クモノスバンダイソウ属【C-3】[ca. 63：欧州〜西アジア・
北西アフリカ]

2. 3. 27. 11：Aphanopetalaceae アファノペタルム科〔131〕[1属2種：豪州]
Aphanopetalum Engl. [2]

2. 3. 27. 12：Tetracarpaeaceae テトラカルパエア科〔132〕[1属1種：タス
マニア]
Tetracarpaea Hook.f. [1]

2. 3. 27. 13：**Penthoraceae** **タコノアシ科**〔133〕[1属2種：東アジア・北米]
Penthorum L. タコノアシ属[2]

2. 3. 27. 14：**Haloragaceae** **アリノトウグサ科**〔134〕[9属約145種：世界
の亜熱帯〜寒帯および熱帯高山, 特に豪州で多様性に富む]
Gonocarpus Thunb. アリノトウグサ属[ca. 41]
Haloragis J.R. & G. Forst. タネガシマアリノトウグサ属[28：馬毛島・豪州・
ニュージーランド・南太平洋諸島]
Myriophyllum L. フサモ属[ca. 60]：タチモ

2. 3. 27. 15：Cynomoriaceae シノモリウム科〔135〕[1属2種：ユーラシア
大陸の半乾燥地帯]
Cynomorium L. [2]

[ROSIDS バラ類]

2. 3. 28：Vitales ブドウ目

2. 3. 28. 1：**Vitaceae** **ブドウ科** [60)]〔136〕[約15属850–900種：世界の熱帯
〜温帯]

――― 維管束植物分類表

Ampelopsis Michx.　ノブドウ属【B-1】[ca. 16]:*オフクカズラ,*カガミグサ（ビャクレン）

Causonis Raf.　ヤブカラシ属【B-2】[ca. 25:インド～東アジア暖温帯～亜熱帯・東南アジア～マレーシア]

Cayratia Juss.　ハマヤブカラシ属（新称）【B-2】[ca. 35:旧世界の熱帯～亜熱帯]

Cissus L.　ヒレブドウ属【B-2】[ca. 350:世界の熱帯]:*セイシカズラ,*ハイカズラ

Leea Royen ex L.　オオウドノキ（ウドノキ）属【A】[ca. 34(–ca. 100):熱帯アフリカ・マダガスカル:熱帯～亜熱帯アジア]:*キダチブドウ

Nekemias Raf.　ウドカズラ属【B-1】[9:東アジア～東南アジア・北米東部]

Parthenocissus Planch.　ツタ属【B-3】[ca. 15]:ツタ（ナツヅタ）

Rhoicissus Planch.　アフリカブドウ属【B-1】[ca. 12:アフリカ中南部]

Tetrastigma Planch.　ミツバビンボウカズラ属【B-2】[ca. 95]:オモロカズラ

Vitis L.　ブドウ属【B-3】[ca. 60]:アマヅル,エビヅル（ガネブ）,サンカクヅル

―――

〔115 頁より:59）の続き〕

　　　A. Crassuloideae　アズマツメクサ亜科[2(–3) 属約 195 種]

　　　B. Kalanchooideae　トウロウソウ亜科[4 属約 230 種]

　　　C. Sempervivoideae　クモノスバンダイソウ亜科[13–30 属 950–1000 種]

　　　　C-1:Telephieae　ベンケイソウ連[5–6 属約 50 種]

　　　　C-2:Umbiliceae　キリンソウ連[4 属約 100 種]

　　　　C-3:Semperviveae　クモノスバンダイソウ連（広義）[4–20 属約 800–850 種]

　　　　Thiede & Eggli (in Kubitzki 2006) はこれをさらに狭義のクモノスバンダイソウ連, Aonieae　エオニウム連, Sedeae　マンネングサ連に分けているが, エオニウム連以外は単系統性が十分に支持されず, 形態的な定義も困難であるのでここではまとめて扱う。従来の分類でマンネングサ属とされてきた種はこの連全体に散らばって単系統群をなさず, 他の形態的によく定義できる属はその内群となる。マンネングサ属を複数の属に分ける分類も様々に提案されているが, 分割された属も必ずしも単系統群をなさず, わかりやすい分類はまだ提示されていないのが現状であり, 本書では暫定的に従来のマンネングサ属を踏襲し, 同じ系統群中に含められる *Echeveria* などは独立属として扱う。

60）ブドウ科は伝統的に 2 亜科に分けられ, それぞれを別科として扱う意見もある。

　　　A. Leeoideae　オオウドノキ亜科[1 属]

　　　B. Vitoideae　ブドウ亜科　大きく 3 つの系統群が認識できるが, 群の中の属の系統関係にはなお不確定要素が大きいため, 正式な亜科内分類は提案されていない。B-1:*Ampelopsis* group　ノブドウ群[5 属約 38 種], B-2:*Cissus* group　ヒレブドウ群[4 属約 660 種], B-3:*Parthenocissus* group　ブドウ群[約 5 属約 75 種]

維管束植物分類表

2. 3. 29：Zygophyllales　ハマビシ目

2. 3. 29. 1：Krameriaceae　クラメリア科〔141〕[1 属 18 種：北米南西部・西インド諸島・中南米]
　　Krameria Loefl. [18]

2. 3. 29. 2：**Zygophyllaceae　ハマビシ科** [61]〔142〕[22 属約 325 種]
　　Guaiacum L.　ユソウボク属【D】[6：熱米]
　　Tribulus L.　ハマビシ属【B】[ca. 25：旧世界熱帯～暖帯]
　　Zygophyllum L.【E】[ca. 100：アフリカ・アジア・豪州の乾燥地帯]

2. 3. 30：Fabales　マメ目

2. 3. 30. 1：Quillajaceae　キラヤ科(シャボンノキ科)〔143〕[1 属約 3 種：南米]
　　Quillaja Molina [3(2–4)]

2. 3. 30. 2：**Fabaceae**(Leguminosae)　**マメ科** [62]〔140〕[約 750 属約 17000 種：全世界]
　　Abrus Adans. [†]トウアズキ属【F-18】[ca. 17：アフリカ・マダガスカル・熱帯アジア]
　　Acacia Mill. [†]アカシア属【E-5】[ca. 1100：豪州・東南アジア～マレーシア，少数が太平洋およびインド洋諸島]:[†]ソウシジュ
　　Adenanthera L.　ナンバンアカアズキ属【E-5】[12–13：マダガスカル・スリランカ・中国南部～マレーシア・豪州・太平洋諸島]
　　Aeschynomene L.　クサネム属【F-12】[175–180(–250)]
　　Albizia Durazz.　ネムノキ属【E-5】[120–140]
　　Alhagi Gagnebin　マンナ属【F-25b】[3–5：地中海地方東部～中国西部]
　　Alysicarpus Neck. ex Desv.　ササハギ属【F-20e】[25–30]
　　Amherstia Wall.　ヨウラクボク属【B】[1：ミャンマー南部]
　　Amorpha L. [†]イタチハギ属【F-11】[ca. 15：北米南東部～メキシコ]:[†]イタチハギ(クロバナエンジュ)
　　Amphicarpaea Elliott ex Nutt.　ヤブマメ属【F-20i】[3]
　　Anthyllis L. [†]クマノアシツメクサ属【F-22b】[22–23：地中海沿岸地方～西アジア・マデイラ諸島]
　　Aphyllodium (DC.) Gagnep.　シバハギモドキ属【F-20e】[7：南アジア～マレーシア・海南島・豪州]
　　Apios Fabr.　ホドイモ属【F-20b】[ca. 8]
　　Arachis L.　ナンキンマメ属【F-12】[ca. 22：南米]:*ナンキンマメ(ラッカセイ)
　　Archidendron F. Muell.　アカハダノキ属【E-5】[ca. 100]:アカハダノキ(タマザキゴウカン)
　　Aspalanthus L.　ルイボス属【F-9】[ca. 280：南アフリカ(主にケープ地方)]
　　Astragalus L.　ゲンゲ属【F-25a】[ca. 3000]:タイツリオウギ, モメンヅル
　　Baptisia Vent.　アメリカセンダイハギ属【F-8c】[15–17：北米中・東部]

118

Bauhinia L.　ソシンカ属【A】［150–160：世界の熱帯(2/3 は熱米)］:*モク
ワンジュ

Biancaea Tod.　ジャケツイバラ属【E-4a】［6：アジアの熱帯～暖温帯］:*ス
オウ

Brownea Jacq.　ホウカンボク属【B】［12：熱米］

Butea Roxb. ex Willd.　ハナモツヤクノキ属【F-20h】［2–4：南～東南アジア］

Caesalpinia L.　オウゴチョウ属【E-4a】［ca. 9：熱米］

Cajanus Adans.（incl. *Atylosia* Wight & Arn.）　キマメ属【F-20g】［34：旧世界の
熱帯～亜熱帯］:ビロードヒメクズ

Callerya Endl.　ムラサキナツフジ属【F-24】［ca. 30：アジアの熱帯～亜熱
帯・豪州］:*シマフジ

Calliandra Benth.　ベニゴウカン属【E-5】［ca. 140：北米南西部～南米］:
*ベニゴウカン(ヒゴウカン)

---

61) ハマビシ科は 5 亜科に分けられる。系統関係は (A + B)［C (D + E)］。
　　A. Morkilioideae　［1 属：メキシコ］
　　B. Tribuloideae　ハマビシ亜科［6 属：世界の熱帯～暖温帯］
　　C. Seerzenioideae　［1 属：アフリカ・南西アジア］
　　D. Larreoideae　ユソウボク亜科［7 属：熱米］
　　E. Zygophylloideae　［6 属：旧大陸と米大陸西岸の乾燥地帯］

62) マメ科は従来 3 亜科(ジャケツイバラ亜科，ネムノキ亜科(またはオジギ
ソウ亜科)，マメ亜科)に分けられてきたが，ジャケツイバラ亜科は側系
統群であることがわかったため，The Legume Phylogeny Working Group
(LPWG) (2017) によって 5 亜科(以下の A–E)に分けられ，狭義のジャケ
ツイバラ亜科 (E) の中にネムノキ亜科が含められることになった。これ
にマメ亜科(F)を加え，全体として 6 亜科が認められる。亜科間の系統
関係は [A + B + {C (D (E + F))}] と推測されているが，最初に A と B の
どちらが分岐したのかは不明である。
　　A. Cercidoideae　ハナズオウ亜科［12 属 300 種余：世界の熱帯～亜熱帯，
ハナズオウ属は温帯に達する］
　　B. Detarioideae　タシロマメ亜科［約 84 属 750 種余：世界の熱帯～亜熱
帯］
　　C. Duparquetioideae　[*Duparquetia orchidacea* Baill. 1 属 1 種：西アフリカ
熱帯]
　　D. Dialioideae　ディアリウム亜科［17 属約 85 種：世界の熱帯］　従来 C
と共にジャケツイバラ亜科カワラケツメイ連の一部とされていた。
　　E. Caesalpinioideae (incl. Mimosoideae)　ジャケツイバラ亜科［約 148 属
約 4300 種：世界の熱帯～温帯］
　　　E-1：[*Gleditsia* group]　サイカチ群［4 属約 18 種(単系統群でない可能
性が高い)：地中海地方～西アジア・南アフリカ・東アジア～マレー
シア・北米・南米］
　　　E-2：Cassieae　カワラケツメイ連［3 属約 630 種：世界の熱帯～亜熱帯，
東アジアと北米では温帯に達する］
　　　E-3：[*Pterogyne* Tul.]　［1 属 1 種：南米熱帯］　〔以下 121 頁へ〕

Calopogonium Desv.　†クズモドキ属【F-20i】[5–6：中南米，1種が世界の熱帯に帰化]

Campylotropis Bunge　†ハナハギ属【F-20e】[ca. 37：ヒマラヤ〜東アジア・東南アジア]:†トンポハギ(タカサゴハギ)

Canavalia Adans.　ナタマメ属【F-19a】[50–60]

Caragana Fabr.　ムレスズメ属【F-25a】[70–80：ユーラシア温帯]

Carmichaelia R. Br.　ニュージーランドイチビ属【F-25c】[ca. 40：ニュージーランド・ロードホウ島]

Cassia L.　ナンバンサイカチ属【E-2】[ca. 30：世界の熱帯]:*ウマセンナ(モモイロナンバンサイカチ),*ジャワセンナ(ピンクシャワー)

Centrosema (DC.) Benth.　†チョウマメモドキ属【F-20a】[ca. 36：北米南東部〜南米，3種が旧熱帯に帰化]

Ceratonia L.　イナゴマメ属【E-1】[1–2：北アフリカ〜西アジア]:*イナゴマメ(ローカストビーン)

Cercis L.　ハナズオウ属【A】[11：地中海地方・東アジア・北米〜メキシコ]

Chamaecrista Moench　カワラケツメイ属【E-2】[270–330]:†アレチケツメイ,ガランビネムチャ

Chorizema Labill.　ヒイラギハギ属【F-15】[27：豪州(主に南西部)]

Christia Moench　ホオズキハギ属【F-20e】[ca. 10]

Cicer L.　ヒヨコマメ属【F-26x】[43：地中海地方〜中央アジア・カナリア諸島]

Cladrastis Raf.　フジキ属【F-3】[7(側系統群)]:ユクノキ

Clianthus Sol. ex Lindl.【F-25a】[2：ニュージーランド北島]

Clitoria L.　チョウマメ属【F-20a】[ca. 70：世界の熱帯]

Codariocalyx Hassk.　マイハギ属【F-20e】[2]:*マイハギモドキ

Corethrodendron Fisch. ex Basiner　モウコオウギ属【F-25b】[5：中央アジア〜中国北部・モンゴル]

Colutea L.　ボウコウマメ属【F-25a】[ca. 28：ユーラシア大陸]

Copaifera L.　コパイバルサムノキ属【B】[ca. 35：中南米・アフリカ・ボルネオ]

Coronilla L.　オウゴンハギ属【F-22b】[9：欧州・北アフリカ・南西アジア]:*ツリシャクジョウ

Crotalaria L.　タヌキマメ属【F-9】[ca. 700：世界の熱帯〜亜熱帯，一部暖温帯]:†サンヘンプ(サンマ)

Cullen Medik.　†オランダビユ属【F-20j】[ca. 34：地中海地方〜南西アジア・南アフリカ・南〜東南アジア・豪州]:†クマツヅラハギ

Cyamopsis DC.　グアー属【F-16】[4：アフリカ・南西〜南アジア]

Cynometra L.　カロリンハツバキ属【B】[80–90：世界の熱帯]

Cytisus Desf. (incl. *Chamaecytisus* Link, *Sarothamnus* Wimm.) †エニシダ属【F-10】[ca. 65：欧州・北アフリカ・マカロネシア・西アジア]:*シロエニシダ

Dalbergia L.f.　ツルサイカチ属【F-12】[ca. 250]:*シッソノキ,ヒルギカズラ

Delonix Raf.　ホウオウボク属【E-4a】[11：東アフリカ・マダガスカル，1種が世界の熱帯に栽培]

Dendrolobium (Wight & Arn.) Benth.　ナハキハギ属【F-20e】［18］:＊シラゲ
マメハギ

Derris Lour.（incl. *Paraderris* (Miq.) R. Geesink）　シイノキカズラ属【F-19b】
［70–75：旧世界の熱帯］:＊コウトウフジ,†デリス（ハイトバ）

〔119 頁より；62）の続き〕

　［E-4 & E-5：Core Caesalpinioid + Mimosoid］

　　E-4：Caesalpinieae　ジャケツイバラ連［約 50 属 300 種余：世界の熱
帯〜亜熱帯，東アジアでは暖温帯に達する］　従来は E-1 と E-4 もこ
の連に含められていたが，本書では分けて扱う。これらを除いても
なお本連は側系統群であり，ジャケツイバラ属とそれに近縁な E-4a.
［*Caesalpinia* group］［約 27 属］と，オジギソウ連と単系統群をなすト
ゲナシジャケツ属や *Dimorphandra* Schott（南米産）など（E-4b）で構
成される。将来的にはジャケツイバラ連を E-4a のみに限定し，残り
は E-5 に含めるのが妥当であろう。

　　E-5：Mimoseae　オジギソウ連［約 82 属約 3300 種］　従来ネムノキ亜
科 Mimosoideae とされていたもの。花糸の形質などに基づいて従来
認められていたネムノキ亜科内の連は単系統性が支持されず，これ
に代わる連内分類体系は構築されていない。

　F. Faboideae (Papilionoideae)　マメ亜科［約 500 属約 13000(–15000) 種］
旧来の分類では 30 連ほどが認められていたが，これらの連の多くは
単系統群とはならず，それに代わる新たな分類体系はまだ構築の途
上にある。本書では暫定的な処置として 26 の群を認めるが，初期に
分岐した群には側系統群の可能性のあるものも含まれている。

　　F-1：Swartzieae　シュワルツィア連［狭義に扱えば 2 属約 200 種, 熱米］
マメ亜科の最も初期に分岐した系統群。かつては特徴に基づいて南
米や熱帯アフリカ産の 12 属ほどがこの連に含まれていたが，5 属ほ
どは最初期に分岐したことが推測されるものの F-1 と単系統群をな
さない可能性が高く，残りはより後に分岐した系統に属することが
わかった。

　　F-2：Dipterygeae　トンカマメ連［狭義に扱えば 3 属 22 種：南米熱帯］
これに加えて，従来シュワルツィア連やクララ連に含められていた
10 属余りがこの系統群に属する。また，*Castanospermum* などクララ
連に属していた 4 属もこのころに分岐したものと考えられるが，系
統関係は十分にわかっていない。

　　F-3：［*Cladrastis* group］　フジキ群［3 属 17 種：アジアと北米の温帯］
クララ連に属していた 2 属（フジキ属，エンジュ属）とセンダイハギ
連に属していた 1 属からなる。

　［F-4 以降：Core Papilionoid clade］　これ以降は葉緑体 DNA 上に特徴的
な塩基配列が挿入されていることにより単系統群とみなされている。
ただし，F-23 以降の系統群ではこの挿入部分は二次的に失われてい
る。

　　F-4：［basal core Papilionoid grades］［約 14 属：世界の熱帯］　ここに含
まれる属は従来シュワルツィア連，クララ連，ツルサイカチ連に含
められていた。　　　　　　　　　　　　　　　　〔以下 123 頁へ〕

Desmanthus Willd.　†タチクサネム属【E-5】［24：北～南米］:†ハイクサネム（アメリカゴウカン）

Desmodium Desv.　†アコウマイハギ属【F-20e】［ca. 100：北米～南米の熱帯～暖温帯,旧世界にも広く帰化］:†アレチヌスビトハギ, †タチシバハギ, †フジボツルハギ

Dialium L.　ビロードタマリンド属【D】［40–70：世界の熱帯］

Dipteryx Schreb.　トンカマメ属【F-2】［ca. 12：熱米］

Dolichos L.　コウシュンフジマメ属【F-20k】［ca. 60：旧熱帯］

Dumasia DC.　ノササゲ属【F-20i】［ca. 10］:ノササゲ

Dunbaria Wight & Arn.　ノアズキ属【F-20g】［ca. 20］:ノアズキ（ヒメクズ）

Dysolobium (Benth.) Prain　ケハマササゲ属【F-20h】［4：インド東部～東南アジア・マレーシア］

Entada Adans.　モダマ属【E-5】［ca. 28］

Enterolobium Mart.　ゾウノミミ属【E-5】［ca. 10：熱米］

Eriosema (DC.) Desv.　ナンゴクノマメ属【F-20g】［(130–)150：世界の熱帯～亜熱帯, 特にアフリカで多様化］

Erythrina L.　†デイゴ属【F-20h】［ca. 120：世界の熱帯～亜熱帯］:*カイコウズ, *サンゴシトウ

Euchresta Benn.　ミヤマトベラ属【F-8b】［4］

Falcataria (I.C. Nielsen) Barneby & J.W. Grimes　モルッカネム属【E-5】［3：マレーシア東部・ソロモン諸島・豪州北東部］:*モルッカネム（ファルカタ）

Flemingia Roxb. ex W.T. Aiton　エノキマメ属【F-20g】［30–35］:ソロハギ, *イヌタヌキマメ

Galactia P. Browne　ハギカズラ属【F-19a】［55–60］

Galega L.　ガレガ属【F-26x】［6：欧州～南西アジア・アフリカ］

Genista L.　ヒトツバエニシダ属【F-10】［ca. 90：欧州～西アジア・マカロネシア・北アフリカ］

Gleditsia L.　サイカチ属【E-1】［(13–)16］

Glycine Willd.　ダイズ属【F-20i】［19］:ツルマメ

Glycirrhiza L.（しばしば *Glycyrrhiza* と綴られる）　カンゾウ属【F-23】［ca. 20：ユーラシア・豪州・北米・南米温帯］

Grona Lour.　シバハギ属【F-20e】［ca. 150：世界の熱帯～暖温帯］:カワリバマキエハギ, ハイマキエハギ

Gueldenstaedtia Fisch.　イヌゲンゲ属【F-25a】［ca. 12：シベリア～中国北部］:イヌゲンゲ（ヒナゲンゲ）

Guibourtia Benn.　アフリカコパールノキ属【B】［ca. 14：熱帯アフリカ］

Guilandina L.　シロツブ属【E-4a】［15–18：世界の熱帯, アジアでは暖温帯まで広がる］:ハスノミカズラ

Haematoxylum L.　ヘマトキシルム属【E-4a】［3：アフリカ・中南米］

Hardenbergia Benth.　ヒトツバマメ属【F-20c】［3：豪州］

Hedysarum L.　イワオウギ属【F-25b】［150–170］:カラフトゲンゲ

Huangtca H. Ohashi & K. Ohashi　ジンヨウマキエハギ属【F-20e】［2：南アジア～東アジア亜熱帯・東南アジア・西マレーシア］

維管束植物分類表

Hylodesmum H. Ohashi & R.R. Mill　ヌスビトハギ属【F-20e】[ca. 13]：フジカンゾウ, ヤブハギ

Hymenaea L.（incl. *Trachylobium* Hayne）　ガムコパールノキ属【B】[ca. 16：南米熱帯]

Indigofera L.　コマツナギ属【F-16】[ca. 700]：ニワフジ

Inga Mill.　インガ属【E-5】[ca. 300：中南米]

Inocarpus J.R. & G. Forst.　タイヘイヨウグルミ属【F-12】[2–3：マレーシア・太平洋諸島]

Intsia Thouars　タシロマメ属【B】[ca. 3]：タシロマメ（シロヨナ, タイヘイヨウテツボク）

Kummerowia Schindl.　ヤハズソウ属【F-20e】[2]

〔121 頁より：62）の続き〕
　[F-5 – F-10：Genistoid clade]　系統関係は F-5 [F-6 {F-7 (F-8 (F-9 + F-10))}]。
　F-5：Ormosieae　ベニマメノキ連[3 属約 140 種：世界の熱帯〜亜熱帯]従来クララ連に含められていた。
　F-6：Brongniartieae　[11–14 属：熱米]　F-8a や F-10 に含まれていた少数の属を含む。
　F-7：[*Acosmium* group]　[2 属]　かつてツルサイカチ連に含められていた 2 属からなる。
　F-8：Sophoreae alliance　クララ連とその近縁群[18 属]　F-9 と F-10 からなる系統群の姉妹群。F-8a. Sophoreae　クララ連[12 属], F-8b. Euchresteae　ミヤマトベラ連[1 属], F-8c. Thermopsideae　センダイハギ連[5 属]に分けられることが多いが, F-8b は F-8a の内群となる。クララ連はかつて 50 属近くを含んでいたが, 3/4 の属が他の群に移された。
　F-9：Crotalarieae　タヌキマメ連[11 属：世界の熱帯〜亜熱帯, 一部の属は暖温帯に達する。特に南アフリカで多様化]　また, 南アフリカには, これに近縁と考えられる Podalyeae (incl. Lipareae)[8 属：本書掲載の属は無い]があり, 一部の属はアフリカ熱帯高山とインドに達する。
　F-10：Cytiseae (Genisteae)　エニシダ連[約 20 属：欧州〜中央アジア・北アフリカ：ハウチワマメ属のみアフリカ熱帯高山・北米〜南米]
　[F-11 – F-12：Dalbergioid clade　ツルサイカチ群]
　F-11：Amorpheae　イタチハギ連[8 属：北米〜中米]
　F-12：Dalbergieae (incl. Adesmieae, Aeschynomeneae)　ツルサイカチ連[約 40 属：世界の熱帯〜暖温帯, 特に新大陸で多様化]
　F-13：[Baphioid clade][3 属]　含まれる属はかつてシュワルツィア連とクララ連に含められていた。
　[F-14 & F 15：Mirbelioid clade　ヒイラギハギ群]
　F-14：Hypocalypteae　[1 属：南アフリカ（ケープ地方）]
　F-15：Mirbelieae alliance　ヒイラギハギ連とその近縁群[約 29 属：豪州（主に南西部）, 1 属のみニューギニアにも産する]　Mirbelieae (Daviesieae) ヒイラギハギ連と Bossiaeeae の 2 連が認められていたが, 両者とも単系統群とならない。　　　　　　　　　　〔以下 125 頁へ〕

Lablab Adans.　†フジマメ属【F-20k】［1：アフリカ・マダガスカル，世界中の亜熱帯で栽培］

Laburnum Fabr.　キバナフジ属【F-10】［2：欧州南部］

Lathyrus L.　レンリソウ属【F-26c】［ca. 160］:イタチササゲ，ハマエンドウ

Lens Mill.　ヒラマメ属【F-26c】［4–6：地中海地方～南西アジア］:*ヒラマメ（レンズマメ）

Leptodesmia (Benth.) Benth. & Hook.f.　ヒメノハギ属【F-20e】［4：マダガスカル・南アジア～東アジア亜熱帯・東南アジア］

Lespedeza Michx.　ハギ属【F-20e】［ca. 44］

Leucaena Benth.　†ギンゴウカン属【E-5】［22：熱米，1種が世界の熱帯に野生化］:†ギンゴウカン（ギンネム）

Lotus L.　ミヤコグサ属【F-22b】［120–130(–180，ただし近縁の属を含めた場合)］

Lupinus L.　†ハウチワマメ属【F-10】［220–230：地中海地方・アフリカ熱帯高山・北～南米］:*ハウチワマメ（ルピナス，ノボリフジ）

Maackia Rupr. & Maxim.　イヌエンジュ属【F-8a】［ca.]:シマエンジュ

Macroptilium (Benth.) Urb.　†ナンバンアカバナアズキ属【F-20k】［ca. 17：北～南米，2種が世界の熱帯に野生化］:†クロバナツルアズキ

Macrotyloma (Wight & Arn.) Verdc.　キバナフジマメ属【F-20k】［24：アフリカ・インド，1種が世界の熱帯で野生化］

Maniltoa Scheff.　オオヨウラクボク属【B】［20–25：熱帯アジア・マレーシア・豪州・太平洋諸島］

Medicago L.　†ウマゴヤシ属【F-26a】［ca. 80：ユーラシア・北アフリカ］:†ムラサキウマゴヤシ（アルファルファ）

Melilotus Mill.　†シナガワハギ属【F-26a】［ca. 20：欧州・北アフリカ・南西～南アジア］:†シナガワハギ（エビラハギ）

Millettia Wight & Arn.　【F-19b】［ca. 100：旧世界の熱帯］

Mimosa L.　†オジギソウ属【E-5】［ca. 500：世界の熱帯，大部分はメキシコを中心とする熱米］

Mucuna Adans.　トビカズラ属【F-20d】［100+]:ウジルカンダ（イルカンダ，カマエカズラ），カショウクズマメ，ワニグチモダマ（ムニンモダマ）

Myroxylon L.f.　トルーバルサムノキ属【F-2?】［2：アフリカ・アラビア半島，南～東南アジア・マレーシア］

Neonotonia J.A. Lackey　【F-20i】［2：世界の熱帯］

Neptunia Lour.　ミズオジギソウ属【E-5】［12：世界の熱帯］

Neustanthus Benth.　クズインゲン属【F-20i】［1：アジア熱帯～亜熱帯］

Ohwia H. Ohashi　ミソナオシ属【F-20e】［2］

Onobrychis Mill.　イガマメ属【F-25b】［ca. 130（側系統群）：ユーラシア・アフリカ北～東部］

Ononis L.　ハリモクシュク属【F-26a】［c. 75：欧州～西アジア・マカロネシア・アフリカ北～東部］

Ormocarpum P. Beauv.　ハマセンナ属【F-12】［ca. 18］

Ormosia Jacks.　ベニマメノキ属【F-5】［ca. 130：アフリカ以外の熱帯］

維管束植物分類表

Ornithopus L. †ツノウマゴヤシ属【F-22b】［ca. 5：欧州〜地中海地方・マカロネシア・南米東部温帯］

Ototropis Nees †フジバナマメ属【F-20e】［ca. 14：ヒマラヤ〜東アジア亜熱帯・東南アジア・マレーシア］:*オオバマイハギ, †ハナヌスビトハギ, *フジバナマメ(ムラサキハギ)

〔123 頁より；62)の続き〕

　　［F-16 – F-20：MILL clade］　群内の系統関係は F-16 ［F-17 {(F-18 + F-19) F-20}]。

　　F-16：Indigofereae　コマツナギ連［7 属：世界の熱帯〜温帯, 特に熱帯アフリカで多様化］

　　F-17：[Basal Millettioid and Phaseoloids grade]

　　F-18：Abreae　トウアズキ連［1 属：世界の熱帯］

　　F-19：Millettieae (s.l.) (incl. Tephrosieae)　シイノキカズラ連［約 35 属］従来ナツフジ連の和名で呼ばれていた Millettieae から, F-24(フジ群)を除いたものに Tephrosieae　ナンバンクサフジ連を加えたものは単系統群(F-19b)をなし, 従来インゲンマメ連の亜連として扱われていた F-19a. Diocleinae　ハギカズラ亜連がこの姉妹群となることが判明している。F-19b の中核部分は大きく *Lonchocarpus* group, *Derris* group と *Millettia* (s. str.) group の 3 系統群が認められるが, これらの関係についてはまだ研究の途上である。

　　F-20：Phaseoleae alliance　インゲンマメ連とその近縁群［約 120 属：世界の熱帯〜温帯］　従来の Phaseoleae　インゲンマメ連(ただしハギカズラ亜連(F-19)や, F-17 に位置する少数の属を除く), Desmodieae　ヌスビトハギ連と Psoraleeae　オランダビユ連は全体として単系統群をなすが, 後 2 者は前者の内群となるので本書ではまとめて 1 群とする。全体を広義のインゲンマメ連とするのが妥当であろう。中には F-20a. Clitoriinae　チョウマメ亜連, *Desmodium* group　ヌスビトハギ群(F-20b – F-20e), *Phaseolus* group　インゲンマメ群(F-20f – F-20k)の 3 系統群が認識され, ヌスビトハギ群はさらに F-20b. [*Apios* subgroup]　ホドイモ亜連, F-20c. Kennediinae　ヒトツバマメ亜連, F-20d. Mucuninae　トビカズラ亜連, F-20e. Desmodieae　ヌスビトハギ連(インゲンマメ連ヌスビトハギ亜連とするのがよい)に分けられる。インゲンマメ群は F-20f. [*Spatholobus* subgroup], F-20g. Cajaninae　キマメ亜連, F-20h. Erythrininae　デイゴ亜連, F-20i. Glycininae　ダイズ亜連, F-20j. Psoraleeae　オランダビユ連(亜連とされるべきであろう), F-20k. Phaseolinae　インゲンマメ亜連に分けられる。ヌスビトハギ連やインゲンマメ亜連では近年になって属の細分が行われる傾向がある(例えば Ohashi et al. 2018)。

　　［F-21 & F-22：Robinioid clade　ハリエンジュ群］

　　F-21：Robinieae　ハリエンジュ連［21 属：北米〜南米, 主に熱帯］

　　F-22：Loteae alliance　ミヤコグサ連とその近縁群［9–13 属：世界の熱帯〜温帯］　F-22a. Sesbanieae　ツノクサネム連［1 属］と F-22b. Loteae (incl. Coronilleae)　ミヤコグサ連［8–12 属］に分けられる。

　　　　　　　　　　　　　　　　　　　　　　　〔以下 127 頁へ〕

維管束植物分類表

Oxytropis DC. オヤマノエンドウ属【F-25a】[300–400]：オカダゲンゲ, レ
ブンソウ

Pachyrhizus Rich. ex DC. クズイモ属【F-20i】[5：中南米：1種が世界の
熱帯〜亜熱帯で栽培]

Parkia R. Br. フサマメノキ属【E-5】[ca. 35：世界の熱帯]：*ヒサゴネム

Parochetus Buch.-Ham. ex D. Don ブルークローバー属【F-26x】[2：アフ
リカ・ヒマラヤ〜東南アジア・マレーシア高地]

Paubrasilia E. Gagnon, H.C. Lima & G.P. Lewis ブラジルボク属【E-4a】[1
：ブラジル東部]

Peltophorum (Vogel) Benth. トゲナシジャケツ属【E-4b】[5–7：世界の熱帯]

Phanera Lour.（incl. *Lasiobema* (Korth.) Miq.） ハカマカズラ属【A】[140–150]：
*キッカボク

Phaseolus L. インゲンマメ属【F-20k】[50–65：北〜南米・ガラパゴス諸島]：
*アオイマメ（ライマビーン）

Phyllodium Desv. ウチワツナギ属【F-20e】[8]

Pisum L. エンドウ属【F-26c】[2–3：地中海地方〜南西アジア]

Pithecellobium Mart. キンキジュ属【E-5】[18：北米南部〜南米・カリブ
海諸島]

Pleurolobus J. St.-Hil. タマツナギ属【F-20e】[2：旧世界熱帯〜亜熱帯]

Pongamia Adans. クロヨナ属【F-19b】[1]

Psophocarpus Neck. ex DC. シカクマメ属【F-20h】[ca. 10：アフリカ・マ
ダガスカル：1種が世界の熱帯で栽培]：*シカクマメ（トウサイ, ハネ
ミササゲ）

Pterocarpus Jacq. インドシタン属【F-12】[35–40]：ヤエヤマシタン

Pueraria DC. クズ属【F-20i】[ca. 10]

Pycnospora R. Br. ex Wight & Arn. キンチャクマメ属【F-20e】[1]

Rhynchosia Lour. タンキリマメ属【F-20g】[200–230]：トキリマメ, ヒメノ
アズキ

Robinia L. †ハリエンジュ属【F-21】[4：北米〜メキシコ]：†ハリエンジュ
（ニセアカシア）

Rothia Pers. †ミヤコグサモドキ属【F-10】[2：アフリカ・熱帯アジア・豪州]

Samanea (Benth.) Merr. アメリカネムノキ属【E-5】[3：中米南部〜南米]

Saraca L. ムユウジュ属【B】[11(–20)：熱帯アジア〜マレーシア]：*ムユ
ウジュ（アソカノキ）

Scorpiurus L. †シャクトリムシマメ属【F-22b】[2(–4)：地中海地方〜西
アジア・マカロネシア]：*ウズムシマメ

Securigera DC. †タマザキクサフジ属【F-22b】[13：欧州〜中央アジア・
北アフリカ]

Senegalia Raf. アラビアゴムノキ属【E-5】[ca. 200：世界の熱帯]：*オキ
ナワネム, *ツルアカシア, *ペグノキ（アセンヤクノキ）

Senna Mill. †センナ属【E-2】[ca. 260：世界の熱帯]：†エビスグサ, *タガ
ヤサン, *ハブソウ

Sesbania Scop. †ツノクサネム属【F-22a】[ca. 60：世界の熱帯：特にアフ

リカとマダガスカルで多様化]：†キダチデンセイ，*シロゴチョウ

Sohmaea H. Ohashi & K. Ohashi　ホソミハギ属【F-20e】［ca. 7：南アジア〜東アジア亜熱帯・東南アジア・マレーシア・メラネシア］：*ヒメコハギ

Smithia Aiton　シバネム属【F-12】［ca. 20］：ネムリハギ

Sophora L.（incl. *Echinosophora* Nakai）　クララ属【F-8a】［ca. 50］：イソフジ，*イヌムレスズメ，ツクシムレスズメ

Spartium L.　レダマ属【F-10】［1：地中海地方］

Sphaerophysa DC.　クサボウコウマメ属【F-25a】［2：アジア温帯の乾燥地帯］

Strongylodon Vogel　ヒスイカズラ属【F-20h?】［12：インド洋・太平洋沿岸熱帯島嶼・東マレーシア・豪州］

Stylosanthes Sw.　†スチロサンテス属【F-12】［25(–50)：世界の熱帯］

Styphnolobium Schott　エンジュ属【F-3】［9：中国・北米東部］

Swainsona Salisb.　デザートピー属【F-25a】［84：豪州］

Tadehagi H. Ohashi　タデハギ属【F-20e】［ca. 6］：タデハギモドキ

〔125 頁より：62）の続き〕

　　［F-23 以降：IRLC (inverted repeat loss clade)］　群内の系統関係は［(F-23 + F-24)(F-25 + F-26)］の可能性が高い。

　　F-23：Glycirrhizeae　カンゾウ連［1 属：アフリカ以外の乾燥地の温帯］以前はガレガ連に含められていた。

　　F-24：［*Callerya* group］フジ群［3 属：アジア〜豪州と北米の熱帯〜温帯］以前は Millettieae ナツフジ連に含められていたが，縁が遠いものであることが分かり，ナツフジそのものも *Millettia* から除かれてこの群に移された。本書ではナツフジを暫定的にフジ属に含めるが，所属にはなお検討の余地が残されている。

　　F-25：Hedysareae alliance (incl. Astragaleae, Caraganeae, Carmichaelieae, Hedysareae)　イワオウギ連とその近縁群［約 33 属：北半球温帯，一部はアフリカや南米に広がる］　かつての Galegeae　ガレガ連からガレガ属(F-26 に属する)とカンゾウ属(F-23 に移動)を除いたもの［F-25a：約 20 属］と，F-25b. Hedysareae　イワオウギ連［約 8 属］，F-25c. Carmichaelieae　ニュージーランドイチビ連［5 属］を合わせたものは単系統群をなす。全体を広義のイワオウギ連とするのが妥当であろう。

　　F-26：Fabeae alliance (incl. Cicereae, Fabeae (Vicieae), Trigonelleae, Trifolieae)　ソラマメ連とその近縁群［約 14 属：世界の温帯，特に地中海地方とその周辺で多様化］　F-26a. Trigonelleae　コロハ連，F-26b. Trifolieae　シャジクソウ連，F-26c. Fabeae　ソラマメ連の 3 系統群が認められるが，ブルークローバー属，ガレガ属，ヒヨコマメ属の 3 属はそれらが分化するよりも前に分岐したことがわかっている。これらをまとめて広義のソラマメ連とするのがいいかも知れない。ソラマメ連は従来托葉や雌蕊の形態によっていくつかの属に分類されていたが，レンリソウ属，ヒラマメ属，エンドウ属などの古くから認められた属が全てソラマメ属の内群となることが判明しており，将来的に属の範囲付けが大幅に変更されることが予想される。

Tamarindus L.　タマリンド属【B】［1：おそらく熱帯アフリカ：世界の熱
帯で栽培］

Tephrosia Pers.　ナンバンクサフジ属【F-19b】［ca. 350：世界の熱帯～亜熱
帯］:*タイワンクサフジ

Teramnus P. Browne　ナンバンヤブマメ属【F-20i】［9：世界の熱帯］

Teyleria Baker　カイナンヤブマメ属【F-20i】［4：海南島・東南アジア・西
マレーシア］

Thermopsis R. Br.　センダイハギ属【F-8c】［20(–25)］:クソエンドウ

Ticanto Adans.　ナンテンカズラ属【E-4a】［1］

Trifolium L.　シャジクソウ属【F-26b】:[†]シロツメクサ(オランダゲンゲ),
[†]シャグマハギ

Trigonella L.　コロハ属【F-26a】［ca. 55：地中海地方・カナリア諸島・西～中
央アジア・インド・豪州］:*コロハ(フェヌグリーク),*レイリョウコウ

Ulex L.　ハリエニシダ属【F-10】［10–20：欧州・北アフリカ］

Uraria Desv.　フジボグサ属【F-20e】［ca. 20］- to be nested within Christia!

Vachellia Wight & Arn.　アラビアアカシア属【E-5】［ca. 160：世界の熱帯］:
*アラビアアカシア(アラビアゴムモドキ),*アリアカシア

Vicia L.　ソラマメ属【F-26c】［ca. 160］:[†]イブキノエンドウ,エビラフジ,カ
スマグサ,クサフジ,スズメノエンドウ,ツガルフジ,ツルフジバカマ,ナ
ンテンハギ(タニワタシ),フジガエソウ,ヤハズエンドウ,ヨツバハギ

Vigna Savi　ササゲ属【F-20k】［100–110 (多系統群)］:*アズキ,コチョウイ
ンゲン,[†]サラワクマメ,*バンバラマメ,*ヤエナリ(リョクトウ)

Wisteria Nutt.　フジ属【F-24】［5–6］:ナツフジ

Zornia J.F. Gmel.　スナジマメ属【F-12】［ca. 75］

2. 3. 30. 3：Surianaceae　スリアナ科〔141〕［5 属 8 種：世界の熱帯・マダガ
スカルと豪州の亜熱帯～暖温帯］

　Suriana L.　［1：世界の熱帯海岸］

2. 3. 30. 4：**Polygalaceae**　**ヒメハギ科** 63)〔142〕［約 26 属約 900 種：世界の
熱帯～亜寒帯］

　Epirixanthes Blume　ハナシヒナノカンザシ属(新称)【D】［6：熱帯アジア
(北は海南島と台湾南部に達する)・マレーシア・ソロモン諸島］

　Polygala L.　ヒメハギ属【D】［300–350］:カキノハグサ,*セネガ,ヒナノキン
チャク

　Salomonia Lour.　ヒナノカンザシ属【D】［6］

2. 3. 31：Rosales　バラ目

2. 3. 31. 1：**Rosaceae**　**バラ科** 64)〔143〕［(60–)75–90 属約 3000 種：全世界］

　Acaena Mutis ex L.　アカエナ属【C-6b】［40(–110)：豪州～南太平洋諸島・
ハワイ・南米］

　Agrimonia L.　キンミズヒキ属【C-6b】［ca. 15］

　Alchemilla L. (incl. *Aphanes* L.)　ハゴロモグサ属【C-5b】［ca. 100(無融合生
殖を行う小種を認めれば 900–1000)：北半球温帯～寒帯・旧世界の熱

帯高山・豪州・中南米]:†ノミノハゴロモグサ(イワムシロ)

Amelanchier Medik.　ザイフリボク属【B-8】[ca. 20]:ザイフリボク(シデザクラ)

Argentina Hill　エゾツルキンバイ属【C-5a】[ca. 60：北半球冷温帯〜寒帯・南〜東南アジア高地・マレーシア高山・豪州南部・タスマニア・ニュージーランド・南米，特にヒマラヤとその周辺で多様化]:*フクトメキンバイ

Aria (Pers.) Host (incl. *Micromeles* Decne.)　アズキナシ属【B-8】[40–100]:ウラジロノキ

Aronia Medik.　チョークベリー(アロニア)属【B-8】[2(–3)：北米東部]

Aruncus L.　ヤマブキショウマ属【B-7】[1–3]

---

63) ヒメハギ科は4連に分けられ，本書掲載の属は全てヒメハギ連に属する。クサントフィルム連は他のヒメハギ科の姉妹群であり，過去には別科とされたこともあったが，現在ではまとめる意見が広く受け入れられている。
A. Xanthophylleae　クサントフィルム連[1属約90種：熱帯アジア〜豪州]
B. Moutabeeae　モウタベア連[5属15種：ニューギニア〜ニューカレドニア・南米熱帯]
C. Carpolobieae　カルポロビア連[2属6種：熱帯アフリカ]
D. Polygaleae　ヒメハギ連[13属：全世界]

64) バラ科は Potter et al. (2007) に従って3亜科10連を認めるが，亜科の識別形質が弱いとして亜科を認めず，全体として11連に分類する説(Mabberley 2017)もある。属の範囲付けには異論が多く，近年ではサクラ連を全て1属として扱うのに合わせて他の連でも属を広義に扱うことが提案されているが(例えば Christenhusz et al. 2017)，属の形態的まとまりを悪くするだけのこの扱いが受け入れられる見込みは低く，むしろサクラ連についても複数の属を認める形で属の範囲付けに関してはやや保守的な立場をとるのが妥当である。
A. Dryadoideae　チョウノスケソウ亜科[4属約16種：ユーラシア寒帯・北米〜南米の太平洋岸]
B. Amygdaloideae (Spiraeoideae)　サクラ亜科(シモツケ亜科)[40–70属800–900種：世界の熱帯〜温帯]
B-1：Lyonothamneae [*Lyonothamnus floribundus* A. Gray 1種：北米(カリフォルニア)]
B-2：Neillieae　スグリウツギ連[2属約24種：ヒマラヤ〜東アジア・北米]
B-3：Amygdaleae　サクラ連[3 (1–8)属 200–250種：北半球温帯，アジアおよびマレーシアでは熱帯に達する]　本書では Shi et al. (2013) によって認められている広義サクラ属の3亜属を属のランクに上げて3属を認める。
B-4：Osmaronieae　ヤナギザクラ連[3属6–8種：ヒマラヤ〜東アジア・北米西部]
B-5：Kerrieae　ヤマブキ連[4属4種：東アジア・北米南西部]

〔以下131頁へ〕

129

維管束植物分類表

Cerasus Mill.　サクラ属【B-3】[ca. 30]:エドヒガン,＊ソメイヨシノ

Chaenomeles Lindl.　ボケ属【B-8】[4]

Chamaerhodos Bunge　インチンロウゲ属【C-5b】[ca. 5:アジアおよび北米北西部の冷温帯]

Comarum L.　クロバナロウゲ属【C-5b】[2]

Cotoneaster Medik.　†シャリントウ属【B-8】[ca. 80(無融合生殖を行う小種を認めれば 400+):ユーラシア・北アフリカ温帯,特にヒマラヤ～中国で多様化,世界の温帯にも野生化]:＊コケモモカマツカ,†ベニシタン

Crataegus L.（incl. *Mespilus* L.）　サンザシ属【B-8】[ca. 200(無融合生殖を行う小種を認めれば種数は数倍になる)]:＊セイヨウカリン(ミスペル,メドラー)

Cydonia Mill.　マルメロ属【B-8】[1:西アジア,世界中の温帯で栽培]

Dasiphora Raf.　キンロバイ属【C-5b】[ca. 12]:ハクロバイ

Dryas L.　チョウノスケソウ属【A】[2(–10)]

Drymocallis Fourr. ex Rydb.　シロバナロウゲ属【C-5b】[25–30:ユーラシアおよび北米の冷温帯]

Eriobotrya Lindl.　†ビワ属【B-8】[15–20(–30):ヒマラヤ～東アジア・東南アジア・西マレーシア]

Exochorda Lindl.　ヤナギザクラ属【B-4】[1–3:東アジア]:＊リキュウバイ(ウメザキウツギ,バイカシモツケ)

Filipendula Mill.　シモツケソウ属【C-1】[ca. 16]:オニシモツケ,＊キョウガノコ,＊ナツユキソウ

Fragaria L.　オランダイチゴ属【C-5b】[10–15]:シロバナノヘビイチゴ(モリイチゴ),ノウゴウイチゴ,†エゾヘビイチゴ(ベスカイチゴ)

Geum L.（incl. *Acomastylis* Greene, *Parageum* Nakai & H. Hara, *Waldsteinia* Willd.）　ダイコンソウ属【C-3】[ca. 45]:コキンバイ

Hagenia J.F. Gmel.　コソノキ属【C-6a】[1:アフリカ中部～北東部]

Kerria DC.　ヤマブキ属【B-5】[1]

Malus Mill.（incl. *Docynia* Decne., *Eriolobus* (DC.) M. Roem., *Macromeles* Koidz.）　リンゴ属【B-8】[ca. 50]:＊ウスバサンザシ,オオウラジロノキ,ズミ,ノカイドウ

Neillia D. Don（incl. *Stephanandra* Siebold & Zucc.）　スグリウツギ属【B-2】[12(–15)]:コゴメウツギ,カナウツギ

Osteomeles Lindl.　テンノウメ属【B-8】[2(–5)]

Padus Mill.（incl. *Laurocerasus* Duhamel, *Maddenia* Hook.f. & Thomson, *Pygeum* Gaertn.）　ウワミズザクラ属【B-3】:イヌザクラ,＊カキバイヌザクラ,＊クロボシザクラ,シウリザクラ,バクチノキ,リンボク

Photinia Lindl.　カナメモチ属【B-8】[ca. 40]

Physocarpus (Cambess.) Raf.　テマリシモツケ属【B-2】[3:北東アジア・北米]:＊アメリカシモツケ

Potentilla L.（incl. *Duchesnea* Sm.）　キジムシロ属【C-5a】[ca. 300]:イワキンバイ,カワラサイコ,ツチグリ,ツルキンバイ,ヘビイチゴ,ミツモトソウ

Poterium L.　オランダワレモコウ属【C-6b】[13:欧州～ヒマラヤ・カナリア諸島]

Pourthiaea Decne.　カマツカ属【B-8】［ca. 5：カマツカ（ウシコロシ），*タイワンカナメモチ

Prinsepia Royle　サイカチモドキ属【B-4】［4：ヒマラヤ～東アジア］

Prunus L.（incl. *Amygdalus* L., *Armeniaca* Mill., *Microcerasus* M. Roem.）　†スモモ属【B-3】［ca. 100：ユーラシアおよび北アフリカ温帯］：*アンズ，*ウメ，*セイヨウスモモ（プルーン），*ニワウメ，*ニワザクラ，*ヘントウ，*ユスラウメ

Pseudocydonia (C.K. Schneid.) C.K. Schneid.　カリン属【B-8】［1：中国］

Pyracantha M. Roem.　トキワサンザシ属【B-8】［(3–)10（多系統群?）：ユーラシア暖温帯］：*カザンデマリ，*タチバナモドキ

Pyrus L.　ナシ属【B-8】［ca. 30］

Rhaphiolepis Lindl. ex Ker Gawl.　シャリンバイ属【B-8】［5］：*モッコクモドキ

Rhodotypos Siebold & Zucc.　シロヤマブキ属【B-5】［1］

〔129 頁より：64）の続き〕

　　B-6：Sorbarieae　ホザキナナカマド連［4 属 8 種：中央アジア～東アジア・北米西部］

　　B-7：Spiraeeae　シモツケ連［8 属 100 種余：北半球温帯］

　　B-8：Maleae (Pyreae)　ナシ連［20–40 属 450–500 種（無融合生殖種を除く）：北半球亜熱帯～温帯］　Sun et al. (2018) によれば 4 亜連に分けられるが，本書掲載の属を含む大部分がナシ状果を含むことで特徴づけられるナシ亜連 Malinae (Pyrinae) に属し，初期に分岐した残りの 3 亜連は乾果を結ぶ新大陸産の属からなる。このうち最初に分岐した Gilleniinae［1 属 2 種：北米］を独立の連とする意見もある。ナシ亜連はかつて独立のナシ亜科 Maloideae として扱われるなど形態的にまとまった群であり，属の範囲付けには異論が多いが，Sun et al. (2018) のように 30 属内外を認めるのが妥当であろう。全体を 1 属とする Christenhusz et al. (2017) の提案は受け入れがたい。

　C. Rosoideae　バラ亜科［約 30 属 1150–1250 種：全世界］

　　C-1：Ulmarieae（Filipenduleae）　シモツケソウ連［1 属：ユーラシア・北米］

　　C-2：Rubeae　キイチゴ連［1 属：全世界，特に北半球に多い］

　　C-3：Colurieae　ダイコンソウ連［3 属 40 種余］

　　C-4：Roseae　バラ連［1 属：北半球亜熱帯～亜寒帯］

　　C-5：Potentilleae　キジムシロ連［約 12 属 450–500 種（無融合生殖種を除く）：世界の温帯～寒帯（南半球では少ない）と熱帯の高山］　C-5a. Potentillinae　キジムシロ亜連［2 属約 350–400 種］，C-5b. Fragariinae (incl. Alchemillinae)　オランダイチゴ亜連［約 10 属 100–130 種］の 2 亜連に分けられる。Christenhusz et al. (2017) は連全体をキジムシロ属 1 属として扱うことを提案しているが，この意見は採用しない。

　　C-6：Agrimonieae (Sanguisorbeae)　キンミズヒキ連［約 12 属約 260 種：世界の温帯と熱帯の高山］　C-6a. Agrimoniinae　キンミズヒキ亜連［5 属約 17 種：北半球温帯・アフリカ］，C-6b. Sanguisorbinae　ワレモコウ亜連［約 7 属約 240 種：全世界の温帯，特に南半球に多い］の 2 亜連に分けられる。

Rosa L.　バラ属【C-4】［100+］:ハマナス(ハマナシ)

Rubus L.　キイチゴ属【C-2】［ca. 250(無融合生殖種を除く)］:クサイチゴ, コガネイチゴ, *トキンイバラ, *ブラックベリー, ホロムイイチゴ, モミジイチゴ

Sanguisorba L.　ワレモコウ属【C-6b】［ca. 15］:カライトソウ, タカネトウウチソウ

Sibbaldia L. (incl. *Sibbaldiopsis* Rydb.)　タテヤマキンバイ属【C-5b】［6(多系統群)］:メアカンキンバイ

Sibbaldianthe Juz. (incl. *Schistophyllidium* (Juz. ex Fed.) Ikonn.)　ヒナキンロバイ属［2–4:ユーラシア温帯の半乾燥地帯］:*クサキンロバイ

Sieversia Willd.　チングルマ属【C-3】［1–2］

Sorbaria (Ser.) A. Braun　ホザキナナカマド属【B-6】［4］:*ニワナナカマド

Sorbus L.　ナナカマド属【B-8】［ca. 90］

Spiraea L.　シモツケ属【B-7】［ca. 80］:イワガサ, *コデマリ, †ユキヤナギ

Stranvaesia Lindl.　ニイタカカマツカ属【B-8】［5:中国西南部～東南アジア・台湾］

2. 3. 31. 2:Barbeyaceae　バルベヤ科〔144〕［1 属 1 種:東アフリカ・イエメン］
　　Barbeya Schweinf.　［1］

2. 3. 31. 3:Dirachmaceae　ディラクマ科〔145〕［1 属 2 種:東アフリカ(ソマリア)・ソコトラ島］
　　Dirachma Schweinf. ex Balf.f.　［2］

2. 3. 31. 4:**Elaeagnaceae　グミ科**〔146〕［3 属 40–55 種:ユーラシア・マレーシア・インド洋および西太平洋島嶼・豪州北東部・北米］
　　Elaeagnus L.　グミ属［30–45］:ナツアサドリ
　　Hippophae L.　シーベリー属［7:ユーラシア］

2. 3. 31. 5:**Rhamnaceae　クロウメモドキ科**[65]〔147〕［約 55 属 1000 種余:世界の熱帯～亜寒帯］
　　Alphitonia Reisseck ex Endl.　サビハノキ属【C-x】［ca. 15:マレーシア・豪州・西太平洋諸島］
　　Berchemia Neck. ex DC.　クマヤナギ属【A-3a】［ca. 20］
　　Berchemiella Nakai　ヨコグラノキ属【A-3a】［2］
　　Ceanothus L.　ソリチャ属【C-x】［55:北米(西部に多い)・メキシコ］
　　Colubrina Rich. ex Brongn.　ヤエヤマハマナツメ属【C-x】［ca. 33］
　　Frangula Mill.　イソノキ属【A-3b】［ca. 50］
　　Hovenia Thunb.　ケンポナシ属【C-2】［7］
　　Paliurus Tourn. ex Mill.　ハマナツメ属【C-2】［5］
　　Rhamnella Miq.　ネコノチチ属【A-3a】［ca. 10］
　　Rhamnus L.　クロウメモドキ属【A-3b】［ca. 55］:クロカンバ, クロツバラ, †シーボルトノキ, ミヤマハンモドキ
　　Sageretia Brongn.　クロイゲ属【A-3a】［ca. 35］
　　Smythea Seem.　タイヘイヨウカズラ属【A-1】［ca. 15:東南アジア・マレーシア・太平洋諸島］

維管束植物分類表

Ventilago Gaertn.　カザナビキ属【A-1】[ca. 40：旧世界の熱帯]

Ziziphus Mill.（*Zizyphus* Adans.）　†ナツメ属【C-2】[ca. 65：旧世界の熱帯，1種が東アジア温帯，4種が豪州の温帯]

2. 3. 31. 6：**Ulmaceae　ニレ科**〔148〕[7 属約 45 種：世界の熱帯と北半球の亜熱帯〜温帯]

Hemiptelea Planch.　ハリゲヤキ属[1：中国・朝鮮半島]

Ulmus L.　ニレ属[25–30]：オヒョウ

Zelkova Spach　ケヤキ属[4]：ケヤキ(ツキ)

2. 3. 31. 7：**Cannabaceae　アサ科**66)〔149〕[9 属約 100 種：ほぼ全世界]

Aphananthe Planch.　ムクノキ属[5]

Cannabis L.　†アサ属[1(–3)：ユーラシア，おそらく中央アジア原産]：†アサ(タイマ)

Celtis L.　エノキ属[ca. 100]

Gironniera Gaudich.　[6：熱帯アジア・マレーシア・太平洋諸島]

Humulus L.　カラハナソウ属[3]：カナムグラ，*ホップ

Trema Lour.　ウラジロエノキ属[ca. 50]：キリエノキ(コバフンギ)

2. 3. 31. 8：**Moraceae　クワ科**67)〔150〕[約 37 属約 1200 種：世界の熱帯〜温帯]

Antiaris Leschen.　ウパスノキ属【F】[1：旧世界熱帯・メラネシア]

Artocarpus J.R. & G. Forst.　パンノキ属【A】[ca. 50：熱帯アジア・マレーシア・豪州・太平洋諸島]：パラミツ(ジャックフルーツ)

---

65) クロウメモドキ科は 3 亜科に分けられる。
A. Rhamnoideae　クロウメモドキ亜科[約 17 属約 360 種]
A-1：Ventilagineae　カザナビキ連[2 属約 50 種]，A-2：Maesopsideae[1属 1 種：熱帯アフリカ]，A-3：Rhamneae　クロウメモドキ連[約 14 属 300 種余]（さらに A-3a. *Berchemia* group[約 12 属]と A-3b. *Rhamnus* group[2–4 属]に分けられる)。
B. Ampelozizyphoideae　[3 属 5–10 種：マダガスカル・キューバ・南米]
C. Zizyphoideae　ナツメ亜科[約 35 属 600 種余]
C-1：Gouanieae[7 属約 75 種]，C-2：Paliurae　ナツメ連[4 属約 110 種]，C-3：Colletieae[7 属 20 種余]，C-4：Phyliceae[4 属約 190 種]，C-5：Pomaderreae[約 10 属約 230 種]の 5 連に分けられるが，ヤエヤマハマナツメ属などいくつかの属はまだ所属が定まっていない。

66) アサ科ではムクノキ属が最初に分岐したことが高い確率で推測されている。草本性の狭義のアサ科はエノキ属やウラジロエノキ属などからなる系統群と姉妹群をつくる可能性が高いが，支持確率は十分に高くない。

67) クワ科には 6 連が認められているが，他に少数の所属未定の属がある。系統関係は (A + B)[C {D (E + F)}]。
A. Artocarpeae　パンノキ連[3 属約 80 種：アジア〜マレーシアの熱帯・中南米]
B. Moreae　クワ連[6 属約 50 種]
C. Maclureae　カカツガユ連[1 属]　　　　　　　〔以下 135 頁へ〕

133

Brosimum Sw.　ラモン属【D】［13：中南米］

Broussonetia L'Hér. ex Vent.　カジノキ属【D】［3(+1雑種)：東アジア暖温帯～東南アジア，太平洋諸島に野生化］：ヒメコウゾ

Castilla Sessé ex Cerv.　アメリカゴムノキ(メキシコゴムノキ)属【F】［3：中南米］

Dorstenia L.　ドルステニア属【D】［ca. 105：アフリカ・熱米に大部分，熱帯アジアに1種］

Fatoua Gaudich.　クワクサ属【D】［3］

Ficus L.　イチジク属【E】［ca. 850］：*アイギョクシ，アコウ，イタビカズラ，イヌビワ(イタビ)，†インドゴムノキ，*インドボダイジュ，*ウドンゲノキ，ガジュマル，*シダレガジュマル(ベンジャミンゴムノキ)，*ベンガルボダイジュ(バニヤンジュ)

Maclura Nutt.（incl. *Cudrania* Trécul）　ハリグワ属【C】［11］：†ハリグワ，カカツガユ

Morus L.　クワ属【B】［10–15］

Trophis P. Browne（incl. *Malaisia* Blanco）　ネジレギ属【D】［9：マダガスカル・熱帯アジア～マレーシア・ニューカレドニア・熱米］

2. 3. 31. 9：**Urticaceae　イラクサ科** [68]〔151〕［約55属約1500種：世界の熱帯～亜寒帯］

Boehmeria Jacq.　ヤブマオ属【B-3】［ca. 80］：アカソ，†ナンバンカラムシ(マオ)，ヤナギバモクマオ，ラセイタソウ

Cecropia Loefl.　ケクロピア(セクロピア)属【A】［ca. 80：中南米熱帯］

Chamabainia Wight　モリソウ属【B-3】［1：南～東アジア・東南アジア亜熱帯高地］

Cypholophus Wedd.　コウトウマオ属【B-3】［ca. 15：蘭嶼・マレーシア・ソロモン諸島・西大西洋諸島］

Debregeasia Gaudich.　ヤナギイチゴ属【B-3】［ca. 6］

Dendrocnide Miq.　イラノキ属【E-2】［37：南～東アジア亜熱帯・東南アジア・マレーシア地域・豪州北部・西太平洋諸島］

Elatostema J.R. & G. Forst.　ウワバミソウ属【D】［ca. 300］：アマミサンショウソウ，クニガミサンショウヅル，トキホコリ，*ヒメミズ，ランダイミズ

Fleurya Gaudich.　アコウクワクサ属【E-1】［ca. 11：世界の熱帯～亜熱帯］：*アカミズ

Girardinia Gaudich.　オニイラクサ属【E-3】［2：アフリカ・南アジア～中国・朝鮮半島・台湾・東南アジア・マレーシア西部］：*セイバンイラクサ

Gonostegia Turcz.　ツルマオ属【B-3】［(3–)5：アジア熱帯～亜熱帯・マレーシア・豪州］：*オトギリマオ

Laportea Gaudich.　ムカゴイラクサ属【E-x】［ca. 10：南～東アジア・東南アジア・北米］

Lecanthus Wedd.　チョクザキミズ属【D】［2–3：旧世界熱帯～亜熱帯高地・メラネシア］

Leucosyce Zoll. & Moritzi　ウラジロイワガネ属【C】［ca. 35：東南アジア・

蘭嶼・マレーシア・南太平洋諸島]

Maoutia Wedd.　コウトウウラジロマオ属【C】[ca. 15 : インド北部～東南アジア・蘭嶼・マレーシア・太平洋諸島]

Nanocnide Blume　カテンソウ属【E-3】[3]

Oreocnide Miq.（*Villebrunea* Gaudich. ex Wedd.）　ハドノキ属【B-3】[18]:イワガネ

Parietaria L.　ヒカゲミズ属【B-2】[ca. 20]

Pellionia Gaudich.　サンショウソウ属【D】[ca. 60]:キミズ

Pilea Lindl.（incl. *Achudemia* Blume）　ミズ属【D】[ca. 400]:アオミズ, コケミズ, †コゴメミズ, ミヤマミズ, ヤマミズ

〔133 頁より：67)の続き〕

D. Dorstenieae　ドルステニア連[16 属約 150 種]　従来クワ連に入れられてきたコウゾ属やネジレギ属は，ドルステニア連の姉妹群であり，さらにクワクサ属がそれらの姉妹群となることが判明した (Chung et al. 2017) ので，これらを含んでドルステニア連を拡張する。

E. Ficeae　イチジク連[1 属]

F. Castilleae　メキシコゴムノキ連[11 属 60 種余:世界の熱帯, 特に熱米]

68) イラクサ科には 5–7 連が認められている。5 連に分類する体系では以下のようになる。系統関係は (A + B) および (D + E) は支持されているが，C は (D + E) と単系統群をなす可能性が高いもののその支持確率は高くない。

A. Cecropieae　ケクロピア連[5 属 150 種余:アフリカ熱帯・熱米]従来クワ科に入れられたり，独立のケクロピア科とされていた属の大部分はここに属する。ただし，従来同じ仲間とされていた *Poikilospermum* 属は E-1 に属する。

B. Boehmerieae (s. l.)　ヤブマオ連(広義)[約 27 属 300 種]　さらにこれを B-1:Forsskaoleeae [4 属]，B-2:Parietarieae　ヒカゲミズ連[5 属]，B-3:Boehmerieae (s. str.)　ヤブマオ連(狭義)[約 18 属] に細分する意見もある。これらは全体として単系統群をなし，形態上の共通性が高いのでここでは広くまとめておく。

C. *Leucosyce* group　ウラジロイワガネ群[ウラジロイワガネ属とコウトウウラジロマオ属の 2 属約 50 種]　形態的には B-3 に共通する特徴をもつ。

D. Elatostemateae (Lecantheae, Procrideae)　ウワバミソウ連[約 7 属約 800 種]

E. Urticeae　イラクサ連[14 属約 190 種]　Kim et al. (2015) によれば大きく 3 系統群 E-1:*Urera* group，E-2:*Dendrocnide* group，E-3:*Urtica* group が認められる。ムカゴイラクサ属は多系統群となって 3 属に分割され，アコウクワクサ属(*Fleurya*)は E-1，ミヤマイラクサ (*Sceptrocnide*) は E-3 に属するが，ムカゴイラクサが含まれる狭義の *Laportea* は解析に用いられる遺伝子領域によって E-1 または E-3 と姉妹群をなし，おそらく両者の過去の交雑に由来する群と考えられている。

Pipturus Wedd.　ヌノマオ属【B-3】［ca. 30］:ヌノマオ(オオイワガネ)

Poikilospermum Zipp. ex Miq.　【E-1】［ca. 20 : 東南アジア・蘭嶼・マレーシア・豪州北部・メラネシア］

Pouzolzia Gaudich.　ヤンバルツルマオ属【B-3】［ca. 40 : 世界の熱帯］: *キダチヒメマオ

Procris Comm. ex Juss.　ウライソウ属【D】［ca. 20 : 南～東南アジア・台湾・マレーシア・西太平洋諸島・小笠原］

Sceptrocnide Maxim.　ミヤマイラクサ属【E-3】［1 : 東アジア］

Soleirolia Gaudich.　†コケイラクサ属【B-2】［1 : 地中海地方西部］

Urtica L.　イラクサ属【E-3】［40～50］

2. 3. 32 : Fagales　ブナ目

2. 3. 32. 1 : Nothofagaceae　ナンキョクブナ科 [69]〔152〕［1(–4) 属約 43 種：ニューギニア・ニューカレドニア・豪州南東部・タスマニア・ニュージーランド・南米南部］

　　　Nothofagus Blume　ナンキョクブナ属［43］

2. 3. 32. 2 : **Fagaceae　ブナ科** [70]〔153〕［8 属約 900 種：北半球の亜熱帯～冷温帯・東南アジア～マレーシアおよび中米～南米北西部の熱帯］

　　　Castanea Mill.　クリ属［ca. 12］:クリ(シバグリ)

　　　Castanopsis Spach　シイ属［100～120］:*クリガシ, スダジイ, ツブラジイ

　　　Fagus L.　ブナ属［ca. 10］

　　　Lithocarpus Blume（incl. *Pasania* (Miq.) Oerst.）　オニガシ属［100～300］:シリブカガシ, マテバシイ

　　　Quercus L.（incl. *Cyclobalanopsis* Oerst.）　コナラ属［350～450］:アカガシ, イチイガシ, ウバメガシ, カシワ, ナラガシワ, ミズナラ

　　　Trigonobalanus Forman　カクミガシ属［3 : 中国西南部・東南アジア・西マレーシア・南米(コロンビア)］

2. 3. 32. 3 : **Myricaceae　ヤマモモ科** [71]〔154〕［4 属約 57 種：豪州を除く世界の熱帯～亜寒帯］

　　　Morella Lour.　ヤマモモ属［50～60］

　　　Myrica L.（*Gale* Duhamel）　ヤチヤナギ属［2］

2. 3. 32. 4 : **Juglandaceae　クルミ科** [72]〔155〕［9 属約 60 種：ユーラシア亜熱帯～温帯・マレーシア・北米～南米］

　　　Carya Nutt.　ペカン属【C】［ca. 18 : パキスタン・中国南部～ベトナム・北米東部・メキシコ］:*ペカン(ヒッコリー)

　　　Engelhardia Leschen. ex Blume　フジバシデ属【B】［5 : ヒマラヤ～東アジア亜熱帯・東南アジア・マレーシア］

　　　Juglans L.　クルミ属【C】［ca. 21］:オニグルミ

　　　Platycarya Siebold & Zucc.　ノグルミ属【C】［(1–)2］

　　　Pterocarya Kunth　サワグルミ属【C】［6］:*シナサワグルミ(カンポウフウ)

　　　Rhoiptelea Diels & Hand.-Mazz.　【A】［1 : 中国西南部・ベトナム北部］

維管束植物分類表

2. 3. 32. 5：Casuarinaceae　†モクマオウ科〔156〕［4 属約 90 種：マダガスカル・マレーシア・豪州・ニューカレドニア・太平洋諸島］

Allocasuarina L.A.S. Johnson　ストリクタモウマオウ属［59：豪州（特に南部）］

Casuarina L.　†トクサバモクマオウ属（トキワギョリュウ属）［17：マスカリン諸島（移入 ?）・マレーシア・豪州・南太平洋諸島］：†カニンガムモクマオウ

2. 3. 32. 6：Ticodendraceae　ティコデンドロン科〔157〕［1 属 1 種：中米］

Ticodendron Gómez-Laurito & P.Gómez　［1］

2. 3. 32. 7：**Betulaceae　カバノキ科**[73)]〔158〕［6 属約 150–170 種：北半球亜熱帯～寒帯・中南米熱帯の山地］

Alnus Mill.　ハンノキ属【A】［30(–40)］：ヤシャブシ

Betula L.　カバノキ属【A】［40(–60)］：オノオレカンバ, シラカンバ, チチブミネバリ, ミズメ（ヨグソミネバリ, アズサ）, ネコシデ, ヤチカンバ

69）ナンキョクブナ科は従来 4 亜属を含む 1 属のみからなるとされ, 本書でもそれに従うが, 亜属を属のランクに上げて 4 属を認める説（Heenan & Smissen 2013）もある。細分した場合, ナンキョクブナ属は南米南部産の 5 種のみに限定され, 残りの種は *Fuscospora*（R.S. Hill & J. Read）Heenan & Smissen［6：ニュージーランド・タスマニア・南米南部］, *Lophozonia* Turcz.［7：豪州南東部・ニュージーランド・南米南部］, *Trisyngyne* Baill.［25：ニューギニア・ニューカレドニア］に属することになる。

70）ブナ科はブナ属のみからなる Fagoideae　ブナ亜科と, 残りの 7 属からなる Quercoideae　コナラ亜科に分けられる。コナラ亜科内の系統関係については支持確率が十分でないが, コナラ属, シイ属, クリ属および *Notholithocarpus* Manos, Cannon & S.H. Oh（1 種：カリフォルニア産でかつてはオニガシ属に含められており, 2009 年に分離された）が単系統群をなす可能性が高い。

71）ヤマモモ科の中では, *Canacomyrica* Guillaum.［1：ニューカレドニア］が最も初期に分岐した属であることが受け入れられている。ヤマモモ属とヤチヤナギ属を分離した場合にどちらに *Myrica* を残すかについては議論の末に原生種が少ないながらも化石種の多いヤチヤナギの仲間に *Myrica* が残され, ヤマモモ属にはヤマモモを基準種とする *Morella* Lour. が使われるようになっている。この 2 属と, *Comptonia* L'Hér.［1：北米, ただし化石は日本を含め北半球で広く発見されている］の属レベルの分類については現在も異説がある。

72）クルミ科は A. Rhoipteleoideae［1 属］, B. Engelhardioideae　フジバシデ亜科［3 属約 14 種：アジア亜熱帯～マレーシア・中南米］, C. Juglandoideae　クルミ亜科［5 属約 45 種：ユーラシア・北米～南米］の 3 亜科からなり, 日本産の属は全てクルミ亜科に属する。クルミ亜科の中では, ノグルミ属が最も基部で分岐したと考えられている。

73）カバノキ科は A. Betuloideae　カバノキ亜科［2 属 70–100 種］と B. Coryloideae　ハシバミ亜科［4 属約 70 種］の 2 亜科に分類される。

維管束植物分類表

Carpinus L.　クマシデ属【B】［ca. 26］：アカシデ，サワシバ
Corylus L.　ハシバミ属【B】［ca. 15］：*セイヨウハシバミ（ヘーゼル）
Ostrya Scop.　アサダ属【B】［7］
Ostryopsis Decne.　ハシバミモドキ属【B】［2：中国北部］

2. 3. 33：Cucurbitales　ウリ目

2. 3. 33. 1：Apodanthaceae　アポダンテス科〔159〕［2属約23種：アフリカ・南西アジア・豪州南西部・北米南西部〜南米］
　　　Apodanthes Poir.　［ca. 9：北米南西部〜南米］

2. 3. 33. 2：Anisophylleaceae　アニソフィレア科〔160〕［4属約34種：熱帯アフリカ・東南アジア〜西マレーシア・南米］
　　　Anisophyllea R. Br. ex Blume　［ca. 30：熱帯アフリカ・東南アジア〜マレーシア西部・南米］

2. 3. 33. 3：Corynocarpaceae　コリノカルプス科〔161〕［1属6種：ニューギニア・メラネシア・豪州東部・ニュージーランド］
　　　Corynocarpus J.R. & G. Forst.　［6］

2. 3. 33. 4：**Coriariaceae　ドクウツギ科**〔162〕［1属約17種：地中海地方・ヒマラヤ〜中国西南部・日本・台湾・フィリピン・ニューギニア〜メラネシア・ニュージーランド・中南米］
　　　Coriaria L.　ドクウツギ属　［ca. 17］

2. 3. 33. 5：**Cucurbitaceae　ウリ科**[74]〔163〕［約97属990種：世界の熱帯〜温帯］
　　　Actinostemma Griff.　ゴキヅル属【D】［1］
　　　Alsomitra (Blume) Spach（*Macrozanonia* Cogn.）　ハネフクベ属【A】［1：東南アジア・マレーシア］
　　　Baijiania A.M. Lu & J.Q. Li（*Sinobaijiania* C. Jeffrey & W.J. de Wilde）　タイワンノウリ属【F】［5：中国南部・台湾・東南アジア・ボルネオ］
　　　Benincasa Savi　トウガン属【N】［2：熱帯アジア〜豪州，世界の温暖地域で広く栽培］
　　　Citrullus Schrad. ex Eckl. & Zeyh.　スイカ属【N】［7：地中海地方〜アジア南西部・アフリカ，世界中で栽培］：*コロシントウリ
　　　Coccinia Wight & Arn.　†ヤサイカラスウリ属【N】［ca. 20：熱帯アフリカ・熱帯アジア］
　　　Cucumis L.（incl. *Mukia* Arn.）　キュウリ属【N】［ca. 32：アフリカ〜東南アジア，世界中で栽培］：†ザッソウメロン，サンゴジュスズメウリ，*マクワウリ
　　　Cucurbita L.　カボチャ属【O】［ca. 15 野生種：北〜南米＋5 栽培種（3 種は世界中で栽培）］
　　　Cyclanthera Schrad.　バクダンウリ属【L】［ca. 20：熱米，1 種は旧世界熱帯で野生化］
　　　Diplocyclos (Endl.) T. Post & Kuntze　オキナワスズメウリ属【N】［4］
　　　Ecballium A. Rich.　テッポウウリ属【J】［1：地中海地方〜アジア南西部］
　　　Gynostemma Blume　アマチャヅル属【A】［10–12 (–17)］

138

Lagenaria Ser.　ヒョウタン属【N】[6：熱帯アフリカ，1種は世界中で栽培]：
*フクベ，*ユウガオ

Luffa Mill.　ヘチマ属【L】[5–7：世界の熱帯～亜熱帯]

Melothria L.　†アメリカスズメウリ属【N】[ca. 12：熱米]

Momordica L.　†ニガウリ属【H】[45(–60)：旧世界熱帯，特にアフリカで多
様化]：*ニガウリ（ツルレイシ，ゴーヤ），†ナンバンカラスウリ（モクベッシ）

Neoalsomitra Hutch.　ガンドウカズラ属【A】[ca. 12：インド～東アジア亜
熱帯・東南アジア・マレーシア・豪州北部・フィジー]

Schizopepon Maxim.　ミヤマニガウリ属【K】[6–8]

Sicyos L.（incl. *Sechium* P. Browne)　†アレチウリ属【L】[ca. 75：豪州・南太
平洋諸島・ハワイ・南北アメリカ]：*ハヤトウリ

Solena Lour.　テングスズメウリ属【N】[3：アフガニスタン以東のアジア
の熱帯～亜熱帯・マレーシア]

Thladiantha Bunge　†オオスズメウリ属【F】[ca. 25：インド北東部～東ア
ジア・東南アジア～マレーシア]：*テンツキノウリ

Trichosanthes L.（incl. *Gymnopetalum* Arn.)　カラスウリ属【L】[ca. 110]：*ヘビウリ

Zehneria Endl.（incl. *Neoachmandra* W.J. de Wilde & Duyfjes, *Pliogyne* Eckl. ex Schrad.)
スズメウリ属【N】[55–60]：クロミノオキナワスズメウリ，サツマスズ
メウリ，*ホソガタスズメウリ

---

74)ウリ科は15連に分類される（Schaefer & Renner 2011）。このうち，E以
下は単系統群をなし，形態的にも比較的まとまっているので，これらを
まとめて広義のウリ連 Cucurbiteae とし，A～Dと合わせて5連を認める
のがいいとする提案（Christenhusz et al. 2017)もある。
　A. Gomphogyneae　アマチャヅル連[6属50種余：南～東アジア・東南
　　アジア～マレーシア・メラネシア・豪州]
　B. Triceratieae　[5属24種：アフリカ・マダガスカル・中南米]
　C. Zanonieeae　[4属13種：世界の熱帯]
　D. Actinostemmateae　ゴキヅル連[1属3種：アジアの温帯～亜熱帯]
　E. Indofevilleeae　[1属2種：インド北東部・中国西南部・ミャンマー]
　F. Thladiantheae　オオスズメウリ連[2(–3)属約35種]
　G. Siraitieae　[1属3–4種：インド～マレーシア]
　H. Momordiceae　ニガウリ連[1属約60種：旧世界の熱帯～亜熱帯]
　I. Joliffieae（Telfairieae)　[4属約10種：アフリカ熱帯・マダガスカル]
　J. Bryonieae　ブリオニア連[3属15種：欧州・北アフリカ・カナリア諸島・
　　西～中央アジア・豪州]
　K. Schizopeponeae　ミヤマニガウリ連[2(–4)属約10種：ヒマラヤ～東
　　アジア]
　L. Sicyoeae　アレチウリ連[約12属260–270種：世界の熱帯～温帯]
　M. Coniandreae　[20属140種余：アフリカ・マダガスカル・北米南西
　　部～南米，少数がアジアの熱帯～亜熱帯]
　N. Benincaseae　トウガン連[24(–26)属約240種：世界の熱帯～暖温帯，
　　特にアフリカで多様性が高い]
　O. Cucurbiteae　カボチャ連[11属約110種：北米南部～南米・西イン
　　ド諸島，1種のみアフリカ・マダガスカル]

維管束植物分類表

2. 3. 33. 6：Tetramelaceae　テトラメレス科〔164〕〔2 属 2 種：熱帯アジア・マレーシア・ソロモン諸島・豪州北東部〕
　　Tetrameles R. Br.〔1：熱帯アジア・マレーシア〕

2. 3. 33. 7：Datiscaceae　ナギナタソウ科〔165〕〔1 属 2(–3) 種：地中海地方～南西アジア・西ヒマラヤ・北米南西部～メキシコ〕
　　Datisca L.　ナギナタソウ属〔2(–3)〕

2. 3. 33. 8：**Begoniaceae　シュウカイドウ科**〔166〕〔2 属約 1800 種：豪州を除く世界の湿潤な熱帯～亜熱帯〕
　　Begonia L.　シュウカイドウ属〔1800+〕：*シキザキベゴニア

（2.3.34–2.3.36：COM Clade）

2. 3. 34：Celastrales　ニシキギ目

2. 3. 34. 1：Lepidobotryaceae　カタバミノキ科〔167〕〔2 属 2 種：西アフリカ熱帯・熱米〕
　　Lepidobotrys Engl.〔1：西アフリカ熱帯〕

2. 3. 34. 2：**Celastraceae**(incl. Hippocrateaceae, Lepuropetalaceae, Parnassiaceae, Stackhousiaceae)　**ニシキギ科**[75]〔168〕〔約 96 属約 1200 種：ほぼ全世界〕
　　Catha Forssk. ex Scop.　カート属【C-6】〔1：東アフリカ・アラビア半島〕
　　Celastrus L.　ツルウメモドキ属【C-7】〔30+〕:イワウメヅル
　　Euonymus L.　ニシキギ属【C-7】〔ca. 130〕:コクテンギ（クロトチュウ），ツリバナ，マユミ
　　Gymnosporia (Wight & Arn.) Hook.f.　ハリツルマサキ属【C-6】〔ca. 120〕
　　Microtropis Wall. ex Meisn.（incl. *Otherodendron* Makino）　モクレイシ属【C-1】〔ca. 66〕
　　Parnassia L.　ウメバチソウ属【A】〔ca. 70〕:シラヒゲソウ
　　Salacia L.　ナンヨウニシキギ属（デチンムル属）【C-6】〔ca. 200：世界の熱帯〕
　　Tripterygium Hook.f.　クロヅル属【C-7】〔(1–)3〕:クロヅル（ベニヅル）

2. 3. 35：Oxalidales　カタバミ目

2. 3. 35. 1：Huaceae　フア科〔169〕〔2 属 3 種：西～中部アフリカ熱帯〕
　　Hua Pierre ex De Wild.〔1：西～中部アフリカ熱帯〕

2. 3. 35. 2：Connaraceae　マメモドキ科〔170〕〔約 12 属約 180 種：世界の熱帯〕
　　Connarus L.　マメモドキ属〔ca. 75：世界の熱帯〕
　　Rourea Aubl.　コウトウマメモドキ属〔40–70（多系統群）：世界の熱帯〕

2. 3. 35. 3：**Oxalidaceae　カタバミ科**〔171〕〔5 属約 570 種：世界の熱帯～亜寒帯〕
　　Averrhoa L.　ゴレンシ属〔2：おそらく熱帯アジア～マレーシア原産，世界の熱帯で栽培〕
　　Biophytum DC.　オサバフウロ属〔ca. 50：世界の熱帯～亜熱帯〕
　　Oxalis L.　カタバミ属〔ca. 500〕

維管束植物分類表

2. 3. 35. 4：Cunoniaceae (incl. Davidsoniaceae, Eucryphiaceae)　クノニア科 76)〔172〕
〔約 26 属約 320 種：南アフリカ・マダガスカル・インド洋諸島・マレーシア・
豪州・南太平洋諸島・西インド諸島・中南米〕
　　Bauera Banks ex Andrews　エリカモドキ属【B】〔4：豪州東部・タスマニア〕
　　Ceratopetalum Sm.　【C】〔ca. 9：ニューギニア・豪州〕
　　Davidsonia F. Muell.　【B】〔3：豪州東部〕

75) ニシキギ科では，従来の範囲付けから，ミジンコザクラ属(→フエルテ
ア目ディペントドン科)や *Bhesa* 属(→キントラノオ目ケントロプラクス
科)などが除外された一方で，Parnassiaceae　ウメバチソウ科(Engler や
Cronquist の分類ではユキノシタ科とされた)や Stackhousiaceae　スタッ
クホウシア科，Hippocrateaceae　ヒポクラテア科など，従来独立の科と
された属が含められ，科の範囲が大幅に変更になっている。科内の分類
では，かつてウメバチソウ科や Pottingeriaceae　ポッティンゲリア科と
して分けられていたものをそれぞれ亜科のランクで扱う一方で，スタッ
クホウシア科やヒポクラテア科はかつてのニシキギ科の大部分と共にニ
シキギ亜科に含められ，全体で 3 亜科を認める分類が受け入れられてい
るが，大多数の属が含まれるニシキギ亜科の分類はまだ完成しておら
ず，従来認められていた連の大部分は著しく多系統群となることが判
明している。亜科内には以下に C-1 ～ C-7 で示した 7 つの系統群が認
められているが，C-5 と C-6 については支持確率はまだ高くなく，各群
を特徴づける形態形質の探索も途上である。また，多くの熱帯産の属は
まだ解析に用いられておらず，かつてハリツルマサキが含められていた
Maytenus Molina などいくつかの属は多系統群となることが判明している
ために，分類体系の構築には今しばらく時間がかかりそうである。
　A. Parnassioideae　ウメバチソウ亜科〔2 属約 70 種：北半球温帯・スマ
　　トラ・中米高地・南米南部〕
　B. Pottingerioideae　ポッティンゲリア亜科〔2 属 6 種：インド北東部～
　　東南アジア・北米南部〕
　C. Celastroideae　ニシキギ亜科〔92 属 1100 種余：世界の熱帯～温帯〕
　　　C-1：*Microtropis* clade　モクレイシ群〔3 属〕，C-2：*Monimopetalum*
　　Rehder〔1 属 1 種：中国〕，C-3：Austral-Pacific clade　南太平洋群〔約 16 属〕
　　(かつてのスタックホウシア科はここに含まれる)，C-4：*Moya* clade〔約
　　8 属：南米〕，C-5：*Pseudosaracia* clade〔約 4 属〕，C-6：Hippocrateoid
　　clade　ハリツルマサキ群〔30 属余〕(かつてヒポクラテア科とされて
　　いた属の大部分はここに含まれるが，一部は C-3 に属する)，C-7：
　　Celastrus - Euonymus clade　ニシキギ群〔7–9 属〕
76) クノニア科は Mabberley (2017) では以下の 8 連に分けられているが，B
と D は側系統群の可能性が高い。
　A. Spiraeanthemeae　〔1 属約 20 種：東マレーシア・豪州・メラネシア〕
　B. Bauereae　エリカモドキ連〔4 属 10 種：豪州・タスマニア・ニュー
　　カレドニア・ニュージーランド〕
　C. Schizomerieae〔4 属約 20 種：南アフリカ・東マレーシア～メラネシア・
　　豪州・タスマニア〕　　　　　　　　　　　　　　　　〔以下 143 頁へ〕

141

維管束植物分類表

Eucryphia Cav. 【D】[7：豪州東部・タスマニア・南米南部]
Weinmannia L. 【G】[150–160：マダガスカル・インド洋諸島・マレーシア・南太平洋諸島・中南米]

2. 3. 35. 5：**Elaeocarpaceae**（incl. Tremandraceae）　**ホルトノキ科**[77]〔173〕[12 属約 610 種：アフリカを除く世界の熱帯〜亜熱帯，東アジアでは暖温帯，タスマニア・ニュージーランド・南米では冷温帯に達する]
　　Elaeocarpus L.　ホルトノキ属【B】[ca. 350]：コバンモチ，*セイロンオリーブ，チギ
　　Sloanea L.　ハリミコバンモチ属【A】[150+ spp., マダガスカル・アジアの熱帯〜亜熱帯・熱帯アメリカ]
　　Tremandra R. Br. 【B】[2：豪州南西部]

2. 3. 35. 6：Cephalotaceae　フクロユキノシタ科〔174〕[1 属 1 種：豪州南西部]
　　Cephalotus Labill.　フクロユキノシタ属[1]

2. 3. 35. 7：Brunelliaceae　ブルネリア科〔175〕[1 属 60 種余：中南米]
　　Brunellia Ruiz & Pav.　[60+]

2. 3. 36：Malpighiales　キントラノオ目

2. 3. 36. 1：Pandaceae　パンダ科〔176〕[3 属約 15 種：アフリカ・アジアの熱帯]
　　Microdesmis Planch.　[10：アフリカ・アジアの熱帯]
　　Panda Pierre　[1：西アフリカ熱帯]

2. 3. 36. 2：Irvingiaceae　イルビンギア科〔177〕[4 属 12 種：アフリカ・アジアの熱帯]
　　Irvingia Hook.f.　[7：アフリカ・アジアの熱帯]

2. 3. 36. 3：Ctenolophonaceae　クテノロフォン科〔178〕[1 属約 2–3 種：西アフリカ熱帯・マレーシア]
　　Ctenolophon Oliv.　[2–3]

2. 3. 36. 4：**Rhizophoraceae**　**ヒルギ科**[78]〔179〕[16 属約 150 種：世界の熱帯]
　　Bruguiera Savigny　オヒルギ属【C】[6]：*シロバナヒルギ，*ロッカクヒルギ
　　Carallia Roxb.　オカヒルギ属【B】[11：マダガスカル・南〜東南アジア・マレーシア・ソロモン諸島・豪州北部]
　　Ceriops Arn.　コヒルギ属【C】[1：熱帯アジア]
　　Gynotroches Blume　ヤマヒルギ属【B】[1：東南アジア〜マレーシア・ミクロネシア・ソロモン諸島・豪州北部]
　　Kandelia (DC.) Wight & Arn.　メヒルギ属【C】[2]
　　Rhizophora L.　オオバヒルギ属【C】[ca. 8]：オオバヒルギ（ヤエヤマヒルギ），*フタバナヒルギ

2. 3. 36. 5：Erythroxylaceae　コカノキ科〔180〕[4 属約 240 種：世界の熱帯]
　　Erythroxylum P. Browne　コカノキ属[ca. 230：世界の熱帯]

142

2. 3. 36. 6：Ochnaceae(incl. Medusagynaceae, Quiinaceae)　オクナ科 [79]〔181〕[33 属約 540 種：世界の熱帯，特に南米に多い]
　　　Medusagyne J.G. Baker　【B】[1：セイシェル諸島]
　　　Ochna L.　【A】[ca. 85：熱帯アフリカ・熱帯アジア]
　　　Quiina Aubl.　【C】[ca. 34：中米～南米北部]

2. 3. 36. 7：Bonnetiaceae　ボンネティア科〔182〕[3 属約 35 種：東南アジア・熱米]
　　　Bonnetia Mart.　[ca. 29：キューバ・南米北部(大部分ギアナ高地)]

2. 3. 36. 8：Clusiaceae(Guttiferae)　†フクギ科 [80]〔183〕[14 属約 800 種：世界の熱帯]
　　　Clusia L.　クルシア属【A】[ca. 300：中南米・西インド諸島]

〔141 頁より；76)の続き〕
　　　D. Eucryphieae [3 属約 11 種：ニューギニア・豪州・タスマニア・南米南部]
　　　E. Geissoieae [3 属約 25 種：メラネシア・豪州東部・南米]
　　　F. Caldcluvieae [4 属 12 種：東マレーシア～メラネシア・豪州・タスマニア・ニュージーランド・南米南部]
　　　G. Codieae [3 属約 16 種：東マレーシア～メラネシア・豪州東部]
　　　H. Cunonieae　[5 属約 210 種：科の分布域のほぼ全域]

77)ホルトノキ科は Stevens (2001 ～)では A. Sloaneeae　ハリミコバンモチ連 [3 属約 160 種：アフリカを除く世界の熱帯，タスマニアとニュージーランド・南米では温帯に広がる]と B. Elaeocarpeae　ホルトノキ連 [9 属約 450 種：マダガスカル・南アジア～東アジア亜熱帯・東南アジア～マレーシア・豪州・タスマニア・太平洋諸島・南米南部]の 2 連に分類される。

78)ヒルギ科は A. Mascarisieae　[6 属約 80 種：アフリカ・マダガスカル・インド・スリランカ・中南米]，B. Gynotrocheae　ヤマヒルギ連 [4 属 30 種余：マダガスカル・南～東南アジア・マレーシア・豪州北部・西太平洋諸島](非マングローブ植物)，Rhizophoreae　ヒルギ連 [4 属約 18 種：世界の熱帯～亜熱帯海岸](マングローブ植物)の 3 連に分類され，後 2 者は単系統群をなす。

79) オクナ科は A. Ochnoideae　オクナ亜科 [27 属約 500 種](さらに Testuleeae, Luxemburgieae, Ochneae, Sauvagesieae の 4 連に分類される)，B. Medusagynoideae　メドゥサギネ亜科 [1 属 1 種：セイシェル諸島]と C. Quiinoideae　クィイナ亜科 [4 属 46 種：熱米]の 3 亜科に分けられる。APGⅡではこれらをそれぞれ独立科とするオプションが認められていた。

80)フクギ科は以下の 3 連に分類され，後 2 者が単系統群をなすが，この 2 連の単系統性に関しては異論がある。
　　　A. Clusieae　クルシア連 [5 属約 480 種：熱米]
　　　B. Garcinieae　フクギ連 [2 属約 270 種：世界の熱帯，特に熱帯アジア～マレーシア]
　　　C. Symphonieae　シンフォニア連 [7 属約 50 種：世界の熱帯]

維管束植物分類表

Garcinia L.（incl. *Ochrocarpos* Noronha ex Thouars, *Pentaphalangium* Warb.） †フク
ギ属【B】[ca. 260]:*オオバタマナ, *フクギモドキ, *マンゴスチン

2. 3. 36. 9:**Calophyllaceae　テリハボク科**〔184〕[13 属約 460 種：世界の熱帯]
Calophyllum L.　テリハボク属 [ca. 186]:テリハボク（ヤラボ, タマナ）
Mammea L.　マンメア属 [ca. 75：南米を除く世界の熱帯]
Mesua L.　セイロンテリハボク属 [5：インド南部・スリランカ・東南アジア]

2. 3. 36. 10:**Podostemaceae　カワゴケソウ科**[81]〔185〕[54 属約 300 種：世界の熱帯～亜熱帯]
Cladopus H.A. Möller（incl. *Lawiella* Koidz.）　カワゴケソウ属 [ca. 10]
Hydrobryum Endl.　カワゴロモ属 [ca. 12]

2. 3. 36. 11:**Hypericaceae　オトギリソウ科**[82]〔186〕[9 属 500–600 種：全世界の熱帯～冷温帯]
Cratoxylum Blume　オハグロノキ属 [6：インド北東部～東南アジア・海南島・西マレーシア]
Hypericum L.（incl. *Androsaemum* Mill., *Norysca* Spach, *Sarothra* L., *Takasagoya* H. Kimura, *Triadenum* Raf.）　オトギリソウ属 [ca. 430]:†キンシバイ, トモエソウ, ヒメオトギリ, †ビヨウヤナギ, ミズオトギリ

2. 3. 36. 12:Caryocaraceae　バターナットノキ科〔187〕[2 属 27 種：熱米]
Caryocar L.　バターナットノキ属 [18：熱米]

2. 3. 36. 13:Lophopyxidaceae　ハネミカズラ科〔188〕[1 属 1 種:マレーシア・西太平洋諸島]
Lophopyxis Hook.f.　ハネミカズラ属 [1]

2. 3. 36. 14:**Putranjivaceae　ツゲモドキ科**〔189〕[2 属約 205 種：世界の熱帯～亜熱帯]
Drypetes Vahl　ハツバキ属 [ca. 200]:*コウシュンテツボク, *テリバシラキ
Putranjiva Wall.（incl. *Liodendron* H. Keng）　ツゲモドキ属 [ca. 5]

2. 3. 36. 15:Centroplacaceae　ケントロプラクス科〔190〕[2 属 6 種：西アフリカ・熱帯アジア]
Bhesa Buch.-Ham. ex Arn. [5：熱帯アジア]
Centroplacus Pierre [1：西アフリカ]

2. 3. 36. 16:**Elatinaceae　ミゾハコベ科**〔191〕[2 属約 34 種：世界の熱帯～寒帯]
Bergia L.　†シマバラソウ属　[ca. 24]
Elatine L.　ミゾハコベ属　[ca. 10]

2. 3. 36. 17:**Malpighiaceae　キントラノオ科**[83]〔192〕[約 75 属約 1300 種：世界の熱帯～亜熱帯, 特に中南米で多様化]
Galphimia Cav.　キントラノオ属【A】[ca. 20：北米南西部～南米]
Hiptage Gaertn.　ホザキサルノオ属【B】[20–30：熱帯～亜熱帯アジア・マレーシア・メラネシア]:ウスバサルノオ

144

Malpighia Plum. ex L. ヒイラギトラノオ属【B】[ca. 130：熱米・西インド諸島]:*アセロラ（バルバドスチェリー）

Stigmaphyllon A. Juss.（incl. *Ryssopterys* Blume ex A. Juss.）ササキカズラ属【B】[113：南琉球・蘭嶼・マレーシア・西太平洋諸島・豪州北部]

Tristellateia Thouars コウシュンカズラ属【B】[ca. 20]

2. 3. 36. 18：Balanopaceae バラノプス科〔193〕[1属9種：豪州北東部・ニューカレドニア・バヌアツ]

 Balanops Baill. [9]

2. 3. 36. 19：Trigoniaceae トリゴニア科〔194〕[5属28種：マダガスカル・マレーシア・熱米]

 Trigonia Aubl. [24：中南米熱帯〜亜熱帯]

2. 3. 36. 20：Dichapetalaceae カイナンボク科〔195〕[3属約165種：世界の熱帯]

 Dichapetalum Thouars [ca. 135：世界の熱帯]

2. 3. 36. 21：Euphroniaceae エウフロニア科〔196〕[1属1–3種：南米ギアナ高地]

 Euphronia Mart. [1–3]

2. 3. 36. 22：Chrysobalanaceae クリソバラヌス科[84]〔197〕[20属約530種：世界の熱帯]

 Chrysobalanus L. イカコノキ属 [3：熱帯アフリカ・熱米]
 Licania Aubl. ホシツバキ属 [218：主に熱米，マレーシアに2種]
 Parinari Aubl. ナシモドキ属 [39：世界の熱帯]

---

81) カワゴケソウ科は Tristichoideae トリスティカ亜科 [3属14–20種：世界の熱帯], Weddellinoideae ウェッデリナ亜科 [1属1種：アマゾン], Podostemoideae カワゴケソウ亜科 [50属約290種：世界の熱帯〜亜熱帯] の3亜科に分けられ，本書掲載の属は全てカワゴケソウ亜科に属する。

82) オトギリソウ科は以下の3連に分けられる。
 A. Vismieae ビスミア連 [3属約100種：アフリカ・マダガスカル・南米]
 B. Cratoxyleae オハグロノキ連 [2属約7種]：マダガスカル・東南アジア
 C. Hypericeae オトギリソウ連 [1(–4)属約400種] かつてビスミア連の一員とされることもあったミズオトギリ属はオトギリソウ属の内群となることが判明したので，Robson (2016) はオトギリソウ連全体を1属として扱い，それを黒腺の有無や雄蕊の形質に基づいて2亜属（subg. Hypericum オトギリソウ亜属 / subg. Brathys ヒメオトギリ亜属）に分割した。ミズオトギリ属やヒメオトギリ属は後者の節として扱われる。

83) キントラノオ科は以下の2亜科に分類される。
 A. Byrsonimoideae キントラノオ亜科 [約10属約170種：熱米]
 B. Malpighioideae ヒイラギトラノオ亜科 [約65属約1150種]

84) クリソバラヌス科はかつて花（特に雄蕊）の形質に基づいて4連に分けられていたが，分子系統解析はこれらの連の独立性を支持せず，Prance (in Kubitzki 2013) は科内分類を行っていない。

維管束植物分類表

2. 3. 36. 23：Humiriaceae　フミリア科〔198〕[8 属約 50 種：西アフリカ・熱米]
　　　Humiria Aubl.　[4：南米熱帯]

2. 3. 36. 24：Achariaceae　アカリア科[85]〔199〕[30–32 属 145–170 種：南ア
　　フリカ・熱帯アジア・太平洋諸島]
　　　Hydnocarpus Gaertn.　ダイフウシノキ属　[ca. 40：熱帯アジア]
　　　Pangium Reinw.　パンギノキ属　[1：マレーシア・ミクロネシア]

2. 3. 36. 25：**Violaceae　スミレ科**[86)]〔200〕[34 属約 1000 種：世界の熱帯〜寒帯]
　　　Hybanthus Jacq.　ヒメハギスミレ属[ca. 120（多系統群）：世界の熱帯〜亜
　　　　熱帯，1 種が北米温帯に広がる]
　　　Rinorea Aubl.　スミレノキ属[230–280（多系統群）：世界の熱帯]
　　　Viola L.　スミレ属[500–600]：キバナノコマノツメ，*パンジー

2. 3. 36. 26：Goupiaceae　ゴウピア科〔201〕[1 属 2–5 種：中南米]
　　　Goupia Aubl.　[2–5]

2. 3. 36. 27：Passifloraceae　†トケイソウ科[87)]〔202〕[27 属約 980 種：世界
　　の熱帯，特にアメリカとアフリカで多様化]
　　　Adenia Forssk.　ユウキカズラ属【C-2】[ca. 100：アフリカ・マダガスカル・
　　　　ソコトラ・東南アジア〜マレーシア・豪州]
　　　Malesherbia Ruiz & Pav.　【A】[24–27：南米]
　　　Passiflora L.　†トケイソウ属【C-2】[ca. 520：大部分北〜南米，旧世界熱
　　　　帯〜亜熱帯に約 25 種]
　　　Turnera L.　†ツルネラ（トゥルネラ）属【B】[ca. 120：大部分北〜南米，ア
　　　　フリカに 2 種]

2. 3. 36. 28：Lacistemataceae　ラキステマ科〔203〕[2 属 14 種：中南米]
　　　Lacistema Sw.　[1–2：中南米熱帯]

2. 3. 36. 29：**Salicaceae　ヤナギ科**[88)]〔204〕[54 属約 1200 種：全世界，ただ
　　し乾燥地帯にはない]
　　　Casearia Jacq.　イヌカンコ属【A】[ca. 180（側系統群）：世界の熱帯]
　　　Dovyaris E. Mey. ex Arn.　セイロンスグリ属【C-6】[15：アフリカ・スリ
　　　　ランカ・マレーシア]
　　　Flacourtia Comm. ex L'Hér.　ルカム属（テンジクイヌカンコ属）【C-6】
　　　　[15–17：旧世界熱帯]：*オオミイヌカンコ（トゲナシルカム）
　　　Homalium Jacq.　タカサゴノキ属【C-1】[180–200：世界の熱帯〜亜熱帯]
　　　Idesia Maxim.　イイギリ属【C-6】[1]
　　　Itoa Hemsl.【C-6】[2：中国南部・ベトナム・ニューギニア]
　　　Populus L.　ヤマナラシ属【C-6】[ca. 100]：†ギンドロ，*セイヨウハコヤナ
　　　　ギ（ポプラ），ドロノキ
　　　Salix L.（incl. *Chosenia* Nakai, *Toisusu* Kimura）　ヤナギ属【C-6】[ca. 520]
　　　Scolopia Schreb.　トゲイヌツゲ属【C-5】[ca. 40]
　　　Scyphostegia Stapf　【B】[1：ボルネオ]
　　　Xylosma G. Forst.　クスドイゲ属【C-6】[ca. 100]：クスドイゲ（トリトマラズ）

146

――――――――――――――――――――――――――――――――――――― 維管束植物分類表

2. 3. 36. 30：Peraceae　ペラ科 89)〔205〕［5 属約 135 種：世界の熱帯］
Chaetocarpus Thwaites　［15：世界の熱帯 ］
Pera Mutis　［30–35：熱米 ］

――

85) アカリア科はかつては南アフリカ産の 3 属のみからなるとされたが，熱帯アジア産のイイギリ科のいくつかの属を含んで拡大された。科内には，初期に分岐したと推測されるダイフウシノキ属を除いて大きく 2 つの系統群が認識され，かつてのアカリア科はパンギノキ属などと共に一方の系統群に含まれるが，系統関係を反映した分類体系はまだ構築されていない。

86) スミレ科は Fusispermoideae　フシスペルムム亜科［1 属 3 種：中南米熱帯］と Violoideae　スミレ亜科［残り全て］の 2 亜科に分けられ，後者の中では多系統群のスミレノキ属から近年になって分離された中南米産の *Briberia* Wahlert & Ballard が最初に分岐したことが判明しているが，残りのスミレ亜科の分類はまだ完成していない。

87) トケイソウ科は以下の 3 亜科に分けられ，これらの亜科は APGⅡ のオプションのように独立科とされることもある。
　　A. Malesherbioideae　マレシェルビア亜科［1 属 24 種：南米，特にチリに多い ］
　　B. Turneroideae　ツルネラ亜科［12 属 227 種：アフリカ・マダガスカル・熱米 ］
　　C. Passifloroideae　トケイソウ亜科［16 属約 800 種：世界の熱帯～亜熱帯]：C-1: Paropsieae［6 属約 22 種：旧世界熱帯，特にアフリカ ］　C-2: Passifloreae　トケイソウ連［10 属約 780 種］の 2 連に分けられる。

88) かつてのイイギリ科に含まれていた多くの属を含んで再定義されたヤナギ科は以下の 3 亜科に分けられ，旧来のヤナギ科（ヤマナラシ属とヤナギ属）はイイギリ属などと共にヤナギ亜科中の 1 連に含まれる。
　　A. Samydoideae　イヌカンコ亜科［13 属 235 種：世界の熱帯，特に南米]
　　B. Scyphostegioideae　カミニンギョウ亜科［2 属 2 種：中国西南部・ボルネオ]
　　C. Salicoideae　ヤナギ亜科［約 40 属約 960 種]　さらに以下の 6 連に分けられる：
　　　C-1：Homalieae　タカサゴノキ連［9 属約 200 種：世界の熱帯～亜熱帯]
　　　C-2：Bembicieae　［1 属 1–2 種：マダガスカル]
　　　C-3：Prockieae　［8 属約 45 種：熱米]
　　　C-4：Abatieae　［2 属約 10 種：中南米]
　　　C-5：Scolopieae　トゲイヌツゲ連［5 属約 45 種：アフリカ・アジアの熱帯]
　　　C-6：Saliceae　ヤナギ連［16 属約 660 種：豪州中南部と周辺島嶼を除く全世界]

89) ラフレシア科がかつての（APGⅢ までの）トウダイグサ科の中から分化してきたことはミトコンドリア DNA の分子系統解析に基づいて明らかとなってきたが，形態的にも遺伝子レベルでも特異なラフレシア科を独立科として認めるためにはトウダイグサ科の分割は不可避であり，APGⅣ においてペラ科が分離された。ただ，残りのトウダイグサ科の中でも，初期に分岐したケイロサ亜科が解析によってはラフレシア科と単系統群をなすなど，ラフレシア科の起源とトウダイグサ科との関係についてはまだ不明瞭な点がある。　　　　　　　　　　　　　　　　〔以下 149 頁へ〕

147

2. 3. 36. 31：Rafflesiaceae　ラフレシア科〔206〕［3 属 26 種：熱帯アジア〜マレーシア〕

    Rafflesia R. Br.　ラフレシア属［ca. 22：マレーシア］

    Rhizanthes Dumort.　キクザキラフレシア属［2：西マレーシア］

    Sapria Griff.　サプリア属［2：東ヒマラヤ〜東南アジア］

2. 3. 36. 32：**Euphorbiaceae　トウダイグサ科**[90]〔207〕［約 210 属 6200–6800 種：世界の熱帯〜冷温帯〕

    Acalypha L.　エノキグサ属【B-7f】［450+］：*アカリファ，エノキグサ（アミガサソウ），*ベニヒモノキ

    Alchornea Sw.　アミガサギリ属【B-5】［ca. 42］：*オオバベニガシワ

    Aleurites J.R. & G. Forst.　ククイノキ属【C-12】［3：東南アジア〜太平洋諸島］

    Claoxylon A. Juss.　セキモンノキ属【B-7b】［ca. 75］：*アカリファモドキ，*ヤワラバノキ

    Codiaeum Rumph. ex A. Juss.　ヘンヨウボク属【C-9】［17：マレーシア〜ニューカレドニア］：*ヘンヨウボク（クロトン）

    Croton L.　ハズ属【C-8】［1200+］：グミモドキ

    Dalechampia L.　ケショウボク属【B-14】［ca. 120：世界の熱帯，特に熱米］

    Discocleidion Pax & K. Hoffm.　エノキフジ属【B-13】［2］

    Euphorbia L.（incl. *Chamaesyce* Gray, *Pedilanthus* Necker ex Poit., *Poinsettia* Graham）トウダイグサ属【D-3】［2000+］：イワタイゲキ，[†]ショウジョウソウ，*ショウジョウボク（ポインセチア），スナジタイゲキ，ナツトウダイ，ニシキソウ，ノウルシ，*ホルトソウ

    Excoecaria L.　シマシラキ属【D-2】［ca. 40］：*コウトウユズリハ（コウトウシラキ），シマシラキ（オキナワジンコウ），*セイシボク

    Hevea Aubl.　パラゴムノキ属【C-6】［9：南米（アマゾン地方）］

    Homalanthus A. Juss.　マルバオオバギ属【D-2】［ca. 23：蘭嶼・東南アジア〜マレーシア・豪州・太平洋諸島］

    Homonoia Lour.　ナンバンヤナギ属【B-7i】［2：熱帯アジア〜マレーシア］

    Hura L.　サルノトウナス属【D-2】［2：熱米］

    Jatropha L.　ナンヨウアブラギリ属【C-7】［180+：世界の熱帯］：*アカバヤトロファ，*テイキンザクラ

    Macaranga Thouars　オオバギ属【B-7h】［ca. 260］

    Mallotus Lour.（incl. *Trevia* L.）　アカメガシワ属【B-7h】［ca. 110］：クスノハガシワ

    Manihot Mill.　キャッサバ属【C-4】［ca. 100：熱米］：*キャッサバ（イモノキ，タピオカ，マニオク）

    Melanolepis Rchb.f. & Zoll.　ヤンバルアカメガシワ属【B-11c】［2］

    Mercurialis L.　ヤマアイ属【B-7c】［8］

    Neoshirakia Esser　シラキ属【D-2】［3］

    Plukenetia L.　【B-14】［13：アフリカ・南〜東南アジア・中南米熱帯］：*サチャインチ（インカインチ）

Ricinus L. †トウゴマ属【B-6】［1：おそらくアフリカ原産：現在は世界の熱帯〜亜熱帯に栽培］：†トウゴマ(ヒマ)

Sapium Jacq. アメリカハゼ属【D-2】［ca. 25：熱米］

〔147頁より；89)の続き〕

ペラ科自体は5属のみからなるが，形態的には多様であり，Webster (in Kubitzki 2014)は4連を認めている。

90) トウダイグサ科の科内分類については，本書ではWebster (in Kubitzki 2014)に従ったが，この分類は進化分類学的に構築されたもので，A は残りのトウダイグサ科の姉妹群となるが，B は多系統群，C は側系統群である(Wurdack et al. 2005)。

A. Cheilosoideae ケイロサ亜科［2属7種：東南アジア〜マレーシア］

B. Acalyphoideae エノキグサ亜科［99属1900–2400種：世界の熱帯〜暖温帯］ さらに14連に分けられ，D に近縁と考えられるB-1：Erismantheae エリスマンツス連［3属5種：東南アジア〜マレーシア］以外は全体として単系統群をなし，科の中では A に次いで分岐した群と考えられる。14連に分けられるが，連や亜連の中には単系統性が支持されないものが多く，再編成が望まれる。本書掲載の属は以下の連に属する：B-5：Alchorneeae アミガサギリ連［10属］，B-6：Ricineae トウゴマ連［2属］，B-7：Acalypheae エノキグサ連［28属(多系統群)］(さらに7亜連に分類され，本書掲載の属はB-7b. Claoxylinae セキモンノキ亜連［6属］，B-7c. Mercurialinae ヤマアイ亜連［3属(多系統群)］，B-7f. Acalyphinae エノキグサ亜連［1属］，B-7h. Rottlerinae アカメガシワ亜連［3属］，B-7i. Lasiococcinae ナンバンヤナギ亜連［3属］に属する)，B-11：Chrozophoreae ヤンバルアカメガシワ連［11属(多系統群)］(さらに3亜連に分類され，本書掲載の属はB-11a. Speranskiinae ダイダイグサ亜連［1属］とB-11c. Chrozophorinae ヤンバルアカメガシワ亜連［5属］に属する)，B-13：Bernardieae エノキフジ連［3属(おそらく多系統群)］，B-14：Plukenetieae プルケネッティア連［16属］。

C. Crotonoideae ハズ亜科［68属2000–2100種：世界の熱帯〜暖温帯］ 12連に分けられ，本書掲載の属は以下の連に属する：C-2：Gelonieae オオバツゲ連［2属：旧世界熱帯］，C-4：Manihoteae キャッサバ連［2属：熱米］，C-6：Heveeae パラゴムノキ連［1属］，C-7：Jatropheae ナンヨウアブラギリ連［3属：世界の熱帯，特に熱米］，C-8：Crotoneae ハズ連［6属］，C-9：Codiaeae ヘンヨウボク連［15属(多系統群)］，C-12：Aleuritideae アブラギリ連［13属(多系統群)］。このうちC-7以降は単系統群をなし(狭義ハズ亜科)，残りは3つ程度の系統群に分けられるが，これらの系統群間の関係はまだわかっていない。

D. Euphorbioideae トウダイグサ亜科［約40属約2300種］ D-1：Stomatocalyceae ピメロデンドロン連［4属約12種］，D-2：Hippomaneae (s. l.: incl. Hureae, Pachystomateae) シラキ連［約30属約260種］，D-3：Euphorbieae トウダイグサ連［15属2000種余］の3連に分けられる。トウダイグサ属はニシキソウ属やムカデタイゲキ属などを内群として含んだことによって2000種を上回る巨大な属となり，属内には大きく4つの系統群が亜属のランクで認められている。

維管束植物分類表

Speranskia Baill. ダイダイグサ属【B-11a】［2：中国］

Suregada Roxb. ex Rottl. オオバツゲ属【C-2】［ca. 30：アフリカ・アジアの熱帯］

Triadica Lour. †ナンキンハゼ属【D-2】［3：南～東南アジア・マレーシア］

Vernicia Lour. アブラギリ属【C-12】［4］

2. 3. 36. 33：**Linaceae**(incl. Hugoniaceae) **アマ科**[91]〔208〕［13属約260種：全世界の温帯～熱帯］

Linum L. アマ属［ca. 180(側系統群)]：マツバニンジン

Reinwardtia L. †キバナアマ属［1–2：ヒマラヤ～東南アジア］

2. 3. 36. 34：Ixonanthaceae イクソナンテス科〔209〕［3属21種：世界の熱帯］

Ixonanthes Jack ［3：海南島・東南アジア～マレーシア］

2. 3. 36. 35：Picrodendraceae ピクロデンドロン科[92]〔210〕［24属約100種：世界の熱帯］

Picrodendron Planch. ［1：西インド諸島］

2. 3. 36. 36：**Phyllanthaceae** **コミカンソウ科**(ミカンソウ科)[93]〔211〕［約60属約2100種：世界の熱帯～亜熱帯，一部は温帯に広がる］

Antidesma Burm. ex L. ヤマヒハツ属【B-1】［150+］

Baccaurea Lour. ランバイ属【B-2】［ca. 45：熱帯アジア～マレーシア・太平洋諸島］

Bischofia Blume アカギ属【B-6】［2］

Bridelia Willd. カンコモドキ属(マルヤマカンコノキ属)【A-2】［ca. 50：旧世界熱帯～亜熱帯]：マルヤマカンコノキ

Flueggea Willd. ヒトツバハギ属【A-4】［ca. 15］

Leptopus Decne. スズフリノキ属【A-1】［9：アジア内陸温帯・マレーシア］

Margaritaria L.f. アカハダコバンノキ属【A-4】［14］

Phyllanthus L. (incl. *Breynia* J.R. & G. Forst., *Glochidion* J.R. & G. Forst., *Sauropus* Blume, *Synostemon* F. Muell.) コミカンソウ属【A-4】［ca. 1250（広義に扱った場合)]：*アマメシバ, オオシマコバンノキ, カンコノキ, コバンノキ, タイワンハマギ, ハナコミカンボク, ヒメミカンソウ,*マラッカノキ(アンマロク)

2. 3. 37：Geraniales フウロソウ目[94]

2. 3. 37. 1：**Geraniaceae** (incl. Hypseocharitaceae) **フウロソウ科**〔212〕［5属約800種：全世界の温帯～亜寒帯と熱帯高地］

Erodium L'Hér. †オランダフウロ属［ca. 80：全世界の温帯，特に地中海性気候の地域]：†キクバフウロ

Geranium L. フウロソウ属［ca. 430]：ゲンノショウコ, ヒメフウロ(シオヤキソウ)

Pelargonium L'Hér. *テンジクアオイ属［ca. 280：アフリカ・アラビア半島・マダガスカル・豪州・ニュージーランド］

維管束植物分類表

2. 3. 37. 2：Francoaceae（incl. Greyiaceae, Ledocarpaceae, Melianthaceae, Vivianiaceae）
フランコア科〔213〕[9属38種：アフリカ南部・南米]
Francoa Cav. [1：チリ南部]
Greyia Hook. ex Harv. [3：南アフリカ]

91）アマ科は Hugonioideae フゴニア亜科[5属53種：世界の熱帯]と Linoideae アマ亜科[8属約200種：世界の亜熱帯〜温帯]に分けられる。

92）トウダイグサ科から分離されたピクロデンドロン科は，Webster（in Kubitzki 2014）によれば Podocalyceae [1属1種：南米熱帯]，Picrodendreae [9属約30種：世界の熱帯]，Caletieae [14属約65種：東マレーシア・豪州・メラネシア]の3連に分けられる。

93）コミカンソウ科は2亜科10連に分類される（Hoffmann et al. 2006）。
　A. Phyllanthoideae コミカンソウ亜科[約33属約1600種]
　　A-1：Poranthereae スズフリノキ連[8属100種余：世界の熱帯〜亜熱帯，一部の種は温帯に達する]
　　A-2：Bridelieae マルヤマカンコノキ連[12属約230種：世界の熱帯〜亜熱帯，特にアフリカに多い]
　　A-3：Wielandieae [6属23種：豪州を除く世界の熱帯]
　　A-4：Phyllantheae コミカンソウ連[約7属約1320種：世界の熱帯〜温帯] 本書では従来認められた *Sauropus* アマメシバ属，*Breynia* オオシマコバンノキ属，*Glochidion* カンコノキ属，*Synostemon* タイワンハマハギ属を含んでコミカンソウ属を最広義に扱うが，これらの属を独立させる場合はコミカンソウ属は側系統群となり，単系統性を担保するためには後者を複数の属に分割することが不可避となる。形態的多様性を考慮すると分割した方がいいようにも思われるが，まだそうした立場での分類体系は提案されていない。
　B. Antidesmatoideae ヤマヒハツ亜科[約20属400–440種]
　　B-1：Antidesmateae ヤマヒハツ連[8属210–230種：世界の熱帯〜亜熱帯]
　　B-2：Scepeae ランバイ連[8属約150種，大部分旧世界の熱帯，2種のみ熱米]
　　B-3：Jabloskieae [2属2種：熱米]
　　B-4：Spondiantheae [1属1種：熱帯アフリカ]
　　B-5：Uapaceae [1属約50種：アフリカ・マダガスカル]
　　B-6：Bichofieae アカギ連[1属2種]

94）フウロソウ目の科の範囲付けと名称は APG 分類体系の導入から様々な提案がなされてきたが，APG Ⅳでは2科を認めることで決着した。
　　フランコア科は9属しか含まないにもかかわらず6つの科名が提案されたことからも伺えるように形態的に多様であり，APG Ⅲ までは独立科 Vivianiaceae（Weigend (in Kubitzki 2006) ではより早い Ledocarpaceae を使用）とされていた南米産の3属はフウロソウ科に類似し，かつてはそれに含められることが多かったのに対し，旧 Melianthaceae の種は形態が大きく隔たっており，かつてはユキノシタ科やムクロジ目に所属させられていた。これらの系統関係はまだ確定していない。一方，フウロソウ科については形態的によくまとまっており，南米アンデス産の草本 *Hypseocharis* J. Remy（しばしば独立科とされた）が残りの属の姉妹群となることがわかっている。

151

維管束植物分類表

Melianthus L. 〔8：南アフリカ〕
Viviania Cav. 〔6：南米南部〕

2. 3. 38：Myrtales　フトモモ目

2. 3. 38. 1：**Combretaceae　シクンシ科** [95]〔214〕〔約 14 属約 500 種：世界の熱帯〕

Combretum Loefl.（incl. *Quisqualis* L.）　†シクンシ属（ヨツバネカズラ属）【B-2b】〔ca. 255：豪州を除く世界の熱帯〕

Lumnitzera Willd.　ヒルギモドキ属【B-1】〔2〕

Terminalia L.　モモタマナ属【B-2a】〔ca. 190〕：*ミロバランノキ，モモタマナ（コバテイシ）

2. 3. 38. 2：**Lythraceae　ミソハギ科** [96]〔215〕〔約 30 属約 620 種：世界の熱帯〜温帯〕

Ammannia L.（incl. *Nesaea* Comm. ex Kunth）　ヒメミソハギ属〔75–80〕：シマミソハギ

Cuphea P. Browne　†ハナヤナギ属【E】〔ca. 260：北米〜南米〕：*クサミソハギ，*タバコソウ，†ネバリミソハギ

Decodon J.F. Gmel.　ミズヤナギ属【B】〔1：北米東部〕

Duabanga Buch.-Ham.　シダレオオサルスベリ属【F】〔2：熱帯アジア・マレーシア〕

Heimia Link　キバナミソハギ属【A】〔1：北米南西部〜南米〕

Lagerstroemia L.　サルスベリ属【F】〔ca. 56〕

Lawsonia L.　シコウカ属【G】〔1：おそらく東アフリカまたはインド原産，世界の熱帯で栽培〕

Lythrum L.　ミソハギ属【C】〔ca. 35〕

Pemphis J.R. & G. Forst.　ミズガンピ属【D】〔1〕

Punica L.　ザクロ属【D】〔2：西アジア・ソコトラ島〕

Rotala L.　キカシグサ属【A】〔ca. 45〕：ミズスギナ，ミズマツバ

Sonneratia L.f.　ハマザクロ属【F】〔7〕：ハマザクロ（マヤプシキ）

Trapa L.　ヒシ属【F】〔ca. 4 (1–45)〕

2. 3. 38. 3：**Onagraceae　アカバナ科** [97]〔216〕〔21–22 属約 650 種：全世界〕

Chamaenerion Ség.（*Chamerion* (Raf.) Raf. ex Holub）　ヤナギラン属〔ca. 8〕

Circaea L.　ミズタマソウ属〔8（雑種を含まない）〕：ウシタキソウ，タニタデ

Clarkia Pursh（incl. *Godetia* Spach）　サンジソウ属〔ca. 41：北米西部・南米南西部〕：*ゴデチア（タイリンマツヨイグサ）

Epilobium L.　アカバナ属〔ca. 165〕

Fuchsia Plum. ex L.　フクシア属〔106：主に中南米，少数の種がニュージーランド〜ポリネシア〕：*ツリウキソウ

Ludwigia L.　チョウジタデ属〔82〕：†アメリカミズキンバイ（ヒレタゴボウ），キダチキンバイ，チョウジタデ（タゴボウ），ミズキンバイ，ミズユキノシタ

Oenothera L.（incl. *Gaura* L.）　†マツヨイグサ属〔ca. 145：北〜南米〕：†ツキミソウ，*ヤマモモソウ，†ユウゲショウ

152

維管束植物分類表

2. 3. 38. 4：Vochysiaceae　ボキシア科（ウォキシア科）〔217〕〔7 属約 200 種：西アフリカ・熱米〕

Vochysia Aubl.〔ca. 100：中南米熱帯〕

95）シクンシ科は 2 亜科に分類される。
A. Strephonematoideae　ストレフォネマ亜科〔1 属 3 種：西アフリカ熱帯〕
B. Combretoideae　シクンシ亜科〔13 属約 500 種：世界の熱帯〕　以下の 2 連に分けられるが，解析によっては B-1 が側系統群となる。
B-1：Lagunularieae　ヒルギモドキ連〔4 属 10 種〕
B-2：Combreteae　シクンシ連〔約 9 属約 490 種〕　さらに B-2a. Terminaliinae（モモタマナ亜連）と B-2b. Combretinae（シクンシ亜連）に 2 分されるが，各亜連内にいくつかの属を認めるかについては諸説があり，各 1 属しか認めない意見もある。本書では Stace (in Kubitzki 2006) に従って前者に 6 属，後者に 3 属を認め，しばしば独立属とされる *Quisqualis* L.（シクンシ属）は *Combretum* に含める。

96）かつて子房や果実の形質に基づいて認められていたザクロ科，ハマザクロ科やヒシ科がミソハギ科に含められるようになったが，これらを含めたミソハギ科の分類体系はまだ作られておらず，かつて行われていたミソハギ科の科内分類も系統を反映していないことが判明している。分子系統解析の結果によると大きく 7 つの系統群が認められるが，系統群の多くは形態でうまく定義できず，系統群間の類縁も解析法によって異なる結果が得られていて安定しない。
　　各系統群を Graham et al. (2011) の系統樹の分岐順に示すと以下のようになる（一部系統解析に加えられていない属がある）。系統群の名前は仮のものである。
A. *Rotala* clade　キカシグサ群〔3 属〕
B. *Decodon*　ミズヤナギ属〔1 属〕
C. *Lythrum* clade　ミソハギ群〔(1–)2 属〕
D. *Punica - Pemphis* clade　ザクロ - ミズガンピ群〔5 属〕
E. *Cuphea* clade　ハナヤナギ群〔8 属〕
F. *Lagerstroemia - Sonneratia - Trapa* clade　サルスベリ - ハマザクロ - ヒシ群〔4 属〕
G. *Lawsonia - Ammannia* clade　シコウカ - ヒメミソハギ群〔約 6 属〕
　　ヒメミソハギ属とキカシグサ属は形態的に類似するが，系統的には縁遠いものであることが判明した。ヒメミソハギ属は果実が不規則に開裂するという伝統的な定義に従えば約 25 種からなるが，本書では Graham et al. (2011) の分子系統解析の結果に従って Mabberley (2017) 同様に *Nesaea* Comm. ex Kunth〔約 55 種〕や *Hionanthera* A. Fern.〔1–2 種〕を含めて広義に扱う。

97）アカバナ科はチョウジタデ属のみからなる Jussiaeoideae　チョウジタデ亜科と，残り全ての属からなる Onagroideae　アカバナ亜科に分けられる（Wagner et al. 2007）。アカバナ亜科の中では，マツヨイグサ属など新大陸産の 13 属からなる系統群（かつては独立の連 Onagreae とされた）が，アカバナ属とヤナギラン属からなる系統群（Epilobieae とされた）と単系統群をなすが，より初期に分岐したフクシア属やミズタマソウ属
〔以下 155 頁へ〕

153

維管束植物分類表 ━━━━━━━

2. 3. 38. 5：**Myrtaceae　フトモモ科** [98)]〔218〕〔約 134 属約 5500 種：世界の
　　熱帯〜亜熱帯および南半球の温帯〕

Acca O. Berg（*Feijoa* O. Berg）　フェイジョア属【B-10】〔3：南米〕

Angophora Cav.　アカハダリンゴノキ属【B-11】〔15：豪州東部〕

Baeckea L.　カラマツヤナギ属【B-15】〔(17–)52：主に豪州，1 種のみ中国
　　南部・海南島・東南アジア〜マレーシアに広がる〕：*カラマツヤナギ
　　（ビャクシンモドキ）

Chamaelaucium Desf.　ワックスフラワー属【B-15】〔23：豪州南西部〕

Decaspermum J.R. & G. Forst.　コウシュンツゲ属（モチアデク属）【B-10】
　　〔ca. 30：中国南部・台湾・海南島・東南アジア〜マレーシア・豪州・
　　太平洋諸島〕

Eucalyptus L'Hér.　ユーカリノキ属【B-11】〔ca. 800：主に豪州，少数の種
　　が東マレーシア〕

Eugenia L.　タチバナアデク属【B-10】〔750–1000：世界の熱帯，大多数熱米〕

Leptospermum J.R. & G. Forst.　ネズモドキ属【B-14】〔79：マレーシア高山・
　　豪州（西部産の種は将来別属とされる可能性が高い）・ニュージーラ
　　ンド〕：*ネズモドキ（マヌカ）

Melaleuca L.（incl. *Callistemon* R. Br.）　ブラシノキ属（コバノブラシノキ属）
　　【B-4】〔ca. 300：マレーシア・メラネシア・豪州〕：*カユプテ，*ハナマキ

Metrosideros Banks ex Gaertn.　ムニンフトモモ属（オガサワラフトモモ属）
　　【B-7】〔ca. 60〕

Myrciaria O. Berg　ジャボチカバ属【B-10】〔22：中南米〕

Myrtella F. Muell.　【B-10】〔2：ニューギニア・ミクロネシア（グアム島）〕

Myrtus L.　ギンバイカ属【B-10】〔2：地中海地方〜北アフリカ〕：*ギンバ
　　イカ（ミルテ）

Pimenta Lindl.　オールスパイス属【B-10】〔ca. 15：西インド諸島・ブラジル〕

Psidium L.　[†]バンジロウ属【B-10】〔ca. 70：中南米〕：[†]バンジロウ（グアバ）

Rhodamnia Jack　ロダムノキ属【B-10】〔ca. 28：中国南部・東南アジア〜
　　マレーシア・豪州・メラネシア〕

Rhodomyrtus (DC.) Rchb.　[†]テンニンカ属【B-10】〔ca. 18：熱帯アジア〜マ
　　レーシア・豪州北部・メラネシア〕

Syzygium Gaertn.（incl. *Acmena* DC.）　フトモモ属【B-9】〔1100–1200〕：アデク，
　　*チョウジノキ，*トガリバアデク，*ミズレンブ

Tristaniopsis Brongn. & Gris　トベラモドキ属【B-5】〔ca. 40：東南アジア
　　〜マレーシア・豪州・ニューカレドニア〕

Xanthostemon F. Muell.　フィリピンテツボク属【B-1】〔ca. 45：フィリピン
　　以南のマレーシア東部〜メラネシア・豪州北東部〕

2. 3. 38. 6：**Melastomataceae　ノボタン科** [99)]〔219〕〔約 170 属約 5600 種：世
　　界の熱帯〜亜熱帯〕

Astronia Blume　オオノボタンノキ属【B-2】〔ca. 60：蘭嶼・緑島・マレー
　　シア・太平洋諸島〕

Barthea Hook.f.　ミヤマノボタン属【B-12】〔1：中国南部・台湾〕

154

維管束植物分類表

Blastus Lour.　ミヤマハシカンボク属【B-12】[ca. 12]

Bredia Blume　ハシカンボク属【B-12】[ca. 18]：ヤエヤマノボタン

Heterocentron Hook. & Arn.　メキシコノボタン属【B-9】[28：中米]

Medinilla Gaudich. ex DC.　ノボタンカズラ属（ヤドリノボタン属）【B-12】
　　[300–400：旧世界の熱帯～亜熱帯]：*コノボタン（アカミノボタン）

Melastoma L.（incl. *Otanthera* Blume）　ノボタン属【B-9】[22–25]：*ケヒメノボ
タン

Memecylon L.　コメツブノボタン属【A】[ca. 350：旧世界の熱帯～亜熱帯]

〔153 頁より；97）の続き〕
　　など多くの属の存在を考え合わせると，これらの「連」を積極的に科内
　分類群として認める必要性は薄く，Wagner et al.（2007）も亜科のみを認
　めている。Wagner et al.（2007）は属の範囲付けについても世界的視野か
　ら検討を行い，従来独立属とされることの多かったヤマモモソウ属をマ
　ツヨイグサ属に含めるなどの変更を行っている。

98）フトモモ科は 2 亜科 17 連に分類される（Wilson in Kubitzki 2011）。
　　A. Psiloxyloideae　プシロクシロン亜科 [2 属 4 種：アフリカ南部・マスカ
　　　リン諸島]　各 1 属のみからなる Psiloxyleae [1 種] と Heteropyxideae [3
　　　種] に分けられる。
　　B. Myrtoideae　フトモモ亜科 [約 132 属約 5500 種]　15 連に分けられ，
　　　本書掲載の属は以下の連に属する：
　　B-1：Xanthostemoneae　フィリピンテツボク連 [3 属約 50 種：東マレー
　　　シア・メラネシア・豪州北東部]
　　B-4：Melaleuceae　ブラシノキ連 [1(–10) 属約 300 種：マレーシア・メ
　　　ラネシア・豪州，特に豪州南西部に多い]
　　B-5：Kanieae　カニア連 [9 属約 60 種：東南アジア～マレーシア・メラ
　　　ネシア・豪州東部]
　　B-7：Metrosidereae　ムニンフトモモ連 [2(–4) 属 60 種余：南アフリカ・
　　　東マレーシア・ニュージーランド・太平洋諸島・南米南部]
　　B-9：Syzygieae　フトモモ連 [1(–6) 属 1100–1200 種：旧世界の熱帯～亜
　　　熱帯，東は豪州から西太平洋諸島に広がる]
　　B-10：Myrteae　ギンバイカ連 [約 52 属約 2500 種：世界の熱帯～亜熱帯，
　　　豪州やニュージーランド・南米では温帯に広がり，1 属が地中海地
　　　方にある]
　　B-11：Eucalypteae　ユーカリノキ連 [7 属約 930 種：マレーシア・豪州]
　　B-14：Leptospermeae　ネズモドキ連 [10 属約 170 種：マレーシア・豪州・
　　　ニュージーランド]
　　B-15：Chamaelaucieae　ワックスフラワー連 [約 28 属 460–500 種：中
　　　国南部・海南島・東南アジア～マレーシア・豪州]

99）ノボタン科は 2 亜科に分けられ，APGⅡではそのうちのコメツブノボタ
　ン亜科を独立科 Memecylaceae とするオプションが認められていた。大
　部分の種を含むノボタン亜科は Stevens（2001 ～：2018 年 10 月現在）に
　よると 13 ほどの連に分けられるが，所属未定の属もかなりあり，分類
　体系としてはまだ確定的ではない。本書掲載の属はそこから抜き出して
　以下に列記した 5 連のうち B-1 以外の 4 連に含まれる。他の連は分布が
　新世界に限られる。　　　　　　　　　　　　　　　　　〔以下 157 頁へ〕

Miconia Ruiz & Pav.（incl. *Clidemia* D. Don） ビロードノボタン属【B-5】[ca. 1900：熱米，一部の種は旧世界にも帰化]

Ochthocharis Blume　カワグチヒメノボタン属【B-12】[7：熱帯アフリカ・熱帯アジア]

Osbeckia L.　ヒメノボタン属【B-9】[ca. 50：アジアの熱帯～亜熱帯]

Sarcopyramis Wall.　タカサゴイナモリ属【B-12】[2–3：ヒマラヤ・東～東南アジア亜熱帯の高山]

Sonerila Roxb.　【B-12】[ca. 150：熱帯アジア，台湾南部に達する]

Tibouchina Aubl.　シコンノボタン属【B-9】[ca. 240（側系統群）：熱米]

2. 3. 38. 7：Crypteroniaceae　クリプテロニア科〔220〕[3 属約 13 種：スリランカ・中国南部・東南アジア～マレーシア・メラネシア]
　　Crypteronia Blume　[4–7：主にマレーシア，1 種のみ中国南部～東南アジア]

2. 3. 38. 8：Alzateaceae　アルサテア科〔221〕[1 属 1 種：中南米]
　　Alzatea Ruiz & Pav.　[1]

2. 3. 38. 9：Penaeaceae（incl. Oliniaceae, Rhynchocalycaceae）　ペナエア科〔222〕[9 属 32 種：アフリカ東部～南部（主にケープ地方）・セントヘレナ島]
　　Olinia Thunb.　[ca. 8：アフリカ東部～南部・セントヘレナ島]
　　Penaea L.　[4：南アフリカ（ケープ地方）]
　　Rhynchocalyx Oliv.　[1：南アフリカ]

2. 3. 39：Crossosomatales　ミツバウツギ目（クロッソソマ目）

2. 3. 39. 1：Aphloiaceae　アフロイア科〔223〕[1 属 1 種：アフリカ東部・マダガスカル・マスカリン諸島]
　　Aphloia (DC.) Benn.　[1]

2. 3. 39. 2：Geissolomataceae　ゲイッソロマ科〔224〕[1 属 1 種：南アフリカ（ケープ地方）]
　　Geissoloma Lindl. ex Kunth　[1]

2. 3. 39. 3：Strasburgeriaceae（incl. Ixerbaceae）　ストラスブルゲリア科〔225〕[2 属 2 種：ニューカレドニア・ニュージーランド北島]
　　Ixerba A. Cunn.　[1：ニュージーランド北島]
　　Strasburgeria Baill.　[1：ニューカレドニア]

2. 3. 39. 4：**Staphyleaceae**　**ミツバウツギ科**[100]〔226〕[2 属約 45 種：ユーラシア温帯・熱帯アジア～マレーシア・北米温帯・中南米熱帯]
　　Dalrympelea Roxb.（*Dalrymplea* Roxb.）　ショウベンノキ属 [ca. 23：アジアの熱帯～亜熱帯・マレーシア]
　　Staphylea L.（incl. *Euscaphis* Siebold & Zucc.）　ミツバウツギ属 [ca. 23：ユーラシア温帯・北～中米]：ゴンズイ

2. 3. 39. 5：Guamatelaceae　グアマテラ科〔227〕[1 属 1 種：中米]
　　Guamatela Donn. Sm.　[1]

維管束植物分類表

2. 3. 39. 6：**Stachyuraceae　キブシ科**〔228〕［1 属 8 種：東ヒマラヤ～東アジア］
Stachyurus Siebold & Zucc.　キブシ属［8］

2. 3. 39. 7：Crossosomataceae　クロッソソマ科〔229〕［4 属約 10 種：北米南西部～メキシコ北部］
Crossosoma Nutt.　［3：北米南西部～メキシコ］

2. 3. 40：Picramniales　ピクラムニア目

2. 3. 40. 1：Picramniaceae　ピクラムニア科〔230〕［3 属約 50 種：北米南部～南米］
Picramnia Sw.　［ca. 45：北米（フロリダ）・中南米］

2. 3. 41：Huerteales　フエルテア目（ウエルテア目）

2. 3. 41. 1：Gerrardinaceae　ゲラルディナ科〔231〕［1 属 2 種：アフリカ南部～南東部］
Gerrardina Oliv.　［2］

〔155 頁より：99）の続き〕
　　A. Olisbeoideae (Memecyloideae)　コメツブノボタン亜科［6 属 (480–)600 種：世界の熱帯］
　　B. Melastomatoideae　ノボタン亜科［約 180 属 (4350–) 約 5000 種：世界の熱帯～亜熱帯］
　　　B-1：Kibessieae　［1 属 20 種：タイ南部・マレーシア］　含まれる唯一の属 *Pternandra* Jack は，一時は科全体の姉妹群と考えられたこともあるが，現在ではノボタン亜科の最も初期に分岐した属とされている。
　　　B-2：Astronieae　オオノボタンノキ連［4 属約 150 種：熱帯アジア～太平洋諸島］
　　　B-5：Miconieae　ビロードノボタン連［2(– 約 20) 属約 2000 種：熱米，旧世界の熱帯にも帰化］
　　　B-9：Melastomeae (incl. Osbeckieae)　ノボタン連［約 50 属約 900 種：世界の熱帯～亜熱帯］
　　　B-12：Dissochaeteae (incl. Oxysporeae, Sonerileae)　ノボタンカズラ連［約 19 属約 600 種：旧世界の熱帯～亜熱帯］
100）従来のミツバウツギ科には，日本にもあるミツバウツギ属，ゴンズイ属および *Turpinia* Aubl. ショウベンノキ属の 3 属と，*Huertea* 属と *Tapiscia* 属が含められていたが，このうち後の 2 属は除かれてフエルテア目のタピスキア科とされた。残りの 3 属についても，ゴンズイやショウベンノキ属の基準種がミツバウツギ属の内群となることが明らかとなったため，全てを 1 属にまとめるか，*Dalrympelea* Roxb.（Mabberley (2017) は *Dalrymplea* が正しいとするが誤り）をショウベンノキ属に適用して 2 属を認めるのが妥当とされ，本書では Simmons (in Kubitzki 2007) に従って後者の立場をとる。ゴンズイのミツバウツギ属への組み替えは Mabberley (2017) が行なったが，ショウベンノキ属については東南アジアの少数の種以外にはまだ組み替えが行われていない。

維管束植物分類表

2. 3. 41. 2：Petenaeaceae　ペテナエア科〔232〕［1 属 1 種：中米］
　　　Petenaea Lundell　［1］

2. 3. 41. 3：Tapisciaceae　タピスキア科〔233〕［2 属 7 種：中国～ベトナム・
　西インド諸島・南米］
　　　Huertea Ruiz & Pav.　［4：西インド諸島・南米］
　　　Tapiscia Oliv.　［3：中国南部・ベトナム北部］

2. 3. 41. 4：Dipentodontaceae　ディペントドン科〔234〕［2 属約 20 種：中国南部
　～東南アジア・台湾・マレーシア・豪州北東部・メラネシア・ハワイ・中南米］
　　　Dipentodon Dunn　［1：中国南部～東南アジア北部］
　　　Perrottetia Kunth　ミジンコザクラ属［ca. 19：中国南部・台湾・マレーシア・
　　　豪州北東部・メラネシア・ハワイ・中南米］

2. 3. 42：Sapindales　ムクロジ目

2. 3. 42. 1：Biebersteiniaceae　ビーベルステイニア科〔235〕［1 属 4–5 種：ユー
　ラシア大陸温帯］
　　　Biebersteinia Stephan　［4–5］

2. 3. 42. 2：Nitrariaceae (incl. Peganaceae, Tetradiclidaceae)　ソーダノキ科（ニトラ
　リア科）〔236〕［4 属 13 種：ユーラシア・北アフリカ・豪州・メキシコ東
　岸の乾燥地］
　　　Nitraria L.　ソーダノキ属　［(5–)6(–12)：ユーラシア・北アフリカ・豪州］
　　　Peganum L.　［5：中央アジア～チベット高原・メキシコ］

2. 3. 42. 3：Kirkiaceae　カーキア科〔237〕［1 属 6 種：アフリカ・マダガスカル］
　　　Kirkia Oliv.　［6］

2. 3. 42. 4：Burseraceae　カンラン科 101)〔238〕［19 属約 700 種：世界の熱帯
　～亜熱帯］
　　　Boswellia Roxb. ex Colebr.　ニュウコウジュ属【B】［ca. 20：アフリカ・ア
　　　ラビア半島・インド］
　　　Canarium Stickm.(? *Rumphia* L.)　カンラン属【B】［ca. 120：旧熱帯，特に
　　　マダガスカルおよびマレーシア］：*ウラン
　　　Commiphora Jacq.　モツヤクジュ属【C】［ca. 185：アフリカ・マダガスカル・
　　　南西～東南アジア・中南米］

2. 3. 42. 5：**Anacardiaceae** (incl. Julianiaceae)　**ウルシ科** 102)〔239〕［約 80 属約
　850 種：世界の熱帯～温帯］
　　　Anacardium L.　カシューナットノキ属【A】［ca. 12：熱米］
　　　Bouea Meisn.　アカタネノキ属【A】［3–4：東南アジア・西マレーシア］
　　　Buchanania Spreng.　ウミソヤ属【B?】［25–30：熱帯アジア～マレーシア・
　　　豪州・太平洋諸島］
　　　Campnosperma Thwaites　ウミソヤモドキ属【A】［30+：マダガスカル・
　　　セイシェル・スリランカ・東南アジア～マレーシア・西太平洋諸島・
　　　熱米］

Choerospondias B.L. Burtt & A.W. Hill　チャンチンモドキ属【B】[1：ヒマ
　ラヤ～東アジア暖温帯・東南アジア]

Cotinus Mill.　ケムリノキ属【A】[ca. 4：ユーラシア・北米南西部～メキ
　シコ]：*ケムリノキ(ハグマノキ, スモークツリー)

Dracontomelon Blume　イボモモノキ属【B】[8：熱帯～亜熱帯アジア・マ
　レーシア・メラネシア]

Gluta L.（incl. *Melanorrhoea* Wall.）　レンガス属【A】[30+：マダガスカル・
　熱帯アジア～マレーシア]

Mangifera L.　マンゴー属【A】[69：熱帯アジア～マレーシア・ソロモン
　諸島]

Melanococca Blume（*Duckera* F.A. Barkley）　ナンヨウウルシ属【A】[1：マ
　レーシア・豪州北東部・太平洋諸島]

Pistacia L.　ランシンボク属【A】[12：地中海地方～中央アジア・中国・
　マレー半島・フィリピン・北～中米]：*ピスタチオ, *ランシンボク(カ
　イノキ, オウレンボク)

Rhus L.　ヌルデ属【A】[ca. 35：地中海地方・アジアの暖温帯～亜熱帯・フィ
　リピン・ハワイ・北～中米]：タイワンフシノキ

Schinus L.　†コショウボク属【A】[30+：南米]：†サンショウモドキ

Semecarpus L.f.　タイトウウルシ属(ドクウルシ属)【A】[70–75：熱帯アジ
　ア～マレーシア・台湾・西太平洋諸島・豪州北部]

Sorindeia Thouars　グレープマンゴー属【A】[9：アフリカ熱帯・マダガ
　スカル]

Spondias L.　アムラノキ(アムラタマゴノキ)属【B】[16+：熱帯アジア～
　マレーシア・太平洋諸島・中南米]

Toxicodendron Mill.　ウルシ属【A】[ca. 23：ヒマラヤ～東アジア・東南ア
　ジア～マレーシア・北～南米]：ハゼノキ, ヤマハゼ

101）カンラン科は Thulin et al. (2008) による分類では以下の4連に分けられ
　るが, Daly et al. (in Kubitzki 2011) はカンラン連をさらに細分する体系を
　示唆している。
　　A. Beiselieae　ベイセリア連[1属1種：メキシコ]
　　B. Garugeae　カンラン連[11属約275種：世界の熱帯～亜熱帯, 特に
　　　旧熱帯]
　　C. Bursereae　モツヤクジュ連[3属286種：南～東南アジア・北米南西
　　　部～南米北部]
　　D. Protieae　プロティウム連[3属約140種：マダガスカル・マレーシア・
　　　熱米]
　　所属不明：*Rosselia* Forman[1種：ニューギニア]

102）ウルシ科は A. Anacardioideae　ウルシ亜科[約60属約720種]と B.
　Spondiadoideae　チャンチンモドキ亜科[約20属約120種]の2亜科に
　分けられるが, 後者の単系統性やウミソヤ属など一部の属の所属につい
　ては異論がある。ウルシ亜科は形態的に極めて多様な種を含み, かつて
　は複数の科に分割する意見もあったが, 亜科内の分類についてはまだ完
　成したものがない。

維管束植物分類表

2. 3. 42. 6：**Sapindaceae　ムクロジ科**[103]〔240〕［141 属約 1900 種：世界の熱帯～亜熱帯および北半球温帯］

Acer L.　カエデ属【B-1】［ca. 130］：イロハモミジ, チドリノキ, ハナノキ, メグスリノキ

Aesculus L.　トチノキ属【B-2】［13］

Allophylus L.　アカギモドキ属【D-2】［1–250］

Cardiospermum L.　†フウセンカズラ属【D-2】［6–7：熱帯アフリカ・熱米］

Cubilia Blume　クビリナットノキ属【D-x】［1：マレーシア］

Dimocarpus Lour.　リュウガン属【D-x】［ca. 6：南アジア～中国南部・東南アジア・マレーシア・豪州北部］

Dipteronia Oliv.　キンセンセキ属【B-1】［1–2：中国西南部］

Dodonaea Mill.　ハウチワノキ属【C-1】［67］

Eurycorymbus Hand.-Mazz.　モクゲンジダマシ属【C-1】［1：中国南部・台湾］

Filicium Thwaites　シダノキ属【C-2】［3：東アフリカ熱帯・マダガスカル・熱帯アジア］

Koelreuteria Laxm.　モクゲンジ属【D-1】［ca. 4］

Lepisanthes Blume（*Erioglossum* Blume）　マタジャムノキ属【D-x】［24：旧世界の熱帯］

Litchi Sonn.　レイシ属【D-x】［1：中国南部・東南アジア］：*レイシ（ライチ）

Nephelium L.　ランブータン属【D-x】［ca. 22：熱帯アジア・マレーシア］

Paullinia L.　ガラナ属【D-2】［ca. 190：熱米, 1 種のみアフリカにも分布］

Pometia J.R. & G. Forst.　バンリュウガン属（タイトウリュウガン属）【D-x】［ca. 2：南～東南アジア・台湾・マレーシア・メラネシア］

Sapindus Plum. ex L.　ムクロジ属【D-x】［ca. 12］

Schleichera Willd.　セイロンオーク属【D-x】［1：熱帯アジア・マレーシア］

Xanthoceras Bunge　ブンカンカ属【A】［1：中国］

2. 3. 42. 7：**Rutaceae　ミカン科**[104]〔241〕［154 属約 2100 種：全世界の熱帯～温帯］

Acronychia J.R. & G. Forst.（incl. *Macrylodendron* T.G. Hartley）　オオバゲッケイ属【B-2】［ca. 55：熱帯アジア・マレーシア・豪州, 特にニューギニアと豪州で多様化］

Aegle Correa　ベルノキ属【D】［3：インド～マレーシア］

Amyris P. Browne　アミリス属【B-9】［ca. 40：熱米］：*エレミノキ

Atalantia Corrrea（incl. *Severinia* Ten.）　ツゲコウジ属【D】［ca. 17：東アジア亜熱帯～東南アジア・マレーシア］

Bergera Koenig ex L.　オオバゲッキツ属【D】［5：インド～東南アジア・マレーシア・ニューカレドニア］：*カレーリーフ

Boenninghausenia Rchb. ex Meisn.　マツカゼソウ属【C】［ca. 2］

Boronia Sm.　ボロニア属【B-3】［148：豪州・タスマニア］

Casimiroa La Llave　シロサポテ属【B-x】［ca. 10：北米南西部～中米］

Chloroxylon DC.　インドシュスノキ属【B-x】［3：マダガスカル・インド南部・スリランカ］

Citrus L.（incl. *Fortunella* Swingle, *Poncirus* Raf.） ミカン属【D】［ca. 30 野生種］:
　　†カラタチ, *キンカン, *グレープフルーツ, タチバナ, *ユズ, *レモン
Clausena Burm.f.　ワンピ属【D】［ca. 15：旧世界の熱帯〜亜熱帯］

103）ムクロジ科は4亜科に分類される（Acevedo-Rodriguez et al. in Kubitzki
　　2011）。このうち最初に分岐したAを独立科 Xanthocerataceae とし，残
　　りを従来の科を生かす形で3科（カエデ科（B-1），トチノキ科（B-2），ム
　　クロジ科（狭義：C＋D））に分ける意見（Buerki et al. 2010）もあるが，花
　　部器官の基本的形質には共通する形質が認められ，単型科を避ける観点
　　からも広義の科を採用するのが妥当である。
　A. Xanthoceratoideae　ブンカンカ亜科［1属1種：中国北部］
　B. Hippocastanoideae　トチノキ亜科［5(–6)属約150種：北半球温帯］
　　B-1：Aceroideae　カエデ連［1–2属約130種］
　　B-2：Hippocastaneae　トチノキ連［3属16種］
　C. Dodonaeoideae　ハウチワノキ亜科［22属約140種：世界の熱帯〜亜熱帯］
　　C-1：Dodonaeeae　ハウチワノキ連［14属126種］
　　C-2：Doratoxyleae　シダノキ連［8属14種］
　D. Sapindoideae　ムクロジ亜科［111属1340種：世界の熱帯〜暖温帯，一
　　部の種は冷温帯に広がる］　かつて認められていた連レベルの分類体
　　系は系統を反映していないため，Acevedo-Rodríguez et al.（in Kubitzki
　　2011）はそのうち単系統群であることのはっきりしているフウセンカ
　　ズラ連と Melicocceae のみを認め，残りを所属未定としている。モク
　　ゲンジ属は亜科の中で初期に分岐したことがわかっており，形態的独
　　立性を考慮して Stevens et al.（2001〜：2018年10月現在）では独立の連
　　とされているので，これと合わせて本書では以下の3連をとりあげる:
　　D-1：Koelreuterieae　モクゲンジ連［1属：東アジア・フィジー］
　　D-2：Paullinieae　フウセンカズラ連［12属約720種：熱米，アカギモ
　　　ドキ属のみ熱帯アジア〜太平洋諸島］
　　D-3：Melicocceae　［2属62種：熱米］

104）本書では Stevens（2001〜：2018年10月現在）に従ってミカン科を4亜
　　科に分ける分類を採用したが，B〜Dを1亜科に統合し，それぞれを連
　　のランクで扱う意見も有力である。大部分の属を含むサンショウ亜科に
　　ついては，いくつか（Kubitzki et al.（in Kubitzki 2011）では9個）の系統群
　　が認められている（本書掲載の属の大部分はこのうち3つの系統群に属
　　する）が，分類体系にはまだ反映されておらず，所属位置未定の属も多い。
　A. Cneoroideae　クネオルム亜科［7属35種：インドを除く世界の熱帯と
　　地中海地方］
　B. Amyridoideae　サンショウ亜科［113属約1800種：世界の熱帯〜温帯］
　　B-2：*Euodia* alliance　サンショウ群　［31属700種余：主に旧世界，1
　　　属のみ南米］ここに含まれる属はかつては果実の形質に基づいて
　　　Zanthoxyleae　サンショウ連（蒴果）と Toddalieae　サルカケミカン連
　　　（液果）に分けられていたが，この形質は系統を反映したものではない。
　　　ゴシュユ属（サンショウ連）とキハダ属（サルカケミカン連）は姉妹群の
　　　関係にあることがわかっている。　　　　　　　　　　〔以下163頁へ〕

Dictamnus L.　ハクセン属【B-x】［1：ユーラシア］

Glycosmis Correa　ハナシンボウギ属【D】［ca. 50］

Halophyllum A. Juss.　クサヘンルーダ属【D】［ca. 68：地中海地方・南西
　　〜中央アジア・シベリア南部・モンゴル・中国北部］

Harrisonia R. Br. ex A. Juss.　ハネザンショウ属【A】［ca. 4：熱帯アフリカ・
　　インド〜マレーシア・海南島・豪州東部］

Limonia L.（*Feronia* Correa）　ウッドアップル属【D】［1：インド・スリランカ］

Melicope J.R. & G. Forst.（incl. *Boninia* Planch.）　アワダン属【B-2】［ca. 240（側
　　系統群）］：シロテツ, ムニンゴシュユ

Murraya Koenig ex L.　ゲッキツ属【D】［5］

Orixa Thunb.　コクサギ属【B-x】［1：東アジア］

Phellodendron Rupr.　キハダ属【B-2】［2］

Ptelea L.　ホップノキ属【B-x】［3：北米］

Ruta L.　ヘンルーダ属【C】［7：地中海地方〜南西アジア・マカロネシア］

Skimmia Thunb.　ミヤマシキミ属【B-x】［5］

Tetradium Lour.　ゴシュユ属【B-2】［9］：ハマセンダン

Toddalia Juss.　サルカケミカン属【D】［1］

Triphasia Lour.　グミミカン属【D】［3：東南アジア・マレーシア］

Zanthoxylum L.（incl. *Fagara* L.）　サンショウ属【B-2】［ca. 230］

2. 3. 42. 8：**Simaroubaceae**（incl. Leitneriaceae）　**ニガキ科** 105)〔242〕［約 21 約
110 種：世界の熱帯〜暖温帯］

Ailanthus Desf.　†ニワウルシ属【C】［5：中央アジア〜東アジア・ヒマラヤ・
　　南東マレーシア・豪州］：†ニワウルシ（シンジュ）

Brucea J.F. Mill.　ニガキモドキ属【D】［6〜7：旧世界の熱帯〜亜熱帯］

Leitneria Chapm.　【D】［1：北米南東部］

Picrasma Blume　ニガキ属【B】［8］

Quassia L.　スリナムニガキ（クワッシャ）属【E】［2：西アフリカ熱帯・熱米］

Samadera Gaertn.　サマデラ属【E】［5〜6：マダガスカル・東南アジア〜マ
　　レーシア・豪州］

Simarouba Aubl.　シマルバ属【E】［6：熱米］

2. 3. 42. 9：**Meliaceae**　**センダン科** 106)〔243〕［51 属約 700 種：世界の熱帯〜
亜熱帯，一部の種は暖温帯に達する］

Aglaia Lour.（incl. *Amoora* Roxb.）　ジュラン属【B】［ca. 120（側系統群）：イ
　　ンド〜マレーシア・豪州・太平洋諸島］：*グミトベラ

Azadirachta A. Juss.　インドセンダン属【B】［2：インド〜マレーシア］

Cedrela P. Browne　セドロ属【A】［ca. 17：熱米］

Chisocheton Blume　コウトウオオジュラン属【B】［43：東ヒマラヤ〜東
　　南アジア・マレーシア・台湾・メラネシア・豪州］

Chukrasia A. Juss.　チュクラシア属【A】［1：熱帯アジア〜マレーシア西
　　部］：*チッタゴンウッド

Dysoxylum Blume　オオジュラン属【B】［ca. 80（側系統群）：熱帯アジア〜
　　マレーシア・豪州・メラネシア・ニュージーランド］：*オオバセンダン

Khaya A. Juss.　アフリカマホガニー属【A】［5：アフリカ・マダガスカル］

Lansium Correa　ランサ属【B】［3：マレーシア］

Melia L.　センダン属【B】［2–3：熱帯アフリカ・インド〜東アジア暖温帯・東南アジア］：センダン（オウチ）

Sandoricum Cav.　サントール属【B】［5：マレーシア，特にボルネオ島］

〔161 頁より；104）の続き〕

　　　サルカケミカン属に至ってはサンショウ属の内群となる可能性が高く，後者に含める見解が発表された（Appelhans et al. 2018a：本書では暫定的に独立属と認める）。オオバゲッケイ属（サルカケミカン連）は広義アワダン属（サンショウ連）の内群となることが判明し（Appelhans et al. 2014, 2018b），将来的には属の範囲付けが大幅に変更になることが予想される。

　　B-3：*Boronia* alliance　ボロニア群［18 属約 390 種：豪州・ニューカレドニア・ニュージーランド］

　　B-9：*Amyris* alliance　アミリス群［2 属約 40 種：熱米］

　　B-x（所属位置未定）：ホップノキ属など。このうちコクサギ属，ハクセン属，ミヤマシキミ属は高い確率で単系統群をなす（Z.-D. Chen et al. 2016）が，形態的共通性には乏しい。

　C. Rutoideae　ヘンルーダ亜科［5 属約 20 種］

　D. Aurantioideae　ミカン亜科［28 属 270–280 種］　従来 C に含まれていたクサヘンルーダ属と *Cneoridium* Hook.f.［1：北米太平洋岸］はこの亜科の最も基部に位置する。これらを除いた狭義のミカン亜科には Clauseneae　ワンピ連と Aurantieae　ミカン連の 2 連が認められることが多かったが，これは亜科内の系統と必ずしも一致しないので，本書では亜科内分類を行わない。

105）ニガキ科は以下の 5 連に分類されているが，シマルバ連の中で初期に分岐した属の位置づけについては異論がある。かつてこの科には異質なものが多く含まれており，イルビンギア科（キントラノオ目），スリアナ科（マメ目），ピクラムニア科（ピクラムニア目）などが分離された。

　A. Casteleae　カステラ連［2 属 14 種：北米南部〜南米・西インド諸島・ガラパゴス諸島］

　B. Picrasmateae　ニガキ連［1 属 8 種：アジア〜マレーシア・中南米・西インド諸島］

　C. Ailantheae　ニワウルシ連［1 属 5 種：中央〜東アジア・東南アジア〜マレーシア・豪州北部］

　D. Leitnerieae　ニガキモドキ連［5 属 22 種：アフリカ・熱帯〜亜熱帯アジア・マレーシア・豪州・太平洋諸島・北米南東部］

　E. Simaroubeae　シマルバ連［11–13 属 52–55 種：世界の熱帯］

106）センダン科は A. Cedreloideae　チャンチン亜科［14 属 56 種］と B. Melioideae　センダン亜科［36 属 585 種］に分けられ，いずれも世界の熱帯〜暖温帯に広く分布するが，亜科内の分類についてはまだ完成していない。センダン亜科はかつて 8 つほどの連に分けられていたが，一部の連の単系統群が支持されず，さらにジュラン属など単系統性が支持されない熱帯産の属も多い。

維管束植物分類表

Swietenia Jacq.　マホガニー属【A】［3：熱米］
Toona (Endl.) M. Roem.　チャンチン属【A】［4–5：ヒマラヤ～中国・豪州東部］
Xylocarpus J. Koenig　ホウガンヒルギ属【A】［3：旧世界熱帯マングローブ］

2. 3. 43：Malvales　アオイ目

2. 3. 43. 1：Cytinaceae　キティヌス科〔244〕［2 属 10 種：地中海地方～南西アジア・カナリア諸島・南アフリカ・マダガスカル・中米］
　　Cytinus L.［8：地中海地方～南西アジア・カナリア諸島・南アフリカ・マダガスカル］

2. 3. 43. 2：Muntingiaceae　ナンヨウザクラ科〔245〕［3 属 3 種：中南米・西インド諸島］
　　Muntingia L.　ナンヨウザクラ属［1：中南米, 現在は世界の熱帯に野生化］

2. 3. 43. 3：Neuradaceae　ネウラダ科〔246〕［3 属 9 種：アフリカ（北部・南部）・南西アジア・インド］
　　Neurada L.［1：北アフリカ～南西アジア・インド］

2. 3. 43. 4：**Malvaceae**　**アオイ科**[107]〔247〕［244 属 4220 種：世界の熱帯～温帯］
　　Abroma Jacq.（*Ambroma* L.f.）　トゲアオイモドキ属【B-2】［1：熱帯アジア・マレーシア・豪州］
　　Abutilon Mill.　†イチビ属【I-3】［ca. 135］
　　Adansonia L.　バオバブ属【H-2】［8：アフリカ・マダガスカル・豪州］
　　Alcea L.　タチアオイ属【I-3】［ca. 60：地中海地方～中央アジア］
　　Althaea L.　ウスベニタチアオイ属【I-3】［ca. 12：欧州～中央アジア］
　　Alyogyne Alef.　ブルーハイビスカス属【I-2】［5：豪州］
　　Anoda Cav.　†ニシキアオイ属【I-3】［23：北米南部～南米, 特にメキシコで多様化］:*ヤノネアオイ
　　Bombax L.　インドワタノキ属【H-3】［8：旧世界熱帯］
　　Brachychiton Schott & Endl.　ゴウシュウアオギリ属【C】［31：ニューギニア・豪州］
　　Callianthe Donnell　ショウジョウカ属【I-3】［45：熱米］:*ウキツリボク
　　Callirhoe Nutt.　フウロアオイ属【I-3】［9：北米～メキシコ北東部］
　　Ceiba Mill.（incl. *Chorisia* Kunth）　パンヤノキ属【H-3】［11-20：熱米］:パンヤノキ（カポック, インドキワタ）
　　Cola Schott & Endl.　コラノキ（コーラノキ）属【C】［ca. 100：熱帯アフリカ］
　　Colona Cav.（*Columbia* Pers.）　【A-2】［(25–)30：中国南部～東南アジア・マレーシア・太平洋諸島］
　　Commersonia J.R. & G. Forst.　ヒゲミノキ属【B-3】［ca. 12：マレーシア・豪州・太平洋諸島］:*ヒゲミノキ（イガタマノキ, アスビータ）
　　Corchoropsis Siebold & Zucc.　カラスノゴマ属【E】［1］
　　Corchorus L.　†ツナソ属【A-1】［40–100：世界の熱帯～亜熱帯］
　　Diplodiscus Turcz.（incl. *Hainania* Merr.）　カイナンノキ属【F】［10：スリランカ・海南島・西マレーシア・フィリピン］
　　Dombeya Cav.　ドンベヤ属【E】［200+：アフリカ・アラビア半島・マダガ

スカル・マスカリン諸島〕

Durio Adans.　ドリアン属【G】〔ca. 20：西マレーシア・フィリピン〕

Firmiana Marsili　アオギリ属【C】〔12〕

Gossypium L.　ワタ属【I-2】〔49〕

Grewia L.　ウオトリギ属【A-2】〔280–290〕：*エノキウツギ

Helicteres L.　†ヤンバルゴマ属【G】〔ca. 60：アフリカを除く熱帯〜亜熱帯〕

Heritiera Dryand.　サキシマスオウノキ属【C】〔ca. 35〕

Hibiscus L.（incl. *Abelmoschus* Medik., *Malvaviscus* Fabr., *Talipariti* Fryxell）　フヨウ
属【I-1】〔c. 425(側系統群)〕：*アオイツナソ(ケナフ)，*オクラ，†ギンセ
ンカ，*ノリアサ，ハマボウ，*ヒメフヨウ，*ブッソウゲ，†ムクゲ，*モミジ
アオイ，モンテンボク，*ローゼルソウ

---

107) アオイ科(かつてのアオギリ科，シナノキ科，パンヤ科を含む)には以
下の9亜科が認められる。系統関係は[A + B][C, D, E, F, G (H + I)]であ
るが，C は (H + I) の姉妹群となるという説もある。
A. Grewioideae　ウオトリギ亜科〔25 属約 770 種：世界の熱帯〜亜熱帯，
一部の種は温帯に広がる〕
　　A-1：Apeibeae　ツナソ連〔11 属 250 種余〕，A-2：Grewieae　ウオト
リギ連〔14 属 510 種余〕に分けられる。
B. Byttnerioideae　ノジアオイ亜科〔約 25 属約 650 種：世界の熱帯〜亜熱
帯および南半球の温帯，特に南米と豪州で多様化〕　さらに以下の4
連に分けられる：
　　B-1：Theobromateae　カカオノキ連〔4 属約 43 種〕，B-2：Byttnerieae
フウセンアカメガシワ連〔5–8 属約 280 種〕，B-3：Lasiopetaleae　ヒゲ
ミノキ連〔10 属約 140 種〕，B-4：Hermannieae　ノジアオイ連〔4 属約
220 種〕
C. Sterculioideae　アオギリ亜科〔12 属約 430 種：世界の熱帯〜亜熱帯〕
D. Tilioideae　シナノキ亜科〔3 属約 50 種：北半球の温帯・中米の亜熱帯
〜熱帯〕
E. Dombeyoideae　ゴジカ亜科〔21 属約 380 種：旧世界の熱帯〜温帯〕
F. Brownlowioideae　カイナンノキ亜科〔8 属約 68 種：世界の熱帯〕
G. Helicteroideae　ヤンバルゴマ亜科〔8–10 属約 95 種：世界の熱帯〜亜熱帯〕
H. Bombacoideae　パンヤ亜科〔17 属約 160 種余：世界の熱帯，特に南米で
多様化〕　バルサ属など南米産のいくつかの属については所属に異論
がある。これらを除くと以下の3連に分けられる：
　　H-1：Bernoullieae　〔3 属 9 種：熱米〕，H-2：Adansonieae　バオバブ
連〔5 属 30 種〕：H-3：Bombaceae　パンヤ連〔9 属 125 種〕
I. Malvoideae　アオイ亜科〔85–90 約 1800 種：世界の熱帯〜温帯〕
　I-1：Hibisceae (incl. Kydieae)　フヨウ連〔4–10 属約 700 種〕　フヨウ属
の範囲付けについては様々な説があり，本書ではやや保守的な考
えに従って分果をもつヤノネボンテンカ属とボンテンカ属を別属
としているが，これらがフヨウ属の内群となることは間違いない。
Mabberley (2017) はこれらの属に加え，周辺の属をも含めてフヨウ属
を連のほぼ全ての種を含む 700 種ほどからなるとする。
　I-2：Gossypieae　ワタ連〔約 10 属約 50 種〕
　I-3：Malveae　ゼニアオイ連〔70–75 属約 1040 種〕

Kleinhovia L.　フウセンアカメガシワ属【B-2】[1]

Malva L.　†ゼニアオイ属【I-3】[ca. 25：世界の温帯]：†ウサギアオイ，*オカノリ，†ジャコウアオイ，*モクアオイ

Malvastrum A. Gray　†エノキアオイ属【I-3】[15：豪州・北米～南米]：*イヌアオイ

Melochia L.　ノジアオイ属【B-4】[ca. 60]

Modiola Moench　†キクノハアオイ属[1：世界の熱帯～亜熱帯]

Ochroma Sw.　バルサ属【H-3?】[1：熱米]

Pachira Aubl.　パキラ属【H-3】[ca. 50：熱帯アフリカ・熱米]

Pavonia Cav.　†ヤノネボンテンカ属【I-1】[ca. 250：世界の熱帯～亜熱帯，大部分熱米]

Pentapetes L.　ゴジカ属【E】[1：熱帯アジア]

Pterospermum Schreb.　シロギリ属【E】[ca. 18：熱帯アジア・西マレーシア]：*シマウラジロノキ

Reevesia Lindl.　チャセンギリ属【G】[25：ヒマラヤ～中国南部・台湾・西マレーシア・中米]

Sida L.　キンゴジカ属【I-3】[ca. 250（多系統群）：世界の熱帯～亜熱帯，一部温帯に達する]

Sidalcea A. Gray　キンゴジカモドキ属【I-3】[ca. 20：北米西部～メキシコ北西部]：*オレゴンアオイ

Sparrmannia L.f.（*Sparmannia* と綴られることもあるが誤り）　ゴジカモドキ属【A-1】[3–7：アフリカ・マダガスカル]

Sterculia L.　ピンポンノキ属【C】[200–300：世界の熱帯]：*ヤツデアオギリ

Theobroma L.　カカオノキ属【B-1】[22：中南米]

Thespesia Sol. ex Correa　サキシマハマボウ属【I-2】[17：世界の熱帯～亜熱帯]：サキシマハマボウ（シマアオイ，トウユウナ）

Tilia L.　シナノキ属【D】[ca. 23]：ヘラノキ，*ボダイジュ

Trichospermum Blume　ウオトリギモドキ属【A-2】[ca. 39：マレーシア・西太平洋諸島・中南米]

Triumfetta L.　ラセンソウ属【A-1】[ca. 150]：ハテルマカズラ，コンペイトウグサ

Urena L.　ボンテンカ属【I-1】[6–8：世界の熱帯～亜熱帯]

Waltheria L.　†コバンバノキ属【B-4】[50–60：世界の熱帯，特に南米で多様化]

2. 3. 43. 5：Sphaerosepalaceae　スファエロセパルム科〔248〕[2 属 18 種：マダガスカル]

　　Rhopalocarpus Bojer（*Sphaerosepalum* Baker）[15：マダガスカル]

2. 3. 43. 6：**Thymelaeaceae**（incl. Tepuianthaceae）　**ジンチョウゲ科** [108]〔249〕[約 50 属 900–1000 種：世界の熱帯～温帯：ただしユーラシア以外では乾燥地帯にはない]

　　Aquilaria Lam.　ジンコウ属【C-1】[ca. 20：南アジア～東南アジア]

　　Dais L.　アフリカジンチョウゲ属【C-2】[2：アフリカ中南部・マダガスカル]

維管束植物分類表

Daphne L.　ジンチョウゲ属【C-2】［ca. 100］：オニシバリ, カラスシキミ, コショウノキ, ナニワズ

Daphnimorpha Nakai　シャクナンガンピ属【C-2】［2］：シャクナンガンピ（ヤクシマガンピ）, ツチビノキ

Diarthron Turcz.　コゴメアマ属【C-2】［ca. 20：中央〜北東アジア］

Diplomorpha Meisn.　ガンピ属【C-2】［30+］

Edgeworthia Meisn.　†ミツマタ属【C-2】［5：ヒマラヤ〜東アジア・東南アジア北部］

Phaleria Jack　ジンチョウゲモドキ属【C-2】［24：スリランカ・マレーシア・豪州・太平洋諸島］

Stellera L.　イモガンピ属【C-2】［1：チベット高原〜モンゴル・中国北部・東シベリア］：＊イモガンピ（クサナニワズ）

Wikstroemia Endl.　アオガンピ属【C-2】［ca. 50］

2. 3. 43. 7：Bixaceae（incl. Cochlospermaceae, Diegodendraceae）　ベニノキ科〔250〕［4属 23 種：世界の熱帯：東アフリカやマレーシアには野生がないが, ベニノキが栽培される］

　　Bixa L.　ベニノキ属［5：南米北部］：＊ベニノキ（アナトー）

　　Cochlospermum Kunth　ワタモドキ属［13：世界の乾季のある熱帯］

　　Diegodendron Capuron　［1：マダガスカル］

2. 3. 43. 8：Cistaceae　ハンニチバナ科 109)〔251〕［7 属約 170 種：欧州〜中央アジア・マカロネシア・北アフリカ・北米・南米］

　　Cistus L.　ゴジアオイ属［ca. 17：地中海地方〜コーカサス・カナリア諸島］

　　Helianthemum Mill.　ハンニチバナ属［ca. 110：欧州〜中央アジア・マカロネシア・アフリカ北東部］

---

108) ジンチョウゲ科は A. Tepuianthoideae　テプイアンツス亜科［1 属 7 種：南米ギアナ高地周辺］, B. Gonystyloideae（Octolepidoideae）　ゴニスティルス亜科［8 属約 27 種：旧世界の熱帯］, C. Thymelaeoideae　ジンチョウゲ亜科［35–40 属約 900 種：世界の熱帯〜亜寒帯, 特にアフリカと豪州に多い］に分けられるが, *Synandrodaphne* Gilg［1：西アフリカ］はゴニスティルス亜科とジンチョウゲ亜科を合わせた系統の姉妹群またはジンチョウゲ亜科の中で最初に分岐したと推定されている。ジンチョウゲ亜科はさらに C-1. Aquilarieae　ジンコウ連［2 属約 30 種：熱帯アジア〜マレーシア］と C-2. Thymelaeeae（Daphneae）　ジンチョウゲ連に分けられるが, ジンチョウゲ連の属の分類には異説が多い。

109) ハンニチバナ科は Fumaneae　［1 属 9 種：地中海地方］, Lecheeae　［1 属 17 種：北〜中米・西インド諸島］, Cisteae　ハンニチバナ連［約 6 属約 180 種：ユーラシア・北アフリカ・北米・南米東部温帯］の 3 連に分けられ, 本書掲載の 2 属はいずれもハンニチバナ連に属する。さらに, 南米ギアナ高地固有の木本 *Pakaraimaea* Maguire & P.S. Ashton がこの科の姉妹群となる可能性が高いが, 独立科として認めるか否かについては結論が出ていない。

維管束植物分類表

2. 3. 43. 9：Sarcolaenaceae　サルコラエナ科〔252〕［10属68種：マダガスカル］
　　　Sarcolaena Thouars　［8：マダガスカル］

2. 3. 43. 10：Dipterocarpaceae　フタバガキ科[110)]〔253〕［16属約700種：ア
　　フリカ・アジア・南米の熱帯］
　　　Dipterocarpus C.F. Gaertn.　フタバガキ属［ca. 70：スリランカ・東南アジ
　　　ア〜マレーシア］
　　　Dryobalanops C.F. Gaertn.　リュウノウジュ属［7：西マレーシア］
　　　Shorea Roxb. ex C.F. Gaertn.　サラソウジュ属［ca. 360（側系統群）：インド
　　　〜東南アジア・マレーシア］
　　　Vatica L.　リュウノウガシ属［ca. 65：スリランカ・東南アジア〜マレーシア］

2. 3. 44：Brassicales　アブラナ目

2. 3. 44. 1：Akaniaceae（incl. Bretschneideraceae）　アカニア科〔254〕［2属2種：
　　中国南部・台湾・東南アジア北部・豪州東部］
　　　Akania Hook.f.　［1：豪州東部］
　　　Bretschneidera Hemsl.　ハクラクジュ属［1：中国南部・台湾・タイ北部・
　　　ラオス・ベトナム北部］

2. 3. 44. 2：Tropaeolaceae　ノウゼンハレン科〔255〕［1属94種：中南米の
　　半乾燥地帯］
　　　Tropaeolum L.　ノウゼンハレン属［94]:*カナリアヅル

2. 3. 44. 3：Moringaceae　ワサビノキ科〔256〕［1属13種：アフリカ・南西
　　〜南アジアの半乾燥地帯］
　　　Moringa Adans.　ワサビノキ属［13］

2. 3. 44. 4：Caricaceae　†パパイヤ科〔257〕［6属約35種：熱帯アフリカ・
　　中南米］
　　　Carica L.　†パパイヤ属［2：中米］

2. 3. 44. 5：Limnanthaceae　リムナンテス科（リムナンツス科）〔258〕［2属10
　　種：北米］
　　　Limnanthes R.Br.［9：北米西部］

2. 3. 44. 6：Setchellanthaceae　セッチェランツス科〔259〕［1属1種：メキシコ］
　　　Setchellanthus Brangedee［1］

2. 3. 44. 7：Koeberliniaceae　ケーベルリニア科〔260〕［1属2種：北米南西
　　部〜メキシコ・ボリビア］
　　　Koeberlinia Zucc.［2］

2. 3. 44. 8：Bataceae　バチス科[111)]〔261〕［1属2種：ニューギニア・豪州北
　　部・北〜南米の熱帯〜亜熱帯・ガラパゴス諸島・ハワイ（野生化）］
　　　Batis P. Browne　［2］

2. 3. 44. 9：Salvadoraceae　サルバドラ科〔262〕［3属10種：アフリカ・南

西～東南アジア・スマトラ・フィリピン〕

Salvadora L.　〔4：アフリカ・南西～中央アジア〕

2. 3. 44. 10：Emblingiaceae　エンブリンギア科〔263〕〔1 属 1 種：豪州西部〕

Emblingia F. Muell.　〔1〕

2. 3. 44. 11：Tovariaceae　トバリア科〔264〕〔1 属 2 種：中南米・西インド諸島〕

Tovaria Ruiz & Pav.〔2〕

2. 3. 44. 12：Pentadiplandraceae　ペンタディプランドラ科〔265〕〔1 属 1 種：
西アフリカ熱帯〕

Pentadiplandra Baill.〔1〕

2. 3. 44. 13：Gyrostemonaceae　ギロステモン科〔266〕〔5 属 18 種：豪州〕

Gyrostemon Desf.〔12：豪州・タスマニア〕

2. 3. 44. 14：Resedaceae　†モクセイソウ科 112)〔267〕〔12 属約 90 種：欧州・
アフリカ・南西～東南アジア・中国西南部・海南島・マレーシア（スマト
ラ・ボルネオ・フィリピン）・北米南西部～中米・西インド諸島〕

Borthwickia W.W. Sm.〔1：中国西南部〕

Reseda L.　†モクセイソウ属〔ca. 55：地中海地方～中央アジア（インド北
西部に達する）・マカロネシア・北アフリカ〕

Stixis Lour.〔7：南～東南アジア・マレーシア・海南島〕

---

110) フタバガキ科は Monotoideae　モノテス亜科〔3 属約 35 種：アフリカ・
マダガスカル・南米北部〕，Dipterocarpoideae　フタバガキ亜科〔13 属約
660 種：熱帯アジア～マレーシア〕の 2 亜科に分けられ，本書掲載の属
は全て後者に属する。

111) Christenhusz et al. (2017) は，バチス科に近縁か，おそらく本科とサルバ
ドラ科の共通祖先に由来する可能性のある未記載の植物がアフリカ南部
にあることを報告している。もしこの植物が後者のような位置に来るな
らば，単型の科を避ける APG の原則によってバチス科とサルバドラ科
が合一されることになるかも知れない。

112) モクセイソウ科はかつては 6 属 70–75 種のみからなる小さな科とみな
されていたが，Su et al. (2012) によって，かつてフウチョウソウ科に含
まれていたインド～ベトナム産のいくつかの属がこのモクセイソウ科
の姉妹群となることが示され，これらを含むように科の範囲が拡張さ
れた。この中で最も初期に分岐した中国西南部産の *Borthwickia* W.W.
Sm. は *Cleome* の仲間に近い形態をもち，Su et al. (2012) は独立科として
いるが，単型の科を避ける立場から APGⅣ ではモクセイソウ科に含め
る。従来のモクセイソウ科はモクセイソウ連 Resedeae〔主に地中海地方
～西アジア・アフリカ・北米南西部～中米〕，*Stixis* などの近年移され
た属（*Borthwickia* は除く）はモクセイソウ連の姉妹群 Stixeae〔4 属 20 種：
ヒマラヤ～東南アジア・海南島・マレーシア・中米・西インド諸島〕と
して扱われる。

維管束植物分類表

2. 3. 44. 15：**Capparaceae　フウチョウボク科**[113]〔268〕[(16–) 約 30 属約 450 種：世界の熱帯〜亜熱帯，一部地域では暖温帯に達する]

 Capparis L.　フウチョウボク属 [ca. 250（多系統群？）：世界の熱帯，ユーラシア西部では温帯に達する]

 Crateva L.　ギョボク属 [(8–)20（側系統群？）]

2. 3. 44. 16：Cleomaceae　†フウチョウソウ科[114]〔269〕[(1–)5–25 属 270–350 種：世界の熱帯〜温帯]

 Cleome L.　†アフリカフウチョウソウ属 [最狭義に扱えば ca. 27：旧世界の熱帯〜亜熱帯，広義に扱えば科の種数に同じ]

 Corynandra Schrad. ex Spreng.（*Arivela* Raf.）　†ヒメフウチョウソウ属 [ca. 8：旧世界熱帯〜亜熱帯]：†ヒメフウチョウソウ（サキシマフウチョウソウ）

 Gynandropsis DC.　†フウチョウソウ属 [ca. 2：地中海地方〜南西アジア]

 Polanisia DC.　ミツバフウチョウソウ属 [ca. 5：北米〜中米]

 Tarenaya Raf.　セイヨウフウチョウソウ属 [ca. 35：アフリカ・中南米]

2. 3. 44. 17：**Brassicaceae**（Cruciferae）　**アブラナ科**[115]〔270〕[約 345 属約 3650 種：全世界の亜熱帯〜寒帯]

 Aethionema R. Br.　タイリンミヤコナズナ属【A】[45–50：欧州〜南西アジア]

 Alliaria Heist. ex Fabr.　†ニンニクガラシ属【B-49】[2：ユーラシア]：†ニンニクガラシ（ガーリックマスタード，ネギハタザオ）

 Alyssum L.　†アレチナズナ属【B-1】[180–200：欧州〜シベリア・北米，特に欧州南東部〜南西アジアで多様化]

 Arabidopsis (DC.) Heynh.（incl. *Cardaminopsis* (C.A. Mey.) Hayek）　シロイヌナズナ属【B-14】[ca. 10]：ハクサンハタザオ，ミヤマハタザオ，リシリハタザオ

 Arabis L.　ヤマハタザオ属【B-6】[ca. 60]：スズシロソウ，ハマハタザオ，フジハタザオ

 Armoracia G. Gaertn., B. Mey. & Scherb.　†セイヨウワサビ属【B-15】[3：ユーラシア]：†セイヨウワサビ（ウマダイコン）

 Aubrieta Adans.　ムラサキナズナ属【B-6】[ca. 12：欧州南東部〜南西アジア]

 Aurinia Desv.　イワナズナ属【B-1】[7(–13)：欧州〜南西アジア]

 Barbarea R. Br.　ヤマガラシ属【B-15】[ca. 22]：*キバナハタザオ

 Berteroa DC.　†ヤハズナズナ属【B-1】[5：欧州〜南西アジア]

 Brassica L.　†アブラナ属【B-11】[38（多系統群）：地中海地方〜欧州西部海岸・南西アジア・マカロネシア]：†カラシナ，*キャベツ，*ハクサイ，*ハボタン

 Bunias L.　テンシンナズナ属【B-12】[3：ユーラシア]

 Cakile Mill.　†オニハマダイコン属【B-11】[7：欧州・北アフリカ・北米の大西洋および地中海沿岸，西アジアから知られている 1 種は別系統]

 Camelina Crantz　†アマナズナ属【B-14】[8：欧州南東部〜南西アジア]

 Capsella Medik.　ナズナ属【B-14】[1(–5)]：ナズナ（ペンペングサ）

 Cardamine L.　タネツケバナ属【B-15】[ca. 200]：エゾワサビ，オクヤマガラシ，コンロンソウ，ジャニンジン，ミヤウチソウ

170

Carrichtera DC.　†カンムリナズナ属【B-11】[1：地中海地方〜南西アジア]

Catolobus (C.A. Mey.) Al-Shehbaz　エゾハタザオ属【B-14】[1–2]：ヘラハタザオ

Chorispora R. Br. ex DC.　†ツノミナズナ属【B-16】[11：南西〜中央アジア]

---

113) APGⅢ以降の分類体系では，旧来の分類（例えば Kers in Kubitzki 2003）の Capparaceae　フウチョウソウ科の中のフウチョウボク亜科 Capparoideae のみがフウチョウボク科として独立されている。この中ではギョボク属が最も初期に分岐したことがわかっているが，特に科内の分類体系は提案されていない。

114) フウチョウソウ科は旧来のフウチョウソウ科の中の Cleomoideae と Dipterygioideae の2亜科に相当する。この中では前者に属する北米産の *Cleomella* DC.（いくつかの *Cleome* L. の北米産種を含む）が最も初期に分岐する可能性が高い一方で，単独で独立の亜科とされていたアフリカ北東部〜西アジアの *Dipterygium* Decne. は *Cleomella* 以外の系統に含まれることが判明している。従来の *Cleome* L. (s. l.) 広義フウチョウソウ属は著しい側系統群で，従来この科で認められていた他の属はこの内群となるため，Christenhusz et al. (2017) や Mabberley (2017) のように科内に1または少数の属のみを認める立場と，広義フウチョウソウ属を細分して複数の属を認める立場（例えば Roalson et al. 2017, Barrett et al. 2017）とが対立している。本書では姉妹群のアブラナ科における属のサイズとのバランスをとる意味で後者の見解を採用するが，個々の属の種数や分布については研究の途上である。

115) アブラナ科には Al-Shehbaz (2012) によって49連が認識されているが，連の間の系統関係は一部を除いてわかっておらず，一部の属については系統位置不明とされた。その後3連が新たに加えられ，系統的位置不明の属のうちいくつかは所属が判明している。なお，科としての形態的まとまりの高さから，科内分類体系を認めない極論もあるが，アブラナ連のように形態的によく定義できる系統群が科内に存在し，他の連も形態的定義こそ困難だが系統的にはよく定義できることがわかっている以上，科内分類体系構築の試みを否定的にとらえる必要はないと思われる。
A. Aethionemeae　タイリンミヤコナズナ連［2属 50–60種：地中海地方〜中央アジア］（アブラナ科の中で最も初期に分岐した系統。独立の亜科とされることもあるが固有派生形質に乏しい）
B. それ以外。もし A を独立の亜科とするならば以下の連全てがアブラナ亜科としてまとめられることになる。核 DNA による系統解析では大きく3つの系統群（Lineage I, Expanded Lineage II, Lineage III）が認められているが，これは葉緑体 DNA の系統樹とはかなり異なっている。本書では Al-Shehbaz (2012) にならって連をアルファベット順に配列し，後に核 DNA の系統群名を【　】に入れて表示する（Expanded Lineage II は単に II とし，その中の1系統群である本来の Lineage II は II* とする）。
B-1：Alysseae　イワナズナ連【II】[25属約300種：ユーラシア・北米，特に地中海地方〜西アジアで多様性が高い]　〔以下173頁へ〕

維管束植物分類表

Cochlearia L.（incl. *Cochleariopsis* A. & D. Löve）　トモシリソウ属【B-17】［17–20：ユーラシア・北アフリカ・北米北部］

Coincya Rouy　†キバナスズシロモドキ属【B-11】［6：欧州・北西アフリカ］

Conringia Heist. ex Fabr.　†ナタネハタザオ属【B-19】［6：欧州〜南西アジア］:†ナタネハタザオ（コバンガラシ）

Crambe L.　ハマナ属【B-11】［ca. 35：欧州・アフリカ］

Descurainia Webb & Berthel.　クジラグサ属【B-22】［35–40］

Diplotaxis DC.　†エダウチナズナ属【B-11】［25：ユーラシア・北アフリカ］:†ロボウガラシ（エダウチハタザオ）

Dontostemon Andrz. ex C.A. Mey.　ハナハタザオ属【B-23】［11]:*クシバハタザオ

Draba L.（incl. *Erophila* DC.）　イヌナズナ属【B-6】［ca. 390]:キタダケナズナ，トガクシナズナ，†ヒメナズナ

Eruca Mill.　†キバナスズシロ属【B-11】［1：地中海地方］

Erucastrum C. Presl（incl. *Hirschfeldia* Moench）　†アレチガラシ属【B-11】［25（多系統群）:欧州・アフリカ・南西アジア］:†オハツキガラシ

Erysimum L.（incl. *Cheiranthus* L.）　†エゾスズシロ属【B-24】［ca. 200：北半球温帯］:*ニオイアラセイトウ

Euclidium R. Br.　【B-25】［1：欧州〜南西アジア］

Eutrema R. Br.（incl. *Wasabia* Matsum.）　ワサビ属【B-27】［27］

Hesperis L.　†ハナスズシロ属【B-30】［34：欧州〜中央アジア・北アフリカ］:†ハナスズシロ（セイヨウハナダイコン）

Hilliella (O.E. Schulz) Y.H. Zhang & H.W. Li　ユリワサビモドキ属【B-31】［11：中国中南部・台湾・ベトナム］

Hornungia Rchb.　†ミヤマカラクサナズナ（タカネカラクサナズナ）属【B-22】［3：欧州］

Iberis L.　マガリバナ属【B-32】［30：欧州〜中央アジア・北アフリカ］:*ハタザオナズナ

Isatis L.　†タイセイ属【B-33】［86：ユーラシア・北アフリカ］

Lepidium L.（incl. *Cardaria* Desv., *Coronopus* Zinn）　マメグンバイナズナ属【B-35】［ca. 250]:†アコウグンバイ，†ウロコナズナ，†カラクサナズナ，†コシミノナズナ，†コショウソウ，†ベンケイナズナ，ハマガラシ（ヤンバルガラシ）

Lobularia Desv.　†ニワナズナ属【B-3】［4：地中海地方・マカロネシア］

Lunaria L.　ゴウダソウ属【B-8】［3：欧州］:*ゴウダソウ（ギンセンソウ）

Macropodium R. Br.　ハクセンナズナ属【B-47】［2］

Malcolmia R. Br.　ヒメアラセイトウ属【B-37】［41：地中海地方東部］

Matthiola R. Br.　アラセイトウ属【B-4】［ca. 50：ユーラシア・アフリカ］

Moricandia DC.　イタリアソウ属【B-11】［7：地中海地方〜南西アジア］:*イタリアソウ（モリカンドソウ）

Myagrum L.　†ハエトリナズナ属【B-33】［1：欧州南部〜南西アジア］

Nasturtium R. Br.　†オランダガラシ属【B-15】［5]:†オランダガラシ（クレソン）

Neslia Desv.　†タマガラシ属【B-14】［2：ユーラシア・北アフリカ］

Noccaea Moench　タカネグンバイ属【B-18】［ca. 90］

Orychophragmus Bunge 　†ショカツサイ属【B-11】[7：中国北〜中部]：†ショカツサイ(ハナダイコン)

Parrya R. Br. 　グンジソウ属【B-16】[50：中央〜北東アジア・北米]

〔171頁より：115)の続き〕
- B-2：Alyssopsideae 【I】[5属9種：中央アジア]
- B-3：Anastaticeae ニワナズナ連【II】[14属約80種：地中海地方〜南西アジア・アフリカ]
- B-4：Anchonieae アラセイトウ連【III】[10属約90種：欧州〜西アジア・北アフリカ]
- B-5：Aphragmeae 【II】[1属12種：ヒマラヤ〜チベット高原]
- B-6：Arabideae ヤマハタザオ連【II】[18属約600種：北半球温帯〜寒帯・熱帯高山・南米南部]
- B-7：Asteae 【II】[1属4種：メキシコ]
- B-8：Biscutelleae ゴウダソウ連【II】[(2–)4属約80種：欧州〜西アジア・北西アフリカ]
- B-9：Bivonaeeae 【II】[1属1種：地中海地方]
- B-10：Boechereae 【I】[9属約70有性生殖種+無融合生殖種多数：北米西部]
- B-11：Brassiceae アブラナ連【II*】[49属400種余：欧州・北アフリカ・マカロネシア・南西アジア・中国] 葉緑体DNAの系統解析では属のまとまりとは独立した7系統群が認められる(他に所属未定の少数の属がある)が，核DNAによる系統とは全く一致せず，複雑な交雑を伴った進化が推定されている]
- B-12：Buniadeae テンシンナズナ連【III】[1属2種：ユーラシア]
- B-13：Calepineae 【III】[3属9種：ユーラシア]
- B-14：Camelineae アマナズナ連【I】[8属約54種：ユーラシア，世界中の温帯に帰化]
- B-15：Cardamineae タネツケバナ連【I】[12属約340種：北半球温帯〜寒帯・熱帯高山，世界中の温帯に帰化]
- B-16：Chorisporeae ツノミナズナ連【III】[5属56種：アジア温帯]
- B-17：Cochlearieae トモシリソウ連【II】[2属約30種：北半球冷温帯〜寒帯]
- B-18：Coluteocarpeae タカネグンバイ連【II】[3属約150種]
- B-19：Conringieae ナタネハタザオ連【II】[2属9種：欧州〜西アジア]
- B-20：Cremolobeae 【II】[3属約35種：南米アンデス山脈]
- B-21：Crucihimalayeae 【I】[2属14種：中央アジア〜ヒマラヤ・北米]
- B-22：Descurainieae クジラグサ連【I】[6属約60種]
- B-23：Dontostemoneae ハナハタザオ連【III】[2属15種：アジア温帯]
- B-24：Erysimeae キバナスズシロ連【III】[1属約300種]
- B-25：Euclidieae 【III】[28属約160種：北半球温帯，特に中央アジア〜チベット高原で多様化]
- B-26：Eudemeae 【II】[9属約35種：南米アンデス山脈]
- B-27：Eutremeae ワサビ連【II】[2属約40種：アジアの温帯〜亜寒帯，1種のみ北米]
- B-28：Halimolobeae 【I】[5属約40種：北米〜南米の高山]
- B-29：Heliophileae 【II】[1–2属約100種：アフリカ南部，豪州に帰化]
- B-30：Hesperideae ハナスズシロ連【III】[2属約40種：地中海地方]
- B-31：Hillielleae ユリワサビモドキ連【II】[1属11種：東アジア〜ベトナム] 〔以下175頁へ〕

Petrocallis R. Br.　ムラサキイヌナズナ属【B-x】［1：欧州の高山］

Raphanus L.　†ダイコン属【B-11】［5：地中海地方］

Rapistrum Crantz　†ミヤガラシ属【B-11】［2：欧州］

Rorippa Scop.　イヌガラシ属【B-15】［ca. 85］：スカシタゴボウ, ミギワガラシ, ミチバタガラシ

Sinapis L.　†シロガラシ属【B-11】［5–7（多系統群）：地中海地方～南西アジア］：†ノハラガラシ

Sisymbrium L.　キバナハタザオ属【B-45】［41：北半球温帯］：†カキネガラシ, †ハタザオガラシ

Stevenia Adams & Fisch.（incl. *Berteroella* O.E. Schulz, *Ptilotrichum* C.A. Mey.）　ハナナズナ属【B-47】［8：中央アジア～北東アジア］：*ウスユキナズナ, *ステップナズナ

Subularia L.　ハリナズナ属【B-x】［2］：ハリナズナ（アカマロソウ）

Thlaspi L.　グンバイナズナ属【B-49】［2］

Turritis L.　ハタザオ属【B-50】［2］

2. 3. 45：Berberidopsidales　メギモドキ目

2. 3. 45. 1：Aextoxicaceae　アエクストキシコン科〔271〕［1 属 1 種：南米（チリ）］
　　Aextoxicon Ruiz & Pav. ［1］

2. 3. 45. 2：Berberidopsidaceae　メギモドキ科〔272〕［2 属 3 種：豪州南東部・南米（チリ）］
　　Berberidopsis Hook.f.　メギモドキ属［2：チリ］

2. 3. 46：Santalales　ビャクダン目

2. 3. 46. 1：Olacaceae　オラクス科 [116]〔273〕［29 属約 130 種（側系統群）：世界の熱帯～亜熱帯］
　　Aptandra Miers【E】［4：西アフリカ熱帯・南米熱帯］
　　Coula Baill.　アフリカクルミ属【C】［1：熱帯アフリカ］
　　Erythropalum Blume【A】［1：南アジア～東南アジア・中国南部・海南島・マレーシア］
　　Octoknema Pierre　【G】［ca. 15：熱帯アフリカ］
　　Olax L.　オラクス属【F】［40–50：世界の熱帯］
　　Strombosia Blume【B】［ca. 16：熱帯アフリカ・熱帯アジア］
　　Ximenia L.　ハマナツメモドキ属【D】［ca. 10：世界の熱帯海岸］

2. 3. 46. 2：Opiliaceae　カナビキボク科〔274〕［11 属 36 種：世界の熱帯］
　　Champereia Griff.　カナビキボク属［1：中国西南部・ミャンマー～東南アジア・台湾南部・マレーシア］
　　Opilia Roxb.［2：熱帯アフリカ・熱帯アジア～マレーシア・豪州東部］

2. 3. 46. 3：**Balanophoraceae**　ツチトリモチ科〔275〕［16属約42種：世界の熱帯］
　　Balanophora J.R. & G. Forst.　ツチトリモチ属［(15–)20］
　　Exorhopala Steenis　ツルツチトリモチ属［1：マレー半島］

維管束植物分類表

2. 3. 46. 4：**Santalaceae**（incl. Eremolepidaceae）　**ビャクダン科** [117]〔276〕［44 属
約 1000 種：世界の熱帯〜亜寒帯］
　　Buckleya Torr.　ツクバネ属【B】［5］

〔173 頁より：115）の続き〕
　　　　B-32：Iberideae　マガリバナ連【II】［2 属約 50 種：欧州〜中央アジア・
　　　　　北アフリカ］
　　　　B-33：Isatideae　タイセイ連【II*】［6 属約 110 種：ユーラシア］
　　　　B-34：Kernereae　【II】［2 属 4 種：欧州］
　　　　B-35：Lepidieae　マメグンバイナズナ連【I】［4 属約 260 種：世界の温
　　　　　帯〜亜熱帯］
　　　　B-36：Megacarpaeeae　【II】［2 属 11 種：中央アジア〜ヒマラヤ］
　　　　B-37：Malcolmieae　ヒメアラセイトウ連【I】［2 属 16 種：地中海地方東部］
　　　　B-38：Microlepideae　【I】［16 属 55–60 種：豪州，ニュージーランド］
　　　　B-39：Notothlaspideae　【II】［1 属 2 種：ニュージーランド］
　　　　B-40：Oreophytoneae　【I】［2 属 6 種：地中海地方〜南西アジア・アフリカ］
　　　　B-41：Physarieae　【I】［7 属約 180 種：北米］
　　　　B-42：Schizopetaleae　【II】［2 属 19 種：南米］
　　　　B-43：Scoliaxoneae　【II】［1 属 1 種：メキシコ］
　　　　B-44：Shehbazieae　【III】［1 属 1 種：チベット高原］
　　　　B-45：Sisymbrieae　キバナハタザオ連【II*】［1–2 属約 50 種］
　　　　B-46：Smelowskieae　【I】［1 属約 25 種：チベット高原］
　　　　B-47：Stevenieae　ハナナズナ連【II】［3 属 13 種：アジア温帯］
　　　　B-48：Thelypodieae　【II*】［29 属 280 種：北米・南米］
　　　　B-49：Thlaspideae　グンバイナズナ連【II】［12 属 42 種：ユーラシア］
　　　　B-50：Turritideae　ハタザオ連【I】［1 属 2 種：ユーラシア］
　　　　B-51：Yinshanieae　【I】［1 属 7 種：中国］

116）オラクス科は APG IV では暫定的に広義に扱われているが，側系統群で
　　あることは明らかであり，Nickrent et al.（2010）では以下のように分割され
　　ている。ただし，この分割の根拠となっている系統樹の信頼度は必ずしも
　　高いとはいえず，科の形態的定義も難しい場合がある。
　　A. Erythropalaceae　エリトロパルム科［4 属約 40 種：世界の熱帯］
　　B. Strombosiaceae　ストロンボシア科［6 属 18 種：アフリカ・熱帯アジア・
　　　南米］
　　C. Coulaceae　コウラ科［3 属 3 種：アフリカ・マレーシア西部・熱米］
　　D. Ximeniaceae　ハマナツメモドキ科［4 属 13 種：旧世界の熱帯］
　　E. Aptandraceae　アプタンドラ科［8 属 34 種：世界の熱帯］
　　F. Olacaceae（s. str.）　オラクス科（狭義）［3 属 57 種：世界の熱帯］
　　G. Octocnemaceae　オクトクネマ科［1 属 7–14 種：熱米］

117）Nickrent et al.（2010）はビャクダン科を 7 科に分割したが，ヤドリギ科
　　を独立科として扱いたいための細分には受け取られ，APG III
　　や IV においては広義に扱われている。しかし，近年になって，ツチトリ
　　モチ科が分割された狭義のビャクダン科の姉妹群となる可能性が指摘さ
　　れるようになり，それが正しいならば形態的共通性のないツチトリモチ
　　科をビャクダン科に含めるか，または Nickrent et al.（2010）の細分された
　　科を受け入れるかの選択を迫られることになる。本書では Nickrent et al.
　　（2010）の科を亜科のランクで扱う（Nickrent et al.（2010）により提案された
　　科名は亜科名の後の括弧内に示した）。　　　　　　　〔以下 177 頁へ〕

175

Dendrotrophe Miq.（incl. *Henslowia* Blume）【F】〔4：ヒマラヤ～東南アジア・西マレーシア〕

Korthalsella Tiegh.　ヒノキバヤドリギ属【G】〔ca. 30〕

Nanodea Banks ex C.F. Gaertn.　【D】〔1：南米（パタゴニア・フエゴ島）・フォークランド諸島〕

Osyris L.　【E】〔2：地中海地方・西アジア～ヒマラヤ・中国西南部〕

Pyrularia Michx.　【C】〔2：ヒマラヤ～中国南部・北米東部〕

Santalum L.　ビャクダン属【E】〔16：インド～マレーシア・太平洋諸島〕

Scleropyrum Arn.　フサナリビャクダン属【C】〔4：インド～マレーシア〕

Thesium L.　カナビキソウ属【B】〔240+〕：カマヤリソウ

Viscum L.　ヤドリギ属【G】〔100–130〕

2. 3. 46. 5：Misodendraceae　ミソデンドルム科〔277〕〔1 属 8 種：南米南部〕
　　Misodendrum Banks & Sol. ex R. Br.（*Misodendron* Banks ex DC.）　〔8〕

2. 3. 46. 6：**Schoepfiaceae　ボロボロノキ科**〔278〕〔3 属 55 種：アフリカ・アジア・北～南米の熱帯～暖温帯〕
　　Schoepfia Schreb.　ボロボロノキ属〔ca. 23〕

2. 3. 46. 7：**Loranthaceae　オオバヤドリギ科** [118]〔279〕〔77 属約 950 種：世界の熱帯～温帯〕

Amyema Tiegh.　ポナペヤドリギ属【E-3】〔ca. 100：マレーシア・豪州・西太平洋諸島〕

Dendrophthoe Mart.　ナンヨウヤドリギ属【E-5】〔ca. 40：旧世界の熱帯，豪州まで達する〕

Helixanthera Lour.　ホザキナンヨウヤドリギ属【E-5】〔ca. 35：旧世界の熱帯〕

Loranthus Jacq.（*Hyphear* Danser）　ホザキヤドリギ属【E-2】〔ca. 10〕

Scurrula L.　ヤドリギモドキ属【E-4】〔35–40：アジアの熱帯～亜熱帯・マレーシア〕

Taxillus Tiegh.　マツグミ属【E-4】〔35–50〕：オオバヤドリギ，コウシュンヤドリギ，*ニンドウバノヤドリギ

2. 3. 47：Caryophyllales　ナデシコ目

2. 3. 47. 1：Frankeniaceae　フランケニア科〔280〕〔1 属約 90 種：地中海地方～中央アジア・南アフリカ・豪州・北米南西部～メキシコと南米の乾燥地帯〕
　　Frankenia L.　〔ca. 90〕

2. 3. 47. 2：Tamaricaceae　ギョリュウ科〔281〕〔4 属約 80 種：ユーラシア・アフリカ，乾燥地帯に多い〕
　　Reaumuria L.　コゴメギョリュウ属〔ca. 12：アフリカ北東部・中央アジア～中国北部〕
　　Tamarix L.　ギョリュウ属〔ca. 55：ユーラシア・アフリカ〕

2. 3. 47. 3：**Plumbaginaceae　イソマツ科** [119]〔282〕〔約 30 属約 730 種：世界の熱帯～寒帯〕

Armeria Willd.　ハマカンザシ属【C】［ca. 100：北半球冷温帯〜寒帯・南米フエゴ島］

〔175 頁より：117）の続き〕
　　また，従来本科に含められていた南米産の *Arjona* Comm. ex Cav. と *Quinchamalium* Molina は，むしろボロボロノキ属に類縁が深いことが判明してボロボロノキ科に移されている。
　A. Comandroideae (= Comandraceae)　コマンドラ亜科［2 属 2 種：欧州〜地中海地方・北米］
　B. Thesioideae (= Thesiaceae)　カナビキソウ亜科［5 属約 350 種：世界の温帯〜寒帯］
　C. Cervantesioideae (= Cervantesiaceae)　セルバンテシア亜科［8 属 21 種：熱帯アフリカ・マダガスカル・東ヒマラヤ〜東南アジア・マレーシア・北米・南米］
　D. Nanodeoideae (= Nanodeaceae)　ナノデア亜科［2 属 3 種：ニュージーランド・ファンフェルナンデス諸島・南米（パタゴニア・フエゴ島）・フォークランド諸島］
　E. Santaloideae (= Santalaceae s. str.)　ビャクダン亜科［11 属約 60 種：地中海地方・北西および南アフリカ・西アジア〜中国西南部・インド・マレーシア・太平洋諸島（小笠原やハワイに達する）・中南米・西インド諸島］
　F. Amphorogynoideae (= Amphorogynaceae)　アンフォロギネ亜科［9属71種：ヒマラヤ〜東南アジア・マレーシア・豪州・ニューカレドニア］
　G. Viscoideae (= Viscaceae)　ヤドリギ亜科［7 属約 520 種：世界の熱帯〜温帯］

118）オオバヤドリギ科は Nickrent et al. (2010) によれば 5 連に分けられる。
　A. Nuytsieae　ヌイツィア連［1 属 1 種：豪州南西部］
　B. Gaiadendreae　ガイアデンドロン連［2 属 2 種：豪州東部・中南米］
　C. Elytrantheae　エリトランテ連［14 属約 105 種：インド・東南アジア〜マレーシア・豪州・ニュージーランド・メラネシア］
　D. Psittacantheae　プシッタカンツス連［16 属約 330 種：中南米・西インド諸島，最初に分岐した *Tupeia* Cham. & Schltdl. のみニュージーランドに分布］
　E. Lorantheae　オオバヤドリギ連［約 40 属約 410 種：旧世界］　さらに 7亜連に分けられる：
　　E-1：Ileostylinae　［2 属 5 種：豪州・ニュージーランド］
　　E-2：Loranthinae　ホザキヤドリギ亜連［2 属約 10 種：ユーラシア・マレーシア〜ソロモン諸島］
　　E-3：Amyeminae　ポナペヤドリギ亜連［9 属約 120 種：インド・スリランカ・マレーシア〜ソロモン諸島・豪州・西太平洋諸島］
　　E-4：Scurrulinae　オオバヤドリギ亜連［2 属約 80 種：東アフリカ・アジアの熱帯〜暖温帯］
　　E-5：Dendrophthoideae　ナンヨウヤドリギ亜連［4 属約 85 種：熱帯アフリカ・熱帯アジア〜マレーシア・豪州］
　　E-6：Emelianthinae　［7 属約 70 種：アフリカ中南部・アラビア半島］
　　E-7：Tapianthinae　［14 属約 170 種：アフリカ・アラビア半島］

119）イソマツ科は伝統的にルリマツリ亜科とイソマツ亜科の 2 亜科に分けられてきたが，近年になってかつて後者の 1 連として扱われていたマングローブ植物の *Aegialitis* R. Br. が両者の姉妹群となることが判明した（Lledó et al. 2001）ので，本書では 3 亜科を認める。　　　　　〔以下 179 頁へ〕

維管束植物分類表

Ceratostigma Bunge　ルリマツリモドキ属【B】〔8：アフリカ熱帯高山・ヒマラヤ〜中国南部・タイ北部の高山〕

Goniolimon Boiss.　ヨレハナビ属【C】〔ca. 20：地中海地方〜中央アジア・モンゴル〕

Limonium Mill.　イソマツ属【C】〔ca. 350〕：ハマサジ，*ハナハマサジ（スターチス）

Plumbago L.　ルリマツリ属【B】〔ca. 24：世界の熱帯〕：*セイロンマツリ

2. 3. 47. 4：**Polygonaceae　タデ科** [120]〔283〕〔約50属約1200種：全世界の熱帯〜寒帯〕

Antigonon Endl.　†ニトベカズラ属【C-1】〔3–6：中米〕：†ニトベカズラ（アサヒカズラ）

Atraphaxis L.　ミチヤナギノキ属（新称）【D-6】〔ca. 28：欧州南東部・北アフリカ・南西アジア〜シベリア・モンゴル・中国北部〕

Bistorta (L.) Scop.　イブキトラノオ属【D-7】〔ca. 30〕：クリンユキフデ，ハルトラノオ，ムカゴトラノオ

Coccoloba P. Browne　ハマベブドウ属【C-2】〔ca. 120：中南米・西インド諸島〕

Eriogonum Michx.　【C-6】〔ca. 250（側系統群）：北米・メキシコ〕

Fagopyrum Mill.　†ソバ属【D-2】〔ca. 17：東アフリカ・ヒマラヤ〜中国西南部〕：†シャクチリソバ

Fallopia Adans.（incl. *Muehlenbeckia* Meisn., *Pleuropterus* Turcz., *Reynoutria* Houtt.）ソバカズラ属【D-6】〔ca. 35：南北両半球温帯・アジア〜マレーシア熱帯高地・中南米熱帯高地〕：イタドリ，*カンキチク，†ツルタデ，†ツルドクダミ（カシュウ），*ナツユキカズラ，*ハリガネツルソバ（ワイヤープラント）

Knorringia (Czukav.) Tzvelev　スナジタデ属【D-6】〔1：シベリア〜北東アジア・チベット高原〕

Koenigia L.（incl. *Aconogonon* (Meisn.) Rchb., *Rubrivena* Král）チシマミチヤナギ属【D-7】〔ca. 60：ユーラシア温帯〜寒帯・西マレーシア高地・北米北西部および周極地方〕：*アラガソウ，ウラジロタデ，オヤマソバ，オンタデ，ヒメイワタデ，*ヤチタデ

Oxyria Hill　ジンヨウスイバ属【D-4】〔2〕：ジンヨウスイバ（マルバギシギシ）

Persicaria (L.) Mill.（incl. *Antenoron* Raf., *Truellum* Houtt.）イヌタデ属【D-7】〔ca. 200〕：イシミカワ，ウナギツカミ，エゾノミズタデ，タニソバ，ツルソバ，ママコノシリヌグイ，ミズヒキ，ヤナギタデ（マタデ），ヤノネグサ

Polygonum L.　ミチヤナギ属【D-6】〔ca. 30(–70)〕：ミチヤナギ（ニワヤナギ）

Rheum L.　†ダイオウ属【D-4】〔ca. 30：ユーラシア〕：†ショクヨウダイオウ（ルバーブ）

Rumex L.（incl. *Acetosa* Mill., *Emex* Neck. ex Campd.）ギシギシ属【D-4】〔ca. 200〕：†イヌスイバ，スイバ，ノダイオウ，マダイオウ

Triplaris Loefl. ex L.　タデノキ属【C-4】〔ca. 18：中南米〕

2. 3. 47. 5：**Droseraceae　モウセンゴケ科**〔284〕〔3属約130種：世界の熱帯〜寒帯〕

Aldrovanda L.　ムジナモ属〔1〕

Dionaea Sol. ex Ellis　ハエトリソウ属［1：北米東部］：ハエトリソウ（ハエジゴク）

Drosera L.　モウセンゴケ属［ca. 130］：イシモチソウ

2. 3. 47. 6：Nepenthaceae　ウツボカズラ科〔285〕［1属約150種：マダガスカル・スリランカ・インド北東部・海南島・東南アジア〜マレーシア・太平洋諸島］
　Nepenthes L.　ウツボカズラ属［ca. 150］

〔177頁より：119）の続き〕
　A. Aegialitidoideae　エギアリティス亜科［1属2種：インド〜マレーシア・豪州北部］
　B. Plumbaginoideae　ルリマツリ亜科［4属約36種：世界の熱帯・アジア内陸部高山の温帯〜亜寒帯］
　C. Limonioideae (Staticoideae)　イソマツ亜科［約25属約690種：世界の亜熱帯〜寒帯］

120）タデ科は托葉鞘の有無に基づいて Eriogonoideae と Polygonoideae の2亜科に分ける分類が行われていたが，後者が側系統群となるので，現在では以下のように分類し直されている。
　A. Symmerioideae　シンメリア亜科［1属1種：西アフリカ熱帯・南米］
　B. *Afrobrunnichia* Hutch. & Dalz.　［1–2種：西アフリカ熱帯］　CとDからなる系統群の姉妹群となるか，Cの姉妹群となる可能性が高いが，系統上の位置は確定しておらず，おそらく独立の亜科として扱うべきものと考えられる。
　C. Eriogonoideae　エリオゴヌム亜科［約28属520種：北米〜南米］
　　C-1〜5はかつて Polygonoideae に含められていた。
　　C-1：Brunnichieae　ニトベカズラ連［2属5種：北米南西部〜中米］
　　C-2：Coccolobeae　ハマベブドウ連［3属130–150種：ハワイ・北米南東部・中南米・西インド諸島］
　　C-3：Leptogoneae　［1属1種：西インド諸島（イスパニオラ島）］
　　C-4：Triplarideae　タデノキ連［2属約55種：中南米］
　　C-5：Gymnopodeae　［1属1種：中米］
　　C-6：Eriogoneae　エリオゴヌム連（かつての Eriogonoideae）［17–19属330–430種・北米〜中米北部・南米南部］
　D. Polygonoideae　タデ亜科［約17属約670種：世界の熱帯〜寒帯］
　　Schuster et al. (2015) によると7連に分類されるが，ネパール産の *Eskemukerjea* Malick & Sengupta は所属未定である。
　　D-1：Oxygoneae　オキシゴヌム連［1属約30種：アフリカ南部・マダガスカル］　解析によってはDの残りとCを合わせたものの姉妹群となる。
　　D-2：Fagopyreae　ソバ連［1属約20種：東アフリカ・ヒマラヤ〜中国西部］
　　D-3：Pteroxygoneae　プテロキシゴヌム連［1属2種：中国］
　　D-4：Rumiceae　ギシギシ連［3属約240種：全世界］
　　D-5：Calligoneae　カリゴヌム連［2属約86種：南西〜中央アジア］
　　D-6：Polygoneae　ミチヤナギ連［約6属約90種：全世界］
　　D-7：Persicarieae　イヌタデ連［約3属約230種：全世界］

維管束植物分類表

2. 3. 47. 7：Drosophyllaceae　ドロソフィルム科〔286〕[1 属 1 種：地中海地方西部]
    Drosophyllum Link　イヌイシモチソウ属[1]

2. 3. 47. 8：Dioncophyllaceae　ディオンコフィルム科〔287〕[3 属 3 種：西アフリカ熱帯]
    Dioncophyllum Baill.　[1：西アフリカ熱帯(コンゴ・ガボン)]

2. 3. 47. 9：Ancistrocladaceae　ツクバネカズラ科〔288〕[1 属 21 種：アフリカ・アジアの熱帯・海南島・西マレーシア]
    Ancistrocladus Wall.　ツクバネカズラ属[21]：*ツクバネカズラ(ツリバリカズラ)

2. 3. 47. 10：Rhabdodendraceae　ラブドデンドロン科〔289〕[1 属 3 種：南米北東部]
    Rhabdodendron Gilg & Pilg.　[3]

2. 3. 47. 11：Simmondsiaceae　ホホバ科(シモンジア科)〔290〕[1 属 1 種：北米南西部〜メキシコ北部]
    Simmondsia Nutt.　ホホバ属[1]

2. 3. 47. 12：Physenaceae　フィセナ科〔291〕[1 属 2 種：マダガスカル]
    Physena Noronha ex Thouars　[2]

2. 3. 47. 13：Asteropeiaceae　アステロペイア科〔292〕[1 属 8 種：マダガスカル]
    Asteropeia Thouars　[8]

2. 3. 47. 14：Macarthuriaceae　マカルツリア科〔293〕[1 属約 10 種：豪州]
    Macarthuria Huegel ex Endl.　[ca. 10]

2. 3. 47. 15：Microteaceae　ミクロテア科〔294〕[1 属 9 種：中南米熱帯]
    Microtea Sw.　[9]

2. 3. 47. 16：**Caryophyllaceae　ナデシコ科** [121]〔295〕[約 90 属 2500–2600 種：全世界の熱帯〜寒帯]
    Acanthophyllum C.A. Mey.　アカントフィルム属【B-9】[ca. 70：南西〜中央アジア・ヒマラヤ]：*オノエマンテマ
    Agrostemma L.　†ムギセンノウ属【B-8】[2：欧州〜中央アジア]
    Arenaria L.（incl. *Moehringia* L.）ノミノツヅリ属【B-6】[ca. 120：北半球温帯〜寒帯・南米(アンデス山脈)]：オオヤマフスマ, カトウハコベ, タチハコベ, メアカンフスマ
    Atocion Raf.　†ムシトリナデシコ属【B-8】[7：欧州〜西アジア]
    Cerastium L.　ミミナグサ属【B-7a】[ca. 100：タガソデソウ]
    Cherleria L.　タカネツメクサ属【B-4】[ca. 20：ユーラシア寒帯・コーカサス〜中央アジア・北米北西部]：ハイツメクサ
    Colobanthus Bartl.　ナンキョクミドリナデシコ属【B-5】[20：豪州・ニュージーランド・南太平洋諸島・中南米の高山・亜南極諸島]
    Dianthus L.　ナデシコ属【B-9】[300–600]：*カーネーション, *セキチク

180

―― 維管束植物分類表

Drymaria Willd. ex Schult.　ヤンバルハコベ属【B-2】［ca. 50］：オムナグサ

Eremogone Fenzl　タイリンツメクサ属【B-10】［ca. 90：北半球温帯～寒帯］：
　＊カラフトツメクサ

Gypsophila L.（incl. *Vaccaria* Wolf）　†カスミソウ属【B-9】［ca. 150：ユーラ
　シア・アフリカ北部～北東部，1種が豪州とニュージーランド］：†イ
　ワコゴメナデシコ，＊ドウカンソウ

Herniaria L.　†コゴメビユ属【B-1】［ca. 48：ユーラシア・北アフリカ・
　南米（アンデス山脈）］

Holosteum L.　†カギザケハコベ属【B-7a】［3–4：ユーラシア・アフリカ北
　東部温帯］

Honckenya Ehrh.（しばしば *Honkenya* と綴られる）　ハマハコベ属【B-4】［1(–2)］

――

121）ナデシコ科は葉序の違いに基づいて以下の2亜科に分けられ，ナデシ
　コ亜科は10ないし11連に分けられる。まだ系統が調べられていない属
　が多いために本文中の属数と以下の連の属数の合計とは一致しない。
　A. Corrigioloideae　コリギオラ亜科［2属16種：地中海地方～中央アジア・
　　アフリカ・南米南部］　葉は互生。
　B. Caryophylloideae　ナデシコ亜科　葉は対生または輪生状。
　B-1：Paronychieae　コゴメビユ連［15属約190種：世界の半乾燥地帯，
　　特に地中海地方～南西アジアで多様化］
　B-2：Polycarpeae　ヨツバハコベ連［4属70種：世界の熱帯～暖温帯］
　B-3：Sperguleae　ノハラツメクサ連［3–4属約40種：全世界］　しばし
　　ばここに含められる中央アジア～ヒマラヤ産の *Thylacospermum* Fenzl
　　［2種］は独立の連として扱うのが妥当と考えられる。
　B-4：Sclerantheae　シバツメクサ連［約7属約80種：北半球温帯・ア
　　フリカ熱帯高地・豪州南部・タスマニア・太平洋諸島］
　B-5：Sagineae　ツメクサ連［約8属約190種：南北両半球の温帯～寒
　　帯と熱帯の高地］
　B-6：Arenarieae　ノミノツヅリ連［2–5属約170種：北半球温帯・中南米］
　B-7：Alsineae　ハコベ連［約8属約320種：全世界，北半球に多く，
　　特にユーラシア大陸で多様化］　大きく以下の3系統群に分けら
　　れるが，従来の属のまとまりとは一致しない部分があり，属の再
　　構成が求められる：B-7a：*Stellaria - Cerastium* group　ハコベ - ミ
　　ミナグサ群　B-7b：*Lepyrodiclis* group　オオヤマハコベ群　B-7c：
　　Odontostemma group　ワチガイソウ群
　B-8：Sileneae　マンテマ連［(2–)6–7属700–750種：北半球温帯～寒帯，
　　アフリカ熱帯高地］
　B-9：Caryophylleae　ナデシコ連［約13属620–660種：北半球温帯～亜
　　寒帯（北米には少ない），少数が太平洋諸島・豪州・ニュージーランド］
　B-10：Eremogoneae　タイリンツメクサ連［2属約100種：アジア・北
　　米西部］

維管束植物分類表

Lepyrodiclis Fenzl　オオヤマハコベ属【B-7b】［3–4：南西アジア〜中央アジア・ヒマラヤ〜東アジア］：†ハナハコベ

Lychnis L.　センノウ属【B-8】［ca. 25：北半球温帯］

Petrorhagia (Ser.) Link　†コモチナデシコ属【B-9】［ca. 33：地中海地方〜南西アジア（東はカシミールに達する），カナリア諸島］

Polycarpaea Lam.　スナジムグラ属【B-1】［ca. 50：世界の熱帯〜亜熱帯（アメリカには少ない）］

Polycarpon Loefl. ex L.　†ヨツバハコベ属【B-2】［(1–) ca. 10：欧州・北アフリカ・南西アジア］

Psamophiliella Ikonn.　†ヌカイトナデシコ属【B-9】［4：欧州〜中央アジア］

Pseudocherleria Dillenb. & Kadereit　ミヤマツメクサ属【B-4】［ca. 12：アジア寒帯・コーカサス・北東アジアの高山・北米北西部］

Pseudostellaria Pax　ワチガイソウ属【B-7c】［ca. 20］：ワダソウ

Sabulina Rchb.　ホソバツメクサ属【B-5】［ca. 65：北半球寒帯・南米（パタゴニア）］

Sagina L.　ツメクサ属【B-5】［25–30］

Saponaria L.　†サボンソウ属【B-9】［ca. 30：地中海地方〜中央アジア］

Scleranthus L.　†シバツメクサ属【B-4】［ca. 10：ユーラシア温帯・アフリカ北東部・豪州南部・南太平洋諸島］

Silene L.（incl. *Cucubalus* L., *Gastrolychnis* (Fenzl) Rchb., *Melandrium* Röhl.）　マンテマ属【B-8】［600–700］：†シラタマソウ，ナンバンハコベ，ビランジ，フシグロ

Spergula L.　†オオツメクサ属【B-3】［5：欧州・南米（パタゴニア）］：†ノハラツメクサ

Spergularia (Pers.) J. & C. Presl　ウシオツメクサ属【B-3】［ca. 60］：†ウスベニツメクサ，†ウシオハナツメクサ

Stellaria L.（incl. *Myosoton* Moench）　ハコベ属【B-7a】［150–200（側系統群）：全世界］：ウシハコベ，ナガバツメクサ，エゾフスマ

Viscaria Bernh.　ムシトリビランジ属【B-8】［3：欧州・北米北東部］

2. 3. 47. 17：Achatocarpaceae　アカトカルプス科〔296〕［2 属約 11 種：北米南西部〜南米］

　　Achatocarpus Triana　［ca. 10：中南米］

2. 3. 47. 18：**Amaranthaceae**（incl. Chenopodiaceae）　**ヒユ科**[122]〔297〕［約 170 属 2200 種余：世界の熱帯〜亜寒帯］

Achyranthes L.　イノコヅチ属【B-4】［6–10］

Aerva Forssk.　ツルゲイトウ属【B-3】［9–10：旧世界熱帯］

Agriophyllum M. Bieb.　サバクソウ属【F-2】［6：西〜中央アジア・モンゴル・中国北部］

Alternanthera Forssk.　†ツルノゲイトウ属【B-5】［80–100：世界の熱帯，特に熱米］

Amaranthus L.　ヒユ属【B-2】［ca. 70］：†アオゲイトウ，イヌビユ，*センニンコク，*ハゲイトウ

維管束植物分類表

Atriplex L.　ハマアカザ属【F-6】［250–300：全世界］

Axyris L.　†イヌホオキギ属【F-3】［6：中央アジア～チベット高原・中国北部～東北部・北朝鮮］

Bassia All.（incl. *Kochia* Roth）　ホウキギ属【E-1】［ca. 20：北半球温帯］：イソホウキギ

122）ヒユ科の科内分類体系についてはまだ完成したものがなく，合一される前のヒユ科由来の亜科とアカザ科由来の亜科が暫定的に使用されているが，これは他の科と比較してやや細分に過ぎると思われ，いくつかの亜科については単系統性が支持されない。Christenhusz et al.（2017）は，アカザ科またはヒユ科の1亜科として扱われていたが実際は両者を合わせた系統群の姉妹群である可能性の高いポリクネムム亜科を除き，旧来のヒユ科，アカザ科をそれぞれ亜科として扱っているが，アカザ亜科についてはまとめ過ぎに思える。本書ではヒユ亜科については広義に扱ったが，アカザ亜科については4亜科に分ける。

A. Polycnemoideae　ポリクネムム亜科［4属11–13種：欧州～西アジア・豪州・北米西岸・南米南部］

B. Amaranthoideae s.l.　ヒユ亜科［約70属約1000種：全世界］

　　以下の5連が認められているが，従来ヒユ連に含まれていた *Bosea* L.［3種：カナリア諸島・キプロス・パキスタン］と *Charpentiera* Gaudich.［6種：ハワイ・南太平洋島嶼］はより初期に分岐したと考えられている。また，B-3～B-5は合わせると単系統群をなす反面，B-3は明らかな側系統群で，B-4も側系統群の可能性が高く，これら3つは1つの連に統合するのがより妥当と思われる。

B-1：Celosieae　ノゲイトウ連［5属約75種：世界の熱帯～亜熱帯］

B-2：Amarantheae　ヒユ連［約10属約90種：世界の熱帯～温帯］

B-3：Aerveae　ツルゲイトウ連［約7属約120種：世界の熱帯～亜熱帯］

B-4：Achyrantheae　イノコヅチ連［31属350種：世界の熱帯～亜熱帯］

B-5：Gomphreneae　センニチコウ連［14属370種：主に熱帯，少数が東アジア亜熱帯・豪州・太平洋諸島］　この連唯一の日本産属であるイソフサギ属は近年は独立の *Blutaparon* Mears として扱われ，一方でイソフサギが含まれていた豪州産の *Philoxerus* R. Br. は近年ではセンニチコウ属の1節とされることが普通である。ただし，Sánchez del-Pino et al.（2009）によると，*Philoxerus* はセンニチコウ属とは異なり，イソフサギ属や *Lithophila* Sw.［3：ガラパゴス諸島・西インド諸島］と単系統群を構成する。調べられた種数はまだ少ないが，これら3属を合一するならば *Lithophila* Sw. が優先権をもつ。本書では暫定的にイソフサギを *Blutaparon* として扱う。

C-F: Chenopodioideae (s.l.)　アカザ亜科（広義）　最大で8亜科に分けられるが，本書では Sage et al.（2011）に従い4亜科を認める。単系統性を担保するためにはさらにCとDを合一した方がいいかも知れない。

〔以下 185 頁へ〕

維管束植物分類表

Beta L.　フダンソウ属【F-1】［11–13：地中海地方〜中央アジア］:*サトウダイコン（テンサイ，ビート）

Blitum L.（incl. *Monolepis* Schrad.）　†ヤリノホアカザ属【F-5】［ca. 15：北半球温帯〜亜寒帯］

Blutaparon Raf.　イソフサギ属【B-5】［4］

Celosia L.　†ケイトウ属【B-1】［45–65：世界の熱帯，一部は暖温帯に広がる］

Chenopodiastrum Fuentes-Bazan　†ウスバアカザ属【F-6】［5：ユーラシア温帯］

Chenopodium L.　アカザ属【F-6】［ca. 110］:シロザ，*キノア

Corispermum L.　†カワラヒジキ属【F-2】［60–65：ユーラシア］

Cyathula Blume　イノコヅチモドキ属【B-4】［ca. 25：世界の熱帯〜亜熱帯，一部は温帯まで達する］

Cycloloma Moq.　†ホシサンゴ属【F-4】［1：北米中部以西］

Deeringia R. Br.　インドヒモカズラ属【B-1】［ca. 11：熱帯アフリカ・熱帯アジア］

Dysphania R. Br.（incl. *Ambrina* Spach）　†アリタソウ属【F-4】［ca. 50：全世界］

Froelichia Moench　†ハマデラソウ属【B-5】［16–18：北米〜南米］

Gomphrena L.（excl. *Philoxerus* R. Br.）　†センニチコウ属【B-5】［ca. 95：熱米］:†センニチノゲイトウ

Grubovia Freitag & Kadereit　ムヒョウソウ属【E-1】［3+：中央アジア〜モンゴル・中国北部］

Iresine P. Browne　ケショウビユ属【B-5】［70–80：中南米の熱帯〜亜熱帯］

Kalidium Moq.　ギョリュウダマシ属【D】［5：地中海地方〜中央アジア・モンゴル・中国北部］:*マツナノキ

Krascheninnikovia Gueldenst.　ワタフキノキ属【F-3】［1(–3)：ユーラシア・アフリカ北東部・北米西部］

Oxybasis Schrad.　†アカバアカザ属【F-6】［5：北半球の亜熱帯〜温帯］:†ウラジロアカザ

Salicornia L.（incl. *Sarcocornia* A.J. Scott）　アッケシソウ属［ca. 25：全世界］:†カブダチアッケシソウ

Salsola L.（*Kali* Mill.）　オカヒジキ属【E-3】［ca. 30：北半球亜熱帯〜亜寒帯・豪州（帰化?），特に南西〜中央アジアおよびモンゴル高原の乾燥地帯で多様化］:†ハリヒジキ

Spinacia L.　ホウレンソウ属【F-5】［3：アフリカ北部・西アジア］

Suaeda Forssk. ex J.F. Gmel.　マツナ属【C】［100–110：全世界］:シチメンソウ

Teloxys Moq.　†ハリセンボン属【F-4】［1：ユーラシア］

2. 3. 47. 19：Stegnospermataceae　ステグノスペルマ科〔298〕［1属3種：北米南西部〜メキシコ・西インド諸島］

Stegnosperma Benth.　［3］

維管束植物分類表

2. 3. 47. 20：Limeaceae　リメウム科〔299〕［1 属 21 種：アフリカ・南西ア
ジア〜インド］
Limeum L.　［21］

2. 3. 47. 21：Lophiocarpaceae（?incl. Corbiconiaceae）　ロフィオカルプス科〔300〕
［2 属 6 種：アフリカ・南西アジア〜インド］
Corbiconia Scop.　［2：アフリカ中東部・アラビア半島・インド］
Lophiocarpus Turcz.　［4：アフリカ南部］

2. 3. 47. 22：Kewaceae　キューア科〔301〕［1 属 8 種：アフリカ南部〜東部・
マダガスカル・セントヘレナ島］
Kewa Christenh.　［8］

〔183 頁より：122）の続き〕
C. Suaedoideae　マツナ亜科［2 属 83 種：世界の海岸や塩性地］
D. Salicornioideae　アッケシソウ亜科［11 属約 100 種：世界の海岸や塩性
地］　この亜科の一員として扱われてきた *Microcnemum* Ung.-Sternb. ［1
種：南西アジア］は，解析によっては C と D を合わせた系統群の姉妹
群となる。
E. Salsoloideae (incl. Camphorosmoideae)　オカヒジキ亜科［54 属 480–580
種：北半球乾燥地帯］
E-1：Camphorosmeae　ホウキギ連［22 属約 180 種：北半球の主に乾燥
地帯］
E-2：Caroxyleae ('Caroxyloneae')　［12 属約 300 種：南西〜中央アジア・
南アフリカ］
E-3：Salsoleae　オカヒジキ連［18 属約 150 種：北半球乾燥地帯，南半
球にも帰化］　かつて *Salsola* L. はオカヒジキなど 130 種内外を含む
大きな属と考えられていたが，分子系統解析の結果この属は多系統
群であることがわかり，2 連(E-2 と E-3)にまたがる多数の属に分割
された(Akhani et al. 2007)。ただし，分割された属のどれに *Salsola*
の名を残すかについては長く紛糾し，最終的に 2017 年に深圳で行わ
れた国際植物科学会議で属のタイプを *Salsola kali* L. とすることが決
定したことによって，*Kali*(オカヒジキ属)に対して *Salsola* の名が残
ることになった。
F. Chenopodioideae (sensu Sage et al.) (incl. Betoideae, Corispermoideae)　ア
カザ亜科［32 属約 590 種：全世界］　さらに以下の 6 連に分けられる。
F-1：Beteae　フダンソウ連［6 属 14 種：欧州〜地中海地方・西アジア
〜ヒマラヤ・北米(西南部)］
F-2：Corispermeae　カワラヒジキ連［2 属約 70 種：ユーラシア，北米
に帰化］
F-3：Axyrideae　イヌホウキギ連［3 属約 10 種：ユーラシア・北米］
F-4：Dysphanieae　アリタソウ連［4 属 50 種余：全世界］
F-5：Anserineae (incl. Spinacieae)　ホウレンソウ連［2 属約 18 種：北半
球温帯］
F-6：Chenopodieae (incl. Atripliceae)　アカザ連［15 属約 440 種：全世界］

維管束植物分類表 ─

2. 3. 47. 23：Barbeuiaceae　バルベウイア科〔302〕〔1 属 1(–2) 種：マダガスカル〕
　　　Barbeuia Thouars　〔1(–2)〕

2. 3. 47. 24：Gisekiaceae　ギセキア科〔303〕〔1 属 (1–)5–7 種：アフリカ・
　南西～東南アジア〕
　　　Gisekia L.　〔(1–)5–7〕

2. 3. 47. 25：**Aizoaceae　ハマミズナ科**[123]〔304〕〔113 属約 1900 種：世界の
　熱帯～亜熱帯，一部は温帯まで広がる〕
　　　Aizoon L.　アイゾオン属【B】〔45：大部分南アフリカ(ケープ地方)，1 種
　　　　のみ地中海地方～南アジア・ソコトラ島・マカロネシア〕
　　　Bergeranthus Schwantes　【E】〔12：南アフリカ(南東部)〕
　　　Carpobrotus N.E. Br.　†バクヤギク属【E】〔25：南アフリカ(ケープ地方)・
　　　　豪州〕
　　　Cleretum N.E. Br. (incl. *Micropterum* Schwantes)　ハネバマツバギク属【E】〔3：
　　　　南アフリカ(ケープ地方)〕
　　　Conophytum N.E. Br.　コウスイギョク属【E】〔90–290：アフリカ南部〕
　　　Delosperma N.E. Br.　【E】〔ca. 160：アフリカ(東部～南部)・アラビア半
　　　　島(南西部)〕
　　　Dorotheanthus Schwantes　ヘラマツバギク属【E】〔5–7：南アフリカ(ケー
　　　　プ地方)〕
　　　Drosanthemum Schwantes　【E】〔100+：アフリカ南部〕
　　　Faucaria Schwantes　【E】〔ca. 30：南アフリカ〕
　　　Lampranthus N.E. Br.　マツバギク属【E】〔ca. 190：アフリカ南部〕
　　　Lithops N.E. Br.　リトプス属【E】〔37：アフリカ南部〕
　　　Mesembrianthemum L. (incl. *Aptenia* N.E. Br., *Phyllobolus* N.E. Br.)　メセン属【D】
　　　　〔ca. 100：地中海地方・南アフリカ・豪州・北米南西部・南米太平洋岸〕：
　　　　*アイスプラント，*ハナヅルソウ
　　　Sesuvium L.　ハマミズナ属【A】〔12–22〕：ミルスベリヒユ(ハマミズナ)
　　　Tetragonia L.　ツルナ属【B】〔57：大部分南半球(南アフリカ・豪州・ニュー
　　　　ジーランド・南米)，1 種のみ太平洋沿岸〕
　　　Trianthema L.　†スベリヒユモドキ属【A】〔ca. 17：世界の熱帯〕

2. 3. 47. 26：**Phytolaccaceae** (incl. Agdestidaceae)　**ヤマゴボウ科**〔305〕〔5 属約
　33 種：アフリカ・マダガスカル・南～東アジア・北～南米〕
　　　Agdestis Mociño & Sessé ex DC.　〔1：北米南部～中米・西インド諸島〕
　　　Phytolacca L.　ヤマゴボウ属　〔ca. 25：世界の熱帯～温帯〕

2. 3. 47. 27：Petiveriaceae (incl. Rivinaceae, Seguieriaceae)　†ジュズサンゴ科〔306〕
　〔9 属約 20 種：豪州東部・熱米〕
　　　Rivina L.　†ジュズサンゴ属〔1：中南米〕

2. 3. 47. 28：Sarcobataceae　サルコバツス科〔307〕〔1 属 2 種：北米西部～
　メキシコ北部〕
　　　Sarcobatus Nees　〔2〕

186

維管束植物分類表

2. 3. 47. 29：Nyctaginaceae　オシロイバナ科 [124] 〔308〕［27 属約 355 種：世界の熱帯～亜熱帯，一部地域では温帯まで広がる］

Abronia Juss.　ハイビジョザクラ属【E】［ca. 33：北米南西部～メキシコ］：*キバナビジョザクラ

Boerhavia L.　ナハカノコソウ属【E】［ca. 50：世界の熱帯～亜熱帯］：タイトウカノコソウ，[†]ベニカスミ

Bougainvillea Comm. ex Juss.　イカダカズラ属【F】［18：南米］：*イカダカズラ（ブーゲンビレア）

Mirabilis L.（incl. *Oxybaphus* L'Hér. ex Willd.）　[†]オシロイバナ属【E】［ca. 60：北米南部～南米，1 種のみヒマラヤ～チベット高原］

Pisonia L.　トゲカズラ属【G】［ca. 40］：オオクサボク（ウドノキ）

2. 3. 47. 30：Molluginaceae　ザクロソウ科 〔309〕［11 属約 96 種：世界の熱帯～温帯］

Glinus L.　[†]モンパミミナグサ属［ca. 10：世界の熱帯］

Mollugo L.　クルマバザクロソウ属［15：インド南部・スリランカ・北米～南米］

Paramollugo Thulin　ザクロソウモドキ属［6：世界の熱帯・1 種がマダガスカル］：ザクロソウモドキ（ハナビザクロソウ）

Trigastrotheca F. Muell.　ザクロソウ属［3–4：熱帯～亜熱帯アジア・東アジア暖温帯・マレーシア・豪州］

123）ハマミズナ科は以下のように分類される。
A. Sesuvioideae　ハマミズナ亜科［5 属約 36 種：世界の熱帯～亜熱帯］
B. Aizooideae（incl. Tetragonioideae）　ツルナ亜科［5 属約 120 種：主に南半球亜熱帯，少数が地中海地方・太平洋沿岸］
C. Acrosanthoideae　アクロサンツス亜科［1 属 6 種：南アフリカ（ケープ州西部）］
D. Mesembryanthemoideae　メセン亜科［1 属約 100 種：地中海地方～南西アジア・アフリカ・豪州・北米～南米の太平洋岸］
E. Ruschioideae　マツバギク亜科［104 属約 1500 種：主にアフリカ南部，少数がマダガスカル・アフリカ北東部・アラビア半島（イエメン）］

124）オシロイバナ科は以下の 6 連に分類される。系統関係は A［B［C ｛D（E（F ＋ G))｝］］。
A. Caribeeae　カリベア連［1 属 1 種：キューバ］
B. Leucastereae　レウカステル連［4 属 5 種：南米，特にブラジル］
C. Boldoeae　ボルドア連［3 属 3 種：中南米・西インド諸島］
D. Colignonieae　コリグノニア連［1 属 6 種：南米（アンデス山脈）］
E. Nyctagineae　オシロイバナ連［11 属約 190 種：世界の熱帯～亜熱帯，一部温帯に達する］
F. Bougainvilleae　イカダカズラ連［3 属 16 種：アフリカ南西部・中南米］
G. Pisonieae　トゲカズラ連［7 属約 200 種：世界の熱帯～亜熱帯，特に中南米］

維管束植物分類表

2. 3. 47. 31：**Montiaceae　ヌマハコベ科**〔310〕［10 属約 295 種：南北両半球の温帯～寒帯および熱帯の高山］
　　Calandrinia Kunth　マツゲボタン属［ca. 150：北米～南米］
　　Claytonia L.　ハルヒメソウ属［27：シベリア～北東アジア・北米］
　　Montia L.　ヌマハコベ属［12：世界の温帯］：ヌマハコベ（モンチソウ）

2. 3. 47. 32：Didiereaceae　カナボウノキ科〔311〕［7 属 22 種：アフリカ（東部・南部）・マダガスカル］
　　Alluaudia (Drake) Drake　フトカナボウノキ属［6：マダガスカル南西部～南部］
　　Didierea Baill.　カナボウノキ属［2：マダガスカル南西部～南部］
　　Portulacaria Jacq.　ギンイチョウ属［7：アフリカ南部］

2. 3. 47. 33：Basellaceae　†ツルムラサキ科〔312〕［4 属 19 種：アフリカ・マダガスカル・中南米・西インド諸島］
　　Anredera Juss.（incl. *Boussingaultia* Kunth）　†アカザカズラ属［ca. 12：北米南部～南米］：†アカザカズラ（マデイラカズラ）
　　Basella L.　†ツルムラサキ属［5：東アフリカ・マダガスカル，1 種が世界の熱帯（野生化？）］

2. 3. 47. 34：Halophytaceae　ハロフィツム科〔313〕［1 属 1 種：南米（パタゴニア）］
　　Halophytum Speg.　［1］

2. 3. 47. 35：Talinaceae　†ハゼラン科〔314〕［2 属 28 種：アフリカ・マダガスカル・熱米］
　　Talinum Adans.　†ハゼラン属［27：アフリカ・北米～南米］

2. 3. 47. 36：**Portulacaceae　スベリヒユ科**〔315〕［1 属約 115 種：世界の熱帯～亜熱帯，暖温帯地域にも帰化］
　　Portulaca L.　スベリヒユ属［ca. 115］：*マツバボタン

2. 3. 47. 37：Anacampserotaceae　アナカンプセロス科〔316〕［4 属 27 種：アフリカ（北東部および南部）・アラビア半島・豪州・北～南米の乾燥地帯］
　　Anacampseros L.　［ca. 34：大部分南アフリカ・1 種のみ豪州南西部］

2. 3. 47. 38：Cactaceae　†サボテン科 125)〔317〕［約 100 属約 1200 種：北～南米，1 種のみアフリカ・インド洋諸島・スリランカに分布］
　　Carnegiea Britton & Rose　ベンケイチュウ属【E-7】［1：北米南部～メキシコ北部］
　　Cephalocereus Pfeiffer　オキナマル属【E-7】［3：メキシコ］
　　Disocactus Lindl.　クジャクサボテン属【E-2】［10 - 16：中米・西インド諸島・南米北部］
　　Echinocactus Link & Otto　タマサボテン属【E-8】［4：北米南西部～メキシコ］
　　Echinocereus Engelm.　サンコウマル属【E-1】［47：北米南西部～メキシコ］
　　Echinopsis Zucc.　カセイマル属【E-4】［50–100：中南米］

188

維管束植物分類表

Epiphyllum Haw.　ゲッカビジン属【E-2】［12–15：中南米・西インド諸島］

Gymnocalycium Pfeiffer　ヒボタン属【E-4】［ca. 43：南米東部］

Hylocereus (A. Berger) Britton & Rose　サンカクチュウ属【E-2】［13–16：中米・西インド諸島・南米北部］

Leuenbergia Lodé　サクラキリン属【A】［8：西インド諸島・南米（北～中部）］

Mammillaria Haw.　ハクジュマル属【E-8】［ca. 135(–200)：北米南西部～南米北西部・西インド諸島］

Opuntia Mill.　†ウチワサボテン属【C】［90–110(–200)：北米～南米］:†センニンサボテン

Pereskia Mill.　モクキリン属【B】［7：南米（アンデス山脈）］

Schlumbergera Lem. (incl. *Zygocactus* Schum.)　カニバサボテン属【E-6】［6：南米（ブラジル南東部）]:*シャコバサボテン

［ASTERIDS　キク類］

2. 3. 48：Cornales　ミズキ目

2. 3. 48. 1：Nyssaceae　ヌマミズキ科〔318〕［5 属約 33 種：南アジア～中国南部・東南アジア・マレーシア・北米東部・中米］

　　Camptotheca Decne.　カンレンボク属［2：中国中南部］

　　Davidia Baill.　ハンカチノキ属［1：中国西南部]:*ハンカチノキ（ハトノキ）

　　Nyssa L.　ヌマミズキ属［南アジア～中国南部・東南アジア・マレーシア・北米東部]:*ジャワミズキ, *ニッサボク

2. 3. 48. 2：Hydrostachyaceae　ヒドロスタキス科〔319〕［1 属 22 種：アフリカ中南部・マダガスカル］

　　Hydrostachys Thouars［22］

---

125) サボテン科は 5 亜科に分けられている。かつては平面葉をもつ A，B，D がモクキリン亜科とされていたが，側系統群であることが判明して分割された。

　A. Leuenbergeroideae　サクラキリン亜科［1 属 8 種：中米］

　B. Pereskioideae　モクキリン亜科［2 属 9 種：南米］

　C. Opuntioideae　ウチワサボテン亜科［16 属約 350 種：北米～南米］

　D. Maihuenioideae　マイフエニア亜科［1 属 2 種：南米南部］

　E. Cactoideae　ハシラサボテン亜科［112 属約 1500 種：科の分布域全体］　さらに 8 連ほどに分類されるが，E-5 は側系統群で，*Blossfeldia* Werderm.［1 種：南米］はこの亜科全ての姉妹群となる可能性が指摘されている：E-1：Echinocereeae　サンコウマル連，E-2：Hylocereeae　クジャクサボテン連，E-3：Cereeae，E-4：Trichocereeae　カセイマル連，E-5：Notocacteae，E-6：Rhipsalideae　シャコバサボテン連，E-7：Browningieae　ベンケイチュウ連，E-8：Cacteae　タマサボテン連

維管束植物分類表 ———

2. 3. 48. 3：**Hydrangeaceae　アジサイ科**[126]〔320〕[9(–14) 属約 230 種：欧州東部〜南西アジア・ヒマラヤ〜東アジア・東南アジア〜マレーシア・北〜南米]

Deutzia Thunb.　ウツギ属【B-1】[ca. 60]

Hydrangea L.（incl. *Calyptranthe* (Maxim.) H. Ohba & S. Akiyama, *Cardiandra* Siebold & Zucc., *Cornidia* Ruiz & Pav., *Deinanthe* Maxim., *Dichroa* Lour., *Heteromalla* (Rehder) H. Ohba & S. Akiyama, *Hortensia* Comm. ex Juss., *Pileostegia* Hook.f. & Thomson, *Platycrater* Siebold & Zucc., *Schizophragma* Siebold & Zucc.)　アジサイ属【B-2】[ca. 70]：アマチャ，*アメリカノリノキ，イワガラミ，ガクウツギ（コンテリギ），ギンバイソウ，クサアジサイ，シマユキカズラ，*ジョウザン，ツルアジサイ（ゴトウヅル），ノリウツギ（サビタ，ノリノキ），バイカアマチャ

Kirengeshoma Yatabe　キレンゲショウマ属【B-1】[1(–2)]

Philadelphus L.　バイカウツギ属【B-1】[ca. 80]

2. 3. 48. 4：Loasaceae　シレンゲ科〔321〕[20 属 300 種余：主に北〜南米，少数がアフリカ（南西部および北東部）・アラビア半島南部・東太平洋諸島（マルケサス諸島・ガラパゴス諸島）]

Loasa Adans.　[ca. 36：南米（大部分がチリとアルゼンチン，1 種のみペルー）]

Mentzelia L.　シレンゲ属[ca. 80：北〜南米・ガラパゴス諸島，特にメキシコとその周辺で多様化]

Nasa Weigend　シロバナシレンゲ属[ca. 100：中南米，特にコロンビアとその周辺で多様化]

2. 3. 48. 5：Curtisiaceae　カーチシア科〔322〕[1 属 1 種：アフリカ南部〜南東部]

Curtisia Aiton　[1]

2. 3. 48. 6：Grubbiaceae　グルッビア科〔323〕[1 属 3 種：南アフリカ（ケープ地方）]

Grubbia Bergius　[3]

2. 3. 48. 7：**Cornaceae　ミズキ科**〔324〕[2 属約 86 種：世界の熱帯と北半球の温帯〜寒帯]

Alangium Lam.（incl. *Marlea* Roxb.）　ウリノキ属[ca. 21]

Cornus L.（incl. *Benthamidia* Spach, *Chamaepericlymenum* Hill, *Macrocarpium* Nakai, *Swida* Opiz）　サンシュユ属（ミズキ属）[ca. 65]：ゴゼンタチバナ，*ハナミズキ（アメリカヤマボウシ），ミズキ，ヤマボウシ

2. 3. 49：Ericales　ツツジ目

2. 3. 49. 1：**Balsaminaceae　ツリフネソウ科**〔325〕[2 属約 1000 種：北半球の温帯〜亜寒帯およびアフリカとアジア〜マレーシアの亜熱帯〜熱帯]

Hydrocera Blume　ヒドロケラ（ハイドロセラ）属[1：インド南部・スリランカ・東南アジア〜マレーシア]

Impatiens L.　ツリフネソウ属[ca. 1000]：*ホウセンカ

維管束植物分類表

2. 3. 49. 2：Marcgraviaceae　マルクグラビア科〔326〕［8 属約 120 種：熱米］
　　　　Marcgravia L.　［ca. 60：中南米・西インド諸島 ］
　　　　Norantea Aubl.　［2：南米熱帯 ］

2. 3. 49. 3：Tetrameristaceae（incl. Pellicieraceae）　テトラメリスタ科〔327〕［3 属 5 種：マレーシア・中米〜南米北部］
　　　　Pelliciera Planch. & Triana　［1：中米〜南米北西部 ］
　　　　Tetramerista Miq.　［3：マレーシア ］

2. 3. 49. 4：Fouqueriaceae　フォウクィエリア科〔328〕［1 属 11 種：北米南西部〜メキシコ］
　　　　Fouquieria Kunth［11］

2. 3. 49. 5：**Polemoniaceae　ハナシノブ科** [127]〔329〕［約 22 属約 370 種：北半球の温帯〜亜寒帯および中南米の山地］
　　　　Cobaea Cav.　コベア属【B】［18：中米・南米北西部 ］
　　　　Collomia Nutt.　†ヤナギハナシノブ属【C】［ca. 15：北米西部, 少数が南米 ］
　　　　Gillia Ruiz & Pav.　ギリア属【C】［ca. 40：北米西部］:*サンシキギリア（アメリカハナシノブ），*ホソバギリア（ホソバヒメハナシノブ）
　　　　Ipomopsis Michx.　アカバナギリア属（新称）【C】［ca. 30：北米（西部・フロリダ）・南米南部］:*ホソベニギリア
　　　　Linanthus Benth.　タイリンギリア属（新称）【C】［ca. 55：北米西部］:*ツツナガギリア,*マツバギリア,*ラッパギリア

---

126) アジサイ科は以下の 2 亜科に分ける分類が通用している。アジサイ連の分類については，クサアジサイ属，ギンバイソウ属，シマユキカズラ属など従来から使用されてきた属を使用し続けるためにアジサイ属を細分する分類（Ohba & Akiyama 2016）も提案されているが，北米や東南アジア産のアジサイ類の系統関係が不明瞭な現状での細分はさらに多くの新属が必要と予想されることを考慮すると，学名の安定のためにはまだアジサイ属を De Smet et al.(2015) のように広義に扱っておいた方が適切ではないかと思われる。
　A. Jamesioideae　ジャメシア亜科［2 属 5 種：北米西部 ］
　B. Hydrangeoideae　アジサイ亜科［7(–12) 属約 225 種：科の分布域全体 ］
　　B-1：Philadelpheae　ウツギ連［6 属約 140 種：ユーラシア・フィリピン・北米南西部〜中米 ］
　　B-2：Hydrangeeae　アジサイ連［1(–6) 属約 85 種：ヒマラヤ〜東アジア・東南アジア・マレーシア・ハワイ・北米〜南米 ］
127) ハナシノブ科は以下の 3 亜科に分けられるが，1 種のみで独立の亜科を構成する *Acanthogilia gloriosa* の系統上の位置ははっきりしない。
　A. Acanthogilioideae　アカントギリア亜科［1 属 1 種：メキシコ（バハカリフォルニア半島）］
　B. Cobaeoideae　コベア亜科［4 属 34 種：中南米熱帯高地〜亜熱帯 ］
　C. Polemonioideae　ハナシノブ亜科［約 17 属約 340 種：北半球温帯，南米南部：特に北米西部で多様化 ］

維管束植物分類表

Navarretia Ruiz & Pav. イガギリア属(新称)【C】[ca. 30：北米西部・南米南部]

Phlox L. †クサキョウチクトウ属【C】[ca. 70：北米，1種のみ北東アジア]：†シバザクラ

Polemonium L. ハナシノブ属 【C】[ca. 28：ユーラシア・北米]

2. 3. 49. 6：**Lecythidaceae** (incl. Scytopetalaceae) **サガリバナ科**[128]〔330〕[25 属約 355 種：世界の熱帯～亜熱帯]

Barringtonia J.R. & G. Forst. サガリバナ属 【D】[65–70]：ゴバンノアシ
Bertholletia Bonpl. ブラジルナットノキ属【E】[1：南米(アマゾン)]
Grias L. アンチョビーナシ属【E】[12：中米・ジャマイカ・南米北西部]
Lecythis Loefl. パラダイスナットノキ属【E】[27：中南米]
Napoleonaea P. Beauv. 【A】[10：西アフリカ熱帯]
Scytopetalum Pierre ex Engl. 【B】[ca. 3：西アフリカ熱帯]

2. 3. 49. 7：Sladeniaceae スラデニア科〔331〕[2 属 3 種：アフリカ東部・東南アジア]

Sladenia Kurz [2：ベトナム・ラオス]

2. 3. 49. 8：**Pentaphylacaceae サカキ科**[129]〔332〕[13 属約 330 種：世界の熱帯～亜熱帯，東アジアやマカロネシアでは暖温帯に達する]

Adinandra Jack ナガエサカキ属 【C】[ca. 80]
Anneslea Wall. ナガバモッコク属【B】[3：東アジア亜熱帯・東南アジア・スマトラ]
Cleyera Thunb. サカキ属【C】[8]
Eurya Thunb. ヒサカキ属【C】[ca. 70]
Pentaphylax Gardner & Champ. 【A】[1：中国南部・海南島・東南アジア・スマトラ]
Ternstroemia Mutis ex L.f. モッコク属【B】[ca. 100]

2. 3. 49. 9：**Sapotaceae アカテツ科**[130]〔333〕[約 58 属約 1280 種：世界の熱帯～亜熱帯]

Chrysophyllum L. カイニット属【B】[ca. 87：世界の熱帯]
Diploknema Pierre (incl. *Aesandra* Pierre) インドバターノキ属【C-3】[ca. 10：ヒマラヤ～東南アジア・マレーシア]
Manilkara Adans. (*Achras* L., nom. rej.) サポジラ属【C-4】[ca. 80：世界の熱帯]
Mimusops L. ミサキノハナ属【C-4】[ca. 45：アフリカ・マダガスカル・マスカリン諸島，1種のみ熱帯アジア・マレーシア・太平洋諸島]
Palaquium Blanco オオバアカテツ属【C-3】[ca. 120：インド・東南アジア・マレーシア・台湾南部・太平洋諸島]：*グッタペルカノキ
Planchonella Pierre アカテツ属 【B】[110+]：ムニンノキ
Pouteria Aubl. クダモノタマゴ属【B】[ca. 200：世界の熱帯，ただし大部分(ca. 140) は熱米，旧大陸原産の種は別属に移されるべきかもしれない]
Synsepalum (A. DC.) Daniell ミラクルフルーツ属【B】[ca. 20：熱帯アフリカ]
Vitellaria C.F. Gaertn. シアーバターノキ属【C-4】[1：西アフリカ熱帯]

192

—————————————————————————————————— 維管束植物分類表

2. 3. 49. 10：**Ebenaceae**（incl. Lissocarpaceae）　**カキノキ科**〔334〕[4属約580種：世界の熱帯～亜熱帯および地中海地方～西アジア・東アジア・北米東部の温帯]
　　Diospyros L.　カキノキ属 [500–600]：ヤエヤマコクタン（リュウキュウコクタン）

2. 3. 49. 11：**Primulaceae**　**サクラソウ科** [131]〔335〕[約 53 属約 2500 種：世界の熱帯～寒帯]
　　Aegiceras Gaertn.　ツノヤブコウジ属【D】[1：東南アジア～マレーシア・豪州北東部・西太平洋諸島]
　　Androsace L.　トチナイソウ属【C】[ca. 160]：†サカコザクラ, リュウキュウコザクラ

---

128) サガリバナ科は以下の 5 亜科に分類される。初期に分岐した A と B を独立科とする説（例えば Kubitzki 2004）もある。
　A. Napoleonaeoideae　ナポレオナエア亜科 [2 属 11 種：西アフリカ]
　B. Scytopetaloideae　スキトペタルム亜科 [4 属：アフリカ]
　C. Foetidioideae　フォエチデア亜科 [1 属 17 種：東アフリカ・マダガスカル・モーリシャス]
　D. Planchonioideae　サガリバナ亜科 [6 属：旧世界熱帯]
　E. Lecythidoideae　パラダイスナットノキ亜科 [10 属：中南米熱帯]

129) サカキ科は 3 連に分類される。
　A. Pentaphylaceae　ペンタフィラクス連 [1 属 1 種：中国南部～東南アジア・西マレーシア]
　B. Ternstroemieae　モッコク連 [2 属約 100 種：世界の熱帯～暖温帯，特に熱米に多い]
　C. Frezierieae　サカキ連 [10 属約 230 種：世界の熱帯～暖温帯，ただし南半球では南米とニューギニアのみ]

130) アカテツ科は以下のように分類される。
　A. Sarcospermatoideae　サルコスペルマ亜科 [1 属 8 種：熱帯アジア～マレーシア]
　B. Chrysophylloideae　アカテツ亜科 [約 28 属約 720 種：世界の熱帯～亜熱帯]
　C. Sapotoideae　サポジラ亜科 [約 29 属約 550 種：世界の熱帯]
　　　C-1：Sideroxyleae　[5 属 80 種余：旧世界熱帯～亜熱帯・太平洋諸島・南米], C-2：Tseboneae　[3 属 26 種：マダガスカル], C-3：Isonandreae　オオバアカテツ連 [約 7 属約 270 種：熱帯アジア・マレーシア・太平洋諸島], C-4：Sapoteae　サポジラ連 [約 17 属約 170 種余：旧世界熱帯～太平洋諸島，特にアフリカとその周辺で多様化]

131) サクラソウ科は APGⅢ以来ヤブコウジ科などを含んで広義に扱われ，以前の APGⅡや Kubitzki (2004) において別科となっていた 4 科を亜科のランクで扱う分類が定着しているが，ホザキザクラ属など一部の属についてはサクラソウ亜科とヤブコウジ亜科のどちらに含めるかについて異論がある（本書ではホザキザクラ属はヤブコウジ亜科に含めて扱う）。
　A. Maesoideae　イズセンリョウ亜科　[1 属約 150 種：旧世界の熱帯～暖温帯]
　　　　　　　　　　　　　　　　　　　　　　　　　　〔以下 195 頁へ〕

193

維管束植物分類表

Ardisia Sw.（*Bladhia* Thunb., nom. rej.）　ヤブコウジ属【D】［ca. 500］：カラタチ
バナ, シシアクチ, ツルコウジ, マンリョウ, モクタチバナ

Cyclamen L.　シクラメン属【D】［22：欧州・北アフリカ・南西アジア］：
*シクラメン（ブタノマンジュウ）

Discocalyx (A. DC.) Mez　キダチマンリョウ属【D】［ca. 50：マレーシア・
ミクロネシア］

Embelia Burm.f.　ツルモッコク属【D】［ca. 130：旧世界熱帯～亜熱帯］

Lysimachia L.（incl. *Anagallis* L., *Glaux* L., *Naumbergia* Moench, *Trientalis* L.）　コナ
スビ属【D】［ca. 175］：ウミミドリ（シオマツバ）, オカトラノオ, クサレ
ダマ, ツマトリソウ, ノジトラノオ, ヤナギトラノオ, ルリハコベ

Maesa Forssk.　イズセンリョウ属【A】［ca. 150］

Myrsine L.（incl. *Rapanea* Aubl.）　ツルマンリョウ属【D】［ca. 300］：タイミン
タチバナ

Primula L.（incl. *Cortusa* L., *Dodecatheon* L., *Omphalogramma* (Franch.) Franch.）　サ
クラソウ属【C】［ca. 480］：エゾコザクラ, *カタクリモドキ, クリンソウ,
サクラソウモドキ, ヒナザクラ, ユキワリソウ

Samolus L.　ハイハマボッス属【B-1】［ca. 15］

Soldanella L.　イワカガミダマシ属【C】［16：欧州の高山］

Stimpsonia C. Wright ex A. Gray　ホザキザクラ属【D?】［1］

2. 3. 49. 12：**Theaceae　ツバキ科** [132]〔336〕［9属約240種：ヒマラヤ～東ア
ジア・東南アジア～マレーシア・北米南東部・中南米］

Camellia L.（incl. *Thea* L.）　ツバキ属【C】［ca. 120］：[†]チャノキ, サザンカ, *ワ
ビスケ

Franklinia Marshall　シラハトツバキ属【B】［1：北米南東部，野生絶滅］

Polyspora Sweet　タイワンツバキ属【C】［ca. 30］

Pyrenaria Blume（incl. *Tutcheria* Dunn）　ヒサカキサザンカ属【C】［ca. 42］

Schima Reinw. ex Blume　ヒメツバキ属【B】［ca. 15］：イジュ

Stewartia L.（*Stuartia* と綴られることもあるが誤り）　ナツツバキ属【A】［ca.
30］：ナツツバキ（シャラノキ）, ヒメシャラ

2. 3. 49. 13：**Symplocaceae　ハイノキ科**〔337〕［1(–2)属250–300種：東ア
ジア・南～東南アジア・マレーシア・豪州東部・メラネシア・北米南東
部・中南米］

Symplocos Jacq.（incl. *Cordyloblaste* Moritzi）　ハイノキ属：アオバノキ, アマシ
バ, カンザブロウノキ, クロキ, サワフタギ（ニシゴリ）, シロバイ, ミミズ
バイ, ミヤマシロバイ（ルスン）

2. 3. 49. 14：**Diapensiaceae　イワウメ科**〔338〕［6属約12種：北半球の温
帯～寒帯］

Diapensia L.　イワウメ属［4］

Schizocodon Siebold & Zucc.　イワカガミ属［3］

Shortia Torr. & A. Gray　イワウチワ属［ca. 3］：トクワカソウ

維管束植物分類表

2. 3. 49. 15：**Styracaceae　エゴノキ科**〔339〕〔11 属約 160 種：アジアと中南米の熱帯〜亜熱帯，西アジア・東アジア・北米東部では温帯に達する〕
　　Alniphyllum Matsum.　エゴハンノキ（ハンノハエゴノキ）属 [3]
　　Halesia Ellis ex L.　アメリカアサガラ属 [2]
　　Pterostyrax Siebold & Zucc.　アサガラ属 [4]
　　Styrax L.　エゴノキ属 [ca. 130]：エゴノキ（チシャノキ），ハクウンボク（オオバチシャ）

2. 3. 49. 16：Sarraceniaceae　サラセニア科〔340〕〔3 属 34 種：北米・南米北部〕
　　Darlingtonia Torr.　ランチュウソウ属 [1：北米西部]
　　Sarracenia L.　サラセニア（ヘイシソウ）属 [8：北米東部]

2. 3. 49. 17：Roridulaceae　ロリドゥラ科〔341〕〔1 属 2 種：南アフリカ（ケープ地方）〕
　　Roridula L. [2]

2. 3. 49. 18：**Actinidiaceae　マタタビ科**〔342〕〔3 属約 360 種：ヒマラヤ〜東アジア・東南アジア・マレーシア・豪州北東部・メラネシア〕
　　Actinidia Lindl.　マタタビ属 [36]：[†]キウイフルーツ，サルナシ，ナシカズラ（シマサルナシ）
　　Saurauia Willd.　タカサゴシラタマ属 [ca. 300]

2. 3. 49. 19：**Clethraceae　リョウブ科**〔343〕〔2 属約 95 種：マデイラ諸島・東アジア・東南アジア〜マレーシア・北米東部・中南米・西インド諸島〕
　　Clethra L.　リョウブ属 [ca. 83]

2. 3. 49. 20：Cyrillaceae　キリラ科〔344〕〔2 属 2 種：北米南部〜南米北部・西インド諸島〕
　　Cyrilla Garden ex L. [1：科の分布域に同じ]

〔193 頁より：131）の続き〕
　B. Theophrastoideae　テオフラスタ亜科 [6–9 属 105–110 種]　以下の 2 連に分けられる：
　　B-1：Samoleae　ハイハマボッス連 [1 属 15–20 種：南北両半球の温帯〜亜熱帯]
　　B-2：Theophrasteae　テオフラスタ連 [5–8 属約 90 種：熱米]
　C. Primuloideae　サクラソウ亜科 [5–9 属約 700 種：北半球の亜熱帯〜寒帯と熱帯高地・南米南部]
　D. Myrsinoideae　ヤブコウジ亜科 [41 属 1400–1450 種：世界の熱帯〜亜寒帯]

132）ツバキ科は以下のように 3 連に分けられる。
　A. Stewartieae　ナツツバキ連 [1 属 9 種：東アジア・北米東部]
　B. Gordonieae　ヒメツバキ連 [3 属 20–30 種：ヒマラヤ〜東アジア亜熱帯・東南アジア〜西マレーシア・小笠原諸島・北米南東部]
　C. Theeae　ツバキ連 [5 属 230–420 種：ヒマラヤ〜東アジア・東南アジア〜マレーシア・中南米・西インド諸島]

維管束植物分類表

2. 3. 49. 21：**Ericaceae　ツツジ科** [133]〔345〕〔約 130 属 4200–4300 種：世界の乾燥地帯を除く熱帯～寒帯〕

Andromeda L.　ヒメシャクナゲ属【I-3】〔1–2〕

Arbutus L.　イチゴノキ属【D】〔10：地中海地方・北米西部～中米〕

Arcterica Coville　コメバツガザクラ属【I-2】〔1〕

Arctostaphylos Adans.　ウワウルシ属【D】〔ca. 58：北半球周極地域・北米西部～中米の山地〕

Arctous Nied.　ウラシマツツジ属【D】〔4〕

Bejaria Mutis　アンデスツツジ属【F-1】〔15：北米南部～南米〕

Bryanthus S.G. Gmel.　チシマツガザクラ属【F-2】〔1〕

Calluna Salisb.　ギョリュウモドキ（カルーナ）属【F-3】〔1：欧州・トルコ〕

Cassiope D. Don　イワヒゲ属【E】〔12–17〕

Chamaedaphne Moench　ヤチツツジ属【I-4】〔1〕

Chimaphila Pursh　ウメガサソウ属【B】〔5〕

Elliottia Muhl.（incl. *Botryostege* Stapf, *Cladothamnus* Bong., *Tripetaleia* Siebold & Zucc.）　ホツツジ属【F-1】〔4〕：ミヤマホツツジ

Empetrum L.　ガンコウラン属【F-4】〔2(–5)〕

Enkianthus Lour.　ドウダンツツジ属【A】〔ca. 16〕：アブラツツジ

Epacris Cav.　エパクリス属【H】〔40–50：豪州・タスマニア・ニュージーランド・ニューカレドニア（帰化?)〕

Epigaea L.（incl. *Parapyrola* Miq.）　イワナシ属【F-1】〔3〕

Erica L.　エリカ属【F-3】〔ca. 860：欧州～南西アジア・アフリカ（北部・東部高山および南部）・マダガスカル, 特に南アフリカで多様性が高い〕

Eubotryoides H. Hara　ハナヒリノキ属【I-4】〔1：日本・サハリン〕

Gaultheria L.（incl. *Chiogenes* Salisb.）　シラタマノキ属【I-4】〔ca. 130（側系統群)〕：アカモノ, ハリガネカズラ

Harrimanella Coville　ジムカデ属【G】〔2〕

Hypopitys Hill　シャクジョウソウ属【C】〔1〕

Kalmia L.（incl. *Loiseleuria* Desv.）　カルミア属（ハナガサシャクナゲ属)【F-1】〔11：北米・キューバ, 1 種のみ北半球周極地方〕：ミネズオウ

Leucopogon R. Br.　【H】〔ca. 230：マレーシア・太平洋諸島（北は北マリアナ諸島やハワイに達する）・ニューカレドニア・豪州・タスマニア・ニュージーランド〕

Leucothoe D. Don　イワナンテン属【I-4】〔7〕

Lyonia Nutt.　ネジキ属【I-2】〔35〕

Moneses Salisb. ex Gray　イチゲイチヤクソウ属【B】〔2〕

Monotropa L.　ギンリョウソウモドキ属【C】〔1〕：ギンリョウソウモドキ（アキノギンリョウソウ）

Monotropastrum Andres　ギンリョウソウ属【C】〔2〕：ギンリョウソウ（ユウレイタケ）

Orthilia Raf.　コイチヤクソウ属【B】〔2〕

Phyllodoce Salisb.　ツガザクラ属【F-1】〔7〕

Pieris D. Don　アセビ属【I-2】〔ca. 8〕

維管束植物分類表

Pyrola L.　イチヤクソウ属【B】［30–40］

Rhododendron L.（incl. *Ledum* L., *Menziesia* Sm., *Tsusiophyllum* Maxim.）　ツツジ属【F-5】［ca. 900］：アカヤシオ，イソツツジ，キリシマ，サツキ，セイシカ，ツリガネツツジ（ウスギヨウラク），ホンシャクナゲ，ヨウラクツツジ

133）ツツジ科は以下のように分類され，ドウダンツツジ亜科が他の全ての亜科の姉妹群となる。系統関係は A［｛B（C + D）｝｛(E + F)（G（H + I)）｝］。

A. Enkianthoideae　ドウダンツツジ亜科［1 属 16 種：東ヒマラヤ〜東アジア温帯・ベトナム］

B. Pyroloideae　イチヤクソウ亜科［4 属約 40 種：北半球温帯〜亜寒帯および熱帯高地］

C. Monotropoideae　ギンリョウソウ亜科［約 10 属 15 種：北半球温帯〜亜熱帯および熱帯高地］

D. Arbutoideae　イチゴノキ亜科［3–6 属約 80 種：北半球温帯〜寒帯］

E. Cassiopoideae　イワヒゲ亜科［1 属約 12 種：北半球寒帯・ヒマラヤ］

F. Ericoideae　ツツジ亜科［約 20 属約 1800 種：世界の亜熱帯〜寒帯と熱帯高地，乾燥地帯や南半球には少ないが，南アフリカでは多様化している］さらに以下の 5 連に分けられる：

　F-1：Phyllodoceae（incl. Bejarieae）　ツガザクラ連［約 8 属約 50 種：ユーラシア亜寒帯〜寒帯・北米〜南米］

　F-2：Bryantheae（incl. Ledothamneae）　チシマツガザクラ連［2 属 8 種：北東アジア〜アリューシャン列島・南米ギアナ高地］

　F-3：Ericeae　エリカ連［3 属約 800 種：欧州・アフリカ（東部高山〜南部）・マダガスカル］

　F-4：Empetreae　ガンコウラン連［4 属約 7 種：北半球寒帯・イベリア半島・アゾレス諸島・東ヒマラヤ〜中国西南部・北米東部・南米南部］

　F-5：Rhodoreae　ツツジ連［約 3 属約 880 種：北半球亜熱帯〜寒帯とアジア熱帯高地］

G. Harrimanelloideae　ジムカデ亜科［1 属 2 種：北半球寒帯］

H. Epacridoideae (Styphelioideae)　エパクリス亜科［約 35 属約 550 種：マレーシア高山・豪州・タスマニア・ニュージーランド・ニューカレドニア・太平洋諸島（北は北マリアナ諸島やハワイに達する）・チリ］7 連に分けられるが詳細は割愛する。

I. Vaccinioideae　スノキ亜科［約 50 属約 1600 種：世界の熱帯〜寒帯，ただし乾燥地帯には少ない］さらに 4 または 5 連に分類される（本書では 5 連を認める）。

　I-1：Oxydendreae　オキシデンドルム連［1 属 1 種：北米南東部］

　I-2：Pierideae（Lyonieae）　アセビ連［4–5 属約 80 種：アフリカ・マダガスカル・レユニオン島・ヒマラヤ〜東アジア・東南アジア・北米〜南米］

　I-3：Andromedeae　ヒメシャクナゲ連［2 属 2–3 種：北半球亜寒帯〜寒帯・北米南東部］

　I-4：Gaultherieae　シラタマノキ連［約 7 属約 250 種：北半球温帯〜寒帯・マレーシア・豪州とその周辺島嶼・中南米］

　I-5：Vaccinieae　スノキ連［約 34 属約 1250 種余：世界の熱帯〜寒帯，特に中南米で多様化］

Therorhodion Small　エゾツツジ属【F-5】[2]

Vaccinium L.（incl. *Hugeria* Small, *Oxycoccus* Pers., *Rhodococcum* (Rupr.) Avrorin）　スノキ属【I-5】[ca. 140（側系統群）/ ca. 500（*Agapetes* などを含んだ場合）]：アクシバ, イワツツジ, ウスノキ, ギーマ, コケモモ, シャシャンボ

2. 3. 49. 22：Mitrastemonaceae　ヤッコソウ科〔346〕[1 属 2 種：インド北東部〜東南アジア・日本南部・台湾・マレーシア・中米〜南米北西部]

Mitrastemon Makino（*Mitrastemma* Makino）　ヤッコソウ属[2]

2. 3. 50：Icacinales　クロタキカズラ目

2. 3. 50. 1：Oncothecaceae　オンコテカ科〔347〕[1 属 2 種：ニューカレドニア]

Oncotheca Baill.　[2]

2. 3. 50. 2：Icacinaceae　クロタキカズラ科〔348〕[約 25 属約 150 種：世界の熱帯〜亜熱帯，一部の種は暖温帯まで広がる]

Hosiea Hemsl. & E.H. Wilson　クロタキカズラ属[2]

Merrilliodendron Kaneh.　[1：フィリピン・西太平洋諸島]

Nothapodytes Blume　クサミズキ属[12]：ワダツミノキ

2. 3. 51：Metteniusales　メッテニウサ目

2. 3. 51. 1：Metteniusaceae　メッテニウサ科〔349〕[10 属約 57 種：世界の熱帯]

Dendrobangia Rusby　[2：中南米熱帯]

Metteniusa H. Karst.　[7：中南米西部熱帯]

2. 3. 52：Garryales　アオキ目

2. 3. 52. 1：Eucommiaceae　トチュウ科〔350〕[1 属 1 種：中国中部]

Eucommia Oliv.　トチュウ属[1]

2. 3. 52. 2：Garryaceae　アオキ科〔351〕[2 属 23–25 種：ヒマラヤ〜東アジア・北米西部〜中米・西インド諸島]

Aucuba Thunb.　アオキ属[8–10]

Garrya Dougl. ex Lindl.　[15：北米西部〜中米・西インド諸島]

2. 3. 53：Gentianales　リンドウ目

2. 3. 53. 1：Rubiaceae（incl. Dialypetalanthaceae, Theligonaceae）　**アカネ科** [134]〔352〕[約 600 属約 13000 種：全世界]

Adina Salisb.　タニワタリノキ属【B-8】[4]

Aidia Lour.　ミサオノキ属【C-20】[ca. 50]：シマミサオノキ

Alberta E. Mey.　テイオウサンダンカ属【C-18】[1：アフリカ南東部]

Argostemma Wall.　イリオモテソウ属【A-12】[100+]

Asperula L.　タマクルマバソウ属【A-15】[ca. 200（多系統群）：欧州・北アフリカ・南西〜中央アジア・豪州・ニュージーランド]：*アカゾメムグラ

Benkara Adans.（incl. *Fagerlindia* Tirveng.）　ヒジハリノキ属【C-20】［ca. 19］

Bikkia Reinw.　クチナシモドキ属【C-1】［3–10：西太平洋諸島 ］

Bouvardia Salisb.　カンチョウジ属【B-10?】［ca. 20：熱米 ］

Catunaregam Wolf　ハリザクロ属【C-20】［ca. 10：アフリカ・マダガスカル・アジアの熱帯～亜熱帯・西マレーシア ］：ハリザクロ（ハリクチナシ）

134）アカネ科には大きく 3 つの系統群が認められ，亜科として認められてきたが，基部における系統群の分岐関係については精度が十分ではなく，ニオイザクラ属やヒョウタンカズラ属など系統的位置が確定していない属も少数見られる。さらに，Rydin et al.（2017）によるミトコンドリア遺伝子の解析によれば，キナノキ亜科のキナノキ属など（下の B-9 および B-10）がサンタンカ亜科の系統に含まれてしまうなど，遺伝子領域によっては異なる結果が出ることが指摘されており，以下の体系には変更の余地がある。また，認められる連の数にも研究者によって不一致が見られ，所属未定の属も多い。

　x（系統的位置不明：おそらくそれぞれ独立の亜科とされるべきものと思われる）

Luculieae　ニオイザクラ連［1 属 5 種：ヒマラヤ～中国西南部・タイ北部 ］

Coptosapelteae　ヒョウタンカズラ連［2 属 56 種：インド～東アジア亜熱帯・東南アジア～マレーシア ］

A. Rubioideae　アカネ亜科

　A-1：Colletocemateae　［1 属 3 種：アフリカ熱帯 ］

　A-2：Urophylleae　［4 属約 230 種：世界の熱帯～暖温帯，アメリカには少ない ］

　A-3：Ophiorrhizeae　サツマイナモリ連［6 属約 250 種：アジアの熱帯～暖温帯・マレーシア～メラネシア ］

　A-4：Lasiantheae　ルリミノキ連［2(–3) 属約 200 種：旧世界熱帯～亜熱帯，1 種が西インド諸島にある ］

　A-5：Coussareeae　［8 属約 400 種：熱米 ］

　［A-6 ～ 15：単系統群 'Spermacoceae alliance' ］

　A-6：Danaideae［3 属約 70 種：東アフリカ・マダガスカル・マスカリン諸島］

　A-7：Spermacoceae（incl. Hedyotideae）　フタバムグラ連［約 60 属 1240 種：世界の熱帯～亜熱帯，一部は温帯まで広がる ］

　A-8：Knoxieae　シソノミグサ連［14 属約 130 種：旧世界熱帯，特にアフリカとマダガスカルで多様化 ］

　A-9：Dunnieae　［1 属 2 種：中国南部 ］

　A-10：Anthospermeae　コケサンゴ連［12 属約 210 種：南半球温帯～熱帯高地，北は中国南部・台湾・ハワイ・中米・西インド諸島に達する ］

　A-11：Paederieae　ヘクソカズラ連［5 属約 70 種：ヒマラヤ～東アジア・東南アジア～マレーシア ］

　A-12：Argostemmateae　イリオモテソウ連［4 属約 180 種：西アフリカ熱帯・熱帯アジア～マレーシア，北はヒマラヤ～中国南部・蘭嶼・琉球南部に達する ］

　A-13：Putorieae　［2 属 34 種：地中海地方～南西アジア・カナリア諸島・南西アフリカ ］　　　　　　　　　　　　　　　　　［以下 201 頁へ］

Cephalanthus L.　タマガサノキ属（ヤマタマガサ属）【B-8】[6：世界の熱帯]

Cinchona L.　キナノキ属【B-10】[23：中南米]

Coffea L.　コーヒーノキ属【C-22】[ca. 124：熱帯アフリカ・マダガスカル・マスカリン諸島・豪州]

Coprosma J.R. & G. Forst.　ヘクソボチョウジ属【A-10】[ca. 100：海南島・東南アジア～マレーシア・豪州・タスマニア・ニュージーランド・南太平洋諸島・ハワイ・南米]

Coptosapelta Korth.　ヒョウタンカズラ属【x】[16]

Corynanthe Welw.（incl. *Pausinystalia* Pierre）　ヨヒンベノキ属【B-8】[6：熱帯アフリカ]

Crucianella L.　アケボノムグラ属【A-15】[30：地中海地方～中央アジア]

Damnacanthus C.F. Gaertn.　アリドオシ属【A-24】[ca. 15]：ジュズネノキ

Dentella J.R. & G. Forst.　タイワンミゾハコベ属【A-7】[ca. 10：南アジア～東アジア亜熱帯・東南アジア・マレーシア・太平洋諸島・北米（帰化?）]

Diodia L.　†メリケンムグラ属【A-7】[ca. 45：北米～南米]

Diplospora DC.　シロミミズ属【C-22】[ca. 20]：シロミミズ（シロミミズキ）

Exallage Bremek.　ヤエヤマハシカグサ属[ca. 15]：コバンムグラ

Galium L.　ヤエムグラ属【A-15】[600+（側系統群）]：ウスユキムグラ, カワラマツバ, キヌタソウ, クルマバソウ, クルマムグラ, ミヤマムグラ, ヨツバムグラ

Gardenia Ellis　クチナシ属【C-20】[100–200(–250)]

Genpa L.　チブサノキ属【C-20】[3：熱米]

Geophila D. Don　アオイモドキ（アオイゴケモドキ）属【A-20?】[ca. 30：世界の熱帯]

Guettarda L.　ハテルマギリ属【B-6】[60–80]：ハテルマギリ（シマハビロ）

Gynochthodes Blume　ハナガサノキ属（クロバカズラ属）【A-24】[ca. 95]：*コバノアカダマカズラ, *ハゲキテン

Hedyotis L.　ニオイグサ属【A-7】[ca. 180：南アジア～東アジア亜熱帯・東南アジア・マレーシア・西太平洋諸島]

Hexasepalum Bartl. ex DC.（incl. *Diodiella* Small）　†オオフタバムグラ属【A-7】[12：熱帯アフリカ・北米～南米熱帯]

Houstonia Gronov.　†ヒナソウ属【A-7】[ca. 20：北米]：†ヒナソウ（トキワナズナ）

Hydnophytum Jack　アリノスダマ属【A-20?】[52：インド～マレーシア, 特にニューギニアで多様化]

Hymenodictyon Wall.　キナモドキ属【B-7】[22：アフリカ・マダガスカル・インド～中国南部・東南アジア・西マレーシア（東はフィリピンに達する）]

Ixora L.　†サンタンカ（サンダンカ）属【C-16】[300–400：世界の熱帯]：*シロデマリ

Knoxia L.　シソノミグサ属【A-8】[ca. 9：旧世界の熱帯～亜熱帯]

Lasianthus Jack（incl. *Litosanthes* Blume）　ルリミノキ属【A-4】[ca. 190]：*コバナヤナギ

Leptodermis Wall.　シチョウゲ属【A-11】[ca. 40]

維管束植物分類表

Leptopetalum Hook. & Arn.（incl. *Thecagonum* Babu）　シマザクラ属【A-7】［ca. 8］：ソナレムグラ

Luculia Sweet　ニオイザクラ属［x］［ca. 5：ヒマラヤ～中国南部・東南アジア］

Manettia Mutis　カエンソウ属【A-7?】［ca. 80：熱米］

Mitchella L.　ツルアリドオシ属【A-23】［2］

〔199 頁より：134）の続き〕

　　A-14：Theligoneae　ヤマトグサ連［1 属 4 種：地中海地方・マカロネシア・中国西南部・台湾・日本］

　　A-15：Rubieae　アカネ連［約 14 属約 960 種：世界の亜熱帯～亜寒帯，主に北半球］　ヤエムグラ属はこの連の大部分の属をその系統の中に含む側系統群であり（Ehrendorfer & Barfuss 2014），将来的には属の範囲付けの大幅な変更は不可避である。

［A-16 ～ A:24：単系統群 'Psychotrieae alliance'，しばしば全体で 1 連とされる］

　　A-16：Schizocoleeae　［1 属 2 種：西アフリカ熱帯］

　　A-17：Craterispermeae　［1 属約 30 種：アフリカ・マダガスカル・セイシェル］

　　A-18：Schradereae　［3 属約 60 種：スリランカ・マレーシア・熱米］

　　A-19：Gaertnereae　［2 属 95 種：世界の熱帯］

　　A-20：Palicoureeae　［8 属約 1500 種：世界の熱帯～亜熱帯，特に熱米で多様化］

　　A-21：Psychotrieae　ボチョウジ連［1 属約 1600 種：世界の熱帯～亜熱帯，特にアジアで多様化］

　　A-22：Prismatomerideae　［4 属 21 種：スリランカ・中国南部～東南アジア・西マレーシア］

　　A-23：Mitchelleae　アリドオシ連［2 属 9 種：インド～東アジア・北～中米］

　　A-24：Morindeae　ヤエヤマアオキ連［6 属約 160 種：世界の熱帯］

　B. Cinchonoideae　キナノキ亜科

　　B-1：Strumpfieae　［1 属 1 種：西インド諸島］

　　B-2：Chiococceae　［27 属 230 種余：マレーシア～メラネシア・西太平洋諸島・熱米］

　　B-3：Hillieae　［3 属 29 種：熱米］

　　B-4：Hamelieae　［7 属約 170 種：熱米］

　　B-5：Rondeletieae　ベニマツリ連［9 属約 180 種：熱米］

　　B-6：Guettardeae　ハテルマギリ連［14 属約 750 種：世界の熱帯］

　　B-7：Hymenodictyeae　キナモドキ連［2 属 24 種：旧世界熱帯，特にマダガスカルで多様化］

　　B-8：Naucleeae　タニワタリノキ連［26 属約 200 種：世界の熱帯～亜熱帯，北米では温帯に達する］

　　B-9：Isertieae　［2 属 15 種：熱米］

　　B-10：Cinchoneae　キナノキ連［9 属約 120 種：熱米］

　C. Dialypetalanthoideae (Ixoroideae)　サンタンカ亜科

　　C-1：Dialypetalantheae (incl. Calycophylleae, Condamineeae)　クチナシモドキ連［33 属約 300 種：東南アジア～マレーシア・太平洋諸島・熱米］

〔以下 203 頁へ〕

201

維管束植物分類表

Mitracarpus Zucc.　†ハリフタバモドキ属【A-7】［ca. 30：アメリカの熱帯　～亜熱帯，1種が世界の熱帯に広がる］

Morinda L.　ヤエヤマアオキ属【A-24】［ca. 40：世界の熱帯］

Mussaenda L.　コンロンカ属【C-5】［ca. 200：旧世界の熱帯～亜熱帯］

Nauclea L.　タマバナノキ属【B-8】［ca. 10：熱帯アフリカ・熱帯アジア～　マレーシア・豪州北部］

Neanotis W.H. Lewis　ハシカグサ属【A-7】［ca. 30］

Neolamarckia Bosser　クビナガタマバナノキ属【B-8】［2：スリランカ・　東南アジア～マレーシア・豪州北部］

Neonauclea Merr.　マルバハナダマ属【B-8】［ca. 62：熱帯アジア・太平洋　諸島］

Nertera Banks ex Gaertn.　コケサンゴ属【A-10】［ca. 6：中国南部・台湾・　東南アジア～マレーシア・豪州・太平洋諸島・北米～南米・亜南極　諸島］：*アリサンアワゴケ, *コケサンゴ（タマツヅリ）

Oldenlandia Pulm. ex L. (? incl. *Scleromitrion* (Wight & Arn.) Meisn.)　フタバムグ　ラ属【A-7】［ca. 250］：ケニオイグサ

Ophiorrhiza L.　サツマイナモリ属【A-3】［200–300］：アマミアワゴケ, アマ　ミイナモリ, オオイナモリ, *タイヤルソウ, チャボイナモリ

Paederia L.　ヘクソカズラ属【A-11】［ca. 30］：ヘクソカズラ（ヤイトバナ）

Pavetta L.　キダチハナカンザシ属【C-24】［ca. 400：旧世界の熱帯］：*コブ　ハテマリ

Pentas Benth.　クササンタンカ属【A-8】［ca. 50：アフリカ・マダガスカル］

Pseudopyxis Miq.　イナモリソウ属【A-11】［3］：シロバナイナモリソウ

Psychotria L.　ボチョウジ属【A-21】［800–1500（側系統群）］：シラタマカズ　ラ

Psydrax Gaertn.　コーヒーダマシ属【C-12】［ca. 100：旧世界の熱帯］

Richardia L.　†ハシカグサモドキ属【A-7】［15：北米～南米，3種が旧世　界の熱帯～暖温帯に帰化］

Rondeletia L. (incl. *Arachnothrix* Planch.)　ベニマツリ属【B-5】［ca. 170：熱米］

Rubia L.　アカネ属【A-15】［ca. 80］：アカネムグラ, オオキヌタソウ

Sabicea Aubl. (incl. *Cephaelis* Sw.)　トコン属【C-6】［ca. 170：アフリカ・マ　ダガスカル・スリランカ・熱米］

Scyphiphora C.F. Gaertn.　ミツバヒルギ属【C-13】［1：マダガスカル・熱　帯アジア～西太平洋諸島の海岸］

Serissa Comm. ex Juss.　†ハクチョウゲ属【A-11】［2：中国・台湾・日本?］：　*ダンチョウゲ

Sherardia L.　†ハナヤエムグラ属【A-15】［1：地中海地方］

Sinoadina Ridsd.　ヘツカニガキ属【B-8】［1］：ヘツカニガキ（ハニガキ）

Spermacoce L. (incl. *Borreria* G. Mey.)　†ハリフタバ属【A-7】［250–300：世　界の熱帯～亜熱帯］：†アメリカムグラ, †ヒロハフタバムグラ

Tamilnadia Tirveng. & Sastre　インドハリザクロ属【C-20】［1：南アジア～　東南アジア］

Tarenna Gaertn.　ギョクシンカ属【C-24】［ca. 370：旧世界の熱帯（ただし

アフリカ産の種は *Pavetta* に移すのが妥当)〕

Theligonum L.　ヤマトグサ属【A-14】[4]

Timonius DC.　シマカイノキ属【B-6】[150–180：蘭嶼・マレーシア・太平洋諸島]

Uncaria Schreb.　カギカズラ属【B-8】[ca. 34]:*ガンビールノキ

Wendlandia Bartl. ex DC.　アカミズキ属【C-19】[90+]:アカミズキ(アカミズキ)

〔197 頁より：134)の続き〕
　　　C-2：Sipaneeae　[10 属約 40 種：熱米]
　　　C-3：Henriquezieae　[3 属 20 種：熱米]
　　　C-4：Posoquerieae　[2 属 18 種：熱米]
　　　C-5：Mussaendeae　コンロンカ連[7 属約 160 種：旧世界の熱帯〜亜熱帯]
　　　C-6：Sabiceeae　トコン連[4 属 160 種：アフリカ・スリランカ・熱米]
　　　C-7：Steenisieae　[1 属 5 種：西マレーシア]
　　　C-8：Retiniphylleae　[1 属 22 種：南米熱帯]
　　[C-9 〜 C-16：単系統群 "Vanguerieae alliance"]
　　　C-9：Crossopterygeae　[1 属 1 種：アフリカ熱帯]
　　　C-10：Traillaeodoxeae　[1 属 1 種：中国西南部]
　　　C-11：Jackieae　[1 属 1 種：西マレーシア]　Rydin et al. (2017) では外に出て C-17 と共に C-9 〜 C-23 からなる系統群の姉妹群の位置にくる
　　　C-12：Vanguerieae　コーヒーダマシ連[24 属約 1100 種：旧世界熱帯・太平洋諸島]
　　　C-13：Scyphiphoreae　ミツバヒルギ連[1 属 1 種：インド〜東南アジア・海南島・豪州・ニューカレドニア]
　　　C-14：Greeneeae　[2 属 8 種：東南アジア〜スマトラ]
　　　C-15：Aleisanthieae　[3 属 10 種：マレーシア]
　　　C-16：Ixoreae　サンタンカ連　[1 属約 300 種：世界の熱帯〜亜熱帯]
　　[C-17 〜 C25：単系統群 "Coffeeae alliance"]
　　　C-17：Airospermeae　[2 属 7 種：東マレーシア・フィジー]　Rydin et al. (2017) では外に出る
　　　C-18：Alberteae　テイオウサンダンカ連[3 属 8 種：南アフリカ・マダガスカル]
　　　C-19：Augusteae　アカミズキ連[2 属約 94 種：世界の熱帯〜亜熱帯]
　　　C-20：Gardenieae　クチナシ連[約 55 属：世界の熱帯〜暖温帯]
　　　C-21：Cordiereae　[12 属約 122 種：熱米]
　　　C-22：Coffeeae (incl. Bertiereae)　コーヒーノキ連[13 属約 260 種：世界の熱帯〜亜熱帯]
　　　C-23：Octotropideae　[18 属 100 種余：アフリカ熱帯・マダガスカル・マスカリン諸島・インド・スリランカ・西マレーシア]
　　　C-24：Pavetteae　ギョクシンカ連[15 属約 650 種：旧世界熱帯〜亜熱帯]
　　　C-25：Sherbourneae　[4 属 54 種：アフリカ]

2. 3. 53. 2：**Gentianaceae　リンドウ科** 135)〔353〕［約 100 属約 1700 種：全世界,
ただし乾燥地帯には少ない］

    Centaurium Hill　†ベニバナセンブリ属【D】［ca. 20：ユーラシア］：†ハマ
ハナセンブリ

    Comastoma (Wettst.) Toyok.　サンプクリンドウ属【G-2】［ca. 15］

    Eustoma Salisb.　トルコギキョウ属【D】［3：北米南部〜南米］

    Exacum L.（incl. *Cotylanthera* Blume）　ベニヒメリンドウ属【B】［ca. 50：旧世
界の熱帯〜亜熱帯］

    Fagraea Thunb.　モクベンケイ属【E】［5：南インド・スリランカ・東南
アジア〜マレーシア・蘭嶼・太平洋諸島］

    Gentiana L.（incl. *Ciminalis* Adans., *Dasystephana* Adans., *Gentianodes* A. & D. Löve）
リンドウ属【G-1】［ca. 360］：アサマリンドウ, コケリンドウ, トウヤク
リンドウ, ハルリンドウ

    Gentianella Moench　チシマリンドウ属【G-2】［ca. 260］：ユウバリリンドウ（ユ
ウバリリンドウ）

    Gentianopsis Ma　チチブリンドウ属【G-2】［ca. 25］：シロウマリンドウ, *ヒ
ゲリンドウ

    Halenia Borkh.　ハナイカリ属【G-2】［ca. 100］

    Lomatogonium A. Braun　ヒメセンブリ属【G-2】［ca. 20］

    Pterygocalyx Maxim.　ホソバノツルリンドウ属【G-2】［1］

    Schenkia Griseb.　シマセンブリ属【D】［5］

    Swertia L.　センブリ属【G-2】［ca. 150（側系統群）］：アケボノソウ, ヘツカ
リンドウ, シノノメソウ

    Tripterospermum Blume　ツルリンドウ属【G-1】［ca. 25］：テングノコヅチ

    Zeltnera G. Mans.　†アメリカホウライセンブリ属【D】［ca. 25：北米南部
〜南米北西部］

2. 3. 53. 3：**Loganiaceae　マチン科** 136)〔354〕［14 属 420 種：世界の熱帯〜
暖温帯］

    Gardneria Wall.　ホウライカズラ属【C】［ca. 8］：*エイシュウカズラ, チトセ
カズラ

    Geniostoma J.R. & G. Forst.　オガサワラモクレイシ属【B】［ca. 20］：*モク
レイシモドキ

    Mitrasacme Labill.　アイナエ属【C】［ca. 40］：ヒメナエ

    Spigelia L.　スピゲリア属【C】［ca. 50：北米〜南米, 1 種が旧世界の熱帯（帰
化 ?)］

    Strychnos L.　マチン属【C】［ca. 190：世界の熱帯］

2. 3. 53. 4：Gelsemiaceae　ゲルセミウム科〔355〕［3 属 16 種：アフリカ・
東アジア亜熱帯〜東南アジア・北米〜南米］

    Gelsemium Juss.　ゲルセミウム属［3：中国南部〜東南アジア・北米〜南
米］：*カロライナジャスミン（カロライナキソケイ）

維管束植物分類表

2.3.53.5：**Apocynaceae　キョウチクトウ科** [137][356]［320–360 属約 4300 種：世界の熱帯〜温帯，一部亜寒帯にも広がる］

Acokanthera G. Don　サンタンカモドキ属【K】[5：アフリカ・アラビア半島]

Adenium Roem. & Schult.　アデニウム属【L-2】［(1–)5：アフリカ・アラビア半島]

135）リンドウ科は 6 または 7 連に分類される（本書では 7 連を認める）。
A. Saccifolieae　[5 属 19 種：熱米]
B. Exaceae　ベニヒメリンドウ連[8 属 180 種余：アフリカ・マダガスカル・インド〜東南アジア・マレーシア・豪州・ニュージーランド]
C. Voyrieae　[1 属 19 種：西アフリカ熱帯・熱米]
D. Chironieae　シマセンブリ連[26 属約 160 種：世界の熱帯〜亜熱帯と北半球の温帯]
E. Potalieae　モクベンケイ連[14–18 属 160 種余：世界の熱帯]
F. Helieae　[23 属約 220 種：熱米]
G. Gentianeae　リンドウ連［約 18 属約 980 種：世界の温帯〜寒帯と熱帯高山]
　　さらに花冠副片をもつ G-1：Gentianinae　リンドウ亜連[6 属]と，副片を欠く G-2：Swertiinae　センブリ亜連[約 12 属]に分けられる。センブリ亜連の大部分の種を含むセンブリ属は著しい側系統群だが，まだこれに代わる新たな分類体系は構築できていない。

136）マチン科は以下の 3 連に分類される：
A. Antonieae　アントニア連[4 属 7 種：熱帯アフリカ・マレーシア・南米]
B. Loganioideae　オガサワラモクレイシ連[2 属約 50 種：台湾（緑島・蘭嶼）・東マレーシア・太平洋諸島・豪州]
C. Strychneae (incl. Spigelieae)　マチン連[8 属約 340 種：世界の熱帯とアフリカ南部・東アジア・豪州・ニュージーランド]

137）キョウチクトウ科は従来，狭義キョウチクトウ科由来の Rauvolfioideae　ニチニチソウ亜科，Apocynoideae　キョウチクトウ亜科，Periplocoideae の 3 亜科，ガガイモ科由来の Secamonoideae と Asclepiadoideae の 2 亜科の合わせて 5 亜科が認められることが多かったが，前 2 者は側系統群であり，Rauvolfioideae の中から Apocynoideae が，さらに Apocynoideae の中から残る 3 亜科が独立に進化する形となっている。したがって，本書では亜科レベルの分類を廃し，概ね分岐順に連を配列することにする。本書で採用した分類体系は主に Endress et al. (2014) によったが，一部の連についてはその後の研究成果を取り入れて変更している。連への所属が未定の属も熱帯を中心にいくつか知られている。
［A–K：former Rauvolfioideae　旧ニチニチソウ亜科]
A. Aspidospermateae　[6 属約 85 種：熱米・ガラパゴス諸島]
B. Alstonieae　アルストニア連[2 属約 45 種：旧世界熱帯〜亜熱帯]
C. Vinceae　ニチニチソウ連[9 属 150 種余：世界の熱帯（ツルニチニチソウ属は温帯に広がる），旧世界に多い]　さらに Kopsiinae　コプシア亜連[1 属]，Ochrosiinae　シマソケイ亜連[1 属]，Tonduziinae　[2 属]，Vincinae　ツルニチニチソウ亜連[1 属]，Catalanthinae　ニチニチソウ亜連[3 属]，Rauvoldiinae　インドジャボク亜連[1 属]に細分されることもあるが，あまり実用的ではない。　　　　　　　　　　　［以下 207 頁へ]

Allamanda L.　アリアケカズラ属【J-1】[14：熱米]

Alstonia R. Br.　アルストニア属【B】[43–60：世界の熱帯]

Alyxia R. Br.　シマテイカカズラ属【I】[ca. 108：インド北東部〜東アジア亜熱帯・東南アジア・マレーシア・ソロモン諸島・豪州・太平洋諸島]

Amsonia Walter　チョウジソウ属【H】[ca. 20]

Anodendron A. DC.（incl. *Formosia* Pichon）　サカキカズラ属【L-9】[ca. 17]

Apocynum L.（incl. *Trachomitum* Woodson）　バシクルモン属【L-9】[9]：バシクルモン（オショロソウ）

Araujia Brot.　チョウトリカズラ属【L-12m】[ca. 10：南米]

Asclepias L.　†トウワタ属【L-12d】[ca. 120：北〜南米]：*ヤナギトウワタ

Beaumontia Wall.　オオバナカズラ属【L-9】[9：南アジア〜東南アジア・西マレーシア]

Calotropis R. Br.　カイガンタバコ属【L-12d】[3：アフリカ・アラビア半島・熱帯アジア]

Carissa L.　カリッサ属【K】[7：旧世界の熱帯]

Catharanthus G. Don（*Lochnea* Rchb.）　ニチニチソウ属【C】[8：マダガスカル・南インド・スリランカ]：*ヒメニチニチソウ

Cerbera L.　ミフクラギ属【J-3】[6]

Ceropegia L.　ハートカズラ属【L-12o】[ca. 170（側系統群）：旧世界の熱帯〜亜熱帯，特にアフリカで多様化]

Cryptolepis R. Br.　マツムラカズラ属【L-4】[ca. 30：旧世界の熱帯〜亜熱帯]

Cryptostegia R. Br.　オオバナアサガオ属【L-4】[2：マダガスカル]

Cynanchum L.（incl. *Metaplexis* R. Br.）　イケマ属【L-12e】[100+：世界の熱帯，北半球と南アフリカの温帯にも広がる]：ガガイモ，リュウキュウガシワ

Dischidia R. Br.　マメヅタカズラ属【L-12n】[ca. 80：アジア・マレーシア・豪州・メラネシアの熱帯〜亜熱帯]：*アケビカズラ

Dregea E. Mey.　タシロカズラ属【L-12n】[ca. 12：アフリカとアジアの熱帯〜亜熱帯]

Funtumia Stapf　ラゴスゴムノキ属【L-3】[2：西アフリカ熱帯]

Gomphocarpus R. Br.　†フウセントウワタ属【L-12d】[ca. 50：熱帯アフリカ]

Gymnema R. Br.　ホウライアオカズラ属【L-12n】[ca. 25：旧世界の熱帯〜亜熱帯]

Heterostemma Wight & Arn.　ブラウンカズラ属【L-12o】[25(–30)：アジアの熱帯〜亜熱帯・マレーシア・豪州北部・ニューカレドニア]

Holarrhena R. Br.　コネッシ属【L-3】[4：熱帯アフリカ・熱帯アジア]

Hoya R. Br.　サクララン属【L-12n】[300+：アジアの熱帯〜亜熱帯・マレーシア・豪州北部・メラネシア]

Jasminanthes Blume　シタキソウ属【L-12n】[ca. 5]：シタキソウ（オキナワシタキヅル）

Kopsia Blume　コプシア属【C】[ca. 23：南アジア〜東南アジア]

Lepinia Decne.　ポナペイカリノキ属【I】[4：ニューギニア・西太平洋諸島]

Lepiniopsis Valeton　ナンヨウキョウチクトウ属【1】［2：東マレーシア・ミクロネシア］

Mandevilla Lindl.（incl. *Dipladenia* A. DC.）　チリソケイ属【L-6】［c. 120：中南米］

〔205 頁より：137）の続き〕
　　D. Willughbeieae　［18 属約 130 種：マレーシア～豪州を除く世界の熱帯～亜熱帯］
　　E. Tabernaemontaneae　サンユウカ連［15 属約 150 種：世界の熱帯～亜熱帯］さらに E-1：Ambelaniinae［7 属：南米北部］，E-2：Tabernaemontaninae サンユウカ亜連［8 属：世界の熱帯～亜熱帯，特にアフリカに多い］の 2 亜連に分けられる。
　　F. Melodineae　シマダカズラ連［5 属約 24 種：アフリカ・マダガスカル・東アジア亜熱帯・東南アジア～マレーシア］
　　G. Hunterieae　［4 属約 20 種：主にアフリカ，少数が熱帯アジア］
　　H. Amsonieae　チョウジソウ連［1 属約 20 種］
　　I. Alyxieae　シマテイカカズラ連［7 属 130–140 種］さらに Condylocarpinae［3 属：世界の熱帯］と Alyxiinae　シマテイカカズラ亜連［4 属：熱帯アジア～マレーシア・豪州・太平洋諸島］に分けられる。本書掲載の属は後者に属する。
　　J. Plumerieae　プルメリア連［10 属約 50 種：世界の熱帯］さらに J-1：Allamandinae　アリアケカズラ亜連［1 属：中南米］，J-2：Plumeriinae プルメリア亜連［3 属：熱米］，J-3：Thevetiinae　ミフクラギ亜連［6 属：アフリカを除く世界の熱帯～亜熱帯］の 3 亜連に分けられる。
　　K. Carisseae　カリッサ連［2 属 12 種：旧世界熱帯］　L の姉妹群となる。
　　L. "APSA clade"　（旧キョウチクトウ科のキョウチクトウ亜科，ペリプロカ亜科と旧ガガイモ科からなる系統群）
　　　L-1：Wrightieae　［3 属 29 種：旧世界熱帯］
　　　L-2：Nerieae　キョウチクトウ連［6 属 47 種：旧世界熱帯～暖温帯，特にアフリカに多い］
　　　L-3：Malouetieae　［13 属 100–110 種：アフリカ・マダガスカル・熱帯アジア］
　　　L-4：Periploceae（s.l. = Periplocoideae）　クロバナカズラ連［30–33 属約 180 種：旧世界熱帯～亜熱帯，特にアフリカで多様化］
　　　L-5：Echiteae　ホウライカガミ連［15 属約 190 種：世界の熱帯～亜熱帯］さらに Echitinae［4 属］，Laubertiinae［2 属］，Parsonsiinae　ホウライカガミ亜連［3 属］，Peltastinae［4 属］，Prestoniinae［1 属］の 5 亜連に分けられ，他に所属未定の属が 1 属ある。本書掲載の属はホウライカガミ亜連に属する。
　　　L-6：Mesechiteae　チリソケイ連［6 属約 200 種：熱米］
　　　L-7：Odontadenieae　［6 属約 30 種：熱米］
　　　L-8：Rhabdadenieae　［1 属 4 種：熱米］
　　　L-9：Apocyneae　バシクルモン連［24 属約 113 種：インド～マレーシア・豪州，バシクルモン属のみ北半球温帯］
　　　L-10：Baisseeae　［4 属 32 種：旧世界熱帯，特にアフリカに多い］　旧ガガイモ科の以下の 2 亜科からなる系統の姉妹群
　　　L-11：Secacomeae（s.l. = Secacomoideae）　［8 属約 170 種：旧世界の熱帯～暖温帯］　　　　　　　　　　　　　　　　〔以下 209 頁へ〕

Marsdenia R. Br.（incl. *Stephanotis* Thouars）　キジョラン属【L-12n】［ca. 100］:
　*アフリカシタキヅル（マダガスカルジャスミン），ソメノカズラ
Melodinus J.R. & G. Forst.　シマダカズラ属【F】［19–25 : アジアの熱帯〜
　亜熱帯・マレーシア・豪州北部］
Nerium L.　キョウチクトウ属【L-2】［1 : 欧州南東部・北東アフリカ・南
　西〜南アジア］
Ochrosia Juss.（incl. *Neisosperma* Raf.）　ヤロード属【C】［ca. 40］:シマソケイ，
　ホソバヤロード
Oxypetalum R. Br.　ルリトウワタ属【L-12m】［ca. 125 : 熱米］
Pachypodium Lindl.　パキポディウム属【L-3】［25 : アフリカ南部〜南西部・
　マダガスカル］
Parsonsia R. Br.　ホウライカガミ属【L-5】［ca. 50］
Periploca L.　クロバナカズラ属【L-4】［ca. 14 : 欧州南部・熱帯アフリカ・
　ソコトラ島・南アジア〜東南アジア］
Plumeria L.　インドソケイ属【J-2】［7 : 熱米］:*インドソケイ（プルメリア）
Rauvolfia L.　ホウライアオキ属【C】［ca. 60 : 世界の熱帯］:*インドジャボク
Stapelia L.　スタペリア属【L-12o】［ca. 40 : アフリカ中南部］:*オウサイカク
Strophanthus DC.　キンリュウカ属【L-2】［38 : アフリカとアジアの熱帯］
Tabernaemontana L.　サンユウカ属【E-2】［ca. 100 : 世界の熱帯］
Telosma Coville　ヤライコウ属【L-12n】［ca. 10 : 旧世界の熱帯］
Thevetia L.（incl. *Cascabela* Raf.）　メキシコキョウチクトウ属【J-3】［8 : 熱米］:
　*メキシコキョウチクトウ（キバナキョウチクトウ）
Trachelospermum Lem.　テイカカズラ属【L-9】［ca. 14 : ヒマラヤ〜東アジ
　ア亜熱帯〜暖温帯・東南アジア］:*トウキョウチクトウ
Urceola Roxb.（incl. *Ecdysanthera* Hook. & Arn., *Parabarium* Pierre ex Spire）　ゴムカ
　ズラ属【L-9】［16］
Vinca L.　†ツルニチニチソウ属【C】［ca. 5 : 欧州〜西アジア］
Vincetoxicum Wolf（incl. *Sarcolobus* R. Br., *Tylophora* R. Br.）　カモメヅル属
　【L-12f】［ca. 150］:イヨカズラ, オオカモメヅル, クサナギオゴケ, サツマ
　ビャクゼン, スズサイコ, タチガシワ, ツルモウリンカ, ハマヅル, フナバ
　ラソウ,ロクオンソウ
Wrightia R. Br.　【L-1】［ca. 25 : 旧世界の熱帯］

2. 3. 54：Boraginales　ムラサキ目

2. 3. 54. 1:**Boraginaceae　ムラサキ科**[138]〔356〕［約 135 属約 2500 種：全世界］
Aegonychon Gray　ホタルカズラ属【C-3】［7 : 地中海地方・東アジア］
Amsinckia Lehm.　†ハリゲタビラコ属【C-2k】［ca. 15 : 北米〜南米の太平
　洋側］:†ワルタビラコ
Anchusa L.　†ウシノシタグサ属【C-4b】［ca. 35 : 地中海地方〜南西アジア］:
　*アルカネット
Ancistrocarya Maxim.　サワルリソウ属【C-3】［1］
Arnebia Forssk.　【C-3】［ca. 30 : 地中海地方東部〜中央アジア・ヒマラヤ］
Asperugo L.　†トゲムラサキ属【C-2c】［1 : ユーラシア］

Borago L.　ルリヂシャ属【C-4b】［5：地中海地方］:*ルリヂシャ（ボリジ）

Bothriospermum Bunge　ハナイバナ属【C-2i】［5］

Brachybotrys Maxim. ex Oliv.　クロキソウ属【C-2g】［1：朝鮮半島・中国東北部・ウスリー］

〔207 頁より：137）の続き〕

L-12：Asclepiadeae (s.l. = Asclepiadoideae)　ガガイモ連［214 属 2360 種余：世界の熱帯〜亜寒帯］　一般にはガガイモ亜科として認められることが多く，さらに以下の連に細分される。本書では暫定的にそのままのランクで扱う。多くの種を含む従来の属の単系統性はほとんど支持されず，イケマ属の旧大陸産のものやカモメヅル属は周辺の属を含んで大幅に範囲付けが拡張された一方で，新大陸のイケマ属のいくつかは異なる亜連に属する別の属に移されたりした。トウワタ属やサクララン属，ハートカズラ属については，本書では暫定的に従来の取り扱いを踏襲しているが，これらについても将来範囲付けが変更されるものと考えられる。

L-12a. Fockeeae　［2 属 9 種：アフリカ・アラビア半島］

L-12b. Eustegieae　［2 属 6 種：アフリカ南部］

L-12c-m. Asclepiadeae (s. str.)　ガガイモ連（狭義）［80–90 属 約 1000 種：世界の熱帯〜亜寒帯］　さらに L-12c. Astephaninae［3 属：アフリカ南部・南米］，L-12d. Asclepiadinae　トウワタ亜連［約 23 属：アフリカ〜南西アジア・北米〜南米，一部の種は世界の熱帯〜亜熱帯に帰化］，L-12e. Cynanchinae　イケマ亜連［2(–6) 属：世界の熱帯〜温帯］，L-12f. Tylophorinae　カモメヅル亜連［1(–12) 属，旧世界の熱帯〜温帯］，L-12g. Pentacyphinae［1 属：ペルー］，L-12h. Diplolepidinae［1 属：南米］，L-12i. Orthosiinae［4 属：熱帯］，L-12j. Metastelmatinae［13 属：熱帯］，L-12k. Tassadiinae［1 属：熱帯］，L-12l. Gonolobinae［17 属：北米〜南米］，L-12m. Oxypetalinae　ルリトウワタ亜連［7 属：中南米］に分けられる。系統関係は［c {d (e + f)} {g (h, i (j + k + l + m))}]。

L-12n. Marsdenieae　キジョラン連［26–28 属 約 600 種：旧世界熱帯〜亜熱帯］

L-12o. Ceropegieae　ハートカズラ連［11 属 760 種余：旧世界熱帯〜暖温帯］

138）Boraginales Working Group (2016) や Kubitzki (2016) は，広義のムラサキ科を細分して全部で 11 科を認めている。本書では科を広義にとり，これら細分された科を亜科として扱う。これらの系統関係については p. 268 の付図 10c に示した。細分した場合の科名は語尾の「-oideae」を「-aceae」に変えた形である。

〔A–C：'Boraginoid alliance'〕

A. Codonoideae　コドン亜科［1 属 2 種：南アフリカ］　かつてハゼリソウ科とされていた。

B. Wellstedioideae　ウェルステディア亜科［1 属 6 種：アフリカ］

C. Boraginoideae　ムラサキ亜科［約 90 属 1600–1700 種］　Chacón et al. (2016) は独立のムラサキ科とする。さらに以下の 4 連に分けられる。

　C-1：Echinochileae　［3 属 約 30 種：中南米］　Chacón et al. (2016) は独立の亜科とする。　　　　　　　　　　　　　　　　〔以下 211 頁へ〕

Buglossoides Moench　イヌムラサキ属【C-3】［2(–10)：ユーラシア］

Cerinthe L.　キバナルリソウ属【C-3】［7–10：地中海地方〜南西アジア］

Codon L.　【A】［2：南西アフリカ］

Coldenia L.　ホウザンカラクサ属【J】［1：世界の熱帯］

Cordia L.　カキバチシャノキ属【I】［ca. 250：世界の熱帯〜亜熱帯］：トゲミイヌヂシャ

Craniospermum Lehm.（incl. *Diploloma* Schrenk）　イワルリソウ属【C-2f】［4–5：中央〜東アジア大陸部］

Cynoglossum L.　オオルリソウ属【C-2h】［ca. 200：ユーラシア・北アフリカ］：オニルリソウ, タイワンルリソウ

Echium L.　†シベナガムラサキ属【C-3】［ca. 60：欧州・北アフリカ・マカロネシア・西アジア］：*シャゼンムラサキ

Ehretia R. Br.　チシャノキ属【H】［ca. 50］：フクマンギ

Eritrichium Schrad. ex Gaudin（incl. *Amblynotus* I.M. Johnst.）　ミヤマムラサキ属【C-2e】［ca. 50］：*ルリザクラ

Euploca Nutt.　†コゴメスナビキソウ属【F】［ca. 100：世界の熱帯］：オオコゴメスナビキソウ（クサルリソウ）

Glandora D.C. Thomas, Weigend & Hilger　ミヤマホタルカズラ属【C-3】［8–10：地中海地方］

Heliotropium L.（incl. *Argusia* Boehmer, *Messerschmidia* L. ex Hebenstr., *Tournefortia* L.）キダチルリソウ属【F】［ca. 300：世界の熱帯〜冷温帯］：†アレチムラサキ, スナビキソウ（ハマムラサキ）, †ナンバンルリソウ, モンパノキ

Lappula Moench　ノムラサキ属【C-2e】［ca. 70：ユーラシア・北アフリカ・北米西部］：イワムラサキ（オカムラサキ）

Lithospermum L.　ムラサキ属【C-2e】［ca. 80：ユーラシア・アフリカ・北〜南米］

Lycopsis L.　アラゲムラサキ属【C-4b】［2：ユーラシア］

Mertensia Roth　ハマベンケイソウ属【C-2c】［ca. 40］：エゾルリソウ, *タカネカノソウ

Myosotis L.　ワスレナグサ属【C-2g】［ca. 80–100］：エゾムラサキ, †ノハラムラサキ

Nama L.　【E】［ca. 50：ハワイ・北米南西部〜メキシコ北部・西インド諸島・南米（チリ）］

Nemophila Nutt.　ルリカラクサ属【D】［11：北米・メキシコ北部］：*モンカラクサ

Nihon A. Otero, Jim. Mejías, Valcárcel & P. Vargas　ルリソウ属【C-2i】［5：日本］：エチゴルリソウ, ハイルリソウ, ヤマルリソウ

Nonea Medik.　キバナムラサキ属【C-4b】［ca. 35：欧州・北アフリカ・西アジア］

Omphalodes Mill.　ハナルリソウ属【C-2d】［ca. 23：地中海地方〜西アジア・北米南西部〜メキシコ］：*シロウメソウ

Phacelia Juss.　ハゼリソウ属【D】［ca. 200：北米〜南米］：*タチホロギク, *ネバリホロギク

Plagiobothrys Fisch. & C.A. Mey.（incl. *Allocarya* Greene）　†イヌミヤマムラサ

——— 維管束植物分類表

　　キ属【C-2k】[ca. 65：大部分北米〜南米，少数種が豪州，1種が北東
　　アジア]：†アメリカキュウリグサ，†ヒナムラサキ
Pulmonaria L.　ハイゾウソウ属【C-4b】[ca. 17：欧州]
Stenosolenium Turcz.　オニムラサキ属【C-3】[1：北東アジア大陸部]

───

〔209 頁より：138）の続き〕
　C-2：Cynoglosseae　オオルリソウ連[約 50 属約 900 種]：Chacon et al.
　　(2016) は本連を Cynoglossoideae　オオルリソウ亜科として扱い，中
　　に 8 連を認めている。本書ではそのうち狭義のオオルリソウ連を除
　　く 7 連を仮に亜連のランクで扱い，狭義オオルリソウ連は含まれる
　　4 亜連をそのままのランクで採用して，全部で以下の 11 亜連を認め
　　る。仮に亜連として扱った連の学名については，そのランクの名前
　　の全てが正式に発表されているわけではない。
　　　C-2a. Trichodesminae　ルリホオズキ亜連[2 属約 50 種：アフリカ・
　　アジアの亜熱帯・豪州], C-2b. Lasiocaryinae [3 属約 7 種：ヒマラヤ],
　　C-2c. Asperugininae　トゲムラサキ亜連[3 属約 45 種：北半球温帯〜
　　亜寒帯], C-2d. Omphalodinae　ハナルリソウ亜連[6 属 35 種：欧州〜
　　西アジア], C-2e. Eritrichiinae　ミヤマムラサキ亜連[約 7 属約 170 種：
　　北半球温帯〜寒帯・豪州・南米], C-2f. Craniosperminae　イワルリ
　　ソウ亜連[1 属 4–5 種：中央〜東アジア], C-2g. Myosotidinae　ワス
　　レナグサ亜連[約 5 属約 170 種：世界の温帯], C-2h [以下，狭義オ
　　オルリソウ連]. Cynoglossinae　オオルリソウ亜連[約 7 属約 220 種：
　　世界の温帯], C-2i. Bothriosperminae　ハナイバナ亜連[4 属約 14 種：
　　中央〜東アジア・ベトナム], C-2j. Microulinae [1(–5) 属約 30 種：ヒ
　　マラヤ], C-2k. Amsinckiinae　ハリゲタビラコ亜連[5(–10) 属約 260 種：
　　北東アジア(北千島〜カムチャッカ)・豪州・北米・南米南西部]
　C-3：Lithospermeae　ムラサキ連[23–25 属約 460 種：北半球温帯・南
　　アフリカ・中南米，特に地中海地方〜中央アジアで多様化]
　C-4：Boragineae　ルリヂシャ連[17 属約 150 種：ユーラシア・アフリカ・
　　南米]
　　　C-4a. Moritziinae [2 属 6 種：南米] と C-4b. Boragininae　ルリヂシャ
　　亜連[15 属 140 種余：地中海沿岸〜ユーラシアの半乾燥地帯] に分
　　けられる。
　D. Hydrophylloideae　ハゼリソウ亜科[12 属約 250 種：北〜南米]
　E. Namoideae　ナマ亜科[4 属約 75 種：北〜南米・ハワイ]
　F. Heliotropioideae　キダチルリソウ亜科[(1–)4 属約 450 種：世界の熱帯
　　〜温帯]
〔G–H：Ehretioid alliance〕
　G. Lennooideae　レンノア亜科[2 属 4 種：中米，寄生植物]
　H. Ehretioideae　チシャノキ亜科[7 属約 150 種：世界の熱帯〜亜熱帯]
〔I–K：Cordioid alliance〕
　I. Cordioideae　カキバチシャノキ亜科[2 属約 400 種：世界の熱帯〜亜
　　熱帯]
　J. Coldenioideae　ホウザンカラクサ亜科[1 属 1 種：世界の熱帯]
　K. Hoplestigmatoideae　ホプレスティグマ亜科[1 属 2 種：西アフリカ]

211

維管束植物分類表

Symphytum L. †ヒレハリソウ属【C-4b】[ca. 35（含雑種）：欧州〜西アジア]：*オオハリソウ，†コンフリー

Thyrocarpus Hance ダイハナイバナ属【C-2i】[3：中国・韓国の黄海沿岸島嶼・台湾・ベトナム]

Trichodesma R. Br. ルリホオズキ属【C-2a】[40–50：南アフリカ・南アジア〜東アジア亜熱帯・東南アジア・豪州]

Trigonotis Steven キュウリグサ属【C-2g】[ca. 60]：ケルリソウ，タチカメバソウ，ツルカメバソウ，ミズタビラコ，*ヤチムラサキ

Wigandia Kunth キダチハゼリソウ属【D】[6：中南米]

2. 3. 55：Vahliales バーリア目

2. 3. 55. 1：Vahliaceae バーリア科〔358〕[1 属 5–8 種：アフリカ中南部・南アジア・ベトナム ?]

Vahlia Thunb. [5–8]

2. 3. 56：Solanales ナス目

2. 3. 56. 1：**Convolvulaceae** ヒルガオ科[139]〔359〕[約 58 属約 1880 種：世界の熱帯〜亜寒帯]

Aniseia Choisy ナガバアサガオ属【E-1】[3：世界の熱帯（1 種以外はブラジル）]

Argyreia Lour. †ギンヨウアサガオ属【E-3】[130+：マダガスカル・アジアの熱帯〜亜熱帯・マレーシア（モルッカ諸島以西）]

Convolvulus L.（incl. *Calystegia* Choisy） ヒルガオ属（セイヨウヒルガオ属）【E-2】[ca. 275：全世界の温帯〜亜寒帯]：†アオイヒルガオ，*テンシボタン，†ムラダチヒルガオ

Cuscuta L. ネナシカズラ属【D】[ca. 170]：マメダオシ，ハマネナシカズラ

Dichondra J.R. & G. Forst. アオイゴケ属【F-3】[14]

Dinetus Buch.-Ham. ex Sweet †フウリンユキアサガオ属【C】[8：ヒマラヤ〜中国中南部・東南アジア・西マレーシア]：フウリンユキアサガオ（アワユキヒルガオ）

Erycibe Roxb. ホルトカズラ属【B】[ca. 67]

Evolvulus L. アサガオカラクサ属【F-4】[ca. 100]：シロガネカラクサ

Hewittia Wight & Arn. ツリガネヒルガオ属【E-3】[2：旧世界の熱帯〜亜熱帯]

Ipomoea L.（incl. *Calonyction* Choisy, *Mina* Cerv., *Pharbitis* Choisy, *Quamoclit* Mill.） サツマイモ属【E-3】[ca. 500（側系統群）]：†アサガオ，グンバイヒルガオ，ソコベニヒルガオ，*ヨウサイ（クウシンサイ，*ヨルガオ，*ルコウソウ）

Jacquemontia Choisy †フサヒルガオ属【F-1】[ca. 120：世界の熱帯〜亜熱帯，アメリカに多い]：†オキナアサガオ

Lepistemon Blume オオバケアサガオ属【E-3】[ca. 10]

Merremia Dennst. ex Endl.　†ツタノハヒルガオ属【E-3】[ca. 80（側系統群）：世界の熱帯～亜熱帯，一部の種は温帯に広がる]：*キレハヒルガオ，*コガネヒルガオ，†ハスノハヒルガオ，*バラアサガオ（ウッドローズ），†ミミバフサアサガオ，*モウコアサガオ

Operculina Silva Manso　フウセンアサガオ属【E-3】[ca. 15]

Stictocardia Hallier f.　オオバハマアサガオ属【E-3】[ca. 12]

Xenostegia D.F. Austin & Staples　†ホソバアサガオ属【E-3】[2：旧世界の熱帯]

---

139) ヒルガオ科：本書では Stevens（2001 ～：2018 年 11 月現在）に従って 6 亜科に分類する説を採用するが，フンベルティア亜科以外の単系統群をなす 5 亜科を 1 亜科にまとめて連のランクで扱い，全体を 2 亜科とする意見もある。

A. Humbertioideae　フンベルティア亜科[1 属 1 種：マダガスカル]

[B-G：Convolvuloideae s. l.　広義ヒルガオ亜科]

B. Eryciboideae　ホルトカズラ亜科[1 属約 75 種：インド南東部・東アジア亜熱帯・東南アジア～マレーシア・豪州北東部]

C. 'Cardiochlamydoideae'　フウリンユキアサガオ亜科（このランクの名は未発表）[5 属 21 種：マダガスカル・インド～東アジア亜熱帯・東南アジア・西マレーシア・豪州]

D. Cuscutoideae　ネナシカズラ亜科[1 属約 200 種]：全世界，ただしアメリカに多い]

E. Convolvuloideae　ヒルガオ亜科[約 22 属約 1130 種：世界の熱帯～亜寒帯]

　E-1：Aniseieae　ナガバアサガオ連[3 属約 6 種：熱米，ナガバアサガオのみ世界の熱帯]

　E-2：Convolvuleae　ヒルガオ連[2–3 属約 250 種：世界の亜熱帯～亜寒帯]

　E-3：Ipomoeeae（incl. Merremieae）　サツマイモ連[16 属約 880 種：世界の熱帯～温帯]　従来，花粉の刺状突起の有無に基づいて Ipomoeeae と Merremieae が認められていたが，後者の系統の中に前者が含まれるために合一するのが正しい。

F. Dichondroideae　アオイゴケ亜科[約 28 属約 430 種：世界の熱帯～亜熱帯，特に中南米に多い]　本亜科は外部形態的に著しく多様であり，外部形態的に他の亜科からはっきり区別して定義するのが難しい。以下に列記する 4 つの比較的よく支持される単系統群が連のランクで認められるほかに，所属未定の属が 10 属ほどある。

　F-1：Jacquemontieae　フサヒルガオ連[1 属約 120 種：世界の熱帯～亜熱帯，特に中南米で多様化]

　F-2：Maripeae　[3 属 35 種：中南米]

　F-3：Dichondreae（incl. Poraneae s. str.）　アオイゴケ連[約 6 属約 30 種：世界の熱帯～暖温帯，特にアフリカと中南米に多い]

　F-4：Cresseae（incl. Hildebrandtieae）　アサガオカラクサ連[8–10 属 215–225 種：世界の熱帯～亜熱帯]

維管束植物分類表

2. 3. 56. 2：**Solanaceae**（incl. Duckeodendraceae, Nolanaceae）　**ナス科** [140)][360][約 100 属約 2600 種：世界の熱帯〜温帯]

　　Alkekengi Mill.　†ホオズキ属【H-10】[1：ユーラシア]

　　Archiphysalis Kuang　ヤマホオズキ属【H-10】[2：東アジア]

　　Atropa L.　ベラドンナ属【H-1】[3：欧州〜南西アジア（西ヒマラヤ以西）・モロッコ北部]

　　Browallia L.　ルリマガリバナ属【D-2】[ca. 8：北米南西部〜南米]

　　Brugmansia Pers.　†キダチチョウセンアサガオ属【H-7】[6：南米アンデス山地]：*ピンクダチュラ

　　Brunfelsia L.　バンマツリ属【F】[ca. 50：中南米・西インド諸島]

　　Calibrachoa La Larve & Lex.　†ヒメツクバネアサガオ属【F】[27：北米〜南米，主に南米東部]

　　Capsicum L.　†トウガラシ属【H-9】[ca. 32：北米南部〜南米]

　　Cestrum L.　†キチョウジ属【D-3】[150–200：中南米熱帯〜亜熱帯]：*ヤコウカ（ヤコウボク），*ベニチョウジ

　　Datura L.　†チョウセンアサガオ属【H-7】[ca. 10：北米南西部〜メキシコ]：†ヨウシュチョウセンアサガオ

　　Hyoscyamus L.　ヒヨス属【H-1】[ca. 17：ユーラシア温帯の半乾燥地帯・北アフリカ・マカロネシア]

　　Lycianthes (Dunal) Hassl.　メジロホオズキ属【H-9】[ca. 150]：ムニンホオズキ

　　Lycium L.　クコ属【H-3】[ca. 90]：アツバクコ

　　Mandragora L.　マンドラゴラ（マンドレイク）属【H-4】[3：地中海地方東部・中央アジア・ヒマラヤ〜中国西南部]

　　Nicandra Adans.　†オオセンナリ属【H-6】[3：南米]

　　Nicotiana L.　†タバコ属【G-1】[ca. 76：アフリカ南部・豪州・北米南西部・南米]

　　Nierembergia Ruiz & Pav.　†ギンサカズキ（ギンパイソウ）属【F】[20：中南米]：†アマダマシ

　　Nolana L.f.　ノラナ属【H-2】[89：南米太平洋岸・ガラパゴス諸島]

　　Petunia Juss.　ツクバネアサガオ属【F】[14：南米東部]：*ペチュニア

　　Physaliastrum Makino　イガホオズキ属【H-10】[3–4]：アオホオズキ

　　Physalis L.　†センナリホオズキ属【H-10】[ca. 90：中南米]：†ブドウホオズキ，†フウリンホオズキ

　　Physochlaina G. Don（*Physochlaena* Miers）　フクロヒヨス属【H-1】[ca. 8：西〜中央アジア・チベット高原・北東アジア]

　　Salpichroa Miers　†ハコベホオズキ属【H-x】[16：南米]

　　Salpiglossis Ruiz & Pav.　サルメンバナ属【D-1】[2：南米南部]：*サルメンバナ（アサガオタバコ）

　　Schizanthus Ruiz & Pav.　ムレゴチョウ（コチョウソウ）属【A】[12：南米南部]

　　Scopolia Jacq.　ハシリドコロ属【H-1】[2(–30)：欧州・北東アジア]

Solandra Sw.　ラッパバナ属【H-5】［10：中南米熱帯〜亜熱帯・西インド諸島］

Solanum L. (incl. *Cyphomandra* Sendtn., *Lycopersicon* Mill.)　ナス属【H-8】［ca. 1400］：イヌホオズキ, †トマト, ヒヨドリジョウゴ, マルバノホロシ, ヤマホロシ, ヤンバルナスビ, †ワルナスビ

Tubocapsicum (Wettst.) Makino　ハダカホオズキ属【H-10】［2］

2. 3. 56. 3：Montiniaceae　モンティニア科〔361〕［3属5種：アフリカ中南部・マダガスカル］

　Kaliphora Hook.f.　［1：マダガスカル］
　Montinia Thunb.　［1：南アフリカ］

---

140) ナス科の分類は, Barboza et al. (in Kadereit & Bittrich 2016) を基にした Stevens (2001 〜：2018年11月現在) に従うと以下のようになる。
A. Schizanthoideae　ムレゴチョウ亜科［1属12種：南米南部］
B. Goetzeoideae　ゲッツェア亜科［6属8種：マダガスカル・西インド諸島・南米］
C. Duckeodendroideae　ドゥッケオデンドロン亜科［1属1種：ブラジル］
D. Cestroideae　キチョウジ亜科［10属約220種：北〜南米］　以下の3連が認められ, ほかに所属未定の属が南米南部から4属ほど知られている。
　D-1：Salpiglossideae　サルメンバナ連［2属6種：南米南部］
　D-2：Browallieae　ルリマガリバナ連［1(–2)属9種：北米南西部〜南米］
　D-3：Cestreae　キチョウジ連［3属約190種：北〜南米］
E. Schwenkioideae　シュウェンキア亜科［2属31種：中南米・西インド諸島］
F. Petunioideae　ツクバネアサガオ亜科［13属160種：中南米］
G. Nicotianoideae　タバコ亜科［8属約126種］
　G-1：Nicotianeae　タバコ連［1属95種：主に南米, 少数がアフリカ・豪州・北米南西部］
　G-2：Anthocercideae　［7属31種：豪州・ニューカレドニア］
H. Solanoideae　ナス亜科［62属約2000種］　以下の10連が認識されるが, ハコベホオズキ属など所属未定の属も少数ある。
　H-1：Hyoscyameae　ヒヨス連［7属36種：ユーラシア・北アフリカ・マカロネシア］
　H-2：Nolaneae　ノラナ連［1属約90種：南米西部］
　H-3：Lycieae　クコ連［1属92種：全世界, 南半球に多い］
　H-4：Mandragoreae　マンドラゴラ連［1属3種：ユーラシア］
　H-5：Solandreae　ラッパバナ連［10属63種：中南米・西インド諸島］
　H-6：Nicandreae　オオセンナリ連［1属3種：南米］
　H-7：Datureae　チョウセンアサガオ連［3属18種：北米南西部〜南米］
　H-8：Solaneae　ナス連［2属約1460種：全世界, 特に南米で多様化］
　H-9：Capsiceae　トウガラシ連［2属約230種：ヒマラヤ〜東アジア亜熱帯・東南アジア〜マレーシア・北米〜南米］
　H-10：Physalideae　ホオズキ連［29属260種余：ユーラシア・カナリア諸島・セントヘレナ島・ハワイ・北〜南米］

維管束植物分類表

2. 3. 56. 4：Sphenocleaceae　†ナガボノウルシ科〔362〕[1属2種：旧世界の熱帯～亜熱帯，アメリカにも帰化]
　　Sphenoclea Gaertn.　†ナガボノウルシ属 [2]

2. 3. 56. 5：Hydroleaceae　セイロンハコベ科〔363〕[1属約11種：世界の熱帯～亜熱帯]
　　Hydrolea L.　セイロンハコベ属 [ca. 11]

2. 3. 57：Lamiales　シソ目

2. 3. 57. 1：Plocospermataceae　プロコスペルマ科〔364〕[1属1種：中米]
　　Plocosperma Benth.　[1]

2. 3. 57. 2：Carlemanniaceae　カルレマンニア科〔365〕[2属5種：ヒマラヤ～東南アジア・スマトラ]
　　Carlemannia Benth.　[3：ヒマラヤ～中国西南部・ミャンマー・スマトラ]
　　Silvianthus Hook.f.　[2：インド北東部～東南アジア]

2. 3. 57. 3：**Oleaceae　モクセイ科**[141]〔366〕[24属約790種：世界の熱帯～冷温帯]
　　Abeliophyllum Nakai　ウチワノキ属【C】[1：朝鮮半島]
　　Chionanthus L.（incl. *Linociera* Sw. ex Schreb.）　ヒトツバタゴ属 [ca. 60（側系統群）]：コウトウナタオレ
　　Fontanesia Labill.　コバタゴ属【B】[1(-2)：地中海地方東部・中国東部]
　　Forsythia Vahl　レンギョウ属【C】[ca. 10]：ヤマトレンギョウ
　　Fraxinus L.　トネリコ属【E】[ca. 50]：アオダモ，シオジ，シマタゴ，ヤチダモ
　　Jasminum L.　ソケイ属【D】[ca. 200]：*オウバイ，オキナワソケイ，*マツリカ（ジャスミン）
　　Ligustrum L.　イボタノキ属【E】[ca. 40（側系統群?）]：イワキ，オオバイボタ，ネズミモチ
　　Nyctanthes L.　ヨルソケイ属【A】[2：インド～東南アジア]：*ヨルソケイ（インドヤコウボク）
　　Olea L.　オリーブ属【E】[ca. 32：旧世界の熱帯～亜熱帯，地中海地方のみ暖温帯]
　　Osmanthus Lour.　キンモクセイ属【E】[ca. 32（側系統群）]：シマモクセイ（ナタオレノキ），ヒイラギ，リュウキュウモクセイ
　　Phillyrea Tourn. ex L.　セイヨウモクセイ属【E】[2：地中海地方～南西アジア・マデイラ諸島]
　　Syringa L.（incl. *Ligustrina* Rupr.）　ハシドイ属【E】[ca. 20（多系統群?）]：*ムラサキハシドイ（ライラック）

2. 3. 57. 4：Tetrachondraceae　テトラコンドラ科〔367〕[2属3種：ニュージーランド・太平洋諸島（帰化?）・北米南東部～南米・西インド諸島]
　　Polypremum L.　[1：北米南東部・中米・西インド諸島・南米北部・太平洋諸島（帰化?）]
　　Tetrachondra Petrie ex Oliv.　[2：ニュージーランド・南米南部]

216

維管束植物分類表

2. 3. 57. 5：**Gesneriaceae　イワタバコ科** [142)][369]（incl. Peltantheraceae, Calceolariaceae [368]）[約 175 属約 3800 種：世界の熱帯～亜熱帯，一部の種は温帯に達する]

Achimenes Pers.　ハナギリソウ属【D-3】[ca. 24：中米・南米北西部]

Aeschynanthus Jack　ナガミカズラ属【E-2】[ca. 160]:*ハナツルクサ

Boea Comm. ex Lam.　【E-2】[11：ニューギニア・ソロモン諸島・豪州北東部]

141）モクセイ科は以下の 5 連に分類される。
A. Myxopyreae　ヨルソケイ連 [3 属 7 種：インド～マレーシア]
B. Fontanesieae　コバタゴ連 [1 属 1(–2) 種：地中海地方・中国東部]
C. Forsythieae　レンギョウ連 [2 属 8 種：欧州南東部・東アジア]
D. Jasmineae　ソケイ連 [1 属 230–450 種：世界の熱帯～暖温帯，アメリカには少ない]
E. Oleeae　モクセイ連 [17 属約 420 種：世界の熱帯～温帯]

142）APG IVでは，イワタバコ科とキンチャクソウ科が独立科として認められているが，かつてフジウツギ科とされていた *Peltanthera* 属が両者の姉妹群となる可能性が高いことが判明した。単型の科を避ける立場からこれらを合一する提案が Christenhusz et al. (2017)によってなされ，本書ではその提案に従う。もっとも，これらを合一した科の共有派生形質ははっきりせず，Stevens et al. (2001～：2018年 11月現在)は後者を単型科 Peltantheraceaeとして，イワタバコ科とキンチャクソウ科も従来通り認めている。Christenhusz et al. (2017)に従って科を広義にとり，キンチャクソウ科や *Peltanthera* を亜科として認めると，科内分類は以下のようになる。
A. 'Peltantheroideae'　ペルタンテラ亜科（このランクの名は未発表）[1 属 1 種：中南米]
B. Calceolarioideae　キンチャクソウ亜科 [2 属約 260 種：ニュージーランド・中南米]
C. Sanangonoideae　サナンゴ亜科 [1 属 1 種：南米]
D. Gesnerioideae　オオイワギリソウ亜科 [75 属約 1960 種：主に熱米，少数がアジア～西太平洋地域の亜熱帯]さらに 5 連に分けられる：
D-1：Coronanthereae　[9 属 23 種：ソロモン諸島・ニューカレドニア・南米南部]
D-2：Titanotricheae　マツムラソウ連 [1 属 1 種：中国東南部・台湾・琉球]
D-3：Gesnerieae　オオイワギリソウ連 [53 属約 1500 種：北米南西部～南米]
D-4：Beslerieae　[7 属 220 種：南米]
D-5：Napeantheae　[1 属 20 種余：熱米]
E. Didymocarpoideae (Cyrtandroideae)　イワタバコ亜科 [71 属約 2350 種：世界の熱帯～亜熱帯，一部の属は温帯にも広がる]
E-1：Epithemateae　ヒナツノギリソウ連 [6 属約 80 種：西アフリカ・インド～マレーシア・中南米]
E-2：Trichosporeae　イワタバコ連 [82 属約 2270 種：旧世界の熱帯～亜熱帯(一部温帯)・太平洋諸島]　スミレイワギリ属やイワギリソウ属の範囲付けは近年になって大きく変更された(Weber et al. 2011; Möller et al. 2011)。

217

Calceolaria L.　キンチャクソウ属【B】［ca. 300：中南米］

Columnea Plum. ex L.　コルムネア属【D-3】［ca. 270：中南米］

Conandron Siebold & Zucc.　イワタバコ属【E-2】［1］

Cyrtandra J.R. & G. Forst.　ミズビワソウ属【E-2】［ca. 600：ニコバル諸島・東南アジア～マレーシア・蘭嶼・南琉球・太平洋諸島］：*イワタバコモドキ

Damrongia Kerr ex Craib　コヨリソウ属【E-2】［ca. 13：中国・ミャンマー・東南アジア・スマトラ］

Dorcoceras Bunge　スミレイワギリ属【E-2】［ca. 8：中国・ミャンマー・東南アジア・マレーシア］

Episcia Mart.　ハイベニギリ属【D-3】［9：熱米］

Epithema Blume　ヒナツノギリソウ属【E-1】［西アフリカ・インド～東アジア亜熱帯・東南アジア・マレーシア］

Hemiboea C.B. Clarke　ツノギリソウ属【E-2】［ca. 25：中国中南部・ベトナム北部・台湾・南琉球］

Henckelia Spreng.（incl. *Chirita* Buch.-Ham. ex D. Don）　チリソウ属【E-2】［ca. 56：インド～東アジア亜熱帯・東南アジア］

Kohleria Regel　ベニギリソウ属【D-3】［17：中南米］

Lysionotus D. Don　シシンラン属【E-2】［ca. 30］

Microchirita (C.B. Clarke) Yin Z. Wang　ソライロツノギリソウ属【E-2】［ca. 18：インド・中国南部・東南アジア・西マレーシア］

Oreocharis Benth.（incl. *Opithandra* B.L. Burtt）　イワギリソウ属【E-2】［ca. 100：中国中南部・日本・タイ］

Paraboea (C.B. Clarke) Ridl.　ホクチグサ属【E-2】［ca. 130：中国南部・台湾・海南島・東南アジア・西マレーシア］

Ramonda Rich.　ピレネーイワタバコ属【E-2】［3(-4)：欧州（ピレネー山脈・バルカン半島）］

Rhynchoglossum Blume　ルリブクロ属【E-1】［ca. 10：南アジア～東アジア亜熱帯・東南アジア・マレーシア・中南米］

Rhynchotechum Blume　ヤマビワソウ属【E-2】［13-15］

Sinningia Nees　オオイワギリソウ属【D-3】［60+：中南米，特にブラジル南東部で多様化］：*グロキシニア

Smithiantha Kuntze　ビロードギリ属【D-3】［ca. 7：中米］

Streptocarpus Lindl.（incl. *Saintpaulia* H. Wendl.）　ヒメギリソウ属【E-2】［ca. 170：熱帯アフリカ高地・マダガスカル・コモロ］：*アフリカスミレ（セントポーリア），*ウシノシタ

Titanotrichum Soler.　マツムラソウ属【D-2】［1］

Whytockia W.W. Sm.　コルリブクロ属【E-1】［ca. 8：中国南部・台湾］：*コルリブクロ（シロブクロ）

2. 3. 57. 6：**Plantaginaceae**（incl. Callitrichaceae, Hippuridaceae, Trapellaceae）　**オオバコ科**[143]〔370〕［約 97 属 1850-1900 種：全世界］

Angelonia Bonpl.　アンゲロンソウ属【x】［25：熱米］

維管束植物分類表

Antirrhinum L. キンギョソウ属【C】[20 : 地中海地方西部]

Bacopa Aubl. †オトメアゼナ属【A】[ca. 60 : 世界の熱帯～亜熱帯]:†ウキアゼナ

Callitriche L. アワゴケ属【D】[(17–)30–50]: ミズハコベ

Chaenorhinum (DC.) Rchb. †ヒナウンラン属【C】[21 : 欧州～西アジア・北アフリカ]

Chelone L. ジャコウソウモドキ属【B】[4 : 北米東部]

Collinsia Nutt. コリンソウ属【B】[ca. 20 : 北米西部]

Cymbalaria Hill †ツタバウンラン属【C】[9 : ユーラシア]

Deinostema T. Yamaz. サワトウガラシ属【A】[2]

Digitalis L. †ジギタリス属【x】[ca. 19 : 欧州～中央アジア]

Dopatrium Buch.-Ham. ex Benth. アブノメ属【A】[12]

Ellisiophyllum Maxim. キクガラクサ属【x】[1]: キクガラクサ(ホログク)

Erinus L. イワカラクサ属【x】[2 : 欧州(ピレネー・アルプス)・北西アフリカ]

Globularia L. ルリカンザシ属(ヒナデマリ属)【x】[22–23 : 欧州・北アフリカ・マカロネシア]

---

143) オオバコ科の分類については未だに定説がない。かつて 10 ～ 11 連に分ける分類が提案されたこともあったが，一部を除き連の形態的定義は困難であり，系統解析に使用する遺伝子領域によって樹形に大きな違いがあることや，所属不明の属が多いことも分類体系の構築を躊躇させている。比較的よく認識されているのが以下の系統群であるが，範囲付けに不確定要素が大きいため，個々の連の属や種の数については一部を除き明示できない。

A. Gratioleae オオアブノメ連 他のオオバコ科の姉妹群となる可能性が高い。旧ゴマノハグサ科オオアブノメ連の一部からなり，水生または湿地生の植物を含む。所属のはっきりしなかったヒシモドキもここに含まれる。ただしかつてゴマノハグサ科オオアブノメ連として扱われた属の中にはゴマノハグサ科(狭義)，アゼナ科やハエドクソウ科に移動したものも多い。なお，アンゲロンソウ属など新大陸産のいくつかの属(独立の連とみなされることもある)は，系統樹によってはこの連の姉妹群となったり，オオバコ科の中で最も初期に分岐した系統となることもあるが，これらの小系統群は，以下の連の記述の中に付記されているものを含め，本書では所属不明として扱う。

B. Cheloneae イワブクロ連 解析する遺伝子領域によって，C 以降からなる系統の姉妹群となったり，B または C の姉妹群となったりする。なお，南米原産のハナチョウジ属など(しばしば独立の連とされる)はこの連と同時期に分岐した古い系統に属する可能性がある。

C. Antirrhineae キンギョソウ連[約 28 属約 320 種 : 世界の温帯と熱帯高地，アジアには少ない] 仮面形花冠をもつ点で特徴づけられ，モデル植物のキンギョソウを含む関係で系統関係もよく調べられている。

〔以下 221 頁へ〕

維管束植物分類表

Gratiola L.　オオアブノメ属【A】［ca. 20］：カミガモソウ

Hemiphragma Wall.　サクマソウ属【x】［1：ヒマラヤ〜中国南部・台湾・フィリピン］

Hippuris L.　スギナモ属【D】［(1–)3：北半球冷温帯・豪州南部］

Kickxia Dumort.　†ヒメツルウンラン属【C】［ca. 10：欧州・アフリカ中北部・マカロネシア・南西〜中央アジア］

Lagotis Gaertn.　ウルップソウ属【F】［ca. 28］：ユウバリソウ

Limnophila R. Br.　シソクサ属【A】［36］：キクモ

Linaria Mill.　ウンラン属【C】［ca. 150］：*ヒメキンギョソウ，†ホソバウンラン

Lophospermum D. Don　キリカズラ属【C】［6：中米（メキシコ〜グアテマラ）］

Maurandella (A. Gray) Rothm.　ツルキンギョソウ属【C】［1：北米南西部〜メキシコ］

Maurandya Ortega　ツタバキリカズラ属【C】［2：中米（メキシコ〜グアテマラ）］

Mecardonia Ruiz & Pav.　†キバナオトメアゼナ属【A】［15：中南米］：†キバナオトメアゼナ（アメリカミゾホオズキ）

Misopates Raf.　†アレチキンギョソウ属【C】［7：地中海地方・アフリカ北東部・カーボベルデ諸島・インド北西部］

Nuttallanthus D.A. Sutton　†マツバウンラン属【C】［4：北米・南米］

Pennellianthus Crosswh.　イワブクロ属【B】［1］：イワブクロ（タルマイソウ）

Penstemon Schmidel　ツリガネヤナギ属【B】［ca. 250：北米〜メキシコ］：*フウリンイワブクロ，*ヤナギチョウジ

Picrorhiza Royle ex Benth.（incl. *Neopicrorhiza* D.Y. Hong）　コオウレン属【F】［2：ヒマラヤ］

Plantago L.　オオバコ属【E】［ca. 270］

Russelia Jacq.　ハナチョウジ属【x】［52：中米・キューバ］

Scoparia L.　†セイタカカナビキソウ属【A】［ca. 20：世界の熱帯，大部分熱米］：†セイタカカナビキソウ（シマカナビキソウ）

Tetranema Benth. ex Lindl.　メキシコジギタリス属【x】［8：中米（メキシコ〜コスタリカ）］

Trapella Oliv.　ヒシモドキ属【A】［1］

Veronica L.（incl. *Hebe* Comm. ex Juss., *Pseudolysimachion* Opiz）　クワガタソウ属【F】［ca. 350］：イヌノフグリ，カワヂシャ，グンバイヅル，トウテイラン，ヒョクソウ，†フラサバソウ，ムシクサ，ルリトラノオ

Veronicastrum Heist. ex Fabr.（incl. *Botryopleuron* Hemsl., *Calorhabdos* Benth.）　クガイソウ属【F】［ca. 10］：スズカケソウ，トラノオスズカケ，*ヤナギバトラノオ

2. 3. 57. 7：**Scrophulariaceae**（incl. Buddlejaceae, Myoporaceae）　**ゴマノハグサ科**[144]
〔371〕［約 59 属約 1830 種：世界の熱帯〜亜寒帯］

Alonsoa Ruiz & Pav.　ベニコチョウ属【A】［11：南アフリカ・南米熱帯］：*ヒメジギタリス

維管束植物分類表

Buddleja L.　フジウツギ属【E】［ca. 90］

Diascia Link & Otto　ニカクソウ属【A】［ca. 50：南アフリカ］

Limosella L.　キタミソウ属【F】［15］

Myoporum Banks & Sol. ex G. Forst.　コハマジンチョウ属【C】［27］

Nemesia Vent.　アフリカウンラン属【A】［ca. 65：南アフリカ］

Pentacoelium Siebold & Zucc.　ハマジンチョウ属【C】［1］

Phygelius E. Mey. ex Benth.　ケープフクシア属【A】［2：南アフリカ］

Scrophularia L.　ゴマノハグサ属【G】［ca. 200］：＊ゲンジン，ヒナノウスツボ

〔219 頁より：143）の続き〕

　　　以下の D–F を含む単系統群は，かつてのゴマノハグサ科ジギタリス亜科と，かつての分類のアワゴケ科，オオバコ科，グロブラリア科（ただし Cronquist の体系におけるこの科には異質なものが含まれていた），スギナモ科からなる。旧ジギタリス亜科のクワガタソウ連以外の属のうち，単型の独立連とされていた *Aragoa* Kunth［5：南米高地］は E に含まれ，キクガラクサ属と *Sibthorpia* L.［5：欧州，マカロネシア・アフリカ・熱米］は D と同じ系統，サクマソウ属は F と同じ系統に属する可能性が高いが，ジギタリス属やルリカンザシ属の系統的位置は解析によって異なる。

D. *Callitriche - Hippuris* clade　アワゴケ - スギナモ系統群　従来それぞれ単型の独立科とされていたアワゴケ属とスギナモ属は単系統群をなす可能性が高い。

E. Plantagineae　オオバコ連［2–3 属約 270 種：全世界］　旧オオバコ科と *Aragoa* からなる系統群であるが，どの仲間に近いかについては定説がない。

F. Veroniceae　クワガタソウ連［最狭義に扱えば 8–9(–13) 属約 510 種：世界の亜熱帯〜寒帯］　形態的によく認識できる連であり，系統的にもよく調べられている。胚珠の形質の類似からグロブラリア科に含められることもあったウルップソウ属はここに属する。

144) ゴマノハグサ科は以下の 7 連に分類するのが妥当と考えられる。

A. Hemimerideae　ケープフクシア連［6 属約 150 種：主にアフリカ南部・マダガスカル，少数が熱米］

B. Aptosimieae　アプトシミウム連［3 属 22 種：アフリカ（乾燥地域）・カーボベルデ諸島・南西アジア〜インド］

C. Myoporeae　ハマジンチョウ連［5 属約 240 種：マダガスカル・モーリシャス・東アジア亜熱帯海岸〜マレーシア・豪州・ニュージーランド・太平洋諸島・熱米］

D. Leucophylleae　レウコフィルム連［1 属約 20 種：北米南西部〜中米］

E. Buddlejeae　フジウツギ連［2 属 100 種余：アフリカ・マダガスカル・ヒマラヤ〜東アジア・東南アジア・北〜南米］

F. Limoselleeae (incl. Manuleeae, Selagineae)　キタミソウ連［27 属約 640 種：主に南アフリカ・キタミソウ属のみ豪州や北半球温帯にも分布］

G. Scrophularioideae (incl. Verbasceae)　ゴマノハグサ連［6 属約 580 種：北半球温帯〜亜寒帯］

Selago L. セラゴ属【F】[ca. 190：アフリカ中南部・マダガスカル，大部分南アフリカ]

Verbascum L.（incl. *Celsia* L.）　†モウズイカ属【G】[ca. 360：欧州～中央アジア（ヒマラヤ以西）・アフリカ北東部]

Zaluzianskya F.W. Schmidt　サクラカラクサ属【F】[55：アフリカ南部，1種のみ東アフリカ]

2. 3. 57. 8：Stilbaceae　スティルベ科〔372〕[12 属約 40 種：アフリカ（北西部を除く）・アラビア半島]

Bowkeria Harv.　[5：南アフリカ]

Retzia Thunb.　[1：南アフリカ（西ケープ地方）]

Stilbe Bergius　[7：南アフリカ（西ケープ地方）]

2. 3. 57. 9：**Linderniaceae　アゼナ科**[145]〔373〕[24 属約 260 種：世界の熱帯～暖温帯]

Bonnaya Link & Otto　スズメノトウガラシ属[12：アフリカ・南～東アジア暖温帯～熱帯・東南アジア～マレーシア・豪州北部]：クチバシグサ

Legazpia Blanco　ソバガラウリクサ属[1：中国南部・台湾・東南アジア・マレーシア・ミクロネシア]

Lindernia All.　アゼナ属[ca. 30（側系統群?）：世界の熱帯～温帯]：†アメリカアゼナ

Micranthemum Michx.　†マルバヒメアメリカアゼナ属[17：北米～南米]

Torenia L.　ハナウリクサ属[ca. 50：アジアとアフリカの熱帯～暖温帯]：ウリクサ, ゲンジバナ（コバナツルウリクサ）, *コミゾホオズキ

Vandellia Browne ex L.　アゼトウガラシ属[ca. 52：世界の熱帯～暖温帯]：シソバウリクサ

2. 3. 57. 10：Byblidaceae　ビブリス科〔374〕[1 属 7 種：ニューギニア・豪州]

Byblis Salisb.　[7]

2. 3. 57. 11：Martyniaceae　ツノゴマ科〔375〕[5 属 16 種：北米～南米・西インド諸島]

Ibicella (Stapf) Van Eselt.　キバナツノゴマ属[3：南米東部]

Martynia L.　[1：メキシコ・西インド諸島]

Proboscidea Schmid.　ツノゴマ属[ca. 8：北米南部～メキシコ]

2. 3. 57. 12：Pedaliaceae　ゴマ科〔376〕[13 属約 74 種：アフリカ・マダガスカル・南アジア・マレーシア・豪州]

Sesamum L.　ゴマ属[ca. 19：アフリカ, 少数がインド南部およびスリランカ]

2. 3. 57. 13：**Acanthaceae**（incl. Avicenniaceae, Mendonciaceae）　**キツネノマゴ科**[146]〔377〕[約 210 属約 4000 種：世界の熱帯～暖温帯]

Acanthus L.　ハアザミ属【B-1】[20–25：地中海地方・旧世界の熱帯]：*ミズヒイラギ

Andrographis Wall. ex Nees　アンドログラフィス属【B-5】[ca. 20：アジアの熱帯～亜熱帯]

Aphelandra R. Br.　キンヨウボク属【B-1】［ca. 175：熱米］

Asystasia Blume　†コロマンソウ属【B-3】［ca. 40：旧世界の熱帯］:†ヒメコロマンソウ

Asystasiella Lindau　【B-3】［1(–2)：中国中南部・台湾］

Avicennia L.　ヒルギダマシ属【C】［4–14］

Barleria L.　バルレリア属【B-4】［80–120：世界の熱帯，ただし熱米には1種のみ］

---

145) アゼナ科の分類は Fischer et al. (2013) に従い，従来アゼナ属の異名とされることの多かったアゼトウガラシ属やスズメノトウガラシ属は独立属とした。この分類は主に旧大陸産の種に基づいており，新大陸のアゼナ属とマルバヒメアメリカアゼナ属との関係などにはなお検討の余地がある。このマルバヒメアメリカアゼナ属はかつてゴマノハグサ科スズメノハコベ連に含められていたが，この連に属していた属はハエドクソウ科とアゼナ科に振り分けられた。

146) キツネノマゴ科は以下の4亜科に分けられ，かつてはそれぞれが独立科とされたこともあった。Engler などの分類でクマツヅラ科の1亜科とされていたヒルギダマシ属はここに入り，ヤハズカズラ亜科の姉妹群となる。

A. Nelsonioideae　タイワンサギゴケ亜科［約5属約170種：世界の熱帯～亜熱帯］

B. Acanthoideae　キツネノマゴ亜科［約200属3200–3300種：世界の熱帯～亜熱帯，一部の種は暖温帯まで広がる］

　B-1：Acantheae　ハアザミ連［21属約500種：世界の熱帯，地中海地方では暖温帯に達する］

　B-2：Ruellieae　イセハナビ連［約38(–47)属1150–1200種：世界の熱帯～暖温帯］　Tripp et al. (2013) によって7亜連(少数の所属未定の属を含む)が認められている。本書掲載の属は B-2a. Erantheminae　ルリハナガサ亜連，B-2b. Ruelliinae　ルイラソウ亜連，B-2c. Strobilanthinae　イセハナビ亜連，B-2e. Hygrophilinae　オギノツメ亜連に属する。

　B-3：Justicieae　キツネノマゴ連［約100属約2000種：世界の熱帯～暖温帯］　含まれる属の大部分がキツネノマゴ属の内群となることが判明しており，将来的に属の範囲づけの大幅な変更は避けられない。本書では暫定的にキツネノマゴ属は従来通りに扱ったが，*Justicia gendarussa* Burm.f. (*Gendarussa vulgaris* Nees) キダチキツネノマゴ(ゲンダルソウ)のみは同じ系統に属するシロハグロ属に移した。

　B-4：Barlerieae　ウロコマリ連［約13属約420種：世界の熱帯～亜熱帯］

　B-5：Andrographideae　アンドログラフィス連［8属約75種：熱帯アジア］

　B-6：Whitfieldieae　［約9属約20種：アフリカ・マダガスカル］

C. Avicennioideae　ヒルギダマシ亜科［1属約8(4–14)種：世界の熱帯～亜熱帯マングローブ］

D. Thunbergioideae　ヤハズカズラ亜科［5属約190種：世界の熱帯］　Cronquist の分類で独立科とされた *Mendoncia* Vell. ex Vand. ［ca. 60：アフリカ・マダガスカル・熱米］はここに属する。

維管束植物分類表

Codonacanthus Nees　アリモリソウ属【B-3】[2]

Crossandra Salisb.　キツネノヒガサ属【B-1】[ca. 52：旧世界の熱帯]：キツネノヒガサ(ジョウゴバナ)

Dicliptera Juss.　ヤンバルハグロソウ属【B-3】[ca. 175]

Eranthemum L.　ルリハナガサ属【B-2a】[ca. 30：アジアの熱帯～亜熱帯]

Fittonia Coemans　アミメグサ属【B-3】[2：南米(ペルー)]

Graptophyllum Nees　クロトンモドキ(キンシボク)属【B-3】[10：ニューギニア・豪州・西太平洋諸島]

Hygrophila R. Br.（incl. *Hemiadelphis* Nees）　オギノツメ属【B-2e】[ca. 100]：*ヒメタデハグロ

Hypoestes Sol. ex R. Br.　シタイショウ属【B-3】[ca. 150：旧世界の熱帯～亜熱帯]

Justicia L.（incl. *Adhatoda* Mill., *Beloperone* Nees, *Cyrtanthera* Nees, *Jacobinia* Moric., *Rostellularia* Rchb.）　キツネノマゴ属【B-3】[ca. 700（側系統群）：世界の熱帯～暖温帯]：*アドハトダ, *コエビソウ, *サンゴバナ

Kudoacanthus Hosok.　チッポンソウ属【B-1】[1：台湾東部]

Lepidagathis Willd.　ウロコマリ属【B-4】[ca. 100：世界の熱帯～亜熱帯, ただし熱米には少ない]

Nelsonia R. Br.　【A】[(1–)5：世界の熱帯]

Odontonema Nees　†ベニツツバナ属【B-3】[26：熱米]

Pachystachys Nees　パキスタキス(ベニサンゴバナ)属【B-3】[18：熱米]

Peristrophe Nees　ハグロソウ属【B-3】[ca. 40（側系統群）：旧世界の熱帯～暖温帯]

Pseuderanthemum Radlk.　ルリハナガサモドキ(エランセムムモドキ)属【B-3】[ca. 50：世界の熱帯]

Ruellia L.（incl. *Blechum* P. Browne, *Dipteracanthus* Nees）　†ルイラソウ属【B-2b】[ca. 250：世界の熱帯]：†ムラサキルエリア

Rungia Nees（incl. *Gendarussa* Nees）　シロハグロ属【B-3】[ca. 50：アフリカとアジアの熱帯～亜熱帯]：*キダチキツネノマゴ(ゲンダルソウ)

Staurogyne Wall.　タイワンサギゴケ属【A】[ca. 140]

Strobilanthes Blume（incl. *Baphiacanthus* Bremek., *Championella* Bremek., *Goldfussia* Nees, *Hemigraphis* Nees, *Parachampionella* Bremek., *Perilepta* Bremek., *Semnostachya* Bremek.）　イセハナビ属【B-2c】[ca. 400]：*ウラムラサキ, コダチスズムシソウ(セイタカスズムシソウ), スズムシバナ(スズムシソウ), ヒロハサギゴケ(ミヤコジマソウ), *ヤマアイモドキ, ユキミバナ, †リュウキュウアイ

Thunbergia Retz.　†ヤハズカズラ属【D】[100+：旧世界の熱帯～亜熱帯]：*カオリカズラ, †ローレルカズラ(ゲッケイカズラ)

2. 3. 57. 14：Bignoniaceae　†ノウゼンカズラ科 147)[378][約 82 属約 870 種：世界の熱帯～亜熱帯, 東アジアと北米東部では温帯に達する]

Anemopaegma Mart. ex Meisn.　チャンベルカズラ属【D】[ca. 45：中南米]

Bignonia L.（incl. *Clytostoma* Miers ex Bureau, *Saritaea* Dugand）　ツリガネカズラ属【D】[28：北米南東部・中南米]：*ハリミノウゼン, *ムラサキノウゼン

Campis Lour.　ノウゼンカズラ属【C】[2：中国南部・北米南東部]

Catalpa Scop.　†キササゲ属【E】[10：東アジア・北米南東部・西インド諸島]

Crescentia L.　フクベノキ属【G】[6：中南米]

Dolichandra Cham.（incl. *Macfadyena* A. DC.）　ネコノツメ属【D】[8：北米南東部・中南米]

Dolichandrone (Fenzl) Seem.　ハマセンダンキササゲ属【H】[10：東アフリカ・インド～マレーシア・豪州・ニューカレドニア・西太平洋諸島]：*ハマセンダンキササゲ(ツノノキ, リユ)

Eccremocarpus Ruiz & Pav.　チョウチンノウゼン属【B】[3：南米太平洋岸]

Handroanthus Mattos　コガネノウゼン属【G】[ca. 30：中南米・西インド諸島]

Incarvillea Juss.　ハナゴマ属【C】[ca. 14：中央アジア・ヒマラヤ・中国]

Jacaranda Juss.　キリモドキ属【A】[ca. 50：中南米・西インド諸島]

Kigelia DC.　ソーセージノキ属【H】[1(–2)：熱帯アフリカ]

Mansoa DC.（incl. *Pseudocalymma* A. Samp. & Kuhlm.）　ニンニクカズラ属【D】[11：中南米熱帯]

Markhamia Seem. ex Baill.　キダチノウゼン属【H】[10：熱帯アフリカ・東南アジア]

Millingtonia L.f.　コルクノウゼン属【F】[1：東南アジア～マレーシア]

Oroxylum Vent.　オオナタミノキ属【F】[1：南～東南アジア・マレーシア]：*オオナタミノキ(ソリザヤノキ)

Pandorea (Endl.) Spach　ソケイノウゼン属【C】[6：東マレーシア・豪州・ニューカレドニア]

147）ノウゼンカズラ科の分類は Olmstead et al.（2009）を下敷きとして，Stevens（2001 ～：2018 年 11 月現在）による提案を加味したものである。G と H の系統群にはかつて C に含められていた多くの属が振り分けられているが，Olmstead et al.（2009）はそれらの属の所属については明言を避けている。Stevens et al.（2001 ～）はフクベノキ連についてはそれらの属を含むように範囲を拡張しているが，H に相当する群の解説ではマダガスカルとその周辺に 4 属を産する Coleeae のみに触れ，同じ 'Paleotropical clade' に属する旧大陸産の属の所属については曖昧にしている。

A. Jacarandeae　キリモドキ連[2 属 55 種：熱米]

B. Tourrettieae（incl. Eccremocarpeae）　チョウチンノウゼン連[2 属 6 種：中南米]

C. Tecomeae　ノウゼンカズラ連[13 属 55 種：世界の熱帯～温帯]

D. Bignonieae　ツリガネカズラ連[21 属 380 種余：北～南米，主に熱帯]

E. Catalpeae　キササゲ連[2–3 属 11 種：東アジア・北米東部・西インド諸島]

F. Oroxyleae　オオナタミノキ連[4 属 6 種：インド～マレーシア]

G. Crescentieae（s. l.）　フクベノキ連[12 属約 150 種：中南米・西インド諸島]

H. 'Paleotropical clade'（incl. Coleeae）　カエンボク群[約 25 属約 200 種：旧世界の熱帯]

維管束植物分類表

Parmentiera DC. ロウソクノキ属【G】[9：中米・南米北西部]
Podranea Sprague リカソルノウゼン属【C】[1：アフリカ東部～南部]
Radermachera Zoll. & Moritzi †センダンキササゲ属【H】[15：東アジア
亜熱帯・東南アジア]
Roseodendron Miranda キンレイジュ属【G】[2：中米～南米北西部]
Spathodea P. Beauv. カエンボク属【H】[1：熱帯アフリカ]
Tabebuia Gomes ex DC. 【G】[ca. 67：中南米・西インド諸島，特に後者で
多様化]
Tecomaria Spach ヒメノウゼンカズラ属【C】[2：南アフリカ]

2. 3. 57. 15：**Lentibulariaceae タヌキモ科**〔379〕[3 属約 320 種：全世界]
Pinguicula L. ムシトリスミレ属[(55–)80]：コウシンソウ
Utricularia L. タヌキモ属[ca. 220]：ミミカキグサ

2. 3. 57. 16：Schlegeliaceae シュレゲリア科〔380〕[4 属約 22 種：中米～
南米北部・西インド諸島]
Schlegelia Miq. [15：中南米・西インド諸島]

2. 3. 57. 17：Thomandersiaceae トマンデルシア科〔381〕[1 属 6 種：熱帯
アフリカ]
Thomandersia Baill. [6]

2. 3. 57. 18：**Verbenaceae クマツヅラ科**[148]〔382〕[約 32 属約 1000 種：世
界の熱帯～亜寒帯]
Aloysia Palau コウスイボク属【H】[ca. 30（側系統群）：熱米]
Duranta L. †タンワンレンギョウ属【B】[ca. 20：熱米]：†タイワンレンギョ
ウ（ハリマツリ）
Glandularia J.F. Gmel. †ビジョザクラ属【G】[ca. 100：北米～南米の熱帯
～亜熱帯]：†カラクサハナガサ
Lantana L. †シチヘンゲ属【H】[ca. 150（多系統群）：北米～南米の熱帯
～亜熱帯]：†シチヘンゲ（ランタナ）
Petrea L. ムラサキツクバネカズラ属【A】[ca. 11：熱米]
Phyla Lour. イワダレソウ属【H】[ca. 15]
Stachytarpheta Vahl †ナガボソウ属【H】[ca. 90：中南米の熱帯～亜熱帯]：
†ナガボソウ（ホナガソウ）
Verbena L. クマツヅラ属【G】[200–250]：†ヤナギハナガサ

2. 3. 57. 19：**Lamiaceae**（Labiatae） **シソ科**[149]〔383〕[約 240 属 6800 種余：
全世界]
Agastache J. Clayton ex Gronov. カワミドリ属【E-2d】[22]
Ajuga L. キランソウ属【H】[40–50]：オウギカズラ，カイジンドウ，ジュウ
ニヒトエ，ツルカコソウ，ニシキゴロモ（キンモンソウ），ヒイラギソウ
Ajugoides Makino ヤマジオウ属【L-5】[1]
Amethystea L. ルリハッカ属【H】[1]
Anisomeles R. Br.（Epimeredi Adans., nom. rej.） ブゾロイバナ属【L-1】[ca. 27]
Basilicum Moench コバナメボウキ属【E-3f】[1：旧世界の熱帯]

226

維管束植物分類表

Betonica L.　カッコウソウ(カッコウチョロギ)属【L-x】[ca. 15：欧州～南西アジア]

Callicarpa L.　ムラサキシキブ属【B】[ca. 140]：ヤブムラサキ

Caryopteris Bunge　ダンギク属【H】[7]

Chelonopsis Miq.（incl. *Bostrychanthera* Benth.）　ジャコウソウ属【L-2】[16]：*ヤマジジャコウソウ

---

148)クマツヅラ科の分類は Marx et al. (2010) をもとにして，その後の研究に伴って若干の変更を加えた。

A. Petreeae　ムラサキツクバネカズラ連[1 属 12 種：中南米]

B. Duranteae　タイワンレンギョウ連[6 属 192 種：北米南部～南米，一部の属は旧熱帯にも広く野生化]

C. Casselieae　[3 属 14 種：中南米・西インド諸島]

D. Citharexyleae　[3 属約 135 種：北米南部～南米]

E. Priveae　[1 属 20 種：世界の熱帯～亜熱帯]，南米南部の *Rhaphithamnus* Miers[2 種]もここに属する可能性がある。一方でかつてこの連に含まれていた南米南部産の *Dipyrena* Hook.[1 種]は，G と H からなる系統の姉妹群となる可能性が指摘されている。

F. Neospartoneae　[3 属 6 種：南米南部]

G. Verbeneae　クマツヅラ連[約 4 属約 260 種：主に北～南米，少数が旧世界の温帯～亜熱帯]

H. Lantaneae　シチヘンゲ連[9 属 260–290 種：主に北～南米，少数が旧世界にも広がる]　近年の研究では多くの属の単系統性が支持されず，属の範囲づけの変更は避けられない。

149)シソ科の分類については B. Li et al. (2016) によるものに基づき，その翌年に記載された 2 亜科を加えて全部で 12 亜科を認める。系統関係は[A, B {(C + D) E (F [G {H, I (J (K + L))}])}]。旧来の果実の形態に基づくシソ科は多系統群であり，E, K, L の全部と H, J の各一部からなる。残りの亜科はかつてのクマツヅラ科から移されたものである。

A. Prostantheroideae　プロスタンテラ亜科[17 属約 320 種：豪州]

B. Callicarpoideae　ムラサキシキブ亜科[1 属約 170 種：世界の熱帯～温帯]

C. Viticoideae　ハマゴウ亜科[3 属 280 種余：世界の熱帯～亜熱帯，一部の種は温帯に広がる]

D. Symphorematoideae　シンフォレマ亜科[3 属約 27 種：インド～マレーシア]

E. Nepetoideae　シソ亜科[105 属 3600–3800 種：全世界]　さらに 3 連に分けられる。

E-1：Elsholtzieae　シソ連[6 属 70 種余：ユーラシア・マレーシア・北米東部]

E-2：Mentheae　ハッカ連[60–70 属約 2300 種：全世界]　さらに 5 亜連に分けられる：E-2a. Salviinae　アキギリ亜連[4–13 属]，E-2b. Prunellinae　ウツボグサ亜連[3 属]，E-2c. Lycopinae　シロネ亜連[1 属]，E-2d. Menthinae　ハッカ亜連[約 40 属]，E-2e. Nepetinae　イヌハッカ亜連[14 属]　　　　　　　　〔以下 229 頁へ〕

Clerodendrum L.　クサギ属【H】［150+］:†ヒギリ

Clinopodium L.（incl. *Calamintha* Mill.）　クルマバナ属【E-2d】［40–50：ユーラシアとアフリカの亜熱帯～冷温帯・マレーシアの高地］:*カラミント，トウバナ

Comanthosphace S. Moore　テンニンソウ属【L-1】［ca. 6］:ミカエリソウ

Congea Roxb.　コンゲア属【D】［7–10：インド北東部～東南アジア・スマトラ］

Dracocephalum L.　ムシャリンドウ属【E-2e】［ca. 70：ユーラシア・北アフリカ・北米］:*ラショウモンソウ

Elsholtzia Willd.　ナギナタコウジュ属【E-1】［ca. 45（多系統群）］:†ニシキコウジュ，*ミヤマコウジュ

Galeopsis L.　チシマオドリコソウ属【L-x】［ca. 10］:*タヌキジソ

Glechoma L.　カキドオシ属【E-2e】［4–8］

Gmelina L.　キダチヨウラク属【G】［ca. 33：南～東南アジア・マレーシア・豪州北部・ニューカレドニア］

Gomphostemma Wall. ex Benth.　ヤマジオドリコ属【L-2】［ca. 36：インド～東アジア亜熱帯・東南アジア・西マレーシア］

Holmskioldia Retz.　テングバナ属【J】［1：ヒマラヤ～ミャンマー］

Hyptis Jacq.　†イガニガクサ属【E-3e】［ca. 280（側系統群）：北米南部～南米］:†ニオイニガクサ

Hyssopus L.　ヤナギハッカ属【E-2d】［2：欧州～中央アジア・北西アフリカ］:*ヤナギハッカ（ヒソップ）

Isodon (Benth.) Schrad. ex Spach（*Rabdosia* (Blume) Hassk.）　ヤマハッカ属【E-3c】［ca. 100］:アキチョウジ，ヒキオコシ

Keiskea Miq.　シモバシラ属【E-1】［ca. 6］

Lagopsis (Bunge ex Benth.) Bunge　†コゴメオドリコソウ属【L-7】［4（側系統群）：中央～北東アジア］:†コゴメオドリコソウ（シロバナノホトケノザ）

Lamium L.（incl. *Galeobdoron* Adans., *Lamiastrum* Heist. ex Fabr.）　オドリコソウ属【L-9】［ca. 17］:†キバナオドリコソウ，ホトケノザ

Lavandula L.　ラベンダー属【E-3a】［ca. 36：地中海地方～西アジア・マカロネシア・インド］

Leonotis (Pers.) R. Br.　カエンキセワタ属【L-10】［ca. 10：アフリカ中南部］

Leonurus L.　メハジキ属【L-7】［ca. 25］:キセワタ

Leucas Burm. ex R. Br.　ヤンバルツルハッカ属【L-10】［ca. 100］:ヤンバルツルハッカ（ヤンバルクルマバナ）

Loxocalyx Hemsl.　マネキグサ属【L-7】［3］

Lycopus L.　シロネ属【E-2c】［ca. 15］

Marrubium L.　†ニガハッカ属【L-8】［ca. 40：欧州～南西アジア（パキスタン・チベット以西）］

Matsumurella Makino　ヒメキセワタ属【L-5】［5：中国南部・台湾・日本（九州～琉球）・韓国（南岸島嶼）］

Meehania Britton　ラショウモンカズラ属【E-2e】［ca. 6］:オチフジ

Melissa L.　†コウスイハッカ属【E-2a】［4：ユーラシア・北アフリカ・マカロネシア・西マレーシア］:†コウスイハッカ（レモンバーム）

維管束植物分類表

Mentha L.　ハッカ属【E-2d】［ca. 20］

Moluccella L.　カイガラソウ属【L-8】［8：欧州南東部〜中央アジア］

Monarda L.　†ヤグルマハッカ属【E-2d】［ca. 20：北米〜メキシコ］：†タイマツバナ

Mosla (Benth.) Buch.-Ham. ex Maxim.　イヌコウジュ属【E-1】［ca. 22］：ヒメジソ，ヤマジソ

Nepeta L.　イヌハッカ属【E-2e】［200+（多系統群）］：ミソガワソウ

Ocimum L.　†メボウキ属【E-3f】［65：世界の熱帯，特にアフリカで多様化］

Origanum L.　ハナハッカ属【E-2d】［ca. 40：ユーラシア・北アフリカ・アゾレス諸島］：*マジョラム

Orthosiphon Benth.（incl. *Clerodendranthus* Kudô）　クミスクチン（ネコノヒゲ）属【E-3f】［ca. 40：アフリカ中南部・マダガスカル・南〜東南アジア・マレーシア］

Paraphlomis (Prain) Prain　クラルオドリコソウ属【L-5】［ca. 20：インド北東部〜東アジア亜熱帯・東南アジア・西マレーシア］：*オオジュウニヒトエ

Perilla L.　シソ属【E-1】［ca. 5］：†エゴマ，トラノオジソ

Perillula Maxim.（incl. *Ombrocharis* Hand.-Mazz.）　スズコウジュ属【E-1】［2：中国・日本］

Peronema Jack　ヌルデモドキ属【I】［1：タイ・西マレーシア］

Phlomoides Moench　オオキセワタ属【L-6】［150–170：ユーラシア］

Physostegia Benth.　ハナトラノオ属【L-3】［12：北米・メキシコ北部］

〔227 頁より：149）の続き〕

　　　E-3：Ocimeae　メボウキ連［約 35 属 1200 種余：世界の熱帯〜温帯，特にアフリカで多様化］　Harley et al. (in Kadereit 2004) は 5 亜連を認めているが，このうち Hanceolinae（ヤマハッカ亜連：3 属）は単系統群を構成せず，3 つの亜連に分けられた（Zhong et al. 2010）。この結果，メボウキ連に含まれる 7 亜連のう 4 亜連が単型となってしまうが，それでもこれを採用すると本書掲載の属は以下の亜連に属する：E-3a. Lavandulinae　ラベンダー亜連［1 属］，F-3c. Isodontinae　ヤマハッカ亜連［1 属］，F-3e. Hyptidinae　イガニガクサ亜連［約 8 属：熱米］，F-3f. Ociminae　メボウキ亜連［約 12 属］，F-3g. Plectranthinae　サヤバナ亜連［約 11 属：主にアフリカ］。後者 3 亜連では，多くの種を含む属（イガニガクサ属，センソウ属，サヤバナ属）の単系統性が支持されず，属の範囲付けの変更が不可避である。

　　F. Tectonoideae　チークノキ亜科［1 属 4 種：インド〜東南アジア］

　　G. Premnoideae　ハマクサギ亜科［3 属約 170 種：世界の熱帯〜亜熱帯］

　　H. Ajugoideae　キランソウ亜科［23 属約 760 種：世界の熱帯〜冷温帯］

　　I. Peronematoideae　ヌルデモドキ亜科［4 属 17 種：インド〜マレーシア・メラネシア］

　　J. Scutellarioideae　タツナミソウ亜科［5属380 種：世界の熱帯〜亜寒帯］

　　K. Cymarioideae　キマリア亜科［2 属 3–4 種：中国西南部・海南島・東南アジア〜マレーシア］　　　　　　　　　　　　　〔以下 231 頁へ〕

Platostoma Benth.（incl. *Acrocephalus* Benth., *Mesona* Blume, *Nosema* Prain）　センソウ属【E-3f】［45（側系統群）：旧世界の熱帯〜亜熱帯］：*タマザキニガクサ，*ムラサキトラノオ

Plectranthus L'Hér.（incl. *Coleus* Lour.）　サヤバナ属（ベニオウギ属）【E-3g】［ca. 300］：*キランジソ（ニシキジソ，コリウス），ケサヤバナ

Pogostemon Desf.（incl. *Dysophylla* Blume, *Euateralis* Raf.）　ヒゲオシベ属【L-1】［ca. 80］：*パチョリ，ミズトラノオ，ミズネコノオ

Premna L.　ハマクサギ属【G】［(50–)100–200］：タイワンウオクサギ

Prunella L.　ウツボグサ属【E-2b】［ca. 7］：ウツボグサ（カコソウ）

Pycnanthemum Michx.　†アワモリハッカ属【E-2d】［17–21：北米］

Rotheca Raf.　ウスギクサギ属【H】［40–60：アフリカ中南部・マダガスカル・マスカリン諸島・インド〜東南アジア・西マレーシア］

Rubiteucris Kudô　オオシマソウ属【H】［2：東ヒマラヤ・ミャンマー・中国南部・台湾］

Salvia L.（incl. *Rosmarinus* L.）　アキギリ属【E-2a】［ca. 1000］：アキノタムラソウ，*セージ，*タンジン，*ヒゴロモソウ，ヒメタムラソウ，*マンネンロウ（ローズマリー），ミゾコウジュ

Satureja L.　キダチハッカ属【E-2d】［ca. 38：地中海地方〜南西アジア］

Schizonepeta（Benth.）Briq.　ケイガイ属【E-2e】［3：シベリア・モンゴル・中国北部］

Scutellaria L.　タツナミソウ属【J】［ca. 360］：*コガネバナ（オウゴン），ナミキソウ，ヒメナミキ

Stachys L.　イヌゴマ属【L-4】［ca. 300（側系統群）］：*チョロギ，†ヤブチョロギ

Suzukia Kudô　シクンソウ属【L-4】［2］：ヤエヤマスズコウジュ

Tectona L.f.　チークノキ属【F】［4：インド〜東南アジア］

Tetradena Benth.（incl. *Iboza* N.E. Br.）　フブキバナ属【E-3g】［15–20：熱帯アフリカ・マダガスカル］

Teucrium L.（incl. *Kinostemon* Kudô）　ニガクサ属【H】［ca. 250］：エゾニガクサ，ツルニガクサ

Thymus L.　イブキジャコウソウ属【E-2d】［ca. 220(–400)］：ヒメヒャクリコウ

Tripora P.D. Cantino　カリガネソウ属【H】［1］

Vitex L.　ハマゴウ属【C】［250–280］：*ニンジンボク

Volkameria L.　イボタクサギ属【H】［25–30］

Westringia Sm.　【A】［ca. 25：豪州］

2. 3. 57. 20：**Mazaceae　サギゴケ科**〔384〕［3属約25種：アジア温帯および亜熱帯〜熱帯の高地・マレーシア（高地）・豪州南東部・タスマニア・ニュージーランド］

　　Mazus Lour.　サギゴケ属［ca. 22］：トキワハゼ

2. 3. 57. 21：**Phrymaceae　ハエドクソウ科**〔385〕［13属約190種：アフリカ中南部・アジアの熱帯〜冷温帯・マレーシア・豪州・タスマニア・ニュージーランド・北米〜南米・ガラパゴス諸島・ファンフェルナンデス諸島］

Erythranthe Spach　ミゾホオズキ属［ca. 110：中央～東アジア・北米～メキシコ・チリ］

Glossostigma Wight & Arn.　†ハビコリハコベ属［5：アフリカ・インド・豪州・ニュージーランド］

Microcarpaea R. Br.　スズメノハコベ属［2］

Mimulus L.　［7：アフリカ・マダガスカル・インド・東南アジア・豪州・北米］

Phryma L.　ハエドクソウ属［2–3：ヒマラヤ～東アジア・北米東部］

2. 3. 57. 22：Paulowniaceae　†キリ科〔386〕［2(–3) 属 8 種：東ヒマラヤ～東アジア・東南アジア・西マレーシア］

Paulownia Siebold & Zucc.　†キリ属［6：東アジア］

2. 3. 57. 23：**Orobanchaceae**　**ハマウツボ科** [150]〔387〕［約 100 属約 2100 種：全世界］

Aeginetia L.　ナンバンギセル属【F】［3–4］

Agalinis Raf.　†アメリカウンランモドキ属【G】［45：北米～南米］

〔229 頁より：149) の続き〕

L. Lamioideae　オドリコソウ亜科［約 60 属 1250 種：全世界］　以下の 10 連が認められているが，所属未定の属も多い。

L-1：Pogostemoneae　ヒゲオシベ連［10 属約 160 種：旧世界の熱帯～温帯，豪州まで達する］

L-2：Gomphostemmateae　ジャコウソウ連［2 属約 55 種：ヒマラヤ～東アジア・東南アジア～マレーシア］

L-3：Synandreae　ハナトラノオ連［5 属 18 種：北米東部～南東部・メキシコ北東部］

L-4：Stachydeae　イヌゴマ連［約 4(–11) 属約 500 種：旧大陸温帯，東南アジア・マレーシア (北部)・太平洋諸島］　カッコウソウ属やチシマオドリコソウ属はこの付近で分岐した群に属するが，本書では所属不明として扱う。

L-5：Paraphlomideae　クラルオドリコソウ連［3 属約 26 種：インド北東部～東アジア亜熱帯～暖温帯・マレーシア］

L-6：Phlomideae　オオキセワタ連［約 4 属約 160 種：ユーラシア温帯］

L-7：Leonureae　メハジキ連［約 6 属約 75 種：ユーラシア温帯，メハジキのみ熱帯にも広がる］

L-8：Marrubieae　ニガハッカ連［約 6 属約 90 種：欧州～中央アジア・北アフリカ，ニガハッカのみ他地域にも広がる］

L-9：Lamieae　オドリコソウ連［3 属約 28 種：旧世界温帯～寒帯］

L-10：Leucadeae　ヤンバルツルハッカ連［約 5 属約 110 種：旧世界熱帯～亜熱帯，特にアフリカで多様化］

150) 本書で採用したハマウツボ科の分類体系は基本的に McNeal et al. (2013) により，同論文においてハマウツボ科から除かれていたジオウ科を独立の連として加えた。McNeal et al. (2013) の連の定義は系統群によるもので，その定義形質は一部を除き記載されていない。また，*Brandisia* Hook.f. & Thomson［13：ミャンマー～中国西南部］についてはまだ所属が決められていない。おそらく E 以降の連からなる系統群と姉妹群をなすのではないかと推測されている。　　　　　　　　　　〔以下 233 頁へ〕

維管束植物分類表

Alectra Thunb.（incl. *Melasma* Bergius）　ヒロハゴマクサ属【F】［ca. 40：熱帯アフリカ・マダガスカル・インド〜東アジア亜熱帯・東南アジア・熱米 ］

Bellardia All.（incl. *Parentucellia* Viv.）　†ヒサウチソウ属【E】［ca. 50：大部分中南米，少数が欧州〜中央アジア ］：†セイヨウヒキヨモギ, †ベニヒキヨモギ

Boschniakia C.A. Mey. ex Bong.　オニク属【D】［4］

Castilleja Muts ex L.f.　ミヤマガラガラ属【G】［ca. 200：ユーラシア・北米〜南米，特に北米西部で多様化］：*ミヤマガラガラ（カステリソウ）

Centranthera R. Br.　ゴマクサ属【F】［5–6］

Christisonia Gardner　【F】［17：東ヒマラヤ〜中国南部・台湾・東南アジア ］

Cistanche Hoffmanns. & Link　ホンオニク属【D】［10：ユーラシア・北アフリカ ］：*ホンオニク（ニクジュヨウ）

Cymbaria L.　ウスギヌソウ属【C】［4：ユーラシア ］

Euphrasia L.　コゴメグサ属【E】［ca. 350］

Lathraea L.　ヤマウツボ属【E】［7］

Lindenbergia Lehm.　【B】［ca. 13：アフリカ北西部・アラビア半島・インド〜東南アジア・フィリピン ］

Melampyrum L.　ママコナ属【E】［ca. 45］

Monochasma Maxim. ex Franch. & Sav.　クチナシグサ属【C】［4］

Nesogenes A. DC.　【F】［ca. 9：東アフリカ・マダガスカル・マスカリン諸島・太平洋諸島 ］

Odontites Ludw.　マスノグサ属【E】［32：ユーラシア・北アフリカ・マデイラ諸島 ］

Omphalothrix Maxim.　コゴメツナミソウ属【E】［1：北東アジア ］

Orobanche L.（incl. *Platypholis* Maxim.）　ハマウツボ属【D】［ca. 150］：オカウツボ, シマウツボ, †ヤセウツボ

Pedicularis L.　シオガマギク属【G】［ca. 600］：*イコマソウ, ミヤマシオガマ

Phacellanthus Siebold & Zucc.　キヨスミウツボ属【D】［1］

Phtheirospermum Bunge ex Fisch. & C.A. Mey.　コシオガマ属【G】［1：東アジア ］

Rehmannia Libosch. ex Fisch. & C.A. Mey.　ジオウ属【A】［9：中国］：*センリゴマ（ハナジオウ）

Rhinanthus L.　†オクエゾガラガラ属【E】［ca. 45：ユーラシア・北米］：†オクエゾガラガラ（シオガマモドキ）

Siphonostegia Benth.　ヒキヨモギ属【C】［2］

Striga Lour.　マスリマエガミ属【F】［37：アフリカ・南アジア〜東アジア亜熱帯・東南アジア〜マレーシア・豪州・ミクロネシア ］

2. 3. 58：Aquifoliales　モチノキ目

2. 3. 58. 1：Stemonuraceae　ステモヌルス科〔388〕［12 属 95 種：世界の熱帯］

Gomphandra Wall. ex Lindl.　［ca. 60：熱帯アジア（北は蘭嶼に達する）・マレーシア・豪州北東部 ］

Medusanthera Seem.　ヒラミノキ属〔10：マレーシア・西太平洋諸島〕

Stemonurus Blume（incl. *Urandra* Thwaites）　ステモヌルス属〔ca. 14：スリランカ・アンダマン諸島・ベトナム・マレーシア・ミクロネシア〕：*アンムイ

2. 3. 58. 2：Cardiopteridaceae　ヤマイモモドキ科〔389〕〔5 属 43 種：世界の熱帯〕
Cardiopteris Wall. ex Royle　ヤマイモモドキ属〔3：南～東南アジア・マレーシア〕

Gonocaryum Miq.　クラルガキ属〔9–12：海南島・台湾南部・東南アジア～マレーシア〕：*クラルガキ（カキバモドキ）

2. 3. 58. 3：Phyllonomaceae　フィロノマ科〔390〕〔1 属 4 種：中南米〕
Phyllonoma Willd. ex Schult.　〔4〕

2. 3. 58. 4：**Helwingiaceae　ハナイカダ科**〔391〕〔1 属 4 種：ヒマラヤ～東アジア〕
Helwingia Willd.　ハナイカダ属〔4〕

2. 3. 58. 5：**Aquifoliaceae　モチノキ科**〔392〕〔1 属約 400 種：全世界の湿潤熱帯～温帯〕
Ilex L.　モチノキ属〔ca. 400〕：イヌツゲ, ソヨゴ, タマミズキ, タラヨウ, ナナメノキ, *マテチャ, ムッチャガラ

2. 3. 59：Asterales　キク目

2. 3. 59. 1：Rousseaceae　ロウッセア科〔393〕〔4 属 13 種：モーリシャス・ニューギニア～ソロモン諸島・豪州東部・ニュージーランド〕
Carpodetus J.R. & G. Forst.　〔2：ニューギニア・ソロモン諸島・ニュージーランド〕

Roussea Sm.　〔1：モーリシャス〕

〔231 頁より；150）の続き〕
　　旧ハマウツボ科とされていた全寄生の属は，D だけではなく F にも含まれ，また全寄生でありながら日本ではゴマノハグサ科に含まれることの多かったヤマウツボ属は E に含まれる。
A. Rehmannieae　ジオウ連〔2 属 7 種：中国〕
B. Lindenbergieae　リンデンベルギア連〔1 属 12 種：アフリカ北東部・南西アジア～東南アジア・フィリピン〕
C. Cymbarieae　ウスギヌソウ連〔6 属 14 種：ユーラシア内陸部・北米東部〕
D. Orobancheae　ハマウツボ連〔12 属約 180 種：北半球温帯〕
E. Rhinantheae　コゴメグサ連〔18 属約 540 種：全世界，特にユーラシア温帯に多い〕
F. Buchnereae（incl. Escobedieae）　ゴマクサ連〔16 属約 350 種：世界の熱帯～亜熱帯〕
G. Pedicularideae　シオガマギク連〔16 属約 900 種：北半球と南米の温帯～寒帯，特にユーラシア大陸のヒマラヤ周辺で多様化〕

維管束植物分類表 ━━━━━━━

2. 3. 59. 2：**Campanulaceae　キキョウ科**[151]〔394〕[約 88 属約 2400 種：全世界]
　　Adenophora Fisch.　ツリガネニンジン属【E-3】[ca. 65]：ソバナ,＊トウシャ
　　　　ジン（マルバノニンジン）, ヒメシャジン
　　Asyneuma Griseb. & Schenk　シデシャジン属【E-3】[ca. 33]
　　Campanula L.（incl. *Popoviocodonia* Fed.）　ホタルブクロ属【E-3】[ca. 420（側
　　　　系統群）]：イワギキョウ, チシマギキョウ,＊フウリンソウ,＊ホロトソウ,
　　　　ヤツシロソウ
　　Codonopsis Wall.（incl. *Campanumoea* Blume）　ツルニンジン属【E-1】[46]：ツ
　　　　ルギキョウ, バアソブ
　　Cyclocodon Griff. ex Hook.f. & Thomson　タンゲブ属【E-1】[3]：タンゲブ（タ
　　　　イワンツルギキョウ）
　　Hanabusaya Nakai　ハナブサソウ属【E-3】[1(–2)：朝鮮半島]
　　Hippobroma G. Don　†ホシアザミ属【D】[1：西インド諸島]
　　Legousia Durande　オオミゾカクシ属【E-3】[7：地中海地方]
　　Lobelia L.（incl. *Hypsela* C. Presl, *Pratia* Gaudich.）　ミゾカクシ属【D】[400+（側
　　　　系統群）]：オオハマギキョウ,＊サクラダソウ, サワギキョウ, ミゾカクシ
　　　　（アゼムシロ）
　　Peracarpa Hook.f. & Thomson　タニギキョウ属【E-3】[1]
　　Platycodon A. DC.　キキョウ属【E-1】[1]
　　Trachelium L.　ユウギリソウ属【E-3】[2：地中海地方]
　　Triodanis Raf.　†キキョウソウ属【E-3】[6：北米]：†キキョウソウ（ダンダ
　　　　ンギキョウ）
　　Wahlenbergia Schrad. ex Roth（incl. *Ceratostigma* A. DC.）　ヒナギキョウ属【E-2】
　　　　[ca. 260]

2. 3. 59. 3：Pentaphragmataceae　ユガミウチワ科〔395〕[1 属 30 種：東南ア
　　ジア〜マレーシア]
　　Pentaphragma Wall. ex G. Don　ユガミウチワ属[30]

2. 3. 59. 4：Stylidiaceae　スティリディウム科〔396〕[4 属約 245 種：スリ
　　ランカ・東南アジア・海南島・マレーシア・豪州・南米]
　　Donatia G. Forst.　[2：豪州南部・タスマニア・ニュージーランド・南米南部・
　　　　フォークランド諸島]
　　Stylidium Sw. ex Willd.　[ca. 220：大部分豪州, 少数がスリランカ・海南島・
　　　　東南アジア〜マレーシア・タスマニア]

2. 3. 59. 5：Alseuosmiaceae　アルセオウスミア科〔397〕[4 属 10 種：ニュー
　　ギニア・豪州・ニューカレドニア・ニュージーランド]
　　Alseuosmia A. Cunn.　[5：ニュージーランド]
　　Wittsteinia F. Muell.　[2：ニューギニア・豪州南東部]

2. 3. 59. 6：Phellinaceae　フェリネ科〔398〕[1 属 12 種：ニューカレドニア]
　　Phelline Labill.　[12]

維管束植物分類表

2. 3. 59. 7：Argophyllaceae　アルゴフィルム科〔399〕[2 属 12 種：豪州・ニューカレドニア・ニュージーランド・南太平洋島嶼]
　　　Argophyllum J.R. & G. Forst.　[ca. 15：豪州東部・ニューカレドニア]
　　　Corokia A. Cunn.　[6：豪州東部・ニュージーランド・南太平洋島嶼(ロードホウ島・ラパ島)]

2. 3. 59. 8：**Menyanthaceae　ミツガシワ科**〔400〕[5 属 60 種：全世界]
　　　Menyanthes L.　ミツガシワ属[1]
　　　Nephrophyllidium Gilg (*Fauria* Franch.)　イワイチョウ属[1]
　　　Nymphoides Ség.　アサザ属[ca. 40]：ガガブタ

2. 3. 59. 9：**Goodeniaceae　クサトベラ科**〔401〕[12 属 430 種：主に豪州，少数がインド洋・太平洋岸熱帯〜亜熱帯]
　　　Brunonia Sm. ex R. Br.　[1：豪州]
　　　Goodenia Sm.　[ca. 180 (側系統群)：大部分豪州，少数が中国南部・東南アジア〜マレーシア]
　　　Scaevola L.　クサトベラ属[ca. 130]

2. 3. 59. 10：Calyceraceae　カリケラ科〔402〕[4 属 60 種：南米]
　　　Calycera Cav.　[ca. 20：南米アンデス地方]

───────────────────────────────

151) 本書では Lammers (in Kadereit & Jeffrey 2006) に従ってキキョウ科を 5 亜科に分類する説を採用するが，B と C を D に含め，全体を 3 亜科とする意見(Christenhusz et al. 2017：ただし仮のものとしている)もある。ミゾカクシ亜科やホタルブクロ連で認められている小さな属の大部分はそれぞれミゾカクシ属，ホタルブクロ属の内群となることがわかっており，将来的には属の範囲付けの大幅な変更が不可避である。キキョウ連では近年になって属の範囲付けが単系統群となるように変更されている。
　A. Nemacladoideae [1–2 属 25 種：北米南西部〜メキシコ]
　B. Cyphocarpoideae [1 属 3 種：チリ]
　C. Cyphoideae [1 属 65 種：アフリカ]
　D. Lobelioideae　ミゾカクシ亜科 [30 属約 1300 種：全世界]
　E. Campanuloideae　キキョウ亜科 [約 54 属約 1000 種：全世界]　以下の 3 連に分けられる：
　　　E-1: Cyanantheae キキョウ連 [10 属約 60 種：地中海地方・カナリア諸島・東アフリカ・中央アジア・ヒマラヤ〜東アジア・東南アジア]，E-2: Wahlenbergioideae ヒナギキョウ連 [約 16 属約 340 種：主にアフリカ・インド洋諸島・豪州，ヒナギキョウ属の少数の種がユーラシア暖温帯〜熱帯]，E-3: Campanuleae ホタルブクロ連 [約 28 属約 600 種：ユーラシア・マカロネシア・北〜東アフリカ・北米〜メキシコ北部]。

維管束植物分類表

2. 3. 59. 11：**Asteraceae**（Compositae）　**キク科**[152][403]［約1600属約25000種：全世界］

　　Acanthospermum Schrank　†アメリカトゲミギク属【M-17b】［5–6：熱米］

　　Achillea L.（incl. *Ptarmica* Mill.）　ノコギリソウ属【M-5i】［110–130］

　　Acilepis D. Don　ヨゴレハグマ属【K-5l】［ca. 33：インド〜中国西南部・海南島・東南アジア］

　　Acmella Rich. ex Pers.　†センニチモドキ属【M-16i】［ca. 30：世界の熱帯，特に熱米］：†キバナオランダセンニチ，†ヌマツルギク

　　Adenocaulon Hook.　ノブキ属【C-3】［5］

　　Adenostemma J.R. & G. Forst.　ヌマダイコン属【M-20e】［ca. 26］：オカダイコン

　　Adenostyles Cass.（*Cacalia* L., nom. rej.）【M-1f】［3：欧州中南部］

　　Ageratina Spach　†マルバフジバカマ属【M-20b】［ca. 265：北米〜南米］：*アメリカフジバカマ

　　Ageratum L.　†カッコウアザミ属【M-20g】［ca. 40：中南米］

　　Ainsliaea DC.　モミジハグマ属【I】［ca. 50］：キッコウハグマ，クサヤツデ，テイショウソウ，ホソバハグマ

　　Amberboa Vaill.　ニオイヤグルマギク属【H-4d】［6：欧州東部〜南西アジア］：*ニオイヤグルマギク（スイートサルタン）

　　Ambrosia L.　†ブタクサ属【M-16n】［ca. 30：北米〜南米］：†オオブタクサ（クワモドキ）

　　Ammobium R. Br.　カイザイク属【M-4】［3：豪州］

　　Anaphalis DC.　ヤマハハコ属【M-4】［ca. 110］：カワラハハコ，タカネウスユキソウ（タカネヤハズハハコ），ヤハズハハコ

　　Anisopappus Hook. & Arn.　カイナンキギク属【M-7c】［ca. 20：主に熱帯アフリカおよびマダガスカル，1種が中国南部・東南アジア・海南島］

　　Antennaria Gaertn.　エゾノチチコグサ属【M-4】［ca. 40］：†モモイロマットギク

　　Anthemis L.　†カミツレモドキ属【M-5j】［ca. 175：欧州〜南西アジア・アフリカ北部〜東部］：†キゾメカミツレ

　　Arctium L.　†ゴボウ属【H-4d】［ca. 41：ユーラシア］

　　Arctotheca Vaill.　†ワタゲハナグルマ属【K-1a】［4：アフリカ南部］：†ワタゲツルハナグルマ

　　Arctotis L.（incl. *Venidium* Less.）　†ハゴロモギク属【K-1a】［ca. 60：アフリカ南部］：†アフリカヒマワリ，*ハゴロモギク（アフリカギク，アルクトティス）

　　Argyranthemum Webb　モクシュンギク属【M-5n】［24：マカロネシア］

　　Argyroxiphium DC.　ギンケンソウ属【M-18d】［5：ハワイ］

　　Arnica L.　ウサギギク属【M-18c】［ca. 30］：*アルニカ，チョウジギク

　　Artemisia L.（incl. *Crossostephium* Less., *Filifolium* Kitam., *Neopallasia* Poljak., *Seriphidium* (Besser ex Less.) Fourr.）　ヨモギ属【M-5h】［ca. 520］：アサギリソウ，カワラニンジン，クソニンジン，*セメンシナ，*タラゴン（エストラゴン），フクド，モクビャッコウ

236

Aster L.（incl. *Arctogeron* DC., *Heteropappus* Less., *Kalimeris* (Cass.) Cass., *Miyamayomena* Kitam., *Rhynchospermum* Reinw., *Turczaninovia* DC.）　シオン属【M-2】［ca. 210］：ゴマナ，コモノギク，*コンギク，*シバヨメナ，シュウブンソウ，ダルマギク，ミヤマヨメナ（ミヤコワスレ），ヤマジノギク，ヨメナ

Atractylodes DC.　オケラ属【H-4a】［5］：*ホソバオケラ（ソウジュツ）

Austroeupatorium R.M. King & H. Rob.　【M-20h】［13：南米南部，1種は旧世界の熱帯〜亜熱帯に帰化］

Baccharis L.　†バッカリス属【M-2】［ca. 360：主に熱米，少数が北米暖温帯にも広がる］：†ハマベノキ

Baccharoides Moench　サニギク属【K-5m】［ca. 25：アフリカとアジアの熱帯］

Barnadesia Mutis ex L.f.　アンデスボウキ属【A】［19：南米］

Bellis L.　†ヒナギク属【M-2】［ca. 8：欧州］

Bellium L.　ヒナギクモドキ属【M-2】［4：欧州］

Bidens L.　センダングサ属【M-10b】［ca. 280］：タウコギ

---

152) キク科の分類は，21世紀に入って従来 Mutisioideae　コウヤボウキ亜科とされていた南米産の種（以下のA–G，I–JおよびHの一部）の系統解析が進むに従い，これが初期に分岐した系統の寄せ集めであることがわかって多くの亜科が認識されるようになった。Panero et al. (2014) および Panero & Crozier (2016) に従うと亜科の分類は以下のようになるが，Eの独立性については異論（Funk et al. 2014）もある。Anderberg et al. (in Kadereit & Jeffrey (eds.) 2007) の5亜科分類（従来のコウヤボウキ亜科のうち，Aのみを独立の亜科とし，残りを1亜科にまとめる。H，K，Mは亜科として認める）や Christenhusz et al. (2017) の3亜科分類（さらに H，K–M を合一する）はコウヤボウキ亜科が側系統群のままなので採用しない。

A. Barnadesioideae　バルナデシア亜科［9属90種余：南米］

B. Famatinanthoideae　ファマティナンツス亜科［1属1種：アルゼンチン］

C. Mutisioideae センボンヤリ亜科［46属630種：3属のみアフリカとアジアに分布，他は南米］　以下の3連に分けられ，旧大陸に産する属は全てC-3に含まれる。

　C-1: Onoserideae　C-2: Nassauvieae　C-3: Mutisieae センボンヤリ連

D. Stifftioideae　スティッフィア亜科［10属35種：南米］

E. Wunderlichioideae　ウンデルリキア亜科［8属48種］　E-1：Wunderlichieae，E-2：Hyalieae の2連に分けられるが，Funk et al. (2014) では E-1 は F の系統に含まれ，E-2 は D の系統に含まれる。

F. Gochnatioideae　ゴクナティア亜科［8属85種：中南米］

G. Hecastocleidioideae　ヘカトクレイス亜科［1属1種：北米南西部］

H. Carduoideae　アザミ亜科［約85属約2500種：アフリカ，北半球温帯］

　H-1：Dicomeae　［7属約100種，アフリカ］

　H-2：Tarchonantheae　［2属13種：熱帯アフリカ・アラビア半島］

　H-3：Oldenburgieae　［1属4種：南アフリカ］　　　　［以下239頁へ］

維管束植物分類表

Blumea DC.　ツルハグマ属【M-6a】［ca. 100：オオキバナムカシヨモギ，＊カ
　　イノウコウ，サケバコウゾリナ，＊ナガバコウゾリナ

Boltonia L'Hér.　†アメリカギク属【M-2】［5：北米東部］

Brachyscome Cass.（*Brachycome* と綴られたこともあるが誤り）　ヒメコスモス
　　属【M-2】［ca. 70：ニューギニア・豪州・ニューカレドニア・ニュージー
　　ランド］

Buphthalmum L.　トウカセン属【M-6a】［3：欧州中南部・サルディーニャ島］

Calendula L.　キンセンカ属　【M-3】［ca. 15：地中海地方～南西アジア・
　　マカロネシア］

Callistephus Cass.　サツマギク属【M-2】［1：中国北部］：＊サツマギク（エゾ
　　ギク）

Calotis R. Br.　†イガギク属【M-2】［ca. 30：豪州］：†イガギク（ゴウシュウ
　　ヨメナ，ヨシカワギク）

Calyptocarpus Less.　†ツルセンダングサ属【M-16a】［2：北米南部～中米・
　　西インド諸島］：†ツルセンダングサ（ミチバタギク）

Campuloclinium DC.　†ポンポンアザミ属【M-20k】［14：中南米］

Carduus L.　ヒレアザミ属【H-4d】［ca. 90］

Carlina L.　チャボアザミ属【H-4a】［28：欧州～南西アジア・北アフリカ・
　　カナリア諸島］

Carpesium L.　ヤブタバコ属【M-6a】［25］：ガンクビソウ

Carthamus L.　†ベニバナ属【H-4d】［20：地中海地方東部・南西～中央アジア］

Catananche L.　ルリニガナ属【K-3b】［6：地中海地方］

Centaurea L.（incl. *Cnicus* L.）　†ヤグルマアザミ属【H-4d】［ca. 250：欧州～
　　中央アジア・北アフリカ］：†クロアザミ，†サントリソウ（キバナアザ
　　ミ），†ヒレハリギク

Centipeda Lour.　トキンソウ属【M-7d】［10+］：トキンソウ（タネヒリグサ，
　　ハナヒリグサ）

Centratherum Cass.　†ルリギク（ケントラテルム）属【K-5e】［4：フィリピ
　　ン・豪州・熱米］

Chamaemelum Mill.　ローマカミツレ属【M-5m】［2：地中海地方］

Chondrilla L.　†エダウチニガナ属【K-3c】［ca. 25：欧州～中央アジア，特
　　に地中海地方で多様化］

Chromolaena DC.　†ヒマワリヒヨドリ属【M-20j】［ca. 165：中南米，1種
　　が世界の熱帯～亜熱帯に帰化］

Chrysanthemum L.（*Dendranthema* (DC.) Des Moul.; incl. *Ajania* Poljakov, *Arctanthemum*
　　(Tzvelev) Tzvelev）　キク属【M-5h】［ca. 80］：アキノコハマギク，イソギク，
　　イワインチン，シマカンギク，ノジギク

Chrysogonum L.　キンセイギク属【M-16e】［1：北米南東部］

Cichorium L.　†キクニガナ属【K-3a】［6：地中海地方～南西アジア］：＊キ
　　クヂシャ（エンダイブ），†キクニガナ（チコリ）

Cineraria L.　【M-1f】［35：大部分アフリカ・1種がアラビア半島に達し，
　　1種がマダガスカル固有］

Cirsium Mill.（incl. *Brea* Less.）　アザミ属【H-4d】［ca. 300］

Coreopsis L.　†ハルシャギク属【M-10b】［ca. 70（多系統群）：北米～南米］：
　　†キンケイギク
Cosmos Cav.　†コスモス属【M-10b】［ca. 28：中米・南米（アンデス地方）］：
　　†コスモス（アキザクラ）
Cota J. Gay ex Guss.　†コウヤカミツレ属【M-5j】［ca. 40：地中海地方］：
　　†コウヤカミツレ（ソメモノカミツレ）
Cotula L.　†タカサゴトキンソウ属（マメカミツレ属）【M-5b】［55：アフリ
　　カ・豪州・南太平洋諸島・中南米，少数が北半球熱帯～亜熱帯に広
　　がる］：†ウシオシカギク，†マメカミツレ

〔237 頁より：152）の続き〕
　　H-4：Cynareae　アザミ連［約75属約2400種：豪州・南米以外の世界各地］
　　　　さらに 4 亜連に分けられる：H-4a. Carlininae　オケラ亜連［5 属約
　　　　66 種：地中海地方～南西アジア・マカロネシア・モンゴル・東アジ
　　　　ア］，H-4b. Cardopatiinae　［2 属 2–3 種：地中海地方・中央アジア］，
　　　　H-4c. Echinopinae　ヒゴタイ亜連［1–2 属約 120 種：ユーラシア・ア
　　　　フリカ］，H-4d. Carduinae　アザミ亜連（2–3 亜連に細分されることも
　　　　あるが，細分した場合には狭義の Carduinae が側系統群となるので，
　　　　本書では広義に扱う）
　I. Pertyoideae　コウヤボウキ亜科［5-6 属約 70 種：アジア温帯～マレーシア］
　J. Gymnarrhenoideae　ギムナレナ亜科［2 属 2 種：北アフリカ，南西アジア・
　　　チベット高原］
　K. Cichorioideae　キクニガナ亜科［240–260 属 2700–3000 種：全世界］
　　K-1：Arctotideae　ハゴロモギク連［17 属 210 種余：アフリカ中南部（特
　　　　に南アフリカ），1 属のみ豪州南部］
　　　　K-1a. Arctotidinae　ハゴロモギク亜連［5 属］と K-1b. Gorteriinae
　　　　クンショウギク亜連［8 属］の 2 亜連に分けられるが，4 属ほど
　　　　が所属未定として扱われている。
　　K-2：Eremothamneae　エレモタムヌス連［2 属 3 種：アフリカ南西部］
　　K-3：Cichorieae　キクニガナ連［80–90 属約 1500 種（微小種は除く）：
　　　　全世界］
　　　　11–12 亜連に分けられるが，かつてフクオウソウが含められていた
　　　Prenanthes L.［1：欧州］は所属未定となっている。本書掲載の属は以
　　　下の亜連に属する：
　　　　K-3a. Cichoriinae　キクニガナ亜連［1 属：欧州～南西アジア］，K-3b.
　　　Scolyminae (incl. Catananchinae)　ルリニガナ亜連［4 属：地中海地方］，
　　　K-3c. Chondrillinae　エダウチニガナ亜連［5 属］，K-3d. Crepidinae　オ
　　　ニタビラコ亜連［約 18 属］，K-3e. Lactucinae　アキノノゲシ亜連［約
　　　7 属］，K-3f. Hyoseridinae (Sonchinae)　ノゲシ亜連［約 4 属］，K-3j.
　　　Hieraciinae　ヤナギタンポポ亜連［約 4 属］，K-3k. Hypochaeridinae　コ
　　　ウゾリナ亜連［11 属］，K-3l. Scorzonerinae　フタナミソウ亜連［7 属］
　　K-4：Liabeae　リアブム連［18 属約 175 種：マダガスカル・中南米］
　　　　　　　　　　　　　　　　　　　　　　　　　　〔以下 241 頁へ〕

維管束植物分類表

Crassocephalum Moench　†ベニバナボロギク属【M-1f】[24：熱帯アフリカ・マダガスカル・アラビア半島，2 種が世界の熱帯〜暖温帯に帰化]

Crepidiastrum Nakai（incl. *Paraixeris* Nakai）　アゼトウナ属【K-3d】[ca. 18：クサノオウバノギク，ヘラナレン，ヤクシソウ，ワダン

Crepis L.　フタマタタンポポ属【K-3d】[ca. 200]：†アレチニガナ，エゾタカネニガナ，†ヤネタビラコ

Curio P.V. Heath　ミドリノスズ属【M-1f】[ca. 23：南アフリカ]

Cyanthillium Blume　ムラサキムカシヨモギ属【K-5l】[ca. 13：ムラサキムカシヨモギ(ヤンバルヒゴタイ)，*レイナンノギク(ウラジロカッコウ)

Cyanus Mill.　ヤグルマギク属【H-4d】[25–30：地中海地方]

Cynara L.　アーティチョーク(チョウセンアザミ)属【H-4d】[8：地中海地方]：*カルドン

Dahlia Cav.　ダリア属【M-10b】[ca. 40：中米〜南米北西部]

Decaneuropsis H. Rob. & Skvarla　ショウジョウハグマ属【K-5n】[12：東ヒマラヤ〜東アジア亜熱帯・アンダマン諸島・東南アジア〜西マレーシア]

Delairea Lem.　ツタギク属【M-1】[1：南アフリカ]

Dendrocacalia (Nakai) Nakai ex Tuyama　ワダンノキ属【M-1】[1]

Dendrosenecio (Hauman ex Hedberg) B. Nord.　ジャイアントセネシオ属【M-1】[11：熱帯アフリカ高山]

Diaspananthus Miq.　クサヤツデ属【I】[1]

Dichrocephala L'Hér. ex DC.　ブクリョウサイ属【M-2】[10：アフリカ・マダガスカル・アジア熱帯〜亜熱帯・西マレーシア]

Dimorphotheca Vaill.　アフリカキンセンカ属【M-3】[20：アフリカ南部]

Echinacea Moench　ムラサキバレンギク属【M-16h】[4–11：北米]

Echinops L.　ヒゴタイ属【H-4c】[ca. 120]：*ルリタマアザミ

Eclipta L.　タカサブロウ属【M-16a】[(5–)7]

Elephantopus L.　イガコウゾリナ属【K-5h】[ca. 15：ミスミグサ(イガコウゾリナ)

Eleutheranthera Poit.　†オオハキダメギク属【M-16a】[2：熱米]

Emilia (Cass.) Cass.　ベニニガナ属【M-1f】[ca. 100：ウスベニニガナ

Enhydra Lour.　ヌマキクナ属【M-11】[10：世界の熱帯]

Erechtites Raf.　†タケダグサ属【M-1f】[5：北米〜南米・西インド諸島]：†ダンドボロギク

Erigeron L.（incl. *Conyza* Less., *Phalacroloma* Cass, *Stenactis* Cass.）　アズマギク属(ムカシヨモギ属)【M-2】[ca. 400]：†アレチノギク，†ハルジオン，†ヒメジョオン，†ヒメムカシヨモギ，†ペラペラヨメナ，ミヤマノギク，ムカシヨモギ

Eschenbachia Moench　イズハハコ属【M-2】[ca. 7：アジアとアフリカ北東部の熱帯〜亜熱帯]：イズハハコ(ワタナ)

Ethulia L.f.　ナガサワソウ属【K-5l】[(12–)19：旧世界の熱帯]

Eupatorium L.　ヒヨドリバナ属【M-20h】[ca. 45]：フジバカマ，ヨツバヒヨドリ

Euphrosine DC.（incl. *Cyclachaena* Fresen.）　†フナバシソウ属【M-16n】[5：北米〜メキシコ]：†フナバシソウ(アカザヨモギ)

240

Eurybia (Cass.) Gray　タカスギク属【M-2】[28：大部分北米，1種が北東アジア]

Euthamia (Nutt.) Nutt. ex Cass.　†イトバアワダチソウ属【M-2】[8：北米〜メキシコ北西部]

Facelis Cass.　†キヌゲチチコグサ属【M-4】[4：南米]

Farfugium Lindl.　ツワブキ属【M-1c】[2]

Felicia Cass.　ルリヒナギク属【M-2】[ca. 85：アフリカ・アラビア半島]

Filago L.（incl. *Gifola* Cass.）　キヨミギク属【M-4】[46：ユーラシア・北アフリカ・北米]

Flaveria Juss.　†フラベリギク属【M-12fla】[22：大部分北米〜南米，1種のみ豪州]：†カツマタギク

Gaillardia Foug.　†テンニンギク属【M-9a】[22：北米〜南米，ただし熱帯にはない]

Galatella Cass.　イトバヨメナ属【M-2】[ca. 30：欧州中南部・シベリア・中央アジア]

Galinsoga Ruiz & Pav.　†コゴメギク属【M-17d】[15：中南米]：†ハキダメギク

Gamochaeta Wedd.（incl. *Omalotheca* Cass. sect. Gamochaetiopsis Sch.Bip. & F.W. Schultz）　†チチコグサモドキ属【M-4】[50–80：ユーラシア冷温帯・北米〜南米]：†ウスベニチチコグサ，†ウラジロチチコグサ，†エダウチチチコグサ，†ホソバノチチコグサモドキ（タチチチコグサ）

〔239 頁より：152）の続き〕

　　K-5：Vernonieae　ショウジョウハグマ連 [約 125 属 1000 種余：世界の熱帯〜亜熱帯，特にブラジルを中心とする南米で多様化]

　　　15–19 亜連に分けられているが，属の範囲付け（単型属が 1/3 以上を占める）と共に細分し過ぎという批判もある。Robinson (in Kadereit & Jeffrey (eds.) 2006) に従って 15 亜連を認めた場合，本書掲載の属は以下の 7 亜連に属するが，ショウジョウハグマ亜連は多系統群の可能性が高い：

　　　K-5b. Vernoniinae　ヤナギタムラソウ亜連 [24 属 300 種近く：ほとんど南米，一部の種が東アフリカや北米，1 種のみ世界の熱帯]，K-5e. Centratherinae　ルリギク亜連 [2 属約 4 種：フィリピン・豪州・熱米]，K-5h. Elephantopinae　イガコウゾリナ亜連 [4 属約 17 種：世界の熱帯，主に熱米]，K-5j. Stokesiinae　ストケシア亜連 [1 属 1 種：北米]，K-5l. Erlangeinae　ムラサキムカシヨモギ亜連 [約 35 属約 170 種：世界の熱帯〜亜熱帯]，K-5m. Centrapalinae　サニギク亜連 [約 10 属約 55 種：世界の熱帯〜亜熱帯]，K-5n. Gymnantheminae　ショウジョウハグマ連 [約 10 属約 110 種：旧世界の熱帯〜亜熱帯・ハワイ]

　　K-6：Platycarpeae　[2 属 3 種：南アフリカ]

　　K-7：Moquinieae　[2 属 2 種：ブラジル]

　L. Corymbioideae　コリンビア亜科 [1 属 9 種：南アフリカ（ケープ地方）]

〔以下 243 頁へ〕

維管束植物分類表

Gazania Gaertn.　クンショウギク属【K-1b】［17：アフリカ中南部］

Gerbera L.　ガーベラ属【C-3】［ca. 27：アフリカ・南～東南アジア］:*ハナグルマ（オオセンボンヤリ）

Glebionis Cass.（*Xanthophthalmum* Sch. Bip.）　シュンギク属【M-5n】［2：地中海地方～南西アジア・マカロネシア］

Glossocardia Cass.（incl. *Glossogyne* Cass.）　セリバノセンダングサ属【M-10a】［11］

Gnaphalium L.（incl. *Euchiton* Cass., *Omalotheca* Cass. sect. Omalotheca）　チチコグサ属【M-4】［ca. 80］:ヒメチチコグサ（エゾノハハコグサ）

Grangea Adans.　タカサゴハナヒリグサ属【M-2】［10：アフリカ・マダガスカル・熱帯アジア］

Grindelia Willd.　ネバリオグルマ属【M-2】［50–70：北米～メキシコ・南米南部］

Guizotia Cass.　†キバナタカサブロウ属【M-17h】［6：アフリカ・インド］

Gymnocoronis DC.　†ミズヒマワリ属【M-20e】［5：中南米］

Gynura Cass.　†サンシチソウ属【M-1f】［ca. 40：旧世界の熱帯］:†スイゼンジナ

Helenium L.　†ダンゴギク属【M-9a】［30：北米～メキシコ・南米温帯］:†マツバハルシャギク（イトギク）

Helianthus L.　†ヒマワリ属【M-16j】［ca. 50：北米］:†キクイモ

Helichrysum Mill.　【M-4】［ca. 600（側系統群）：ユーラシア西部・アフリカ・マダガスカル］

Heliopsis Pers.　†キクイモモドキ属【M-16h】［15：中米～南米北部］

Hemisteptia Fisch. & C.A. Mey.（*Hemistepta* Bunge, nom. nud.）　キツネアザミ属【H-4d】［1］

Heterotheca Cass.　†アレチオグルマ属【M-2】［20–30：北米～メキシコ北部］:†アレチオグルマ（オグルマダマシ）

Hieracium L.　ヤナギタンポポ属【K-3j】［ca. 90］:†ウズラバタンポポ, ミヤマコウゾリナ

Himalaiella Raab-Straube　タイワンヒゴタイ属【H-4d】［14：南西アジア・ヒマラヤ～中国南部・台湾・東南アジア（北部高地）］

Hololeion Kitam.　スイラン属【K-3d】［2–3］

Hypochaeris L.（誤って *Hypocaeris*, *Hypochoeris* と綴られた; incl. *Trommsdorffia* Bernh.）　ブタナ属【K-3k】［ca. 50］:エゾコウゾリナ, *オウゴンソウ

Inula L.　オオグルマ属【M-6a】［ca. 4：欧州～南西アジア（西ヒマラヤ以西）］

Ismelia Cass.　ハナワギク属【M-5n】［1：モロッコ］

Ixeridium（A. Gray）Tzvelev　ニガナ属【K-3d】［ca. 15］:ホソバニガナ, ヤナギニガナ

Ixeris Cass.（incl. *Chorisis* DC.）　ノニガナ属【K-3d】［ca. 10］:イワニガナ, オオジシバリ, タカサゴソウ, ハマニガナ

×**Ixyoungia** Kitam.（*Ixeris* × *Youngia*）　オニシジバリ属【K-3d】

Jacobaea Mill.　コウリンギク属【M-1f】［35–40：ユーラシア］:*シロタエギク, タカネコウリンギク, ハンゴンソウ, ヤブボロギク（ヤコブコウリンギク）

242

Japonicalia C. Ren & Q.E. Yang　モミジガサ属（新称）【M-1c】［3：日本（北海道南部〜九州）］：モミジコウモリ

Klasea Cass.　キクボクチ属【H-4d】［ca. 65：ユーラシア・北アフリカ］

Kleinia Mill.（incl. *Notonia* DC.）　シッポウジュ属【M-1f】［ca. 50：アフリカ・カナリア諸島・マダガスカル・アラビア半島・インド・スリランカ］

Lactuca L.（incl. *Lagedium* Soják, *Mulgedium* Cass., *Pterocypsela* C. Shih）　チシャ属（アキノノゲシ属）【K-3e】［ca. 60］：アキノノゲシ，エゾムラサキニガナ，タイワンニガナ，†トゲヂシャ，*ムラサキハチジョウナ（ムラサキノゲシ），ヤマニガナ，*リュウゼツサイ

〔241 頁より：152）の続き〕

　M. Asteroideae　キク亜科［全世界］　約 20 連が認められるが，単系統群をなす広義メナモミ連の 12 ないし 13 連を 1 つの連に統合する意見もある。連内の分類についても様々に提案されているが，シオン連やハハコグサ連では従来の分類が分子系統学的研究によって全く支持されず，それに替わる体系はまだ提案されていない。

　M-1：Senecioneae　キオン連［約 150 属約 3500 種：全世界］
　　　本書では 6 亜連に分類する説を採用するが，最初に分岐したドロニクム亜連は解析によってはシオン連の姉妹群となることから，独立の連とする意見もある。残りについても，解析する遺伝子領域によっては M-1c や M-1f は側系統群となる（前者の系統に M-1d が，後者の系統に M-1e が含まれる）。また，所属未定の属も多い：M-1a. Doronicinae　ドロニクム亜連［1 属約 40 種：ユーラシア］，M-1b. Abrotanellinae［1 属約 20 種，豪州・ニュージーランド・南太平洋諸島・南米南部］，M-1c. Tussilagininae (incl. Tephroseridinae)　コウモリソウ亜連［約 45 属］，M-1d. Brachyglottidinae［10–15 属：主に豪州とその周辺］，M-1e. Othonninae［5 属：アフリカ中南部］，M-1f. Senecioninae　キオン亜連［約 80 属］

　M-2：Astereae　シオン連［180–220 属 3000–3100 種：全世界］

　M-3：Calenduleae　キンセンカ連［12 属約 120 種：アフリカ，1 属のみ地中海地方〜南西アジア］

　M-4：Gnaphalieae　ハハコグサ連［165–185 属約 1250 種：全世界］

　M-5：Anthemideae　キク連［100–110 属約 1800 種：全世界，特に温帯〜寒帯］：分子系統学的研究に基づいた Oberprieler et al. (2007) の分類では 14 亜連に分けられているが，所属未定の属も多い。本書掲載の属は以下の亜連に属する：M-5b. Cotulinae　タカサゴトキンソウ亜連［10 属：南半球温帯〜亜熱帯，少数の種が北半球に広がる］，M-5h. Artemisiinae (incl. Chrysantheminae)　キク亜連［10–13 属：全世界，特に中央アジアで多様化］，M-5i. Matricariinae (incl. Achilleinae)　カミツレ亜連［4–5 属：ユーラシア・北アフリカ・北米西部］，M-5j. Anthemidinae (incl. Tanacetinae)　ヨモギギク亜連［約 5 属：北半球温帯］，M-5l. Leucantheminae　フランスギク亜連［8 属：地中海地方〜西アジア・マカロネシア］，M-5m. Santolininae　ワタスギギク亜連［5 属：地中海地方］，M-5n. Glebionidinae　シュンギク亜連［4 属：地中海地方，マカロネシア］　　　〔以下 245 頁へ〕

維管束植物分類表

Lagenophora Cass.（初め *Lagenifera* と綴られた）　コケセンボンギク属【M-2】
　　［14］

Laggera Sch. Bip. ex Koch　ヒレギク属【M-6b】［17（多系統群）：旧世界の
　　熱帯］

Lapsana L.　†ナタネタビラコ属【K-3d】［1：欧州～南西アジア］

Lapsanastrum Pak & K. Bremer　ヤブタビラコ属【K-3d】［4］：コオニタビラ
　　コ（タビラコ）

Launaea Cass.　ハマタビラコ属【K-3f】［54：旧世界，1種が豪州］

Leibnitzia Cass.　センボンヤリ属【C-3】［6］

Leontodon L.　†カワリミタンポポモドキ属【K-3k】［ca. 40：地中海地方～
　　南西アジア］

Leontopodium R. Br. ex Cass.　ウスユキソウ属【M-4】［ca. 60］：*エーデルワ
　　イス

Leucanthemella Tzvelev　ミコシギク属【M-5h】［2］

Leucanthemum Mill.　†フランスギク属【M-5l】［43：欧州～シベリア］

Leucomeris D. Don　【E-2】［2：ヒマラヤ～中国西南部・東南アジア］

Liatris Gaertn. ex Schreb.　ユリアザミ属（キリンギク属）【M-20i】［41：北米
　　～メキシコ］：*ヒメキリンギク（ユリアザミ），*マツカサギク

Ligularia Cass.　メタカラコウ属【M-1c】［ca. 125（多系統群）］：オタカラコウ，
　　トウゲブキ，ハンカイソウ，マルバダケブキ，*ヤノネツワブキ，ヤマタバ
　　コ

Lonas Adans.　アフリカヒナギク属【M-5x】［1：イタリア・北アフリカ］

Mantisalca Cass.　†キダチキツネアザミ属【H-4d】［1：地中海地方］

Matricaria L.（incl. *Chamomilla* Gray, *Lepidotheca* Nutt.）　†カミツレ属【M-5i】［6
　　：欧州～中央アジア・北アフリカ・マカロネシア］：†コシカギク（オロ
　　シャギク）

Mauranthemum Vogt & Oberprieler（*Leucoglossum* B.H. Wilcox, K. Bremer &
　　Humphries）　ノースポールギク属【M-5l】［4：地中海地方西部］

Melampodium L.　メランポディウム属【M-17b】［ca. 40：熱米］

Microglossa DC.　シマイズハハコ（キダチイズハハコ）属【M-2】［ca. 19：
　　アフリカ・マダガスカル・熱帯アジア］

Mikania Willd.　†ツルギク属【M-20c】［ca. 400：熱米，少数種が世界の熱
　　帯に帰化］：†ツルヒヨドリ（コバナツルギク）

Miricacalia Kitam.　オオモミジガサ属【M-1c】［1］：オオモミジガサ（トサノ
　　モミジガサ）

Myriactis Less.　キクタビラコ（ミヤオギク）属【M-2】［ca. 5］：ヒメキクタビ
　　ラコ，*ミヤオギク（キクタビラコ）

Nabalus Cass.（incl. *Dubyaea* DC., *Sonchella* Sennikov）　フクオウソウ属【K-3d】
　　［ca. 30：ヒマラヤ～東アジア・北米］：オオニガナ，*シオニガナ，*フク
　　オウモドキ

Nemosenecio (Kitam.) B. Nord.　サワギク属【M-1c】［6］

Nipponanthemum Kitam.　ハマギク属【M-5h】［1］

Notobasis Cass.　シリアアザミ属【H-4d】［1：地中海地方東部］

右上ヘッダ省略

Notoseris C. Shih　タイワンフクオウソウ属【K-3e】［ca. 6：東ヒマラヤ～中国南部・台湾］

Olgaea Iljin（incl. *Takeikadzuchia* Kitag. & Kitam.）　ウニヒレアザミ属【H-4d】［ca. 17：中央～東アジア］

Onopordum L.　†オオヒレアザミ属【H-4d】［ca. 60：欧州～中央アジア・北アフリカ・カナリア諸島］：†オニウロコアザミ，†ゴロツキアザミ

Osteospermum L.　【M-3】［ca. 45：アフリカ東部～南部・アラビア半島］

Paraprenanthes C.C. Chang ex C. Shih　ムラサキニガナ属【K-3e】［10］

Parasenecio W.W. Sm. & Small（incl. *Koyamacalia* H. Rob. & Brettel）　コウモリソウ属【M-1c】［ca. 60］：イヌドウナ，タマブキ，ヨブスマソウ

Parthenium L.　†アメリカブクリョウサイ属【M-16n】［16：北米南部～南米］：†アメリカブクリョウサイ（ゴマギク）

Pentanema Cass.（incl. *Inula* p. p.）　オグルマ属【M-6a】［40(-100)：ユーラシア・アフリカ］：カセンソウ，ミズギク

Pericallis D. Don　フウキギク属【M-1f】［15：マカロネシア］

Pertya Sch. Bip.（incl. *Macroclinidium* Maxim., ×*Macropertya* Honda, *Myripnois* Bunge）　コウヤボウキ属【l】［ca. 20］：オヤリハグマ，カシワバハグマ，*ハグマノキ

Petasites Mill.（incl. *Nardosmia* Cass.）　フキ属【M-1c】［ca. 20］

〔243頁より：152)の続き〕

　　M-6：Inuleae　オグルマ連［約66属約690種：全世界，特にユーラシアとアフリカで多様化］

　　　　　花柱の先端の形質に基づいてM-6a. Inulinae　オグルマ亜連とM-6b. Plucheinae　ヒイラギギク亜連に分けられる。オグルマ属の範囲付けは近年大幅に変更された。

　　M-7：Athroismeae　トキンソウ連［8属60種余：主に東アフリカ，一部の属がその他の南半球地域やインド～東アジア・マレーシアにも分布］

　　　　　以下の4亜連が認められている：M-7a. Loweyanthinae　［1属］，M-7b. Athroisminae　［3属］，M-7c. Anisopappinae　カイナンギク亜連［2属］，M-7d. Symphyllocarpinae　トキンソウ亜連［2属］

　　［M8～20: Hellianthae allliance 広義メナモミ連：M-7もここに含める意見がある］

　　M-8：Feddeeae　［1属1種：キューバ］

　　M-9：Helenieae　ダンゴギク連［13属約120種：北米～南米］

　　　　　4–5亜連に分けられ，本書掲載の属はM-9a. Gaillardiinae　ダンゴギク亜連［3属53種］に属する。

　　M-10：Coleopsideae　ハルシャギク連［約30属約550種：全世界，特に北～中米で多様化］　少数の所属不明の属を除き3亜連に分けられる：M-10a. Chrysanthellinae　セリバノセンダングサ亜連［6属］，M-10b. Coreopsidinae　ハルシャギク亜連［約20属］，M-10c. Pinillosiinae　［3属：西インド諸島］。

　　M-11：Neurolaeneae　ヌマキクナ連［5属約150種：世界の熱帯，大部分中南米］　　　　　　　　　　　　　　　　　〔以下247頁へ〕

維管束植物分類表

Picris L.　コウゾリナ属【K-3k】［ca. 50］

Pilosella Vaill.　†コウリンタンポポ属【K-3j】［ca. 20：欧州〜南西アジア，北アフリカ］

Piqueria Cav.　シラユキギク属【M-20g】［6：中米・西インド諸島］

Pluchea Cass.　†ヒイラギギク属【M-6b】［ca. 80（多系統群）：世界の熱帯］：†タワダギク

Praxelis Cass.　【M-20j】［16：南米，少数種が旧世界の熱帯に帰化］

Pseudelephantopus Rohr　ホザキイガコウゾリナ属【K-5h】［2：熱米，1種が旧世界の熱帯に帰化］

Pseudognaphalium Kirp.　ハハコグサ属【M-4】［ca. 90：ユーラシア・アフリカ・マレーシア・ニュージーランド・北米〜南米］

Pseudogynoxys (Greenm.) Cabrera　†メキシコサワギク（メキシコタイキンギク）属【M-1f】［14：中南米］

Ratibida Raf.　†コバレンギク属【M-16f】［7：北米］

Reichardia Roth（incl. *Picridium* Desf.）　アフリカノゲシ属【K-3f】［8：地中海地方］

Rhaponticum Vaill.（*Stemmacantha* Cass.）　オオバナアザミ（タイリンアザミ）属【H-4d】［26：ユーラシア］

Rudbeckia L.（incl. *Dracopis* (Cass.) Cass.）　†オオハンゴンソウ属【M-16f】［17：北米］：†アラゲハンゴンソウ（キヌガサギク），*ダキバハンゴンソウ

Santolina L.　ワタスギギク属【M-5m】［ca. 13：地中海地方］

Sanvitalia Lam.　ジャノメギク属【M-16h】［7：中南米］

Saussurea DC.　トウヒレン属【H-4d】［ca. 460］：キクアザミ，キントキヒゴタイ，シラネアザミ，ユキバヒゴタイ

Schkuhria Roth　†イトバギク属【M-14】［6：北米・南米］

Scorzonera L.　フタナミソウ属【K-3l】［ca. 180］：†キバナバラモンジン（キクゴボウ）

Senecio L.　ノボロギク属【M-1f】［ca. 1250（多系統群）］：エゾオグルマ〈タイキンギクは別属〉

Serratula L.　タムラソウ属【H-4d】［2–4］

Sigesbeckia L.（しばしば *Siegesbeckia* と綴られる）　メナモミ属【M-17h】［8］

Silphium L.　†ツキヌキオグルマ属【M-16e】［ca. 25：北米］

Silybum Vaill.　†オオアザミ属【H-4d】［2–3：地中海地方］：†オオアザミ（マリアアザミ）

Sinosenecio B. Nord.　キクバコウリンカ属【M-1c】［ca. 40：中国・朝鮮半島・東南アジア・北米北西部］：*キクバコウリンカ（キクバキオン）

Smallanthus Mack.　ヤーコン属【M-17h】［20：熱米］

Solenogyne Cass.　コケタンポポ属【M-2】［4：琉球・豪州・タスマニア］

Solidago L.　アキノキリンソウ属【M-2】［ca. 100］：アオヤギバナ，イッスンキンカ，シマコガネギク，†セイタカアワダチソウ

Soliva Ruiz & Pav.　†イガトキンソウ属【M-5b】［8：豪州，北米〜南米］：†メリケントキンソウ

Sonchus L.　ノゲシ属【K-3f】［ca. 80］：ハチジョウナ

Sphaeranthus L.　タマバナソウ属【M-6b】［ca. 41：旧世界の熱帯］

維管束植物分類表

Sphaeromorphaea DC.　オオトキンソウ属【M-6b】［6：南アジア～東アジア亜熱帯・東南アジア・マレーシア・豪州・ニューカレドニア・ミクロネシア］

Sphagneticola O. Hoffm.（*Complaya* Strother）　アメリカハマグルマ属【M-16a】［4：世界の熱帯：クマノギク

Stevia Cav.　ステビア属【M-20g】［175–230：北米～南米大陸］

Stokesia L'Hér.　ストケシア属【K-5j】［1：北米南東部］

Strobocalyx (Blume ex DC.) Spach　ヨモギボク属【K-5n】［ca. 8：中国南部・東南アジア・マレーシア］

Stuartina Sond.　†カギバリチチコグサ属【M-4】［2：豪州］

Symphyllocarpus Maxim.　イヌトキンソウ属【M-7d】［1：北東アジア］

Symphyotrichum Nees（incl. *Brachyactis* Ledeb.）　†ホウキギク属【M-2】［ca. 90：大部分北米，少数種が中南米および東シベリア～北東アジア］:†キダチコンギク，†ネバリノギク，†モウコムカシヨモギ，†ユウゼンギク

Syncarpha DC.（incl. *Helipterum* p.p., excl. typo）　ハナカンザシ属【M-4】［ca. 28：南アフリカ］

Synedrella Gaertn.　†フシザキソウ属【M-16a】［1：熱米，現在は世界の熱帯～亜熱帯に広く帰化］

Syneilesis Maxim.　ヤブレガサ属【M-1c】［7］

Synurus Iljin　ヤマボクチ属【H-4d】［4］

Tagetes L.　†センジュギク（コウオウソウ，マンジュギク）属【M-12】［ca. 50：北米～南米］:†シオザキソウ（コゴメコウオウソウ）

〔245 頁より：152) の続き〕

　　　　M-12：Tageteae　センジュギク連［32 属約 270 種：北米南部～南米，1種が豪州］　6 亜連が認められているが，所属未定の属も多いので，本書では連内分類を採用しない。

　　　　M-13：Chaenactideae　［3 属約 30 種：北米南西部・メキシコ］

　　　　M-14：Bahieae　イトバギク連［20 属約 83 種：熱帯アフリカ・ポリネシア・北米～南米］

　　　　M-15：Polymnieae　［1 属 3 種：北米東部］　かつてヤーコンは外部形態の類似から *Polymnia* L. の種として扱われていたが，現在は別属とされ，メナモミ連に移されている。

　　　　M-16：Heliantheae　ヒマワリ連［110–120 属約 1500 種：全世界の熱帯～温帯，大部分は北米中部～南米］

　　　　　14 亜連に分けられる。本書掲載の属は以下の亜連に属する：M-16a: Ecliptinae　タカサブロウ亜連［約 50 属］，M-16b. Montanoinae モンタノア亜連［1 属］，M-16d. Verbesininae　ハネミギク亜連［4 属］，M-16e. Engelmanniinae　ツキヌキオグルマ亜連［8 属］，M-16f. Rudbeckiinae　オオハンゴンソウ亜連［2 属］，M-16h. Ziniinae　ヒャクニチソウ亜連［8 属］，M-16i. Spilanthinae　センニチモドキ亜連［5 属］，M-16j. Helianthinae　ヒマワリ亜連［19 属］，M-16n. Ambrosiinae ブタクサ亜連［約 8 属］。タカサブロウ亜連のネコノシタの仲間の分類については Edwards et al. (2018) に従う。　　　〔以下 249 頁へ〕

維管束植物分類表

Taimingasa (Kitam.) C. Ren & Q.E. Yang　ヤマタイミンガサ属（新称）【M-1c】[4：日本・朝鮮半島・中国東北部]：イズカニコウモリ, *オニタイミンガサ

Tanacetum L.（incl. *Pyrethrum* Zinn）　ヨモギギク属【M-5j】[ca. 160：ユーラシア・北アフリカ・北米]：*アカバナムショケギク, *ナツシロギク

Taraxacum Wber ex F.H. Wigg.　タンポポ属【K-3d】[60〜100（無融合生殖を行う小種は含まない）]

Tarlmounia H. Rob., S.C. Keeley, Skvarla & R. Chan　【K-5n】[1：スリランカ・東南アジア, 東アジア亜熱帯・豪州北東部・西太平洋諸島に帰化]

Telekia Baumg.　オオトウカセン属【M-6a】[1：欧州〜南西アジア]：*オオトウカセン（キハマギク）

Tephroseris (Rchb.) Rchb.　オカオグルマ属【M-1c】[ca. 50]：コウリンカ, サワオグルマ, ミヤマオグルマ

Tetragonotheca Dill. ex L.　シカクヒマワリ属【M-17a】[4：北米南東部・メキシコ北部]

Thymophylla Lag.　カラクサシュンギク属【M-12】[ca. 18：北米南西部〜メキシコ・南米（アルゼンチン）]

Tithonia Desf.　†ニトベギク属【M-16j】[ca. 11：北米南西部〜南米]：†メキシコヒマワリ

Townsendia Hook.　ジギク属【M-2】[11：北米南部〜メキシコ]

Tragopogon L.　†バラモンジン属【K-3l】[ca. 110：ユーラシア]：†バラモンギク

Tridax L.　†コトブキギク属【M-17a】[30：熱米, 1種が世界の熱帯〜亜熱帯に帰化]

Tripleurospermum Sch. Bip.　シカギク属【M-5j】[ca. 40]：†イヌカミツレ

Tripolium Nees　ウラギク属【M-2】[1]

Tussilago L.　†フキタンポポ属【M-1c】[1：ユーラシア]：†フキタンポポ（カントウ）

Urospermum Scop.　†オニコウゾリナ属【K-3k】[2：地中海地方〜南西アジア・マカロネシア]

Verbesina L.　†ハネミギク属【M-16d】[ca. 300：北米〜南米]：†ハネミギク（ハチミツソウ）

Vernonia Schreb.　ヤナギタムラソウ属【K-5b】[22：北米南東部・バハマ・メキシコ・南米]

Wollastonia DC. ex Decne.（incl. *Indocypraea* Orchard）　キダチハマグルマ属【M-16a】[ca. 20：東アフリカ・東アジア〜東南アジア・インド洋および太平洋諸島]：ネコノシタ, オオハマグルマ

Xanthium L.　オナモミ属【M-16n】[3〜20]

Xerochrysum Tzvelev（*Bracteantha* Anderb. & Haegi）　ムギワラギク属【M-4】[8：豪州]

Youngia Cass.　オニタビラコ属【K-3d】[ca. 30]

Zinnia L.　ヒャクニチソウ属【M-16h】[ca. 25：北米南西部〜南米]

維管束植物分類表

2. 3. 60：Escalloniales　エスカロニア目

2. 3. 60. 1：Escalloniaceae（incl. Eremosynaceae, Polyosmaceae, Tribelaceae）　エスカロ
ニア科〔404〕〔7 属 100 種余：レユニオン島・インド北東部～中国南部・
東南アジア・マレーシア・豪州・タスマニア・ニューカレドニア・ニュー
ジーランド・中南米〕
　　　Escallonia Mutis ex L.f.　エスカロニア属［ca. 40：中南米 ］
　　　Polyosma Blume　［ca. 80：インド北東部～東南アジア・マレーシア・豪州・
　　　ニューカレドニア ］

2. 3. 61：Bruniales　ブルニア目

2. 3. 61. 1：Columelliaceae（incl. Desfontainiaceae）　コルメリア科〔405〕〔2 属
3(–7) 種：中米・南米（アンデス地方）〕
　　　Columellia Ruiz & Pav.　［1(–3)：南米（ボリビア以北のアンデス山脈）〕
　　　Desfontainia Ruiz & Pav.　［1(–3)：中南米 ］

2. 3. 61. 2：Bruniaceae　ブルニア科〔406〕〔6 属約 80 種：南アフリカ（大部
分ケープ地方）〕
　　　Berzelia Brongn.　［16：南アフリカ（ケープ地方）〕
　　　Brunia Lam.　［37：南アフリカ（ケープ地方）〕

〔247 頁より；152）の続き〕
　　　　M-17：Millerieae　メナモミ連［34 属約 400 種 ］　世界の熱帯～温帯，
　　　　大部分熱米 ］
　　　　　　8 亜連に分けられる。本書掲載の属は以下の亜連に属する：M-17a:
　　　　Dyscriothamninae　コトブキギク亜連［5 属］，M-17b. Melampodiinae
　　　　アメリカトゲミギク亜連［3 属］，M-17d. Galinsoginae コゴメギク亜
　　　　連［9 属］，M-17h. Milleriinae　メナモミ亜連［11 属］
　　　　M-18：Madieae　ギンケンソウ連［36 属 200 種余：北米～南米の太平洋側・
　　　　ハワイ，ウサギギク属のみユーラシア冷温帯～寒帯に広がる ］
　　　　　　3–5 亜連に分けられる。本書掲載の属は以下の 2 亜連に属する：
　　　　M-18c. Arnicinae　ウサギギク亜連［1 属］，M-18d. Madiinae　ギンケ
　　　　ンソウ亜連［24–27 属］
　　　　M-19：Perityleae　ペリティレ連［4 属 73 種：北米南西部 ］
　　　　M-20：Eupatorieae　ヒヨドリバナ連［180 属 2200 種余：世界の熱帯～
　　　　亜熱帯（ヒヨドリバナ属のみ温帯に広がる），大部分が熱米，一部の
　　　　属は旧世界の熱帯～亜熱帯に帰化 ］
　　　　　　17 亜連に分けられ，本書掲載の属は以下の亜連に属する：M-20b.
　　　　Oxylobinae　マルバフジバカマ亜連［9 属］，M-20c. Mikaniinae　ツ
　　　　ルギク亜連［1 属］，M-20e. Adenostemmatinae　ヌマダイコン亜連［3
　　　　属］，M-29g. Ageratinae　カッコウアザミ亜連［ 約 26 属］，M-29h.
　　　　Eupatoriinae　ヒヨドリバナ亜連［ 約 4 属］，M-20i. Liatrinae　ユリア
　　　　ザミ亜連［6 属］，M-20j. Praxeliinae　ヒマワリヒヨドリ亜連［7 属］，
　　　　M-20k. Gyptidinae　ギプティス亜連［ 約 29 属（多系統群の可能性が高
　　　　い）〕

249

維管束植物分類表

2. 3. 62：Paracryphiales　パラクリフィア目

2. 3. 62. 1：Paracryphiaceae　パラクリフィア科〔407〕〔3 属約 36 種：東マレーシア・豪州・ニューカレドニア・ニュージーランド〕
 Paracryphia Baker f.　[1：ニューカレドニア]
 Quintinia A. DC.　[4：東マレーシア・豪州・ニュージーランド]
 Sphenostemon Baill.　[9：東マレーシア・豪州北東部・ニューカレドニア]

2. 3. 63：Dipsacales　マツムシソウ目

2. 3. 63. 1：**Viburnaceae**　**ガマズミ科**(Adoxaceae　レンプクソウ科)[153]〔408〕〔4 属約 200–230 種：全世界(アフリカと豪州には少ない)〕
 Adoxa L.（incl. *Tetradoxa* C.Y. Wu）　レンプクソウ属 [ca. 3]
 Sambucus L.　ニワトコ属 [(10–)20]：ソクズ
 Viburnum L.　ガマズミ属 [(160–)200]：オオカメノキ(ムシカリ), オトコヨウゾメ, ゴモジュ, サンゴジュ, ハクサンボク, ヤブデマリ

2. 3. 63. 2：**Caprifoliaceae**(incl. Dipsacaceae, Morinaceae, Valerianaceae)　**スイカズラ科**[154]〔409〕〔30–39 属約 850–1000 種：ほぼ全世界(豪州・マレーシアの大部分および海洋島を除く)〕
 Abelia R. Br.　ハナツクバネウツギ属【C】[ca. 30：東アジア・東南アジア]：タイワンツクバネウツギ
 Centranthus DC.　ベニカノコソウ属【E】[10：地中海地方～南西アジア]
 Cephalaria Schrad. ex Roem. & Schult.　キバナマツムシソウ(キバナノマツムシソウ)属【F】[ca. 80：地中海地方～南西アジア]
 Diabelia Landrein　ツクバネウツギ属【C】[3：中国東部, 朝鮮半島南東部・日本]
 Diervilla Mill.　アメリカタニウツギ属【A】[3：北米東部]
 Dipelta Maxim.　ソウジュンボク属【C】[3：中国]
 Dipsacus L.　ナベナ属【F】[ca. 20]：*オニナベナ, *ラシャカキグサ
 Kolkwitzia Graebn.　ショウキウツギ属【C】[1：中国]
 Linnaea Gronov. ex L.　リンネソウ属【C】[1]
 Lonicera L.　スイカズラ属【B】[ca. 180]：ウグイスカグラ, キンギンボク(ヒョウタンボク), ケヨノミ, スイカズラ(ニンドウ), ネムロブシダマ
 Macrodiervilla Nakai　ウコンウツギ属【A】[1：北東アジア～アリューシャン]
 Nardostachys DC.　カンショウコウ属【E】[2：ヒマラヤ～中国西南部]
 Patrinia Juss.　オミナエシ属【E】[ca. 25]：オトコエシ, キンレイカ
 Scabiosa L.　マツムシソウ属【F】[30+]
 Symphoricarpus Duhamel　セッコウボク属【B】[ca. 15：中国・北米～メキシコ]
 Triosteum L.　ツキヌキソウ属【B】[6]
 Triplostegia Wall. ex DC.　ヒメカノコソウ(ニイタカカノコソウ)属【F?】[2：ヒマラヤ～中国西南部・台湾・東マレーシア]

維管束植物分類表

Valeriana L.　カノコソウ属【E】［ca. 300（側系統群）：ユーラシア・南アフリカ・北～南米］

Valerianella Mill.　†ノヂシャ属【E】［60–70：地中海地方～南西アジア・北米～南米］

Weigela Thunb.（incl. *Weigelastrum* Nakai）　タニウツギ属【A】［ca. 10］：キバナウツギ, ニシキウツギ, ハコネウツギ, ベニウツギ, ヤブウツギ

Zabelia (Rehder) Makino　イワツクバネウツギ属【x】［6］：*カラツクバネウツギ, *トウツクバネウツギ

2. 3. 64：Apiales　セリ目

2. 3. 64. 1：Pennantiaceae　ペンナンティア科〔410〕［1 属 3(–4) 種：豪州東部・ノーフォーク島・ニュージーランド］

Pennantia J.R. & G. Forst.　［3(–4)]

153）ガマズミ科は APG 分類体系ではレンプクソウ科 Adoxaceae と呼ばれているが, 命名規約上の問題から改名を余儀なくされたものである。ガマズミ属のみからなる Viburnoideae (Opuloideae)　ガマズミ亜科と, それ以外の属からなる Adoxoideae　レンプクソウ亜科に分けられる。

154）スイカズラ科は APGⅢ以降マツムシソウ科やオミナエシ科を含んで広義に扱われ, 全体として以下の 6 亜科が認められている。現在でもマツムシソウ科やオミナエシ科を独立させることが行われる（Kadereit & Bittrich (eds.) 2016）が, これらを除くとスイカズラ科が側系統群となることが明らかである。また, イワツクバネウツギ属（本書では所属未定とする）は従来考えられたようにリンネソウ亜科に属さず, モリナ亜科の姉妹群の可能性があり（Jacobs et al. 2010, 2011）, 本科の分類にはなお不確定要素が残されている。

A. Diervilloideae　タニウツギ亜科［(1–)3 属約 13 種：東アジア・北米］

B. Caprifolioideae　スイカズラ亜科［5 属約 210 種：北半球温帯～寒帯および亜熱帯高地］　本亜科のものとされる *Heptacodium* Rehder［1：中国西部］は, 染色体や分子系統解析からリンネソウ亜科との過去の交雑に由来する属の可能性が推測されている。

C. Linnaeoideae　リンネソウ亜科［6 属約 50 種：北半球亜熱帯～寒帯］従来のツクバネウツギ属は側系統群であることが分かり（Jacobs et al. 2010; Landrein et al. 2012）, 3 属に分割された。Christenhusz (2013) のようにこの亜科全体（イワツクバネウツギ属は除く）をリンネソウ属 1 属として扱う対案もあるが, 受け入れられる見込みはないであろう。

D. Morinoideae　モリナ亜科［2 属 12 種：欧州南東部・南西アジア・ヒマラヤ～中国西南部］

E. Valerianoideae　オミナエシ亜科［約 5 属 380–400 種：北半球温帯・南米アンデス高地］

F. Dipsacoideae　マツムシソウ亜科［15 属 280–300 種：ユーラシア温帯・アフリカ］　ヒメカゴソウ属は本亜科の中で最初に分岐したと考えられているが, 解析によっては E と F からなる系統群の姉妹群となることもあり, 独立の亜科として扱った方がいいかも知れない。

251

維管束植物分類表 ———

2. 3. 64. 2：Torricelliaceae (incl. Aralidiaceae, Melanophyllaceae)　トリケリア科〔411〕〔3 属 10 種：マダガスカル・ヒマラヤ～中国西南部・西マレーシア〕
Aralidium Miq.　〔1：西マレーシア〕
Melanophylla Baker　〔7：マダガスカル〕
Torricellia DC.（しばしば *Toricellia* と綴られる）〔2：ヒマラヤ～中国西南部〕

2. 3. 64. 3：Griseliniaceae　グリセリニア科〔412〕〔1 属 6–7 種：ニュージーランド・南米南部〕
Griselinia G. Forst.　〔6–7〕

2. 3. 64. 4：**Pittosporaceae**　**トベラ科**〔413〕〔約 7 属約 200 種：アフリカ中南部・マダガスカル・アラビア半島・南アジア～東アジア暖温帯および亜熱帯・東南アジア・マレーシア・豪州・タスマニア・ニュージーランド・太平洋諸島〕
Pittosporum Banks ex Gaertn.　トベラ属 [ca. 150]：コヤスノキ

2. 3. 64. 5：**Araliaceae**　**ウコギ科**[155]〔414〕〔約 43 属約 1650 種：世界の湿潤な熱帯～冷温帯〕
Aralia L.（incl. *Pentapanax* Seem.）　タラノキ属【B-2】[ca. 40]：ウド, *ヤドリタラノキ
Chengiopanax C.B. Shang & J.Y. Huang　コシアブラ属【B-4】[2]
Cussonia Thunb.　アフリカヤツデ属【B-3?】[ca. 20：アフリカ中南部・マスカリン諸島]
Dendropanax Decne. & Planch.（incl. *Textoria* Miq.）　カクレミノ属【B-4】[ca. 80]
Eleutherococcus Maxim.（incl. *Acanthopanax* (Decne. & Planch.) Miq.）　エゾウコギ属【B-4】[ca. 40]：†ヒメウコギ, ヤマウコギ
Fatsia Decne. & Planch.　ヤツデ属【B-4】[3]
Gamblea C.B. Clarke（incl. *Evodiopanax* Nakai）　タカノツメ属【B-4】[4]
Hedera L.　キヅタ属【B-4】[ca. 8]
Hydrocotyle L.　チドメグサ属【A】[75–100(–130)]：†ウチワゼニクサ(タテバチドメグサ), オオバチドメ, ヒメチドメ
Kalopanax Miq.　ハリギリ属【B-4】[1]
Meryta J.R. & G. Forst.　センフトタラノキ属【B-1】[30：豪州・ニュージーランド・ニューカレドニア・太平洋諸島]
Oplopanax Torr. & A. Gray) Miq.　ハリブキ属【B-4】[3]
Osmoxylon Miq.（incl. *Boerlagiodendron* Harms）　コウトウヤツデ属【B-3?】[ca. 50：マレーシア・蘭嶼・西太平洋諸島]：*ハナグシヤツデ
Panax L.　トチバニンジン属【B-2】[ca. 9]：*チョウセンニンジン(オタネニンジン)
Polyscias J.R. & G. Forst.（incl. *Arthrophyllum* Blume）　タイワンモミジ属【B-1】[ca. 150：旧世界の熱帯, 特にメラネシアで多様化]：*ハネバカクレミノ, *ハマタラノキ, *ヒロハナンヨウウコギ
Schefflera J.R. & G. Forst.　フカノキ属【B-3（基準種を含む系統）】[1000–

252

1600（多系統群）]:*キノボリフカノキ〈フカノキ, *ヤドリフカノキ（ホンコンカポック）→【B-4】〉

Sinopanax H.L. Li　ウラジロヤツデ属【B-4】[1：台湾]

Tetrapanax (K. Koch) K. Koch　†カミヤツデ属【B-4】[1：中国南部・台湾：†カミヤツデ（ツウダツボク）

Trachymene Rudge　ソライロゼリ属【A】[ca. 45：マレーシア高山・豪州・南太平洋諸島]

Trevesia Vis.　ナンヨウヤツデ属【B-4】[ca. 10：東南アジア〜マレーシア]

Tupidanthus Hook.f. & Thomson　インドヤツデ属【B-4】[1：インド北東部〜東南アジア]

2. 3. 64. 6：Myodocarpaceae　ミオドカルプス科〔415〕[2属19種：東マレーシア・豪州北東部・ニューカレドニア]

　Myodocarpus Brongn. & Gris　[12：ニューカレドニア]

155）ウコギ科は以下の2亜科に分けられる。

A. Hydrocotyloideae　チドメグサ亜科[4属約175種：世界の熱帯〜温帯, 豪州と南米に多い]　かつてはセリ科チドメグサ亜科とされていた。ただし, かつてのチドメグサ亜科の中にはセリ科に残った属も多い。

B. Aralioideae　ウコギ亜科[約39属1450–1500種：世界の熱帯〜温帯]亜科内の分類体系はまだ完成しておらず, 属の範囲付けについても諸説がある。マレーシアに3種を産する *Harmsiopanax* が最も基部で分岐した可能性が高く, それを除くと4または6つの系統群が認められるが, そのうち B-2 を除く3つに従来フカノキ属に入れられていた植物が含まれる（Plunkett et al. 2004, 2005）。系統関係は [(B-1 + B-2) (B-3 + B-4)]。

B-1：*Polyscias* clade　タイワンモミジ群（*Harmsiopanax* がこの系統群に属するとする説もある）

B-2：*Aralia* clade　タラノキ群　草本性のタラノキ属とトチバニンジン属はここに含まれる。

B-3：*Schefflera* (s. str.) clade　キノボリフカノキ群　解析によっては単系統群をなさず, コウトウヤツデ属やアフリカ産のフカノキ属はそれぞれ独立の系統に属する可能性もある。

B-4：Asian Palmate clade　ウコギ群　東アジア〜東南アジア産および熱帯アメリカ産のフカノキ属はこの群の中でそれぞれ独立の単系統群をなし, Li & Wen (2014) は前者に対しては *Heptapleurum* Gaertn. が正名となる可能性が高いことを示唆しているが, 現段階では使用できる組合せはごく一部しかない。Mabberley (2017) はハリギリ属をエゾウコギ属に含める一方でコシアブラやタカノツメは別属として扱っているが, この扱いには無理があるように思われ, なおかつ近年の分子系統解析ではエゾウコギ属とハリギリ属とが必ずしも近縁ではない（例えば Li & Wen 2014）ことから, 本書では従来のようにハリギリを独立属として扱う。

維管束植物分類表

2. 3. 64. 7：**Apiaceae**（Umbelliferae）　**セリ科** 156)〔416〕〔約 430–460 属 3400–3700 種：全世界〕

Actinotus Labill.　【A】〔18：豪州・ニュージーランド〕

Aegopodium L.　エゾボウフウ属【D-19】〔ca. 7〕:†イワミツバ

Aethusa L.　†イヌニンジン属【D-30】〔1：欧州〜南西アジア・北アフリカ〕

Ammi L.　†ドクゼリモドキ属【D-21】〔4–6：地中海地方〕

Anethum L.　イノンド属【D-21】〔1：地中海地方〕

Angelica L.　シシウド属【D-30】〔80–100：ユーラシア・北アフリカ・北米〕：アシタバ，アマニュウ，カワゼンゴ，シラネセンキュウ，ノダケ，ハナビゼリ，ヨロイグサ（ハクサンボウフウ?）〈ウバタケニンジン，ツクシゼリ，トウキ→【D-30】の別属〉

Anthriscus Pers.　シャク属【D-16e】〔ca. 15〕

Apium L.　オランダゼリ（セロリ）属【D-21】〔ca. 20：南北両半球の温帯〕

Apodicarpum Makino　エキサイゼリ属【D-12】〔1〕

Archangelica Wolf　【D-30】〔ca. 10：欧州〜中央アジア・シベリア〕:*アンゼリカ

Astrantia L.　アストランチア属【C-3】〔8–9：欧州・コーカサス〕

Bifora Hoffm.　フランスゼリ属【D-29】〔3：欧州・北西〜北アフリカ・南西アジア〕

Bowlesia Ruiz & Pav.　†ホシゲチドメグサ属【B】〔15：南米〕

Bunium L.　†アレチウイキョウ属【D-20】〔25–30：欧州〜南西アジア・北アフリカ〕

Bupleurum L.　ホタルサイコ属【D-5】〔ca. 180〕:エゾサイコ，ハクサンサイコ，ミシマサイコ

Carlesia Dunn　イワボウフウ属【D-30】〔1: 中国北部（山東・遼東半島）・朝鮮半島西部〕:*イワボウフウ（サントウゼリ）

Carum L.　ヒメウイキョウ属【D-18】〔20–30：ユーラシア・アフリカ〕：*ヒメウイキョウ（キャラウェイ）

Caucalis L.　†ハナヤブジラミ属【D-16f】〔1：欧州・北アフリカ・南西〜中央アジア〕

Centella L.　ツボクサ属【A】〔ca. 20〕

Chaerophyllum L.（incl. *Oreomyrrhis* Endl.）　†カブラゼリ属【D-16e】〔55–65：ユーラシア・北アフリカ（*Chaerophyllum* s.str.）・台湾・マレーシア・豪州・南太平洋諸島・中南米（*Oreomyrrhis*）〕: *イシダソウ，†ウスゲヤマニンジン

Chamaele Miq.　セントウソウ属【D-17?】〔1〕

Cicuta L.　ドクゼリ属【D-12】〔3–4〕

Cnidium Cuss.　ハマゼリ属【D-30】〔6–8〕:*オカゼリ（ジャショウシ）

Coelopleurum Ledeb.　エゾノシシウド属【D-30】〔ca. 4〕:ミヤマゼンゴ，エゾヤマゼンゴ

Conioselinum Fisch. ex Hoffm.　ミヤマセンキュウ属【D-25】〔ca. 25：ユーラシア・北米北西部〕:カラフトニンジン，*センキュウ，*ニオイウイキョウ

Conium L.　†ドクニンジン属【D-26】〔ca. 6：地中海地方・南アフリカ〕

Coriandrum L.　†コエンドロ属【D-29】[1–2：地中海地方]:†コエンドロ(コリアンダー，シャンツァイ)

---

156)セリ科には4亜科が認められているが，一部の属については系統的位置が安定せず，所属不明として扱われている。ウマノミツバ亜科とセリ亜科はアフリカ南部において分化したと考えられているが，この地域に産する初期に分岐した属ではそれぞれの亜科の特徴を必ずしもそなえておらず，形態による亜科の識別は困難である。

A. Mackinlayoideae　ツボクサ亜科[10属約100種：世界の熱帯〜暖温帯，ツボクサ属以外は南半球温帯と熱帯の高山]

B. Azorelloideae　アゾレラ亜科[21属155種：マカロネシア・東アフリカ・中国西南部・豪州南部・タスマニア・ニュージーランド・南米(南部およびアンデス高地)・亜南極諸島]　豪州に産する低木の *Platysace* Bunge[(1–)3種]は，B–Dからなる系統群の姉妹群の可能性が高い。

C. Saniculoideae　ウマノミツバ亜科[11属約340種：世界の熱帯〜温帯]以下の3連に分けられ，ウマノミツバ連以外はアフリカ中南部の固有である。また，かつてこの亜科として扱われた南アフリカ産の *Hermas* L.[8種]はCとDからなる系統群の姉妹群となる可能性が高い。

C-1：Phlyctidocarpeae　[1属1種：アフリカ南部(ナミビア)。形態的にはセリ亜科の種に近い]

C-2：Steganotaenieae　[2属5種：アフリカ熱帯および南アフリカ]

C-3：Saniculeae　ウマノミツバ連[10属：世界の熱帯〜温帯]　ヒゴタイサイコ属は側系統群であり，新大陸産の種は将来別属 *Strebanthus* Raf. として分離される可能性がある。

D. Apioideae　セリ亜科[380–400属2900–3200種：全世界]　分子系統学的研究が世界中で盛んに行われるようになっており，その成果が統合されて少しずつ亜科内の系統が明らかになりつつある。以下に列記されている系統群の名は主にDownie et al. (2010)とMagee et al. (2010)により，その後の研究に伴う変更を加えたものである。

D-1：Lichtensteinieae (incl. Choritaenieae, Marlothielleae)　[3属9種：アフリカ南部]

D-2：Annesorhizeae　[6属36種：地中海地方・マカロネシア・アフリカ南部]

D-3：Heteromorpheae　[12属27種：アフリカ・マダガスカル・イエメン][以下単系統群 Euapioid。D-4とD-5のみを認め，D-6以降を全て Apieae に統合する考え(Stevens 2001〜はこの考えを採る)もあるが，Downie et al. (2010)はかつて認めたシシウド連などを使い続ける立場から連を細分することを好み，連に相当するランクで27の系統群を認めている。ただし，まだ連として正式に記載されていない系統群も多く，また広義ヤブジラミ連については連を細分しすぎるようにも思われる。本書では原則として掲載された属を含む系統群のみを抜き出して解説するが，必要に応じてそれ以外の系統群についても触れる。連の配列順は，Downie et al. (2010)はアルファベット順としたが，Férnandz Prieto et al. (2018)など近年の分子系統学的研究の成果に基づいて概ね分岐順になるように配列を変更した]

D-4：Chamaesieae　[1属8種：中央アジア〜チベット高原]

D-5：Bupleureae　ホタルサイコ連[1属：北半球温帯〜亜熱帯高地・南アフリカ]

D-8：Pleurospermeae　オオカサモチ連[(1–)4(–9)属：ユーラシア温帯]
〔以下257頁へ〕

維管束植物分類表 ────

Cryptotaenia DC. ミツバ属【D-12】[4：イタリア・コーカサス・東アジア・北米東部]

Cuminum L. クミン属【D-16b】[4：地中海地方～中央アジア]

Cyclospermum Lag.（最初 *Ciclospermum* と綴られた） †マツバゼリ属【D-20】[ca. 3：中南米]

Daucus L. †ニンジン属【D-16b】[ca. 40：地中海地方～南西アジア・マカロネシア・アフリカ・豪州・南米]：†ゴウシュウヤブジラミ

Dystaenia Kitag. セリモドキ属【D-30】[2]

Eriocycla Lindl. ケショウボウフウ属【D-28】[6–8：南西～中央アジア・ヒマラヤ～チベット高原・中国北部]

Eryngium L. ヒゴタイサイコ属【C-3】[220–250（側系統群）：地中海地方～中央アジア（インド北西部に達する）・北米～南米の熱帯～亜熱帯]：*オオバコエンドロ, *ヒイラギサイコ

Ferula L. オオウイキョウ属【D-16c】[ca. 150：地中海地方～南シベリア・中国北部・北アフリカ]：*アギ, *エダハリゼリ

Ferulopsis Kitag. カブニンジン属【D-30】[1(–2)：モンゴル～南シベリア]

Foeniculum Mill. †ウイキョウ属【D-22】[1(–5)：地中海地方]

Glehnia F. Schmidt ex Miq. ハマボウフウ属【D-30】[2：東アジア・北米の太平洋岸]

Halosciastrum Koidz. オオバミツバ属【D-17】[1：朝鮮半島・ウスリー]

Hansenia Turcz.（incl. *Notopterygium* H. Boissieu） キョウカツ属【D-10】[7：中国西部・モンゴル・南シベリア]

Heracleum L. ハナウド属【D-27a】[40–65：ユーラシア・北米]

Kitagawia Pimenov カワラボウフウ属【D-30】[ca. 10：東アジア～南シベリア]：カワラボウフウ（シラカワボウフウ）, *ゼンゴ, モイワボウフウ（←？ツクシゼリ, ボタンボウフウ）

Levisticum Hill ロベージ属【D-25】[3：欧州～南西アジア・北米]

Libanotis Haller ex Zinn イブキボウフウ属【D-30】[ca. 30：ユーラシア]

Ligusticum L. マルバトウキ属【D-17】[1(–2)：周北極地方, 日本北部に達する]

Nothosmyrnium Miq. †カサモチ属【D-20】[2：中国, 日本に帰化]

Oenanthe L. セリ属【D-12】[25–30]

Orlaya Hoffm. †オルラヤ属【D-16b】[5：欧州南東部～南西アジア]：†'ホワイトレースフラワー'

Osmorhiza Raf. ヤブニンジン属【D-16e】[ca. 10]

Ostericum Hoffm. ヤマゼリ属【D-17】[ca. 10：中央～東アジア]：*ニオイウド, *ホソバセンキュウ, ミヤマニンジン

Pastinaca L. アメリカボウフウ属【D-27a】[ca. 14：欧州～西アジア]

Petroselinum Hill オランダミツバ属【D-22】[ca. 2：地中海地方]：*パセリ（オランダミツバ）

Peucedanum L. 【D-30】[8–10：欧州～シベリア：東アジア産の種はこの属から除かれるべきである]：〈ハクサンボウフウ→？*Kitagawia*, ボタンボウフウ→？*Angelica*〉

256

維管束植物分類表

Phlojodicarpus Turcz. ex Ledeb.　タカスゼリ属【D-30】［2–4：シベリア・北東アジア］

〔255 頁より；156) の続き〕
　　D-10：*Physospermopsis* clade　キョウカツ群［約 12 属：ヒマラヤ〜中国西部・モンゴル］　中央アジア〜中国西南部にかけて約 7 属を産する D-9. Komarovieae と単系統をなす可能性が高い。
　　D-12：Oenantheae　セリ連［約 19 属：ユーラシア・マカロネシア・アフリカ・マレーシア・豪州・北米］
　［D-13 〜 D-17：広義ヤブジラミ連。D-13 が最初に分岐したと考えられるが，それ以外の群の関係については十分な精度でわかっていない。本書掲載の属は以下の 3 群に属する〕
　　D-13：*Arcuatopterus* clade　コウライセンキュウ群［2 属：東ヒマラヤ〜中国西南部・朝鮮半島］　*Sillaphyton podagraria* (H. Boissieu) Pimenov (= *Peucedanum insolens* Kitag.) コウライセンキュウの所属については Pimenov et al. (2016) を参照。
　　D-16：Scandiceae　ヤブジラミ連［40 属余：全世界］　さらに 6 つの亜連または連相当の系統群に分けられる。本書掲載の属は D-16b. Daucinae　ニンジン亜連［15 属］，D-16c. Ferulinae　オオウイキョウ亜連［約 4 属］，D-16e. Scandicinae　シャク亜連［約 12 属］，D-16f. Torilidinae　ヤブジラミ亜連［約 8 属］に属する。
　　D-17：*Acronema* clade　イワセントウソウ群［約 15 属：ヒマラヤ〜東アジア，一部の属がユーラシア温帯に広がり，マルバトウキ属のみ北米に達する］
　　D-18：*Conioselinum chinense* clade　［約4属：北米〜メキシコ］　カラフトニンジンに当てられることのあった北米産（種形容語が示すように中国産ではない）の *Conioselinum chinense* (L.) Britton et al. は，意外にも北米産のいくつかの属と共にユーラシア産ミヤマセンキュウ属（D-25 に属する）とは全く別の系統に属することが判明した。
　　（D-19 以降：単系統群 "Apioid Superclade"）
　　D-19：Careae　エゾボウフウ連［約 10 属：ユーラシア温帯］　Downie et al. (2010) は ITS 遺伝子の塩基配列情報に基づきセントウソウ属を本連に含めたが，これはかなり疑わしい。本書ではイワセントウソウ属やヒマラヤ産の他の属との形態的な類似を重く見て，セントウソウ属を D-17 に分類する。
　　D-20：Pyramidoptereae　マツバゼリ連［約30属：ユーラシア・アフリカ・南米］
　　D-21：Pimpinelleae　ミツバグサ連［約 10 属：ユーラシア・アフリカ・マレーシア高地］
　　D-22：Apieae (s. str.)　オランダゼリ連［約 12 属：地中海地方〜西アジア・アフリカ］
　　D-25：*Sinodielsia* clade　センキュウ群［約 14 属：ユーラシア温帯・アリューシャン列島・北米北西部］
　　D-26：*Conium* clade　ドクニンジン群［1 属：欧州〜西アジア］
　　D-27：Tordylieae　ハナウド連［約 27 属：北半球温帯・アフリカ熱帯高地］　さらに亜連相当の 3 系統群に分けられる。本書掲載の属は全て D-27a. Tordyliinae　ハナウド亜連［15 属］に属する。
　　D-28：*Cachrys* clade　ケショウボウフウ群［8属：地中海地方〜中央アジア］
　　D-29：Coriandreae　コエンドロ連［2 属：地中海地方〜西アジア］
　　D-30：Selineae　シシウド連［90属余：全世界の亜熱帯〜温帯］　従来のシシウド属や *Peucedanum* の中には異質なものが多く含まれ，日本産の種にも所属の変更が必要なものが多い（Liao et al. 2013; Pimenov et al. 2016）。

維管束植物分類表

Pimpinella L.（incl. *Platyrhaphe* Miq.）　ミツバグサ属【D-20】［ca. 100：ユーラシア・アフリカ・マレーシア高地］:*アニス, ツクシボウフウ

Pleurospermum Hoffm.　オオカサモチ属【D-8】［2：ユーラシア冷温帯］:オオカサモチ（オニカサモチ）

Pternopetalum Franch.　イワセントウソウ属【D-17】［ca. 25］

Pterygopleurum Kitag.　シムラニンジン属【D-17】［1］

Rupiphila Pimenov & Lavrova　ミヤマウイキョウ属【D-17】［1–2：日本・朝鮮半島・中国東北部・極東ロシア］:ミヤマウイキョウ（イワウイキョウ）

Sanicula L.　ウマノミツバ属【C-3】［ca. 40］

Saposhnikovia Schischk.　ボウフウ属【D-30】［1：東シベリア・モンゴル・中国北部〜東北部・極東ロシア］

Scandix L.　†ナガミゼリ属【D-16e】［ca. 20：ユーラシア，大部分は地中海地方］:†ナガミゼリ（ナガミノセリモドキ）

Sillaphyton Pimenov　コウライセンキュウ属（新称）【D-13】［1：朝鮮半島］

Sium L.　ムカゴニンジン属【D-12】［10–15：ユーラシア・アフリカ・北米］:タニミツバ, ヌマゼリ

Sphallerocarpus Besser ex DC.　ドゥエソウ属【D-16e】［1：中国東北部・極東ロシア］

Spuriopimpinella (H. Boissieu) Kitag.　カノツメソウ属【D-17】［ca. 7］:ヒカゲミツバ

Tilingia Regel & Tiling　シラネニンジン属【D-17】［ca. 3：北東アジア・アリューシャン・アラスカ］:イブキゼリモドキ（ニセイブキゼリ）〈*コウライミツバ, ツシマノダケ→【D-30】〉

Torilis Adans.　ヤブジラミ属【D-16f】［ca. 20］

■所属不明の属（APGⅣの末尾に掲載：このリストには他に *Rumphia* L. が含まれていたが，Mabberley（2016）はこれをカンラン科のカンラン属と推測した）

Atrichodendron Gagnep.　ナス科とされていたが明らかに異なる。

Coptocheile Hoffmanns.　イワタバコ科とされていたが，シソ目の他の科である可能性が高い。

Gumillea Ruiz & Pav.　ペルー産。クノニア科に含められていた（Christenhusz et al.（2017）: 364 のピクラムニア目の項に解説あり）。

Hirania Thulin　ソマリア産。ニガキ科として記載された。ムクロジ目に属するらしいが科の所属は不明。

Keithia Spreng.　ブラジル産。フウチョウソウ科に含められていたが，次の *Poilanedora* と共にアブラナ目には属すると考えられるものの所属は不明である。

Poilanedora Gagnep.　東南アジア産。

付図：系統樹

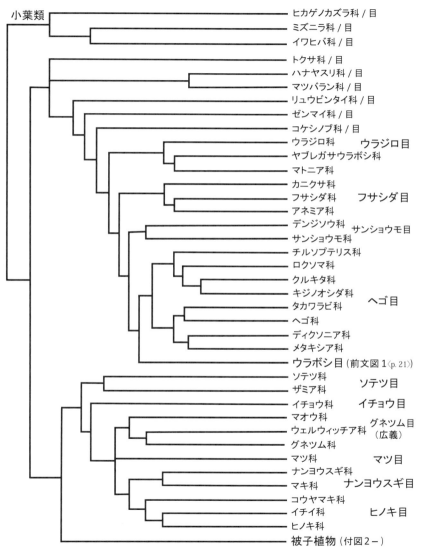

付図 1. 維管束植物の系統関係（小葉類・大葉シダ植物・裸子植物）

付図：系統樹

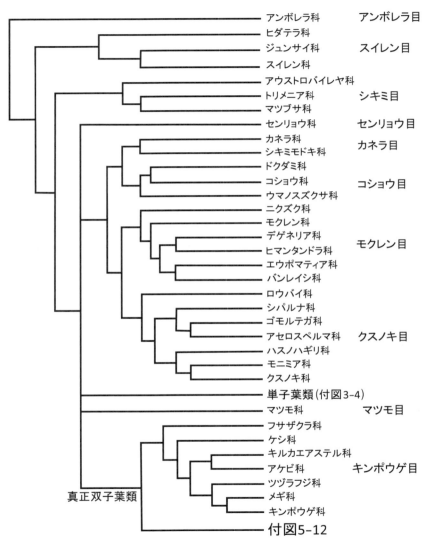

付図 2. 被子植物の系統関係（初期に分岐した系統）
 被子植物の系統関係については，特に指示しない限り Soltis et al.(2018) と Stevens (2001〜) によった。

付図：系統樹

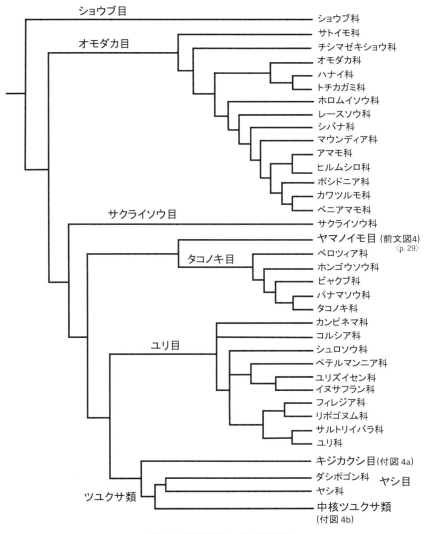

付図 3. 単子葉植物の系統関係 (1)

付図：系統樹

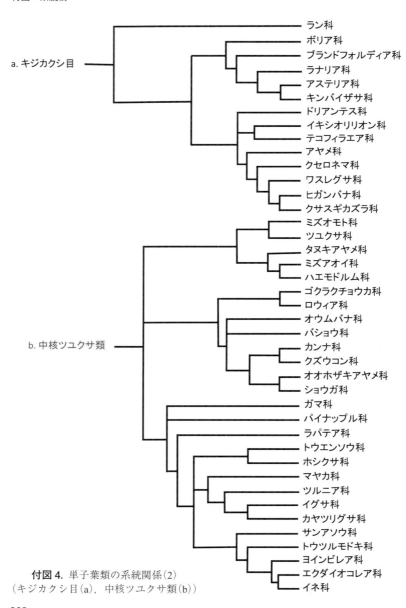

付図 4. 単子葉類の系統関係(2)
(キジカクシ目(a), 中核ツユクサ類(b))

付図：系統樹

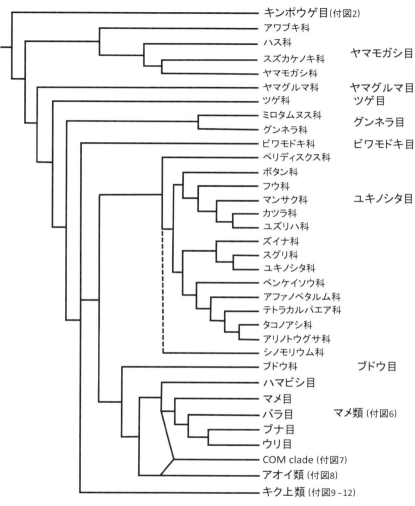

付図 5. 真正双子葉類の系統関係（キンポウゲ目を除く）
シノモリウム科の系統上の位置（一部破線で表した）は確定していない。

付図：系統樹

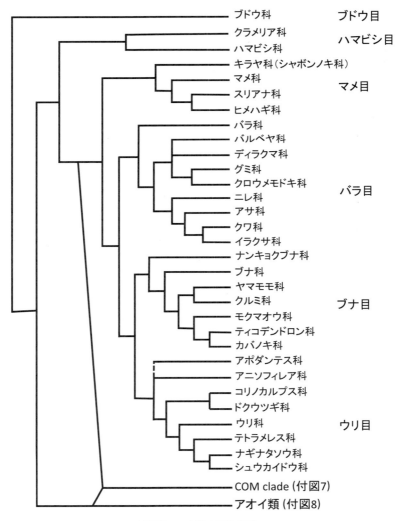

付図 6. マメ類の系統関係
アポダンテス科の系統上の位置（一部破線で表した）は確定していない。

付図：系統樹

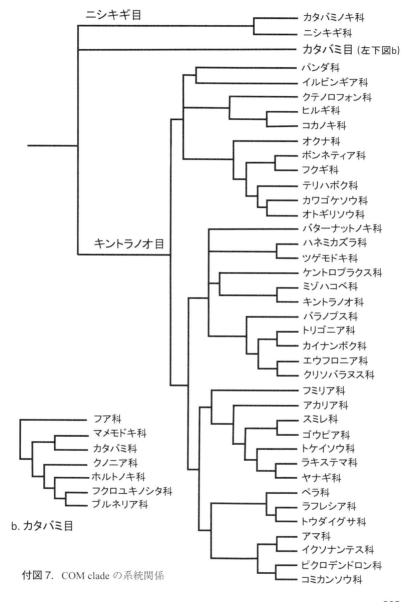

付図 7. COM clade の系統関係

b. カタバミ目

265

付図：系統樹

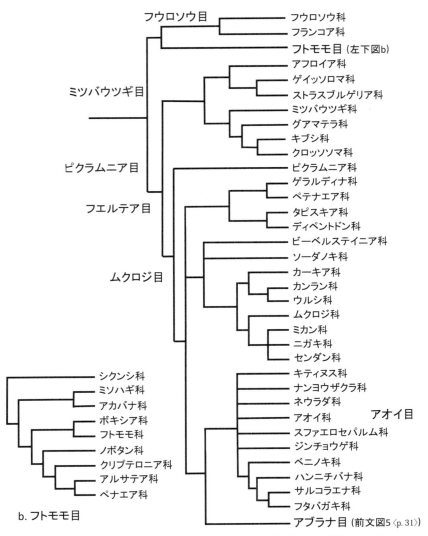

付図 8. アオイ類の系統関係（アブラナ目については前文図 5 を参照〈p. 31〉）

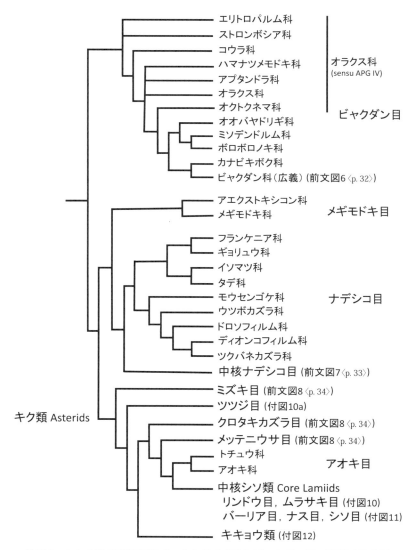

付図 9. キク上類の系統関係(ツチトリモチ科とビャクダン科の関係は前文図 6, 中核ナデシコ目は図 7, キク類の初期に分岐した目は図 8 を参照〈p. 32〜34〉)

付図：系統樹

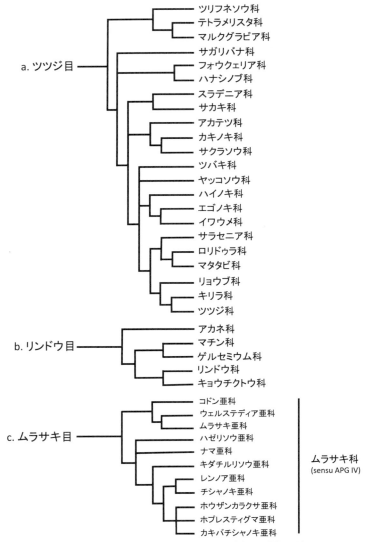

付図 10. ツツジ目(a)，リンドウ目(b)，ムラサキ目(c) の系統関係。ムラサキ目は本書では 1 科を認め，Boraginales Working Group(2017) の認めた科は亜科として扱った。亜科間の系統関係は同論文による

付図：系統樹

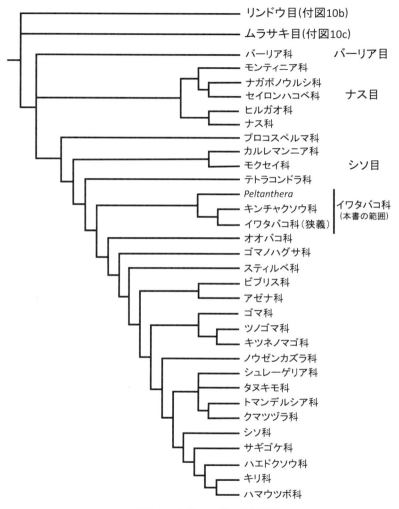

付図 11. 中核シソ類の系統関係

付図：系統樹

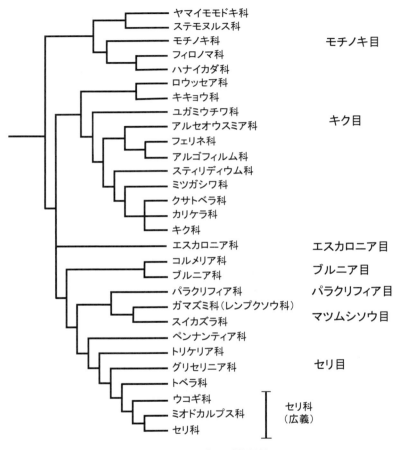

付図 12. キキョウ類の系統関係

引用文献

Akhani H., Edwards G. & Roalson E.H. 2007. Diversification of the Old World Salsoleae s.l. (Chenopodiaceae): Molecular phylogenetic analysis of nuclear and chloroplast data sets and a revised classification. Int. J. Pl. Sci. **168**: 931–956.

Al-Shehbaz, I.A. 2012. A generic and tribal synopsis of the Brassicaceae (Cruciferae). Taxon **61**(5): 931–954.

Almeida T.E., Hennequin S., Schneider H., Smith A.R., Nogueira Batista J.A., Ramalho A.J., Proite K. & Salino A. 2016. Towards a phylogenetic classification of Thelypteridaceae: Additional sampling suggests alternations of neotropical taxa and further study of paleotropical genera. Molec. Phylog. Evol. **94**: 688–700.

Appelhans M.S., Wen J. & Wagner W.L. 2014. A molecular phylogeny of *Acronychia*, *Euodia*, *Melicope* and relatives reveals polyphyletic genera and key innovations for species richness. Molec. Phylog. Evol. **79**: 54–68.

Appelhans M.S., Wen J., Duretto M.F., Crayn D. & Wagner W.L. 2018a. Historical biogeography of *Melicope* (Rutaceae) and its close relatives with a special emphasis on Pacific dispersals: Pacific biogeography of *Melicope*. J. Syst. Evol. [2018 earlyreview] DOI: 10.1111/jse.12299.

Appelhans M.S., Reichelt N., Groppo M., Paetzold C. & Wen J. 2018b. Phylogeny and biogeography of pantropical genus *Zanthoxylum* and its closest relatives in the proto-Rutaceae group (Rutaceae). Molec. Phylog. Evol. **126**: 31–44.

Azuma H., Garcia-Franco J.G., Rico-Gray V. & Thien L.B. 2001. Molecular phylogeny of the Magnoliaceae: The biogeography of tropical and temperate disjunctions. Amer. J. Bot. **88**: 2275–2285.

Baker W.J. & Dransfield J. 2016. Beyond *Genera Palmarum*: progress and prospects in palm systematics. Bot. J. Linn. Soc. **182**(2): 207–233.

Barrett R.L., Roalson E.H., Ottewell K., Byrne M., Govindwar S.P., Yadav S.R., Tamboli A.S. & Gholave A.R. 2017. Resolving generic boundaries in Indian-Australasian Cleomaceae: Circumscription of *Areocleome*, *Arivela*, and *Corynandra* as distinct genera. Syst. Bot. **42**(4): 694–708.

Bauters K., Larridon I., Reynders M., Huygh W., Asselman P., Vrijdaghs A., Muasya A.M. & Goetghbeur P. 2014. A new classification for *Lipocarpha* and *Volkiella* as infragenetic taxa of *Cyperus* (Cypereae, Cyperoideae, Cyperaceae) insights from species tree reconstruction supplemented with morphological and floral developmental data. Phytotaxa **166**(1): 1–32.

Boraginales Working Group 2016. Familial classification of the Boraginales. Taxon **65**(3): 502–522.

Buerki S., Lowry P.P. II, Alvarez N., Razafimandimbison S.G., Küpfer P. & Callmander M.W. 2010. Phylogeny and circumscription of Sapindaceae revisited: Molecular sequence data, morphology, and biogeography support recognition of a new family, Xanthoceraceae. Pl. Ecol. Evol. **143**: 148–159.

Chacón J., Luebert F., Hilger H.H., Ovchinnikova S., Selvi F., Cecci L., Guilliams C.M., Hasenstab-Lehman K., Sutory K., Simpson M.G. & Weigend M. 2016. The borage family (Boraginaceae s.str.): A revised infrafamilial classification based on new phylogenetic evidence, with emphasis on the placement of some enigmatic genera. Taxon **65**(3): 523–546.

Chase M.W., Cameron K.M.,. Freudenstein J.F., Pridgeon A.M., Salazar G., van den Berg C. & Schuiteman A. 2015. An updated classification of Orchidaceae. Bot. J. Linn. Soc. **177**: 151–174.

Chatrou L.W., Pirie M.D., Erkens R.H., Couvreur T.L.P., Neubig K.M., Abbott J.R., Mols J.B., Maas J.S., Saunders R.M.K. & Chase M.W. 2012. A new subfamilial and tribal classification of the pantropical flowering plant family Annonaceae informed by molecular phylogenetics. Bot. J. Linn. Soc. **169**(1): 5–40.

Chen Z.-D. et al. (China Phylogeny Consortium) 2016. Tree of life for the genera of Chinese vascular plants. J. Syst. Evol. **54**: 277–306.

Christenhusz M.J.M. 2013. Twins are not alone: a recircumscription of *Linnaea* (Caprifoliaceae). Phytotaxa **125**: 25–32.

Christenhusz M.J.M., Zhang X.-C. & Schneider H. 2011a. A linear sequence of extant lycophytes and ferns. Phytotaxa **19**: 7–54.

Christenhusz M.J.M., Reveal J.L., Farjon A., Gardner M.F., Mill R.R. & Chase M.W. 2011b. A new classification and linear sequence of extant gymnosperms. Phytotaxa **19**: 55–70.

Christenhusz M.J.M. & Chase M.W. 2014. Trends and concepts in fern classification. Ann. Bot. **113**: 571–594.

Christenhusz M.J.M. & Chase M.W. 2018. PPG recognises too many fern genera. Taxon **67**(3): 481–487.

Christenhusz M.J.M., Fay M.F. & Byng J.W. (eds.) 2018. GLOVAP Nomenclature part 1. The Global Flora, Special Edition **4**: 1–155.

Christenhusz M.J.M., Fay M.F. & Chase M.W. 2017. Plants of the World - An illustrated encyclopedia of vascular plants. 792 pp. Kew Publishing, Royal Botanic Gardens, Kew.

Chung K.-F., Kuo W.-H., Hsu Y.-H., Li Y.-H., Rubite R.R. & Xu W.-B. 2017. Molecular recircumscription of *Broussonetia* (Moraceae) and the identity and taxonomic status of *B. kaempferi* var. *australis*. Bot. Stud. (Taiwan) **58**: 11. DOI 10.1186/s40529-017-0165-y.

鐘詩文. 許天銓 2016. 台灣原生植物全圖鑑 1: 408 pp. 貓頭鷹出版.

Crespo M.B., Martínez-Azorín M. & Mavrodiev E.V. 2015. Can a rainbow consist of a single colour?: A new comprehensive treatment of the *Iris* sensu latissimo clade (Iridaceae), congruent with morphology and molecular data. Phytotaxa **232**: 1–78.

Cusimano N., Bogner J., Mayo S.J., Boyce P.C., Wong S.Y., Hesse M., Hetterscheid W.L.A., Keating R.C. & French J.C. 2011. Relationships withn the Araceae: comparison of morphological patterns with molecular phylogenetics. Amer. J. Bot. **98**: 654–668.

De Boer H., Newman M., Poulsen A.D., Droop A.J., Fér T., Thu Hiên L.T., Hlavatá K., Lamxay V., Richardson J.E., Steffen K. & Leong-Skorničkova J. 2017. Convergent morphology in Alpinieae (Zingiberaceae): Recircumscribing *Amomum* as a monophyletic genus. Taxon **67**(1): 6–36.

De Smet Y., Mendoza C.G., Wanke S., Goetghebeur P. & Samain M.-S. 2015. Molecular phylogenetics and new (infra)generic classification to alleviate polyphyly in tribe Hydrangeeae (Cornales: Hydrangeaceae). Taxon **64**(4): 741–753.

Downie S.R., Spalik K., Katz-Downie D.S. & Reduron J.-P. 2010. Major clades within Apiaceae subfamily Apioideae as inferred by phylogenetic analysis of nr DNA ITS sequences. Pl. Div. Evol. **128**(1-2): 111–136.

海老原淳 2016, 2017. 日本産シダ植物標準図鑑 I. 475 pp., II. 507 pp. 学研+.

Ebihara A., Dubuisson J.-Y., Iwatsuki K., Hennequin S. & Ito M. 2006. A taxonomic revision of Hymenophyllaceae. Blumea **51**: 221–280.

Ebihara A., Nitta J.H. & Ito M. 2010. Molecular species identification with rich floristic sampling: DNA barcoding the pteridophyte flora of Japan. PLoS ONE 5: e15136.

Edwards R.D., Cantley J.T., Chau M.M., Keeley S.C. & Funk V.A. 2018. Biogeography and relationships within the *Melanthera* alliance: A pan-tropical lineage (Compositae: Heliantheae: Ecliptinae). Taxon **67**(3): 552–564.

Ehrendorfer F. & Barfuss M.H.J. 2014. Paraphyly and polyphyly in the worldwide tribe Rubieae (Rubiaceae): challenges for generic delimitation. Ann. Missouri Bot. Gard. **100**: 79–88.

Endress M.E., Liede-Schumann S. & Meve U. 2014. An updated classification for Apocynaceae. Phytotaxa **159**: 175–194.

Fernández Prieto J.A., Sanna M., Sánchez Á.B., Molero-Mesa J., García L.L. & Cires E. 2018. Polyphyletic origin in *Pimpinella* (Apiaceae): evidence in Western Europe. J. Pl. Res. **131**(5): 747–758.

Field A.R., Testo W., Bostock P.D., Holtum J.A. & Waycott M. 2016. Molecular phylogenetics and the morphology of the Lycopodiaceae subfamily Huperzioideae supports three genera: *Huperzia*, *Phlegmariurus* and *Phyloglossum*. Molec. Philog. Evol. **94**: 635–657.

Fraser-Jenkins C.R. 2008. Taxonomic Revision of Three Hundred Indian Subcontinental Pteridophytes with a Revised Census-List. 685 pp. Bishen Singh Mahendra Pal Singh, Dehra Dun.

Fraser-Jenkins C.R., Gandhi K.N. & Kholia B.S. 2018. An Annotated Checklist of Indian Pteridophytes Part 2 (Woodsiaceae to Dryopteridaceae). 573 pp. Bishen Singh Mahendra Pal Singh, Dehra Dun.

Fraser-Jenkins C.R., Gandhi K.N., Kholia B.S. & Benniamin A. 2017. An Annotated Checklist of Indian Pteridophytes Part 1 (Lycopodiaceae to Thelypteridaceae). 562 pp. Bishen Singh Mahendra Pal Singh, Dehra Dun.

Funk V.A., Sancho G., Roque N., Kelloff C.L., Ventosa-Rodríguez I., Diazgranados M., Bonifacino J.M. & Chan R. 2014. A phylogeny of Gochnatieae: Understanding a critically placed tribe in the Compositae. Taxon **63**(4): 859–882.

Gasper A.L., Almeida T.E., Dittrich V.A.O., Smith A.R. & Salino A. 2017. Molecular phylogeny of the fern family Blechnaceae (Polypodiales) with a revised genus-level treatment. Cladistics **33**: 429–446.

Gasper A.L., Dittrich V.A.O., Smith A.R. & Salino A. 2016. A classification of Blechnaceae (Polypodiales: Polypodiopsida): New genera, resurrected names, and combinations. Phytotaxa **275**: 191–227.

Global *Carex* Group 2015. Making *Carex* monophyletic (Cyperaceae, tribe Cariceae): A new broader circumscription. Bot. J. Linn. Soc. **179**: 1–42.

Goldblatt P., Rodriguez A., Powell M.P., Davies T.J., Manning J.C., van der Bank M. & Savolainen V. 2008. Iridaceae 'out of Australia'? Phylogeny, biogeography and divergence times based on plastid DNA sequences. Syst. Bot. **33**: 495–508.

Graham S.A., Diazgranados M. & Barber J.C. 2011. Relationships among the confounding genera *Ammania*, *Hionanthera*, *Nesaea*, and *Rotala* (Lythraceae). Bot. J. Linn. Soc. **166**: 1–19.

Hardion L., Verlaque R., Haan-Archipoff G., Cahen D., Hoff M. & Vila B. 2017. Cleaning up the grasses dustbin: systematics of the Arundinoideae subfamily (Poaceae). Pl. Syst. Evol. **303**: 1331–1339.

Haston E., Richardson J.E., Stevens P.F., Chase M.W. & Harris D.J. 2007. A linear sequence of Angiosperm Phylogeny Group II families. Taxon **56**: 7–12.

He L.-J., Schneider H., Hovenkamp P., Marquardt J., Wei R., Wei X.-P., Zhang X.-C. & Xiang Q.-P. 2018. A molecular phylogeny of Selligueoid ferns (Polypodiaceae): Implications for a natural delimitation despite homoplasy and rapid radiation. Taxon **67**(2): 237–249.

Heenan P.B. & Smissen R.D. 2013. Revised circumscription of *Nothofagus* and recognition of the segregate genera *Fuscospora*, *Lophozonia*, and *Trisyngyne* (Nothofagaceae). Phytotaxa **146**: 1–31.

Hoffmann P., Kathriarachchi H. & Wurdack K.J. 2006. A phylogenetic classification of Phyllanthaceae (Malpighiales; Euphorbiaceae sensu lato). Kew Bull. **61**: 37–53.

許天銓，鐘詩文 2016. 台灣原生植物全圖鑑 2: 408 pp. 貓頭鷹出版.

Hu C., Tian H.-Z., Li H.-Q., Hu A.-Q., Xing F.-W., Bhattacharjee A., Hu T.-C., Kumar P. & Chung S.-W. 2016. Phylogenetic analysis of a 'Jewel Orchid' genus *Goodyera* (Orchidaceae) based on DNA sequence data from nuclear and plastid regions. PLos ONE 11(2): e0150366.

井上浩，岩槻邦男，柏谷博之，田村道夫，堀田満，三浦宏一郎，山岸高旺 1974. 植物系統 分類の基礎．389 pp. 北隆館.

伊藤元己，田村実，戸部博，永益英敏，藤井伸二，米倉浩司 2012. APGⅢ. 戸部博，田村実（編 著）新しい植物分類学 I: 230–238. 講談社.

Ito Y., Tanaka N., Garcia-Murillo P. & Muasya A.M. 2016. A new delimitation of the Afro-Eurasian plant genus *Althenia* to include its Australian relative, *Lepilaena* (Potamogetonaceae) - evidence from DNA and morphological data. Molec. Phylog. Evol. **98**: 261–270.

Jacobs B., Pyck N. & Smets E. 2010. Phylogeny of *Linnaea* clade: are *Abelia* and *Zabelia* closely related? Molec. Phylog. Evol. **57**: 741–752.

Jacobs B., Geuten K., Pyck N., Huysmans S., Jansen S. & Smets E. 2011. Unraveling the phylogeny of *Heptacodium* and *Zabelia* (Caprifoliaceae): an interdisciplinary approach. Syst. Bot. **36**: 231–252.

Jin W.-T., Jin X.-H., Schuiteman A., Li D.-Z., Xiang X.-G., Huang W.-C., Li J.-W. & Huang L.-Q. 2014. Molecular systematics of subtribe Orchidinae and Asian taxa of Habenariinae (Orchideae, Orchidaceae) based on plastid *matK*, *rbcL* and nuclear ITS. Molec. Phylog. Evol. **77**: 41–53.

Kadereit J.W. (ed.) 2004. The Families and Genera of Vascular Plants. **7**. 478 pp. Springer-Verlag.

Kadereit J.W. & Bittrich V. (eds.) 2016. The Families and Genera of Vascular Plants. **14**. 412 pp. Springer-Verlag.

Kadereit J.W. & Jeffrey C. (eds.) 2006. The Families and Genera of Vascular Plants. **8**. 636 pp. Springer-Verlag.

Kellogg E.A. 2015. In: Kubitzki K. (ed.), The Families and Genera of Vascular Plants **13**: 416 pp. Springer-Verlag.

Kim C.-K., Deng T., Chase M., Zhang D.-G., Nie Z.-L. & Sun H. 2015. Generic phylogeny and character evolution in Urticeae (Urticaceae) inferred from nuclear and plastid DNA regions. Taxon **64**: 65–79.

Kim J.-H., Kim D.-K., Forest F., Fay M.F. & Chase M.W. 2010. Molecular phylogenetics of Ruscaceae sensu lato and related families (Asparagales) based on plastid and nuclear DNA sequences. Ann. Bot. **106**: 775–790.

Kim J. S. & Kim J.-H. 2018. Updated molecular phylogenetic analysis, dating and biogeographical history of the lily family (Liliaceae: Liliales). Bot. J. Linn. Soc. **187**(4): 579–593.

Kim S.-C., Kim J.-S., Chase M. W., Fay M. F. & Kim J.-H. 2016. Molecular phylogenetic relationships of Melanthiaceae (Liliales) based on plastid DNA sequences. Bot. J. Linn. Soc. **181**(4): 567–584.

Knopf P., Schulz C., Little D.P., Stützel T. & Stevenson D.W. 2012. Relationships within Podocarpaceae based on DNA sequence, anatomical, morphological, and biogeographical data. Cladistics **28**: 271–299.

Kramer K.U. & Green P.S. (eds.) The Families and Genera of Vascular Plants **1**. 404 pp. Springer-Verlag.

Kreier H.-P., Zhang X.-C., Muth H. & Schneider H. 2008. The microsoroid ferns: Inferring the relationships of a highly diverse lineage of Paleotropical epiphytic ferns (Polypodiaceae, Polypodiopsida). Molec. Phylog. Evol. **48**: 1155–1167.

Kubitzki K. (ed.) 1998–. The Families and Genera of Vascular Plants. **3** (1998a): 478 pp., **4** (1998b): 511 pp., **6** (2004): 489 pp., **9** (2006): 509 pp., **10** (2011): 436 pp., **11** (2014): 331 pp. Springer-Verlag.

Kubitzki K. & Bayer C. (eds.) 2003. The Families and Genera of Vascular Plants. **5**. 418 pp. Springer-Verlag.

Kubitzki K., Rohwer J.G. & Bittrich V. (eds.) 1993. The Families and Genera of Vascular Plants. **2**. 653 pp. Springer-Verlag.

Kuijt J. & Hansen B. 2015. *In*: Kubitzki K. (ed.), The Families and Genera of Vascular Plants **12**. 213 pp. Springer-Verlag.

Landrein S., Prenner G., Chase M.W. & Clarkson J.J. 2012. *Abelia* and relatives: phylogenetics of Linnaeeae (Dipsacales-Caprifoliaceae s.l.) and a new interpretation of their inflorescence morphology. Bot. J. Linn. Soc. **169**: 692–713.

Larridon I., Bauters K., Reynders M., Huygh W., Muasya A.M., Simpson D.A. & Goethebeur P. 2013. Towards a new classification of the giant paraphyletic genus *Cyperus* (Cyperaceae): Phylogenetic relationships and generic delimitation in C4 *Cyperus*. Bot. J. Linn. Soc. **171**: 106–126.

Li R. & Wen J. 2014. Phylogeny and biogeography of Asian *Schefflera* (Araliaceae) based on nuclear and plastid DNA sequence data. J. Syst. Evol. **52**(4): 431–449.

Liao C.-Y., Downie S.R., Li Q.-Q., Yu Y., He X.-J. & Zhou B. 2013. New insights into the phylogeny of *Angelica* and its allies (Apiaceae) with emphasis on east Asian species, inferred from nrDNA, cpDNA, and morphological evidence. Syst. Bot. **38**: 266–281.

Lin T.-P., Liu H.-Y., Hsieh C.-F. & Wang K.-H. 2016. Complete list of the native orchids of Taiwan and their type information. Taiwania **61**(2): 78–126.

Liu H.-M., Zhang X.-C., Wang M.-P., Shang H., Zhou S.-L., Yan Y.-H., Wei X.-P., Xu W.-B. & Schneider H. 2016 (online publ. 2015). Phylogenetic placement of the enigmatic fern genus *Trichoneuron* informs on the infra-familial relationship of Dryopteridaceae. Pl. Syst. Evol. **302**(3): 319–332.

Lledó M.D., Karis P.O., Crespo M.B., Fay M.F. & Chase M.W. 2001. Phylogenetic position and taxonomic status of the genus *Aegiatilis* and subfamilies Staticoideae and Plumbaginoideae (Plumbaginaceae): evidence from plastid DNA sequences and morphology. Pl. Syst. Evol. **229**: 107–124.

Mabberley D.J. 2008. Mabberley's Plant Book – A portable dictionary of plants, their classification and uses. ed. 3. 1021 pp. Cambridge University Press.

Mabberley D.J. 2016. On the identity of *Rumphia* L., the last remaining puzzle in Van Rheede's *Hortus Malabaricus* (1678–1693). J. Jap. Bot. **91** Suppl. (Centenial Memorial Issue): 326–329.

Mabberley D.J. 2017. Mabberley's Plant-Book - A portable dictionary of plants, their classification and uses. ed. 4. 1102 pp. Cambridge University Press.

Magee A.R., Calviño C.I., Liu M., Downie S.R., Tilney P.M. & van Wyk B.-E. 2010. New tribal delimitations for the early-diverging lineages of Apiaceae subfamily Apioideae. Taxon **59**: 567–580.

Marx H.E., O'Leary N.O., Yuan Y.-W., Lu-Irving P., Tank D.C., Múlgura M.E. & Olmstead R.G. 2010. A molecular phylogeny and classification of Verbenaceae. Amer. J. Bot. **97**(10): 1647–1663.

McNeal J.R., Bennett J.R., Wolfe A.D. & Mathews S. 2013. Phylogeny and origins of holoparasitism in Orobanchaceae. Amer. J. Bot. **100**: 971–983.

Möller M., Middleton D.J., Nishii K., Wei Y.-G., Sontag S. & Weber A. 2011. A new delineation for *Oreocharis* incorporating an additional ten genera of Chinese Gesneriaceae. Phytotaxa **23**: 1–36.

Muasya A.M., Simpson D.A., et al. 2009. Phylogeny of Cyperaceae based on DNA sequence data: current progress and future prospects. Bot. Rev. **75**(1): 2–21.

中池敏之 1992. 新日本植物誌シダ篇. 改訂増補版. 868 pp. 至文堂.

引用文献

Nguen T.P.A., Kim J.-S. & Kim J.-H. 2013. Molecular phylogenetic relationships and implications for the circumscription of Colchicaceae (Liliales). Bot. J. Linn. Soc. **172**(3): 255–269.

Nickrent D.L., Malécot V., Vidal-Russel R. & Der J.P. 2010. A revised classification of Santalales. Taxon **59**(2): 538–558.

Nie Z.-L., Wen J., Azuma H., Qiu Y.-L., Sun H., Meng Y., Sun W.-B. & Zimmer E.A. 2008. Phylogeny and biogeographic complexity of Magnoliaceae in the Northern Hemisphere inferred from three nuclear data sets. Molec. Phylog. Evol. **48**: 1027–1040.

Nooteboom H.E. 2008. Introductory note. *In*: Xia N.-H., Liu Y.-H. & Nooteboom H.E., Magnoliaceae. Wu Z.-Y., Raven P.H. & Hong D.-Y. (eds.), Flora of China **7**: 48. Science Press, Beijing and Missouri Botanical Garden Press, St.-Louis.

Oberprieler C., Himmelreich S. & Vogt R. 2007. A new subtribal classification of the tribe Anthemideae (Compositae). Willdenowia **37**(1): 89–114.

大場秀章 2009. 植物分類表 . 513 pp. アボック社 .

大橋広好・門田裕一・邑田仁・米倉浩司・木原浩（編）2015–2017. 改訂新版日本の野生植物 1–5. 平凡社.

Ohashi K., Ohashi H., Nemoto T., Ikeda T., Izumi H., Kobayashi H., Murakami H., Nata K., Sato N. & Suzuki M. 2018. Phylogenetic analyses for a new classification of the *Desmodium* group of Leguminosae tribe Desmodieae. J. Jap. Bot. **83**(3): 165–189.

Ohba H. & Akiyama S. 2016. Generic segregation of some sections and subsections of the genus *Hydrangea* (Hydrangeaceae). J. Jap. Bot. **91**(6): 345–350.

Olmstead R.G., Zihra M.L., Lohmann L.G., Grose S.O. & Eckert A.J. 2009. A molecular phylogeny and classification of Bignoniaceae. Amer. J. Bot. **96**: 1731–1743.

Panero J.L., Freire S.E., Espinar L.A., Crozier B.S., Barboza G.E. & Cantero J.J. 2014. Resolution of deep nodes yields an improved backbone phylogeny and a new basal lineage to study early evolution in Asteraceae. Molec. Phylog. Evol. **80**: 43–53.

Panero J.L. & Crozier B.S. 2016. Macroevolutionary dynamics in the early diversification of Asteraceae. Molec. Phylog. Evol. **99**: 116–132.

Perrie L.R., Wilson R.K., Shepherd L.D., Ohlsen L.D., Batty D.J., Brounsey E.L. & Bayly M.J. 2014. Molecular phylogenetics and generic taxonomy of Blechnaceae ferns. Taxon **63**: 745–758.

Petersen G., Seberg O., Short F.T. & Fortes M.D. 2014. Complete genomic congruence but non-monophyly of *Cymodocea* (Cymodoceaceae), a small group of seagrasses. Taxon **63**(1): 3–8.

Peterson P.M., Romaschenko K., Herrera Arrieta Y. & Saarela J.M. 2014. A molecular phylogeny and new subgeneric classification of *Sporobolus* (Poaceae: Chloridoideae: Sporobolinae). Taxon **63**(6): 1212–1243.

Peterson P.M., Romaschenko K. & Herrera Arrieta Y. 2016. A molecular phylogeny and classification of the Cynodonteae (Poaceae: Chloridoideae) with four new genera: *Orthacanthus*, *Triplasiella*, *Tripogonella*, and *Zaqiqah*: three new subtribes: Dactylocteniinae, Orininae, and Zaqiqahinae; and a subgeneric classification of *Distichlis*. Taxon **65**(6): 1263–1287.

Pimenov M.G., Ostroumova T.A., Degtjareva G.V. & Samigullin T.H. 2016. *Sillaphyton*, a new genus of the Umbelliferae, endemic to the Korean Peninsula. Botanica Pacifica **5**(2): 31–41 (2016).

Plunkett G.M., Wen J. & Lowry II P.P. 2004. Infrafamilial classifications and characters in Araliaceae: Insights from the phylogenetic analysis of nuclear (ITS) and plastid (*trnL-trnF*) sequence data. Pl. Syst. Evol. **245**: 1–39.

Plunkett G.M., Lowry P.P.II, Frodin D.G. & Wen J. 2005. Phylogeny and geography of *Schefflera*: Pervasive polyphyly in the largest genus of Araliaceae. Ann. Missouri Bot. Gard. **92**: 202–224.

Potter D, Eriksson T., Evans R.C., Oh S.H., Smedmark J.E.E., Morgan D.R., Kerr M., Robertson K.R., Arsenault M., Dickinson T.A. & Campbell C.S. 2007. Phylogeny and classification of Rosaceae. Pl. Syst. Evol. **266**: 5–43.

Roalson E.H., Hall J.C., Riser J.P. II, Cardinal-McTeague W.M., Cochrane T.S. & Sytsma K.J. 2015. A revision of generic boundaries and nomenclature in the North American cleomoid clade (Cleomaceae). Phytotaxa **205**: 129–144.

Robson N.K.B. 2016. And then came molecular phylogenetics - reactions to a monographic study of *Hypericum* (Hypericaceae). Phytotaxa **255**: 181–198.

Rydin C., Wikström N. & Bremer B. 2017. Conflicting results from mitochondrial genomic data challenge current views of Rubiaceae phylogeny. Amer. J. Bot. **104**: 1522–1532.

Sage R.F., Christin P.-A. & Edwards E.J. 2011. The C4 lineages of planet earth. J. Experiment. Bot. **62**: 3155–3169.

Sánchez-del Pino I., Borsch T. & Motley T.J. 2009. *trn*L-F and *rpl*16 sequence data and dense taxon sampling reveal monophyly of unilocular anthered Gomphrenoideae (Amaranthaceae) and an picture of their internal relationships. Syst. Bot. **34**: 57–67.

Schaefer H. & Renner S.S. 2011. Phylogenetic relationships in the order Cucurbitales and a new classification of the gourd family (Cucurbitaceae). Taxon **60**(1): 122–138.

Schuettpelz E., Schneider H., Huiet L., Windham M.D. & Pryer K.M. 2007. A molecular phylogeny of the fern family Pteridaceae: assessing overall relationships and the affinities of previously unsampled genera. Molec. Phylog. Evol. **44**(3): 1172–1185.

Schuettpelz E., Rouhan G., Pryer K.M., Rothfels C.J., Prado J., Sundee M.A., Windham M.D., Moran R.C. & Smith A.R. 2018. Are there too many fern genera? Taxon **67**(3): 473–480.

Schuster T.M., Reveal J.L., Bayly M.J. & Kron K.A. 2015. An updated molecular phylogeny of Polygonoideae (Polygonaceae): relationships of *Oxygonum*, *Pteroxygonum*, and *Rumex*, and new circumscription of *Koenigia*. Taxon **64**(6): 1188–1208.

Shi S., Li J.-L., Sun J.-H., Yu J. & Zhou S.L. 2013. Phylogeny and classification of *Prunus* sensu lato (Rosaceae). J. Integr. Pl. Biol. **55**(11): 1069–1079.

Shmakov A.I. 2015. The new system of family Woodsiaceae. Turczaninowia **18**(2): 11–16.

Soltis D.E., Soltis P., Endress P., Chase M.W., Manchester S., Judd W., Majure L. & Mavrodiev E. 2018. Phylogeny and Evolution of the Angiosperms, Revised & Updated Edition. 580 pp. The University of Chicago Press, Chicago / London.

Soreng R.J., Peterson P.M., Romaschenko K., Davidse G., Teisher J.K., Clark L.G., Barberá P., Gillespie L.J. & Zuloaga F.O. 2017. A worldwide phylogenetic classification of the Poaceae (Gramineae) II: An update and a comparison of two 2015 classifications. J. Syst. Evol. **55**(4): 259–290.

Stevens P.F. 2001 ～ . Angiosperm Phylogeny Website. Version 11 (http://www.mobot.org/ MOBOT/research/Apweb/.)

Stuessy T.F. & Hörandl E. 2014. Evolutionary systematics and paraphyly: introduction. Ann. Missouri Bot. Gard. **100**(1–2): 2–5.

Sun H.-J., Hu J.-M., Anderson F.E., Der J.P. & Nickrent D.L. 2015. Phylogenetic relationships of Santalales with insights into the origins of holoparasitic Balanophoraceae. Taxon **64**(3): 491–506.

Sun J.-H., Shi S., Li J.-L., Yu J., Wang L., Yang X.-Y., Guo L. & Zhou S.-L. 2018. Phylogeny of Maleae (Rosaceae) based on multiple chloroplast regions: Implications to genera circumscriptions. BioMed Res. Internat. 2018:7627191. https://doi.org/10.1155/2018/7627191

Su J.-X., Wang W., Zhang L.-B. & Chen Z.-D. 2012. Phylogenetic placement of two enigmatic genera, *Borthwickia* and *Stixis*, based on molecular and pollen data, and description of a new family of Brassicales, Borthwickiaceae. Taxon **61**(3): 601–611.

引用文献

Sun M., Soltis D.E., Soltis P.S. Zhu X., Burleigh J.G. & Chen Z.-D. 2015 (online publ. 2014). Deep phylogenetic incongluence in the angiosperm clade Rosidae. Molec. Phylog. Evol. **83**: 156–166.

Tanaka N. 1998. Phylogenetic and taxonomic studies on *Helonias*, *Ypsilandra* and *Heloniopsis* III. Taxonomic revision. J. Jap. Bot. **73**(2): 102–115.

Tanaka N. 2017. A synopsis of the genus *Chamaelirium* (Melanthiaceae) with a new infrageneric classification including *Chionographis*. Taiwania **62**(2): 157–167.

Tang Y., Yukawa T., Batman R.M., Jiang H. & Peng H. 2015. Phylogeny and classification of the East Asian *Amitostigma* alliance (Orchidaceae: Orchideae) based on six DNA markers. BMC Evol. Biol. 15:96. 32 pp.

The Angiosperm Phylogeny Group (APG) 2009. An update of the Angiosperm Phylogeny Group classification for the orders and families of flowering plants: APG III. Bot. J. Linn. Soc. **161**: 105–121.

The Angiosperm Phylogeny Group (APG) 2016. An update of the Angiosperm Phylogeny Group classification for the orders and families of flowering plants: APG IV. Bot. J. Linn. Soc. **181**: 1–20.

The Legume Phylogeny Working Group (LPWG) 2017. A new subfamily classification pf the Leguminosae based on a taxonomically comprehensive phylogeny. Taxon **66**(1): 44–77.

The Pteridophyte Phylogeny Group (PPG I) 2016. A community-derived classification for extant lycophytes and ferns. J. Syst. Evol. **54**: 563–603.

Thulin M., Beier B.A., Razafimandimbison S.G. & Banks H.I. 2008. *Ambilobea*, a new genus from Madagascar, the position of *Aucoumea*, and comments on the tribal classification of the frankincense and myrrh family. Nord. J. Bot. **26**: 218–229.

Thulin M. et al. 2016. Phylogeny and generic delimitation in Molluginaceae, new pigment data in Caryophyllales, and the new family Corbichoniaceae. Taxon **65**(4): 775–793.

Tripp E.A., Daniel T.F., Fatimah S. & McDade L.A. 2013. Phylogenetic relationships within Ruellieae (Acanthaceae) and a revised classification. Int. J. Pl. Sci. **174**(1): 97–137.

Tsutsumi C., Chen C.-W., Larsson A., Hirayama Y. & Kato M. 2016. Phylogeny and classification of Davalliaceae on the basis of chloroplast and nuclear markers. Taxon **65**(6): 1236–1248.

Wagner W.L., Hoch P.C. & Raven P.H. 2007. Revised classification of the Onagraceae. Syst. Bot. Monogr. 83.

Weber A., Middleton D.J., Forrest A., Kiew R., Lim C.L., Rafidah A.R., Sontag S., Triboun P., Wei Y.-G., Yao T.L. & Möller M. 2011. Molecular systematics and remodeling of *Chirita* and associated genera (Gesneriaceae). Taxon **60**: 767–790.

Wurdack K.J., Hoffmann P. & Chase M.W. 2005. Molecular phylogenetic analysis of uniovulate Euphorbiaceae (Euphorbiaceae sensu stricto) using plastid *rbcL* and *trnL-F* DNA sequences. Amer. J. Bot. **92**: 1397–1420.

Yang Z.-Y., Ran J.-H. & Wang X.-Q. 2012. Three genome-based phylogeny of Cupressaceae s.l.: Further evidence for the evolution of gymnosperms and Southern Hemisphere biogeography. Molec. Phylog. Evol. **64**: 452–470.

米倉浩司（著）/ 邑田仁（監）2013. 維管束植物分類表．213 pp. 北隆館.

Yu C.-C. & Chung K.-F. 2017. Why *Mahonia*? Molecular recircumscription of *Berberis* s.l. with the description of two new genera, *Alloberberis* and *Moranothamnus*. Taxon **66**(6): 1371–1392.

Yukawa T. 2016. Taxonomic notes on the Orchidaceae of Japan and adjacent regions. Bull. Natl. Mus. Nat. Sci., ser. B, **42**(3): 103–111.

Zhong J.-S., Li J., Li L., Conran J.G. & Li H.-W. 2010. Phylogeny of *Isodon* (Schrad. ex Benth.) Spach (Lamiaceae) and related genera inferred from nuclear ribosomal ITS, *trnL-trnF* region, and *rps16* intron sequences and morphology. Syst. Bot. **35**(1): 207–219.

アーテ〜アスマ

和名索引

　この索引は，本書の分類表に掲載された節以上の分類群の和名を抽出した五十音順索引である。数字は頁数を，数字の後に「註」と付したものは，註に掲載されていることを示す。

ア

アーティチョーク属　240
アイアシ属　104
アイゾオン属　186
アイナエ属　204
アウストロバイレヤ科　59
アエクストキシコン科　174
アオイ亜科　165註
アオイ科　164, 165註
アオイカズラ亜連　91註
アオイカズラ属　91
アオイゴケ亜科　213註
アオイゴケ属　212
アオイゴケモドキ属　200
アオイゴケ連　213註
アオイ目　164
アオイモドキ属　200
アオウキクサ属　66
アオカズラ属　111
アオガンピ属　167
アオキ科　198
アオキ属　198
アオキ目　198
アオギリ亜科　165註
アオギリ科　165註
アオギリ属　165
アオコヌカグサ属　98
アオシバ属　102
アオツヅラフジ属　108
アオツヅラフジ連　109註
アオネカズラ属　52
アオホラゴケ属　44
アオミツバカズラ属　66
アカウキクサ属　45
アカエナ属　128
アカギ属　150
アカギモドキ属　160, 161註
アカギ連　151註
アカザ亜科　183註, 185註
アカザ科　183註
アカザカズラ属　188

アカザ属　184
アカザ連　185註
アカシア属　118
アカタネノキ属　158
アカテツ亜科　193註
アカテツ科　192, 193註
アカテツ属　192
アカトカルプス科　182
アカトゲヤシ属　86
アカニア科　168
アカネ亜科　199註
アカネ科　198, 199註
アカネ属　202
アカネ連　201註
アカバアカザ属　184
アカハダクスノキ属　63
アカハダクスノキ連　63註
アカハダコバンノキ属　150
アカハダノキ属　118
アカハダリンゴノキ属　154
アカバナ亜科　153註
アカバナ科　152, 153註
アカバナギリア属　191
アカバナ属　152, 153註
アカバナヒメアヤメ属　82
アカヒゲガヤ属　102
アカビンロウ属　89
アカボークヤシ属　88
アカミズキ属　203
アカミズキ連　203註
アカミャクシダ属　51, 51註
アカメガシワ亜連　149註
アカメガシワ属　148
アカリア科　146, 147註
アカントギリア亜科　191註
アカントクラミス亜科　71註
アカントフィルム属　180
アカンベ属　73
アキアサヒラン属　77
アキギリ亜連　227註
アキギリ属　230
アキザキスノーフレーク属　82

アキノキリンソウ属　246
アキノノゲシ亜連　239註
アキノノゲシ属　243
アグラオネマ属　64
アグラオネマ連　65註
アクロサンツス亜科　187註
アケビ亜科　109註
アケビ科　108, 109註
アケビ属　108
アケボノスギ属　57
アケボノムグラ属　200
アコウクワクサ属　134, 135註
アコウマイハギ属　122
アサイヤシ属　88
アサイヤシ連　89註
アサ科　133, 133註
アサガオカラクサ属　212
アサガオカラクサ連　213註
アサガラ属　195
アサギズイセン属　81
アサザ属　235
アサ属　133
アサダ属　138
アザミ亜科　237註
アザミ亜連　239註
アザミゲシ属　107
アザミ属　238
アザミ連　239註
アジサイ亜科　191註
アジサイ科　190, 191註
アジサイ属　190, 191註
アジサイ連　191註
アシボソ属　103
アズキナシ属　129
アステリア科　80
アステロピルム連　111註
アステロペイア科　180
アストランチア属　254
アスナロ属　58
アスボーヤシ属　88
アズマギク属　240
アズマザサ属　104

279

アズマツメクサ亜科　117註
アズマツメクサ属　116
アゼガヤモドキ亜連　105註
アゼガヤモドキ属　98
アゼトウガラシ属　222, 223註
アゼトウナ属　240
アゼナ科　219註, 222, 223註
アゼナ属　222, 223註
アセビ属　196
アセビ連　197註
アセロスペルマ科　62
アゾレラ亜科　255註
アツイタ亜科　51註
アツイタ属　50, 51註
アツイタ連　51註
アッケシソウ亜科　185註
アッケシソウ属　184
アツモリソウ亜科　75註
アツモリソウ属　75
アデニウム属　205
アナカンプセロス科　188
アナクサゴレア亜科　61註
アナルスリア亜科　97註
アニアラン属　74
アニゴザントス属　91
アニソフィレア科　138
アネミア科　44
アノモクロア亜科　99註
アビシニアバショウ属　92
アファノペタルム科　116
アフィランテス亜科　85註
アプタンドラ科　175註
アプトシミウム連　221註
アブノメ属　219
アブラガヤ属　96
アブラガヤ連　97註
アブラギリ属　150
アブラギリ連　149註
アブラスギ属　55
アブラナ亜科　171註
アブラナ科　170, 171註
アブラナ属　170
アブラナ目　168, 258
アブラナ連　171註, 173註
アブラヤシ亜連　89註
アブラヤシ属　88
アフリカウンラン属　221
アフリカキンセンカ属　240

アフリカクルミ属　174
アフリカコパールノキ属　122
アフリカジンチョウゲ属　166
アフリカノゲシ属　246
アフリカヒナギク属　244
アフリカヒバ属　58
アフリカヒメアヤメ属　82
アフリカフウチョウソウ属　170
アフリカブドウ属　117
アフリカマホガニー属　163
アフリカヤツデ属　252
アフロイア科　156
アボカド属　64
アポダンテス科　138
アマ亜科　151註
アマ科　150, 151註
アマ属　150
アマゾントチカガミ属　67
アマチャヅル属　138
アマチャヅル連　139註
アマドコロ属　86
アマドコロ連　87註
アマナズナ属　170
アマナズナ連　173註
アマナ属　72
アマナ連　73註
アマメシバ属　151註
アマモ科　68
アマモ属　68
アマリリス属　83
アマリリス連　83註
アミガサギリ属　148
アミガサギリ連　149註
アミメグサ属　224
アミリス群　163註
アミリス属　160
アムラタマゴノキ属　159
アムラノキ属　150
アメリカアサガラ属　195
アメリカアブラヤシ属　86
アメリカウンランモドキ属　231
アメリカギク属　238
アメリカコナギ属　91
アメリカゴムノキ属　134
アメリカシシガシラ属　49
アメリカシライトソウ属　70
アメリカスズメウリ属　139
アメリカセンダイハギ属　118

アメリカタニウツギ属　250
アメリカチャボヤシ属　90
アメリカチャボヤシ連　89註
アメリカトウチクラン属　72
アメリカトゲミギク亜連　249註
アメリカトゲミギク属　236
アメリカネムノキ属　126
アメリカハゼ属　149
アメリカハマグルマ属　247
アメリカヒノキ属　56
アメリカブクリョウサイ属　245
アメリカボウフウ属　256
アメリカホウライセンブリ属　204
アメリカミヤオソウ属　109
アメリカロウバイ属　62
アヤメ亜科　81註
アヤメ科　80, 81註
アヤメシダ属　53註, 54
アヤメ属　81, 81註
アヤメ連　81註
アラゲツユクサ亜連　91註
アラゲツユクサ属　90
アラゲムラサキ科　210
アラシグサ群　115註
アラシグサ属　114
アラセイトウ属　172
アラセイトウ連　173註
アラビアアカシア属　128
アラビアゴムノキ属　126
アリアケカズラ亜連　207註
アリアケカズラ属　206
アリサンオウレンシダ属　50
アリサンシダ属　52, 53註
アリタソウ属　184
アリタソウ連　185註
アリドオシ属　200
アリドオシ連　201註
アリノスシダ属　52, 53註
アリノスダマ属　200
アリノトウグサ科　116
アリノトウグサ属　116
アリモリソウ属　224
アルゴフィルム科　235
アルサテア科　156
アルストニア属　206
アルストニア連　205註
アルセオウスミア科　234

和名索引

アルム〜イヌマ

アルム属　65
アルム連　65註
アレカヤシ亜連　89註
アレカヤシ属　88
アレチイネガヤ属　104
アレチウイキョウ属　254
アレチウリ属　139
アレチウリ連　139註
アレチオグルマ属　242
アレチガラシ属　172
アレチキンギョソウ属　220
アレチナズナ属　170
アロエ属　82
アロニア属　129
アワガエリ属　104
アワゴケ-スギナモ系統群
　221註
アワゴケ科　221註
アワゴケ属　219, 221註
アワダン属　162, 163註
アワブキ科　111
アワブキ属　111
アワモリハッカ属　230
アンゲロンソウ属　218, 219註
アンチョビーナシ属　192
アンデスツツジ属　196
アンデスボウキ属　237
アントニア連　205註
アンドログラフィス属　222
アンドログラフィス連　223註
アンフォロギネ亜科　177註
アンペラ属　96
アンボレラ科　58
アンボレラ属　58
アンボレラ目　58

イ

イイギリ科　147註
イイギリ属　146, 147註
イガギク属　238
イガギリア属　192
イガコウゾリナ亜連　241註
イガコウゾリナ属　240
イカコノキ属　145
イカダカズラ属　187
イカダカズラ連　187註
イガトキンソウ属　246
イガニガクサ亜連　229註

イガニガクサ属　228, 229註
イガホオズキ属　214
イガボシバ亜連　105註
イガボシバ属　106
イガボシバ属　106
イガマメ属　124
イカリガヤ属　96
イカリソウ属　108
イキシオリリオン科　80
イグサ科　95
イグサ属　95
イクソナンテス科　150
イケマ亜連　209註
イケマ属　206, 209註
イシワリソウ属　115
イズセンリョウ亜科　193註
イズセンリョウ属　194
イスノキ属　114
イスノキモドキ属　114
イズハハコ属　240
イゼナガヤ属　101
イセハナビ亜連　223註
イセハナビ属　224
イセハナビ連　223註
イソノキ属　132
イソフサギ属　183註, 184
イソマツ亜科　177註, 179註
イソマツ科　176, 177註
イソマツ属　178
イタチガヤ亜連　105註
イタチガヤ属　104
イタチハギ属　118
イタチハギ連　123註
イタリアソウ属　172
イチイ科　58, 59註
イチイ属　58, 59註
イチイモドキ属　57
イチゲイチヤクソウ属　196
イチゴツナギ亜科　97註, 99註
イチゴツナギ連　97註, 101註
イチゴノキ亜科　197註
イチゴノキ属　196
イチジク属　134
イチジク連　135註
イチビ属　164
イチヤクソウ亜科　197註
イチヤクソウ属　197
イチョウ科　55

イチョウ属　55
イチョウ目　55
イチヨウラン属　75
イチリンソウ属　110
イチリンソウ連　111註
イトクズモ属　68
イトバアワダチソウ属　241
イトバギク　246
イトバギク連　247註
イトハネガヤ属　104
イトバヨメナ属　241
イトラン属　86
イナゴマメ属　120
イナバラン属　75註, 78
イナモリソウ属　202
イヌアミシダ属　47
イヌイシモチソウ属　180
イヌエンゴサク属　109
イヌエンジュ属　124
イヌガヤ科　59註
イヌガヤ属　58
イヌガラシ属　174
イヌカラマツ属　56
イヌカンコ亜科　147註
イヌカンコ属　146
イヌガンソク属　50
イヌゲンゲ属　122
イヌコウジュ属　229
イヌゴマ属　230
イヌゴマ連　231註
イヌサフラン亜科　73註
イヌサフラン科　72, 73註
イヌサフラン属　72
イヌサフラン連　73註
イヌシバ属　106
イヌタデ属　178
イヌタデ連　179註
イヌツルボ属　86
イヌトキンソウ属　247
イヌナズナ属　172
イヌナンカクラン属　42
イヌニンジン属　254
イヌノグサ属　95
イヌハッカ亜連　227註
イヌハッカ属　229
イヌホウキギ連　185註
イヌホオキギ属　183
イヌマキ亜科　57註

281

イヌマキ科　57註
イヌマキ群　57註
イヌマキ属　56, 57註
イヌミヤマムラサキ属　210
イヌムラサキ属　210
イヌヤマブキソウ属　107
イネ亜科　99註
イネ科　97, 97註
イネ属　104
イネ目　94
イネ連　99註
イノコヅチ属　182
イノコヅチモドキ属　184
イノコヅチ連　183註
イノデ属　51
イノモトソウ亜科　47註
イノモトソウ科　46, 47註
イノモトソウ属　47
イノンド属　254
イバラモ属　67, 67註
イブキジャコウソウ属　230
イブキトラノオ属　178
イブキヌカボ属　103
イブキボウフウ属　256
イボクサアヤメ属　82
イボクサ属　91
イボタクサギ属　230
イボタノキ属　216
イボモモノキ属　159
イモガンピ属　167
イモラン亜連　77註
イモラン属　76
イラクサ科　134, 135註
イラクサ属　136
イラクサ連　135註
イラノキ属　134
イランイランノキ亜科　61註
イランイランノキ属　62
イリオモテソウ属　198
イリオモテソウ連　199註
イリオモテムヨウラン属　79
イルビンギア科　142, 163註
イワイチョウ属　235
イワウチワ属　194
イワウメ科　194
イワウメ属　194
イワオウギ属　122
イワオウギ連　127註

イワカガミ属　194
イワカガミダマシ属　194
イワガネゼンマイ属　46
イワカラクサ属　219
イワギリソウ属　217註, 218
イワショウブ属　66
イワセントウソウ群　257註
イワセントウソウ属　257註, 258
イワタバコ亜科　217註
イワタバコ科　217, 217註, 258
イワタバコ属　218
イワタバコ連　217註
イワダレソウ属　226
イワツクバネウツギ属　251, 251註
イワデンダ亜科　49註
イワデンダ科　48, 49註
イワデンダ属　48
イワナシ属　196
イワナズナ属　170
イワナズナ連　171註
イワナンテン属　196
イワヒゲ科　197註
イワヒゲ属　196
イワヒバ科　42
イワヒバ属　42
イワヒバ目　42
イワヒメワラビ属　46
イワブクロ属　220
イワブクロ連　219註
イワベンケイ属　116
イワボウフウ属　254
イワヤシダ科　47
イワヤシダ属　47
イワヤツデ属　115
イワユキノシタ群　115註
イワユキノシタ属　115
イワルリソウ亜連　211註
イワルリソウ属　210
イワレンゲ属　116
インガ属　123
インゲンマメ亜連　125註
インゲンマメ群　125註
インゲンマメ属　126
インゲンマメ連　125註
インコアナナス属　94
インチンロウゲ属　130
インドシタン属　126
インドジャボク亜連　205註

インドシュスノキ属　160
インドセンダン属　162
インドソケイ属　208
インドバターノキ属　192
インドハリザクロ属　202
インドヒモカズラ属　184
インドヤツデ属　253
インドワタノキ属　164
インヨウチク属　102

ウ

ウイキョウ属　256
ウェッデリナ亜科　145註
ウェルウィッチア科　55
ウェルウィッチア属　55
ウェルステディア亜科　209註
ウエルテア目　157
ウォキシア科　153
ウオトリギ亜科　165註
ウオトリギ属　165
ウオトリギモドキ属　166
ウオトリギ連　165註
ウォレミマツ属　56
ウキクサ亜科　65註
ウキクサ属　66
ウキシバ属　104
ウキヤガラ属　95
ウコギ亜科　253註
ウコギ科　252, 253註
ウコギ属　253註
ウコンウツギ属　250
ウコン属　93
ウサギギク亜連　249註
ウサギギク属　236, 249註
ウサギシダ属　47
ウサギノオ属　102
ウシオツメクサ属　182
ウシクサ属　105
ウシノケグサ亜連　101註
ウシノケグサ属　101
ウシノシタグサ属　208
ウシノシッペイ属　102
ウスギクサギ属　230
ウスギヌソウ属　232
ウスギヌソウ連　233註
ウスバアザ属　184
ウスヒメワラビ属　47
ウスベニゴチョウ属　78

ウスベニタチアオイ属　164
ウスユキススキ属　104
ウスユキソウ属　244
ウスリーヒバ属　57
ウチョウラン属　76
ウチワサボテン亜科　189註
ウチワサボテン属　189
ウチワツナギ属　126
ウチワノキ属　216
ウチワヤシ属　88
ウツギ属　190
ウツギ連　191註
ウッドアップル属　162
ウツボカズラ科　179
ウツボカズラ属　179
ウツボグサ亜連　227註
ウツボグサ属　230
ウドカズラ属　117
ウドノキ属　117
ウニヒレアザミ属　245
ウバスノキ属　133
ウバユリ属　72
ウバリア連　63註
ウマゴヤシ属　124
ウマノスズクサ亜科　61註
ウマノスズクサ科　60, 61註
ウマノスズクサ属　60
ウマノミツバ亜科　255註
ウマノミツバ属　258
ウマノミツバ連　255註
ウミジグサ属　68
ウミショウブ属　67
ウミソヤ属　158, 159註
ウミソヤモドキ属　158
ウミヒルモ属　67
ウメガサソウ属　196
ウメザキサバノオ属　110
ウメザキサバノオ連　111註
ウメバチソウ亜科　141註
ウメバチソウ科　141註
ウメバチソウ属　140
ウライソウ属　136
ウラギク属　248
ウラシマツツジ属　196
ウラジロイワガネ群　135註
ウラジロイワガネ属　134, 135註
ウラジロエノキ属　133, 133註
ウラジロ科　44

ウラジロ属　44
ウラジロマキ属　58, 59註
ウラジロ目　44
ウラジロヤツデ属　253
ウラハグサ属　102
ウラベニアナナス属　94
ウラベニショウ属　92
ウラボシ科　51註, 52, 53註
ウラボシノコギリシダ属　49註
ウラボシ目　45
ウリ科　138, 139註
ウリノキ属　190
ウリ目　138
ウリ連　139註
ウルシ亜科　159註
ウルシ科　158, 159註
ウルシ属　159
ウルップソウ属　220, 221註
ウロコマキ属　56
ウロコマリ属　224
ウロコマリ連　223註
ウロウシ属　196
ウワバミソウ属　134
ウワバミソウ連　135註
ウワミズザクラ属　130
ウンデルリキア亜科　237註
ウンヌケ属　101
ウンラン属　220

エ

エウフロニア科　145
エウポマティア科　61
エオニウム属　115
エオニウム連　117註
エギアリティス亜科　179註
エキサイゼリ属　254
エクダイコレア科　96
エゴノキ科　195
エゴノキ属　195
エゴハンノキ属　195
エスカロニア科　249
エスカロニア属　249
エスカロニア目　249
エゾウコギ属　252, 253註
エゾスズシロ属　172
エゾツツジ属　198
エゾツルキンバイ属　129
エゾデンダ亜科　53註

エゾデンダ属　54
エゾノシウド属　254
エゾノチチコグサ属　236
エゾハタザオ属　171
エゾボウフウ属　254
エゾボウフウ連　257註
エゾムギ属　100
エダウチトウ属　89
エダウチナズナ属　172
エダウチニガナ亜連　239註
エダウチニガナ属　238
エダウチホングウシダ属　46
エダハマキ群　57註
エダハマキ属　56, 57註
エニシダ属　120
エニシダ連　123註
エノキアオイ属　166
エノキグサ亜科　149註
エノキグサ亜連　149註
エノキグサ属　148
エノキグサ連　149註
エノキ属　133, 133註
エノキフジ属　148
エノキフジ連　149註
エノキマメ属　122
エノコログサ属　106
エパクリス亜科　197註
エパクリス属　196
エビガラシダ亜科　47註
エビガラシダ属　46
エピデンドルム属　76
エピデンドルム連　77註
エビネ属　74
エビネ連　77註
エランセムムモドキ属　224
エリオゴヌム亜科　179註
エリオゴヌム連　179註
エリオスペルムム連　85註
エリカ科　196
エリカモドキ属　141
エリカモドキ連　141註
エリカ連　197註
エリスマンツス連　149註
エリトランテ属　177
エリトロパルム科　175註
エレモタムヌス連　239註
エンジュ属　121註, 127
エンドウ属　126, 127註

283

エンブリンギア科　169
エンレイショウキラン属　73
エンレイソウ属　70

オ

オウギバショウ属　92
オウギバショウモドキ属　92
オウギヤシ属　87
オウギヤシ連　87註
オウゴチョウ属　119
オウゴンハギ属　120
オウソウカ属　62
オウソウカ連　63註
オウムバナ科　92
オウムバナ属　92
オウレン亜科　111註
オウレン連　110
オウレン属　110
オオアザミ属　246
オオアブノメ属　220
オオアブノメ連　219註
オオアブラススキ　106
オオアマナ属　86
オオアマナ連　85註
オオイワギリソウ亜科　217註
オオイワギリソウ属　218
オオイワギリソウ連　217註
オオウイキョウ亜連　257註
オオウイキョウ属　256
オオウシクサ属　106
オオウドノキ亜科　117註
オオウドノキ属　117
オオオサラン属　76
オオオニバス属　58, 59註
オオカゲロウラン属　76
オオカサモチ属　258
オオカサモチ連　255註
オオカナダモ属　67
オオカニツリ属　98
オオキセワタ属　229
オオキセワタ連　231註
オオキノボリカズラ属　66
オオクボシダ属　54
オオクモラン属　74
オオグルマ属　242
オオサンカクイ　95
オオシケシダ属　48
オオシマコバンノキ属　151註
オオシマソウ属　230

オオジュラン属　162
オオスズムシラン亜連　75註
オオスズムシラン連　74
オオスズムリ属　139
オオスズムリ連　139註
オオセンナリ属　214
オオセンナリ連　215註
オオタカツルラン属　76
オオツメクサ属　182
オオツルボ属　86
オオトウカセン属　248
オオトキンソウ属　247
オオナタミノキ属　225
オオナタミノキ連　225註
オオノボタンノキ属　154
オオノボタンノキ連　157註
オオバアカテツ属　192
オオバアカテツ連　193註
オオバイボクサ属　91
オオバギ属　148
オオハキダメギク属　240
オオバケアサガオ属　212
オオバゲッキツ属　160
オオバゲッケイ属　160, 163註
オオバコ科　218, 219註, 221註
オオバコ属　220
オオバコ連　221註
オオバツゲ属　150
オオバツゲ連　149註
オオバナアサガオ属　206
オオバナアザミ属　246
オオバナカズラ属　206
オオバハマアサガオ属　213
オオバヒルギ属　142
オオバミツバ属　256
オオバヤダケ属　102
オオバヤドリギ亜連　177註
オオバヤドリギ属　176, 177註
オオバヤドリギ連　177註
オオハンゴンソウ亜連　247註
オオハンゴンソウ属　246
オオヒレアザミ属　245
オオフジシダ属　46
オオフタバムグラ属　200
オオホザキアヤメ科　92
オオホザキアヤメ属　92
オオホザキマツラン属　79
オオマツユキソウ属　83

オオミゾカクシ属　234
オオミヤシ属　88
オオムカデラン属　74
オオムギ属　102
オオモミジガサ属　244
オオヤマハコベ群　181註
オオヤマハコベ属　182
オオヤマレンゲ節　61註
オオヨウラクボク属　124
オールスパイス属　154
オオルリソウ亜科　211註
オオルリソウ亜連　211註
オオルリソウ属　210
オオルリソウ連　211註
オカオグルマ属　248
オガサワラフトモモ属　154
オガサワラモクレイシ属　204
オガサワラモクレイシ連　205註
オガタマノキ節　61註
オカヒジキ亜科　185註
オカヒジキ属　184, 185註
オカヒジキ連　185註
オカヒルギ属　142
オカメザサ亜連　99註
オカメザサ属　106
オガルカヤ属　100
オキシゴヌム連　179註
オキシデンドルム連　197註
オキナグサ属　110
オキナマル属　188
オキナワウラボシ亜科　53註
オキナワカルカヤ属　98
オキナワスズメウリ属　138
オキナワミチシバ属　100
オキノクリハラン属　53, 53註
オギノツメ亜連　223註
オギノツメ属　224
オクエゾガラガラ属　232
オクトクネマ科　175註
オクナ亜科　143註
オクナ科　143, 143註
オグルマ亜連　245註
オグルマ属　245, 245註
オグルマ連　245註
オケラ亜連　239註
オケラ属　237
オサシダモドキ属　50
オサバグサ科　107註

和名索引

オサバグサ属　108
オサバフウロ属　140
オサラン連　77註
オジギソウ亜科　119註
オジギソウ属　124
オジギソウ連　121註
オシダ亜科　51註
オシダ科　50, 51註
オシダ属　50, 51註
オシダ連　51註
オシロイバナ科　187, 187註
オシロイバナ属　187
オシロイバナ連　187註
オゼソウ属　68
オダマキ属　110
オトギリソウ亜科　145註
オトギリソウ科　144, 145註
オトギリソウ属　144, 145註
オトギリソウ連　145註
オトメアゼナ属　219
オドリコソウ亜科　231註
オドリコソウ属　228
オドリコソウ連　231註
オナモミ属　248
オニイチゴツナギ属　98
オニイラクサ属　134
オニガシ属　136, 137註
オニク属　232
オニコウゾリナ属　248
オニサケヤシモドキ属　89
オニササガヤ属　100
オニシジバリ属　242
オニソテツ属　55
オニタビラコ亜連　239註
オニタビラコ属　248
オニノヤガラ属　76
オニノヤガラ連　77註
オニバス属　58, 59註
オニハマダイコン属　170
オニヒバ属　56
オニムラサキ属　211
オハグロノキ属　144
オハグロノキ連　145註
オヒゲシバ属　100
オヒシバ亜連　105註
オヒシバ属　100
オヒルギ属　142
オミナエシ亜科　251註

オミナエシ科　251註
オミナエシ属　250
オモダカ科　66, 67註
オモダカ属　67
オモダカ目　64
オモト属　86
オヤマノエンドウ属　126
オラクス科　174, 175註
オラクス属　174
オランダイチゴ連　131註
オランダイチゴ属　130
オランダカイウ属　66
オランダカイウ連　65註
オランダガラシ属　172
オランダゼリ属　254
オランダゼリ連　257註
オランダビユ属　120
オランダビユ連　125註
オランダフウロ属　150
オランダミツバ属　256
オランダワレモコウ属　130
オリーブ属　216
オリヅルラン属　84
オリヅルラン連　85註
オリラ連　99註
オルラヤ属　256
オンコテカ科　198

カ

カーキア科　158
カーチシア科　190
カート属　140
ガーベラ属　242
ガイアデンドロン連　177註
カイガラソウ属　229
カイガンタバコ属　206
カイザイク属　236
カイソウ属　84
カイソウ連　83註, 85註
カイナンキギク亜連　245註
カイナンキギク属　236
カイナングス属　64
カイナンノキ亜科　165註
カイナンノキ属　164
カイナンボク科　145
カイナンヤブマメ属　128
カイニット属　192
カイロラン属　74

カエデ科　161註
カエデ属　160
カエデ連　161註
カエンキセワタ属　228
カエンソウ属　201
カエンボク群　225註
カエンボク属　226
ガガイモ亜科　209註
ガガイモ科　205註, 207註
ガガイモ連　209註
カカオノキ属　166
カカオノキ連　165註
カガシラ属　96
カガシラ連　95註
カカツガユ連　133註
カギカズラ属　203
カギザケハコベ属　181
カキドオシ属　228
カキノキ科　193
カキノキ属　193
カキバチシャノキ亜科　211註
カキバチシャノキ属　210
カギバリチゴコグサ属　247
カキラン属　76
カクチョウラン属　78
カクミガシ属　136
カクミヒバ属　58
カクレミノ属　252
カザナビキ属　133
カザナビキ連　133註
カサモチ属　256
カジノキ属　134
カシノキラン属　76
カシューナットノキ属　158
カステラ連　163註
カズノコグサ属　98
カスミソウ属　181
カスリソウ属　65
カスリソウ連　65註
カセイマル属　188
カセイマル連　189註
カタクリ属　72
カタバミ科　140
カタバミ属　140
カタバミノキ属　140
カタバミ目　140
カタボウシノケグサ属　99
カッコウアザミ亜連　249註

285

和名索引

カツコ～キキョ

カッコウアザミ属　236
カッコウソウ属　227, 231註
カッコウチョロギ属　227
カッタイヤシ属　89
カツマダソウ亜科　97註
カツマダソウ属　96
カツモウイノデ属　50, 51註
カツラ科　114
カツラ属　114
カテンソウ属　135
カトレヤ亜連　77註
カトレヤ属　74
カナダモ属　67
カナビキソウ亜科　177註
カナビキソウ属　176
カナビキボク科　174
カナビキボク属　174
カナボウノキ科　188
カナボウノキ属　188
カナメモチ属　130
カナワラビ属　50
カニア連　155註
カニクサ科　44
カニクサ属　44
カニツリグサ属　106
カニバサボテン属　189
カネラ科　59
カネラ目　59
カノコソウ属　251
カノツメソウ属　258
カバノキ亜科　137註
カバノキ科　137, 137註
カバノキ属　137
カブニンジン属　256
カブラゼリ属　254
カブラソテツ属　54
カボチャ属　138
カボチャ連　139註
ガマ科　94
ガマグラス属　106
ガマズミ亜科　251註
ガマズミ科　250, 251註
ガマズミ属　250, 251註
ガマ属　94
カマツカ属　131
カマバマキ属　56
カミツレ亜連　243註
カミツレ属　244

カミツレモドキ属　236
カミニンギョウ亜科　147註
カミヤツデ属　253
ガムコパールノキ属　123
カモガヤ亜連　101註
カモガヤ属　100
カモノハシ亜連　105註
カモノハシガヤ属　98
カモハシ属　102
カモメヅル亜連　209註
カモメヅル属　208, 209註
カモメラン属　76
カヤ属　58, 59註
カヤツリグサ亜科　95註
カヤツリグサ科　95, 95註
カヤツリグサ属　96, 97註
カヤツリグサ連　97註
カラクサゲシ属　108
カラクサケマン属　107
カラクサシダ属　54
カラクサシュンギク属　248
カラスウリ属　139
カラスノゴマ属　164
カラスムギ亜連　101註
カラスムギ属　98
カラッパヤシ属　86
ガラナ属　160
カラハナソウ属　133
カラマツソウ亜科　111註
カラマツソウ属　111
カラマツ属　55
カラマツヤナギ属　154
カリガネソウ属　230
カリケラ科　235
カリゴヌム連　179註
カリシア属　90
カリッサ属　206
カリッサ連　207註
カリトリス亜科　57註
カリトリス属　56
カリベア連　187註
カリマタガヤ属　100
カリン属　131
カルーナ属　196
カルポロビア連　129註
カルミア属　196
カルレマンニア科　216
ガレガ属　122, 127註

ガレガ連　127註
カロリンハツバキ属　120
カワグチヒメノボタン属　156
カワゴケソウ亜科　145註
カワゴケソウ科　144, 145註
カワゴケソウ属　144
カワゴロモ属　144
カワツルモ科　68
カワツルモ属　68
カワミドリ属　226
カワラケツメイ属　120
カワラケツメイ連　119註
カワラヒジキ属　184
カワラヒジキ連　185註
カワラボウフウ属　256
カワリミタンポポモドキ属　244
カンアオイ亜科　61註
カンアオイ属　60
ガンコウラン属　196
ガンコウラン連　197註
カンコノキ属　151註
カンコモドキ属　150
カンショウコウ属　250
ガンゼキラン属　78
カンゾウ属　122, 127註
カンゾウ連　127註
カンチク属　100
カンチョウジ属　199
ガンドウカズラ属　139
カンナ科　92
カンナ属　92
ガンビ属　167
カンビネマ科　70
カンムリナズナ属　171
カンラン科　158, 159註, 258
カンラン属　158, 258
カンラン連　159註
カンレンボク属　189

キ

キイチゴ属　132
キイチゴ連　131註
キオン亜連　243註
キオン連　243註
キカシグサ群　153註
キカシグサ属　152, 153註
キキョウ亜科　235註
キキョウ科　234, 235註

286

キキョウソウ属　234
キキョウ属　234
キキョウソウゼン属　82
キキョウ連　235註
キク亜科　243註
キク亜連　243註
キクイモモドキ属　242
キク科　236, 237註
キクガラクサ　219, 221註
キクザキラフレシア属　148
キクザキリュウキンカ　110
キク属　238
キクタビラコ属　244
キクニガナ亜科　239註
キクニガナ亜連　239註
キクニガナ属　238
キクニガナ連　239註
キクノハアオイ属　166
キクバコウリンカ属　246
キクボクチ属　243
キク目　233
キクモバホラゴケ属　43
キクランツス亜科　71註
キク類　189
キク連　243註
キケマン属　107
キササゲ属　225
キササゲ連　225註
キジカクシ科　84
キジカクシ属　84
キジカクシ目　73
ギシギシ属　178
ギシギシ連　179註
キジノオシシガシラ　48
キジノオシダ科　45
キジノオシダ属　45
キジムシロ亜連　131註
キジムシロ属　130, 131註
キジムシロ連　131註
キジョラン属　208
キジョラン連　209註
キストディウム科　46
ギセキア科　186
キソウテンガイ属　55
キダチイズハコ属　244
キダチオウソウカ属　62
キダチキツネアザミ属　244

キダチチョウセンアサガオ
　属　214
キダチノウゼン属　225
キダチハゼリソウ属　212
キダチハッカ属　230
キダチハナカンザシ属　202
キダチハマグルマ属　248
キダチマンリョウ属　194
キダチムヨウラク属　228
キダチルリソウ亜科　211註
キダチルリソウ属　210
キタミソウ属　221, 221註
キタミソウ連　221註
キチジョウソウ属　86
キチョウジ亜科　215註
キチョウジ属　214
キチョウジ連　215註
キヅタ　252
キツネアザミ属　242
キツネオラン属　82
キツネノヒガサ属　224
キツネノマゴ亜科　223註
キツネノマゴ科　222, 223註
キツネノマゴ属　223註, 224
キツネノマゴ連　223註
キツネユリ属　72
キティヌス科　164
キナノキ亜科　199註, 201註
キナノキ属　199註, 200
キナノキ連　201註
キナモドキ属　200
キナモドキ連　201註
キヌガサソウ属　70, 71註
キヌゲチチコグサ属　241
キヌラン属　80
ギノカルプス亜科　63註
キノポリフカノキ群　253註
ギバシス属　91
キハダ属　161註, 162
キバナアマ属　150
キバナオトメアゼナ属　220
キバナオモダカ科　67註
キバナオモダカ属　67
キバナシュスラン属　74
ギバナスズシロ属　172
キバナスズシロモドキ属　172
キバナスズシロ連　173註
キバナタカサブロウ属　242

キバナタマスダレ属　84
キバナツノゴマ属　222
キバナツルボ属　82
キバナノアマナ属　72
キバナノマツムシソウ属　250
キバナハタザオ属　174
キバナハタザオ連　175註
キバナフジ属　124
キバナフジマメ属　124
キバナマツムシソウ属　250
キバナミソハギ属　152
キバナムラサキ属　210
キバナルリソウ属　210
キビ亜科　103註
キビ亜連　103註
キビ属　104
キビ連　103註
キブシ科　157
キブシ属　157
ギブティス亜連　249註
ギボウシズイセン属　82
ギボウシ属　85, 85註
キマメ亜連　125註
キマメ属　119
キマリア亜科　229註
ギムナレナ亜科　239註
ギムノスタキス亜科　65註
キャッサバ属　148
キャッサバ連　149註
キューア科　185
球果類　55
キュウリグサ属　212
キュウリ属　138
キョウカツ群　257註
キョウカツ属　256
ギョウギシバ属　100
ギョウギシバ連　105註
キョウチクトウ亜科　205註,
　207註
キョウチクトウ科　205, 205註,
　207註
キョウチクトウ属　208
キョウチクトウ連　207註
ギョクシンカ属　202
ギョクシンカ連　203註
キヨスミウツボ属　232
ギョボク属　170, 171註
キヨミギク属　241

ギョリュウ科　176
ギョリュウ属　176
ギョリュウダマシ属　184
ギョリュウモドキ科　196
キラヤ科　118
キランソウ亜科　229註
キランソウ属　226
ギリア属　191
キリ科　231
キリカズラ属　220
キリ属　231
ギリバヤシ属　90
キリモドキ属　225
キリモドキ連　225註
キリラ科　195
キリンギク　244
キリンソウ属　116
キリンソウ連　117註
キリンヤシ亜連　89註
キリンヤシ　89
キルカエアステル科　108
キルトスペルマ属　65
キレンゲショウマ属　190
ギロステモン属　169
ギンイチョウ属　188
キンキジュ属　126
キンギョソウ属　219
キンギョソウ連　219註
ギンケンソウ亜連　249註
ギンケンソウ属　236
ギンケンソウ連　249註
キンコウカ科　68
キンコウカ属　68
ギンゴウカン属　124
キンゴジカ　166
キンゴジカモドキ属　166
ギンサカズキ属　214
ギンサン属　55
ギンシダ属　47
キンシボク属　224
キンセイギク属　238
キンセンカ属　238
キンセンカ連　243註
キンセンセキ属　160
キンチャクソウ亜科　217註
キンチャクソウ科　217註
キンチャクソウ属　218
キンチャクマメ属　126

キントラノオ亜科　145註
キントラノオ科　144, 145註
キントラノオ属　144
キントラノオ目　141註, 142, 163註
ギンバイカ属　154
ギンバイカ連　155註
キンバイザサ科　80
キンバイザサ属　80
キンバイソウ属　111
ギンバイソウ属　191註
ギンバイソウ属　214
キンポウゲ亜科　111註
キンポウゲ科　110, 111註
キンポウゲ属　110
キンポウゲ目　107
キンポウゲ連　111註
キンミズヒキ亜科　131註
キンミズヒキ属　128
キンミズヒキ連　131註
キンモウワラビ科　50
キンモウワラビ属　50
キンモクセイ属　216
ギンヨウアサガオ属　212
キンヨウボク属　223
ギンヨウボク属　112
ギンヨウボク連　113註
キンヨウラク亜連　77註
キンヨウラク属　74
キンラン属　74
キンリュウカ属　208
ギンリョウソウ亜科　197註
ギンリョウソウ属　196
ギンリョウソウモドキ属　196
キンレイジュ属　226
キンロバイ属　130

ク

グアー属　120
グアマテラ科　156
クィイナ亜科　143註
クガイソウ属　220
ククイノキ属　148
クコ属　214
クコ連　215註
クサアジサイ属　191註
クサギ属　228
クサキョウチクトウ属　192

クササンタンカ属　202
クサスギカズラ亜科　85註
クサスギカズラ科　84, 85註
クサスギカズラ属　84
クサスギカズラ目　73
クサソテツ属　50
クサトベラ科　235
クサトベラ属　235
クサネム属　118
クサノオウ属　107
クサノオウ連　107註
クサビガヤ属　106
クサヘンルーダ属　162, 163註
クサボウコウマメ属　127
クサミズキ属　198
クサヤツデ属　240
クサヨシ亜連　101註
クサヨシ属　104
クサントフィルム連　129註
クシガヤ亜連　101註
クシガヤ属　100
クジャクサボテン属　188
クジャクサボテン連　189註
クジャクヤシ属　88
クジャクヤシ連　87註
クジラグサ属　172
クジラグサ連　173註
クズイモ属　126
クズインゲン属　124
クズウコン亜科　93註
クズウコン科　92, 93註
クズウコン属　92
クズウコン連　93註
クズ属　126
クスドイゲ属　146
クスノキ科　63, 63註
クスノキ属　63, 63註
クスノキ目　62
クスノキ連　63註
クズモドキ属　120
クセロネマ科　82
クセロフィルム連　71註
クダモノタマゴ属　192
クチナシグサ属　232
クチナシ属　200
クチナシモドキ属　199
クチナシモドキ連　201註
クチナシ連　203註

クテノロフォン科　142
クネオルム亜科　161註
グネツム科　55
グネツム属　55
グネツム目　55, 55註
クノニア科　141, 141註, 258
クビナガタマバナノキ属　202
クビリナットノキ属　160
クベア連　69註
クマシデ属　138
クマツヅラ科　223註, 226,
　　227註
クマツヅラ属　226
クマツヅラ連　227註
クマノアシツメクサ属　118
クマヤナギ属　132
グミ科　132
クミスクチン属　229
グミ属　132
グミミカン属　162
クミン属　256
クモキリソウ属　77
クモノスバンダイソウ亜科
　　117註
クモノスバンダイソウ属　116
クモノスバンダイソウ連　117註
クモラン属　79
クラメリア科　118
クララ属　127
クララ連　121註, 123註
クラルオドリコソウ属　229
クラルオドリコソウ連　231註
クラルガキ属　233
クラルクレソラン属　79
クリスマスローズ属　110
クリスマスローズ連　111註
グリセリニア科　252
クリ属　136, 137註
クリソバラヌス科　145, 145註
クリソラン属　74
クリノイガ属　99
クリハラン属　54
クリプテロニア科　156
クルキタ科　45
クルシア属　143
クルシア連　143註
グルッビア科　190
クルマバザクロソウ属　187

クルマバナ属　228
クルミ亜科　137註
クルミ科　136, 137註
クルミ属　136
グレープマンゴー属　159
クレソラン属　74
グレナダロウヤシ亜科　89註
グレナダロウヤシ属　88
グレナダロウヤシ連　89註
クロイゲ属　132
クロイワザサ属　106
クロウメモドキ亜科　133註
クロウメモドキ科　132, 133註
クロウメモドキ属　132
クロウメモドキ連　133註
クロガネヤシ属　87
クロガヤ属　96
クロキソウ属　209
クロタキカズラ科　198
クロタキカズラ属　198
クロタキカズラ目　198
クロタネソウ属　110
クロタネソウ連　111註
クロタマガヤツリ属　96
クロタマガヤツリ連　97註
クロツグ属　87
クロッソマ科　157
クロッソマ目　156
グロッバ連　93註
クロヅル属　140
クロトンモドキ属　224
クロバカズラ属　200
クロバナカズラ属　208
クロバナカズラ連　207註
クロバナロウゲ属　130
グロブラリア科　221註
クロベ属　58
クロボウモドキ亜科　63註
クロボウモドキ属　62
クロボウモドキ連　63註
クロモ亜科　67註
クロモジ属　63註, 64
クロモ属　67
クロヨナ属　126
クワ科　133, 133註, 135註
クワガタソウ属　220
クワガタソウ連　221註
クワクサ属　134, 135註

クワズイモ属　64
クワ属　134
クワッシャ属　162
クワ連　133註
グンジソウ属　173
クンショウギク亜連　239註
クンショウギク属　242
クンシラン属　82
クンシラン連　83註
グンネラ科　112
グンネラ属　112
グンネラ目　112
グンバイナズナ属　174
グンバイナズナ連　175註

ケ

ケイガイ属　230
ゲイッソロマ科　156
ケイトウ属　184
ケイビラン　84, 85註
ケイロサ亜科　147註, 149註
ケープフクシア属　221
ケープフクシア連　221註
ケーベルリニア科　168
ケガワシダ属　47
ケクロピア科　135註
ケクロピア属　134
ケクロピア連　135註
ケシ亜科　107註
ケシ科　107, 107註
ケシ属　107註, 108
ケシモドキ亜科　107註
ケシモドキ属　108
ケジュズノキ科　62
ケショウビユ属　184
ケショウボウフウ群　257註
ケショウボウフウ属　256
ケショウボク属　148
ケシ連　107註
ゲッカビジン属　189
ゲッキツ属　162
ゲッケイジュ属　64
ゲッケイジュ連　63註
ゲッツェア亜科　215註
ケヌカキビ亜連　103註
ケヌカキビ属　100
ケハマササゲ属　122
ケマンソウ亜科　107註

和名索引
ケマン～コチレ

ケマンソウ属　107註, 108
ケムリノキ属　159
ケヤキ属　133
ゲラルディナ科　157
ゲルセミウム科　204
ゲルセミウム属　204
ゲンゲ属　118
ケンチャヤシ亜連　89註
ケンチャヤシ属　88
ケントラテルム属　238
ケントロプラクス科　141註, 144
ケンポナシ属　132

コ

コイチヤクソウ属　196
コイチョウラン属　76
コウオウソウ属　247
コウキチラン属　79
ゴウシュウアオギリ属　164
コウシュンカズラ属　145
コウシュンツゲ属　154
コウシュンユクサ属　90
コウシュンフジマメ属　122
コウスイギョク属　186
コウスイハッカ属　228
コウスイボク属　226
コウゾ属　135註
コウゾリナ亜連　239註
コウゾリナ属　246
ゴウダソウ属　172
ゴウダソウ連　173註
コウチワヤシ属　87
コウトウイモ属　66
コウトウイモ連　65註
コウトウウラジロマオ属　135, 135註
コウトウオオジュラン属　162
コウトウクスモドキ属　64
コウトウクマタケラン属　92
コウトウシラン属　79
コウトウマオ属　134
コウトウマメモドキ属　140
コウトウヤツデ属　252, 253註
コウトウラン属　79
ゴウピア科　146
コウボウモドキ属　102
コウホネ亜科　59註

コウホネ属　58, 59註
コウモリカズラ属　108
コウモリソウ亜連　243註
コウモリソウ属　245
コウヤカミツレ属　239
コウヤザサ属　98
コウヤザサ連　99註
コウヤボウキ亜科　237註, 239註
コウヤボウキ属　245
コウヤマキ科　56
コウヤマキ属　56
コウヤワラビ科　49註, 50
コウヤワラビ属　50
コウヨウザン亜科　57註
コウヨウザン属　57
コウライセンキュウ群　257註
コウライセンキュウ属　258
コウラ科　175註
コウリバヤシ亜科　87註
コウリバヤシ属　88
コウリバヤシ連　87註
コウリンギク属　247
コウリンタンポポ属　246
コエンドロ属　255
コエンドロ連　257註
コオウレン属　220
コーヒーダマシ属　202
コーヒーダマシ連　203註
コーヒーノキ属　200
コーヒーノキ連　203註
コーラノキ属　164
コオロギラン亜連　75註
コオロギラン属　79
コオロギラン連　75註
コカゲラン属　75
コガネノウゼン属　225
コカノ科　142
コカノキ属　142
ゴキヅル属　138
ゴキヅル連　139註
コキンバイザサ属　80
コクサギ属　162, 163註
ゴクナティア亜科　237註
ゴクラクチョウカ科　92
ゴクラクチョウカ属　92
コクラン属　76
コケイラクサ属　136

コケイラン属　78
コケサンゴ属　202
コケサンゴ連　199註
コケシノブ科　43, 43註
コケシノブ属　43註, 44
コケシノブ目　43
コケセンボンギク属　244
コケタンポポ属　246
コゴメアマ属　167
コゴメオドリコソウ属　228
コゴメギク亜連　249註
コゴメギク属　241
コゴメギョリュウ属　176
コゴメグサ属　232
コゴメグサ連　233註
コゴメスナビキソウ属　210
コゴメタツナミソウ属　232
コゴメビユ属　181
コゴメビユ連　181註
ココヤシ亜連　89註
ココヤシ属　88
ココヤシ連　89註
コサガガヤ亜連　105註
コササガヤ属　104
ゴザダケシダ属　46
ゴジアオイ属　167
コシアブラ属　252
コシオガマ属　232
ゴジカ亜科　165註
ゴジカ属　166
ゴジカモドキ属　166
コシダ属　44
コシボソウラボシ属　54
ゴシュユ属　161註, 162
コショウ亜科　61註
コショウ科　60, 61註
コショウ属　60
コショウボク属　159
コショウ目　60
コスギラン亜科　43註
コスギラン属　42, 43註
コスモス属　239
コソノキ属　130
コダチハカタカラクサ亜連　91註
コダチハカタカラクサ属　91
コチョウソウ属　214
コチョウラン属　78
コチレドン属　116

290

コトブキギク亜連　249註
コトブキギク属　248
コドン亜科　209註
コナスビ属　194
コナラ亜科　137註
コナラ属　136, 137註
ゴニスティルス亜科　167註
コヌカシバ属　100
コネッシ属　206
コノテガシワ属　57
コバイバルサムノキ属　120
コバタゴ属　216
コバタゴ連　217註
コバナオサラン属　73
コバナメボウキ属　226
コバノイシカグマ科　46
コバノイシカグマ属　46
コバノブラシノキ属　154
コバマキ属　56
コバハマジンチョウ属　221
コバレンギク属　246
コバンソウ属　98
コバンバノキ属　166
コヒルギ属　142
コブシア亜連　205註
コブシア属　206
コブナグサ亜連　105註
コブナグサ属　98
コベア亜科　191註
コベア属　191
ゴボウ属　236
ゴマ科　222
コマクサ属　107, 107註
ゴマクサ属　232
ゴマクサ連　233註
ゴマ属　222
コマツナギ属　123
ゴマツナギ属　125註
ゴマノハグサ科　219註, 220,
　221註, 223註, 233註
ゴマノハグサ属　221
ゴマノハグサ連　221註
コマンドラ亜科　177註
コミカンソウ亜科　151註
コミカンソウ科　150, 151註
コミカンソウ属　150, 151註
コミカンソウ連　151註
ゴムカズラ属　208

コムギ属　106
コムギダマシ属　98
コムギ連　101註
ゴムヤシ属　88
コメガヤ属　102
コメガヤ連　101註
コメススキ属　98
コメツブノボタン亜科　155註,
　157註
コメツブノボタン属　155
コメバツガザクラ属　196
コモチシダ亜科　51註
コモチシダ属　50, 51註
コモチナデシコ属　182
ゴモルテガ科　62
コヨリソウ属　218
コラノキ属　164
コリギオラ亜科　181註
コリグノニア連　187註
コリノカルプス科　138
コリバス属　74
コリンソウ属　219
コリンビア亜科　241註
コルクノウゼン属　225
コルシア科　70
コルムネア属　218
コルメリア科　249
コルリブクロ属　218
ゴレンシ属　140
コロハ属　128
コロハ連　127註
コロマンソウ属　223
コンゲア属　228
ゴンズイ属　157註
コンニャク属　64
コンニャク連　65註
コンロンカ属　202
コンロンカ連　203註

サ

サイカチ群　119註
サイカチ属　122
サイカチモドキ属　131
サイハイラン属　74
サイフォンソウ属　69
ザイフリアヤメ属　80
ザイフリボク属　129
サカキ科　192, 193註

サカキカズラ属　206
サカキ属　192
サカキ連　193註
サカネラン属　78
サガリバナ亜科　193註
サガリバナ科　192, 193註
サガリバナ属　192
サガリラン属　75
サギゴケ科　230
サギゴケ属　230
サキシマスオウノキ属　165
サキシマハマボウ属　166
サクマソウ属　220, 221註
サクラ亜科　129註
サクライソウ科　68
サクライソウ属　68
サクライソウ目　68
サクラカラクサ属　222
サクラキリン亜科　189註
サクラキリン属　189
サクラソウ亜科　193註, 195註
サクラソウ科　193, 193註
サクラソウ属　194
サクラ属　129註, 130
サクララン属　206, 209註
サクラ連　129註
ザクローミズガンビ群　153註
ザクロ科　153註
ザクロソウ科　187
ザクロソウ属　187
ザクロソウモドキ属　187
ザクロ属　152
サゴヤシ属　88
ササウチワ属　66
ササウチワ連　65註
ササガニユリ連　83註
ササキカズラ属　145
ササクサ亜科　103註
ササクサ属　102
ササクサ連　103註
ササゲ属　128
ササ属　104
ササハギ属　118
サジオモダカ属　66
サジラン亜科　53註
サジラン属　53
ザゼンソウ属　66
サダソウ属　60

和名索引
サッコ〜シコン

サッコロマ科　46
サッサフラス属　64
サツマイナモリ属　202
サツマイナモリ連　199註
サツマイモ属　212
サツマイモ連　213註
サツマギク属　238
サツマシダ　51註
サトイモ亜科　65註
サトイモ科　64, 65註
サトイモ属　65
サトイモ連　65註
サトウキビ亜連　105註
サトウキビ属　104
サナンゴ亜科　217註
サニギク亜連　241註
サニギク属　237
サネカズラ属　59
サバクオモト属　55
サバクソウ属　182
サバルヤシ属　90
サバルヤシ連　87註
サビハノキ属　132
サフラン亜科　81註
サフラン属　81
サフランモドキ属　84
サフラン連　81註
サプリア属　148
サポジラ亜科　193註
サポジラ属　192
サポジラ連　193註
サボテン科　188, 189註
サボンソウ属　182
サマデラ属　162
ザミア科　54
ザミア属　55
サメハダノキ属　62
サヤヌカグサ属　102
サヤバナ亜連　229註
サヤバナ属　229註, 230
サラカヤシ属　90
サラシナショウマ連　111註
サラセニア科　195
サラセニア属　195
サラソウジュ属　168
サルオガセモドキ亜科　95註
サルオガセモドキ属　94
サルカケミカン属　162, 163註

サルカケミカン連　161註, 163註
サルココッカ属　112
サルコスペルマ亜科　193註
サルコバツス科　186
サルコフリニウム亜科　93註
サルコラエナ科　168
サルスベリーハマザクローヒシ群　153註
サルスベリ属　152
サルゼントカズラ亜科　109註
サルトリイバラ科　72
サルトリイバラ属　72
サルノトウナス属　148
サルバドラ科　168, 169註
サルメンバナ属　214
サルメンバナ連　215註
サワギク属　244
サワグルミ属　136
サワトウガラシ属　219
サワラン亜連　77註
サワラン属　75
サワラン連　77註
サワルリソウ属　208
サンアソウ亜科　97註
サンアソウ科　96, 97註
サンアソウ属　96
サンカクチュウ属　189
サンカクトウ属　89
サンカヨウ属　108, 109註
サンゴアナナス属　94
サンコウマル属　188
サンコウマル連　189註
サンゴネラン属　74
サンザシ属　130
サンジソウ属　152
サンシチソウ属　242
サンシュユ属　190
サンショウ亜科　161註
サンショウ群　161註
サンショウソウ属　135
サンショウ属　162, 163註
サンショウモ科　45
サンショウモ属　45
サンショウモ目　44
サンショウ連　161註, 163註
サンダーソニア属　72
サンタンカ亜科　199註, 201註
サンタンカ属　200

サンダンカ属　200
サンタンカモドキ属　205
サンダンカ連　203註
サントール属　163
サンプクリンドウ属　204
サンユウカ亜連　207註
サンユウカ属　208
サンユウカ連　207註

シ

シアーバターノキ属　192
シイ属　136, 137註
シイノキカズラ属　121
シイノキカズラ連　125註
シーベリー属　132
ジオウ科　231註
ジオウ属　232
ジオウ連　233註
シオガマギク属　232
シオガマギク連　233註
シオギリソウ亜連　105註
シオギリソウ属　98
シオニラ科　68
シオニラ属　68
シオン属　237
シオン連　243註
シカギク属　248
シカクヒマワリ属　248
シカクマメ属　126
ジギク属　248
シキンソウ属　230
ジギタリス亜科　221註
ジギタリス属　219, 221註
シキミ属　59
シキミ目　59
シキミモドキ科　59
シキミモドキ属　59
シクラメン属　194
シクンシ亜科　153註
シクンシ亜連　153註
シクンシ科　152, 153註
シクンシ属　152, 153註
シクンシ連　153註
シコウカーヒメミソハギ群　153註
シコウカ属　152
ジゴペタルム属　80
シコンノボタン属　156

292

和名索引

シシウ～ショウ

シシウド属　254, 257註
シシウド連　255註, 257註
シシガシラ亜科　51註
シシガシラ科　48, 49註, 51註
シシガシラ属　50, 51註
シシラン亜科　47註
シシラン属　47
シシランノキシノブ属　54
シシラン属　218
シソ亜科　227註
シソ科　226, 227註
シソクサ属　220
シソ属　229
シソノミグサ属　200
シソノミグサ連　199註
シソ目　216, 258
シソ連　227註
シタイショウ属　224
シタキソウ属　206
シダノキ属　160
シダノキ連　161註
シダレオオサルスベリ属　152
シチヘンゲ属　226
シチヘンゲ連　227註
シチョウゲ属　200
シッポウジュ属　243
シデシャジン属　234
シナガワハギ属　124
シナクスモドキ属　63
シナノキ亜科　165註
シナノキ科　165註
シナノキ属　166
シノブ科　52, 53註
シノブ属　52
シノブノキ属　112
シノモリウム科　116
シバ亜連　105註
シバ属　106
シバツメクサ属　182
シバツメクサ連　181註
シバナ科　68
シバナ属　68
シバネム属　127
シバハギ属　122
シバハギモドキ属　118
シバルナ科　62
シバ連　105註
シフォノキルス亜科　93註

シベナガムラサキ属　210
シマイズハハコ属　244
シマカイノキ属　203
シマケンザン属　94
シマケンチャヤシ亜連　89註
シマケンチャヤシ属　87
シマザクラ属　201
シマシラキ属　148
シマセンブリ属　204
シマセンブリ連　205註
シマソケイ亜連　205註
シマダカズラ属　208
シマダカズラ連　207註
シマテイカカズラ亜連　207註
シマテイカカズラ属　206
シマテイカカズラ連　207註
シマバラソウ属　144
シマハラン属　86
シマユキカズラ連　191註
シマルバ属　162
シマルバ連　163註
ジムカデ亜科　197註
ジムカデ属　196
シムラニンジン属　258
シモツケ亜科　129註
シモツケソウ属　130
シモツケソウ連　131註
シモツケ属　132
シモツケ連　131註
シモバシラ属　228
シモンジア科　180
ジャイアントセネシオ属　240
シャク亜連　257註
シャクジョウソウ属　196
シャク属　254
シャクトリムシマメ属　126
シャクナゲモドキ亜科　115註
シャクナゲモドキ科　114
シャクナンガンピ属　167
シャグマユリ属　82
ジャケツイバラ亜科　119註
ジャケツイバラ科　119, 121註
ジャケツイバラ連　121註
ジャコウソウ属　227
ジャコウソウモドキ属　219
ジャコウソウ連　231註
シャコバサボテン連　189註
シャジクソウ属　128

シャジクソウ連　127註
シャゼンオモダカ属　66
ジャノヒゲ属　86
ジャノヒゲ連　87註
ジャノメギク属　246
ジャボチカバ属　154
シャボンノキ科　118
シャムダケ属　106
ジャメシア亜科　191註
シャリントウ属　130
シャリンバイ属　131
シュウェンキア亜科　215註
シュウカイドウ科　140
シュウカイドウ属　140
シュウメイギク属　110
種子植物　54
ジュズサンゴ科　186
ジュズサンゴ属　186
ジュズダマ亜連　105註
ジュズダマ属　100
ジュズノキ属　62
シュスラン亜連　75註
シュスラン属　75註, 76
ジュベアヤシ属　88
ジュラン属　162, 163註
シュレゲリア科　226
シュロソウ亜科　71註
シュロソウ科　70, 71註
シュロソウ属　70, 71註
シュロソウ連　71註
シュロ属　90
シュロチク属　90
シュロ連　87註
シュワルツィア連　121註, 123註
シュンギク亜科　243註
シュンギク属　242
ジュンサイ科　58
ジュンサイ属　58
シュンラン亜科　77註
シュンラン亜連　77註
シュンラン属　75
シュンラン連　77註
ショウガ亜科　93註
ショウガ科　92, 93註
ショウガ属　94
ショウガ目　92
ショウガ連　93註
ショウキウツギ属　250

293

和名索引
ショウ～スタヘ

ショウキラン属　80
ショウジョウカ属　164
ショウジョウバカマ属　70
ショウジョウバカマ連　71註
ショウジョウハグマ亜連　241註
ショウジョウハグマ属　240
ショウジョウハグマ連　241註
ショウジョウヤシ　88
ショウズク属　93
ショウブ科　64
ショウブ属　64
ショウブ目　64
ショウベンノキ属　156, 157註
小葉類　42
ジョウロウラン亜連　75註
ジョウロウラン属　75
ショカツサイ　173
シライトソウ属　70
シライトソウ連　71註
シラウメソウ属　110
シラキ属　148
シラキ連　149註
シラゲガヤ亜連　101註
シラゲガヤ属　102
シラゲデンダ　49註
シラタマノキ属　196
シラタマノキ連　197註
シラネアオイ亜科　111註
シラネアオイ科　111註
シラネアオイ属　110
シラネニンジン属　258
シラハトツバキ属　194
シラユキギク属　246
シラユキゲシ属　107
シラン属　74
シリアアザミ属　244
シレンゲ科　190
シレンゲ属　190
シロイヌナズナ属　170
シロカネソウ属　110
シロガネヨシ亜科　105註
シロガネヨシ属　100
シロガラシ属　174
シロギリ属　166
シロサボテ属　160
シロダモ属　64
シロツブ属　122
シロネ亜連　227註

シロネ属　228
シロハグロ属　223註, 224
シロバナシレンゲ属　190
シロバナマンサク属　114
シロバナロウゲ属　130
シロミイチイ属　58, 59註
シロミミズ属　200
シロヤマブキ属　131
ジンコウ属　166
ジンコウ連　167註
シンジュガヤ属　96
シンジュガヤ連　95註
真正ウラボシ類Ⅰ　53註
真正ウラボシ類Ⅱ　53註
真正双子葉植物　107
真正双子葉類　107
ジンチョウゲ亜科　167註
ジンチョウゲ科　166, 167註
ジンチョウゲ属　167
ジンチョウゲモドキ属　167
ジンチョウゲ連　167註
シンフィオネマ亜科　113註
シンフォニア連　143註
シンフォレマ亜科　227註
シンメリア亜科　179註
ジンヤクラン属　74
ジンヨウスイバ属　178
ジンヨウマキエハギ属　122

ス

スイカズラ亜科　251註
スイカズラ科　250, 251註
スイカズラ属　250
スイカ属　138
スイショウ属　57
スイセイジュ属　112
スイセン属　84
スイセン連　83註
ズイナ科　114
ズイナ属　114
スイラン属　242
スイレン亜科　59註
スイレン科　58, 59註
スイレン属　58, 59註
スイレン目　58
スガモ属　68
スギ亜科　57註
スギ属　57

スキトペタルム亜科　193註
スギナモ科　221註
スギナモ属　220, 221註
スギマキ属　56
スグリウツギ属　130
スグリウツギ連　129註
スグリ科　114
スグリ属　114
スゲ亜科　97註
スゲガヤ亜科　95註
スゲガヤ属　96
スゲ属　95, 97註
スゲモドキ属　95
スゲ連　97註
スジヒトツバ属　44
スズカケノキ科　112
スズカケノキ属　112
ススキ属　103, 105註
ススキノキ亜科　83註
ススキノキ科　82
ススキノキ属　82
スズコウジュ属　229
スズフリノキ属　150
スズフリノキ連　151註
スズメウリ属　139
スズメガヤ亜連　105註
スズメガヤ属　100
スズメガヤ連　105註
スズメノチャヒキ属　98
スズメノチャヒキ連　101註
スズメノテッポウ属　98
スズメノトウガラシ属　222,
　223註
スズメノナギナタ亜連　101註
スズメノナギナタ属　104
スズメノハコベ属　231
スズメノハコベ連　223註
スズメノヒエ亜連　103註
スズメノヒエ属　104
スズメノヒエ連　103註
スズメノヤリ属　95
スズメラン亜連　77註
スズメラン属　78
スズラン科　85註
スズラン属　84, 87註
スズラン連　87註
スタックホウシア科　141註
スタベリア属　208

和名索引

スタヤ〜ソテツ

ズダヤクシュ属　115
スダレノキシノブ属　54
スダレヤシ属　88
スダレヤシ連　87註
スチロサンテス属　127
スティッフィア亜科　237註
スティリディウム科　234
スティルベ科　222
ステグノスペルマ科　184
ステッキヤシ属　87
ステノクラエナ亜科　51註
ステビア属　247
ステモヌルス科　232
ステモヌルス属　233
ストケシア亜科　241註
ストケシア属　247
ストラスブルゲリア科　156
ストラティオテス亜科　67註
ストリクタモウマオウ属　137
ストレフォネマ亜科　153註
ストロンボシア科　175註
スナジタデ属　178
スナジマメ属　128
スナジムグラ属　182
スナヅル属　63
スナヅル連　63註
スノーフレーク属　83
スノキ亜科　197註
スノキ属　198
スノキ連　197註
スハマソウ属　110
スピゲリア属　204
スファエロセパルム科　166
スブタ亜科　67註
スブタ属　67
スベリヒユ科　188
スベリヒユ属　188
スベリヒユモドキ属　186
スポラダンツス亜科　97註
スミレ亜科　147註
スミレイワギリ属　217註, 218
スミレ科　146, 147註
スミレ属　146
スミレノキ属　146, 147註
スモモ属　131
スラデニア科　192
スリアナ科　128, 163註
スリナムニガキ属　162

セ

セイタカカナビキソウ属　220
セイタカビロウ属　90
セイヨウアマナ属　86
セイヨウヌカボ属　98
セイヨウヒノキ属　57
セイヨウヒルガオ属　212
セイヨウフウチョウソウ属　170
セイヨウモクセイ属　216
セイヨウワサビ属　170
セイロンオーク属　160
セイロンスグリ属　146
セイロンテリハボク属　144
セイロンハコベ科　216
セイロンハコベ属　216
セキショウモ属　67
セキモンノキ亜連　149註
セキモンノキ属　148
セクロピア属　134
セコイア亜科　57註
セコイア属　57
セコイアデンドロン属　58
セッコウボク属　250
セッコク亜連　77註
セッコク属　75
セッチェランツス科　168
セツブンソウ属　110
セドロ属　162
ゼニアオイ属　166
ゼニアオイ連　165註
セラゴ属　222
セリ亜科　255註
セリ科　253註, 254, 255註
セリ属　256
セリバノセンダングサ亜連　245註
セリバノセンダングサ属　242
セリ目　251
セリモドキ属　256
セリ連　257註
セルバンテシア亜科　177註
セロリ属　254
センキュウ群　257註
センジュギク属　247
センジュギク連　247註
センソウ属　229註, 230
センダイハギ属　128

センダイハギ連　121註, 123註
センダン亜科　163註
センダン科　162, 163註
センダンキササゲ属　226
センダングサ属　237
センダン属　163
セントウソウ属　254, 257註
センナ属　126
センナリホオズキ属　214
センニチコウ属　183註, 184
センニチコウ連　183註
センニチモドキ亜連　247註
センニチモドキ属　236
センニンイモ属　66
センニンソウ属　110
センネンボク亜科　85註
センネンボク科　85註
センネンボク属　84
センノウ属　182
センフトタラノキ属　252
センブリ亜連　205註
センブリ属　204, 205註
センボンヤリ亜科　237註
センボンヤリ属　244
センボンヤリ連　237註
ゼンマイ科　43
ゼンマイ属　43
ゼンマイ目　43
センリョウ科　59
センリョウ属　59
センリョウ目　59

ソ

ソアグヤシ属　89
ソウカ属　93, 93註
ゾウゲヤシ属　89
ゾウゲヤシ連　89註
ソウジュンボク属　250
ゾウノミミ属　122
ソーセージノキ属　225
ソーダノキ科　158
ソーダノキ属　158
ソクシンラン属　68
ソケイ属　216
ソケイノウゼン属　225
ソケイ連　217註
ソシンカ属　119
ソテツ科　54

295

和名索引
ソテツ〜タヌキ

ソテツ属　54
ソテツバカイウ亜科　65註
ソテツバカイウ属　66
ソテツホラゴケ属　43
ソテツ目　54
ソテツモドキ属　49
ソバカズラ属　178
ソバガラウリクサ属　222
ソバ属　178
ソバ連　179註
ソライロゼリ　253
ソライロツノギリソウ属　218
ソラマメ属　127註, 128
ソラマメ連　127註
ソリチャ属　132

タ

ダイオウ属　178
ダイオウヤシ属　90
ダイオウヤシ連　89註
ダイコンソウ属　130
ダイコンソウ連　131註
ダイコン属　174
ダイズ亜科　125註
ダイズ属　122
タイセイ属　172
タイセイ連　175註
ダイダイグサ亜連　149註
ダイダイグサ属　150
タイトウウルシ属　159
タイトウリュウガン属　160
ダイハナイバナ属　212
ダイフウシノキ属　146, 147註
タイヘイヨウカズラ属　132
タイヘイヨウグルミ属　123
ダイマチク属　102
大葉シダ植物　42
大葉類　42
タイリンアザミ属　246
タイリンギリア属　191
タイリンツメクサ属　181
タイリンツメクサ連　181註
タイリントキソウ属　79
タイリンミヤコナズナ属　170
タイリンミヤコナズナ連　171註
タイワンイスノキ属　114
タイワンイヌグス属　64

タイワンキンモウイノデ属　51, 51註
タイワンサギゴケ亜科　223註
タイワンサギゴケ属　224
タイワンササキビ属　102
タイワンスギ亜科　57註
タイワンスギ属　58
タイワンツクバネソウ属　70, 71註
タイワンツバキ属　194
タイワンノウリ属　138
タイワンハマハギ属　151註
タイワンヒゴタイ属　242
タイワンフウラン属　79
タイワンフクオウソウ属　245
タイワンミゾハコベ属　200
タイワンムカゴソウ属　75
タイワンモミジ群　253註
タイワンモミジ属　252
タイワンレンギョウ連　227註
タカサキレンゲ属　116
タカサゴイナモリ属　156
タカサゴクレソラン属　79
タカサゴシラタマ属　195
タカサゴトキンソウ亜連　243註
タカサゴトキンソウ属　239
タカサゴノキ属　146
タカサゴノキ連　147註
タカサゴハナヒリグサ属　242
タカサブロウ亜連　247註
タカサブロウ属　240
タカスギク属　241
タカスゼリ属　257
タカツルラン属　76
タカネカラクサナズナ属　172
タカネグンバイ属　172
タカネグンバイ連　173註
タカネコメススキ属　106
タカネツメクサ属　180
タカノツメ属　252
タカワラビ科　45
タカワラビ属　45
タキキビ属　104
タキキビ連　101註
タキミシダ属　46
タケ亜科　99註
タケシマラン亜科　73註
タケシマラン属　72

タケダグサ属　240
タケニグサ属　108
タケラン属　74
タコイモ属　66
タコノアシ科　116
タコノアシ属　116
タコノキ科　70
タコノキ属　70
タコノキ目　69
ダシポゴン科　86
タシロイモ科　69註
タシロイモ属　69
タシロカズラ属　206
タシロマメ亜科　119註
タシロマメ属　123
タスマニアスギ亜科　57註
タスマニアスギ属　56
タチアオイ属　164
タチカラクサ属　91
タチクサネム属　122
タチシノブ属　47
タチドジョウツナギ亜連　101註
タチドジョウツナギ属　104
タチバナアデク属　154
タチヒメワラビ属　49註
タツタソウ属　109
タツナミソウ亜科　229註
タツナミソウ属　230
タツノツメガヤ亜連　105註
タツノツメガヤ属　100
タツノヒゲ属　104
タツノヒゲ連　101註
タデ亜科　179註
タデ科　178, 179註
タデノキ属　178
タデノキ連　179註
タデハギ属　127
タテヤマキンバイ属　132
タニウツギ亜科　251註
タニウツギ属　251
タニギキョウ属　234
タニワタリノキ属　198
タニワタリノキ連　201註
タヌキアヤメ科　91
タヌキアヤメ属　91
タヌキノショクダイ亜科　69註
タヌキノショクダイ科　69註
タヌキノショクダイ属　69

タヌキマメ属　120
タヌキマメ連　123註
タヌキモ科　226
タヌキモ属　226
タネガシマアリノトウグサ　116
タネガシマムヨウラン属　74
タネツケバナ属　170
タネツケバナ連　173註
タバコ亜科　215註
タバコ属　214
タバコ連　215註
タビスキア科　157註, 158
タブノキ属　64
タブノキ連　63註
タマガサノキ属　200
タマガラシ属　172
タマクルマバソウ属　198
タマザキクサフジ属　126
タマサボテン属　188
タマサボテン連　189註
タマシダ科　52
タマシダ属　52
タマツナギ属　126
タマツルクサ属　84
タマバナソウ属　246
タマバナノキ属　202
タマビンロウ属　87
タマラン属　78
タマリンド属　128
タミジア亜科　93註
タムラソウ属　246
タラノキ群　253註
タラノキ属　252, 253註
ダリア属　240
タルホコムギ　97
ダンギク属　227
タンキリマメ属　126
タンゲブ属　234
ダンゴギク亜連　245註
ダンゴギク属　242
ダンゴギク連　245註
単子葉植物　64
ダンチク亜科　97註, 99註, 105註
ダンチク属　98
ダンチク連　105註
タンポポ属　248
タンヨウヤシ属　88

タンワンレンギョウ属　226

チ

チークノキ亜科　229註
チークノキ属　230
チガヤ属　102
チカラシバ亜連　103註
チクヨウラン属　79
チクヨウラン連　77註
チケイラン属　74
チゴザサ亜科　105註
チゴザサ属　102
チゴユリ亜科　73註
チゴユリ科　72
チゴユリ属　72
チシマイワブキ属　114, 115註
チシマオドリコソウ属　228, 231註
チシマゼキショウ科　66
チシマゼキショウ属　66
チシマツガザクラ属　196
チシマツガザクラ連　197註
チシマチヤナギ属　178
チシマリンドウ属　204
チシャ属　243
チシャノキ亜科　211註
チシャノキ属　210
チダケサシ群　115註
チダケサシ属　114
チチコグサ属　242
チチコグサモドキ属　241
チチブシロカネソウ属　110
チチブリンドウ属　204
チヂミザサ亜連　103註
チヂミザサ属　104
チッポンソウ属　224
チドメグサ亜科　253註
チドメグサ属　252
チドリソウ亜科　75註
チドリソウ亜連　75註
チドリソウ連　75註
チブサノキ属　200
チャセンギリ属　166
チャセンシダ科　48
チャセンシダ属　48
チャボアザミ属　238
チャボウシノシッペイ属　101
チャボツメレンゲ属　116

チャボトウジュロ属　88
チャラン属　59
チャルメルソウ属　115, 115註
チャンチン亜科　163註
チャンチン属　164
チャンチンモドキ亜科　159註
チャンチンモドキ属　159
チャンベルカズラ属　224
チューリップ属　72
チュクラシア属　162
チョウジソウ属　206
チョウジソウ連　207註
チョウジタデ亜科　153註
チョウジタデ属　152, 153註
チョウセンアサガオ属　214
チョウセンアサガオ連　215註
チョウセンアザミ属　240
チョウセンガリヤス亜連　105註
チョウセンガリヤス属　100
チョウチンノウゼン属　225
チョウチンノウゼン連　225註
チョウトリカズラ属　206
チョウノスケソウ亜科　129註
チョウノスケソウ属　130
チョウマメ亜連　125註
チョウマメ属　120
チョウマメモドキ属　120
チョークベリー属　129
チョクザキミズ属　134
チョクミシダ属　54
チリアヤメ属　81
チリソウ属　218
チリソケイ属　207
チリソケイ連　207註
チリメンアヤメ属　81
チリヤシ属　88
チルソプテリス科　45
チングルマ属　132

ツ

ツガザクラ属　196
ツガザクラ連　197註
ツガ属　56
ツガモドキ属　56
ツキイゲ属　106
ツキヌキオグルマ亜連　247註
ツキヌキオグルマ属　246
ツキヌキソウ属　250

297

和名索引

ツクシ～テチン

ツクシガヤ属　99
ツクバネアサガオ亜科　215註
ツクバネアサガオ属　214
ツクバネウツギ属　250, 251註
ツクバネカズラ科　180
ツクバネカズラ属　180
ツクバネソウ亜科　71註
ツクバネソウ属　70, 71註
ツクバネソウ連　71註
ツクバネ属　175
ツゲ科　112, 113註
ツゲコウジ属　160
ツゲ属　112
ツゲ目　112
ツゲモドキ科　144
ツゲモドキ属　144
ツゲ連　113註
ツタギク属　240
ツタ属　117
ツタノハヒルガオ属　213
ツタバウンラン属　219
ツタバキリカズラ属　220
ツチアケビ属　75
ツチトリモチ科　174, 175註
ツチトリモチ属　174
ツツアナナス属　94
ツツジ亜科　197註
ツツジ科　196, 197註
ツツジ属　197
ツツジ目　190
ツツジ連　197註
ツヅラフジ亜科　109註
ツヅラフジ科　108, 109註
ツヅラフジ属　108
ツヅラフジ連　109註
ツナソ属　164
ツナソ連　165註
ツノアイアシ亜連　105註
ツノアイアシ属　104
ツノウマゴヤシ属　125
ツノギリソウ属　218
ツノクサネム属　126
ツノクサネム連　125註
ツノゲシ属　108
ツノゴマ科　222
ツノゴマ属　222
ツノミナズナ属　171
ツノミナズナ連　173註

ツノヤブコウジ属　193
ツバキ科　194, 195註
ツバキカズラ属　72
ツバキ属　194
ツバキ連　195註
ツバメオモト亜科　73註
ツバメオモト属　72
ツバメズイセン属　84
ツボクサ亜科　255註
ツボクサ属　254, 255註
ツボサンゴ亜科　115註
ツボサンゴ群　115註
ツボサンゴ属　114
ツメクサ属　182
ツメクサ連　181註
ツユクサ亜科　91註
ツユクサ科　90, 91註
ツユクサ属　90
ツユクサ目　90
ツユクサ連　91註
ツリガネカズラ属　224
ツリガネカズラ連　225註
ツリガネズイセン属　85
ツリガネニンジン属　234
ツリガネヒルガオ属　212
ツリガネヤナギ属　220
ツリフネソウ科　190
ツリフネソウ属　190
ツルアダン属　70
ツルアリドオシ属　201
ツルウメモドキ属　140
ツルギク亜連　249註
ツルギク属　244
ツルキジノオ科　51
ツルキジノオ属　51
ツルキンギョソウ属　220
ツルゲイトウ属　182
ツルゲイトウ連　183註
ツルサイカチ群　123註
ツルサイカチ属　120
ツルサイカチ連　121註, 123註
ツルシダ科　52
ツルシダ属　52
ツルセンダングサ属　238
ツルツチトリモチ属　174
ツルナ亜科　187註
ツルナ属　186
ツルニア科　94

ツルニチニチソウ亜連　205註
ツルニチニチソウ属　205註, 208
ツルニンジン属　234
ツルネラ亜科　147註
ツルネラ属　146
ツルノゲイトウ属　182
ツルハグマ属　238
ツルボ亜科　85註
ツルボ属　84
ツルボラン亜科　83註
ツルボラン属　82
ツルボ連　85註
ツルマオ属　134
ツルマンリョウ属　194
ツルムラサキ科　188
ツルムラサキ属　188
ツルメヒシバ属　98
ツルモッコク属　194
ツルヤブミョウガ属　91, 91註
ツルリュウガン属　62
ツルリンドウ属　204
ツレサギソウ属　78
ツワブキ属　241

テ

ディアリウム亜科　119註
テイオウサンダンカ属　198
テイオウサンダンカ連　203註
ディオンコフィルム科　180
テイカカズラ属　208
ディクソニア科　45
デイゴ亜連　125註
デイゴ属　122
ティコデンドロン科　137
ディディメレス連　113註
ディディモクラエナ科　50
ディペントドン科　141註, 158
ディラクマ科　132
テーブルヤシ属　88
テーブルヤシ連　89註
テオフラスタ亜科　195註
テオフラスタ連　195註
テガタチドリ属　76
デゲネリア科　60
テコフィラエア科　80
デザートピー属　127
デスモフレビウム科　47
デチンムル属　140

和名索引
テツホ〜トモシ

テッポウウリ属　138
テトラカルパエア科　116
テトラコンドラ科　216
テトラメリスタ科　191
テトラメレス科　140
テプイアンツス亜科　167註
テマリシモツケ属　130
テミス科　85註
テリハボク科　144
テリハボク属　144
テロペア　112
テンキグサ属　102
テングスズメウリ属　139
テングノハナ　62
テングバナ　228
テンジクアオイ属　150
テンジクイヌカンコ　146
デンジソウ科　44
デンジソウ属　44
テンシンナズナ属　170
テンシンナズナ連　173註
テンツキ属　96
テンツキ連　97註
テンナンショウ属　64
テンナンショウ連　65註
テンニンカ属　154
テンニンギク属　241
テンニンソウ属　228
テンノウメ属　130

ト

トウ亜科　87註
トウアズキ属　118
トウアズキ連　125註
ドゥエソウ属　258
トウエンソウ科　94
トウエンソウ属　94
トウカセン属　238
トウガラシ属　214
トウガラシ連　215註
トウガン属　138
トウガン連　139註
トウゴマ属　149
トウゴマ連　149註
トウショウブ属　81
トウショウブ連　81註
トウ属　87
トウダイグサ亜科　149註

トウダイグサ科　147註, 148,
149註, 151註
トウダイグサ属　148, 149註
トウダイグサ連　149註
ドウダンツツジ亜科　197註
ドウダンツツジ属　196
トウチク属　106
ドゥッケオデンドロン亜科
215註
トウツルモドキ科　96
トウツルモドキ属　96
トウヒ属　56
トウヒレン属　246
トウミツソウ属　102
トウモロコシ亜連　105註
トウモロコシ属　106
トゥルネラ属　146
トウ連　87註
トウロウソウ亜科　117註
トウワタ亜連　209註
トウワタ属　206, 209註
トーチジンジャー属　93
ドームヤシ属　88
トガクシソウ属　109
トガサワラ属　56
トガリバクレソラン属　79
トキソウ属　79
トキソウ連　73註
トキワギョリュウ属　137
トキワサンザシ属　131
トキワマンサク属　114, 115註
トキワラン属　78
トキンソウ亜連　245註
トキンソウ属　238
トキンソウ連　245註
ドクウツギ科　138
ドクウツギ属　138
ドクウルシ属　159
トクサ科　42
トクサ属　42
トクサバモクマオウ属　137
トクサ目　42
トクサラン属　74
ドクゼリ属　254
ドクゼリモドキ属　254
ドクダミ科　60
ドクダミ属　60
ドクニンジン群　257註

ドクニンジン属　254
ドクヤシ属　89
ドクヤシ連　89註
トゲアオイモドキ属　164
トケイソウ亜科　147註
トケイソウ科　146, 147註
トケイソウ属　146
トケイソウ連　147註
トゲイヌツゲ属　146
トゲイヌツゲ連　147註
トゲカズラ属　187
トゲカズラ連　187註
トゲナシジャケツ属　121註, 126
トゲミシュクシャ属　94
トゲムラサキ亜連　211註
トゲムラサキ属　208
トゲヤシ属　86
トコン属　202
トコン連　203註
トサカメオトラン属　76
トサミズキ属　114, 115註
ドジョウツナギ属　102
トダシバ属　98
トダシバ連　103註
トチカガミ亜科　67註
トチカガミ科　67, 67註
トチカガミ属　67
トチナイソウ属　193
トチノキ亜科　161註
トチノキ科　161註
トチノキ属　160
トチノキ連　161註
トチバニンジン属　252, 253註
トチュウ科　198
トチュウ属　198
トックリヤシ属　88
トックリラン亜科　85註
トックリラン属　86
トックリラン連　87註
トネリコ属　216
トバリア科　169
トビカズラ亜連　125註
トビカズラ属　124
トベラ科　252
トベラ属　252
トベラモドキ属　154
トマンデルシア科　226
トモシリソウ属　172

299

和名索引
トモシ〜ニカウ

トモシリソウ連　173註
トラキチラン亜連　77註
トラキチラン属　76
トラノオウラボシ属　54
トラフユリ属　82
トラユリ属　82
トラユリモドキ属　81
トラユリ連　81註
ドリアン属　165
ドリアンテス科　80
トリウリス連　69註
トリカブト属　110
トリケリア科　252
トリコグサ亜連　105註
トリコグサ属　106
トリゴニア科　145
トリスティカ亜科　145註
トリメニア科　59
トリレピス連　95註
トルーバルサムノキ属　124
トルコギキョウ属　204
ドルステニア属　134
ドルステニア連　135註
ドロソフィルム属　180
ドロニクム亜科　243註
トンカマメ属　122
トンカマメ連　121註
ドンベヤ属　164

ナ

ナガエサカキ属　192
ナガサワソウ属　240
ナガバアサガオ属　212
ナガバアサガオ連　213註
ナガハグサ亜連　97註, 101註
ナガハグサ属　104
ナガバマンサク属　114
ナガバモッコク属　192
ナガボソウ属　226
ナガボノウルシ科　216
ナガボノウルシ属　216
ナガミカズラ属　217
ナガミゼリ属　258
ナギイカダ科　85註
ナギイカダ属　86
ナギイカダ連　87註
ナギ属　56
ナギナタコウジュ属　228

ナギナタソウ科　140
ナギナタソウ属　140
ナギバトウ属　88
ナシ亜科　131註
ナシ亜連　131註
ナシ属　131
ナシタケ亜連　99註
ナシタケ科　103
ナシモドキ属　145
ナシ連　131註
ナス亜科　215註
ナス科　214, 215註, 258
ナス属　215
ナズナ属　170
ナス目　212
ナス連　215註
ナタネタビラコ属　244
ナタネハタザオ属　172
ナタネハタザオ連　173註
ナタマメ属　120
ナツツバキ属　194
ナツツバキ連　195註
ナツフジ属　125註, 127註
ナツメ亜科　133註
ナツメ属　133
ナツメヤシ属　89
ナツメヤシ連　87註
ナツメ連　133註
ナデシコ亜科　181註
ナデシコ科　180, 181註
ナデシコ属　180
ナデシコ目　176
ナデシコ連　181註
ナナカマド属　132
ナナバケシダ科　51註, 52
ナナバケシダ属　52
ナノデア亜科　177註
ナハカノコソウ属　187
ナハキハギ属　121
ナベナ属　250
ナベワリ属　70
ナポレオナエア亜科　193註
ナマ亜科　211註
ナヨシダ科　47
ナヨシダ属　47
ナリヒラダケ属　106
ナリヤラン属　74
ナルコビエ属　101

ナンキョクブナ科　136, 137註
ナンキョクブナ属　136, 137註
ナンキョクミドリナデシコ属
　180
ナンキンハゼ属　150
ナンキンマメ属　118
ナンゴクノマメ属　122
ナンテン亜科　109註
ナンテンカズラ属　128
ナンテン属　109
ナンバンアカアズキ属　118
ナンバンアカバナアズキ属　124
ナンバンカゴメラン属　78
ナンバンギセル属　231
ナンバンクサフジ属　128
ナンバンクサフジ連　125註
ナンバンサイカチ属　120
ナンバンヤナギ亜連　149註
ナンバンヤナギ属　148
ナンバンヤブマメ属　128
ナンプソウ属　108
ナンヨウアブラギリ属　148
ナンヨウアブラギリ連　149註
ナンヨウウルシ属　159
ナンヨウキョウチクトウ属　207
ナンヨウコシボソウラボシ属　52
ナンヨウザクラ科　164
ナンヨウザクラ属　164
ナンヨウスギ科　56
ナンヨウスギ属　56
ナンヨウスギ目　56
ナンヨウナギ属　56
ナンヨウニシキギ属　140
ナンヨウヒノキ属　57
ナンヨウヤツデ属　253
ナンヨウヤドリギ亜連　177註
ナンヨウヤドリギ属　176

ニ

ニイタカノコソウ属　250
ニイタカカマツカ属　132
ニイタカヒトツバラン属　76
ニイタカヤダケ属　106
ニオイグサ属　200
ニオイザクラ属　199註, 201
ニオイザクラ連　199註
ニオイヤグルマギク属　236
ニガウリ属　139

和名索引

ニガウリ連　139註
ニガキ科　162, 163註, 258
ニガキ属　162
ニガキモドキ属　162
ニガキモドキ連　163註
ニガキ連　163註
ニガクサ　230
ニカクソウ属　221
ニガナ属　242
ニガハッカ属　228
ニガハッカ連　231註
ニクキビ亜連　103註
ニクキビモドキ属　106
ニクズク科　60
ニクズク属　60
ニコバルヤシ属　90
ニシキアオイ属　164
ニシキイモ属　65
ニシキイモ連　65註
ニシキギ亜科　141註
ニシキギ科　140, 141註
ニシキギ群　141註
ニシキギ属　140
ニシキギ目　140
ニシキソウ属　149註
ニセトラノオウラボシ属　52
ニセヒメウラボシ属　54
ニチニチソウ亜科　205註
ニチニチソウ亜連　205註
ニチニチソウ属　206
ニチニチソウ連　205註
ニッパヤシ亜科　87註
ニッパヤシ属　88
ニトベカズラ属　178
ニトベカズラ連　179註
ニトベギク属　248
ニトラリア科　158
ニボンヤシ亜連　89註
ニボンヤシ属　89
ニュウコウジュ属　158
ニュージーランドイチビ属　120
ニュージーランドイチビ連　127註
ニラバラン亜連　75註
ニラバラン属　78
ニレ科　133
ニレ属　133
ニワウルシ属　162

ニワウルシ連　163註
ニワゼキショウ属　82
ニワゼキショウ連　81註
ニワトコ属　250
ニワナズナ　172
ニワナズナ連　173註
ニンジン亜連　257註
ニンジン属　256
ニンニクカズラ属　225
ニンニクガラシ属　170

ヌ

ヌイツィア連　177註
ヌカイトナデシコ属　182
ヌカススキ亜連　101註
ヌカススキ属　98
ヌカボ亜連　97註, 101註
ヌカボガエリ属　98
ヌカボシクリハラン属　54
ヌカボ属　98
ヌカボラン亜連　77註
ヌカボラン属　73
ヌスビトハギ亜連　125註
ヌスビトハギ群　125註
ヌスビトハギ属　123
ヌスビトハギ連　125註
ヌマオ属　136
ヌマガヤ属　103
ヌマガヤ連　105註
ヌマキクナ属　240
ヌマキクナ連　245註
ヌマスギ属　58
ヌマダイコン亜連　249註
ヌマダイコン属　236
ヌマハコベ科　188
ヌマハコベ属　188
ヌマミズキ科　189
ヌマミズキ属　189
ヌメリグサ属　104
ヌリワラビ科　47
ヌリワラビ属　47
ヌルデ属　159
ヌルデモドキ亜科　229註
ヌルデモドキ属　229

ネ

ネウラダ科　164
ネギ亜科　83註

ネギ属　82
ネギ連　83註
ネコノチチ属　132
ネコノツメ属　225
ネコノヒゲ属　229
ネコノメソウ属　114
ネジキ属　196
ネジバナ亜連　75註
ネジバナ属　79
ネジバナ連　75註
ネジレギ属　134, 135註
ネズミガヤ亜連　105註
ネズミガヤ属　103
ネズミサシ属　57
ネズミシバ属　106
ネズミノオ亜連　105註
ネズミノオ属　105註, 106
ネズモドキ属　154
ネズモドキ連　155註
ネッタイラン属　79
ネッタイラン連　77註
ネナシカズラ亜科　213註
ネナシカズラ属　212
ネバリオグルマ属　242
ネビキグサ属　96
ネムノキ亜科　119註, 121註
ネムノキ属　118

ノ

ノアズキ属　122
ノウゼンカズラ科　224, 225註
ノウゼンカズラ属　225
ノウゼンカズラ連　225註
ノウゼンハレン科　168
ノウゼンハレン属　168
ノースポールギク属　244
ノガリヤス属　98, 101註
ノキシノブ属　52
ノギラン属　68
ノグサ属　96
ノグサ連　95註
ノグルミ属　136, 137註
ノゲイトウ連　183註
ノゲシ亜連　239註
ノゲシ属　246
ノコギリシダ属　48
ノコギリソウ属　236
ノササゲ属　122

和名索引
ノシア〜ハテル

ノジアオイ亜科　165註
ノジアオイ属　166
ノジアオイ連　165註
ノヂシャ属　251
ノニガナ属　242
ノハライトキビ属　100
ノハライトキビ連　99註
ノハラツメクサ連　181註
ノビネチドリ属　78
ノブキ属　236
ノブドウ群　117註
ノブドウ属　117
ノボタン亜科　155註, 157註
ノボタン科　154, 155註
ノボタンカズラ属　155
ノボタンカズラ連　157註
ノボタン属　155
ノボタン連　157註
ノボロギク属　246
ノミノツヅリ属　180
ノミノツヅリ連　181註
ノムラサキ属　210
ノラナ属　214
ノラナ連　215註
ノレンガヤ属　102

ハ

ハアザミ属　222
ハアザミ連　223註
ハートカズラ属　206, 209註
ハートカズラ連　209註
バーリア科　212
バーリア目　212
バイカウツギ属　190
バイケイラン属　74
ハイシバ属　102
ハイゾウソウ属　211
ハイドジョウツナギ亜連　101註
ハイドジョウツナギ属　106
ハイドロセラ属　190
パイナップル亜科　95註
パイナップル科　94, 95註
パイナップル属　94
ハイノキ科　194
ハイノキ属　194
パイパイノキ属　62
ハイハマボッス属　194
ハイハマボッス連　195註

ハイビジョザクラ属　187
ハイベニギリ属　218
ハイホラゴケ属　44
バイモ属　72
ハウチワノキ亜科　161註
ハウチワノキ属　160
ハウチワノキ連　161註
ハウチワマメ属　124
ハエドクソウ科　219註, 223註, 230
ハエドクソウ属　231
ハエトリソウ属　179
ハエトリナズナ属　172
ハエモドルム科　91
バオバブ属　164
バオバブ連　165註
ハカマウラボシ亜科　53註
ハカマウラボシ属　52, 53註
ハカマカズラ属　126
ハギカズラ亜連　125註
ハギカズラ属　122
パキスタキス属　224
ハギ属　124
ハキダメガヤ属　100
パキポディウム属　208
パキラ属　166
ハクサンチドリ属　75
ハクジュマル属　189
ハクセン属　162, 163註
ハクセンナズナ属　172
バクダンウリ属　138
ハクチョウゲ属　202
バクヤギク属　186
ハクラクジュ属　168
ハグルマラン属　76
ハグロソウ属　224
ハケア属　112, 113註
ハケヤシ亜連　89註
ハケヤシ属　90
ハコベーミミナグサ群　181註
ハコベ属　182
ハコベホオズキ属　214, 215註
ハコベ連　181註
ハゴロモギク亜連　239註
ハゴロモギク属　236
ハゴロモギク連　239註
ハゴロモグサ属　128
ハゴロモノキ亜科　113註

ハゴロモノキ属　112, 113註
ハゴロモノキ連　113註
ハゴロモモモ科　58
ハゴロモモモ属　58
ハシカグサ属　202
ハシカグサモドキ属　202
ハシカンボク属　155
バシクルモン属　206, 207註
バシクルモン連　207註
ハシドイ属　216
ハシバミ亜科　137註
ハシバミ属　138
ハシバミモドキ属　138
バショウ科　92
バショウ属　92
ハシラサボテン亜科　189註
ハシリドコロ属　214
ハズ亜科　149註
ハス科　112
ハス属　112
ハズ属　148
ハスノハカズラ属　108
ハスノハカズラ連　109註
ハスノハギリ亜科　63註
ハスノハギリ科　62, 63註
ハスノハギリ属　62
ハズ連　149註
ハゼラン科　188
ハゼラン属　188
ハゼリソウ亜科　211註
ハゼリソウ科　209註
ハゼリソウ属　210
バターナットノキ科　144
バターナットノキ属　144
ハダカホオズキ属　215
ハタガヤ属　95
ハタケニラ属　84
ハタケニラ連　83註
ハタザオ属　174
ハタザオ連　175註
バチス科　168, 169註
ハッカ亜連　227註
ハッカ属　229
バッカリス属　237
ハッカ連　227註
ハツバキ属　144
ハテルマギリ属　200
ハテルマギリ連　201註

302

ハドノキ属　135
ハナイ科　67
ハナイカダ科　233
ハナイカダ属　233
ハナイカリ属　204
ハナイ属　67
ハナイバナ亜連　211註
ハナイバナ属　209
ハナウド亜連　257註
ハナウド属　256
ハナウド連　257註
ハナウリクサ属　222
ハナガサシャクナゲ属　196
ハナガサノキ属　200
ハナカンザシ属　247
ハナギリソウ属　217
ハナゴマ属　225
ハナシノブ亜科　191註
ハナシノブ科　191, 191註
ハナシノブ属　192
ハナシヒナノカンザシ属　128
ハナシュクシャ属　93
ハナシンボウギ属　162
ハナズオウ亜科　119註
ハナズオウ属　119註, 120
ハナスゲ属　84
ハナスゲ連　85註
ハナスズシロ属　172
ハナスズシロ連　173註
ハナチョウジ属　219註, 220
ハナックバネウツギ属　250
ハナトラノオ属　229
ハナトラノオ連　231註
ハナナズナ属　174
ハナナズナ連　175註
ハナニラ属　83
ハナハギ属　120
ハナハタザオ属　172
ハナハタザオ連　173註
ハナハッカ属　229
ハナビシソウ属　107
ハナビシソウ連　107註
ハナビラン属　79
ハナヒリノキ属　196
ハナブサソウ属　234
ハナボウラン属　78
ハナホシクサ属　94
バナマソウ亜科　71註

バナマソウ科　70, 71註
バナマソウ属　70
ハナミョウガ亜科　93註
ハナミョウガ属　92, 93註
ハナミョウガ連　93註
ハナモツヤクノキ属　119
ハナヤエムグラ属　202
ハナヤスリ科　42
ハナヤスリ属　43
ハナヤスリ目　42
ハナヤナギ群　153註
ハナヤナギ属　152
ハナヤブジラミ属　254
ハナルリソウ亜連　211註
ハナルリソウ属　210
ハナワギク属　242
ハナワラビ属　43
ハニカラクサ属　46
バニラ亜科　73註
バニラ属　79
バニラ連　73註
ハネガエリワラビ属　46
ハネガヤ属　97
ハネガヤ連　101註
ハネキビ属　98
ハネザンショウ属　162
ハネバマツバギク属　186
ハネフクベ属　138
ハネミカズラ科　144
ハネミカズラ属　144
ハネミギク亜連　247註
ハネミギク属　248
パパイヤ科　168
パパイヤ属　168
ハハコグサ属　246
ハハコグサ連　243註
ハビコリハコベ属　231
ハブアヤシ属　89
ハブカズラ亜科　65註
ハブカズラ科　65
ハブカズラ連　65註
ハブタンッス連　113註
ハマアカザ属　183
ハマウツボ科　231, 231註, 233註
ハマウツボ属　232
ハマウツボ連　233註
ハマオモト属　82, 83註

ハマオモト連　83註
ハマガヤ属　100
ハマカンザシ属　177
ハマギク属　244
ハマクサギ亜科　229註
ハマクサギ属　230
ハマゴウ亜科　227註
ハマゴウ属　230
ハマザクロ科　153註
ハマザクロ属　152
ハマジンチョウ属　221
ハマジンチョウ連　221註
ハマゼリ属　254
ハマセンダンキササゲ属　225
ハマセンナ属　124
ハマタビラコ属　244
ハマデラソウ属　184
ハマナ属　172
ハマナツメ属　132
ハマナツメモドキ科　175註
ハマナツメモドキ科　174
ハマハコベ属　181
ハマビシ亜科　119註
ハマビシ科　118, 119註
ハマビシ属　118
ハマビシ目　118
ハマビワ属　63註, 64
ハマベンイセン属　84
ハマベンイセン連　83註
ハマベブドウ属　178
ハマベブドウ連　179註
ハマベンケイソウ属　210
ハマボウフウ属　256
ハママズナ亜科　187註
ハママズナ科　186, 187註
ハママズナ属　186
ハマヤブカラシ属　117
バラ亜科　131註
バラ科　128, 129註
バラクリフィア科　250
バラクリフィア目　250
バラゴムノキ属　148
バラゴムノキ連　149註
バラ属　132
パラダイスナットノキ亜科　193註
パラダイスナットノキ属　192
バラノブス科　145

和名索引
ハラモ～ヒトツ

バラ目　128
バラモンジン属　248
バラ類　116
バラ連　131註
ハラン属　84
ハリイ属　96
ハリイ連　97註
ハリエニシダ属　128
ハリエンジュ群　125註
ハリエンジュ属　126
ハリエンジュ連　125註
ハリギリ属　252, 253註
ハリグワ属　134
ハリゲタビラコ亜連　211註
ハリゲタビラコ属　208
ハリゲヤキ属　133
ハリザクロ属　199
ハリセンボン属　184
ハリツルマサキ群　141註
ハリツルマサキ属　140
ハリナズナ属　174
ハリノキ属　102
ハリバアマナ属　86
バリバリノキ属　63
ハリブキ属　252
ハリフタバ属　202
ハリフタバモドキ属　202
ハリミコバンモチ属　142
ハリミコバンモチ連　143註
ハリモクシュク属　124
ハリヤシ属　90
ハルガヤ亜連　101註
ハルガヤ属　98
バルサ　165註, 166
ハルシャギク亜連　245註
ハルシャギク属　239
ハルシャギク連　245註
バルナデシア亜科　237註
ハルヒメソウ属　188
バルベウイア科　186
バルベヤ科　132
ハルユキソウ属　66
ハルユキソウ連　65註
バルレリア属　223
ハロフィツム属　188
バンウコン属　93
ハンカチノキ属　189
バンギノキ属　146, 147註

バンクシア属　112, 113註
バンクシア連　113註
ハンゲショウ属　60
ハンゲ属　66
バンジロウ属　154
パンダ科　142
ハンニチバナ科　167, 167註
ハンニチバナ属　167
ハンニチバナ連　167註
ハンノキ属　137
バンノキ属　133
バンノキ連　133註
ハンノハエゴノキ属　195
バンマツリ属　214
パンヤ亜科　165註
パンヤ科　165註
パンヤキ属　164
パンヤ連　165註
バンリュウガン属　160
バンレイシ亜科　63註
バンレイシ科　61, 61註
バンレイシ属　61
バンレイシ連　63註

ヒ

ヒアシンス科　85註
ヒアシンス属　85
ビーベルステイニア科　158
ヒイラギギク亜連　245註
ヒイラギギク属　246
ヒイラギトラノオ亜科　145註
ヒイラギトラノオ属　145
ヒイラギナンテンモドキ属　111
ヒイラギハギ群　123註
ヒイラギハギ属　120
ヒイラギハギ連　123註
ヒイラギチク属　105
ヒイロヒオウギ属　82
ヒイロヒオウギ連　81註
ヒエガエリ属　104
ヒエ属　100
ヒエンソウ属　110
ヒエンソウ連　111註
ヒオウギズイセン属　81
ヒオウギ属　81註
ビカクシダ亜科　53註
ビカクシダ属　54
ヒカゲノカズラ亜科　43註

ヒカゲノカズラ科　42
ヒカゲノカズラ属　42
ヒカゲノカズラ目　42
ヒカゲノカズラ類　42
ヒカゲミズ属　135
ヒカゲミズ連　135註
ヒガンバナ亜科　83註
ヒガンバナ科　82, 83註
ヒガンバナ属　83
ヒガンバナ連　83註
ヒキヨモギ属　232
ピクラムニア科　157, 163註
ピクラムニア目　157, 163註,
　258
ピクロデンドロン科　150, 151註
ヒゲオシベ属　230
ヒゲオシベ連　231註
ヒゲシバ亜科　99註, 105註
ヒゲナガコメススキ属　104
ヒゲミノキ属　164
ヒゲミノキ連　165註
ヒゴタイ亜科　239註
ヒゴタイサイコ属　255註, 256
ヒゴタイ属　240
ヒサウチソウ属　232
ヒサカキサザンカ属　194
ヒサカキ属　192
ヒシ科　153註
被子植物　58
ヒシ属　152
ヒジハリノキ属　199
ヒシモドキ属　220
ビジョザクラ属　226
ヒスイカズラ属　127
ヒスイラン亜連　77註
ヒスイラン属　79
ヒスイラン連　77註
ビスミア連　145註
ヒダテラ科　58
ヒッパリガヤ属　102
ピトケアニア亜科　95註
ヒトツノコシカニツリ属　106
ヒトツバエニシダ属　122
ヒトツバ属　54
ヒトツバタゴ属　216
ヒトツバハギ属　150
ヒトツバマメ亜連　125註
ヒトツバマメ属　122

ヒトツボクロ属　79
ヒドノラ亜科　61註
ヒドノラ科　61註
ヒトモトススキ属　95, 95註
ヒトモトメヒシバ属　100
ヒドラスチス亜科　111註
ヒドラスチス属　110
ヒドロケラ属　190
ヒドロスタキス科　189
ヒナウンラン属　219
ヒナギキョウ属　234, 235註
ヒナギキョウ連　235註
ヒナギク属　237
ヒナギクモドキ属　237
ヒナキンロバイ属　132
ヒナザサ属　100
ヒナソウ属　200
ヒナツノギリソウ属　218
ヒナツノギリソウ連　217註
ヒナデマリ属　219
ヒナノカンザシ属　128
ヒナノシャクジョウ亜科　69註
ヒナノシャクジョウ科　69, 69註
ヒナノシャクジョウ　69
ヒナユリ属　84
ヒノキ亜科　57註
ヒノキ科　56, 57註
ヒノキ属　57
ヒノキバヤドリギ属　176
ヒノキ目　56
ヒノデラン属　74
ビブリス科　222
ヒポクラテア科　141註
ヒポダフニス連　63註
ヒボタン属　189
ヒマラヤスギ属　55, 55註
ヒマラヤユキノシタ属　114
ヒマワリ亜科　247註
ヒマワリ属　242
ヒマワリヒヨドリ亜連　249註
ヒマワリヒヨドリ属　238
ヒマワリ連　247註
ヒマンタンドラ科　60
ヒメアナナス属　94
ヒメアブラススキ亜連　105註
ヒメアブラススキ属　99
ヒメアブラススキ連　105註
ヒメアラセイトウ属　172

ヒメアラセイトウ連　175註
ヒメウイキョウ属　254
ヒメウキクサ属　66
ヒメウシノシッペイ属　103
ヒメウズサバノオ属　110
ヒメウズ属　111
ヒメウラボシ亜科　53註
ヒメウラボシ属　54
ヒメエボシダ属　52
ヒメオトギリ亜属　145註
ヒメオトギリ属　145註
ヒメカイウ亜科　65註
ヒメカイウ属　65, 65註
ヒメカイウ連　65註
ヒメカノコソウ属　250, 251註
ヒメキセワタ属　228
ヒメギリソウ属　218
ヒメキンポウゲ属　110
ヒメクリソラン属　76
ヒメコスモス属　238
ヒメシダ科　48, 49註
ヒメシダ群　49註
ヒメシダ属　48, 49註
ヒメシャクナゲ属　196
ヒメシャクナゲ連　197註
ヒメスズメノヒエ属　103
ヒメセンブリ属　204
ヒメチゴザサ属　100
ヒメツクバネアサガオ属　214
ヒメツバキ属　194
ヒメツバキ連　195註
ヒメツルウンラン属　220
ヒメツルボラン属　84
ヒメトケンラン属　79
ヒメノウゼンカズラ属　226
ヒメノカリス属　83
ヒメノハギ属　124
ヒメノボタン属　156
ヒメノヤガラ属　74
ヒメハギ科　128, 129註
ヒメハギスミレ属　146
ヒメハギ属　128
ヒメハギ連　129註
ヒメハブカズラ属　66
ヒメバラン属　86
ヒメヒオウギ属　81
ヒメフウチョウソウ属　170
ヒメミソハギ属　152, 153註

ヒメヤツシロラン属　75
ヒメラン属　74
ピメロデンドロン連　149註
ヒメワラビ属　48, 49註
ビャクブク属　93註, 94
ビャクダン亜科　177註
ビャクダン科　175, 175註
ビャクダン属　176
ビャクダン目　174
ヒャクニチソウ亜連　247註
ヒャクニチソウ属　248
ビャクブ科　70
ビャクブ属　70
ビャッコイ属　96
ヒユ亜科　183註
ヒユ科　182, 183註
ヒユ属　182
ヒユ連　183註
ヒョウタンカズラ属　199註, 200
ヒョウタンカズラ連　199註
ヒョウタン属　139
ヒヨコマメ属　120, 127註
ヒヨス属　214
ヒヨス連　215註
ヒヨドリバナ亜連　249註
ヒヨドリバナ属　240, 249註
ヒヨドリバナ連　249註
ヒラマメ属　124, 127註
ヒラミノキ属　233
ヒリュウシダ属　48
ヒルガオ亜科　213註
ヒルガオ科　212, 213註
ヒルガオ属　212
ヒルガオ連　213註
ヒルギ科　142, 143註
ヒルギダマシ亜科　223註
ヒルギダマシ属　223, 223註
ヒルギモドキ属　152
ヒルギモドキ連　153註
ヒルギ連　143註
ヒルムシロ科　68, 69註
ヒルムシロシバ属　102
ヒルムシロ属　68, 69註
ヒレアザミ属　238
ヒレギク属　244
ピレネーイワタバコ属　218
ヒレハリソウ属　212

和名索引

ヒレフ〜フトモ

ヒレブドウ群　117註
ヒレブドウ属　117
ビロウ属　88
ビロウモドキ属　89
ビロードカズラ属　66
ビロードカズラ連　65註
ビロードギリ属　218
ビロードタマリンド属　122
ビロードノボタン属　156
ビロードノボタン連　157註
ヒロハゴマクサ属　232
ヒロハノコヌカグサ属　98
ヒロハノコメススキ亜連　101註
ヒロハノコメススキ属　100
ヒロハノハネガヤ属　104
ビワ属　130
ビワモドキ科　113
ビワモドキ属　113
ビワモドキ目　113
ピンポンノキ属　166
ビンロウジュ亜連　89註
ビンロウジュ属　87
ビンロウジュ連　89註

フ

フア科　140
ファマティナンツス亜科
　237註
ファルス亜科　99註
フィセナ科　180
フィリピンテツボク属　154
フィリピンテツボク連　155註
フィリピンナゴラン属　73
フィレジア科　72
フィロノマ科　233
フウ科　113
フウキギク属　245
フウセンアカメガシワ属　166
フウセンアカメガシワ連　165註
フウセンアサガオ属　213
フウセンカズラ属　160
フウセンカズラ連　161註
フウセントウワタ属　206
フウ属　113
フウチョウソウ科　169註, 170,
　171註, 258
フウチョウソウ属　170, 171註
フウチョウボク亜科　171註

フウチョウボク科　170, 171註
フウチョウボク属　170
フウリンユキアサガオ亜科
　213註
フウリンユキアサガオ属　212
フウロアオイ属　164
フウロシダ属　46
フウロシダモドキ属　46
フウロソウ科　150, 151註
フウロソウ属　150
フウロソウ目　150, 151註
フェイジョア属　154
ブエリア亜科　99註
フェリネ科　234
フエルテア目　141註, 157,
　157註
フォウクィエリア科　191
フォエチヂア亜科　193註
フォーリーガヤ属　104
フカノキ属　252, 253註
フキ属　245
フキタンポポ属　248
フキモドキ属　114
フクオウソウ属　244
フクギ科　143, 143註
フクギ属　144
フクギ連　143註
フクシア属　152, 153註
フクジュソウ属　110
フクジュソウ連　111註
フクベノキ属　225
フクベノキ連　225註
ブクリョウサイ属　240
フグリラン属　75註, 77
フクロシダ亜科　49註
フクロシダ属　49註
フクロトウ属　88
フクロヒヨス属　214
フクロユキノシタ科　142
フクロユキノシタ属　142
フゴニア亜科　151註
フサガヤ属　100
フサザクラ科　107
フサザクラ属　107
フサシダ科　44
フサシダ属　44
フサシダ目　44
フサナリビャクダン属　176

フサヒルガオ属　212
フサヒルガオ連　213註
フサマメノキ属　126
フサモ属　116
フジウツギ科　217註
フジウツギ属　221
フジウツギ連　221註
フジキ群　121註
フジキ属　120, 121註
フジ群　125註, 127註
フシザキソウ属　247
フシスベルムム亜科　147註
フジ属　127註, 128
ブシッタカンツス連　177註
フジバシデ亜科　137註
フジバシデ属　136
フジナナマメ属　125
フジボグサ属　128
フジマメ属　124
ブシロクシロン亜科　155註
ブゾロイバナ属　226
ブタクサ亜連　247註
ブタクサ属　236
ブタナ属　242
フタナミソウ亜連　239註
フタナミソウ属　246
フタバガキ亜科　169註
フタバガキ科　168, 169註
フタバガキ属　168
フタバムグラ属　202
フタバムグラ連　199註
フタマタイチゲ　110
フタマタタンポポ属　240
フダンソウ属　184
フダンソウ連　185註
フッキソウ属　112
フッキソウ連　113註
フッケンヒバ属　57
プテロキシゴヌム連　179註
フトイ属　96
ブドウ亜科　117註
ブドウ科　116, 117註
ブドウ群　117註
ブドウ属　117
ブドウ目　116
フトカナボウノキ属　188
フトモモ亜科　155註
フトモモ科　154, 155註

フトモモ属　154
フトモモ目　152
フトモモ連　155註
ブナ亜科　137註
ブナ科　136, 137註
ブナ属　136, 137註
フナバシソウ属　240
ブナ目　136
フブキバナ属　230
フミリア科　146
フモトシダ属　46
ブヤ亜科　95註
フヨウ属　165, 165註
フヨウ連　165註
フラウンカズラ属　206
ブラシノキ属　154
ブラシノキ連　155註
ブラジルシシガシラ属　50
ブラジルゾウゲヤシ属　87
ブラジルトゲヤシ亜科　89註
ブラジルトゲヤシ属　87
ブラジルナットノキ属　192
ブラジルボク属　126
ブラジルロウヤシ属　88
フラベリギク属　241
フランケニア科　176
フランコア科　151, 151註
フランスギク亜連　243註
フランスギク属　244
フランスゼリ属　254
ブランドフォルディア科　80
フリージア属　81
フリージア連　81註
ブリオニア連　139註
ブルークローバー属　126, 127註
ブルーハイビスカス属　164
フルクラエア属　85
フルケネッティア連　149註
ブルニア科　249
ブルニア目　249
ブルネリア科　142
ブルメリア亜連　207註
ブルメリア連　207註
フレラン属　78
プロコスペルマ科　216
プロスタンテラ亜科　227註
プロテア亜科　113註
プロテア属　112

プロテア連　113註
プロティウム連　159註
ブロメリア属　94
ブンカンカ亜科　161註
ブンカンカ属　160
フンベルティア亜科　213註

ヘ

ヘイシソウ属　195
ベイセリア連　159註
ヘカトクレイス亜科　237註
ペカン属　136
ヘクソカズラ属　202
ヘクソカズラ連　199註
ヘクソボチョウジ属　200
ヘゴ科　45
ヘゴ属　45
ヘゴ目　45
ヘゴモドキ属　51註
ヘチマ属　139
ヘツカシダ属　50, 51註
ヘツカニガキ属　202
ベテナエア科　158
ベテルマンニア科　71
ベトナムヒノキ属　58
ベナエア科　156
ベニアマモ科　68, 69註
ベニアマモ属　68
ベニウチワ属　64
ベニオモト属　230
ベニカノコソウ属　250
ベニギリソウ属　218
ベニゴウカン属　119
ベニコチョウ属　220
ベニサンゴバナ属　224
ベニツツバナ属　224
ベニジオウ属　240
ベニノキ科　167
ベニノキ属　167
ベニバナセンブリ属　204
ベニバナ属　238
ベニバナボロギク属　240
ベニヒメリンドウ属　204
ベニヒメリンドウ連　205註
ベニマツリ属　202
ベニマツリ連　201註
ベニマメノキ属　124
ベニマメノキ連　123註

ヘビイモ属　66
ヘマトキシルム属　122
ヘミディクティウム科　47
ベラ科　147, 147註, 149註
ベラドンナ属　214
ヘラマツバギク属　186
ペリディスクス科　113
ペリティレ連　249註
ペリブロカ亜科　207註
ペルソニア亜科　113註
ベルタンテラ亜科　217註
ベルノキ属　160
ベレンデナ亜科　113註
ベロツィア亜科　71註
ベロツィア科　70, 71註
ベンケイソウ科　115, 115註
ベンケイソウ連　117註
ベンケイチュウ属　188
ベンケイチュウ連　189註
ペンタディプランドラ科　169
ペンタフィラクス連　193註
ペンナンティア科　251
ヘンペイソウ連　103註
ヘンヨウボク属　148
ヘンヨウボク連　149註
ヘンルーダ亜科　163註
ヘンルーダ属　162

ホ

ホウオウボク属　120
ホウオウラン属　76
ホウガンヒルギ属　164
ホウカンボク属　119
ホウキギク属　247
ホウキギ属　183
ホウキギ連　185註
ボウコウマメ属　120
ホウザンカラクサ亜科　211註
ホウザンカラクサ属　210
ホウチャクソウ属　72
ホウチャクモドキ属　84, 85註
ホウビシダ属　48
ボウフウ属　258
ホウライオカズラ属　206
ホウライアオキ属　208
ホウライカガミ亜科　207註
ホウライカガミ属　208
ホウライカガミ連　207註

和名索引

ホウラ〜マチン

ホウライカズラ属　204
ホウライシシガシラ属　50
ホウライシダ属　46
ホウライショウ属　66
ホウライチク亜連　99註
ホウライチク属　98
ホウライチク連　99註
ホウライツヅラフジ属　108
ホウライツヅラフジ連　109註
ボウラン属　78
ホウレンソウ属　184
ホウレンソウ連　185註
ホオズキ属　214
ホオズキハギ属　120
ホオズキ連　215註
ホオノキ節　61註
ホガエリガヤ属　98
ホガエリガヤ連　101註
ボキシア科　153
ホクチグサ属　218
ボケ属　130
ホザキアヤメ属　80
ホザキイガコウゾリナ属　246
ホザキイチョウラン属　78
ホザキカクラン属　79
ホザキザクラ属　193註, 194
ホザキサルノオ属　144
ホザキナナカマド属　132
ホザキナナカマド連　131註
ホザキナンヨウヤドリギ属　176
ホザキヒメラン属　75
ホザキマキ亜連　57註
ホザキヤドリギ亜連　177註
ホザキヤドリギ属　176
ホシアザミ属　234
ホシオモト属　84
ホシクサ科　94
ホシクサ属　94
ホシゲチドメグサ属　254
ホシザキシャクジョウ属　69
ホシサンゴ属　184
ホシダネヤシ属　87
ホシツバキ属　145
ボシドニア科　68
ホソイトスギ属　57
ホソガタホタルイ属　96
ホソバアサガオ属　213
ホソバツメクサ属　182

ホソバノツルリンドウ属　204
ホソバホラゴケ属　43
ホソフデラン属　75註, 76
ホソミハギ属　127
ホソムギ属　102
ホタルカズラ属　208
ホタルサイコ属　254
ホタルサイコ連　255註
ホタルブクロ属　234, 235註
ホタルブクロ連　235註
ボタンウキクサ属　66
ボタンウキクサ連　65註
ボタン科　113
ボタン属　113
ボチョウジ属　202
ボチョウジ連　201註
ホツツジ属　196
ポッティンゲリア亜科　141註
ポッティンゲリア科　141註
ホップノキ属　162, 163註
ホテイアオイ属　91
ホテイラン亜連　77註
ホテイラン属　74
ホドイモ亜群　125註
ホドイモ属　118
ホトトギス属　72
ポナペカリノキ属　206
ポナペヤドリギ亜連　177註
ポナペヤドリギ属　176
ホプレスティグマ亜科　211註
ポポー属　62
ホホバ科　180
ホホバ属　180
ホラゴケ属　43註, 44
ホラシノブ属　46
ボリア科　80
ポリクネムム亜科　183註
ポリボトリア亜科　51註
ボルドア連　187註
ホルトカズラ亜科　213註
ホルトカズラ属　212
ホルトニア亜科　63註
ホルトノキ科　142, 143註
ホルトノキ属　142
ホルトノキ連　143註
ボルネオテツボク属　64
ボロニア群　163註
ボロニア属　160

ボロボロノキ科　176, 177註
ボロボロノキ属　176, 177註
ホロムイソウ科　67
ホロムイソウ属　67
ホンアマリリス属　82
ホンオニク属　232
ホングウシダ科　46
ホングウシダ属　46
ホンゴウソウ科　69, 69註
ホンゴウソウ属　70
ホンゴウソウ連　69註
ホンコンシュスラン属　78
ホンサンジコ属　72
ホンサンジコ連　73註
ボンテンカ属　165註, 166
ボンネティア科　143
ホンハネガヤ属　106
ポンポンアザミ属　238

マ

マイヅルソウ属　86
マイヅルテンナンショウ属　78
マイハギ属　120
マイフエニア亜科　189註
マウンディア科　68
マオウ科　55
マオウ属　55
マオウヒバ属　56
マオラン属　82
マガクチヤシ属　88, 89註
マカダミア属　112
マカダミア連　113註
マガリバナ属　172
マガリバナ連　175註
マカルツリア科　180
マキ科　56
マキミグス属　64
マコモ属　106
マスノグサ属　232
マスリマエガミ属　232
マダケ属　104
マタジャムノキ属　160
マタタビ科　195
マタタビ属　195
マチク属　100
マチン科　204, 205註
マチン属　204
マチン連　205註

308

和名索引

マツア〜ミソハ

マツ亜科　55註
マツ科　55, 55註
マツカサアナナス属　94
マツカサイチイ亜科　57註
マツカサイチイ属　56, 57註
マツカゼソウ属　160
マツグミ属　176
マツゲボタン属　188
マツ属　56
末端裸子植物　54
マツナ亜科　185註
マツナ属　184
マツノハラン属　76
マツバウンラン属　220
マツバギク亜科　187註
マツバギク属　186
マツバシバ亜科　103註
マツバシバ属　98
マツバゼリ属　256
マツバゼリ連　257註
マツバラン科　42
マツバラン属　42
マツバラン目　42
マツブサ科　59
マツブサ属　59
マツムシソウ亜科　251註
マツムシソウ科　251註
マツムシソウ属　250
マツムシソウ目　250
マツムラカズラ属　206
マツムラソウ属　218
マツムラソウ連　217註
マツモ科　107
マツ目　55
マツモ属　107
マツモ目　107
マツユキソウ属　83
マツユキソウ連　83註
マツヨイグサ属　152, 153註,
　155註
マトニア科　44
マニラヤシ属　90
マネキグサ属　228
マホガニー属　164
ママコナ属　232
マメ亜科　119註, 121註
マメ科　118, 119註
マメカミツレ属　239

マメグンバイナズナ属　172
マメグンバイナズナ連　175註
マメヅケシダ属　44
マメヅタカズラ属　206
マメヅタ属　52
マメヅタラン属　74
マメ目　118, 163註
マメモドキ科　140
マメモドキ属　140
マヤカ科　94
マユハケオモト属　83
マルクグラビア科　191
マルバオオバギ属　148
マルバオモダカ属　66
マルバトウキ属　256, 257註
マルバノキ亜科　115註
マルバノキ属　114
マルバハナダマ属　202
マルバヒメアメリカアゼナ属
　222, 223註
マルバフジバカマ亜連　249註
マルバフジバカマ属　236
マルメロ属　130
マルヤマカンコノキ属　150
マルヤマカンコノキ連　151註
マレシェルビア科　147註
マンゴー属　159
マンサク亜科　115註
マンサク科　114, 115註
マンサク属　114
マンシュウシロカネソウ属　110
マンジュギク属　247
マンテマ属　182
マンテマ連　181註
マンドラゴラ属　214
マンドラゴラ連　215註
マンドレイク属　214
マンナ属　118
マンネングサ属　116, 117註
マンネングサ連　117註
マンメア属　144

ミ

ミオドカルプス科　253
ミカヅキグサ属　96
ミカヅキグサ連　95註
ミカン亜科　163註
ミカン科　160, 161註

ミカンソウ科　150
ミカン属　161
ミカン連　163註
ミクリ属　94
ミクロテア科　180
ミコシギク属　244
ミサオノキ属　198
ミサキノハナ属　192
ミサヤマチャヒキ属　102
ミジンコウキクサ属　66
ミジンコザクラ属　141註, 158
ミズアオイ科　91
ミズアオイ属　91
ミズエノコロ亜連　103註
ミズエノコロ属　102
ミズオバコ属　67
ミズオジギソウ属　124
ミズオトギリ属　145註
ミズオモト科　90
ミズオモト属　90
ミズガヤ亜連　101註
ミズガヤ属　105
ミズカンナ属　92
ミズカンナ連　93註
ミズガンピ属　152
ミズキ科　190
ミズキ属　190
ミズキ目　189
ミズ属　135
ミズタマソウ属　152, 153註
ミズトンボ属　76
ミズニラ科　42
ミズニラ属　42
ミズニラ目　42
ミズバショウ亜科　65註
ミズバショウ属　66
ミズヒナゲシ属　67
ミズヒマワリ属　242
ミズビワソウ属　218
ミズヤナギ属　152, 153註
ミズワラビ亜科　47註
ミズワラビ科　46
ミズゴカシ亜科　235註
ミズゴカシ属　234, 235註
ミゾデンドルム科　176
ミゾナオシ属　124
ミソハギ科　152, 153註
ミソハギ群　153註

309

和名索引
ミソハ～メキモ

ミソハギ属　152
ミゾハコベ科　144
ミゾハコベ属　144
ミズホオズキ属　231
ミソボシラン属　80
ミチヤナギ属　178
ミチヤナギノキ属　178
ミチヤナギ連　179註
ミツガシワ科　235
ミツガシワ属　235
ミツデウラボシ属　53註, 54
ミツバウツギ科　156, 157註
ミツバウツギ属　156, 157註
ミツバウツギ目　156
ミツバグサ属　258
ミツバグサ連　257註
ミツバ属　256
ミツバヒルギ属　202
ミツバヒルギ連　203註
ミツバビンボウカズラ属　117
ミツバフウチョウソウ属　170
ミツビシユリ亜科　73註
ミツビシユリ属　72
ミツマタ属　167
ミドリノズズ属　240
ミネハリイ属　96
ミノボロ属　102
ミノボロモドキ属　104
ミフクラギ亜連　207註
ミフクラギ属　206
ミミナグサ属　180
ミミモチシダ属　46
ミヤオギク属　244
ミヤオソウ亜科　109註
ミヤオソウ属　108
ミヤガラシ属　174
ミヤコグサ属　124
ミヤコグサモドキ属　126
ミヤコグサ連　125註
ミヤコジマツヅラフジ属　108
ミヤコジマハナワラビ属　43
ミヤマイラクサ属　136
ミヤマウイキョウ属　258
ミヤマガラガラ属　232
ミヤマカラクサナズナ属　172
ミヤマササガヤ属　102
ミヤマシキミ属　162, 163註
ミヤマセンキュウ属　254, 257註

ミヤマツメクサ属　182
ミヤマトベラ属　122
ミヤマトベラ連　123註
ミヤマニガウリ属　139
ミヤマニガウリ連　139註
ミヤマノボタン属　154
ミヤマハシカンボク属　155
ミヤマホタルカズラ属　210
ミヤマムラサキ亜連　211註
ミヤマムラサキ属　210
ミヤマワラビ群　49註
ミヤマワラビ属　48, 49註
ミラクルフルーツ属　192
ミロタムヌス科　112

ム

ムカゴイラクサ属　134, 135註
ムカゴサイシン亜連　77註
ムカゴサイシン属　78
ムカゴサイシン連　77註
ムカゴソウ属　76
ムカゴトンボ属　78
ムカゴニンジン属　258
ムカシヨモギ属　240
ムカデタイゲキ属　149註
ムカデラン属　78
ムギセンノウ属　180
ムギワラギク属　248
ムクノキ属　133, 133註
ムクロジ亜科　161註
ムクロジ科　160, 161註
ムクロジ属　160
ムクロジ目　151註, 158, 258
ムシトリスミレ属　226
ムシトリナデシコ属　180
ムシトリビランジ属　182
ムジナモ属　178
ムシャリンドウ属　228
ムスカリ属　86
ムニンフトモモ属　154
ムニンフトモモ連　155註
ムヒョウソウ属　184
ムベ属　108
ムユウジュ属　126
ムヨウラン属　77
ムヨウラン連　77註
ムラサキ亜科　209註

ムラサキイヌナズナ属　174
ムラサキウズラ属ラン属　80
ムラサキオオバナ属　101
ムラサキ科　208, 209註
ムラサキクンシラン亜科　83註
ムラサキクンシラン属　82
ムラサキシキブ亜科　227註
ムラサキシキブ属　227
ムラサキ属　210
ムラサキツクバネカズラ属　226
ムラサキツクバネカズラ連　227註
ムラサキツユクサ亜連　91註
ムラサキツユクサ属　91
ムラサキツユクサ連　91註
ムラサキナズナ属　170
ムラサキナツフジ属　119
ムラサキニガナ属　245
ムラサキハナニラ亜科　85註
ムラサキハナニラ属　84
ムラサキバレンギク属　240
ムラサキベンケイソウ属　116
ムラサキムカシヨモギ亜連　241註
ムラサキムカシヨモギ属　240
ムラサキ目　208
ムラサキ連　211註
ムラサキワセオバナ属　104
ムレゴチョウ亜科　215註
ムレゴチョウ属　214
ムレスズメ属　120

メ

メガルカヤ属　106
メギ亜科　109註
メギ科　108, 109註
メキシコイトスギ属　57
メキシコキョウチクトウ属　208
メキシコゴムノキ属　134
メキシコゴムノキ連　135註
メキシコサワギク属　246
メキシコジギタリス属　220
メキシコソテツ属　55
メキシコタイキンギク属　246
メキシコノボタン属　155
メギ属　108
メギモドキ科　174

和名索引

メキモ〜ヤナキ

メギモドキ属　174
メギモドキ目　174
メコノプシス属　107註, 108
メシダ科　48, 49註
メシダ属　48, 49註
メジロホオズキ属　214
メセン亜科　187註
メセン属　186
メタカラコウ属　244
メタキシア科　45
メダケ亜連　99註
メダケ属　104
メダケ連　99註
メタセコイア属　57
メッテニウサ科　198
メッテニウサ目　198
メドゥサギネ亜科　143註
メナモミ亜連　249註
メナモミ属　246
メナモミ連　243註, 245註,
　247註, 249註
メハジキ属　228
メハジキ連　231註
メヒシバ亜連　103註
メヒシバ属　100
メヒルギ　142
メボウキ亜連　229註
メボウキ属　229
メボウキ連　229註
メランポディウム属　244
メリケンカルカヤ属　98
メリケンチク属　98
メリケンムグラ属　200

モ

モウコオウギ属　120
モウズイカ属　222
モウセンゴケ科　178
モウセンゴケ属　179
モウタベア連　129註
モクキリン亜科　189註
モクキリン属　189
モクゲンジ属　160, 161註
モクゲンジダマシ属　160
モクゲンジ連　161註
モクシュンギク属　236
モクセイ科　216, 217註
モクセイソウ科　169, 169註

モクセイソウ属　169
モクセイソウ連　169註
モクセイ連　217註
モクベンケイ属　204
モクベンケイ連　205註
モクマオウ科　137
モクレイシ群　141註
モクレイシ属　140
モクレン亜科　61註
モクレン科　60, 61註
モクレン節　61註
モクレン属　60, 61註
モクレン目　60
モクレンモドキ節　61註
モダマ属　122
モチアデク属　154
モチノキ科　233
モチノキ属　233
モチノキ目　232
モッコク属　192
モッコク連　193註
モツヤクジュ属　158
モツヤクジュ連　159註
モニミア亜科　63註
モニミア科　63, 63註
モノテス亜科　169註
モノドラ属　62
モノドラ連　63註
モミ亜科　55註
モミジガサ属　243
モミジカラマツ属　111
モミジハグマ属　236
モミ属　55
モモタマナ亜連　153註
モモタマナ属　152
モモチドリ属　107
モリソウ属　134
モリナ亜科　251註
モリネディア亜科　63註
モルッカネム属　122
モルッカヤシ属　90
モロコシ属　106
モンタノア亜連　247註
モンティニア科　215
モンパミミナグサ属　187

ヤ

ヤーコン属　246

ヤエガワ属　102
ヤエムグラ属　200, 201註
ヤエヤマアオキ属　202
ヤエヤマアオキ連　201註
ヤエヤマハシカグサ属　200
ヤエヤマハマナツメ属　132,
　133註
ヤエヤマヤシ亜連　89註
ヤエヤマヤシ属　90
ヤギムギ属　97
ヤクシマアカシュスラン属　79
ヤクシマラン亜科　73註
ヤクシマラン属　74
ヤグルマアザミ属　238
ヤグルマギク属　240
ヤグルマソウ群　115註
ヤグルマソウ属　115
ヤグルマハッカ属　229
ヤサイカラスウリ属　138
ヤシ亜科　89註
ヤシ科　86, 87註
ヤシ目　86
ヤタイヤシ属　87
ヤダケガヤ属　106
ヤダケガヤ連　103註
ヤダケ属　104
ヤチスギラン属　42
ヤチツツジ属　196
ヤチヤナギ属　136, 137註
ヤチラン亜連　77註
ヤチラン属　76
ヤチラン連　77註
ヤッコソウ科　198
ヤッコソウ属　198
ヤツデ属　252
ヤドリギ亜科　177註
ヤドリギ科　175註
ヤドリギ属　176
ヤドリギモドキ属　176
ヤドリノボタン属　155
ヤドリマキ属　56
ヤナギ亜科　147註
ヤナギイチゴ属　134
ヤナギ科　146, 147註
ヤナギザクラ属　130
ヤナギザクラ連　129註
ヤナギ属　146, 147註
ヤナギタムラソウ亜連　241註

311

和名索引
ヤナキ〜ユリワ

ヤナギタムラソウ属　248
ヤナギタンポポ亜連　239註
ヤナギタンポポ属　242
ヤナギハッカ属　228
ヤナギハナシノブ属　191
ヤナギラン属　152, 153註
ヤナギ連　147註
ヤノネボンテンカ属　165註, 166
ヤハズカズラ亜科　223註
ヤハズカズラ科　224
ヤハズソウ属　123
ヤハズナズナ属　170
ヤバネバショウ亜科　93註
ヤバネバショウ属　92
ヤブカラシ属　117
ヤブコウジ亜科　193註, 195註
ヤブコウジ科　193註
ヤブコウジ属　194
ヤブジラミ亜連　257註
ヤブジラミ属　258
ヤブジラミ連　255註, 257註
ヤブソテツ属　50
ヤブタバコ属　238
ヤブタビラコ属　244
ヤブニンジン属　256
ヤブマオ属　134
ヤブマオ連　135註
ヤブマメ属　118
ヤブミョウガ属　91
ヤブラン属　86
ヤブレガサウラボシ科　44
ヤブレガサウラボシ属　44
ヤブレガサ属　247
ヤマアイ亜連　149註
ヤマアイ属　148
ヤマイモツヅラフジ亜科　109註
ヤマイモツヅラフジ属　108
ヤマイモツヅラフジ連　109註
ヤマイモモドキ科　233
ヤマイモモドキ属　233
ヤマウツボ属　232, 233註
ヤマカモジグサ属　98
ヤマカモジグサ連　101註
ヤマガラシ属　170
ヤマグルマ科　112
ヤマグルマ属　112
ヤマグルマ目　112
ヤマゴボウ科　186

ヤマゴボウ属　186
ヤマジオウ属　226
ヤマジオドリコ属　228
ヤマゼリ属　256
ヤマタイミンガサ属　248
ヤマタマガサ属　200
ヤマトグサ属　203
ヤマトグサ連　201註
ヤマドリゼンマイ属　43
ヤマナラシ属　146, 147註
ヤマノイモ科　69, 69註
ヤマノイモ属　69
ヤマノイモ目　68
ヤマハタザオ属　170
ヤマハタザオ連　173註
ヤマハッカ亜連　229註
ヤマハッカ属　228
ヤマハハコ属　236
ヤマヒハツ亜科　151註
ヤマヒハツ属　150
ヤマヒハツ連　151註
ヤマヒルギ属　142
ヤマヒルギ連　143註
ヤマビワソウ属　218
ヤマブキショウマ属　129
ヤマブキソウ属　108
ヤマブキ属　130
ヤマブキ連　129註
ヤマホオズキ属　214
ヤマボクチ属　247
ヤマモガシ科　112, 113註
ヤマモガシ属　112
ヤマモガシ目　111
ヤマモガシ連　113註
ヤマモモ科　136, 137註
ヤマモモソウ属　155註
ヤマモモ属　136, 137註
ヤライコウ属　208
ヤリズイセン属　81
ヤリノホアカザ属　184
ヤロード属　208
ヤワタソウ群　115註
ヤワタソウ属　115
ヤンバルアカメガシワ亜連
　149註
ヤンバルアカメガシワ属　148
ヤンバルアカメガシワ連　149註
ヤンバルゴマ亜科　165註

ヤンバルゴマ属　165
ヤンバルツルハッカ属　228
ヤンバルツルハッカ連　231註
ヤンバルツルマオ属　136
ヤンバルハグロソウ属　224
ヤンバルハコベ属　181
ヤンバルミョウガ亜連　91註
ヤンバルミョウガ属　90

ユ

ユーカリノキ属　154
ユーカリノキ連　155註
ユウキカズラ属　146
ユウギリソウ属　234
ユガミウチワ科　234
ユガミウチワ属　234
ユキノシタ亜科　115註
ユキノシタ科　114, 115註,
　141註, 151註
ユキノシタ属　115, 115註
ユキノシタ目　113
ユサン属　55
ユズノハカズラ亜科　65註
ユズノハカズラ属　66
ユスラヤシ亜連　89註
ユスラヤシ属　89
ユズリハ科　114
ユズリハ属　114
ユソウボク亜科　119註
ユソウボク属　118
ユッカ属　86
ユノミネシダ属　46
ユリ亜科　73註
ユリアザミ亜連　249註
ユリアザミ属　244
ユリ科　72, 73註
ユリズイセン科　71, 71註
ユリズイセン属　71
ユリズイセン連　71註
ユリススキノキ属　84
ユリ属　72
ユリノキ亜科　61註
ユリノキ属　60, 61註
ユリ目　70
ユリ連　73註
ユリワサビモドキ属　172
ユリワサビモドキ連　173註

和名索引

ヨ

ヨインビレア科　96
ヨウラクニラ属　84
ヨウラクヒバ属　43註
ヨウラクボク属　118
ヨウラクラン属　78
ヨコグラノキ　132
ヨゴレハグマ　236
ヨシガヤ属　104
ヨシガヤ連　105註
ヨシ属　104
ヨツバネカズラ属　152
ヨツバハコベ属　182
ヨツバハコベ連　181註
ヨヒンベノキ属　200
ヨモギギク亜連　243註
ヨモギギク属　248
ヨモギ属　236
ヨモギボク属　247
ヨルソケイ属　216
ヨルソケイ連　217註
ヨレハナビ属　178
ヨロイシシラン属　47

ラ

ライムギ属　105
ラキステマ科　146
ラクトリス亜科　61註
ラクトリス科　61註
ラゴスゴムノキ属　206
ラシア亜科　65註
裸子植物　54
ラシュナリア属　86
ラショウモンカズラ属　228
ラセンソウ属　166
ラタンヤシ属　88
ラッパグサ属　99
ラッパグサ連　103註
ラッパバナ属　215
ラッパバナ連　215註
ラナリア科　80
ラパジュリア属　72
ラバテア科　94
ラフィアヤシ属　90
ラフィアヤシ連　87註
ラブドデンドロン科　180
ラフレシア科　147註, 148

ラフレシア属　148
ラベンダー亜連　229註
ラベンダー属　228
ラモン属　134
ラン科　73, 73註
ランサ属　163
ランシンボク属　159
ランダイヤマサギソウ属　74
ランチュウソウ属　195
ランバイ属　150
ランバイ連　151註
ランブータン属　160

リ

リアブム連　239註
リカステ属　78
リカソルノウゼン属　226
リシリシノブ亜科　47註
リシリシノブ属　46
リシリソウ属　70
リトプス属　186
リボゴヌム科　72
リムナンツス科　168
リムナンテス科　168
リメウム科　185
リュウガン属　160
リュウキュウスガモ属　67
リュウキュウセッコク属　78
リュウキュウハンゲ属　66
リュウキュウベンケイ属　116
リュウキンカ属　110
リュウキンカ連　111註
リュウケツジュ属　84
リュウケツジュ連　87註
リュウゼツラン亜科　85註
リュウゼツラン属　84
リュウゼツラン連　85註
リュウノウガシ属　168
リュウノウジュ属　168
リュウノヒゲモ属　68, 69註
リュウビンタイ科　43
リュウビンタイ属　43
リュウビンタイ目　43
リュウビンタイモドキ属　43
リョウブ科　195
リョウブ属　195
リンゴ属　130
リンデンベルギア連　233註

リンドウ亜連　205註
リンドウ科　204, 205註
リンドウ属　204
リンドウ目　198
リンドウ連　205註
リンネソウ亜科　251註
リンネソウ属　250, 251註

ル

ルイボス属　118
ルイヨウショウマ属　110
ルイヨウボタン属　108
ルイラソウ亜連　223註
ルイラソウ属　224
ルカム属　146
ルズリアガ属　71註
ルリカラクサ属　210
ルリカンザシ属　221註, 219
ルリギク亜連　241註
ルリギク属　238
ルリソウ属　210
ルリヂシャ亜連　211註
ルリヂシャ属　209
ルリヂシャ連　211註
ルリトウワタ亜連　209註
ルリトウワタ属　208
ルリニガナ亜連　239註
ルリニガナ属　238
ルリハッカ属　226
ルリハナガサ亜連　223註
ルリハナガサ属　224
ルリハナガサモドキ属　224
ルリヒナギク属　241
ルリブクロ属　218
ルリホオズキ亜連　211註
ルリホオズキ属　212
ルリマガリバナ属　214
ルリマガリバナ連　215註
ルリマツリ亜科　177註, 179註
ルリマツリ属　178
ルリミノキ属　200
ルリミノキ連　199註

レ

レイシ属　160
レイランドヒノキ属　57
レウカステル連　187註
レウコフィルム連　221註

313

和名索引
レ～ス～ワンヒ

レースソウ科　67
レースソウ属　67
レスチオ亜科　97註
レダマ属　127
レリア属　77
レンガス属　159
レンギョウエビネ属　79
レンギョウ属　216
レンギョウ連　217註
レンゲショウマ属　110
レンノア亜科　211註
レンプクソウ亜科　251註
レンプクソウ科　250, 251註
レンプクソウ属　250
レンリソウ属　124, 127註

ロ

ロウィア科　92
ロウソクノキ属　226
ロウッセア科　233
ロウバイ科　62

ロウバイ属　62
ローマカミツレ属　238
ロクソマ科　45
ロダムノキ属　154
ロフィオカルプス科　185
ロベージ属　256
ロリドゥラ科　195
ロンキティス科　45

ワ

ワサビ属　172
ワサビノキ科　168
ワサビノキ属　168
ワサビ連　173註
ワシントンヤシ属　90
ワスレグサ亜科　83註
ワスレグサ科　82, 83註
ワスレグサ属　82
ワスレナグサ亜連　211註
ワスレナグサ属　210
ワタガヤ属　101

ワタゲハナグルマ属　236
ワタスギギク亜連　243註
ワタスギギク属　246
ワタスゲ属　96
ワタ属　165
ワタフキノキ属　184
ワタモドキ属　167
ワタ連　165註
ワダンノキ属　240
ワチガイソウ群　181註
ワチガイソウ属　182
ワックスフラワー属　154
ワックスフラワー連　155註
ワニナシ属　64
ワラビ属　46
ワラビツナギ属　52
ワレモコウ亜連　131註
ワレモコウ属　132
ワンピ属　161
ワンピ連　163註

314

学名索引

この索引は，本書の分類表に掲載された節以上の分類群の学名を抽出したアルファベット順索引である．イタリック体は属名を表す．数字は頁数を，数字の後に「註」と付したものは，註に掲載されていることを示す．

A

Abatieae　147註
Abelia　250
Abeliophyllum　216
Abelmoschus　165
Abies　55
Abietoideae　55註
Abildgaardia　96
Abildgaardieae　97註
Abreae　125註
Abrodictyum　43
Abroma　164
Abronia　187
Abrotanellinae　243註
Abrus　118
Abutilon　164
Acacharidoideae　67註
Acacia　118
Acaena　128
Acalypha　148
Acalypheae　149註
Acalyphinae　149註
Acalyphoideae　149註
Acampe　73
Acanthaceae　222
Acantheae　223註
Acanthephippium　73
Acanthochlamydaceae　70
Acanthochlamydoideae　71註
Acanthochlamys　70, 71註
Acanthogilia　191註
Acanthogilioideae　191註
Acanthoideae　223註
Acanthopanax　252
Acanthophoenix　86
Acanthophyllum　180
Acanthospermum　236
Acanthostachys　94
Acanthus　222
Acca　154
Acer　160
Aceriphyllum　115

Aceroideae　161註
Acetosa　178
Achariaceae　146
Achatocarpaceae　182
Achatocarpus　182
Achillea　236
Achilleinae　243註
Achimenes　217
Achlys　108
Achnatherum　97
Achras　192
Achudemia　135
Achyrantheae　183註
Achyranthes　182
Acianthinae　75註
Acilepis　236
Acis　82
Acmella　236
Acmena　154
Acokanthera　205
Acomastylis　130
Aconitum　110
Aconogonon　178
Acoraceae　64
Acorales　64
Acorus　64
Acosmium　123註
Acrocephalus　230
Acrocomia　86
Acrogymnospermae　54
Acronema　257註
Acronychia　160
Acrophorus　50
Acrorumohra　50
Acrosanthoideae　187註
Acrostichum　46
Actaea　110
Actinidia　195
Actinidiaceae　195
Actinodaphne　63
Actinorhytis　86
Actinoscirpus　95
Actinostachys　44

Actinostemma　138
Actinostemmateae　139註
Actinostrobus　56
Actinotus　254
Acystopteris　47
Adansonia　164
Adansonieae　165註
Adenanthera　118
Adenia　146
Adenium　205
Adenocaulon　236
Adenophora　234
Adenostemma　236
Adenostemmatinae　249註
Adenostyles　236
Adesmieae　123註
Adhatoda　224
Adiantum　46
Adina　198
Adinandra　192
Adlumia　107
Adonideae　111註
Adonis　110
Adoxa　250
Adoxaceae　250, 251註
Adoxoideae　251註
Aechmea　94
Aegialitidoideae　179註
Aegialitis　177註
Aegiceras　193
Aegilops　97
Aeginetia　231
Aegle　160
Aegonychon　208
Aegopodium　254
Aeluropodinae　105註
Aeluropus　98
Aeonieae　117註
Aeonium　115
Aerides　73
Aeridinae　77註
Aeridostachya　73
Aerva　182

Aerveae 183註
Aesandra 192
Aeschynanthus 217
Aeschynomene 118
Aeschynomeneae 123註
Aesculus 160
Aethionema 170
Aethionemeae 171註
Aethusa 254
Aethusinae 77註
Aextoxicaceae 174
Aextoxicon 174
Afrobrunnichia 179註
Agalinis 231
Agapanthoideae 83註
Agapanthus 82
Agapetes 198
Agastache 226
Agathis 56
Agave 84
Agaveae 85註
Agavoideae 85註
Agdestidaceae 186
Agdestis 186
Ageratina 236
Ageratinae 249註
Ageratum 236
Aglaia 162
Aglaomorpha 52
Aglaonema 64
Aglaonemateae 65註
Agrimonia 128
Agrimonieae 131註
Agrimoniinae 131註
Agriophyllum 182
×Agropogon 98
Agropyron 98
Agrostemma 180
Agrostidinae 101註
Agrostis 98
Agrostophyllinae 77註
Agrostophyllum 73
Aidia 198
Ailantheae 163註
Ailanthus 162
Ainsliaea 236
Aiphanes 86
Aira 98
Airinae 101註

Airospermeae 203註
Aizoaceae 186
Aizooideae 187註
Aizoon 186
Aizopsis 116
Ajania 238
Ajuga 226
Ajugoideae 229註
Ajugoides 226
Akania 168
Akaniaceae 168
Akebia 108
Alangium 190
Alberta 198
Alberteae 203註
Albizia 118
Alcea 164
Alchemilla 128
Alchemillinae 131註
Alchornea 148
Alchorneeae 149註
Alcimandra 60
Aldrovanda 178
Alectorurus 84
Alectra 232
Aleisanthieae 203註
Aletris 68
Aleurites 148
Aleuritideae 149註
Aleuritopteris 46
Alhagi 118
Alisma 66
Alismataceae 66
Alismatales 64
Alkekengi 214
Allamanda 206
Allamandinae 207註
Alliaria 170
Allieae 83註
Allioideae 83註
Allium 82
Alloberberis 108, 109註
Allocarya 210
Allocasuarina 137
Allophylus 160
Allotheropsis 98
Alluaudia 188
Alniphyllum 195
Alnus 137

Alocasia 64
Aloe 82
Alonsoa 220
Alopecurus 98
Aloysia 226
Alphitonia 132
Alpinia 92, 93註
Alpinieae 93註
Alseosmia 234
Alseosmiaceae 234
Alsineae 181註
Alsomitra 138
Alsophila 45
Alstonia 206
Alstonieae 205註
Alstroemeria 71
Alstroemeriaceae 71
Alstroemerieae 71註
Alternanthera 182
Althaea 164
Altingia 113
Altingiaceae 113
Alyogyne 164
Alysicarpus 118
Alysseae 171註
Alyssopsideae 173註
Alyssum 170
Alyxia 206
Alyxieae 207註
Alyxiinae 207註
Alzatea 156
Alzateaceae 156
Amana 72
Amaranthaceae 182
Amarantheae 183註
Amaranthoideae 183註
Amaranthus 182
Amaryllidaceae 82
Amaryllideae 83註
Amaryllidoideae 83註
Amaryllis 82
Amauropelta 48
Ambavioideae 61註
Ambelaniinae 207註
Amberboa 236
Amblynotus 210
Amborella 58
Amborellaceae 58
Amborellales 58

Ambrina 184
Ambroma 164
Ambrosia 236
Ambrosiinae 247註
Amelanchier 129
Amentotaxus 58
Amethystea 226
Amherstia 118
Amischotolype 90
Amitostigma 76
Ammannia 152, 153註
Ammi 254
Ammobium 236
Ammophila 98
Amomum 93, 93註
Amoora 162
Amorpha 118
Amorpheae 123註
Amorphophallus 64
Ampelodesmeae 101註
Ampelopsis 117, 117註
Ampelopteris 48
Ampeloziziphoideae 133註
Amphicarpaea 118
Amphorogynaceae 177註
Amphorogynoideae 177註
Amsinckia 208
Amsinckiinae 211註
Amsonia 206
Amsonieae 207註
Amyema 176
Amyeminae 177註
Amygdaleae 129註
Amygdaloideae 129註
Amygdalus 131
Amyridoideae 161註
Amyris 160, 163註
Anacampseros 188
Anacampserotaceae 188
Anacardiaceae 158
Anacardioideae 159註
Anacardium 158
Anadendreae 65註
Anagallis 194
Ananas 94
Anaphalis 236
Anarthriaceae 96, 97註
Anarthrioideae 97註
Anastaticeae 173註

Anaxagoreoideae 61註
Anchonieae 173註
Anchusa 208
Ancistrocarya 208
Ancistrocladaceae 180
Ancistrocladus 180
Androcorys 76
Andrographideae 223註
Andrographis 222
Andromeda 196
Andromedeae 197註
Andropogon 98
Andropogoneae 105註
Andropogoninae 105註
Androsace 193
Androsaemum 144
Anemarrhena 84
Anemarrheneae 85註
Anemia 44
Anemiaceae 44
Anemonastrum 110
Anemone 110
Anemoneae 111註
Anemonella 111
Anemonidium 110
Anemonoides 110
Anemonopsis 110
Anemopaegma 224
Anethum 254
Angelica 254
Angelonia 218
Angiopteris 43
ANGIOSPERMAE 58
Angophora 154
Anguillarieae 73註
Ania 74
Anigozanthos 91
Aniseia 212
Aniseieae 213註
Aniselytron 98
Anisocampium 48, 49註
Anisomeles 226
Anisopappinae 245註
Anisopappus 236
Anisophyllea 138
Anisophylleaceae 138
Anneslea 192
Annesorhizeae 255註
Annona 61

Annonaceae 61
Annoneae 63註
Annonoideae 63註
Anoda 164
Anodendron 206
Anoectochilus 74
Anogramma 46
Anomochlooideae 99註
Anomospermeae 109註
Anredera 188
Anserineae 185註
Antennaria 236
Antenoron 178
Anthemideae 243註
Anthemidinae 243註
Anthemis 236
Anthephorinae 103註
Anthericeae 85註
Anthericum 84
Anthocercideae 215註
Anthospermeae 199註
Anthoxanthinae 101註
Anthoxanthum 98
Anthriscus 254
Anthurium 64
Anthyllis 118
Antiaris 133
Anticlea 70
Antidesma 150
Antidesmateae 151註
Antidesmatoideae 151註
Antigonon 178
Antirrhineae 219註
Antirrhinum 219
Antonieae 205註
Antrophyum 46
Apeibeae 165註
Apera 98
Aphananthe 133
Aphanes 128
Aphanopetalaceae 116
Aphanopetalum 116
Aphelandra 223
Aphloia 156
Aphloiaceae 156
Aphragmeae 173註
Aphyllanthes 84
Aphyllanthoideae 85註
Aphyllodium 118

Aphyllorchis 74
Apiaceae 254
Apiales 251
Apieae 255註, 257註
Apioideae 255註
Apios 118, 125註
Apium 254
Apluda 98
Apocynaceae 205
Apocyneae 207註
Apocynoideae 205註
Apocynum 206
Apodanthaceae 138
Apodanthes 138
Apodicarpum 254
Aponogeton 67
Aponogetonaceae 67
Apostasia 74
Apostasioideae 73註
Appendicula 74
Aptandra 174
Aptandraceae 175註
Aptenia 186
Aptosimieae 221註
Aquifoliaceae 233
Aquifoliales 232
Aquilaria 166
Aquilarieae 167註
Aquilegia 110
Arabideae 173註
Arabidopsis 170
Arabis 170
Araceae 64
Arachis 118
Arachniodes 50
Arachnis 74
Arachnothrix 202
Aragoa 221註
Araiostegia 52
Araiostegiella 52
Aralia 252, 253註
Araliaceae 252
Aralidiaceae 252
Aralidium 252
Aralioideae 253註
Araucaria 56
Araucariaceae 56
Araucariales 56
Araujia 206

Arbutoideae 197註
Arbutus 196
Archangelica 254
Archangiopteris 43
Archidendron 118
Archiphysalis 214
Archontophoenicinae 89註
Archontophoenix 87
Arctanthemum 238
Arcterica 196
Arctium 236
Arctogeron 237
Arctopoa 98
Arctostaphylos 196
Arctotheca 236
Arctotideae 239註
Arctotidinae 239註
Arctotis 236
Arctous 196
Arcuatopterus 257註
Ardisia 194
Areae 65註
Areca 87
Arecaceae 86
Arecales 86
Areceae 89註
Arecinae 89註
Arecoideae 89註
Arenaria 180
Arenarieae 181註
Arenga 87
Arethuseae 77註
Argemone 107
Argentina 129
Argophyllaceae 235
Argophyllum 235
Argostemma 198
Argostemmateae 199註
Argusia 210
Argyranthemum 236
Argyreia 212
Argyroxiphium 236
Aria 129
Arisaema 64
Arisaemateae 65註
Aristaveninae 101註
Aristeoideae 81註
Aristida 98
Aristidoideae 103註

Aristolochia 60, 61註
Aristolochiaceae 60
Aristolochioideae 61註
Arivela 170
Arjona 177註
Armeniaca 131
Armeria 177
Armoracia 170
Arnebia 208
Arnica 236
Arnicinae 249註
Aroideae 65註
Aronia 129
Arrhenatherum 98
Arsenjevia 110
Artabotrys 62
Artemisia 236
Artemisiinae 243註
Arthraxon 98
Arthraxoninae 105註
Arthromeris 52
Arthrophyllum 252
Arthropogoninae 103註
Arthropteris 52
Artocarpeae 133註
Artocarpus 133
Arum 65
Aruncus 129
Arundina 74
Arundinaria 98
Arundinarieae 99註
Arundinariinae 99註
Arundineae 105註
Arundinella 98
Arundinelleae 103註
Arundinoideae 105註
Arundo 98
Asaroideae 61註
Asarum 60
Asclepiadeae 209註
Asclepiadinae 209註
Asclepiadoideae 205註, 209註
Asclepias 206
Ascocentrum 79
Asiasarum 60
Asimina 62
Aspalanthus 118
Asparagaceae 84
Asparagales 73

Asparagoideae 85註
Asparagus 84
Asperugininae 211註
Asperugo 208
Asperula 198
Asphodelaceae 82
Asphodeline 82
Asphodeloideae 83註
Asphodelus 82
Aspidistra 84
Aspidistreae 87註
Aspidospermateae 205註
Aspleniaceae 48
Asplenium 48
Asteae 173註
Astelia 80
Asteliaceae 80
Astephaninae 209註
Aster 237
Asteraceae 236
Asterales 233
Astereae 243註
ASTERIDS 189
Asteroideae 243註
Asteropeia 180
Asteropeiaceae 180
Asteropyreae 111註
Astilbe 114, 115註
Astilboides 114
Astragaleae 127註
Astragalus 118
Astrantia 254
Astrocaryum 87
Astronia 154
Astronieae 157註
Asyneuma 234
Asystasia 223
Asystasiella 223
Atalantia 160
Ataxipteris 50
Atherosperma 62
Atherospermataceae 62
Athroismeae 245註
Athroisminae 245註
Athrotaxidoideae 57註
Athrotaxis 56
Athyriaceae 48
Athyriorumohra 50
Athyrium 48

Atocion 180
Atractylodes 237
Atragene 110
Atraphaxis 178
Atrichodendron 258
Atriplex 183
Atripliceae 185註
Atropa 214
Attalea 87
Attaleinae 89註
Atylosia 119
Aubrieta 170
Aucuba 198
Augusteae 203註
Aurantieae 163註
Aurantioideae 163註
Aurinia 170
Austrobaileya 59
Austrobaileyaceae 59
Austrobaileyales 59
Austroeupatorium 237
Austrotaxus 58, 59註
Avena 98
Avenella 98
Aveninae 101註
Averrhoa 140
Avicennia 223
Avicenniaceae 222
Avicennioideae 223註
Axonopus 98
Axyrideae 185註
Axyris 183
Azadirachta 162
Azolla 45
Azorelloideae 255註

B

Babiana 80
Baccaurea 150
Baccharis 237
Baccharoides 237
Bacopa 219
Bactoriinae 89註
Bactris 87
Baeckea 154
Bahieae 247註
Baijiania 138
Baisseeae 207註
Balanopaceae 145

Balanophora 174
Balanophoraceae 174
Balanops 145
Balsaminaceae 190
Bambusa 98
Bambusinae 99註
Bambusoideae 99註
Banksia 112
Banksieae 113註
Baphiacanthus 224
Baptisia 118
Barbarea 170
Barbeuia 186
Barbeuiaceae 186
Barbeya 132
Barbeyaceae 132
Barclaya 58
Barleria 223
Barlerieae 223註
Barnadesia 237
Barnadesioideae 237註
Barnardia 84
Barringtonia 192
Barthea 154
Basella 188
Basellaceae 188
Basilicum 226
Bassia 183
Bataceae 168
Batis 168
Batrachium 110
Bauera 141
Bauereae 141註
Bauhinia 119
Beaumontia 206
Beckmannia 98
Begonia 140
Begoniaceae 140
Beilschmiedia 63
Beiselieae 159註
Bejaria 196
Bejarieae 197註
Belamcanda 81
Bellardia 232
Bellendena 113註
Bellendenoideae 113註
Bellis 237
Bellium 237
Beloperone 224

Belosynapsis 90
Belvisia 52
Bembicieae 147註
Benincasa 138
Benincaseae 139註
Benkara 199
Benthamidia 190
Berberidaceae 108
Berberidoideae 109註
Berberidopsidaceae 174
Berberidopsidales 174
Berberidopsis 174
Berberis 108, 109註
Berchemia 132, 133註
Berchemiella 132
Bergenia 114
Bergera 160
Bergeranthus 186
Bergia 144
Bernardieae 149註
Bernoullieae 165註
Berteroa 170
Berteroella 174
Bertholletia 192
Bertiereae 203註
Berzelia 249
Beslerieae 217註
Beta 184
Beteae 185註
Betoideae 185註
Betonica 227
Betula 137
Betulaceae 137
Betuloideae 137註
Bhesa 141註, 144
Biancaea 119
Bichofieae 151註
Bidens 237
Biebersteinia 158
Biebersteiniaceae 158
Biesborkeleae 95註
Bifora 254
Bignonia 224
Bignoniaceae 224
Bignonieae 225註
Bikkia 199
Billbergia 94
Biophytum 140
Bischofia 150

Biscutelleae 173註
Bistorta 178
Bivonaeeae 173註
Bixa 167
Bixaceae 167
Bladhia 194
Blandfordia 80
Blandfordiaceae 80
Blastus 155
Blechnaceae 48
Blechnidium 48
Blechnoideae 51註
Blechnopsis 48
Blechnum 49, 51註
Blechum 224
Bletilla 74
Blitum 184
Blossfeldia 189註
Blumea 238
Blutaparon 183註, 184
Blysmus 95
Blyxa 67
Bocageeae 63註
Boea 217
Boechereae 173註
Boehmeria 134
Boehmerieae 135註
Boenninghausenia 160
Boerhavia 187
Boerlagiodendron 252
Boivinellinae 103註
Bolbitis 50
Bolboschoenus 95
Boldoeae 187註
Boltonia 238
Bombaceae 165註
Bombacoideae 165註
Bombax 164
Boninia 162
Boniniella 48
Bonnaya 222
Bonnetia 143
Bonnetiaceae 143
Boraginaceae 208
Boraginales 208
Boragineae 211註
Boragininae 211註
Boraginoideae 209註
Borago 209

Borasseae 87註
Borassodendron 87
Borassus 87
Boronia 160, 163註
Borreria 202
Borthwickia 169, 169註
Borya 80
Boryaceae 80
Boschniakia 232
Bosea 183註
Bossiaeeae 123註
Bostrychanthera 227
Boswellia 158
Bothriochloa 98
Bothriosperminae 211註
Bothriospermum 209
Botrychium 43
Botryopleuron 220
Botryostege 196
Botrypus 43
Bouea 158
Bougainvillea 187
Bougainvilleae 187註
Boussingaultia 188
Bouteloua 98
Boutelouinae 105註
Bouvardia 199
Bowenia 54
Bowiea 84
Bowkeria 222
Bowlesia 254
Boykinia 114, 115註
Brachyactis 247
Brachybotrys 209
Brachychiton 164
Brachycome 238
Brachycorythis 74
Brachyelytreae 99註
Brachyelytrum 98
Brachyglottidinae 243註
Brachypodieae 101註
Brachypodium 98
Brachyscome 238
Bracteantha 248
Brainea 49
Brandisia 231註
Brasenia 58
Brassica 170
Brassicaceae 170

Brassicales 168
Brassiceae 173註
Bredia 155
Breea 238
Bretschneidera 168
Bretschneideraceae 168
Breynia 150, 151註
Briberia 147註
Bridelia 150
Bridelieae 151註
Briza 98
Brocchinioideae 95註
Brodiaea 84
Brodiaeoideae 85註
Bromeae 101註
Bromelia 94
Bromeliaceae 94
Bromelioideae 95註
Bromus 98
Brongniartieae 123註
Brosimum 134
Broussonetia 134
Browallia 214
Browallieae 215註
Brownea 119
Browningieae 189註
Brownleeinae 75註
Brownlowioideae 165註
Brucea 162
Brugmansia 214
Bruguiera 142
Brunellia 142
Brunelliaceae 142
Brunfelsia 214
Brunia 249
Bruniaceae 249
Bruniales 249
Brunnichieae 179註
Brunonia 235
Bryantheae 197註
Bryanthus 196
Brylkinia 98
Brylkinieae 101註
Bryonieae 139註
Bryophyllum 116
Buchanania 158
Buchnereae 233註
Buckleya 175
Buddleja 221

Buddlejaceae 220
Buddlejeae 221註
Buglossoides 210
Bulbocodium 72
Bulbophyllum 74
Bulbostylis 95
Buniadeae 173註
Bunias 170
Bunium 254
Buphthalmum 238
Bupleureae 255註
Bupleurum 254
Burasaceae 109註
Burchardieae 73註
Burmannia 69
Burmanniaceae 69
Burseraceae 158
Bursereae 159註
Butea 119
Butia 87
Butomaceae 67
Butomus 67
Buxaceae 112
Buxales 112
Buxeae 113註
Buxus 112
Byblidaceae 222
Byblis 222
Byrsonimoideae 145註
Byttnerieae 165註
Byttnerioideae 165註

C

Cabomba 58
Cabombaceae 58
Cacalia 236
Cachrys 257註
Cactaceae 188
Cacteae 189註
Cactoideae 189註
Caesalpinia 119, 121註
Caesalpinieae 121註
Caesalpinioideae 119註
Cajaninae 125註
Cajanus 119
Cakile 170
Caladieae 65註
Caladium 65
Calamagrostis 98

Calameae 87註
Calamintha 228
Calamoideae 87註
Calamus 87
Calandrinia 188
Calanthe 74
Calathea 93註
Calatheoideae 93註
Calathodes 110
Calceolaria 218
Calceolariaceae 217
Calceolarioideae 217註
Calciphilopteris 46
Caldcluvieae 143註
Caldesia 66
Calectasia 86
Calendula 238
Calenduleae 243註
Calepineae 173註
Caletieae 151註
Calibrachoa 214
Calla 65
Calleae 65註
Callerya 119, 127註
Calliandra 119
Callianthe 164
Callianthemeae 111註
Callianthemum 110
Callicarpa 227
Callicarpoideae 227註
Calligoneae 179註
Callirhoe 164
Callisia 90
Callistemon 154
Callistephus 238
Callistopteris 43
Callitrichaceae 218
Callitriche 219, 221註
Callitris 56
Callitroideae 57註
Callitropsis 56, 57
Calloideae 65註
Callostylis 73
Calluna 196
Calocedrus 56
Calochortoideae 73註
Calochortus 72
Calonyction 212
Calophyllaceae 144

321

学名索引

Cal～Cat

Calophyllum 144
Calopogonium 120
Calorhabdos 220
Calostemmateae 83註
Calotis 238
Calotropis 206
Caltha 110
Caltheae 111註
Calycanthaceae 62
Calycanthus 62
Calycera 235
Calyceraceae 235
Calycophylleae 201註
Calymmodon 52
Calypso 74
Calypsoinae 77註
Calyptocarpus 238
Calyptranthe 190
Calyptrocalyx 87
Calystegia 212
Camassia 84
Camelina 170
Camelineae 173註
Camellia 194
Campanula 234
Campanulaceae 234
Campanuleae 235註
Campanuloideae 235註
Campanumoea 234
Camphora 63註
Camphorosmeae 185註
Camphorosmoideae 185註
Campnosperma 158
Campsis 225
Camptosorus 48
Camptotheca 189
Campuloclinium 238
Campylandra 86
Campylotropis 120
Campynema 70
Campynemataceae 70
Canacomyrica 137註
Cananga 62
Canarium 158
Canavalia 120
Canella 59
Canellaceae 59
Canellales 59
Canna 92

Cannabaceae 133
Cannabis 133
Cannaceae 92
Capillipedium 99
Capparaceae 170, 171註
Capparis 170
Capparoideae 171註
Caprifoliaceae 250
Caprifolioideae 251註
Capsella 170
Capsiceae 215註
Capsicum 214
Caragana 120
Caraganeae 127註
Carallia 142
Cardamine 170
Cardamineae 173註
Cardaminopsis 170
Cardaria 172
Cardiandra 190
Cardiochlamydoideae 213註
Cardiocrinum 72
Cardiopteridaceae 233
Cardiopteris 233
Cardiospermum 160
Cardopatiinae 239註
Carduinae 239註
Carduoideae 237註
Carduus 238
Careae 257註
Carex 95
Caribeeae 187註
Carica 168
Caricaceae 168
Cariceae 97註
Caricoideae 97註
Carissa 206
Carisseae 207註
Carlemannia 216
Carlemanniaceae 216
Carlesia 254
Carlina 238
Carlininae 239註
Carludovica 70
Carludovicoideae 71註
Carmichaelia 120
Carmichaelieae 127註
Carnegiea 188
Caroxyleae 185註

Caroxyloneae 185註
Carpesium 238
Carpha 95
Carpinus 138
Carpobrotus 186
Carpodetus 233
Carpolobieae 129註
Carpoxylinae 89註
Carrichtera 171
Carthamus 238
Cartonema 91註
Cartonematoideae 91註
Carum 254
Carya 136
Caryocar 144
Caryocaraceae 144
Caryodaphnopsis 63註
Caryophyllaceae 180
Caryophyllales 176
Caryophylleae 181註
Caryophylloideae 181註
Caryopteris 227
Caryota 88
Caryoteae 87註
Cascabela 208
Cascadia 115註
Casearia 146
Casimiroa 160
Casselieae 227註
Cassia 120
Cassieae 119註
Cassiope 196
Cassiopoideae 197註
Cassytha 63
Cassytheae 63註
Castanea 136
Castanopsis 136
Castanospermum 121註
Casteleae 163註
Castilla 134
Castilleae 135註
Castilleja 232
Casuarina 137
Casuarinaceae 137
Catalanthinae 205註
Catalpa 225
Catalpeae 225註
Catananche 238
Catananchinae 239註

322

Catapodium 99
Catha 140
Catharanthus 206
Cathaya 55
Catolobus 171
Cattleya 74
Catunaregam 199
Caucalis 254
Caulophyllum 108
Causonis 117
Cayratia 117
Ceanothus 132
Cecropia 134
Cecropieae 135註
Cedrela 162
Cedreloideae 163註
Cedrus 55
Ceiba 164
Celastraceae 140
Celastrales 140
Celastroideae 141註
Celastrus 140, 141註
Celosia 184
Celosieae 183註
Celsia 222
Celtis 133
Cenchrinae 103註
Cenchrus 99
Centaurea 238
Centaurium 204
Centella 254
Centhothecoideae 103註
Centipeda 238
Centotheca 99
Centotheceae 103註
Centranthera 232
Centranthus 250
Centrapalinae 241註
Centratherinae 241註
Centratherum 238
Centrolepidaceae 96, 97註
Centrolepidoideae 97註
Centrolepis 96
Centroplacaceae 144
Centroplacus 144
Centropodieae 105註
Centrosema 120
Cephaelis 202
Cephalanthera 74

Cephalantheropsis 74
Cephalanthus 200
Cephalaria 250
Cephalocereus 188
Cephalomanes 43
Cephalotaceae 142
Cephalotaxaceae 58
Cephalotaxus 58
Cephalotus 142
Cerastium 180, 181註
Cerasus 130
Ceratonia 120
Ceratopetalum 141
Ceratophyllaceae 107
Ceratophyllales 107
Ceratophyllum 107
Ceratopteridoideae 47註
Ceratopteris 46
Ceratostigma 234
Cerbera 206
Cercidiphyllaceae 114
Cercidiphyllum 114
Cercidoideae 119註
Cercis 120
Cereeae 189註
Cerinthe 210
Ceriops 142
Ceropegia 206
Ceropegieae 209註
Ceroxyleae 89註
Ceroxyloideae 89註
Ceroxylon 88
Cervantesiaceae 177註
Cervantesioideae 177註
Cestichis 74
Cestreae 215註
Cestroideae 215註
Cestrum 214
Ceterach 48
Chaenactideae 247註
Chaenomeles 130
Chaenorhinum 219
Chaerophyllum 254
Chaetocarpus 147
Chamabainia 134
Chamaecrista 120
Chamaecyparis 57
Chamaecytisus 120
Chamaedaphne 196

Chamaedorea 88
Chamaedoreeae 89註
Chamaegastrodia 74
Chamaelaucieae 155註
Chamaelaucium 154
Chamaele 254
Chamaelirium 70
Chamaemelum 238
Chamaenerion 152
Chamaepericlymenum 190
Chamaerhodos 130
Chamaerops 88
Chamaesieae 255註
Chamaesyce 148
Chamerion 152
Chamomilla 244
Champereia 174
Championella 224
Charpentiera 183註
Chasmanthe 80
Chasmantheroideae 109註
Chasmantieae 103註
Cheilanthes 46
Cheilanthoideae 47註
Cheilocostus 92
Cheilosoideae 149註
Cheiranthus 172
Cheiropleuria 44
Cheiropleuriaceae 44
Cheirostylis 74
Chelidonieae 107註
Chelidonium 107
Chelone 219
Cheloneae 219註
Chelonopsis 227
Chengiopanax 252
Chenopodiaceae 182
Chenopodiastrum 184
Chenopodieae 185註
Chenopodioideae 183註, 185註
Chenopodium 184
Cherleria 180
Chieniopteris 50
Chikusichloa 99
Chiloschista 74
Chimaphila 196
Chimonanthus 62
Chimonobambusa 100
Chiococceae 201註

学名索引
Chi～Coe

Chiogenes 196
Chionachninae 105註
Chionanthus 216
Chionodoxa 86
Chionographideae 71註
Chionographis 70
Chirita 218
Chironieae 205註
Chisocheton 162
Chloranthaceae 59
Chloranthales 59
Chloranthus 59
Chloridoideae 105註
Chloris 100
Chlorophytum 84
Chloroxylon 160
Choerospondias 159
Chondradenia 76
Chondrilla 238
Chondrillinae 239註
Chorisia 164
Chorisis 242
Chorispora 171
Chorisporeae 173註
Choritaenieae 255註
Chorizema 120
Chosenia 146
Christella 48
Christensenia 43
Christia 120
Christisonia 232
Chromolaena 238
Chrozophoreae 149註
Chrozophorinae 149註
Chrysanthellinae 245註
Chrysantheminae 243註
Chrysanthemum 238
Chrysobalanaceae 145
Chrysobalanus 145
Chrysoglossum 74
Chrysogonum 238
Chrysogrammitis 52
Chrysophylloideae 193註
Chrysophyllum 192
Chrysopogon 100
Chrysosplenium 114
Chukrasia 162
Chusua 76
Cibotiaceae 45

Cibotium 45
Cicer 120
Cicereae 127註
Cichorieae 239註
Cichoriinae 239註
Cichorioideae 239註
Cichorium 238
Ciclospermum 256
Cicuta 254
Cimicifuga 110
Cimicifugeae 111註
Ciminalis 204
Cinchona 200
Cinchoneae 201註
Cinchonoideae 201註
Cineraria 238
Cinna 100
Cinnamomeae 63註
Cinnamomum 63
Circaea 152
Circaeaster 108
Circaeasteraceae 108
Cirsium 238
Cissampelideae 109註
Cissus 117, 117註
Cistaceae 167
Cistanche 232
Cisteae 167註
Cistus 167
Citharexyleae 227註
Citrullus 138
Citrus 161
Cladium 95
Cladopus 144
Cladothamnus 196
Cladrastis 120, 121註
Claoxylinae 149註
Claoxylon 148
Clarkia 152
Clausena 161
Clauseneae 163註
Claytonia 188
Cleisostoma 74
Cleistoblechnum 50
Cleistogenes 100
Clematis 110
Cleomaceae 170
Cleome 169註, 170, 171註
Cleomella 171註

Cleomoideae 171註
Cleretum 186
Clerodendranthus 229
Clerodendrum 228
Clethra 195
Clethraceae 195
Cleyera 192
Clianthus 120
Clidemia 156
Clinopodium 228
Clinostigma 88
Clintonia 72
Clitoria 120
Clitoriinae 125註
Clivia 82
Clusia 143
Clusiaceae 143
Clusieae 143註
Clytostoma 224
Cneoridium 163註
Cneoroideae 161註
Cnicus 238
Cnidium 254
Cobaea 191
Cobaeoideae 191註
Coccinia 138
Coccoloba 178
Coccolobeae 179註
Cocculus 108
Cochlearia 172
Cochlearieae 173註
Cochleariopsis 172
Cochlospermaceae 167
Cochlospermum 167
Cocoeae 89註
Cocos 88
Codariocalyx 120
Codiaeae 149註
Codiaeum 148
Codieae 143註
Codon 210
Codonacanthus 224
Codonoideae 209註
Codonopsis 234
Codonorchideae 75註
Coelachne 100
Coelogyne 74
Coelogyninae 77註
Coelopleurum 254

324

Coffea 200
Coffeeae 203註
Coicinae 105註
Coincya 172
Coix 100
Cola 164
Colchicaceae 72
Colchiceae 73註
Colchicoideae 73註
Colchicum 72
Coldenia 210
Coldenioideae 211註
Coleanthinae 101註
Coleanthus 100
Coleeae 225註
Coleogeton 68
Coleopsideae 245註
Coleotrypinae 91註
Coleus 230
Colignonieae 187註
Collabieae 77註
Colletieae 133註
Colletocemateae 199註
Collinia 88
Collinsia 219
Collomia 191
Colobanthus 180
Colocasia 65
Colocasieae 65註
Colona 164
Colubrina 132
Columbia 164
Columellia 249
Columelliaceae 249
Columnea 218
Colurieae 131註
Colutea 120
Coluteocarpeae 173註
Comandraceae 177註
Comandroideae 177註
Comanthosphace 228
Comarum 130
Comastoma 204
Combretaceae 152
Combreteae 153註
Combretinae 153註
Combretoideae 153註
Combretum 152, 153註
Commelina 90

Commelinaceae 90
Commelinales 90
Commelineae 91註
Commelinoideae 91註
Commersonia 164
Commiphora 158
Comospermum 84
Complaya 247
Compositae 236
Comptonia 137註
Conandron 218
Condamineeae 201註
Condylocarpinae 207註
Congea 228
Coniandreae 139註
Coniferae 55
Coniogramme 46
Conioselinum 254, 257註
Conium 254, 257註
Connaraceae 140
Connarus 140
Conophytum 186
Conospermeae 113註
Conringia 172
Conringieae 173註
Consolida 110
Convallaria 84
Convallariaceae 85註
Convallarieae 87註
Convolvulaceae 212
Convolvuleae 213註
Convolvuloideae 213註
Convolvulus 212
Conyza 240
Copaifera 120
Copernicia 88
Coprosma 200
Coptidoideae 111註
Coptis 110
Coptocheile 258
Coptosapelta 200
Coptosapelteae 199註
Corallorhiza 74
Corbiconia 185
Corbiconiaceae 185
Corchoropsis 164
Corchorus 164
Cordia 210
Cordiereae 203註

Cordioideae 211註
Cordyline 84
Cordyloblaste 194
Coreanomecon 107
Coreopsidinae 245註
Coreopsis 239
Corethrodendron 120
Coriandreae 257註
Coriandrum 255
Coriaria 138
Coriariaceae 138
Corispermeae 185註
Corispermoideae 185註
Corispermum 184
Cornaceae 190
Cornales 189
Cornidia 190
Cornopteris 48
Cornus 190
Corokia 235
Coronanthereae 217註
Coronilla 120
Coronilleae 125註
Coronopus 172
Corrigioloideae 181註
Corsia 70
Corsiaceae 70
Cortaderia 100
Cortusa 194
Corybas 74
Corydalis 107
Coryloideae 137註
Corylopsis 114
Corylus 138
Corymbioideae 241註
Corymborkis 74
Corynandra 170
Corynanthe 200
Corynocarpaceae 138
Corynocarpus 138
Corypha 88
Corypheae 87註
Coryphoideae 87註
Coryphopteris 48
Corysis 53
Coscinieae 109註
Cosmos 239
Costaceae 92
Cota 239

Cotinus 159
Cotoneaster 130
Cotula 239
Cotulinae 243註
Cotylanthera 204
Cotyledon 116
Coula 174
Coulaceae 175註
Coussareeae 199註
Crambe 172
Cranichideae 75註
Craniosperminae 211註
Craniospermum 210
Crassocephalum 240
Crassula 116
Crassulaceae 115
Crassuloideae 117註
Crataegus 130
Craterispermeae 201註
Crateva 170
Cratoxyleae 145註
Cratoxylum 144
Cremastra 74
Cremolobeae 173註
Crepidiastrum 240
Crepidinae 239註
Crepidium 74
Crepidomanes 44
Crepis 240
Crescentia 225
Crescentieae 225註
Cresseae 213註
Crinipedeae 105註
Crinum 82
Croceae 81註
Crocoideae 81註
Crocosmia 81
Crocus 81
Croomia 70
Crossandra 224
Crossopterygeae 203註
Crossosoma 157
Crossosomataceae 157
Crossosomatales 156
Crossostephium 236
Crotalaria 120
Crotalarieae 123註
Croton 148
Crotoneae 149註

Crotonoideae 149註
Crucianella 200
Cruciferae 170
Crucihimalayeae 173註
Crypsinus 54
Crypsis 106
Cryptanthus 94
Crypteronia 156
Crypteroniaceae 156
Cryptocarpeae 63註
Cryptocarya 63
Cryptogramma 46
Cryptogrammoideae 47註
Cryptolepis 206
Cryptomeria 57
Cryptostegia 206
Cryptostylidinae 75註
Cryptostylis 74
Cryptotaenia 256
Ctenitis 50
Ctenitopsis 52
Ctenolophon 142
Ctenolophonaceae 142
Cubilia 160
Cucubalus 182
Cucumis 138
Cucurbita 138
Cucurbitaceae 138
Cucurbitales 138
Cucurbiteae 139註
Cudrania 134
Culcita 45
Culcitaceae 45
Cullen 120
Cuminum 256
Cunninghamia 57
Cunninghamioideae 57註
Cunoniaceae 141
Cunonieae 143註
Cuphea 152, 153註
Cupressaceae 56
Cupressales 56
Cupressoideae 57註
Cupressus 57
Curculigo 80
Curcuma 93
Curio 240
Curtisia 190
Curtisiaceae 190

Cuscuta 212
Cuscutoideae 213註
Cussonia 252
Cyamopsis 120
Cyanantheae 235註
Cyanastraceae 80
Cyanastrum 80
Cyanotineae 91註
Cyanotis 90
Cyanthillium 240
Cyanus 240
Cyathea 45
Cyatheaceae 45
Cyatheales 45
Cyathula 184
Cycadaceae 54
Cycadales 54
Cycas 54
Cyclachaena 240
Cyclamen 194
Cyclanthaceae 70
Cyclanthera 138
Cyclanthoideae 71註
Cyclanthus 70
Cyclea 108
Cyclobalanopsis 136
Cyclocodon 234
Cyclogramma 48
Cycloloma 184
Cyclosorus 48, 49註
Cyclospermum 256
Cydonia 130
Cymarioideae 229註
Cymbalaria 219
Cymbaria 232
Cymbarieae 233註
Cymbidieae 77註
Cymbidiinae 77註
Cymbidium 75
Cymbopogon 100
Cymodocea 68, 69註
Cymodoceaceae 68
Cynanchinae 209註
Cynanchum 206
Cynara 240
Cynareae 239註
Cynodon 100
Cynodonteae 105註
Cynoglosseae 211註

学名索引
Cyn〜Dia

Cynoglossinae 211註
Cynoglossoideae 211註
Cynoglossum 210
Cynometra 120
Cynomoriaceae 116
Cynomorium 116
Cynosurineae 101註
Cynosurus 100
Cypella 81
Cyperaceae 95
Cypereae 97註
Cyperochloeae 103註
Cyperoideae 95註
Cyperus 96
Cyphocarpoideae 235註
Cyphoideae 235註
Cypholophus 134
Cyphomandra 215
Cypripedioideae 75註
Cypripedium 75
Cyrilla 195
Cyrillaceae 195
Cyrtandra 218
Cyrtandroideae 217註
Cyrtantheae 83註
Cyrtanthera 224
Cyrtococcum 100
Cyrtogonellum 51
Cyrtomidictyum 51
Cyrtomium 50
Cyrtosia 75
Cyrtospema 65
Cyrtostachys 88
Cystodiaceae 46
Cystodium 46
Cystopteridaceae 47
Cystopteris 47
Cytinaceae 164
Cytinus 164
Cytiseae 123註
Cytisus 120

D

Dacrycarpus 56
Dacrydium 56
Dactylidinae 101註
Dactylis 100
Dactyloctenineae 105註
Dactyloctenium 100

Dactylorhiza 75
Dactylostalix 75
Daemonorops 87
Dahlia 240
Dais 166
Daiswa 70
Dalbergia 120
Dalbergieae 123註
Dalechampia 148
Dalrympelea 156, 157註
Dalrymplea 156, 157註
Damnacanthus 200
Damrongia 218
Danaideae 199註
Danthonioideae 105註
Daphne 167
Daphneae 167註
Daphnimorpha 167
Daphniphyllaceae 114
Daphniphyllum 114
Dapsilanthus 96
Darlingtonia 195
Darmera 115註
Dasiphora 130
Dasygrammitis 52
Dasylirion 84
Dasymaschalon 62
Dasypogon 86
Dasypogonaceae 86
Dasystephana 204
Datisca 140
Datiscaceae 140
Datura 214
Datureae 215註
Daucinae 257註
Daucus 256
Davallia 52, 53註
Davalliaceae 52
Davallodes 52
Davidia 189
Davidsonia 141
Davidsoniaceae 141
Daviesieae 123註
Debregeasia 134
Decaneuropsis 240
Decaspermum 154
Decodon 152, 153註
Decussocarpus 56
Deeringia 184

Degeneria 60
Degeneriaceae 60
Dehaasia 64
Deinanthe 190
Deinostema 219
Delairea 240
Delonix 120
Delosperma 186
Delphinieae 111註
Delphinium 110
Dendranthema 238
Dendrobangia 198
Dendrobiinae 77註
Dendrobium 75
Dendrocacalia 240
Dendrocalamus 100
Dendrochilum 75
Dendrocnide 134, 135註
Dendrolobium 121
Dendropanax 252
Dendrophthoe 176
Dendrophthoideae 177註
Dendrosenecio 240
Dendrotrophe 176
Dennstaedtia 46
Dennstaedtiaceae 46
Dentella 200
Deparia 48
Derris 121, 125註
Deschampsia 100
Descurainia 172
Descurainieae 173註
Desfontainia 249
Desfontainiaceae 249
Desmanthus 122
Desmodieae 125註
Desmodium 122, 125註
Desmoncus 88
Desmophlebiaceae 47
Desmophlebium 47
Desmos 62
Detarioideae 119註
Deutzia 190
Deyeuxia 98
Diabelia 250
Diacalpe 50
Dialioideae 119註
Dialium 122
Dialypetalanthaceae 198

327

Dialypetalantheae 201註
Dialypetalanthoideae 201註
Dianella 82
Dianthus 180
Diapensia 194
Diapensiaceae 194
Diarrheneae 101註
Diarthron 167
Diascia 221
Diaspananthus 240
Dicentra 107
Dichanthelium 100
Dichanthellinae 103註
Dichanthium 100
Dichapetalaceae 145
Dichapetalum 145
Dichelostemma 84
Dichocarpum 110
Dichondra 212
Dichondreae 213註
Dichondroideae 213註
Dichorisandra 91
Dichorisandrinae 91註
Dichroa 190
Dichrocephala 240
Dicksonia 45
Dicksoniaceae 45
Dicliptera 224
Dicomeae 237註
Dicranopteris 44
Dictamnus 162
Dictyocline 48
Dictyosperma 88
Didierea 188
Didiereaceae 188
Didymelaceae 112
Didymeleae 113註
Didymeles 113註
Didymocarpoideae 217註
Didymochlaena 50
Didymochlaenaceae 50
Didymoglossum 44
Didymoplexiella 75
Didymoplexis 75
Dieffenbachia 65
Dieffenbachieae 65註
Diegodendraceae 167
Diegodendron 167
Dienia 75

Diervilla 250
Diervilloideae 251註
Digitalis 219
Digitaria 100
Dillenia 113
Dilleniaceae 113
Dilleniales 113
Dimeria 100
Dimocarpus 160
Dimorphandra 121註
Dimorphotheca 240
Dinebra 100
Dinetus 212
Diocleinae 125註
Diodia 200
Diodiella 200
Dionaea 179
Dioncophyllaceae 180
Dioncophyllum 180
Dioon 55
Dioscorea 69
Dioscoreaceae 69
Dioscoreales 68
Diospyros 193
Dipelta 250
Dipentodon 158
Dipentodontaceae 158
Diphylleia 108
Diplachne 100
Diplacrum 96
Dipladenia 207
Diplarrheneae 81註
Diplaziopsidaceae 47
Diplaziopsis 47
Diplazium 48
Diploblechnum 50
Diplocyclos 138
Diplodiscus 164
Diploknema 192
Diplolepidinae 209註
Diploloma 210
Diplomorpha 167
Diploprora 75
Diplopterygium 44
Diplospora 200
Diplotaxis 172
Dipsacaceae 250
Dipsacales 250
Dipsacoideae 251註

Dipsacus 250
Dipteracanthus 224
Dipteridaceae 44
Dipteris 44
Dipterocarpaceae 168
Dipterocarpoideae 169註
Dipterocarpus 168
Dipteronia 160
Dipterygeae 121註
Dipterygioideae 171註
Dipterygium 171註
Dipteryx 122
Dipyrena 227註
Dirachma 132
Dirachmaceae 132
Disanthoideae 115註
Disanthus 114
Dischidia 206
Discocalyx 194
Discocleidion 148
Disocactus 188
Disperis 75
Disporopsis 84
Disporum 72
Dissochaeteae 157註
Distyliopsis 114
Distylium 114
Diurieae 75註
Docynia 130
Dodecatheon 194
Dodonaea 160
Dodonaeeae 161註
Dodonaeoideae 161註
Dolichandra 225
Dolichandrone 225
Dolichos 122
Dombeya 164
Dombeyoideae 165註
Donaceae 93註
Donatia 234
Donax 92
Dontostemon 172
Dontostemoneae 173註
Dopatrium 219
Doratoxyleae 161註
Dorcoceras 218
Doronicinae 243註
Dorotheanthus 186
Dorstenia 134

Dorstenieae 135註
Doryanthaceae 80
Doryanthes 80
Doryopteris 46
Dovyaris 146
Draba 172
Dracaena 84
Dracaeneae 87註
Dracocephalum 228
Dracontomelon 159
Dracopis 246
Dregea 206
Drimia 84
Drimys 59
Drosanthemum 186
Drosera 179
Droseraceae 178
Drosophyllaceae 180
Drosophyllum 180
Dryadoideae 129註
Dryandra 113註
Dryas 130
Drymaria 181
Drymocallis 130
Drymophila 71
Drymophloeus 89
Drymotaenium 52
Drynaria 52
Drynarioideae 53註
Dryobalanops 168
Dryopolystichum 51註
Dryopsis 50
Dryopteridaceae 50
Dryopteris 50
Drypetes 144
Duabanga 152
Dubyaea 244
Duchesnea 130
Duckeodendraceae 214
Duckeodendroideae 215註
Duckera 159
Duguetieae 63註
Dulichieae 97註
Dumasia 122
Dunbaria 122
Dunnieae 199註
Duparquetia 119註
Duparquetioideae 119註
Duranta 226

Duranteae 227註
Durio 165
Duthieeae 101註
Dyckia 94
Dyoptеridoideae 51註
Dypsidinae 89註
Dypsis 88
Dyscriothamninae 249註
Dysolobium 122
Dysophylla 230
Dysosma 108, 109註
Dysoxylum 162
Dysphania 184
Dysphanieae 185註
Dystaenia 256

E

Ebenaceae 193
Ecballium 138
Eccoilopus 106
Eccremocarpeae 225註
Eccremocarpus 225
Ecdeiocolea 96
Ecdeiocoleaceae 96
Ecdysanthera 208
Echeveria 116, 117註
Echinacea 240
Echinocactus 188
Echinocereeae 189註
Echinocereus 188
Echinochileae 209註
Echinochloa 100
Echinodorus 66
Echinopinae 239註
Echinops 240
Echinopsis 188
Echinosophora 127
Echiteae 207註
Echitinae 207註
Echium 210
Eclipta 240
Ecliptinae 247註
Edgeworthia 167
Egenolfia 50
Egeria 67
Ehrartoideae 99註
Ehretia 210
Ehretioideae 211註
Ehrharta 100

Ehrharteae 99註
Eichhornia 91
Elaeagnaceae 132
Elaeagnus 132
Elaeidinae 89註
Elaeis 88
Elaeocarpaceae 142
Elaeocarpeae 143註
Elaeocarpus 142
Elaphoglossoideae 51註
Elaphoglossum 50
Elatinaceae 144
Elatine 144
Elatostema 134
Elatostemateae 135註
Eleocharideae 97註
Eleocharis 96
Eleorchis 75
Elephantopinae 241註
Elephantopus 240
Elettaria 93
Eleusine 100
Eleusininae 105註
Eleutheranthera 240
Eleutherococcus 252
Elliottia 196
Ellisiophyllum 219
Elodea 67
Elsholtzia 228
Elsholtzieae 227註
Elymus 100
Elytrantheae 177註
Elytrigia 100
Embelia 194
Emblingia 169
Emblingiaceae 169
Embothrieae 113註
Emelianthinae 177註
Emex 178
Emilia 240
Empetreae 197註
Empetrum 196
Empusa 76
Encephalertos 55
Endiandra 64
Endymion 85
Enemion 110
Engelhardia 136
Engelhardioideae 137註

329

Engelmanniinae 247註
Enhalus 67
Enhydra 240
Enkianthoideae 197註
Enkianthus 196
Ensete 92
Entada 122
Enterolobium 122
Enteropogon 100
Eomecon 107
Epacridoideae 197註
Epacris 196
Ephedra 55
Ephedraceae 55
Ephippianthus 76
Epidendreae 77註
Epidendroideae 77註
Epidendrum 76
Epigaea 196
Epilobieae 153註
Epilobium 152
Epimedium 108
Epimeredi 226
Epipactis 76
Epiphyllum 189
Epipogiinae 77註
Epipogium 76
Epipremnum 65
Epirixanthes 128
Episcia 218
Epithema 218
Epithemateae 217註
Equisetaceae 42
Equisetales 42
Equisetum 42
Eragrostideae 105註
Eragrostidinae 105註
Eragrostis 100
Erantheminae 223註
Eranthemum 224
Eranthis 110
Erechtites 240
Eremochloa 101
Eremogone 181
Eremogoneae 181註
Eremolepidaceae 175
Eremosynaceae 249
Eremothamneae 239註
Eremurus 82

Eria 76
Eriachne 101
Erianthus 101
Erica 196
Ericaceae 196
Ericales 190
Ericeae 197註
Ericoideae 197註
Erigeron 240
Erinus 219
Eriobotrya 130
Eriocapitella 110
Eriocaulaceae 94
Eriocaulon 94
Eriochloa 101
Eriocycla 256
Erioglossum 160
Eriogoneae 179註
Eriogonoideae 179註
Eriogonum 178
Eriolobus 130
Eriophorum 96
Eriosema 122
Eriosoriopsis 49註
Eriospermateae 85註
Erismantheae 149註
Eritrichiinae 211註
Eritrichium 210
Erlangeinae 241註
Erodium 150
Erophila 172
Eruca 172
Erucastrum 172
Erycibe 212
Eryciboideae 213註
Erysimeae 173註
Erysimum 172
Erythranthe 231
Erythrina 122
Erythrininae 125註
Erythrodes 76
Erythronium 72
Erythropalaceae 175註
Erythropalum 174
Erythrorchis 76
Erythroxylaceae 142
Erythroxylum 142
Escallonia 249

Escalloniaceae 249
Escalloniales 249
Eschenbachia 240
Eschscholtzieae 107註
Eschscholzia 107
Escobedieae 233註
Eskemukerjea 179註
Ethulia 240
Etlingera 93
Euanthe 79
Eubotryoides 196
Eucalypteae 155註
Eucalyptus 154
Eucharideae 83註
Eucharis 82
Euchiton 242
Euchresta 122
Euchresteae 123註
Euclidieae 173註
Euclidium 172
Eucomis 84
Eucommia 198
Eucommiaceae 198
Eucosia 76
Eucryphia 142
Eucryphiaceae 141
Eucryphieae 143註
Eudemeae 173註
EUDICOTS 107
Eugeissona 88
Eugeissoneae 87註
Eugenia 154
Eulalia 101
Eulaliopsis 101
Eulophia 76
Eulophiinae 77註
Euodia 161註
Euonymus 140, 141註
Eupatorieae 249註
Eupatoriinae 249註
Eupatorium 240
Euphorbia 148
Euphorbiaceae 148
Euphorbieae 149註
Euphorbioideae 149註
Euphrasia 232
Euphronia 145
Euphroniaceae 145
Euphrosine 240

学名索引
Eup～Gal

EUPHYLLOPHYTA　42
Euploca　210
Eupomatia　61
Eupomatiaceae　61
Euptelea　107
Eupteleaceae　107
Eurya　192
Euryale　58
Eurybia　241
Eurycorymbus　160
Euscaphis　156
Eusideoxylon　64
Eustegieae　209註
Eustephieae　83註
Eusteralis　230
Eustigma　114
Eustoma　204
Euterpe　88
Euterpeae　89註
Euthamia　241
Eutrema　172
Eutremeae　173註
Evodiopanax　252
Evolvulus　212
Evrardianthe　78
Exaceae　205註
Exacum　204
Exallage　200
Exbucklandioideae　115註
Excoecaria　148
Exochorda　130
Exorhopala　174

F

Fabaceae　118
Fabales　118
Fabeae　127註
Faboideae　121註
Facelis　241
Fagaceae　136
Fagales　136
Fagara　162
Fagerlindia　199
Fagoideae　137註
Fagopyreae　179註
Fagopyrum　178
Fagraea　204
Fagus　136
Falcataria　122

Falcatifolium　56
Fallopia　178
Famatinanthoideae　237註
Farfugium　241
Fatoua　134
Fatsia　252
Faucaria　186
Fauria　235
Feddeeae　245註
Feijoa　154
Felicia　241
Feronia　162
Ferraria　81
Ferula　256
Ferulinae　257註
Ferulopsis　256
Festuca　101
Ficaria　110
Ficeae　135註
Ficus　134
Filago　241
Filicium　160
Filifolium　236
Filipendula　130
Filipenduleae　131註
Fimbristylis　96
Fimbrorchis　76
Firmiana　165
Fissistigma　62
Fittonia　224
Flacourtia　146
Flagellaria　96
Flagellariaceae　96
Flaveria　241
Flemingia　122
Fleurya　134, 135註
Flickingeria　75
Floscopa　91
Flueggea　150
Fockeeae　209註
Foeniculum　256
Foetidioideae　193註
Fokienia　57
Fontanesia　216
Fontanesieae　217註
Formosia　206
Forsskaoleeae　135註
Forsythia　216
Forsythieae　217註

Fortunella　161
Fothergilla　114
Fouqueriaceae　191
Fouquieria　191
Fragaria　130
Fragariinae　131註
Francoa　151
Francoaceae　151
Frangula　132
Frankenia　176
Frankeniaceae　176
Franklinia　194
Fraxinus　216
Freesia　81
Freesieae　81註
Freycinetia　70
Frezierieae　193註
Fritillaria　72
Froelichia　184
Fuchsia　152
Fuirena　96
Fuireneae　97註
Fumaneae　167註
Fumaria　107
Fumarioideae　107註
Funtumia　206
Furcraea　85
Fuscospora　137註
Fusispermoideae　147註

G

Gaertnereae　201註
Gagea　72
Gahnia　96
Gaiadendreae　177註
Gaillardia　241
Gaillardiinae　245註
Galactia　122
Galantheae　83註
Galanthus　83
Galatella　241
Galbulimina　60
Gale　136
Galearis　76
Galega　122
Galegeae　127註
Galeobdoron　228
Galeola　76
Galeopsis　228

331

学名索引
Gal～Gou

Galinsoga 241
Galinsoginae 249註
Galium 200
Galphimia 144
Galtonia 86
Gamblea 252
Gamochaeta 241
Garcinia 144
Garcinieae 143註
Gardenia 200
Gardenieae 203註
Gardneria 204
Garnotia 102
Garnotieae 103註
Garrya 198
Garryaceae 198
Garryales 198
Garugeae 159註
Gastrochilus 76
Gastrococos 86
Gastrodia 76
Gastrodieae 77註
Gastrolychnis 182
Gaultheria 196
Gaultherieae 197註
Gaura 152
Gazania 242
Geissoieae 143註
Geissoloma 156
Geissolomataceae 156
Gelonieae 149註
Gelsemiaceae 204
Gelsemium 204
Gendarussa 223註, 224
Geniostoma 204
Genista 122
Genisteae 123註
Genpa 200
Gentiana 204
Gentianaceae 204
Gentianales 198
Gentianeae 205註
Gentianella 204
Gentianinae 205註
Gentianodes 204
Gentianopsis 204
Geodorum 76
Geophila 200
Geosiridoideae 81註

Geosiris 81
Geraniaceae 150
Geraniales 150
Geranium 150
Gerbera 242
Germainiinae 105註
Gerrardina 157
Gerrardinaceae 157
Gesneriaceae 217
Gesnerieae 217註
Gesnerioideae 217註
Geum 130
Gibasis 91
Gifola 241
Gigantochloa 102
Gilleniinae 131註
Gillia 191
Gilliesieae 83註
Ginkgo 55
Ginkgoaceae 55
Ginkgoales 55
Girardinia 134
Gironniera 133
Gisekia 186
Gisekiaceae 186
Gladioleae 81註
Gladiolus 81
Glandora 210
Glandularia 226
Glaphyropteridopsis 48
Glaucidioideae 111註
Glaucidium 110
Glaucium 108
Glaux 194
Glaziocharis 69
Glebionidinae 243註
Glebionis 242
Glechoma 228
Gleditsia 119註, 122
Glehnia 256
Gleicheniaceae 44
Gleicheniales 44
Glinus 187
Globbeae 93註
Globularia 219
Glochidion 150, 151註
Gloriosa 72
Glossocardia 242
Glossogyne 242

Glossostigma 231
Glossula 76
Gluta 159
Glyceria 102
Glycine 122
Glycininae 125註
Glycirrhiza 122
Glycirrhizeae 127註
Glycosmis 162
Glycyrrhiza 122
Glyptostrobus 57
Gmelina 228
Gnaphalieae 243註
Gnaphalium 242
Gnetaceae 55
Gnetales 55
Gnetum 55
Gochnatioideae 237註
Godetia 152
Goepperta 92, 93註
Goetzeoideae 215註
Goldfussia 224
Gomortega 62
Gomortegaceae 62
Gomphandra 232
Gomphocarpus 206
Gomphogyneae 139註
Gomphostemma 228
Gomphostemmateae 231註
Gomphrena 184
Gomphreneae 183註
Goniolimon 178
Goniophlebium 52
Goniothalamus 62
Gonocarpus 116
Gonocaryum 233
Gonocormus 44
Gonolobinae 209註
Gonostegia 134
Gonystyloideae 167註
Goodenia 235
Goodeniaceae 235
Goodyera 76
Goodyerinae 75註
Gordonia 195
Gorteriinae 239註
Gossypieae 165註
Gossypium 165
Gouanieae 133註

Goupia 146
Goupiaceae 146
Gramineae 97
Grammatophyllum 76
Grammitidoideae 53註
Grangea 242
Graptophyllum 224
Gratiola 220
Gratioleae 219註
Greeneeae 203註
Grevillea 112
Grevilleoideae 113註
Grewia 165
Grewieae 165註
Grewioideae 165註
Greyia 151
Greyiaceae 151
Grias 192
Griffinieae 83註
Grindelia 242
Griselinia 252
Griseliniaceae 252
Groenlandia 69註
Grona 122
Grossularia 114
Grossulariaceae 114
Grubbia 190
Grubbiaceae 190
Grubovia 184
Guaiacum 118
Guamatela 156
Guamatelaceae 156
Guamia 62
Gueldenstaedtia 122
Guettarda 200
Guettardeae 201註
Guetterieae 63註
Guibourtia 122
Guilandina 122
Guilielma 87
Guizotia 242
Gulubia 88
Gumillea 258
Gunnera 112
Gunneraceae 112
Gunnerales 112
Guttiferae 143
Gymnadenia 76
Gymnantheminae 241註

Gymnarrhenoideae 239註
Gymnema 206
Gymnocalycium 189
Gymnocarpium 47
Gymnocoronis 242
Gymnogrammitis 53註
Gymnopetalum 139
Gymnopodeae 179註
Gymnosiphon 69
GYMNOSPERMAE 54
Gymnospermium 109
Gymnosporia 140
Gymnostachyoideae 65註
Gynandropsis 170
Gynerieae 103註
Gynocarpoideae 63註
Gynochthodes 200
Gynostemma 138
Gynotrocheae 143註
Gynotroches 142
Gynura 242
Gypsophila 181
Gyptidinae 249註
Gyrostemon 169
Gyrostemonaceae 169

H

Habenaria 76
Hackelochloa 102
Haemantheae 83註
Haemanthus 83
Haematoxylum 122
Haemodoraceae 91
Haemodorum 92
Hagenia 130
Hainania 164
Hainardia 102
Hakea 112
Hakonechloa 102
Halenia 204
Halerpestes 110
Halesia 195
Halimolobeae 173註
Halodule 68, 69註
Halophila 67
Halophyllum 162
Halophytaceae 188
Halophytum 188
Haloragaceae 116

Haloragis 116
Halosciastrum 256
Hamamelidaceae 114
Hamamelidoideae 115註
Hamamelis 114
Hamelieae 201註
Hammarbya 76
Hanabusaya 234
Hanceolinae 229註
Hancockia 76
Handroanthus 225
Hanguana 90
Hanguanaceae 90
Hansenia 256
Haplopteris 47
Haptanthaceae 112
Haptantheae 113註
Haptanthus 113註
Haraella 76
Hardenbergia 122
Harmsiopanax 253註
Harrimanella 196
Harrimanelloideae 197註
Harrisonia 162
Hayata 76
Hebe 220
Hecastocleidioideae 237註
Hechtioideae 95註
Hedera 252
Hedychium 93
Hedyotideae 199註
Hedyotis 200
Hedysareae 127註
Hedysarum 122
Heimia 152
Helenieae 245註
Helenium 242
Heliantheae 247註
Helianthemum 167
Helianthinae 247註
Helianthus 242
Helichrysum 242
Helicia 112
Heliconia 92
Heliconiaceae 92
Helicteres 165
Helicteroideae 165註
Helictotrichon 102
Helieae 205註

学名索引
Hel～Hum

Heliophileae 173註
Heliopsis 242
Heliotropioideae 211註
Heliotropium 210
Helipterum 247
Helixanthera 176
Helleboreae 111註
Helleborus 110
Hellenia 92
Hellianthae 245註
Helminthostachys 43
Heloniadeae 71註
Helonias 70
Heloniopsis 70
Helwingia 233
Helwingiaceae 233
Hemarthria 102
Hemerocallidoideae 83註
Hemerocallis 82
Hemiadelphis 224
Hemiboea 218
Hemidictyaceae 47
Hemidictyum 47
Hemigramma 52
Hemigraphis 224
Hemimerideae 221註
Hemionitis 47註
Hemiphragma 220
Hemipilia 76
Hemiptelea 133
Hemistepta 242
Hemisteptia 242
Henckelia 218
Henriquezieae 203註
Henslowia 176
Hepatica 110
Heptacodium 251註
Heptapleurum 253註
Heracleum 256
Herbertia 81
Heritiera 165
Hermannieae 165註
Hermas 255註
Herminium 76
Hermodactylus 81
Hernandia 62
Hernandiaceae 62
Hernandioideae 63註
Herniaria 181

Hesperideae 173註
Hesperis 172
Hesperocyparis 57
×*Hesperotropsis* 57
Hetaeria 76
Heteranthera 91
Heterocentron 155
Heteromalla 190
Heteromorpheae 255註
Heteropappus 237
Heteropogon 102
Heteropolygonatum 85
Heteropsideae 65註
Heteropyxideae 155註
Heterosmilax 72
Heterospathe 88
Heterostemma 206
Heterotheca 242
Heterotropa 60
Heuchera 114, 115註
Heucheroideae 115註
Hevea 148
Heveeae 149註
Hewittia 212
Hexasepalum 200
Hexastylis 60
Hibisceae 165註
Hibiscus 165
Hieraciinae 239註
Hieracium 242
Hierochloe 98
Hildebrandtieae 213註
Hillieae 201註
Hilliella 172
Hillielleae 173註
Himalaiella 242
Himalayopteris 54
Himantandraceae 60
Hionanthera 153註
Hippeastreae 83註
Hippeastrum 83
Hippeophyllum 78
Hippobroma 234
Hippocastaneae 161註
Hippocastanoideae 161註
Hippocrateaceae 140
Hippoctrateaceae 141註

Hippomaneae 149註
Hippophae 132
Hippuridaceae 218
Hippuris 220, 221註
Hiptage 144
Hirania 258
Hirschfeldia 172
Histiopteris 46
Holarrhena 206
Holcinae 101註
Holcoglossum 76
Holcus 102
Holmskioldia 228
Hololeion 242
Holosteum 181
Homalanthus 148
Homalieae 147註
Homalium 146
Homalomena 66
Homalomeneae 65註
Homonoia 148
Honckenya 181
Honkenya 181
Hoplestigmatoideae 211註
Hordeum 102
Hornungia 172
Horsfieldia 60
Hortensia 190
Hortonioideae 63註
Hosiea 198
Hosta 85
Houpoea 60, 61註
Houstonia 200
Houttuynia 60
Hovenia 132
Howea 88
Hoya 206
Hua 140
Huaceae 140
Huangtca 122
Huertea 157註, 158
Huerteales 157
Hugeria 198
Hugoniaceae 150
Hugonioideae 151註
Humata 52
Humbertioideae 213註
Humiria 146
Humiriaceae 146

334

Humulus 133
Hunnemannia 108
Hunterieae 207註
Huperzia 42, 43註
Huperzioideae 43註
Hura 148
Hureae 149註
Hyacinthaceae 85註
Hyacintheae 85註
Hyacinthoides 85
Hyacinthus 85
Hyalieae 237註
Hybanthus 146
Hydatella 58
Hydatellaceae 58
Hydnocarpus 146
Hydnophytum 200
Hydnora 60
Hydnoraceae 60
Hydnoroideae 61註
Hydrangea 190
Hydrangeaceae 190
Hydrangeeae 191註
Hydrangeoideae 191註
Hydrastidoideae 111註
Hydrastis 110
Hydriastele 88
Hydrilla 67
Hydrilloideae 67註
Hydrobryum 144
Hydrocera 190
Hydrocharis 67
Hydrocharitaceae 67
Hydrocharitoideae 67註
Hydrocleys 67
Hydrocotyle 252
Hydrocotyloideae 253註
Hydrolea 216
Hydroleaceae 216
Hydrophylloideae 211註
Hydrostachyaceae 189
Hydrostachys 189
Hygrophila 224
Hygrophilinae 223註
Hygroryza 102
Hylocereeae 189註
Hylocereus 189
Hylodesmum 123
Hylomecon 108

Hylophila 77
Hylotelephium 116
Hymenachne 102
Hymenaea 123
Hymenasplenium 48
Hymenocallideae 83註
Hymenocallis 83
Hymenodictyeae 201註
Hymenodictyon 200
Hymenophyllaceae 43
Hymenophyllales 43
Hymenophyllopsis 45
Hymenophyllum 43註, 44
Hyophorbe 88
Hyoscyameae 215註
Hyoscyamus 214
Hyoseridinae 239註
Hyparrhenia 102
Hypecooideae 107註
Hypecoum 108
Hypericaceae 144
Hypericeae 145註
Hypericum 144
— subg. Brathys 145註
— subg. Hypericum 145註
Hyphaene 88
Hyphear 176
Hypocaeris 242
Hypocalypteae 123註
Hypochaeridinae 239註
Hypochaeris 242
Hypochoeris 242
Hypodaphnideae 63註
Hypodematiaceae 50
Hypodematium 50
Hypoestes 224
Hypolepis 46
Hypolytrum 96
Hypopitys 196
Hypoxidaceae 80
Hypoxis 80
Hypsela 234
Hypseocharis 151註
Hypseocharitaceae 150
Hyptidinae 229註
Hyptis 228
Hyssopus 228
Hystrix 100

I

Iberideae 175註
Iberis 172
Ibicella 222
Iboza 230
Icacinaceae 198
Icacinales 198
Ichnanthus 102
Idesia 146
Ileostylinae 177註
Ilex 233
Illicium 59
Illigera 62
Impatiens 190
Imperata 102
Incarvillea 225
Indigofera 123
Indigofereae 125註
Indocalamus 102
Indocypraea 248
Indofevilleeae 139註
Inga 123
Inocarpus 123
Intsia 123
Inula 242, 245
Inuleae 245註
Inulinae 245註
Ipheion 83
Iphigenia 72
Iphigenieae 73註
Ipomoea 212
Ipomoeeae 213註
Ipomopsis 191
Iresine 184
Iridaceae 80
Irideae 81註
Iridoideae 81註
Iris 81
Irvingia 142
Irvingiaceae 142
Isachne 102
Isatideae 175註
Isatis 172
Ischaeminae 105註
Ischaemum 102
Isertieae 201註
Ismelia 242
Isodon 228

Isodontinae 229註
Isoetaceae 42
Isoetales 42
Isoetes 42
Isolepis 96
Isonandreae 193註
Isophysidoideae 81註
Isopyrum 110
Isotrema 60
Itea 114
Iteaceae 114
Itoa 146
Ixerba 156
Ixerbaceae 156
Ixeridium 242
Ixeris 242
Ixia 81
Ixieae 81註
Ixioliriaceae 80
Ixiolirion 80
Ixonanthaceae 150
Ixonanthes 150
Ixora 200
Ixoreae 203註
Ixoroideae 201註
×*Ixyoungia* 242

J

Jabloskieae 151註
Jacaranda 225
Jacarandeae 225註
Jackieae 203註
Jacobaea 242
Jacobinia 224
Jacquemontia 212
Jacquemontieae 213註
Jamesioideae 191註
Japanobotrychium 43
Japonicalia 243
Japonolirion 68
Jasminanthes 206
Jasmineae 217註
Jasminum 216
Jatropha 148
Jatropheae 149註
Jeffersonia 109
Johannesteijsmannia 88
Joinvillea 96
Joinvilleaceae 96

Joliffieae 139註
Jubaea 88
Juglandaceae 136
Juglandoideae 137註
Juglans 136
Julianiaceae 158
Juncaceae 95
Juncaginaceae 68
Juncus 95
Juniperus 57
Jussiaeoideae 153註
Justicia 223註, 224
Justicieae 223註

K

Kadsura 59
Kaempferia 93
Kalanchoe 116
Kalanchooideae 117註
Kali 184, 185註
Kalidium 184
Kalimeris 237
Kaliphora 215
Kalmia 196
Kalopanax 252
Kandelia 142
Kanieae 155註
Keiskea 228
Keithia 258
Kengia 100
Kennediinae 125註
Kerneraceae 175註
Kerria 130
Kerrieae 129註
Keteleeria 55
Kewa 185
Kewaceae 185
Khaya 163
Kibessieae 157註
Kickxia 220
Kigelia 225
Kingdonia 108
Kinostemon 230
Kinugasa 70
Kirengeshoma 190
Kirkia 158
Kirkiaceae 158
Kitagawia 256
Klasea 243

Kleinhovia 166
Kleinia 243
Knema 60
Kniphofia 82
Knorringia 178
Knoxia 200
Knoxieae 199註
Kobresia 95
Kochia 183
Koeberlinia 168
Koeberliniaceae 168
Koeleria 102
Koelreuteria 160
Koelreuterieae 161註
Koenigia 178
Kohleria 218
Kolkwitzia 250
Komarovieae 257註
Kopsia 206
Kopsiinae 205註
Korthalsella 176
Korthalsia 88
Koyamacalia 245
Krameria 118
Krameriaceae 118
Krascheninnikovia 184
Kudoacanthus 224
Kuhlhasseltia 78
Kummerowia 123
Kupeeae 69註
Kydieae 165註
Kyllinga 96

L

Labiatae 226
Lablab 124
Laburnum 124
Lacandonia 69, 69註
Lacandoniaceae 69, 69註
Laccospadicinae 89註
Lachannthes 92
Lachenalia 86
Lacistema 146
Lacistemataceae 146
Lacosteopsis 44
Lactoridaceae 60
Lactoridoideae 61註
Lactoris 60
Lactuca 243

Lactucinae 239註
Laelia 77
Laeliinae 77註
Lagedium 243
Lagenaria 139
Lagenifera 244
Lagenophora 244
Lagerstroemia 152, 153註
Laggera 244
Lagopsis 228
Lagotis 220
Laguncularieae 153註
Lagurus 102
Lamarckia 102
Lamiaceae 226
Lamiales 216
Lamiastrum 228
Lamieae 231註
Lamioideae 231註
Lamium 228
Lampranthus 186
Lamprocapnos 108
Lanaria 80
Lanariaceae 80
Landoltia 66
Lansium 163
Lantana 226
Lantaneae 227註
Lanxangia 93
Lapageria 72
Lapeirousia 81
Laportea 134, 135註
Lappula 210
Lapsana 244
Lapsanastrum 244
Lardizabalaceae 108
Lardizabaloideae 109註
Larix 55
Larreoideae 119註
Lasiantheae 199註
Lasianthus 200
Lasiobema 126
Lasiocaryinae 211註
Lasiococcinae 149註
Lasioideae 65註
Lasiopetaleae 165註
Lastreopsis 51
Latania 88
Lathraea 232

Lathyrus 124
Laubertiinae 207註
Launaea 244
Lauraceae 63
Laurales 62
Laureae 63註
Laurocerasus 130
Laurus 64
Lavandula 228
Lavandulinae 229註
Lawiella 144
Lawsonia 152, 153註
Laxmanniaceae 85註
Lecanopteris 52
Lecanorchis 77
Lecantheae 135註
Lecanthus 134
Lecheeae 167註
Lecomtelleae 103註
Lecythidaceae 192
Lecythidoideae 193註
Lecythis 192
Ledocarpaceae 151, 151註
Ledothamneae 197註
Ledum 197
Leea 117
Leeoideae 117註
Leersia 102
Legazpia 222
Legousia 234
Leguminosae 118
Leibnitzia 244
Leiopoa 101
Leitneria 162
Leitneriaceae 162
Leitnerieae 163註
Lemmaphyllum 52
Lemna 66
Lemnoideae 65註
Lennooideae 211註
Lens 124
Lentibulariaceae 226
Leonotis 228
Leontodon 244
Leontopodium 244
Leonureae 231註
Leonurus 228
Lepidagathis 224
Lepidieae 175註

Lepidium 172
Lepidobotryaceae 140
Lepidobotrys 140
Lepidocaryeae 87註
Lepidogrammitis 52
Lepidomicrosorium 54
Lepidotheca 244
Lepinia 206
Lepiniopsis 207
Lepironia 96
Lepisanthes 160
Lepisorus 52
Lepistemon 212
Leptarrhena 115註
Leptaspis 102
Leptatherum 102
Leptocarpoideae 97註
Leptochilus 53
Leptodermis 200
Leptodesmia 124
Leptogoneae 179註
Leptogramma 48
Leptoloma 100
Leptopetalum 201
Leptopus 150
Leptopyrum 110
Leptorumohra 50
Leptospermeae 155註
Leptospermum 154
Lepturus 102
Lepuropetalaceae 140
Lepyrodiclis 181註, 182
Lerchenfeldia 98
Lespedeza 124
Leucadeae 231註
Leucadendreae 113註
Leucadendron 112
Leucaena 124
Leucanthemella 244
Leucantheminae 243註
Leucanthemum 244
Leucas 228
Leucastereae 187註
Leucoglossum 244
Leucojum 83
Leucomeris 244
Leucophylleae 221註
Leucopoa 102
Leucopogon 196

学名索引

Leu～Lyc

Leucostegia 50
Leucosyce 134, 135註
Leucothoe 196
Leuenbergerideae 189註
Leuenbergia 189
Levisticum 256
Leymus 102
Liabeae 239註
Liatrinae 249註
Liatris 244
Libanotis 256
Libertia 82
Libocedrus 57
Licania 145
Lichtensteinieae 255註
Licuala 88
Ligularia 244
Ligusticum 256
Ligustrina 216
Ligustrum 216
Liliaceae 72
Liliales 70
Lilieae 73註
Lilioideae 73註
Lilium 72
Limaciaceae 109註
Limeaceae 185
Limeum 185
Limnanthaceae 168
Limnanthes 168
Limnobium 67
Limnocharis 67
Limnocharitaceae 67註
Limnophila 220
Limnorchis 78
Limonia 162
Limonioideae 179註
Limonium 178
Limosella 221
Limoselleeae 221註
Linaceae 150
Linanthus 191
Linaria 220
Lindenbergia 232
Lindenbergieae 233註
Lindera 64
Lindernia 222
Linderniaceae 222
Lindmanioideae 95註

Lindsaea 46
Lindsaeaceae 46
Linnaea 250
Linnaeoideae 251註
Linociera 216
Linoideae 151註
Linum 150
Liodendron 144
Lipareae 123註
Liparis 77
Lipocarpha 96
Liquidambar 113
Lirianthe 60
Liriodendroideae 61註
Liriodendron 60
Liriope 86
Lissocarpaceae 193
Listera 78
Litchi 160
Lithocarpus 136
Lithophila 183註
Lithops 186
Lithospermeae 211註
Lithospermum 210
Litosanthes 200
Litsea 64
Littledaleeae 101註
Littonia 72
Livistona 88
Lloydia 72
Loasa 190
Loasaceae 190
Lobelia 234
Lobelioideae 235註
Lobularia 172
Lochnea 206
Lodoicea 88
Loganiaceae 204
Loganioideae 205註
Loiseleuria 196
Loliinae 101註
Lolium 102
Lomandra 86
Lomandroideae 85註
Lomariopsidaceae 51
Lomariopsis 51
Lomatogonium 204
Lonas 244
Lonchitidaceae 45

Lonchitis 45
Lonchocarpus 125註
Lonicera 250
Lophatherum 102
Lophiocarpaceae 185
Lophiocarpus 185
Lophopyxidaceae 144
Lophopyxis 144
Lophosoria 45
Lophospermum 220
Lophozonia 137註
Loranthaceae 176
Lorantheae 177註
Loranthinae 177註
Loranthus 176
Loropetalum 114
Loteae 125註
Lotus 124
Loweyanthinae 245註
Lowiaceae 92
Loxocalyx 228
Loxogramme 53
Loxogrammoideae 53註
Loxoma 45
Loxsoma 45
Loxsomataceae 45
Luculia 201
Luculieae 199註
Ludisia 78
Ludwigia 152
Luffa 139
Luisia 78
Lumnitzera 152
Lunaria 172
Lupinus 124
Luxemburgieae 143註
Luzula 95
Luzuriaga 71
Luzuriageae 71註
Lycaste 78
Lychnis 182
Lycianthes 214
Lycieae 215註
Lycium 214
Lycopersicon 215
LYCOPHYTA 42
Lycopinae 227註
Lycopodiaceae 42
Lycopodiales 42

338

Lycopodiella 42
Lycopodioideae 43註
Lycopodium 42
LYCOPODS 42
Lycopsis 210
Lycopus 228
Lycorideae 83註
Lycoris 83
Lygeeae 99註
Lygodiaceae 44
Lygodium 44
Lyonia 196
Lyonieae 197註
Lyonothamneae 129註
Lyonothamnus 129註
Lysichiton 66
Lysimachia 194
Lysionotus 218
Lythraceae 152
Lythrum 152, 153註

M

Maackia 124
Macadamieae 113註
Macaranga 148
Macarthuria 180
Macarthuriaceae 180
Macfadyena 225
Machaerina 96
Machilus 64
Mackinlayoideae 255註
Macleaya 108
Maclura 134
Maclureae 133註
Macodes 78
Macrocarpium 190
Macroclinidium 245
Macrodiervilla 250
Macromeles 130
× *Macropertya* 245
Macropodium 172
Macroptilium 124
Macrothelypteris 48, 49註
Macrotyloma 124
Macrozamia 55
Macrozanonia 138
Macrylodendron 160
Maddenia 130

Madieae 249註
Madiinae 249註
Maesa 194
Maesoideae 193註
Maesopsideae 133註
Magnolia 60, 61註
— sect. Manglietia 61註
— sect. Michelia 61註
— sect. Oyama 61註
— sect. Rhytidospermum
  61註
— sect. Talauma 61註
— sect. Yulania 61註
Magnoliaceae 60
Magnoliales 60
Magnolioideae 61註
Mahonia 108, 109註
Maianthemum 86
Maihueнioideae 189註
Malaisia 134
Malaxideae 77註
Malaxidinae 77註
Malaxis 78
Malcolmia 172
Malcolmieae 175註
Maleae 131註
Malesherbia 146
Malesherbioideae 147註
Malinae 131註
Mallotus 148
Malmeoideae 63註
Maloideae 131註
Malouetieae 207註
Malpighia 145
Malpighiaceae 144
Malpighiales 142
Malpighioideae 145註
Malus 130
Malva 166
Malvaceae 164
Malvales 164
Malvastrum 166
Malvaviscus 165
Malveae 165註
Malvoideae 165註
Mammea 144
Mammillaria 189
Mandevilla 207
Mandragora 214

Mandragoreae 215註
Manettia 201
Mangifera 159
Manglietia 60
Manihot 148
Manihoteae 149註
Manilkara 192
Maniltoa 124
Mankyua 43
Mansoa 225
Mantisalca 244
Manuleeae 221註
Maoutia 135
Mapania 96
Mapanioideae 95註
Maranta 92
Marantaceae 92
Maranteae 93註
Marantoideae 93註
Marattiaceae 43
Marattiales 43
Marcgravia 191
Marcgraviaceae 191
Margaritaria 150
Mariceae 81註
Maripea 213註
Markhamia 225
Marlea 190
Marlothielleae 255註
Marrubieae 231註
Marrubium 228
Marsdenia 208
Marsdenieae 209註
Marsilea 44
Marsileaceae 44
Martynia 222
Martyniaceae 222
Mascarisieae 143註
Matonia 44
Matoniaceae 44
Matricaria 244
Matricariinae 243註
Matsumurella 228
Matteuccia 50
Matthiola 172
Maundia 68
Maundiaceae 68
Maurandella 220
Maurandya 220

339

Mauranthemum 244
Maxillariinae 77註
Maximowicziella 96
Mayaca 94
Mayacaceae 94
Maytenus 141註
Mazaceae 230
Mazus 230
Mecardonia 220
Mecodium 44
Meconopsis 107註, 108
Medeoloideae 73註
Medicago 124
Medinilla 155
Medusagynaceae 143
Medusagyne 143
Medusagynoideae 143註
Medusanthera 113, 233
Medusantheraceae 113
Meehania 228
Megacarpaeeae 175註
Megaleranthus 111
Meiogyne 62
Meisteria 94
Melaleuca 154
Melaleuceae 155註
Melampodiinae 249註
Melampodium 244
Melampyrum 232
Melandrium 182
Melanococca 159
Melanolepis 148
Melanophylla 252
Melanophyllaceae 252
Melanorrhoea 159
Melanthiaceae 70
Melanthieae 71註
Melanthioideae 71註
Melanthium 71註
Melasma 232
Melastoma 155
Melastomataceae 154
Melastomatoideae 157註
Melastomeae 157註
Melia 163
Meliaceae 162
Melianthaceae 151, 151註
Melianthus 152
Melica 102

Meliceae 101註
Melicocceae 161註
Melicope 162
Melilotus 124
Melinidinae 103註
Melinis 102
Melioideae 163註
Meliosma 111
Melissa 228
Melocanna 103
Melocanninae 99註
Melochia 166
Melodinus 208
Melodium 207註
Melothria 139
Memecylaceae 155註
Memecyloideae 157註
Memecylon 155
Mendoncia 223註
Mendonciaceae 222
Meniscium 48, 49註
Menispermaceae 108
Menispermeae 109註
Menispermoideae 109註
Menispermum 108
Mentha 229
Mentheae 227註
Menthinae 227註
Mentzelia 190
Menyanthaceae 235
Menyanthes 235
Menziesia 197
Merculialinae 149註
Mercurialis 148
Meringium 44
Merremia 213
Merremieae 213註
Merrilliodendron 198
Mertensia 210
Meryta 252
Mesechiteae 207註
Mesembrianthemum 186
Mesembryanthemoideae 187註
Mesona 230
Mespilus 130
Messerschmidia 210
Mesua 144
Metanarthecium 68

Metaplexis 206
Metapolypodium 52
Metasequoia 57
Metastelmatinae 209註
Metathelypteris 48
Metaxya 45
Metaxyaceae 45
Meterostachys 116
Metrosidereae 155註
Metrosideros 154
Metroxylon 88
Metteniusa 198
Metteniusaceae 198
Metteniusales 198
Mezilanthus 63註
Michelia 60
Mickelopteris 47
Miconia 156
Miconieae 157註
Micrairoideae 105註
Micranthemum 222
Micranthes 114, 115註
Microbiota 57
Microcarpaea 231
Microcerasus 131
Microchirita 218
Microcnemum 185註
Microdesmis 142
Microglossa 244
Microgonium 44
Microlepia 46
Microlepideae 175註
Micromeles 129
Micropolypodium 54
Micropterum 186
Microsorium 54
Microsoroideae 53註
Microsorum 54
Microstegium 103
Microtatorchis 79
Microtea 180
Microteaceae 180
Microtis 78
Microtropis 140, 141註
Microulinae 211註
Mikania 244
Mikaniinae 249註
Mildella 46
Milium 103

学名索引
Mil～Naj

Miliuseae　63註
Milla　86
Millerieae　249註
Milleriinae　249註
Millettia　124, 125註, 127註
Millettieae　125註, 127註
Millingtonia　225
Miltonia　78
Mimosa　124
Mimoseae　121註
Mimosoideae　119註, 121註
Mimulus　231
Mimusops　192
Mina　212
Mirabilis　187
Mirbelieae　123註
Miricacalia　244
Miscanthus　103
Mischobulbum　79
Misodendraceae　176
Misodendron　176
Misodendrum　176
Misopates　220
Mitchella　201
Mitchelleae　201註
Mitella　115
Mitracarpus　202
Mitrasacme　204
Mitrastemma　198
Mitrastemon　198
Mitrastemonaceae　198
Miyamayomena　237
Mnesithea　103
Modiola　166
Moehringia　180
Molineria　80
Molinia　103
Molinieae　105註
Moliniopsis　103
Mollinedioideae　63註
Molluginaceae　187
Mollugo　187
Moluccella　229
Momordica　139
Momordiceae　139註
Monachosorum　46
Monarda　229
Moneses　196
MONILOPHYTA　42

Monimia　63
Monimiaceae　63
Monimioideae　63註
Monimopetalum　141註
Monochasma　232
Monochoria　91
MONOCOTYLEDONEAE　64
Monodora　62
Monodoreae　63註
Monolepis　184
Monoon　62
Monotoideae　169註
Monotropa　196
Monotropastrum　196
Monotropoideae　197註
Monstera　66
Monstereae　65註
Monsteroideae　65註
Montanoinae　247註
Montia　188
Montiaceae　188
Montinia　215
Montiniaceae　215
Moorochloa　103
Moquinieae　241註
Moraceae　133
Moranothamnus　108, 109註
Moreae　133註
Morella　136, 137註
Moricandia　172
Morinaceae　250
Morinda　202
Morindeae　201註
Moringa　168
Moringaceae　168
Morinoideae　251註
Moritziinae　211註
Morkilioideae　119註
Morus　134
Mosla　229
Moutabeeae　129註
Moya　141註
Mucuna　124
Mucuninae　125註
Muehlenbeckia　178
Muhlenbergia　103
Muhlenbergiinae　105註
Mukdenia　115
Mukia　138

Mulgedium　243
Muntingia　164
Muntingiaceae　164
Murdannia　91
Murraya　162
Musa　92
Musaceae　92
Muscari　86
Musella　92
Mussaenda　202
Mussaendeae　203註
Mutisieae　237註
Mutisioideae　237註
Myagrum　172
Myodocarpaceae　253
Myodocarpus　253
Myoporaceae　220
Myoporeae　221註
Myoporum　221
Myosotidinae　211註
Myosotis　210
Myosoton　182
Myrciaria　154
Myriactis　244
Myrica　136, 137註
Myricaceae　136
Myriophyllum　116
Myripnois　245
Myristica　60
Myristicaceae　60
Myrmechis　78
Myrothamnaceae　112
Myrothamnus　112
Myroxylon　124
Myrsine　194
Myrsinoideae　195註
Myrtaceae　154
Myrtales　152
Myrteae　155註
Myrtella　154
Myrtillarioideae　115註
Myrtoideae　155註
Myrtus　154
Myxopyreae　217註

N

Nabalus　244
Nageia　56
Najas　67

341

Nam～Nyp

Nama 210
Namoideae 211註
Nandina 109
Nandinoideae 109註
Nanocnide 135
Nanodea 176
Nanodeaceae 177註
Nanodeoideae 177註
Napeantheae 217註
Napoleonaea 192
Napoleonaeoideae 193註
Naravelia 110
Narcisseae 83註
Narcissus 84
Nardeae 99註
Nardosmia 245
Nardostachys 250
Narenga 104
Nartheciaceae 68
Narthecium 68
Nasa 190
Nassauvieae 237註
Nassella 104
Nasturtium 172
Nauclea 202
Naucleeae 201註
Naumbergia 194
Navarretia 192
Navioideae 95註
Neanotis 202
Neillia 130
Neillieae 129註
Neisosperma 208
Nekemias 117
Nelsonia 224
Nelsonioideae 223註
Nelumbo 112
Nelumbonaceae 112
Nemacladoideae 235註
Nemesia 221
Nemophila 210
Nemosenecio 244
Neoachmandra 139
Neoalsomitra 139
Neoblechnum 50
Neocheiropteris 54
Neocinnamomum 63註, 64
Neofinetia 79
Neolamarckia 202

Neolepisorus 54
Neolindleya 78
Neolitsea 64
Neomolinia 104
Neonauclea 202
Neonotonia 124
Neopallasia 236
Neopicrorhiza 220
Neosasamorpha 104
Neoscirpus 96
Neoshirakia 148
Neospartoneae 227註
Neottia 78
Neottianthe 76
Neottieae 77註
Neottopteris 48
Nepenthaceae 179
Nepenthes 179
Nepeta 229
Nepetinae 227註
Nepetoideae 227註
Nephelium 160
Nephrolepidaceae 52
Nephrolepis 52
Nephrophyllidium 235
Neptunia 124
Nerieae 207註
Nerium 208
Nertera 202
Nervilia 78
Nerviliinae 77註
Nerviliieae 77註
Nesaea 152, 153註
Neslia 172
Nesogenes 232
Nesopteris 44
Neulachninae 103註
Neurada 164
Neuradaceae 164
Neurolaeneae 245註
Neustanthus 124
Neyraudia 104
Nicandra 214
Nicandreae 215註
Nicotiana 214
Nicotianeae 215註
Nicotianoideae 215註
Nidularium 94
Nierembergia 214

Nigella 110
Nigellea 111註
Nihon 210
Nipa 88
Nipponanthemum 244
Nipponocalamus 104
Nitraria 158
Nitrariaceae 158
Nivenioideae 81註
Noccaea 172
Nolana 214
Nolanaceae 214
Nolaneae 215註
Nolina 86
Nolineae 87註
Nolinoideae 85註
Nomocharis 72
Nonea 210
Norantea 191
Norysca 144
Nosema 230
Nothapodytes 198
Nothofagaceae 136
Nothofagus 136
Notholithocarpus 137註
Nothoperanema 50
Nothoscordum 84
Nothosmyrnium 256
Nothotsuga 56
Notobasis 244
Notocacteae 189註
Notonia 243
Notopterygium 256
Notoseris 245
Notothlaspideae 175註
Nuphar 58
Nupharoideae 59註
Nuttallanthus 220
Nuytsieae 177註
Nyctaginaceae 187
Nyctagineae 187註
Nyctanthes 216
Nymphaea 58
Nymphaeaceae 58
Nymphaeales 58
Nymphaeoideae 59註
Nymphoides 235
Nypa 88
Nypoideae 87註

342

Nyssa 189
Nyssaceae 189

O

Oberonia 78
Ochna 143
Ochnaceae 143
Ochneae 143註
Ochnoideae 143註
Ochrocarpos 144
Ochroma 166
Ochrosia 208
Ochrosiinae 205註
Ochthocharis 156
Ocimeae 229註
Ociminae 229註
Ocimum 229
Octocnemaceae 175註
Octoknema 174
Octolepidoideae 167註
Octotropideae 203註
Odontadenieae 207註
Odontites 232
Odontochilus 78
Odontoglossum 78
Odontonema 224
Odontosoria 46
Odontostemma 181註
Oenanthe 256
Oenantheae 257註
Oenocarpus 89
Oenothera 152
Oeosporangium 46
Ohwia 124
Olacaceae 174, 175註
Olax 174
Oldenburgieae 237註
Oldenlandia 202
Olea 216
Oleaceae 216
Oleandra 52
Oleandraceae 52
Oleeae 217註
Olgaea 245
Olinia 156
Oliniaceae 156
Olisbeoideae 157註
Oloptum 104
Omalotheca

sect. Gamochaetiopsis 241
— sect. Omalotheca 242
Ombrocharis 229
Omphalodes 210
Omphalodinae 211註
Omphalogramma 194
Omphalothrix 232
Onagraceae 152
Onagreae 153註
Onagroideae 153註
Oncidiinae 77註
Oncidium 78
Oncocpermatinae 89註
Oncosperma 89
Oncotheca 198
Oncothecaceae 198
Onobrychis 124
Onoclea 50
Onocleaceae 50
Ononis 124
Onopordum 245
Onoserideae 237註
Onychium 47
Operculina 213
Ophioderma 43
Ophioglossaceae 42
Ophioglossales 42
Ophioglossum 43
Ophiopogon 86
Ophiopogoneae 87註
Ophiorrhiza 202
Ophiorrhizeae 199註
Opilia 174
Opiliaceae 174
Opithandra 218
Oplismenus 104
Oplopanax 252
Opuloideae 251註
Opuntia 189
Opuntioideae 189註
Orania 89
Oranieae 89註
Orchidaceae 73
Orchidantha 92
Orchideae 75註
Orchidium 75註
Orchidoideae 75註
Oreocharis 218
Oreocnide 135

Oreogrammitis 54
Oreomyrrhis 254
Oreophytoneae 175註
Oreopteris 48
Oreorchis 78
Oresitrophe 115
Origanum 229
Orininae 105註
Orixa 162
Orlaya 256
Ormocarpum 124
Ormosia 124
Ormosieae 123註
Ornithogaleae 85註
Ornithogalum 86
Ornithopus 125
Orobanchaceae 231
Orobanche 232
Orobancheae 233註
Orontioideae 65註
Orostachys 116
Oroxyleae 225註
Oroxylum 225
Orthilia 196
Orthosiinae 209註
Orthosiphon 229
Orychophragmus 173
Oryleae 99註
Oryza 104
Oryzeae 99註
Oryzoideae 99註
Osbeckia 156
Osbeckieae 157註
Osmanthus 216
Osmaronieae 129註
Osmolindsaea 46
Osmorhiza 256
Osmoxylon 252
Osmunda 43
Osmundaceae 43
Osmundales 43
Osmundastrum 43
Osteomeles 130
Osteospermum 245
Ostericum 256
Ostrya 138
Ostryopsis 138
Osyris 176
Otachyriinae 103註

343

Otanthera 155
Otherodendron 140
Othonninae 243註
Ototropis 125
Ottelia 67
Ottochloa 104
Oxalidaceae 140
Oxalidales 140
Oxalis 140
Oxybaphus 187
Oxybasis 184
Oxycoccus 198
Oxydendreae 197註
Oxygoneae 179註
Oxygyne 69
Oxylobinae 249註
Oxypetalinae 209註
Oxypetalum 208
Oxyria 178
Oxysporeae 157註
Oxytropis 126
Oyama 60

P

Pachira 166
Pachygoneae 109註
Pachypleuria 52
Pachypodium 208
Pachyrhizus 126
Pachysandra 112
Pachystachys 224
Pachystomateae 149註
Padus 130
Paederia 202
Paederieae 199註
Paeonia 113
Paeoniaceae 113
Paesia 46
Pakaraimaea 167註
Palaquium 192
Palicoureeae 201註
Paliureae 133註
Paliurus 132
Palmae 86
Panax 252
Pancratieae 83註
Pancratium 84
Panda 142
Pandaceae 142

Pandanaceae 70
Pandanales 69
Pandanus 70
Pandorea 225
Pangium 146
Paniceae 103註
Panicinae 103註
Panicoideae 99註, 103註
Panicum 104
Papaver 108
Papaveraceae 107
Papavereae 107註
Papaveroideae 107註
Paphiopedilum 78
Papilionanthe 78
Papilionoideae 121註
Parabarium 208
Paraboea 218
Parachampionella 224
Paracryphia 250
Paracryphiaceae 250
Paracryphiales 250
Paradavallodes 52
Paraderris 121
Parageum 130
Paragymnopteris 47
Paraixeris 240
Parakmeria 60
Paraleptochilus 53
Paramollugo 187
Paraphaius 78
Paraphlomideae 231註
Paraphlomis 229
Parapholiinae 101註
Parapholis 104
Paraprenanthes 245
Parapyrola 196
Parasenecio 245
Parasitaxus 56
Parathelypteris 48
Pardanthopsis 81
Parentucellia 232
Parideae 71註
Paridoideae 71註
Parietaria 135
Parietarieae 135註
Parinari 145
Paris 70
Parkia 126

Parmentiera 226
Parnassia 140
Parnassiaceae 140, 141註
Parnassioideae 141註
Parochetus 126
Paronychieae 181註
Paropsieae 147註
Parrya 173
Parsonsia 208
Parsonsiinae 207註
Parthenium 245
Parthenocissus 117, 117註
Pasania 136
Paspaleae 103註
Paspalidium 106
Paspalinae 103註
Paspalum 104
Passiflora 146
Passifloraceae 146
Passifloreae 147註
Passifloroideae 147註
Pastinaca 256
Patersonia 82
Patersonioideae 81註
Patis 104
Patrinia 250
Paubrasilia 126
Paullinia 160
Paullinieae 161註
Paulownia 231
Paulowniaceae 231
Pausinystalia 200
Pavetta 202
Pavetteae 203註
Pavonia 166
Pecteilis 76
Pedaliaceae 222
Pedicularideae 233註
Pedicularis 232
Pedilanthus 148
Peganaceae 158
Peganum 158
Pelargonium 150
Pelatantheria 78
Peliosanthes 86
Pelliciera 191
Pellicieraceae 191
Pellionia 135
Peltanthera 217註

学名索引
Pel～Phy

Peltantheraceae　217, 217註
Peltantheroideae　217註
Peltastinae　207註
Peltoboykinia　115, 115註
Peltophorum　126
Pemphis　152, 153註
Penaea　156
Penaeaceae　156
Pennantia　251
Pennantiaceae　251
Pennellianthus　220
Pennisetum　99
Penstemon　220
Pentacoelium　221
Pentacyphinae　209註
Pentadiplandra　169
Pentadiplandraceae　169
Pentanema　245
Pentapanax　252
Pentapetes　166
Pentaphalangium　144
Pentaphragma　234
Pentaphragmataceae　234
Pentaphylacaceae　192
Pentaphylaceae　193註
Pentaphylax　192
Pentarhizidium　50
Pentas　202
Penthoraceae　116
Penthorum　116
Peperomia　60
Pera　147
Peracarpa　234
Peraceae　147
Peranema　50
Pereskia　189
Pereskioideae　189註
Pericallis　245
Pericampylus　108
Peridiscaceae　113
Peridiscus　113
Perilepta　224
Perilla　229
Perillula　229
Periploca　208
Periploceae　207註
Periplocoideae　205註, 207註
Peristrophe　224
Peristylus　78

Perityleae　249註
Peronema　229
Peronematoideae　229註
Perotidinae　105註
Perotis　104
Perrottetia　158
Persea　64
Perseeae　63註
Persicaria　178
Persicarieae　179註
Persoonioideae　113註
Pertya　245
Pertyoideae　239註
Petasites　245
Petenaea　158
Petenaeaceae　158
Petermannia　71
Petermanniaceae　71
Petiveriaceae　186
Petrea　226
Petreeae　227註
Petrocallis　174
Petrophileae　113註
Petrorhagia　182
Petrosavia　68
Petrosaviaceae　68
Petrosaviales　68
Petroselinum　256
Petunia　214
Petunioideae　215註
Peucedanum　256, 257註
Phacelia　210
Phacellanthus　232
Phacelurus　104
Phaenosperma　104
Phaenospermateae　101註
Phaius　78
Phalacroloma　240
Phalaenopsis　78
Phalaridinae　101註
Phalaris　104
Phaleria　167
Phanera　126
Phanerophlebia　51, 51註
Phanerophlebiopsis　51
Pharbitis　212
Pharoideae　99註
Phaseoleae　125註
Phaseolinae　125註

Phaseolus　125註, 126
Phedimus　116
Phegopteris　48, 49註
Phellinaceae　234
Phelline　234
Phellodendron　162
Phenakospermum　92
Philadelpheae　191註
Philadelphus　190
Philesia　72
Philesiaceae　72
Phillyrea　216
Philodendreae　65註
Philodendron　66
Philoxerus　183註, 184
Philydraceae　91
Philydrum　91
Phlegmariurus　42, 43註
Phleum　104
Phlojodicarpus　257
Phlomideae　231註
Phlomoides　229
Phlox　192
Phlyctidocarpeae　255註
Phoebe　64
Phoeniceae　87註
Phoenicophorium　89
Phoenix　89
Pholidocarpus　89
Pholidota　78
Phormium　82
Photinia　130
Phragmites　104
Phreatia　78
Phryma　231
Phrymaceae　230
Phtheirospermum　232
Phygelius　221
Phyla　226
Phyliceae　133註
Phyllanthaceae　150
Phyllantheae　151註
Phyllanthoideae　151註
Phyllanthus　150
Phyllitis　48
Phyllobolus　186
Phyllocladus　56, 57註
Phyllodium　126
Phyllodoce　196

345

Phyllodoceae 197註
Phylloglossum 42, 43註
Phyllonoma 233
Phyllonomaceae 233
Phyllorachideae 99註
× *Phyllosasa* 102
Phyllospadix 68
Phyllostachys 104
Physaliastrum 214
Physalideae 215註
Physalis 214
Physarieae 175註
Physena 180
Physenaceae 180
Physocarpus 130
Physochlaena 214
Physochlaina 214
Physospermopsis 257註
Physostegia 229
Phytelephas 89
Phytelepheae 89註
Phytolacca 186
Phytolaccaceae 186
Picea 56
Pichisermollodes 54
Picramnia 157
Picramniaceae 157
Picramniales 157
Picrasma 162
Picrasmateae 163註
Picridium 246
Picris 246
Picrodendraceae 150
Picrodendreae 151註
Picrodendron 150
Picrorhiza 220
Pierideae 197註
Pieris 196
Pilea 135
Pileostegia 190
Pillansieae 81註
Pilosella 246
Pimenta 154
Pimpinella 258
Pimpinelleae 257註
Pinaceae 55
Pinales 55
Pinalia 78
Pinanga 89

Pinellia 66
Pinguicula 226
Pinillosiinae 245註
Pinoideae 55註
Pinus 56
Piper 60
Piperaceae 60
Piperales 60
Piperoideae 61註
Pipturus 136
Piqueria 246
Pisonia 187
Pisonieae 187註
Pistacia 159
Pistia 66
Pistieae 65註
Pisum 126
Pitcairnioideae 95註
Pithecellobium 126
Pittosporaceae 252
Pittosporum 252
Pityrogramma 47
Plagiobothrys 210
Plagiogyria 45
Plagiogyriaceae 45
Plagiorhegma 109
Plagiostachys 93註
Planchonella 192
Planchonioideae 193註
Plantaginaceae 218
Plantagineae 221註
Plantago 220
Platanaceae 112
Platanthera 78
Platanus 112
Platostoma 230
Platycarpheae 241註
Platycarya 136
Platycerioideae 53註
Platycerium 54
Platycladus 57
Platycodon 234
Platycrater 190
Platypholis 232
Platyrhaphe 258
Platysace 255註
Platystemoneae 107註
Plectocomia 89
Plectocomiopsis 89

Plectranthinae 229註
Plectranthus 230
Pleioblastus 104
Pleione 79
Pleocnemia 51
Pleurolobus 126
Pleuromanes 44
Pleuropterus 178
Pleurosoriopsis 54
Pleurospermeae 255註
Pleurospermum 258
Pliogyne 139
Plocosperma 216
Plocospermataceae 216
Pluchea 246
Plucheinae 245註
Plukenetia 148
Plukenetieae 149註
Plumbaginaceae 176
Plumbaginoideae 179註
Plumbago 178
Plumeria 208
Plumerieae 207註
Plumeriinae 207註
Pneumatopteris 48
Poa 104
Poaceae 97
Poales 94
Podalyeae 123註
Podocalyceae 151註
Podocarpaceae 56
Podocarpoideae 57註
Podocarpus 56, 57註
— sect. Stachycarpus 57註
Podophylloideae 109註
Podophyllum 109, 109註
Podostemaceae 144
Podostemoideae 145註
Podranea 226
Poeae 101註
Pogonatherum 104
Pogonia 79
Pogonieae 73註
Pogostemon 230
Pogostemoneae 231註
Poikilospermum 135註, 136
Poilanedora 258
Poinae 101註
Poinsettia 148

学名索引
Pol～Pte

Polanisia 170
Polemoniaceae 191
Polemonioideae 191註
Polemonium 192
Polianthes 84
Pollia 91
Polliniopsis 102
Polyalthia 62
Polybotryoideae 51註
Polycarpaea 182
Polycarpeae 181註
Polycarpon 182
Polycnemoideae 183註
Polygala 128
Polygalaceae 128
Polygaleae 129註
Polygonaceae 178
Polygonateae 87註
Polygonatum 86
Polygoneae 179註
Polygonoideae 179註
Polygonum 178
Polymnia 247註
Polymnieae 247註
Polyosma 249
Polyosmaceae 249
Polypodiaceae 52
Polypodiales 45
Polypodiastrum 52
Polypodiodes 52
Polypodioideae 53註
Polypodium 54
Polypogon 98, 104
Polypremum 216
Polyscias 252, 253註
Polyspora 194
Polystichum 51
Pomaderreae 133註
Pomatocalpa 79
Pometia 160
Ponapea 89
Poncirus 161
Ponerorchis 76
Pongamia 126
Pontederia 91
Pontederiaceae 91
Pooideae 99註
Popoviocodonia 234
Populus 146

Porandra 90
Poraneae 213註
Poranthereae 151註
Porochileae 77註
Portulaca 188
Portulacaceae 188
Portulacaria 188
Posidonia 68
Posidoniaceae 68
Posoquerieae 203註
Potalieae 205註
Potamogeton 68
Potamogetonaceae 68
Potentilla 130
Potentilleae 131註
Potentillinae 131註
Poterium 130
Pothoideae 65註
Pothoidium 66
Pothos 66
Pottingeriaceae 141註
Pottingerioideae 141註
Pourthiaea 131
Pouteria 192
Pouzolzia 136
Prasophyllinae 75註
Pratia 234
Praxeliinae 249註
Praxelis 246
Premna 230
Premnoideae 229註
Prenanthes 239註
Prestoniinae 207註
Primula 194
Primulaceae 193
Primuloideae 195註
Prinsepia 131
Prismatomerideae 201註
Pristiglottis 78
Priveae 227註
Proboscidea 222
Prockieae 147註
Procrideae 135註
Procris 136
Pronephrium 48
Prosaptia 54
Prosartes 72
Prostantheroideae 227註
Protea 112

Proteaceae 112
Proteales 111
Proteeae 113註
Proteoideae 113註
Protieae 159註
Protowoodsia 49註
Protowoodsioideae 49註
Prumnopitys 57註
Prunella 230
Prunellinae 227註
Prunus 131
Psammochloa 104
Psamophiliella 182
Pseudelephantopus 246
Pseuderanthemum 224
Pseudocalymma 225
Pseudocherleria 182
Pseudocydonia 131
Pseudocystopteris 48
Pseudodrynaria 52
Pseudognaphalium 246
Pseudogynoxys 246
Pseudolarix 56
Pseudolysimachion 220
Pseudophegopteris 48, 49註
Pseudopyxis 202
Pseudoraphis 104
Pseudosaracia 141註
Pseudosasa 104
Pseudostellaria 182
Pseudotaxus 58
Pseudotsuga 56
Pseuocyclosorus 48
Psidium 154
Psilotaceae 42
Psilotales 42
Psilotum 42
Psiloxylea 155註
Psiloxyloideae 155註
Psittacantheae 177註
Psophocarpus 126
Psoraleeae 125註
Psychotria 202
Psychotrieae 201註
Psydrax 202
Ptarmica 236
Ptelea 162
Pteridaceae 46
Pteridium 46

347

Pteridoblechnum 50
Pteridoideae 47註
Pteridophylloideae 107註
Pteridophyllum 108
Pteridrys 52
Pteris 47
Pternandra 157註
Pternopetalum 258
Pterocarpus 126
Pterocarya 136
Pterocypsela 243
Pterogyne 119註
Pterospermum 166
Pterostemon 114
Pterostyrax 195
Pteroxygoneae 179註
Pterygocalyx 204
Pterygopleurum 258
Ptilagrostis 104
Ptilotrichum 174
Ptisana 43
Ptychococcus 89
Ptychosperma 89
Ptychospermatinae 89註
Puccinellia 104
Puelioideae 99註
Pueraria 126
Pulmonaria 211
Pulsatilla 110
Punica 152, 153註
Puschkinia 86
Putorieae 199註
Putranjiva 144
Putranjivaceae 144
Puyoideae 95註
Pycnanthemum 230
Pycnospora 126
Pygeum 130
Pyracantha 131
Pyramidoptereae 257註
Pyreae 131註
Pyrenaria 194
Pyrethrum 248
Pyrinae 131註
Pyrola 197
Pyroloideae 197註
Pyrrosia 54
Pyrularia 176
Pyrus 131

Q

Quamoclit 212
Quassia 162
Quercifilix 52
Quercoideae 137註
Quercus 136
Quiina 143
Quiinaceae 143
Quiinoideae 143註
Quillaja 118
Quillajaceae 118
Quinchamalium 177註
Quintinia 250
Quisqualis 152, 153註

R

Rabdosia 228
Radermachera 226
Radiogrammitis 54
Rafflesia 148
Rafflesiaceae 148
Ramonda 218
Ranunculaceae 110
Ranunculales 107
Ranunculeae 111註
Ranunculoideae 111註
Ranunculus 110
Ranzania 109
Rapanea 194
Rapatea 94
Rapateaceae 94
Raphanus 174
Raphia 90
Rapistrum 174
Ratibida 246
Rauvoldiinae 205註
Rauvolfia 208
Rauvolfioideae 205註
Ravenala 92
Reaumuria 176
Reediella 44
Reevesia 166
Rehmannia 232
Rehmannieae 233註
Reichardia 246
Reineckea 86
Reinhardtia 90
Reinhardtieae 89註

Reinwardtia 150
Remirea 96
Remusatia 66
Reseda 169
Resedaceae 169
Resedeae 169註
Restionaceae 96
Restioneae 97註
Restionoideae 97註
Retiniphylleae 203註
Retrophyllum 56
Retzia 222
Reynoutria 178
Rhabdadenieae 207註
Rhabdodendraceae 180
Rhabdodendron 180
Rhachidosoraceae 47
Rhachidosorus 47
Rhamnaceae 132
Rhamneae 133註
Rhamnella 132
Rhamnoideae 133註
Rhamnus 132, 133註
Rhaphidophora 66
Rhaphiolepis 131
Rhaphithamnus 227註
Rhapidophyllum 90
Rhapis 90
Rhaponticum 246
Rheum 178
Rhinantheae 233註
Rhinanthus 232
Rhipogonum 72
Rhipsalideae 189註
Rhizanthes 148
Rhizophora 142
Rhizophoraceae 142
Rhizophoreae 143註
Rhodamnia 154
Rhodiola 116
Rhodococcum 198
Rhododendron 197
Rhodohypoxis 80
Rhodoleia 114
Rhodomyrtus 154
Rhodoreae 197註
Rhodotypos 131
Rhoeo 91
Rhoicissus 117

348

Rhoiptelea 136
Rhoipteleoideae 137註
Rhomboda 79
Rhopalephora 91
Rhopaloblaste 90
Rhopalocarpus 166
Rhopalostylidinae 89註
Rhopalostylis 90
Rhus 159
Rhynchelytrum 102
Rhynchocalycaceae 156
Rhynchocalyx 156
Rhynchoglossum 218
Rhynchosia 126
Rhynchospermum 237
Rhynchospora 96
Rhynchosporeae 95註
Rhynchostylis 79
Rhynchotechum 218
Ribes 114
Richardia 202
Ricineae 149註
Ricinus 149
Riedelieae 93註
Rinorea 146
Ripogonaceae 72
Ripogonum 72
Rivina 186
Rivinaceae 186
Robinia 126
Robinieae 125註
Rochea 116
Rodgersia 115
Roegneria 100
Rohdea 86
Romulea 82
Rondeletia 202
Rondeletieae 201註
Roridula 195
Roridulaceae 195
Rorippa 174
Rosa 132
Rosaceae 128
Rosales 128
Roseae 131註
Roseodendron 226
ROSIDS 116
Rosmarinus 230
Rosoideae 131註

Rosselia 159註
Rostellularia 224
Rostraria 104
Rotala 152, 153註
Rotheca 230
Rothia 126
Rottboellia 104
Rottboelliinae 105註
Rottlerinae 149註
Roupaleae 113註
Rourea 140
Roussea 233
Rousseaceae 233
Roystonea 90
Roystoneae 89註
Rubeae 131註
Rubia 202
Rubiaceae 198
Rubieae 201註
Rubioideae 199註
Rubiteucris 230
Rubrivena 178
Rubus 132
Rudbeckia 246
Rudbeckiinae 247註
Ruellia 224
Ruellieae 223註
Ruelliinae 223註
Rumex 178
Rumiceae 179註
Rumohra 51
Rumphia 158, 258
Rungia 224
Rupiphila 258
Ruppia 68
Ruppiaceae 68
Ruscaceae 85註
Rusceae 87註
Ruschioideae 187註
Ruscus 86
Russelia 220
Ruta 162
Rutaceae 160
Rutoideae 163註
Ryssopterys 145

S

Sabal 90
Sabaleae 87註

Sabia 111
Sabiaceae 111
Sabicea 202
Sabiceeae 203註
Sabulina 182
Saccharinae 105註
Saccharum 104
Saccifolieae 205註
Sacciolepis 104
Saccoloma 46
Saccolomataceae 46
Sageretia 132
Sagina 182
Sagineae 181註
Sagittaria 67
Saintpaulia 218
Saionia 69
Salacca 90
Salacia 140
Salicaceae 146
Saliceae 147註
Salicoideae 147註
Salicornia 184
Salicornioideae 185註
Salix 146
Salomonia 128
Salpichroa 214
Salpiglossideae 215註
Salpiglossis 214
Salsola 184, 185註
Salsoleae 185註
Salsoloideae 185註
Salvadora 169
Salvadoraceae 168
Salvia 230
Salviinae 227註
Salvinia 45
Salviniaceae 45
Salviniales 44
Samadera 162
Samanea 126
Sambucus 250
Samoleae 195註
Samolus 194
Samydoideae 147註
Sanangonoideae 217註
Sandersonia 72
Sandoricum 163
Sanguinaria 108

Sanguisorba 132
Sanguisorbeae 131註
Sanguisorbinae 131註
Sanicula 258
Saniculeae 255註
Saniculoideae 255註
Sansevieria 84
Santalaceae 175, 177註
Santalales 174
Santaloideae 177註
Santalum 176
Santolina 246
Santolininae 243註
Sanvitalia 246
Sapindaceae 160
Sapindales 158
Sapindoideae 161註
Sapindus 160
Sapium 149
Saponaria 182
Saposhnikovia 258
Sapotaceae 192
Sapoteae 193註
Sapotoideae 193註
Sapria 148
Saraca 126
Saracistis 76
Sarcandra 59
Sarcobataceae 186
Sarcobatus 186
Sarcococca 112
Sarcocornia 184
Sarcolaena 168
Sarcolaenaceae 168
Sarcolobus 208
Sarcophrynioideae 93註
Sarcophyton 79
Sarcopyramis 156
Sarcospermatoideae 193註
Sargentodoxa 109註
Sargentodoxoideae 109註
Saribus 90
Saritaea 224
Sarothamnus 120
Sarothra 144
Sarracenia 195
Sarraceniaceae 195
Sasa 104
Sasaella 104

Sasamorpha 104
Sassafras 64
Satakentia 90
Satureja 230
Saurauia 195
Sauromatum 66
Sauropus 150, 151註
Saururaceae 60
Saururus 60
Saussurea 246
Sauvagesieae 143註
Saxegothaea 56
Saxegothaeoideae 57註
Saxifraga 115
Saxifragaceae 114
Saxifragales 113
Saxifragoideae 115註
Saxiglossum 54
Scabiosa 250
Scaevola 235
Scandiceae 257註
Scandicinae 257註
Scandix 258
Scepeae 151註
Sceptridium 43
Sceptrocnide 135註, 136
Schedonorus 102
Schefflera 252, 253註
Schenkia 204
Scheuchzeria 67
Scheuchzeriaceae 67
Schima 194
Schinus 159
Schisandra 59
Schisandraceae 59
Schismatoglottideae 65註
Schismatoglottis 66
Schistophyllidium 132
Schizachne 104
Schizachyrium 105
Schizaea 44
Schizaeaceae 44
Schizaeales 44
Schizanthoideae 215註
Schizanthus 214
Schizocodon 194
Schizocoleeae 201註
Schizomerieae 141註
Schizonepeta 230

Schizopepon 139
Schizoponeae 139註
Schizopetaleae 175註
Schizophragma 190
Schizostachyum 105
Schkuhria 246
Schlegelia 226
Schlegeliaceae 226
Schleichera 160
Schlumbergera 189
Schoeneae 95註
Schoenoplectiella 96
Schoenoplectus 96
Schoenus 96
Schoepfia 176
Schoepfiaceae 176
Schradereae 201註
Schwenkioideae 215註
Sciadopityaceae 56
Sciadopitys 56
Sciaphila 70
Sciaphileae 69註
Scilla 86
Scilloideae 85註
Scindapsus 66
Scirpeae 97註
Scirpus 96
Sclerantheae 181註
Scleranthus 182
Scleria 96
Sclerieae 95註
Scleroglossum 54
Scleromitrion 202
Scleropyrum 176
Scoliaxoneae 175註
Scolochloa 105
Scolochloinae 101註
Scolopia 146
Scolopieae 147註
Scolyminae 239註
Scoparia 220
Scopolia 214
Scorpiurus 126
Scorzonera 246
Scorzonerinae 239註
Scrophularia 221
Scrophulariaceae 220
Scrophularioideae 221註
Scurrula 176

学名索引
Scu～Sop

Scurrulinae　177註
Scutellaria　230
Scutellarioideae　229註
Scyphiphora　202
Scyphiphoreae　203註
Scyphostegia　146
Scyphostegioideae　147註
Scytopetalaceae　192
Scytopetaloideae　193註
Scytopetalum　192
Secacomeae　207註
Secacomoideae　205註, 207註
Secale　105
Sechium　139
Securigera　126
Sedeae　117註
Sedirea　78
Sedum　116
Seerzenioideae　119註
Seguieriaceae　186
Selagineae　221註
Selaginella　42
Selaginellaceae　42
Selaginellales　42
Selago　222
Selenodesmium　43
Selineae　257註
Selliguea　54
Semecarpus　159
Semiaquilegia　111
Semiarundinaria　106
×*Semiliquidambar*　113
Semnostachya　224
Semperviveae　117註
Sempervivoideae　117註
Sempervivum　116
Senecio　246
Senecioneae　243註
Senecioninae　243註
Senegalia　126
Senna　126
Sequoia　57
Sequoiadendron　58
Sequoioideae　57註
Seriphidium　236
Serissa　202
Serratula　246
Sesamum　222
Sesbania　126

Sesbanieae　125註
Sesuvioideae　187註
Sesuvium　186
Setaria　106
Setchellanthaceae　168
Setchellanthus　168
Severinia　160
Shehbazieae　175註
Sherardia　202
Sherbourneae　203註
Shibataea　106
Shibataeinae　99註
Shibateranthis　110
Shorea　168
Shortia　194
Sibbaldia　132
Sibbaldianthe　132
Sibbaldiopsis　132
Sibthorpia　221註
Sicyoeae　139註
Sicyos　139
Sida　166
Sidalcea　166
Sideroxyleae　193註
Siegesbeckia　246
Sieversia　132
Sigesbeckia　246
Silene　182
Sileneae　181註
Sillaphyton　257註, 258
Silphium　246
Silvianthus　216
Silybum　246
Simarouba　162
Simaroubaceae　162
Simaroubeae　163註
Simmondsia　180
Simmondsiaceae　180
Sinapis　174
Sinningia　218
Sinoadina　202
Sinobaijiania　138
Sinobambusa　106
Sinocalycanthus　62
Sinodielsia　257註
Sinomenium　108
Sinopanax　253
Sinosenecio　246
Sipaneeae　203註

Siparuna　62
Siparunaceae　62
Siphonochilus　93註
Siphonochoideae　93註
Siphonostegia　232
Siraitieae　139註
Sisymbrieae　175註
Sisymbrium　174
Sisyrinchieae　81註
Sisyrinchium　82
Sium　258
Skimmia　162
Sladenia　192
Sladeniaceae　192
Sloanea　142
Sloaneeae　143註
Smallanthus　246
Smelowskieae　175註
Smilacina　86
Smilacaceae　72
Smilax　72
Smithia　127
Smithiantha　218
Smythea　132
Sobralia　79
Sobralieae　77註
Sohmaea　127
Solanaceae　214
Solanales　212
Solandra　215
Solandreae　215註
Solaneae　215註
Solanoideae　215註
Solanum　215
Soldanella　194
Soleirolia　136
Solena　139
Solenogyne　246
Solidago　246
Soliva　246
Sonchella　244
Sonchinae　239註
Sonchus　246
Sonerila　156
Sonerileae　157註
Sonneratia　152, 153註
Sophora　127
Sophoreae　123註
Sophronitis　74

351

Sorbaria 132
Sorbarieae 131註
Sorbus 132
Sorghum 106
Sorindeia 159
Sparaxis 82
Sparganiaceae 94
Sparganium 94
Sparmannia 166
Sparrmannia 166
Spartina 106
Spartium 127
Spathicarpeae 65註
Spathiphylleae 65註
Spathiphyllum 66
Spathodea 226
Spathoglottis 79
Spatholobus 125註
Speranskia 150
Speranskiinae 149註
Spergula 182
Spergularia 182
Sperguleae 181註
Spermacoce 202
Spermacoceae 199註
SPERMATOPHYTA 54
Sphaeranthus 246
Sphaerocaryum 106
Sphaeromorphaea 247
Sphaerophysa 127
Sphaeropteris 45
Sphaerosepalaceae 166
Sphaerosepalum 166
Sphagneticola 247
Sphallerocarpus 258
Sphenoclea 216
Sphenocleaceae 216
Sphenopholis 106
Sphenostemon 250
Spigelia 204
Spigelieae 205註
Spinacia 184
Spinacieae 185註
Spinifex 106
Spiraea 132
Spiraeanthemeae 141註
Spiraeeae 131註
Spiraeoideae 129註

Spiranthes 79
Spiranthinae 75註
Spirodela 66
Spirospermeae 109註
Spodiopogon 106
Spondiadoideae 159註
Spondiantheae 151註
Spondias 159
Sporadanthoideae 97註
Sporobolus 106
Sporoborinae 105註
Sprekelia 84
Spuriopimpinella 258
Stachydeae 231註
Stachyphrynieae 93註
Stachys 230
Stachytarpheta 226
Stachyuraceae 157
Stachyurus 157
Stackhousiaceae 140, 141註
Stangeria 55
Stapelia 208
Staphylea 156
Staphyleaceae 156
Stauntonia 108
Staurochilus 79
Staurogyne 224
Steenisieae 203註
Steganotaenieae 255註
Stegnogramma 48
Stegnosperma 184
Stegnospermataceae 184
Stellaria 181註, 182
Stellera 167
Stemmacantha 246
Stemona 70
Stemonaceae 70
Stemonuraceae 232
Stemonurus 233
Stenactis 240
Stenochlaenoideae 51註
Stenomesseae 83註
Stenosolenium 211
Stenotaphrum 106
Stephanandra 130
Stephania 108
Stephanotis 208
Sterculia 166

Sterculioideae 165註
Stereosandra 79
Sternbergia 84
Stevenia 174
Stevenieae 175註
Stevensonia 89
Stevia 247
Stewartia 194
Stewartieae 195註
Steyermarkochloeae 103註
Stichetus 44
Stictocardia 213
Stifftioideae 237註
Stigmaphyllon 145
Stigmatodactylus 79
Stilbaceae 222
Stilbe 222
Stimpsonia 194
Stipa 106
Stipeae 101註
Stixeae 169註
Stixis 169, 169註
Stokesia 247
Stokesiinae 241註
Stomatocalyceae 149註
Stranvaesia 132
Strasburgeria 156
Strasburgeriaceae 156
Stratiotoideae 67註
Strebanthus 255註
Strelitzia 92
Strelitziaceae 92
Strephonematoideae 153註
Streptocarpus 218
Streptogyneae 99註
Streptolirion 91
Streptolirioninae 91註
Streptopoideae 73註
Streptopus 72
Striga 232
Strobilanthes 224
Strobilanthinae 223註
Strobocalyx 247
Stromanthe 92
Stromatopteris 44
Strombosia 174
Strombosiaceae 175註
Strongylodon 127
Strophanthus 208

Strumpfieae 201註
Struthiopteris 50
Strychneae 205註
Strychnos 204
Stuartia 194
Stuartina 247
Stuckenia 68
Stylidiaceae 234
Stylidium 234
Stylocerateae 113註
Styloglossum 79
Stylosanthes 127
Styphelioideae 197註
Styphnolobium 127
Styracaceae 195
Styrax 195
Suaeda 184
Suaedoideae 185註
Subularia 174
Sunipia 79
Suregada 150
Suriana 128
Surianaceae 128
Suzukia 230
Swainsona 127
Swartzieae 121註
Swertia 204
Swertiinae 205註
Swida 190
Swietenia 164
Syagrus 90
Sycopsis 114
Symmerioideae 179註
Symphionematoideae 113註
Symphonieae 143註
Symphorematoideae 227註
Symphoricarpus 250
Symphyllocarpinae 245註
Symphyllocarpus 247
Symphyotrichum 247
Symphytum 212
Symplocaceae 194
Symplocarpus 66
Symplocos 194
Synammia 53註
Synandreae 231註
Synandrodaphne 167註
Syncarpha 247
Synedrella 247

Syneilesis 247
Syngonanthus 94
Syngonium 66
Synostemon 150, 151註
Synsepalum 192
Synurus 247
Syringa 213
Syringodium 68
Syzygieae 155註
Syzygium 154

T

Tabebuia 226
Tabernaemontana 208
Tabernaemontaneae 207註
Tabernaemontaninae 207註
Tacca 69
Taccaceae 69
Tadehagi 127
Taeniophyllum 79
Tageteae 247註
Tagetes 247
Taimingasa 248
Tainia 79
Taiwania 58
Taiwanioideae 57註
Takasagoya 144
Takeikadzuchia 245
Talauma 60
Talinaceae 188
Talinum 188
Talipariti 165
Tamaricaceae 176
Tamarindus 128
Tamarix 176
Tamijia 93註
Tamijioideae 93註
Tamilnadia 202
Tamuria 110
Tamus 69
Tanacetinae 243註
Tanacetum 248
Tanakaea 115
Tapeinidium 46
Tapianthinae 177註
Tapiscia 157註, 158
Tapisciaceae 158
Taraxacum 248
Tarchonantheae 237註

Tarenaya 170
Tarenna 202
Tarlmounia 248
Tasmannia 59
Tassadiinae 209註
Taxaceae 58
Taxillus 176
Taxodioideae 57註
Taxodium 58
Taxus 58
Tecomaria 226
Tecomeae 225註
Tecophilaea 80
Tecophilaeaceae 80
Tectaria 52
Tectariaceae 52
Tectona 230
Tectonoideae 229註
Telekia 248
Telephieae 117註
Telfairieae 139註
Telopea 112
Telosma 208
Teloxys 184
Tephroseridinae 243註
Tephroseris 248
Tephrosia 128
Tephrosieae 125註
Tepuianthaceae 166
Tepuianthoideae 167註
Teramnus 128
Terminalia 152
Terminaliinae 153註
Ternstroemia 192
Ternstroemieae 193註
Testudinaria 69
Testuleeae 143註
Tetracarpaea 116
Tetracarpaeaceae 116
Tetracentron 112
Tetrachondra 216
Tetrachondraceae 216
Tetraclinis 58
Tetradena 230
Tetradiclidaceae 158
Tetradium 162
Tetradoxa 250
Tetragonia 186
Tetragonioideae 187註

学名索引

Tet～Tre

Tetragonotheca 248
Tetramelaceae 140
Tetrameles 140
Tetramerista 191
Tetrameristaceae 191
Tetranema 220
Tetrapanax 253
Tetrastigma 117
Teucrium 230
Textoria 252
Teyleria 128
Thaieae 77註
Thalassia 67
Thalia 92
Thalictroideae 111註
Thalictrum 111
Thamnocalaminae 99註
Thea 194
Theaceae 194
Thecagonum 201
Theeae 195註
Thelasis 79
Theligonaceae 198
Theligoneae 201註
Theligonum 203
Thelypodieae 175註
Thelypteridaceae 48
Thelypteris 48, 49註
Themeda 106
Themelium 54
Themidaceae 85註
Theobroma 166
Theobromateae 165註
Theophrasteae 195註
Theophrastoideae 195註
Thermopsideae 123註
Thermopsis 128
Theropogon 85註
Therorhodion 198
Thesiaceae 177註
Thesioideae 177註
Thesium 176
Thespesia 166
Thevetia 208
Thevetiinae 207註
Thismia 69
Thismiaceae 69, 69註
Thladiantha 139
Thladiantheae 139註

Thlaspi 174
Thlaspideae 175註
Thomandersia 226
Thomandersiaceae 226
Thomsonieae 65註
Thoracostachyum 96
Thrixspermum 79
Thuarea 106
Thuja 58
Thujopsis 58
Thunbergia 224
Thunbergioideae 223註
Thunia 79
Thurnia 94
Thurniaceae 94
Thylacospermum 181註
Thymelaeaceae 166
Thymelaeeae 167註
Thymelaeoideae 167註
Thymophylla 248
Thymus 230
Thyrocarpus 212
Thyrsopteridaceae 45
Thyrsopteris 45
Thyrsostachys 106
Thysanolaena 106
Thysanolaeneae 103註
Thysanotus 86
Tiarella 115
Tibouchina 156
Ticanto 128
Ticodendraceae 137
Ticodendron 137
Tigridia 82
Tigridieae 81註
Tilia 166
Tiliacoreae 109註
Tilingia 258
Tilioideae 165註
Tillaea 116
Tillandsia 94
Tillandsioideae 95註
Timonius 203
Tinospora 108
Tipularia 79
Titanotricheae 217註
Titanotrichum 218
Tithonia 248
Tmesipteris 42

Toddalia 162
Toddalieae 161註
Tofieldia 66
Tofieldiaceae 66
Toisusu 146
Tomophyllum 54
Tonduziinae 205註
Toona 164
Tordylieae 257註
Tordyliinae 257註
Torenia 222
Toricellia 252
Torilidinae 257註
Torilis 258
Torreya 58
Torreyochloa 106
Torreyochloineae 101註
Torricellia 252
Torricelliaceae 252
Tournefortia 210
Tourrettieae 225註
Tovaria 169
Tovariaceae 169
Townsendia 248
Toxicodendron 159
Trachelium 234
Trachelospermum 208
TRACHEOPHYTA 42
Trachomitum 206
Trachycarpeae 87註
Trachycarpus 90
Trachylobium 123
Trachymene 253
Tradescantia 91
Tradescantieae 91註
Tradescantinae 91註
Traginae 105註
Tragopogon 248
Tragus 106
Traillaeodoxeae 203註
Trapa 152, 153註
Trapella 220
Trapellaceae 218
Trautvetteria 111
Trema 133
Tremandra 142
Tremandraceae 142
Trevesia 253
Trevia 148

354

Triadenum 144
Triadica 150
Triantha 66
Trianthema 186
Triarrhena 103
Tribelaceae 249
Tribuloideae 119註
Tribulus 118
Triceratella 91註
Triceratieae 139註
Trichachne 100
Trichocereeae 189註
Trichodesma 212
Trichodesminae 211註
Trichoglottis 79
Trichomanes 43註, 44
Trichoneuron 51註
Trichophorum 96
Trichopus 69
Trichosanthes 139
Trichospermum 166
Trichosporeae 217註
Tricyrtis 72
Tridax 248
Trientalis 194
Trifolieae 127註
Trifolium 128
Trigastrotheca 187
Triglochin 68
Trigonella 128
Trigonelleae 127註
Trigonia 145
Trigoniaceae 145
Trigonobalanus 136
Trigonotis 212
Trilepideae 95註
Trillium 70
Trimenia 59
Trimeniaceae 59
Trimezieae 81註
Triodanis 234
Triosteum 250
Tripetaleia 196
Triphasia 162
Triphoreae 77註
Tripladenieae 73註
Triplarideae 179註
Triplaris 178
Tripleurospermum 248

Triplostegia 250
Tripogon 106
Tripogoninae 105註
Tripolium 248
Tripora 230
Tripsacinae 105註
Tripsacum 106
Tripterospermum 204
Tripterygium 140
Triraphideae 105註
Trisetum 106
Tristachyideae 103註
Tristaniopsis 154
Tristellateia 145
Tristichoideae 145註
Trisyngyne 137註
Trithuria 58
Triticeae 101註
Triticum 106
Tritonia 82
Tritoniopsideae 81註
Triumfetta 166
Triuridaceae 69
Triurideae 69註
Triuris 69註
Trochodendraceae 112
Trochodendrales 112
Trochodendron 112
Trollius 111
Trommsdorffia 242
Tropaeolaceae 168
Tropaeolum 168
Trophis 134
Tropidia 79
Tropidieae 77註
Truellum 178
Tseboneae 193註
Tsuga 56
Tsusiophyllum 197
Tubaghieae 83註
Tuberolabium 79
Tubocapsicum 215
Tulipa 72
Tulipeae 73註
Tulotis 78
Tupeia 177註
Tupidanthus 253
Turczaninovia 237
Turnera 146

Turneroideae 147註
Turpinia 157註
Turritideae 175註
Turritis 174
Tussilagininae 243註
Tussilago 248
Tutcheria 194
Tylophora 208
Tylophorinae 209註
Typha 94
Typhaceae 94
Typhonium 66

U

Uapaceae 151註
Ulex 128
Ulmaceae 133
Ulmarieae 131註
Ulmus 133
Umbelliferae 254
Umbiliceae 117註
Uncaria 203
Urandra 233
Uraria 128
Urceola 208
Urena 166
Urera 135註
Urginea 84
Urgineeae 85註
Urochloa 106
Urophylleae 199註
Urospermum 248
Urtica 135註, 136
Urticaceae 135註
Urticaceae 134
Utricularia 226
Uvarieae 63註
Uvularia 72
Uvularioideae 73註

V

Vaccaria 181
Vaccinieae 197註
Vaccinioideae 197註
Vaccinium 198
Vachellia 128
Vaginularia 47
Vahlia 212
Vahliaceae 212

Vahliales 212
Vahlodea 106
Valeriana 251
Valerianaceae 250
Valerianella 251
Valerianoideae 251註
Vallisneria 67
Vanda 79
Vandeae 77註
Vandellia 222
Vandenboschia 44
Vanguerieae 203註
Vanilla 79
Vanilleae 73註
Vanilloideae 73註
Vanoverbergia 94
Vatica 168
Veitchia 90
Vellozia 70
Velloziaceae 70
Vellozioideae 71註
Venidium 236
Ventenata 106
Ventilagineae 133註
Ventilago 133
Veratrum 70
Verbasceae 221註
Verbascum 222
Verbena 226
Verbenaceae 226
Verbeneae 227註
Verbesina 248
Verbesininae 247註
Verhuellioideae 61註
Vernicia 150
Vernonia 248
Vernonieae 241註
Vernoniinae 241註
Veronica 222
Veronicastrum 220
Veroniceae 221註
Verschaffeltiinae 89註
Vetiveria 100
Vexillabium 78
Viburnaceae 250
Viburnoideae 251註
Viburnum 250
Vicia 128
Vicieae 127註

Victoria 58
Vigna 128
Villebrunea 135
Vinca 208
Vinceae 205註
Vincetoxicum 208
Vincinae 205註
Viola 146
Violaceae 146
Violoideae 147註
Viscaceae 177註
Viscaria 182
Viscoideae 177註
Viscum 176
Vismieae 145註
Vitaceae 116
Vitales 116
Vitellaria 192
Vitex 230
Viticoideae 227註
Vitis 117
Vitoideae 117註
Vittarioideae 47註
Viviania 152
Vivianiaceae 151, 151註
Vochysia 153
Vochysiaceae 153
Volkameria 230
Voyrieae 205註
Vriesea 94
Vrydagzynea 80
Vulpia 101

W

Wahlenbergia 234
Wahlenbergioideae 235註
Waldsteinia 130
Waltheria 166
Wasabia 172
Washingtonia 90
Watsonia 82
Watsonieae 81註
Weddellinoideae 145註
Weigela 251
Weigelastrum 251
Weinmannia 142
Wellstedioideae 209註
Welwitschia 55
Welwitschiaceae 55

Wendlandia 203
Westringia 230
Whitfieldieae 223註
Whytockia 218
Wibelia 52
Widdingtonia 58
Wielandieae 151註
Wigandia 212
Wikstroemia 167
Willdenowieae 97註
Willughbeieae 207註
Winteraceae 59
Wisteria 128
Wittsteinia 234
Wolffia 66
Wollastonia 248
Wollemia 56
Woodsia 48
Woodsiaceae 48
Woodsioideae 49註
Woodwardia 50
Woodwardioideae 51註
Wrightia 208
Wrightieae 207註
Wullschlaegelieae 77註
Wunderlichieae 237註
Wunderlichioideae 237註
Wurfbainia 94
Wurmbea 72
Wurmbeoideae 73註

X

Xanthium 248
Xanthoceras 160
Xanthocerataceae 161註
Xanthoceratoideae 161註
Xanthocyparis 58
Xanthophthalmum 242
Xanthophylleae 129註
Xanthorhiza 111
Xanthorrhoea 82
Xanthorrhoeaceae 82
Xanthorrhoeoideae 83註
Xanthosoma 66
Xanthostemon 154
Xanthostemoneae 155註
Xenostegia 213
Xerochrysum 248
Xeronema 82

学名索引
Xer～Zyg

Xeronemataceae 82
Xerophilleae 71註
Xerorchideae 77註
Ximenia 174
Ximeniaceae 175註
Xiphopterella 54
Xylocarpus 164
Xylopieae 63註
Xylosma 146
Xyridaceae 94
Xyris 94

Y

Yinshanieae 175註
Yoania 80
Youngia 242, 248
Ypsilandra 70
Yucca 86
Yulania 60
Yuorchis 80
Yushania 106

Z

Zabelia 251

Zaluzianskya 222
Zamia 55
Zamiaceae 54
Zamioculcadoideae 65註
Zamioculcas 66
Zannichellia 68
Zannichelliaceae 68
Zanonieeae 139註
Zantedeschia 66
Zantedeschieae 65註
Zanthoxyleae 161註
Zanthoxylum 162
Zea 106
Zebrina 91
Zehneria 139
Zelkova 133
Zeltnera 204
Zephyranthes 84
Zeugiteae 103註
Zeuxine 80
Zingiber 94
Zingiberaceae 92
Zingiberales 92
Zingibereae 93註

Zingiberoideae 93註
Ziniinae 247註
Zinnia 248
Zippelioideae 61註
Zizania 106
Ziziphoideae 133註
Ziziphus 133
Zizyphus 133
Zomicarpeae 65註
Zornia 128
Zostera 68
Zosteraceae 68
Zosterella 91
Zoysia 106
Zoysieae 105註
Zoysiinae 105註
Zygocactus 189
Zygopetalinae 77註
Zygopetalum 80
Zygophyllaceae 118
Zygophyllales 118
Zygophylloideae 119註
Zygophyllum 118

357

《著者紹介》

米倉浩司（よねくら　こうじ）

東北大学植物園　助教　博士（理学）
1970年9月，長崎県佐世保市生まれ。

　専門は維管束植物の系統分類学，特にタデ科を専門とするが，また東アジア地域の生物多様性を包括的な視野から研究している。

　日本と周辺で野生，帰化，栽培されて和名のつけられている植物の和名と学名のデータベース「YList」（琉球大学の梶田忠准教授との共作）（http://www.ylist.info）は，日本とその周辺の地域に分布する陸上植物の多様性を一覧すると共に，和名と学名の統一を図ることを目的として随時更新され，本書を含む多くの著作物にその成果が生かされている。

新維管束植物分類表

Updated Syllabus of Vascular Plant Families

based on Phylogeny-based System
with List of Genera for Japanese Users

2019年3月1日　初版発行

著　者	米　倉　浩　司
発行者	福　田　久　子
発行所	株式会社　北　隆　館

〒153-0051　東京都目黒区上目黒3-17-8
電話03(5720)1161　振替00140-3-750
http://www.hokuryukan-ns.co.jp/
e-mail : hk-ns2@hokuryukan-ns.co.jp

印刷所　倉敷印刷株式会社

© 2019　HOKURYUKAN　Printed in Japan
ISBN978-4-8326-1008-8 C3045

　当社は，その理由の如何に係わらず，本書掲載の記事（図版・写真等を含む）について，当社の許諾なしにコピー機による複写，他の印刷物への転載等，複写・転載に係わる一切の行為，並びに翻訳，デジタルデータ化等を行うことを禁じます。無断でこれらの行為を行いますと損害賠償の対象となります。

　また，本書のコピー，スキャン，デジタル化等の無断複製は著作権法上での例外を除き禁じられています。本書を代行業者等の第三者に依頼してスキャンやデジタル化することは，たとえ個人や家庭内での利用であっても一切認められておりません。

連絡先：㈱北隆館　著作・出版権管理室
Tel. 03(5720)1162

JCOPY 〈(社)出版者著作権管理機構　委託出版物〉

　本書の無断複写は著作権法上での例外を除き禁じられています。複写される場合は，そのつど事前に，(社)出版者著作権管理機構（電話：03-3513-6969，FAX:03-3513-6979，e-mail：info@jcopy.or.jp）の許諾を得てください。